花壇／三春老樹

我的故鄉

夕陽日暮時分　　　　　　　　　老樹　落日　波斯菊在此邂逅
大地灑下金黃的絢麗　　　　　　編織一幅恬靜夢幻的田園風光
繽紛搖曳的波斯菊　　　　　　　花田間信步而行　拾起
散放著浪漫馨香與氣息　　　　　相機典藏著　回憶…
人　樹　土地的對話　　　　　　相約　明年
蘊藏著甜甜幸福
滿溢希望　　　　　　　　　　　　　　　　　　花壇／三春老樹

臺灣蝴蝶生活史百科圖鑑

Life History of Taiwan's Butterflies

洪裕榮 Hung Yu-jung ◎撰文・攝影

徐堉峰◎審訂

【推薦序一】
一本值得典藏的蝴蝶好書

　　臺灣豐富的植物林相與生物多樣性，深具知性與感性，獨特的地理環境，從濱海、平地至高山，造就斐然的昆蟲天堂，俯拾皆是大地的恩賜，有妊紫嫣紅四季，有山光水色綠意。這裡住有臺灣最美麗的風景「人」和特有種蝴蝶50多種，翩然飛舞的蝴蝶，便是人類最吸睛的大地舞姬，因為有著對蝴蝶的共同興趣，進而與洪兄相識結緣，轉眼間已經好些年光景了！

　　全球氣候的暖化效應，山林過度的開發與破壞，成就了民生經濟的繁榮，卻苦了千千萬萬的生物流離失所，蝴蝶便是經濟繁榮下的犧牲者，蝴蝶棲息地的變遷與食草消失，致使蝴蝶資源日益失色。不少曾經探蝶走過的足跡，而今，卻已遍尋無蝶蹤，光景不在，只能在鏡頭下回憶過往。蝴蝶是生態環境變化的一個重要指標，也是生命科學教育的良好素材，蝴蝶的生存環境優劣，攸關人類綠生活的品質。然而，今夕何夕，蝴蝶盛況與我幼年時光；誠然，不可同日而語。

　　野地繽紛蘊藏無窮盡
　　一曲清風　一片繁華　一季燦爛
　　信步綠林幽徑冥想
　　足以開啟心窗

　　晨露洗滌我心靈的塵垢與濁穢
　　薰風拂拭我身體的疲憊與倦容
　　樹影天光交幟　灑落星光點點
　　湛藍是憂鬱的
　　綠意是靜謐的
　　繁花是繽紛的
　　添了輕飄的羽翼
　　讓我倘佯在大地編織綺夢

　　美麗的綺夢
　　不經意擲落相思
　　憶兒時
　　花開蝶滿枝的童趣
　　蟬鳴鳥噪偶有須臾的恬靜
　　宛若現今蝶景淒淒

　　如果時光可以倒轉
　　我想
　　再看一次蝴蝶滿天飛

　　裕榮兄以「大自然為師」的哲理來從事影像記錄，專業攝影家的蝴蝶世界，的確令人眼界大開。將卵的韻致、蝶蟲百態、蛹的蛻變、蝶之風華，栩栩如生的躍然紙上。他不僅是一位生態攝影家，亦是自然觀察家，觀察每一種蝴蝶的生活史，從卵、幼蟲、蛹、成蟲及羽化、求偶、交配、產卵的生態奧秘，和蝴蝶與植物之間的食性關係。由於對蝴蝶食草敏銳的觀察力，進而發現臺灣新記錄種「毛白前 *Cynanchum mooreanum*」。臺灣堇菜科的新紀錄種「廣東堇菜 *Viola kwangtungensis* Melch.」以及新種馬兜鈴科植物由呂長澤博士以其名來命名「裕榮馬兜鈴 *Aristolochia yujungiana*」等食草。再者，其攝影技藝精湛而聘任臺北國際攝影沙龍自然組 Nature Section 評審委員，皆誠屬難得不易。

　　本輯翔實記錄了 111 種蝴蝶繽紛璀璨的生活史，這本《臺灣蝴蝶百科圖鑑》是他獻給愛蝶雅士的自然饗宴。書中以蝴蝶生活史為架構，重新增圖修訂，以最完整的蝴蝶生活史面貌來呈現。並記錄卵、幼蟲、蛹的拍攝尺寸與成長心得，這是目前相關書籍所欠缺的。簡明扼要的圖說，共使用3230張精緻圖片，圖片皆以特寫圖像來呈現，影像清晰、容易比對，細節可見、色彩逼真，張張扣人心弦、精緻細膩，不濫竽充數。搭配《臺灣蝴蝶食草植物全圖鑑》一書，可有相輔相成效果。深具學術價值與科普性，著實雅俗供賞且百讀不厭的蝴蝶好書，值得您探索典藏，做一趟自然心靈之旅～～～。

臺灣蝴蝶圖鑑作者

李俊延

【推薦序二】
自然界的奇葩成就臺灣之最「完整的蝴蝶生活史」

基礎植物研究一直是我的興趣也是我的工作，小時因家族事業從事園藝工作，也因此認識了許多觀賞植物，從大學以來就對認識野生花草樹木產生濃厚興趣，也很幸運有機會一直從事相關工作，多年來進行野外植物調查與分類研究。與洪裕榮先生認識也是因為植物，裕榮兄先學習攝影，奠定了深厚的攝影基礎之後，便將題材逐漸的專注於蝴蝶與植物的生態攝影，從野外觀察到居家栽種植物，開始飼養蝴蝶，觀察每一種蝴蝶生態，由卵、幼蟲、蛹、成蟲至羽化、交配、產卵完整生活史。

裕榮兄與我同為彰化子弟，喜歡大自然也擁有豐富的野外實務經驗，常常隻身在荒煙蔓草的野徑或荒地間，尋覓蝴蝶及其食草植物。為了確認物種、瞭解生物的物候，深入觀察蝴蝶及其食草植物的關係，他常在不同的時節，造訪同一地點，這也奠定他何以對該些物種的開花結果可以精確地寄語天地。他深厚的美學涵養，和歷經大自然的粹鍊，造就了這位自然界的奇葩。

這次他彙集將過去所累積的經驗，透過精美圖像和文字與大家分享他的心得。書內的蝴蝶有許多都是他用心培育的心血，從卵、幼蟲、蛹到羽化成蝶、交配，完整的蝴蝶生活史堪稱臺灣之最。本書不但有圖鑑的功能，並附註拍攝物尺寸及他多年的攝影心得札記，是進入蝴蝶與微距攝影領域的好幫手，也可供業餘人士參考；更難能可貴的是，本輯所拍攝的影像均採用專業照相器材和高品質印製，為不可多得的佳構。如此同時具有學術性和通俗性的書，可謂雅俗共賞，值得大家一起來分享自然的饗宴。

行政院農業委員會特有生物研究保育中心
副研究員兼高海拔試驗站主任

許再文

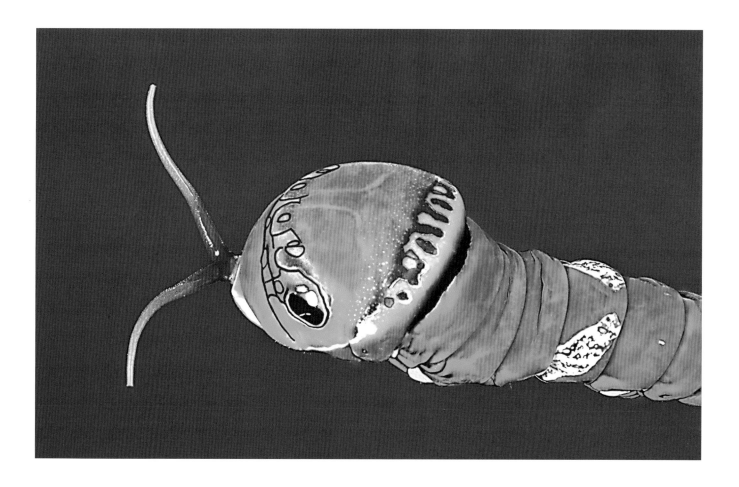

自　序

　　在臺灣這片人文氣息濃郁的土地上，湖光山色生態富饒，被譽為福爾摩莎（Formosa）美麗之島。我曾夢想在這美麗之島上，有很多我的足跡；後來發現臺灣雖小我更渺小，我的足跡是無法遍及每個角落。幸運的是，我能用相機將所到之處的影像凍結成回憶。

　　我是個熱愛大自然的攝影愛好者，對大自然有一種莫名的好感與崇敬，實在不可言喻；如同愛戀般的感覺，一直是我能身處野外，獨自探索的動力。每每自覺拍到不錯的作品時，就會喜悅地自我陶醉好一會兒，但～總不知是好是壞；因此就有參加攝影比賽和檢定的念頭，如此可以公開地讓各方的攝影專家來檢視評鑑我的照片，同時也參與世界各國影賽，與攝影好手評比觀摩、學習交流，以測試自我能力。

　　在 1996~1999 年之間，我參加國際沙龍年度積分賽，在自然幻燈組，前 2 年獲得排名第 12 名；1998 年首次進入世界攝影 10 傑第 3 名，1999 年再一次進入世界攝影 10 傑第 5 名。在這期間獲獎無數，如第 20 屆臺北國際攝影沙龍：「郎靜山大師紀念獎」，2005 年通過「國際攝影藝術聯盟 FIAP」獲頒 EFIAP （Excellence FIAP） 高級會士認證。就在許多的朋友為我喝采，並鼓勵我、期許我更上一層樓時，我放下他們所稱羨的殊榮，毅然地投入記錄臺灣蝴蝶的傳記拍攝工作。

　　在拍攝這一系列蝴蝶生活史，竭盡 10 餘年光景，有的朋友以非常奇特的眼光在觀察我的所作所為，甚至或嘲諷或惋惜的說，放著攝影家不當，反倒去拍教材。然而，我忠於自己的選擇，更是樂此不疲。這些年來，為尋找各種蝴蝶蹤影，投入不少時間、精力及錢糧。在野外奔波十幾萬公里，過程中的酸甜甘苦，就如「寒天飲冰水，點滴在心頭」。如：採集回來的雌蝶不產卵，幼蟲觀察飼養過程時，感染細菌、被螞蟻抬走或死亡；網室遭人破壞，採集的蝶種被光顧近 15 次，見證蝴蝶棲息的山林被怪手夷平成茶園、薑園、番茄園等窘境，以致有些生活史拍攝中斷，必須重新找尋該蝶種飼養與拍攝等等。

　　這一系列構思，以蝴蝶生活史傳記為出發點。從食草、卵、一齡至終齡、蛻皮、前蛹、結蛹、羽化、成蝶交配、產卵等整個蝴蝶成長的訊息，透過鏡頭來呈現牠生命的全貌，每種以 15 至 28 張圖片來敘述。拍攝時為確保蝴蝶身份無誤，全由人工採卵及 2 座網室使用和觀察，只有少部份蝶卵和幼蟲取自野外。然後，再彙整長期在野外與網室觀察蝴蝶的習性和食性之心得來撰述。

　　本書所採用的圖片，已經過嚴選去蕪存菁，捨去破損羽翼、不清晰影像；以最清晰美麗無陰影，可以辨識細節的圖片為主。並選用專業用鏡頭、軟片及精緻紙張，結合最新印刷技術製作而成。書中對於蝴蝶色彩的描述或許會與其他文獻記載有所出入；而是盡量以色票為基礎來描述，尚請包涵。而幼蟲所記述的尺寸是我拍攝該蟲靜態時所量之記錄，蝶卵的形狀使用常用的幾何圖形來敘述，在此僅供參考，讓您在看圖片時可與實物做對應。

個人才疏學淺，專長是自然生態藝術攝影；在本影集中，將影像與愛好自然的朋友分享。書中的蝴蝶與食草名稱屬專業領域，仍需仰賴國內專家學者協助指導和鑑定。本書從拍攝撰寫至付梓，雖然力求完美，但不免有疏漏謬誤之處，期盼各自然界、攝影界之先進賢達，不吝批評指正。

本輯承蒙國立臺灣師範大學生命科學系徐堉峰教授，百忙之中撥空協助指導，並擔任審閱內文，以及許再文博士、李俊延老師為本書撰序。最後～感謝帶領我進入攝影世界的啟蒙老師賴要三老師、陳清祥老師。及曾經協助過我的幕後功臣：高雄地方法院洪能超法官，李慶堯博士、柯文鎮先生、柯文周先生、王仁敏先生、康鼎隆先生、柯新章先生、林武成先生、顏志豪先生（阿福）、林信宗先生、林熙棟先生、郭俊銀先生。林楊綿女士、林素貞小姐、林素瓊小姐、林麗香小姐、林淑月小姐、洪敏皓先生的鼓勵與相助。尤其是熙棟兄，心繫吾食草、常饋贈食草予我供研究觀察，著實銘感五內。更感謝行政院農委會特有生物研究保育中心植物組：許再文博士、張和明博士。國立中興大學：曾彥學博士、曾喜育博士、趙建棣博士。國立自然科學博物館：楊宗愈博士、陳志雄博士、王秋美博士。國立嘉義大學生物資源學系呂長澤博士。趙堆德先生友情協助幻燈片掃瞄。俊延兄友情搜羅相關物種與蝶訊。木生昆蟲館：余利華館長、陳柏延先生。以及陳銘民社長、徐惠雅主編的鼎力支持，和所領導的優質製作團隊們的指導、鼓勵與相助，使本書更臻完美。在此，致十二萬分謝意～。認識您們真好！！！

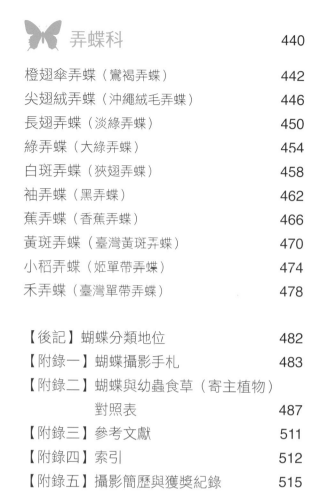

蝴蝶的生活史

在昆蟲的世界，蝴蝶是屬於完全變態類昆蟲，牠的一生完整的生活史，需經過「卵→幼蟲→蛹→成蟲」四個外觀明顯不同的階段歷程。每一個階段，都會面臨到各種生活難關和天敵無情的戕害與捕食；必須無時無刻戰戰兢兢，如臨深淵，如履薄冰的辛苦求生存。雖然，雌蝶一生可產下200～250多粒蝶卵，但～最後能順利平安成長至羽化的成蝶並不多，多數都會被天敵所捕食、寄生或環境破壞而死亡。

剛從卵孵化的幼蟲稱為「1齡幼蟲」。幼蟲以食為天，常會習慣的先將卵殼部分或全部吃掉，以補充體內所需要的養份和避敵；然後循著食草氣味，選擇一個安全且隱蔽之處休息與進食。即使沒有吃卵殼，也一樣能成長茁壯至羽化成蝶。

幼蟲每蛻一次皮，即增加一齡次，也會習慣吃掉蛻下的外皮。經過數次的蛻皮後，至最後一次齡期稱為「終齡」。

終齡幼蟲至後期尾聲時，便會尋找一處安全隱蔽之處，並且吐絲製作蟲座靜候，再吐絲製絲線來固定蟲體準備化蛹；先由前蛹期調養1～3天不等，也淨空體內多餘的物質，再將外皮蛻去成蛹。剛蛻完皮的蛹是軟軟的，此時也是最脆弱和危險之階段，需等到蛹的表皮硬化後，才具有保護作用。定型的蛹已無法移動和不進食，僅腹部會扭動。蛹會視環境溫度與濕度的變化，約經過10～13天在體內的細胞演變，最後羽化成翩翩飛舞的彩蝶。

剛羽化的蝴蝶，幾乎沒有機會看見雙親，也無法感受到慈愛。此時，牠的翅膀柔軟尚無飛行能力；所以很容易遭遇到天敵的捕食與攻擊。這時，牠需要找一個安全又隱蔽之處，等待翅膀乾硬後才能展翅翱翔於天際。開始一個充滿驚險與浪漫之旅，去尋找親密愛侶完成終身大事，之後就分道揚鑣各奔東西。雌蝶帶著愛的結晶，餐風露宿在危機四伏的大自然中，四處尋覓幼蟲寶寶所需的幼蟲食草，然後再將卵產於食草上，忙忙碌碌終其一生，完成傳宗接代的使命……。

蝴蝶的生活史　演出者：花鳳蝶（無尾鳳蝶）

1. 振翅飛舞正在產卵中的花鳳蝶（無尾鳳蝶）雌蝶♀。

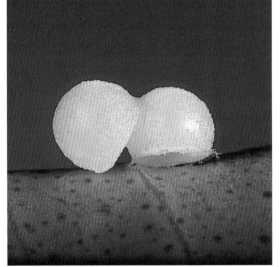

2. 剛產於四季橘新芽上的卵，7月分卵期3～4日。

3. 1齡幼蟲側面，體長約4mm。

4. 1齡幼蟲背面，體長約5mm。

5. 1齡蛻皮成2齡幼蟲，體長7.5mm。

6. 2 齡幼蟲側面，體長約 9mm。

7. 2 齡幼蟲背面，體長約 10mm。

8. 2 齡蛻皮成 3 齡幼蟲（背面）。體長約13mm。

9. 2 齡蛻皮成 3 齡幼蟲，正在吃蛻下的舊表皮。

10. 3 齡幼蟲背面，體長約 14mm。

11. 3 齡幼蟲側面，體長約 13mm。

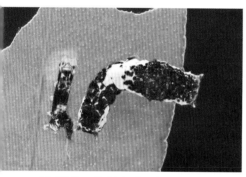

12. 剛從 3 齡蛻皮成 4 齡幼蟲時體長約 18mm。

13. 4 齡幼蟲背面，體長約 22mm，外觀摹擬成鳥糞。

14. 4 齡幼蟲側面，體長約 24mm。

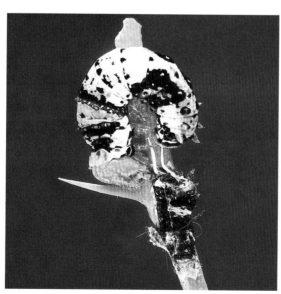

15. 4 齡幼蟲蛻皮成 5 齡時體長約 26mm。

16. 4 齡幼蟲蛻皮 5 齡後，經短暫休憩正回轉要吃舊表皮。

17. 4 齡幼蟲蛻皮 5 齡後正在吃蛻下的舊表皮，此舉可避天敵尋味敵害。

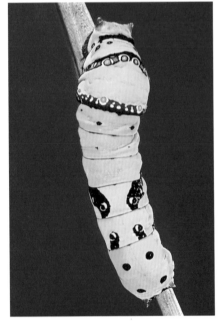

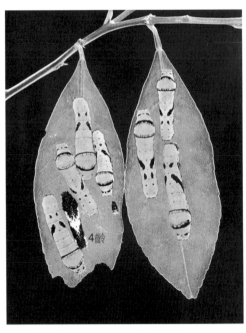

18. 5齡幼蟲（黃色型）初期，體長約 27mm，1～5齡幼蟲期約17天。

19. 5齡幼蟲（斑紋黑化型）背面，體長 約28mm，習慣棲息於葉表。

20. 5齡幼蟲階段體長26~45mm，棲於橘柑葉 表。

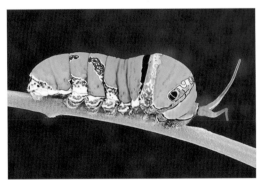

21. 5齡幼蟲（綠色型）遇敵或驚擾時會伸出臭 角威嚇。

22. 5齡幼蟲，臭角呈現雙顏 色；前半段紅橙色，近基 部段為黃橙色。

23. 前蛹（準備化蛹）。

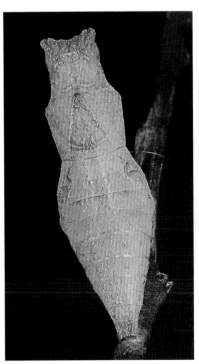

24. 蛹背面（綠色型）。

25. 蛹背面（黃褐色型）。

26. 蛹背面（仿樹皮綠褐色型）。

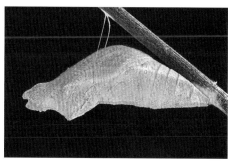

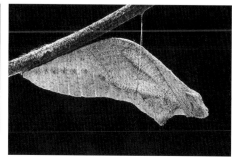

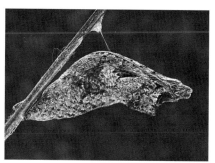

27. 蛹側面（綠色型），體長 31mm，寬 10mm。

28. 蛹側面（褐色型），體長 32mm，寬 11mm。

29. 蛹側面（仿樹皮綠褐色型），體長 32mm，寬 11mm。

30. 剛羽化休息中的雌蝶♀。

31. 展翅休息中的雄蝶♂。

32. 正在濕地吸水的雄蝶♂。

33. 雌蝶♀吸食細葉雪茄花花蜜。

◀ 34. 花鳳蝶（無尾鳳蝶）交尾（左♀右♂）。

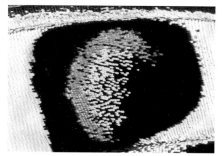

35. 花鳳蝶（無尾鳳蝶）後翅上繽紛璀璨的鱗片。

36. 花鳳蝶（無尾鳳蝶）後翅上的眼紋局部特寫。

卵

雌蝶和雄蝶交配後，會消耗很多體力，雌蝶通常會調養 1 至 2 天才開始有產卵行動；而有些雌蝶未交配也會產下未受精卵，未受精的卵俗稱「空包蛋」，卵會有凹陷或變色現象，並不會孵化出幼蟲。雌蝶產卵時，會利用腳觸覺和視覺、嗅覺來探尋幼蟲食草位置所在，並慎選產卵處，將卵產於食草上或附近枯藤、樹幹、地面、石塊等近食草環境。

每種雌蝶的產卵習性和行為都不盡相同，有的偏愛選擇向陽處、有的喜愛陰涼處，有的低、有的高。通常幼蟲受驚擾時會直落地面的蟲蟲，雌蝶習慣將卵產於低矮處，以方便蟲蟲尋食草氣味，而爬回原食草覓食。選擇吃植物花、果的蟲蟲，雌蝶通常選擇高處為產卵處，將卵產於花序或花苞上。

雌蝶產卵時，會從副腺分泌黏液，將卵固定於樹幹細縫、枝條、休眠芽、新芽、葉表、葉背、花序、果實或附近其他可附著卵之物體（如：多姿麝鳳蝶／大紅紋鳳蝶）。有的甚至會選擇產於離食草附近 1 至 2 公尺遠之處（如：枯葉蝶）。

雌蝶產卵的習性有單產、聚產或將卵 1~10 粒不等散產於葉片或枝條上（如：細蝶有時會聚產約 100~200 粒卵）。有的卵群更絕妙，外面還會有泡沫狀的膠質保護著，以防敵害。（如：雅波灰蝶／琉璃波紋小灰蝶的卵群）。

卵的外觀、大小和紋路、色彩，因蝶種不同，而有不同的形態呈現，有圓形、近圓形、卵圓形、半圓形、橢圓形、長橢圓形、扁狀圓形等形狀。卵表有細刺毛、長毛、凹凸刻紋、光滑或橫向、縱向之隆起脈紋，其色彩五顏六色繽紛別致，值得細細玩味。卵中央頂端有一個細小凹洞稱之為「精孔 micropyle」；此精孔，係提供已交尾過的雌蝶，將體內貯精囊的精子傳送至卵內，完成受精工作的重要程序，蝴蝶精彩的一生便由此展開～。

五種科別的蝶卵比較

科 別	產 卵	形 狀	造 型	色 澤	直 徑
鳳蝶科	單產或聚產	多為圓形或近圓形	卵表光滑或具有雌蝶分泌物瘤狀小突起。	黃色或橙紅色為多見	1 ～ 2.5 mm
蛺蝶科	單產或聚產	多樣化，有橢圓形、圓形、近圓形	卵表有光滑、細刺毛或有縱脈紋與淺橫紋等形態。	多樣化	0.5 mm ～ 1.8 mm
粉蝶科	單產或聚產	多為橢圓形至長橢圓形	卵表有縱脈紋與淺橫紋。	白色、淺黃至黃色、橙色等各種不同色澤	直徑 0.35 mm ～ 0.9 mm，高 1.4 mm ～ 2.0mm
灰蝶科	單產或少量聚產	多為扁狀圓形、半圓形	• 卵表具有凹凸刻紋或細刺毛，卵頂中央具「精孔」。 • 少數蝶種的卵，外面會包覆著泡沫膠狀物質，以保護卵群。 • 一年一世代蝶種，會選擇休眠芽、小枝或樹幹、樹皮裂縫為產卵處來越冬。	以白色、淺綠白色為多見	0.35 mm ～ 1.4 mm
弄蝶科	單產或聚產	扁狀圓形、半圓形及半圓錐狀，但大多數為半圓形	卵表有半滑或具有縱脈紋及少數有存留雌蝶尾端之絨毛。	多樣化	0.0 mm ～ 2.1 mm

各種造型的蝶卵

鳳蝶科

黃裳鳳蝶。

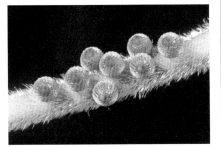

麝鳳蝶（麝香鳳蝶），卵8粒聚產。

蛺蝶科

琉璃蛺蝶。

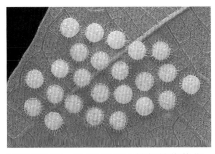

臺灣翠蛺蝶，卵24粒聚產於粗糠柴葉背。

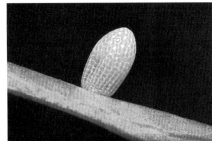

異紋紫斑蝶（端紫斑蝶）。

大波眼蝶（大波紋蛇目蝶）。

粉蝶科

亮色黃蝶（臺灣黃蝶）卵75粒聚產。

橙端粉蝶（端紅蝶）。

灰蝶科

雅波灰蝶（琉璃波紋小灰蝶），卵的外面　淡青雅波灰蝶（白波紋小灰蝶）。
被泡沫狀的膠質所保護著。

弄蝶科

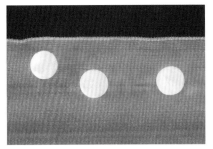

香蕉弄蝶（蕉弄蝶）的卵，被卵寄生蜂所　寬邊橙斑弄蝶，卵白色，半圓形（俯視）。
寄生，正破卵而出。

　　蝴蝶的卵通常都很細小，蝶卵的直徑大約從0.35 mm～2.5 mm之間，使用一般的鏡頭是無法將蝶卵拍得很大或特寫呈現。拍攝時可使用近攝專用「微距鏡頭 Macro Lenses」55 mm、60 mm、105 mm等鏡頭，搭配蛇腹或近攝環或使用廣角鏡頭28mm+倒接環來拍攝，便可獲得理想的放大率。

幼蟲

幼蟲的外觀形態，是由「頭部、胸部3體節、腹部10體節」所組成。頭部可任意轉動，中央具有前額（前頭）和兩側之頭頂，而部分蝶種頭頂上方具一對角狀、毛刷狀、棘狀之長或短錐突、犄角。頭部兩側具有側單眼、觸角和咀嚼式口器。而鳳蝶科之幼蟲，在頭部與前胸背板前緣具有一嫌忌腺孔，可伸出2叉狀之「臭角 osmeterium」。
側單眼：幼蟲無複眼，所以視覺不佳，僅有細小單眼來感光；側單眼6枚，位於頭部兩側下方，其功能主要對光之明暗度辨識。**觸角：**其功能主要為覓食用之嗅覺和觸覺功能。**咀嚼式口器：**口器主要具有一對大顎、小顎和上唇、下唇等構造所組成，大顎、小顎用於咀嚼食物進食。而吐絲時，頭部會似 ∞ 形搖頭晃動的吐絲製作絲座，來穩固蟲體在植物體上，以避免爬行落地或風吹雨打搖晃而失足。

胸部區分為「前胸、中胸、後胸」各具有一對胸足，3對胸足具有關節，足端具有單爪，為「主要行動器官」，待羽化成蝴蝶時，為真正的足。而在腹部第3～6節和尾足（第10節）各具有一

對腹足，5對腹足為肉質無關節、無爪，底部具有原足鉤，鉤子和吸盤可使蟲蟲在食草上穩健的攀爬行走；為「暫時性行動器官」，待羽化成蝴蝶時，腹足便會全部演變消失，而被稱為「偽足」之故。而在前胸和第1～8腹節的體側，各具有一對氣孔（氣門）做為調節呼吸。

從卵孵化出來的幼蟲即稱為「一齡幼蟲」，幼蟲大多數會習慣先吃掉部分或全部自己的卵殼；甚至有的幼蟲意猶未盡也會吃掉身旁同伴的卵粒，然後再尋找適當的隱密位置來躲藏。幼蟲每蛻皮一次即增長一齡次，在休息片刻後大多會吃掉蛻下的舊表皮；經過幾次的蛻皮，直到化蛹前最後一次齡期稱為「終齡」。幼蟲在蛻皮前會靜止在絲座上，不進食不活動；此時稱之為「眠或眠期」，此時不宜捕捉蟲體，如移動蟲體會有蛻皮失敗之危。每種蝴蝶的齡期，因種類而有所不同；如鳳蝶科通常有5齡，少數為6齡。粉蝶科通常有5齡，少數6~10齡。弄蝶科通常有5齡，少數6~9齡。灰蝶科通常有4~5齡，少數6~9齡。蛺蝶科約有5～12齡期不等，依環境溫溼度而齡期不一。

幼蟲的構造與各部位名稱說明 演出者：玉帶鳳蝶

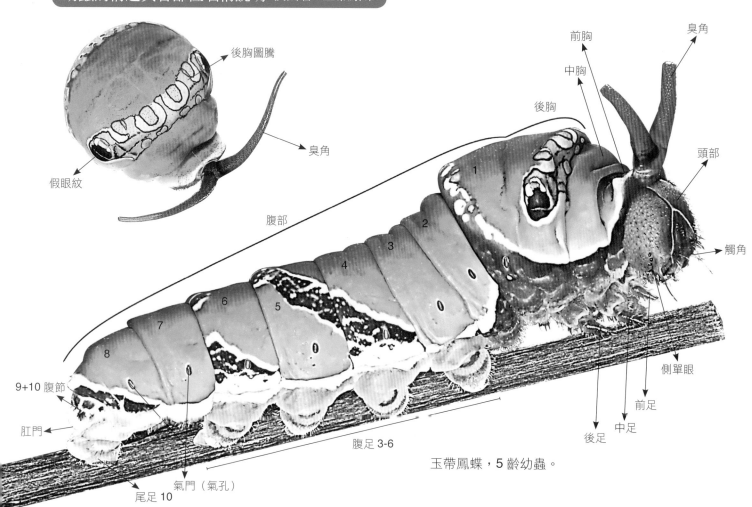

後胸圖騰

臭角

假眼紋

腹部

前胸

中胸

後胸

臭角

頭部

觸角

側單眼

前足

中足

後足

9+10 腹節

肛門

尾足 10

氣門（氣孔）

腹足 3-6

玉帶鳳蝶，5齡幼蟲。

幼蟲以食為天，大多數為「植食性」，以植物的花、葉、果為食，僅少數灰蝶科的幼蟲為「肉食性」，以介殼蟲、蚜蟲或螞蟻幼蟲為食。在尋覓食物時，主要靠觸角之嗅覺和觸覺來搜尋；再用大顎、小顎咀嚼進食。也用吐絲器來吐絲線，藉此穩固蟲體及爬行，以防止風吹搖晃掉落地面。幼蟲在成長的過程中，並不是每隻都可安然無恙的成長至羽化成蝶，常會遭遇到天敵的戕害與捕食。所以，每一種蝶類幼蟲，都會演化出一套自己的求生本能來禦敵。如鳳蝶科：有些食柑橘類植物之幼蟲，4齡以前之幼蟲習慣棲息於葉表，且模擬成條狀鳥糞，並具備臭角來釋放化學異味與虛張聲勢，藉以躲避敵害。食馬兜鈴類植物之幼蟲，體內具有馬兜鈴酸之毒素，且全身布滿令人猙獰的肉質突起來禦敵。蛺蝶科之幼蟲：有些體表布滿棘刺，似有毒刺蛾幼蟲。有的模擬蛾毛蟲吐絲下降來逃生，有的會假死，有的外觀與枯葉或綠葉相近，具有良好的環境保護色。有的食用有毒植物，蟲體外觀有對比強烈、鮮豔明亮之警戒色；用以警告天敵「我有毒，請勿吃我！」。再者，

斑蝶類之幼蟲，常選擇部分蘿藦亞科與夾竹桃科或桑科榕屬、盤龍木屬的植物葉片為食，而蘿藦亞科的植物體，具有白色乳汁液之有毒次級代謝物質「奮心配醣體」，使牠外觀具有鮮明之警戒色或口感不佳，以降低天敵的捕食。而在冬季低溫期時，有些蝶種會以幼蟲休眠越冬（如：白蛺蝶）或蛹越冬。粉蝶科之幼蟲：其體色大多為綠色系，與所食的食草色澤相融合；形成良好的環境保護色以避敵害。有的外觀摹擬成小蛇吐蛇信狀，有的體表密布細小瘤突或密生長柔毛；外觀像似毒蛾幼蟲等偽裝來避敵害。弄蝶科之幼蟲：大多具備有造巢的特殊本能，會利用葉片來製作蟲巢躲藏和避敵害，有別於其他行蹤暴露在外面之蝶種。灰蝶科之幼蟲：是一群非常特別的小昆蟲，由於體型嬌小並不易尋找而常被忽略。幼蟲期有些幼蟲會鑽入花苞或果實內躲藏，也有和螞蟻共生，同時受到螞蟻的照顧及保護；少數為肉食性者。以上種種五花八門的求生本能，不外乎是求能平安順利化蛹，羽化成彩蝶；徜徉於大自然，好好的傳宗接代延續生命展綻放異彩。

五種科別的幼蟲比較

科別	齡期	蟲體	特殊習性
鳳蝶科	通常有5齡期（曙鳳蝶6齡）	頭部與前胸前緣具有一嫌忌腺孔，可伸出2分叉之臭角。	• 從1～4齡外觀模擬成條狀鳥糞及具備色彩鮮明、伸縮自如的臭角，並會釋放異味來驅敵、防禦。 • 有些幼蟲有絕佳的保護色做隱身或全身具毒素與肉突等，來避免天敵捕食和傷害。
蛺蝶科	5～12個齡期，通常以5齡較多見	幼蟲外觀的造型與色彩多樣性，體表有光滑、棘刺、長毛和肉質突起。	• 有些幼蟲食用有毒植物，使體內具有毒性或體表具有很強烈鮮明色彩做為警戒色，或遇驚擾時會喬裝「裝死現象」欺敵。 • 有些草原性蝴蝶幼蟲會躲藏在土縫、石塊下，以避暑熱及天敵捕食等。
粉蝶科	約有5～10個齡期，通常以5齡較多見	體色以綠色系較為多見。	• 幼蟲多見棲於葉表及莖上，有單獨或群聚性，體色以綠色系較為多見；常與幼蟲食草的葉片色澤相融合，形成良好的保護色。 • 少數族群以在半空中的桑寄生科植物為食，蟲體具有長柔毛及鮮明的色彩，外觀擬態成毒蛾的幼蟲，做偽裝保護。
灰蝶科	通常具有4～5個齡期，少數為6～9齡	外觀造型獨特，蟲體體表有的被短毛或肉質突起，多見呈現扁橢圓狀與其他蝶種幼蟲明顯不同。	• 大多數幼蟲背面尾端具有「喜蟻器」，蜜腺會分泌蜜露，吸引螞蟻前來覓食；藉此獲得螞蟻的保護，形成互利共生關係。 • 有些幼蟲會躲藏在花苞及果實內，或者棲於同色系之花序與葉背上以避敵害。 • 幼蟲因體型嬌小玲瓏，在野地不易尋找，且外觀形態相似眾多；而有些食豆科植物之蝶種又常混棲在一起，在辨識上較需費心思。
弄蝶科	約有5～9個齡期，通常以5齡較多見	色彩繽紛，以綠色系居多，體表有光滑、密生短毛或斑點、斑紋等。	• 大多具有建築蟲巢的特殊本能，會利用食草葉片吐絲固定反捲來製作蟲巢，躲藏在裡面遮風擋雨及躲避敵害，需要進食時，才會爬行至其他葉片取食。 • 有的幼蟲會使用同伴死亡或棄用之蟲巢。

蝴蝶幼蟲大頭照

花鳳蝶（無尾鳳蝶），5齡幼蟲
大頭照。

黑鳳蝶，5齡幼蟲大頭照。

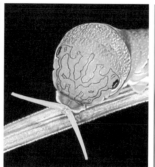

翠鳳蝶（烏鴉鳳蝶），5齡幼
蟲大頭照。

多姿麝鳳蝶（大紅紋鳳蝶），5
齡幼蟲大頭照。

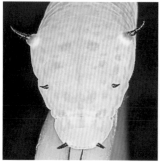

翠斑青鳳蝶（綠斑鳳蝶），5
齡幼蟲大頭照。

無尾白紋鳳蝶，5齡幼
蟲大頭照。

臺灣翠蛺蝶（臺灣綠蛺蝶），9齡幼蟲大
頭照。

異紋帶蛺蝶（小單帶蛺蝶），5
齡幼蟲大頭照。

琉璃蛺蝶，5齡幼蟲大頭照。

琺蛺蝶（紅擬豹斑蝶），5齡幼蟲大頭
照。

幻蛺蝶（琉球紫蛺蝶），5齡
幼蟲大頭照。

森林暮眼蝶（黑樹蔭蝶），
5齡幼蟲大頭照。

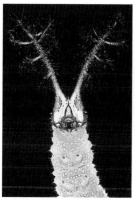

白裳貓蛺蝶（豹紋蝶），5
齡幼蟲大頭照。

藍紋鋸眼蝶（紫蛇目蝶），5齡幼蟲大
頭照。

殘眉線蛺蝶（臺灣星三線蝶），5
齡幼蟲大頭照。

白蛺蝶，5齡幼蟲大頭照。

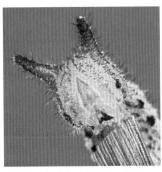

大波眼蝶（大波紋蛇目蝶），5齡幼蟲大頭照。

網絲蛺蝶（石牆蝶），5齡幼蟲大頭照。

絹斑蝶（姬小紋青斑蝶），5齡幼蟲大頭照。

淡紋青斑蝶，5齡幼蟲大頭照。

橙端粉蝶（端紅蝶），5齡幼蟲大頭照。

亮色黃蝶（臺灣黃蝶），5齡幼蟲大頭照。

豔粉蝶（紅肩粉蝶），5齡幼蟲大頭照。

禾弄蝶（臺灣單帶弄蝶），5齡幼蟲大頭照。

橙翅傘弄蝶（鸞褐弄蝶），5齡幼蟲大頭照。

褐翅綠弄蝶，5齡幼蟲大頭照。

幼蟲蛻皮行為　演出者：大鳳蝶

幼蟲每蛻一次皮，即增加一齡次，也會習慣吃掉蛻下的外皮。經過數次的蛻皮後，至最後一次齡期稱為「終齡」。

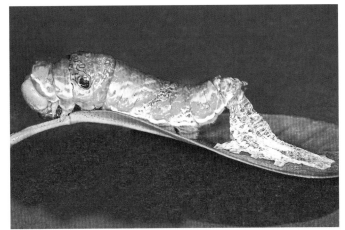
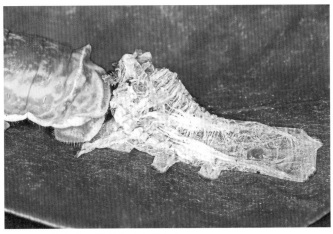

大鳳蝶的4齡幼蟲正蛻完皮成5齡。

剛蛻下的舊表皮，穩固密貼在絲座上。

蛹

終齡幼蟲到了成熟的階段，體色會有些轉變，並會停止進食。開始尋找安全隱蔽之處準備化蛹，接著選擇適當的位置，再吐絲線製作穩固的絲座，淨空消化道內多餘排泄物，再用絲線將蟲體固定在可附著的物體上，來進行化蛹。

經過前蛹期約 1 至 3 天的體內細胞轉變，再蛻皮成蛹。剛蛻完皮的蛹體，呈現柔軟狀態；此時，是一個危險與關鍵性的階段，很容易因外力因素或天敵攻擊，導致蛹體的受損而化蛹失敗或死亡。

蛹會因依附化蛹的場所及環境，顏色的呈現有深淺不一的環境保護色，通常以綠色系或褐色系較多見。而外觀形狀也因蝶種不同，呈現多樣性的形態與色澤樣貌。有摹擬樹葉、果實或枯枝、樹皮之保護色，也有蛹表具棘刺、光滑、斑點或鏡面般金光閃閃等五花八門不勝枚舉，藉以來躲避敵害。蛹的化蛹方式，因種類而不相同。有將蛹體直接曝露在自然環境中，也有直接化蛹於隱密蟲巢中或土縫、岩縫及果實內、花序上。

固定蛹的方式，可分為「帶蛹」、「垂蛹」和「僅以特化出粗大的懸垂器固定於枝條上化蛹」三種類型。帶蛹：係用腹部尾端的垂懸器，來固定蛹體尾端於絲座上；再利用絲線環繞於胸部，固定於絲座以支撐蛹體。如鳳蝶科、粉蝶科、灰蝶科和弄蝶科的幼蟲，便是利用此方式化蛹，來等待羽化成蝶。垂蛹：係利用腹部尾端的垂懸器，固定蛹體尾端於絲座上，使頭部向下倒懸於絲座上。如蛺蝶科，便是利用此方式化蛹，來等待羽化成蝶。再者，少數蝶種胸部無絲線環繞，僅以尾端粗大的垂懸器附著於絲座上，如「小鑽灰蝶（姬三尾小灰蝶）、鑽灰蝶（三尾小灰蝶）、拉拉山鑽灰蝶（拉拉山三尾小灰蝶）」便是利用此方式化蛹，來等待羽化成蝶，這是其他蝶類少見的化蛹類型。

五種科別的蛹比較

科 別	蛹 態	蛹 表	形 態
鳳蝶科	帶蛹	外觀的造型與色澤，因種類而有所不同，以綠色、褐色及帶黃的粉紅至橙色為多見。	少數外觀模擬成像枯枝等形態做偽裝。
蛺蝶科	垂蛹	外觀的造型與色澤因種類而有所不同，多見綠色系和褐色系。	有像枯葉、果實或金光閃閃的等多種形態。
粉蝶科	帶蛹	色澤多樣，多見以綠色系與褐色系及部分為黑褐色、黃色等。	顏色會因依附環境與場所而有所不同。
灰蝶科	帶蛹	多見為褐色系，橢圓形，外觀似小膠囊，長 7～16mm。	時常選擇在樹幹、枝條、葉片、落葉堆、土壤狹縫、石塊、枯木等陰涼隱密場所化蛹。少數蝶種其胸部無絲帶環繞，僅以特化粗大的垂懸器附著在枝條絲座上化蛹。
弄蝶科	帶蛹	有光滑或密生白色臘粉物質等形態。	有些化蛹於蟲巢內，有些於蟲巢外，因種類而有所不同。

1. 帶蛹的構造與各部位名稱說明 演出者：玉帶鳳蝶

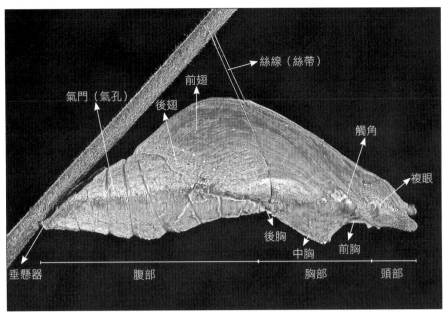

蛹側面。

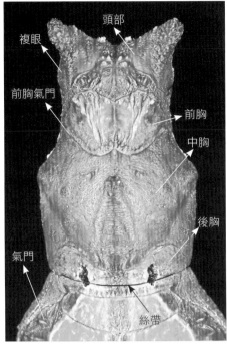

蛹背面頭胸部。

2. 蛹的構造與各部位名稱說明 演出者：淡紋青斑蝶

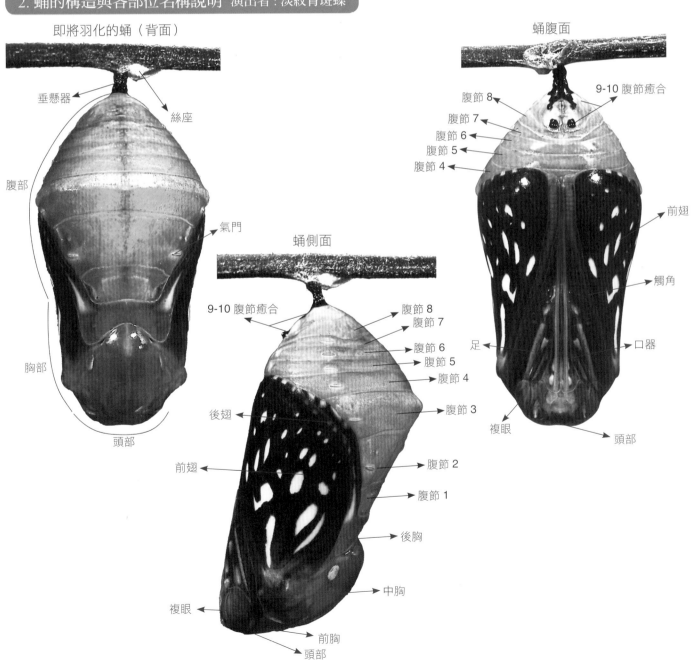

即將羽化的蛹（背面）

蛹腹面

蛹側面

3. 僅以特化垂懸器化蛹的構造與各部位名稱說明　演出者：小鑽灰蝶

小鑽灰蝶（姬三尾小灰蝶）前蛹時，蟲體直接貼附在枝條上準備化蛹，體長從終齡 15mm 縮至 12mm。

蛹（側面）。化成蛹時，胸部無絲線環繞，僅以尾端粗大的垂懸器附著於枝條上的絲座，蛹長約 9.2mm，寬約 5.2mm。

蛺蝶科的垂蛹

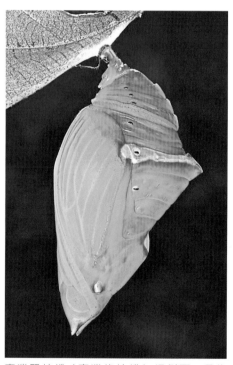
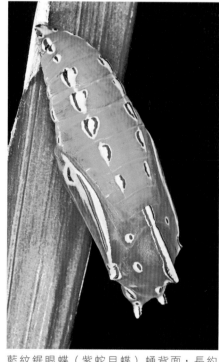

黃帶隱蛺蝶（黃帶枯葉蝶）蛹側面，長約 27mm，寬約 9.5mm。

臺灣翠蛺蝶（臺灣綠蛺蝶）蛹側面，長約 24mm，寬約 13mm。

藍紋鋸眼蝶（紫蛇目蝶）蛹背面，長約 22mm，寬約 7.5 mm。

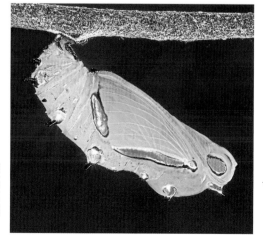

◀ 絹蛺蝶（黃頸蛺蝶）蛹側面，長約 15mm，寬約 11mm。外觀摹擬似果實。

◀ 琺蛺蝶（紅擬豹斑蝶）蛹側面，長約 14 mm，寬約 6mm。

鳳蝶科、粉蝶科、灰蝶科和弄蝶科的帶蛹

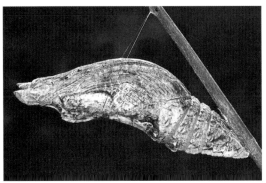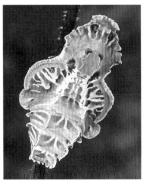

人鳳蝶，蛹側面，長約 41 mm，寬約 16 mm。外觀摹擬似樹皮青苔。

長尾麝鳳蝶（臺灣麝香鳳蝶）蛹背面，長約 27mm，寬約 16mm。

黃星斑鳳蝶（黃星鳳蝶）蛹側面，長約 27mm，寬約 6mm。外觀摹擬似枯枝。

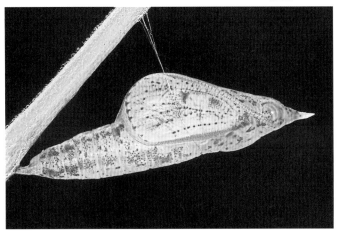

亮色黃蝶（臺灣黃蝶）蛹側面，長約 17mm，寬約 3.7mm。

豔粉蝶（紅肩粉蝶）蛹側面，長約 27mm，寬約 8mm。

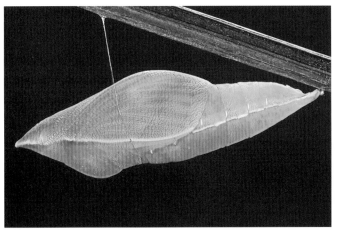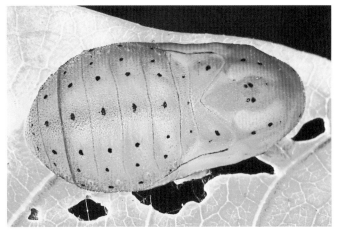

細波遷粉蝶（水青粉蝶）蛹側面。長約 28mm，寬約 7mm。

臺灣灑灰蝶（蓬萊烏小灰蝶）蛹背面，長約 12.5mm，寬約 6.5mm。

迷你藍灰蝶（迷你小灰蝶）蛹背面，綠色型，長約 8mm，寬約 2.7mm。

鐵色絨弄蝶（鐵色絨毛弄蝶）蛹側面，長約 23 mm，寬約 7 mm。蛹表密生白色粉臘物質。

成蟲

從蛹羽化出來的蝴蝶，稱為成蟲或成蝶。成蝶的身體構造，是由「頭部、胸部、腹部」三個部分所組成；每個部分各得其所，扮演著特殊功能和行為，來面對自然界的各種艱難挑戰。頭部有視覺器官：複眼。感覺器官：觸角，還有口器、下唇鬚，為蝴蝶重要的靈魂中心，主宰著一切行為構思。

頭部具有複眼一對，複眼位於頭部兩側呈現半球形；係由成千上萬六角形之小眼所組成，小眼數目越多，視覺就越佳。複眼中間上面具有一對先端膨大呈現棍棒狀之「觸角 antennae」（註：蛾類之觸角，其構造多見為絲狀、櫛齒狀、羽狀等等；因此，蝶類與蛾類可藉此簡易做區別）。頭部下方具有一高度特化的管狀口器，口器之構造是由 2 枚小顎外葉密合而成之中空虹吸式長管（曲管式口器）。口器平時呈現捲曲彈簧狀隱藏於下方；在遇到美味佳餚或覓食時，藉由血液壓力便可伸縮自如的，用來吸食各種花蜜、腐果汁液、樹液、動物排泄物、水分等流質食物，來供給身體所需的能量與營養。

胸部位於頭部和腹部之間，掌管著胸足與翅膀的運動功能；區分為「前胸、中胸、後胸」三個部分，每個部分各具有一對胸足，依續為前足、中足、後足。所有蝴蝶皆有 3 對胸足，但蛺蝶類的前足明顯特化未使用，而內縮於胸前，平常僅利用中、後足來活動，未仔細觀察會誤以為只有 2 對腳。 在中胸和後胸背側各具有一對翅膀；前翅位於中胸，後翅位於後胸。而翅膀的腹面和背面上有明顯翅脈；且依蝶種不同，翅脈相和翅膀表面密生各種五彩繽紛與鮮明奪目的細微鱗片，其外觀色彩、造型與鱗片組合方式，可在自然界中做為欺敵、偽裝、防禦、求偶、防水或調節溫度等求生、自保用途，及供人類辨識區別蝶種與分類鑑別。

腹部係由 10 個腹節所組成，內具有呼吸、神經、消化和排泄、生殖器官等等。在第 1 至 8 腹節的體側，各具有一對用於調節氣體與呼吸之氣孔。雌蝶的第 8 ～ 10 腹節與雄蝶第 9 ～ 10 腹節高度特化成「外生殖器官」，被濃密的細微鱗毛所保護著；交尾器除可辨識雌雄外，亦為蝴蝶在物種分類鑑別上之重要憑證。雄蝶具有一對把握器（claspers），陽具隱藏在內；在交配時可用於固定及調整雌蝶合適的體位。而雌蝶具有一受精囊和產卵管。再者，蛺蝶科中的斑蝶類，雄蝶腹部尾端內隱藏一對雄性性徵之毛筆器。毛筆器展開時，外觀像似毛刷狀球形，可伸縮自如。最主要是用於在求偶舞動時以展雄風；並釋放揮發性物質「費洛蒙（pheromone）」來吸引雌蝶歡心，以利進行交尾。另外，當遇到危險時，也會伸出毛筆器來虛張聲勢，藉以威嚇天敵以利趁機遁逃，而不被受到傷害。

成蟲的構造與各部位名稱說明 演出者：大鳳蝶

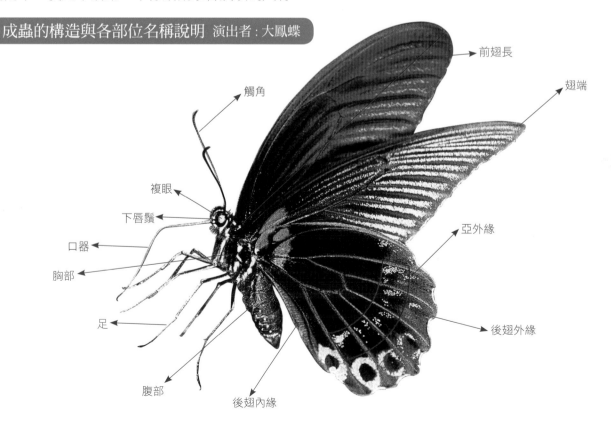

前翅長

翅端

觸角

複眼

下唇鬚

口器

胸部

足

亞外緣

後翅外緣

腹部

後翅內緣

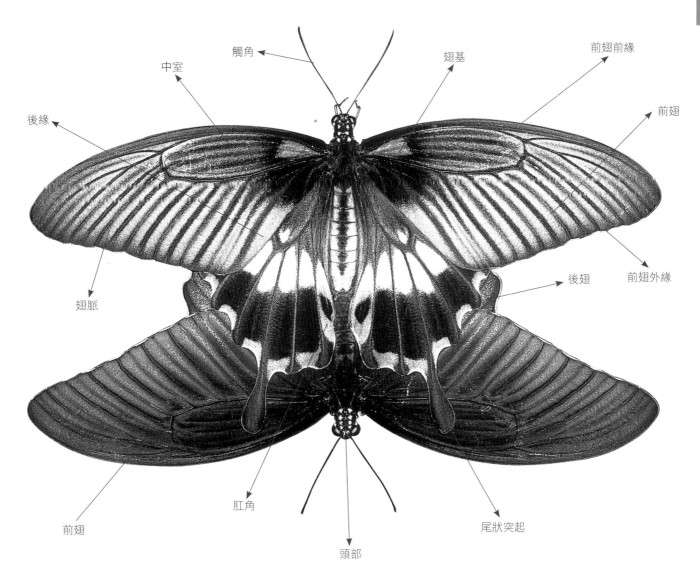

觸角　中室　後緣　翅脈　翅基　前翅前緣　前翅　後翅　前翅外緣　肛角　頭部　尾狀突起　前翅

大鳳蝶交配（上♀下♂）。

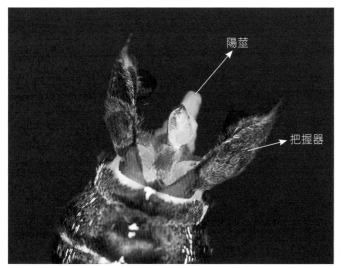

陽莖　把握器

大鳳蝶的雄生殖器內側特寫。

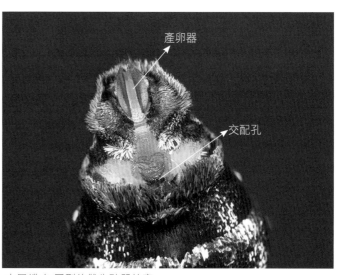

產卵器　交配孔

大鳳蝶 無尾型的雌生殖器特寫。

五種科別的成蟲比較

科別	體型	展翅寬	色彩	世代	族群分布	野外食性	特徵
鳳蝶科	多屬中、大型	5.5〜13.5 cm	色彩繽紛華麗，飛行時體態曼妙多姿，美艷動人。	有一年一世代及多世代，少數為雌雄異型。	從濱海、平地至中、高海拔都有。	以花蜜和水分為覓食對象。	• 有 3 對正常步行足，在後翅僅具有 1 條臀脈，當翅膀合翅時腹部顯而易見。 • 雄蝶沿內緣會反摺具有長柔毛，可與其他科別做區別。 • 有些種類尾端還具有長尾突，飛舞模樣優雅極致。
蛺蝶科	大、中、小皆有	3〜12.5 cm	外觀獨特，色彩繽紛，有些種類有色彩瑰麗的假眼紋來威嚇避敵；有的外觀摹擬的像枯葉、樹皮色澤，有的擬態成有毒斑蝶及具有鮮豔的警戒色。	有一年一世代及多世代，少數為雌雄異型。	從濱海、平地至中、高海拔都有。	食性包羅萬象，以花蜜、腐果、鮮果、落果汁液、樹液及動物排泄物、昆蟲屍體、水分或丟棄飲料等為食。	• 觸角腹面之節大多具有 2 縱溝，前足特化收縮在前胸，無法步行，僅利用中、後胸足來步行。 • 本科成蝶的前足並不發達，特化內縮置於前胸下方，乍看之下會以為只有 2 對腳，而據此特徵可與其他科別做簡易辨識。
粉蝶科	中、小型	3〜9 cm	以淺色系的黃、白色為主體，再搭配紅、橙、黑等色彩圖騰，而鱗片結構宛如粉末般易脫落。	有一年一世代及多世代，少部分為雌雄異型，外觀宛若兩種不同蝶種。	從濱海、平地至中、高海拔皆有。	以花蜜和水分為食。	• 雌蝶偏愛於幼蟲食草附近或疏林、林緣活動；雄蝶則喜愛三五成群聚集於河床、溪畔溼地吸水和飛舞。
灰蝶科	嬌小玲瓏	1.6 cm〜4.8 cm	羽翼繽紛多樣。	有一年一世代及多世代。	從濱海、平地至中、高海拔皆有。	以花蜜和水分，部分會選擇動物排泄物為食。	• 有些蝶種在後翅肛角處具有長短不一的細長尾突與假眼紋，其功能似假頭，藉此晃動搖擺來欺敵偽裝。 • 飛行靈敏快速，尤其是在中、高海拔雲霧飄渺之環境，行蹤往往難以捉摸，不易觀察。
弄蝶科	嬌小玲瓏	2.0 cm〜6.5 cm	較不鮮明，以褐色系和橙色系為主。	有一年一世代及多世代。	從濱海、平地至中、高海拔皆有。	以花蜜和水分，及部分會選擇動物排泄物、鳥糞、腐果為食。	• 休息或覓食時，習慣展開雙翅警戒或曬太陽。 • 生性膽怯，在野地只要有任何一點驚動，馬上振翅快飛。

成蟲生殖器構造與名稱說明　演出者：橙端粉蝶（端粉蝶）

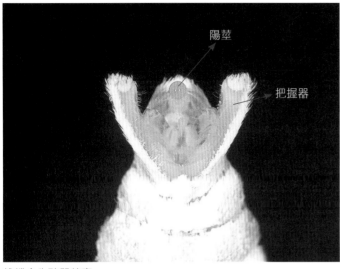

雄蝶♂生殖器特寫。

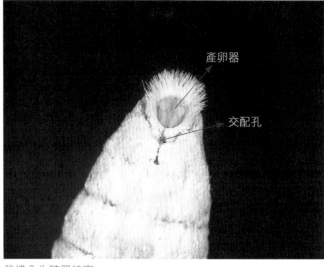

雌蝶♀生殖器特寫。

成蟲翅膀眼紋構造與名稱說明　演出者：眼蛺蝶（孔雀蛺蝶）

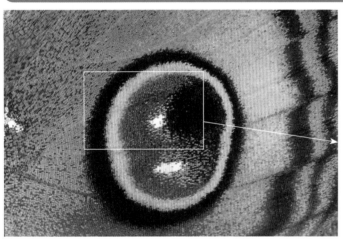

眼蛺蝶（孔雀蛺蝶）後翅上的眼紋。

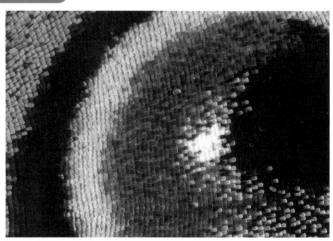

後翅上的眼紋，鱗片局部特寫；鱗片密集排列具有一層臘質，可防水、防塵。

成蟲頭部構造與名稱說明　演出者：蕉弄蝶（香蕉弄蝶）

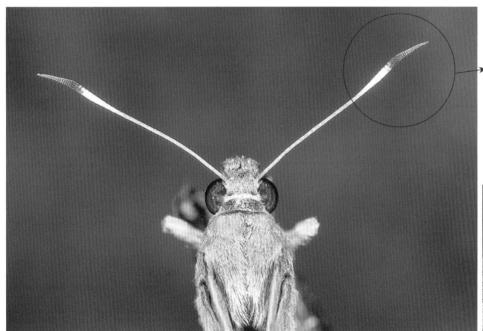

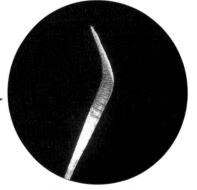

觸角先端膨大鉤狀。

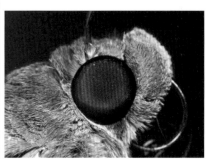

蕉弄蝶（香蕉弄蝶）頭部與觸角特寫。

頭部，複眼的特寫。複眼紅色。

鳳蝶科 Papilionidae

鳳蝶科的卵,有單產或聚產。形狀多為圓形或近圓形,卵表光滑或具有雌蝶分泌物瘤狀小突起,色澤以黃色或橙紅色為多見;卵的直徑 1 ～ 2.5 mm 之間。幼蟲共有 5 齡期(曙鳳蝶 6 齡),在頭部與前胸前緣具有一嫌忌腺孔,可伸出 2 分叉之臭角(osmeterium)。蛹為帶蛹,外觀的造型與色澤,因種類而有所不同,以綠色、褐色及帶黃的粉紅至橙色為多見;少數外觀模擬成像枯枝等形態做偽裝。成蝶的體型多屬中、大型,展翅時寬 5.5 ～

13.5 cm,有 3 對正常步行足,在後翅僅具有 1 條臀脈,當翅膀合翅時腹部顯而易見,而雄蝶沿內緣會反摺具有長柔毛,可與其他科別做區別。目前臺灣產,最小的鳳蝶為:黃星斑鳳蝶(黃星鳳蝶);最大者為:珠光裳鳳蝶(珠光鳳蝶♀)。

成蝶的族群分布,從濱海、平地至中、高海拔都有族群分布;其食性野外多見選擇以花蜜和水分為覓食對象。成蝶外觀的色彩繽紛華麗,少數為雌雄異型,有一年一世代及多世代的。飛行時體態曼妙多姿,美艷動人;有些種類尾端還具有長尾突,翩翩飛舞的模樣優雅極致。在曠野阡陌或溪谷山林

【鳳蝶科幼蟲食草】

食荼萸。

鯖山椒(胡椒木、岩山椒)♀。

飛龍掌血♂。

刺花椒♂。

陰香。

雙面刺♂。

四季橘。

菝藤。

蘭嶼烏心石。

含笑花。

山刈葉。

土樟。

中最容易引人目光和喜愛的蝴蝶；亦是人工蝴蝶園做為生態導覽解說與教學最常見的題材，更也是攝影師鎂光燈追逐下的最佳模特兒。我就是因為牠的美麗所吸引，才墜入這個蝴蝶世界。

臺灣產鳳蝶科的幼蟲食草科別不多，在臺灣一萬多種植物中（含外來種、栽培種），僅選擇少數科別中的幾種植物為食，根據 2016 APG IV 臺灣種子植物的親緣分類，野外多見選擇以「蕃荔枝科、樟科、芸香科、馬兜鈴科、木蘭科、繖形科、錦葵科‧胡椒科」等，目前約有 8 種科別植物為食的觀察記錄。幼蟲常棲於食草葉表及莖上，也衍生

出一套自我求生的本能；有些種類的幼蟲期，從 1～4 齡牠的外觀模擬成條狀鳥糞及具備「臭角」，而臭角色彩鮮明且伸縮自如，並會釋放異味來驅敵、防禦。有的有絕佳的保護色做隱身或全身具毒素與肉突等，來避免天敵捕食和傷害。

迄今，全世界各地所發現的鳳蝶種類約計有 600 多種。臺灣約有 31 種，其中有 4 種鳳蝶「珠光裳鳳蝶、黃裳鳳蝶、臺灣寬尾鳳蝶及曙鳳蝶」，於 1989 年（民國 78 年）經行政院農委會公告為保育類蝴蝶；不得非法持有、騷擾、獵捕、買賣等行為。本書共記錄 18 種鳳蝶。

過山香。

狗花椒♀。

香楠。

柚。

港口馬兜鈴。

烏柑仔。

蜂窩馬兜鈴。

臺灣馬兜鈴（褐色型）。

瓜葉馬兜鈴。　　彩花馬兜鈴。

裕榮馬兜鈴。

八仙山馬兜鈴。

黃裳鳳蝶

Troides aeacus kaguya Nakahara & Esaki, 1930　特有亞種　60～80mm

鳳蝶科／裳鳳蝶屬

● 卵／幼蟲期

卵單產，剛產淺灰白色，發育後漸轉為黃橙色，近圓形，高約 2.1mm，徑 2.3～2.5 mm，卵表平滑，卵期 8～9 日。雌蝶的產卵習性，喜愛選擇疏林的幼蟲食草高處，將卵產於葉背、枝條或近食草可附著之物體。

終齡 5 或 6 齡，蟲體碩大體長 4.2～8 公分，寬約 1.8 公分。頭部黑褐色，臭角黃橙色。體表分布著米黃色和紅褐色斑紋及肉棘，在第 3～4 腹節具有白色肉棘，氣孔黑褐色。再者，4～6 齡幼蟲在成長的過程中，常會有環狀剝皮啃食植物莖蔓的行為，因而導致植株上部莖蔓枯萎或死亡。牠的進食行為特異，若有其他同食性的鳳蝶競爭，容易導致黃裳鳳蝶幼蟲因缺乏食物而無法生存。

卵黃橙色，近球形，徑約 2.3mm，高約 2.1mm，卵頂暗紅色斑點為精孔。

卵黃橙色，底部具有一層紅橙色來自雌蝶副腺分泌物黏貼於葉背。

剛孵化的幼蟲以口器咬破卵殼而出，1 齡幼蟲體長約 5mm 正在吃卵殼，來補充體內所需的營養素。

1 眠幼蟲，體長 8 mm，準備蛻皮成 2 齡。

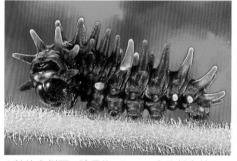
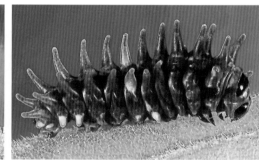

2 齡幼蟲背面，體長約 12mm，肉棘為粉紅色。

2 齡幼蟲側面，體長約 12mm。在胸部和第 3～4 與尾端腹節，肉棘為粉紅色。

2 眠幼蟲，體長約 14mm。

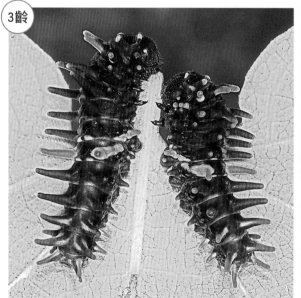

3 齡幼蟲，體長約 17mm。幼蟲將葉柄咬斷，葉落地後還是繼續享受美食。

3 齡幼蟲後期，體長約 24mm。

3 齡幼蟲蛻皮成 4 齡，體長約 25mm。

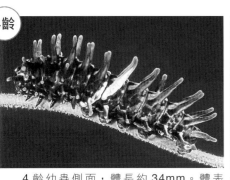

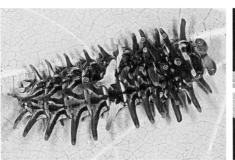

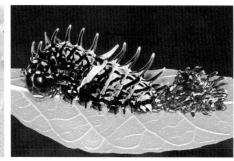

4齡幼蟲側面，體長約34mm。體表 漸有米黃色斑紋分布。

4齡幼蟲背面，體長約30mm，體表已出 現黃褐色斑紋。

4齡幼蟲蛻皮成5齡，體長約41mm。

5齡

蛻完皮的5齡幼蟲經過短暫休息後，轉頭正在 吃蛻下的舊表皮充飢與避敵。

5齡幼蟲，終齡初期，體長約45mm。

終齡幼蟲5或6齡，體長4.2～8公分。

5齡幼蟲體長7公分時期，體色泛米色。

5齡幼蟲（終齡），體長7公分，八卦山芬園山區有廣大的臺灣馬兜鈴分布，是黃裳 鳳蝶重要棲息地，但因開發過度，生育地面臨極大考驗。

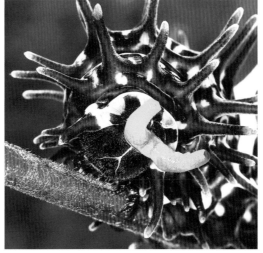

5齡幼蟲（終齡）大頭照，臭角黃橙色。

5齡幼蟲（終齡）在第3～4腹 節具有白色肉棘。

● 蛹

　　蛹為帶蛹，淺黃褐色，長約 5 公分，寬約 2.8 公分，蛹表有大面積黃色斑紋，頭頂和中胸兩側具有小錐突，在第 5、6 節各具有一對突起。常化蛹於莖或鄰近植物枝條上。氣孔淺褐色。低溫時期以蛹越冬。蛹期 28 ～ 40 日，越冬蛹約 100 多天。

前蛹初期時肉棘堅挺。

前蛹後期時經過約 2 天半，外表皮漸鬆弛，肉棘萎縮。

化蛹時由頭部縫線至胸部先開裂。

蛻皮至第 6 腹節，絲帶停留在第 2 ～ 3 腹節間。蛹體蠕動中。

甩掉舊表皮，絲帶蠕動至後胸被包覆而固定，此時蛹體柔軟很容易因外在騷擾或天敵等因素，而化蛹失敗死亡。

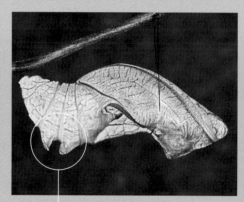

完全定型的蛹側面，長約 50mm，寬約 28mm，從蛻皮至完全甩掉舊表皮，共費時約 6 分鐘，臺灣最大型的蛹，經過艱難的一刻終於完成化蛹。

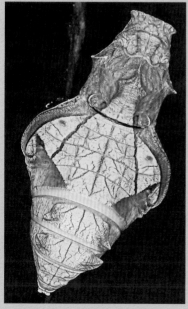

蛹背面，長約 50mm，寬約 28mm。當受到搔擾時，會發出咻～咻～的聲音來驅敵、威嚇。

蛹胸部特寫。頭頂和中胸兩側具有小錐突。第 1 腹節氣孔隱藏，在蠕動時被擠壓至被翅所覆蓋，蛹定型時，絲帶被移至後胸。

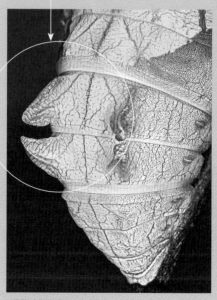

蛹腹部特寫。在第 5、6 節具有一對突起。

● 成蝶

黃裳鳳蝶雌雄蝶的胸部有紅色斑紋，腹部有鮮黃色和黑色斑紋，後翅無尾突。前翅翅底黑色，翅脈周圍為灰白色。**雄蝶♂**在後翅有大面積鮮黃色，外緣有一排黑斑紋呈現鈍齒波狀。**雌蝶♀**後翅分布黑色和黃色網狀斑紋，在中央具有一排長卵形黑色斑紋，雌蝶♀的體型明顯比雄蝶♂大。因此，雌雄的外觀斑紋明顯不同，可藉此做分別。

雄蝶♂吸食金露花花蜜。

剛羽化不久的雄蝶♂，正在等待翅膀乾硬後起飛。

雄蝶♂。

交配（上♀下♂），保育類，前翅展開寬10～12公分，是具觀賞價值的美蝶。

交配（上♀下♂），一年多世代，大型鳳蝶，前翅長60～80mm，普遍分布於海拔0～1000公尺山區，全年可見，主要出現於3～5及9～11月。

● 生態習性／分布

一年多世代，大型鳳蝶，前翅長60～80mm，普遍分布於**海拔0～1000公尺山區**，全年可見，主要出現於3～5及9～11月。成蝶外觀繽紛華麗美的無法言喻，是極具觀賞價值的美蝴蝶。祇可惜牠被列為第3類「其他應予保育之野生動物」，不得獵捕、騷擾、買賣及飼養等等。但本種常見自來人工大量種植馬兜鈴類的農場吃農作物，故可解除保育類，順而護育。

麝鳳蝶（麝香鳳蝶）

Byasa confusus mansonensis（Fruhstorfer, 1901）

鳳蝶科／麝鳳蝶屬

45～55mm

● 卵／幼蟲期

　　卵聚產，紅橙色，近圓形，高約 1.5 mm，徑約 1.4 mm，卵表分布有小瘤突狀的雌蝶分泌物，10月分卵期 5～6 日。雌蝶的產卵習性，喜愛選擇低干擾林緣、路旁或疏林內的幼蟲食草；將卵 5～25 粒不等，聚產於葉背或新芽及莖上。

　　小幼蟲初期有群居性，3 齡以後便會三三兩兩隨著成長而各處尋覓棲所。終齡 5 齡，體長 31～46mm。頭部褐色，臭角黃橙色。蟲體灰褐色，分布著斑駁狀深淺不一致的灰褐色斑紋和淺紅紫色肉棘，在第 3、4 與 7 腹節，共有 3 對醒目的白色肉棘。氣孔黑色。

卵

卵聚產，14 粒產於臺灣馬兜鈴葉片。

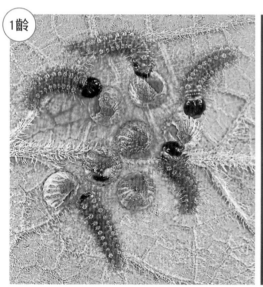

1齡

剛孵化 1 齡幼蟲有群聚性，體長約 3.5mm，正在吃卵殼。

1 齡幼蟲後期，體長 5 mm，斑紋已顯。

1 齡幼蟲蛻皮成 2 齡時，體長約 6 mm。

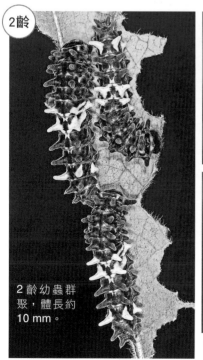

2齡

2 齡幼蟲群聚，體長約 10 mm。

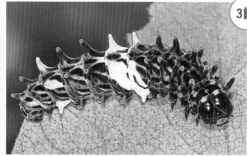

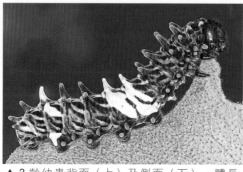

▲ 3 齡幼蟲背面（上）及側面（下），體長約 19 mm。

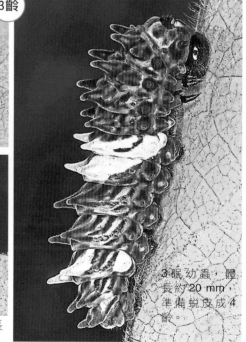

3齡

3 眠幼蟲，體長約 20 mm，準備蛻皮成 4 齡。

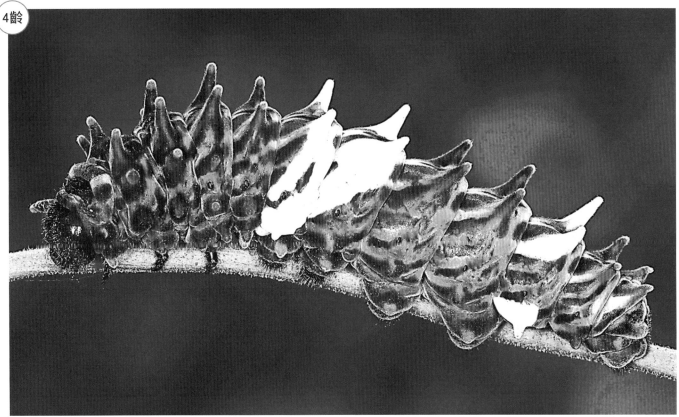

4 齡幼蟲側面，體長約 26 mm。

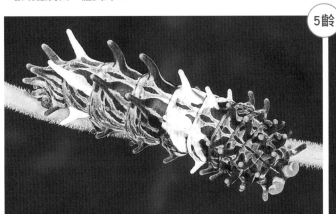

5 齡幼蟲（終齡）背面，體長 31 ～ 46 mm。

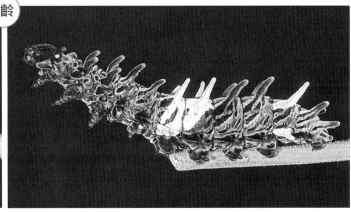

5 齡幼蟲（終齡）側面，體長約 46 mm。

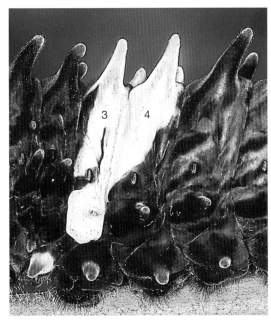

第 3、4 腹節白色肉棘較長尾麝鳳蝶短小。

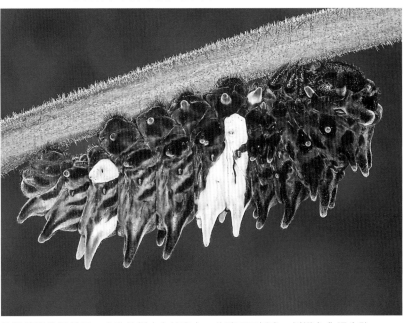

終齡後期準備前蛹，會吐絲靜止在絲座上，此時不可抓拿，以避免化蛹失敗。

● 蛹

蛹為帶蛹，淺米褐色，長約 25mm，寬約 15mm。蛹表有紅褐色和米白色斑紋。頭頂平直細波狀，兩側向外突起，中胸有耳狀外突，翅緣弧度較長尾麝鳳蝶小，蛹的第 4 ～ 9 腹背的突起圓弧，先端圓。氣孔褐色，常化蛹於莖、葉背或附近物體上，低溫期以蛹越冬。8 月分蛹期 10 ～ 12 日。

前蛹。

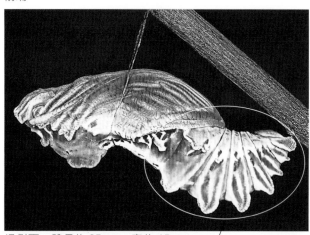

蛹側面，體長約 25mm，寬約 15mm。
麝鳳蝶蛹的色澤比長尾麝鳳蝶淡。

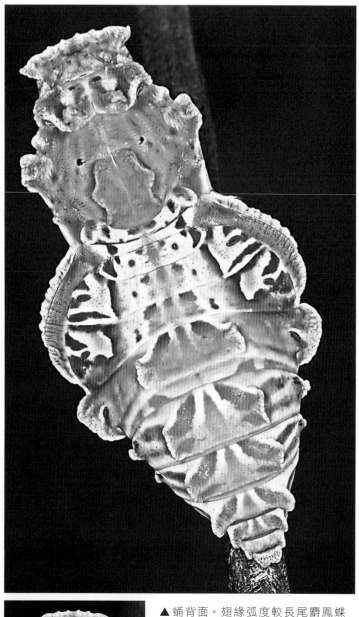

蛹的第 4 ～ 9 腹背的突起圓弧，先端圓鈍。

▲ 蛹背面。翅緣弧度較長尾麝鳳蝶小，色澤較淡。

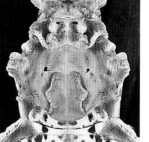

◀蛹的頭、胸部特寫。中胸兩側具有耳狀突，頭項近平。

● 生態習性／分布

一年多世代，中、大型鳳蝶，前翅長 45 ～ 55mm。普遍分布於海拔 0 ～ 700 公尺山區，全年皆可見。成蝶飛姿輕盈，體態優雅，身上會散發一種淡淡的香味～麝香味，因而得名麝香鳳蝶。常見於林緣山徑飛舞或穿梭於林間在尋覓馬兜鈴或愛侶；喜愛吸食各種野花花蜜，偶而也會在潮濕地面吸水。

● 成蝶

　　麝鳳蝶（麝香鳳蝶）雌雄的外觀斑紋與色彩相仿，胸部和腹部呈現洋紅色至粉紅色，體表有黑色斑紋和斑點，後翅尾端具有長尾突。翅腹面，在後翅外緣各室有洋紅色塊狀和弧形狀斑紋；而翅背面後翅的洋紅色斑紋較腹面小。**雄蝶♂翅色為黑色，雌蝶♀黑褐色。雄蝶♂**：後翅的內緣會反摺，內有雄性性徵之灰白毛；雌雄蝶可由此簡易區別，或直接由外生殖器做辨識。

剛羽化休息中的雄蝶♂。

內緣反摺

雄蝶♂展翅。麝鳳蝶為中大型鳳蝶，前翅展開時寬6.5～7.3公分。

雄蝶♂後翅內緣會反摺，內密生長毛為性徵。

雌蝶♀吸食金露花花蜜。

雌蝶♀吸食繁星花花蜜。

雌蝶♀展翅休息。中部八卦山山脈是本種重要的棲息地，不過這些年族群明顯減少，主要活動於3～12月。

◀卵為聚產，雌蝶♀正產下第8粒卵。

麝鳳蝶交配（左♀右♂）。麝鳳蝶是容易飼養和繁殖的蝶種，但幼蟲在飼養時忌高密度和通風不良，否則容易受到感染而集體死亡。

長尾麝鳳蝶（臺灣麝香鳳蝶）

Byasa impediens febanus（Fruhstorfer, 1908）
鳳蝶科／麝鳳蝶屬　特有亞種　40～50mm

036

● 卵／幼蟲期

　　卵單產，黃橙色，近圓形，卵表分布有小瘤突狀的雌蝶分泌物，徑約 1.6 mm，5 月分卵期 6～7日。雌蝶的產卵習性，喜愛選擇涼爽疏林、林緣或路旁的幼蟲食草，將卵產於葉背、莖或附近可附著卵之物體。

　　終齡 5 齡，體長 32～48 mm。頭部褐色，臭角黃橙色。蟲體帶灰的紅褐色，各節具有肉棘及斜斑紋和暗紅色斑點，在第 3、4 與 7 腹節，具有米白色之肉突；而在第 4 節背部白色斑塊內具有 3 個褐斑。氣孔黑色。

卵

卵單產，3 粒並排，黃橙色，近球形，徑約 1.7mm。

1齡

剛孵化的 1 齡幼蟲正在吃卵殼，體長約 4 mm。

1 眠幼蟲，準備蛻皮成 2 齡，體長約 6 mm。

2齡

2 齡幼蟲側面，體長約 9mm。

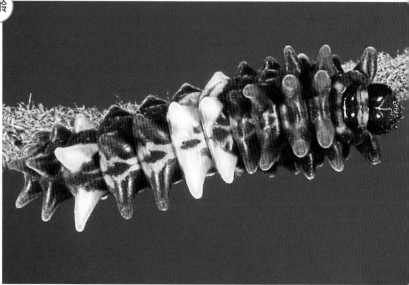

2 齡幼蟲背面，體長約 8.5mm，已顯清晰白色肉棘。

3齡

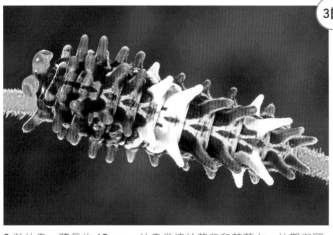 

3 齡幼蟲，體長約 18mm。幼蟲常棲於葉背和莖蔓上，外觀與同屬的麝鳳蝶幼蟲很相似，極易混淆須注意。

3 齡幼蟲蛻皮成 4 齡幼蟲，體長約 19mm。

4齡

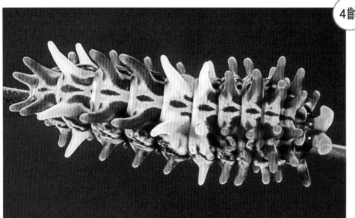 

4 齡幼蟲（淺紅褐色型）背面，體長約 23mm 時期。

4 齡幼蟲側面，體長約 24mm，生態習性與同屬的多姿麝鳳蝶相近。

5齡

 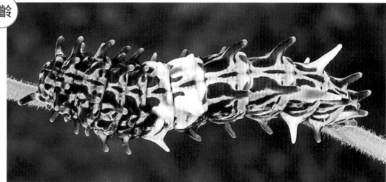

5 齡幼蟲（終齡）側面，體長約 47mm，蟲體中央具有 2 對白色長肉棘。

5 齡幼蟲（終齡），體長 32 〜 48 mm，幼蟲的外觀形態與麝鳳蝶幼蟲期幾乎相近易混淆。

 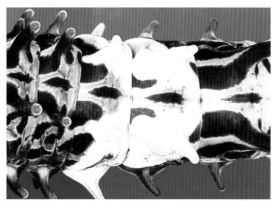 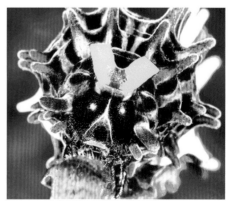

5 齡幼蟲第 3、4 節側面特寫，白色肉突長約 4.6mm。

5 齡幼蟲第 3、4 節背面特寫，白色肉突長約 4.6mm。

5 齡幼蟲大頭照，頭部褐色，臭角黃橙色。

● 蛹

蛹為帶蛹，**淺紅褐色**，長約27mm，寬約16mm。頭頂平直細波狀，兩側向外突起，中胸有耳狀外突，翅緣弧度較麝鳳蝶大，蛹背第4～9腹背的突起方圓形，先端方圓。氣孔褐色，常化蛹於莖、葉背或附近物體上，低溫期以蛹越冬。9月分蛹期11～13日。

前蛹（準備化蛹）。

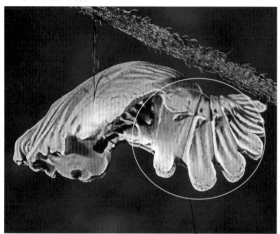

蛹側面，長約27mm，寬約16mm。

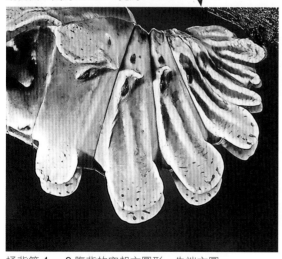

蛹背第4～9腹背的突起方圓形，先端方圓。

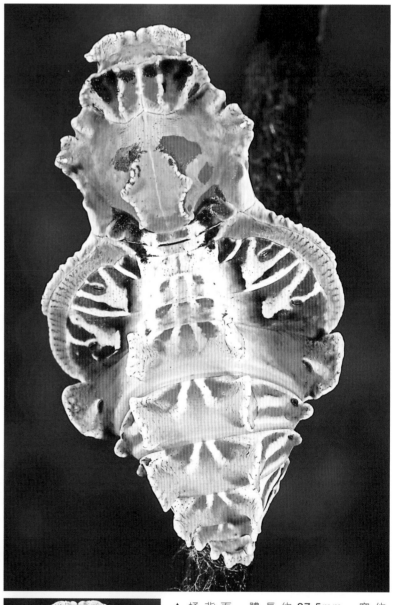

▲ 蛹背面，體長約27.5mm，寬約16mm。翅外緣弧度較麝鳳蝶大，蛹色較麝鳳蝶深。

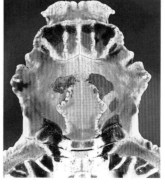

◀蛹的頭、胸部特寫。中胸兩側耳狀突先端凹陷。

● 生態習性／分布

一年多世代，中、大型鳳蝶，前翅長40～50mm。普遍分布於**海拔0～2300公尺山區**，全年皆可見，主要出現於3～11月。成蝶性喜涼爽環境，夏季高溫期以海拔300～1100公尺的山區較多見，平地反而明顯銳減。牠的飛姿輕盈曼妙，體態優美，喜愛吸食各種野花花蜜和穿梭於林間飛舞。

● 成蝶

　　長尾麝鳳蝶（臺灣麝香鳳蝶）雌雄外觀的色澤和斑紋相近，雌蝶♀的體型略大於雄蝶♂，色澤也較雄蝶♂淡；後翅具有長尾突。**雄蝶♂**翅為黑色，**雌蝶♀**翅為黑褐色；在後翅亞外緣腹面有 7 枚，背面有 6 枚粉紅色斑紋。**雄蝶♂**：在後翅的內緣反摺，內有雄性性徵之灰白毛；雌雄蝶可由此簡易區別。

剛羽化出來休息中的雄蝶♂。

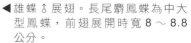

▲ 雄蝶♂在後翅的內緣會反摺，內有雄性性徵之灰白毛。

◄ 雄蝶♂展翅。長尾麝鳳蝶為中大型鳳蝶，前翅展開時寬 8 ～ 8.8 公分。

雌蝶♀訪金銀花。長尾麝鳳蝶在溪頭、鹿谷一帶山區，雌蝶♀多見選擇以瓜葉馬兜鈴為產卵對象。

交配（上♂下♀），馬兜鈴植物具有馬兜鈴酸，對人類的腎臟有損害，但對蝴蝶幼蟲卻是防禦天敵、避免被捕食的武器之一。

雌蝶♀。有些鳳蝶在使用套網方式採卵時意願並不高；而長尾麝鳳蝶的產卵意願還尚可。

雌蝶♀正產卵於臺灣馬兜鈴葉背。

多姿麝鳳蝶（大紅紋鳳蝶）

Byasa polyeuctes termessus（Fruhstorfer, 1908）

鳳蝶科／麝鳳蝶屬　特有亞種

50～60 mm

040

● 卵／幼蟲期

　　卵單產，紅橙色，近圓形，卵表分布有小瘤突狀的雌蝶分泌物，徑約 1.8 mm，5 月分卵期 6～7日。雌蝶的產卵習性，常選擇路旁、林緣或疏林的幼蟲食草族群，將卵產於莖、葉上，但特別喜愛產於近食草以外可附著卵之物體或植物。

　　終齡 5 齡，體長 32～48 mm。頭部黑褐色，臭角黃橙色。蟲體分布著紅褐色和米白色斜紋，各節具有暗紅色與紅褐色肉棘，在第 3、4 與 7 腹節，共有兩對醒目的白色肉棘，氣孔黑色。

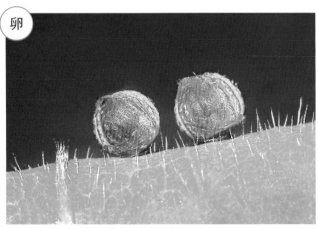

卵單產，卵表覆有雌蝶分泌物而凹凸不平，黃橙色，近球形，徑約 1.8mm。

剛孵化正在吃卵殼的 1 齡幼蟲，體長約 4.5 mm，卵期 6～7 日。

2 齡幼蟲背面，體長約 9mm。

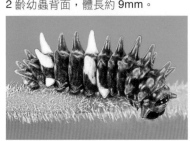

2 齡幼蟲側面，體長約 9mm，蟲體共有 2 對白色肉棘。

2 眠幼蟲，體長約 9mm，前胸明顯鼓起準備蛻皮。此時不可抓取。

3 齡幼蟲背面，體長約 18mm。

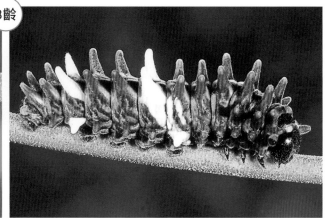

3 齡幼蟲側面，體長約 18mm。

（4齡）

4 齡幼蟲側面，體長約 24mm。分布斑駁狀斜紋。

4 齡幼蟲背面，體長約 25mm。

（5齡）

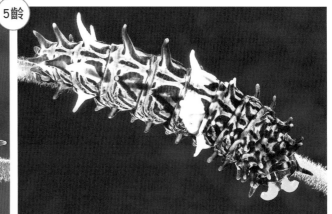

5 齡幼蟲初期（終齡）側面，體長 33mm。

5 齡幼蟲（終齡）背面，體長 32 ～ 48mm。蟲體分布著紅褐色和米白色斜紋，各節具有暗紅色與紅褐色肉棘。

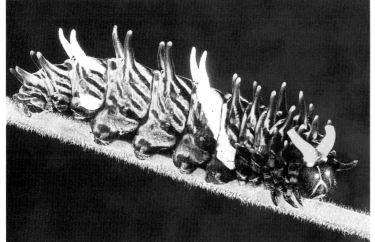

5 齡幼蟲（終齡）側面，體長約 43mm。在第 3、4 與 7 腹節，共有兩對醒目的白色肉棘。

5 齡幼蟲伸出臭角大頭照。臺灣以馬兜鈴屬為食的鳳蝶幼蟲，臭角為黃橙色且較短。

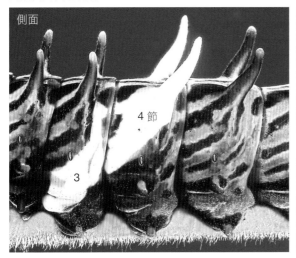

側面

4 節

3

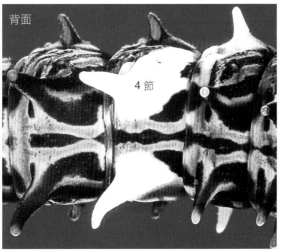

背面

4 節

◀ 5 齡幼蟲在第 3、4 腹節，具有白色肉棘，在側面和背面均可看到。

● 蛹

　　蛹為帶蛹，色澤帶黃的粉紅色，長約 29 mm，寬約 17 mm。蛹表有米白色斑紋，蛹背第 4～9 腹背的突起近方形，先端銳尖；常化蛹於食草或附近植物及物體上。氣孔褐色，低溫期以蛹越冬。6 月分蛹期 11～14 日。

前蛹。靜止約 2 天半～3 天才蛻皮。

蛹側面，色澤帶黃的粉紅色，長約 29 mm，寬約 17 mm。

蛹第 4～9 腹背的突起近方形，先端銳尖。

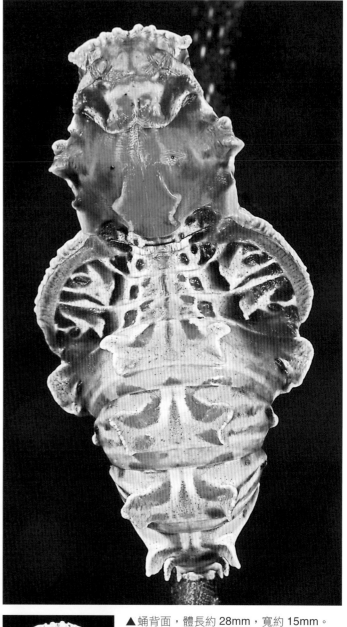

▲ 蛹背面，體長約 28mm，寬約 15mm。

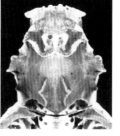

◀ 蛹頭、胸部特寫。

● 生態習性／分布

　　一年多世代，大型鳳蝶，前翅長 50～60 mm，普遍分布於海拔 0～2500 公尺山區，全年皆可見，主要出現於 2～11 月，淺山地以 3～6 月為高峰期，而平地的高溫季節，族群就明顯減少許多。成蝶飛姿婆娑曼妙，優美極致；常穿梭飛舞於碧草藍天及蒼鬱翠林間，或在馬兜鈴族群附近活動，喜愛吸食各種野花花蜜。

● 成蝶

　　多姿麝鳳蝶（大紅紋鳳蝶）的體型碩大，在野外極易辨識。雌雄蝶的外觀與斑紋相近；翅底黑色，後翅中央有大白斑，尾部外緣至肛角處有紅色斑紋，具有尾狀突，突起末端有一個明顯紅色圓斑紋為本種特徵，因此稱為「大紅紋鳳蝶」。**雄蝶♂**：在後翅的內緣會反摺，內有雄性性徵之灰色毛。

雄蝶♂。一年多世代，大型鳳蝶，前翅展開寬 8.5 ～ 9.3 公分，普遍分布於海拔 0 ～ 2500 公尺山區，全年皆可見。

▲ 本種的長尾突具有一個紅色圓斑紋為本種的特徵，故又稱「大紅紋鳳蝶」。

◀ 剛羽化不久的雄蝶♂。

雌蝶♀吸食金露花花蜜。

雄蝶♂吸食馬纓丹花蜜。

交配左♂右♀。南投縣臺 14 甲沿線山區有不少合歡山馬兜鈴族群，亦是曙鳳蝶的重要棲息地，夏、秋之際多姿麝鳳蝶在此可見翩翩飛舞、相互追逐的景象。

紅珠鳳蝶（紅紋鳳蝶）

Pachliopta aristolochiae interposititus（Fruhstorfer, 1904）
鳳蝶科／珠鳳蝶屬

40～55 mm

● 卵／幼蟲期

　　卵單產，紅橙色，近圓形，卵表分布有小瘤突狀的雌蝶分泌物，徑約 1.3 mm，7 月分卵期 5～6 日。雌蝶對於產卵的環境要求並不高，且對馬兜鈴類植物的搜尋能力頗強，幾乎只要有馬兜鈴之處，都會吸引雌蝶前來產卵；常選擇林緣或疏林環境，將卵產於新芽、莖或葉背上。

　　2～5 齡幼蟲明顯具有白環紋。終齡 5 齡，體長 29～45 mm。頭部黑色，臭角黃橙色。蟲體暗紅黑色或暗紅色，在第 3 腹節有一對明顯的白色環紋，其餘各節肉棘皆為暗紅色。氣孔黑色。

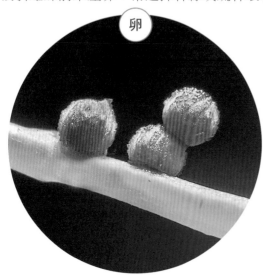

卵單產，紅橙色，近圓形，徑約 1.3 mm，7 月分卵期 5～6 日。

剛孵化的 1 齡幼蟲，體長約 3mm。

2 齡幼蟲背面，體長約 8mm。

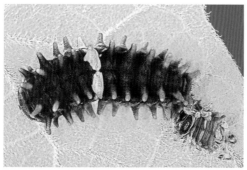

2 齡幼蟲蛻皮成 3 齡，體長約 13mm。

2 齡幼蟲蛻皮成 3 齡時，經過短暫的休息轉頭正在吃蛻下的舊表皮。

3 齡幼蟲背面，體長約 15mm。

3 齡幼蟲側面，體長約 15mm，正在啃食嫩莖。

④齡

4 齡幼蟲背面，體長約 24mm。幼蟲在食物缺乏時，偶見自相　　4 齡蛻皮成 5 齡幼蟲，正在食蛻下的舊表皮，體長約 30 mm。
殘食，會吃掉剛蛻成蛹之軟質蛹體。

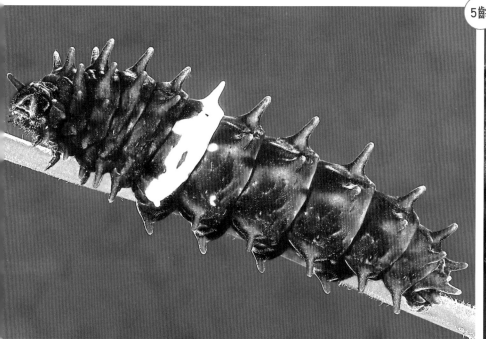

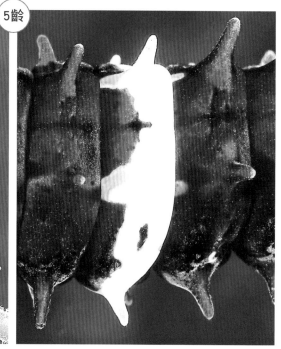

⑤齡

5 齡幼蟲（終齡），體長約 45mm。幼蟲 1 ～ 5 齡在第 3 腹節有一對明顯的白色肉棘，　　5 齡幼蟲（終齡）第 3 腹節白色肉棘特寫（背
其餘各節肉棘皆為暗紅色。　　　　　　　　　　　　　　　　　　　　　　　　　　　　面）。

5 齡幼蟲大頭照，頭部黑色，臭角黃橙色，未完全伸　　5 齡幼蟲（終齡）背面，體長約 45mm，黃橙色臭角完全伸出。
出。

● 蛹

　　蛹為帶蛹，淺褐色，體長約 27mm，寬約 13mm。蛹表具有白色斑紋，頭頂扁平向兩側外突，中胸兩側有一對扁錐狀耳突。蛹第 4 ～ 7 腹背的突起近方圓形，先端圓形，氣孔褐色。低溫期以蛹越冬。7 月分蛹期 10 ～ 12 日。

前蛹。前蛹時蟲體已無法移動，此時很容易受到寄生蜂等天敵覬覦。

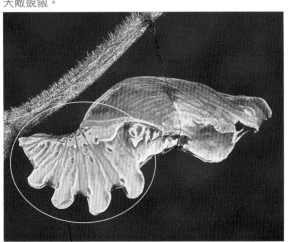

蛹側面，體長約 27mm，寬約 13mm。

蛹第 4 ～ 7 腹背的突起近方圓形，先端圓形。

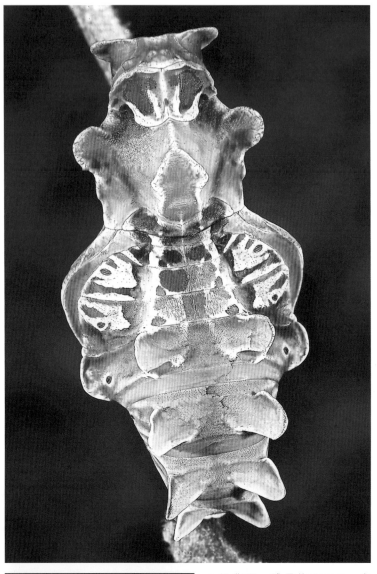

▲ 蛹背面，體長約 27mm，寬約 13mm。蛹表有白色斑紋。

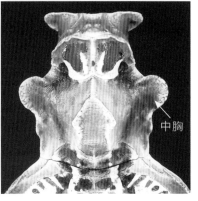

中胸

◀ 蛹頭胸部特寫。頭頂扁平向兩側外突，中胸兩側有一對扁錐狀耳突。

● 生態習性／分布

　　一年多世代，中型鳳蝶，前翅長 40 ～ 55 mm，普遍分布於**海拔 0 ～ 1100 公尺**山區，全年皆可見，主要出現於 2 ～ 12 月。成蝶的適應力和繁殖力很強，即使在 20 坪空間的人工網室也能順利大量繁延下一代。其飛行婆娑曼妙，丰采迷人；常出現於馬兜鈴植物族群附近訪花、追逐嬉戲或吸水。

● 成蝶

　　紅珠鳳蝶（紅紋鳳蝶），雌雄的外觀和斑紋相仿，胸部和腹部有紅色、黑色斑紋，後翅尾端具有長尾突。翅為黑色在前翅翅脈間有灰白色條紋，在後翅中央有 4 塊醒目的白色斑紋，亞外緣具有紅色或洋紅色圓斑呈現弧形狀排列。翅背面的斑紋明顯較腹面淡。**雄蝶♂**：在後翅的內緣會反摺，內有雄性性徵之褐色毛；雌雄蝶可由此簡易區別，或直接由外生殖器做辨識。

剛羽化休息中的雌蝶♀。

雄蝶♂吸食細葉雪茄花花蜜。一年多世代，中型鳳蝶，前翅展開寬 7.3 ～ 8.3 公分。

雌蝶♀吸食金露花花蜜。普遍分布於海拔 0 ～ 1100 公尺山區，全年皆可見，主要出現於 2 ～ 12 月。

雌蝶♀。紅珠鳳蝶是鳳蝶類的優勢種，繁殖力很強，只要廣植馬兜鈴無需刻意復育，很快地蝴蝶就成群飛舞。

紅珠鳳蝶交配（上♀下♂）。飛行時婆娑曼妙，丰采迷人，常是攝影師鎂光燈追逐的對象。

翠斑青鳳蝶 （綠斑鳳蝶）

Graphium agamemnon（Linnaeus, 1758）

鳳蝶科／青鳳蝶屬

40～50 mm

● 卵／幼蟲期

卵單產，圓形，白色或淺黃白色，高約 1.2 mm，徑約 1.3 mm，6 月分卵期 5 ～ 6 日。雌蝶的產卵習性，常選擇在陽光或半日照農田、庭院或林緣、路旁的幼蟲食草，將卵產於新芽或葉背。

1 ～ 3 齡幼蟲腹背具有長方形黃斑，多見棲於葉表。終齡 5 齡，體長 31 ～ 43mm。頭部黃綠色，臭角黃色。蟲體綠色或黃綠色至黃色，前、中、後胸部兩側各有一對黑色錐狀棘刺，尾端具有一對黑色「V」形的棘狀錐突。氣孔藍綠色。

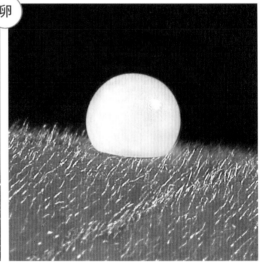

卵單產，白色，圓形，徑約 1.4mm，產於山刺蕃荔枝葉片，卵期 5 ～ 6 日。

卵淺黃白色，圓形，徑約 1.3mm，產於黃玉蘭葉片。

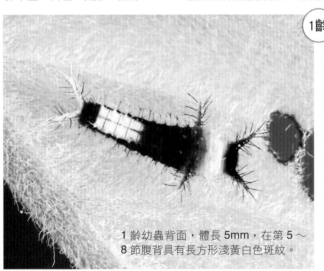

1 齡幼蟲背面，體長 5mm，在第 5 ～ 8 節腹背具有長方形淺黃白色斑紋。

1 齡幼蟲蛻皮成 2 齡時體長約 6.8mm。

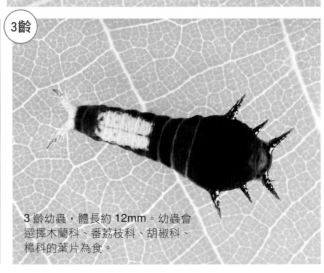

2 齡幼蟲背面，體長約 8mm，在第 5 ～ 8 節腹背具有長方形淺黃色斑紋。

3 齡幼蟲，體長約 12mm。幼蟲會選擇木蘭科、番荔枝科、胡椒科、樟科的葉片為食。

4齡幼蟲初期側面,體長約18mm,第5～8節腹背長方形黃斑減退。　4齡幼蟲後期背面的長方形黃斑消失,體長約30mm。

4齡幼蟲後期側面,體長約30mm。　4齡幼蟲胸部特寫,胸部3對錐狀棘刺皆為黑色。

5齡

5齡幼蟲(終齡)背面,黃色型,體長31～47mm。　5齡幼蟲綠色型,抬頭挺胸伸出黃色臭角來威嚇天敵。　5齡幼蟲(終齡)褐色型,體長46mm。

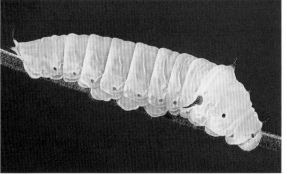

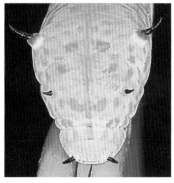

5齡幼蟲(終齡)化蛹前轉為黃色,體長約43mm,氣孔藍色。　5齡幼蟲胸部特寫,在前、中、後胸部兩側,各有一對黑色錐狀棘刺;後胸的黑色錐狀棘刺基部為紅橙色。　尾端具有一對黑色「V」形的棘狀錐突。

● 蛹

　　蛹為帶蛹，綠色或黃綠色，體長約 34 mm，寬約 12 mm。背部兩側翅緣有褐色條紋，條紋由中胸先端至第 3 腹節，兩邊於中胸先端相接呈現「∧」形狀，在中胸先端具有一扁錐狀突起，在後胸有一對小瘤突，氣孔淺褐色。常化蛹於葉背，低溫期以蛹越冬。7 月分蛹期 10 ～ 12 日。

前蛹，黃色型。

前蛹，綠色型。

蛹背面，淺綠白色型，化蛹於釋迦葉片。

帶蛹，體長約 34mm，寬約 12mm。背部兩側翅緣有褐色條紋，條紋由中胸先端至第 3 腹節，在中胸先端具有一扁錐狀突起。

蛹的中胸具長約 3.5mm 突起。

即將羽化的蛹，隱約可見蝴蝶翅背面形體。

● 生態習性／分布

　　一年多世代，中型鳳蝶，前翅長 45 ～ 50mm，普遍分布於海拔 0 ～ 850 公尺山區。在臺灣南部地區全年皆可見，在中部地區 3 ～ 12 月都可見其蹤跡，北部少見；常見於幼蟲食草附近的公園、鄉野、農田或林緣、路旁活動。成蝶飛行迅速，機警靈敏；喜愛在絢麗的陽光下奔馳、飛舞及吸食各種野花花蜜。

● 成蝶

翠斑青鳳蝶（綠斑鳳蝶），雌雄的外觀斑紋與色彩相仿，後翅具有短尾狀突起；雌蝶♀體型較雄蝶♂略大，後翅尾突比雄蝶♂略長。翅背面為黑褐色，前、後翅分布著許多大小不同的黃綠色斑紋。

翅腹面為褐色略帶紫色光澤，斑紋和背面略同但色澤較淡，整體外觀造型獨特，無相似種。**雄蝶♂：**在後翅的內緣會反摺，內有雄性性徵之長褐毛。

剛羽化不久，休息中的雄蝶♂。

雄蝶♂。成蝶飛行迅速，機警靈敏；喜愛在絢麗的陽光下奔馳、飛舞及吸食各種野花花蜜。

雄蝶♂尾突較短，長約 3.5mm。

雄蝶♂在後翅的內緣會反摺，內有雄性性徵之長褐毛。

雄蝶♂展翅。翠斑青鳳蝶（綠斑鳳蝶）為一年多世代，中型鳳蝶，前翅展開時 6 ～ 7 公分，普遍分布於海拔 0 ～ 850 公尺山區；中南部常見，北部少見。

雌蝶♀尾突較長，長約 5mm。

◀雌蝶♀訪花。在八卦山山脈活動的雌蝶♀，較常選擇蘭嶼烏心石、鷹爪花、白玉蘭、含笑花、鳳梨釋迦為產卵對象。

青鳳蝶（青帶鳳蝶）

Graphium sarpedon connectens（Fruhstorfer, 1906）

鳳蝶科／青鳳蝶屬 特有亞種

35～40 mm

052

● 卵／幼蟲期

　　卵單產，淡黃白色，圓形，高約 1.2 mm，徑約 1.3 mm，6月分卵期5～6日。雌蝶的產卵習性，常選擇開闊林緣、路旁或溪旁的幼蟲食草，將卵產於新葉或新芽上。

　　1～4齡幼蟲尾端為白色，常棲於葉表或枝條上。終齡5齡，體長29～40 mm。頭部綠色，臭角淡黃色半透明狀。蟲體綠色，在後胸背部有一條黃色橫紋，兩端有上白下藍色之瘤狀錐突，尾端具有一對小錐突。氣孔淺黃白色。

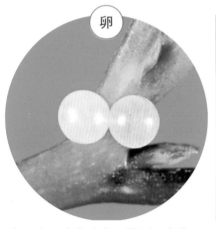

卵單產，淡黃白色，圓形，高約 1.2 mm，徑約 1.3 mm，6月分卵期5～6日。

1齡幼蟲側面，體長約 4mm，頭部和蟲體為深褐色。

1齡幼蟲背面，體長約 4mm，頭部和蟲體為深褐色。

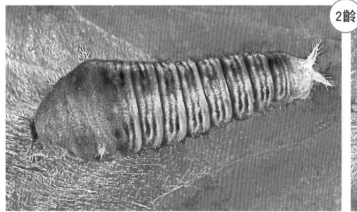

2齡幼蟲背面，體長約 8mm，頭部和蟲體為咖啡色。

2齡幼蟲側面，體長約 9mm。

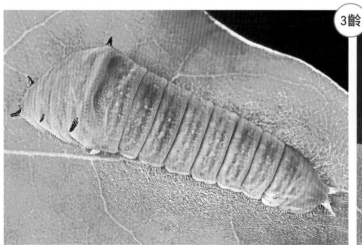

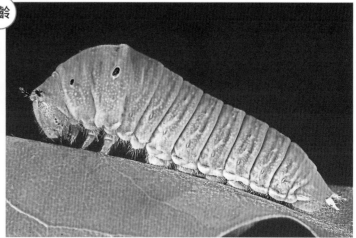

3齡幼蟲背面，體長約 13mm，頭部和蟲體為橄欖綠至綠褐色。

3齡幼蟲側面，體長約 14mm。1～4齡幼蟲尾端為白色，常棲於葉表或枝條上。

4齡

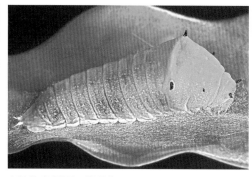

4齡幼蟲背面，體長約 27mm，頭部和蟲體為綠色。　4 齡幼蟲側面，體長約 27mm。

4齡幼蟲胸部特寫，胸部兩側具有藍黑色棘突。

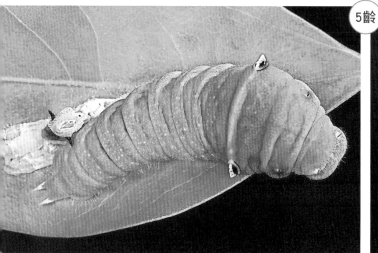

5齡

4齡幼蟲蛻皮成 5 齡，體長約 28mm。

5齡幼蟲（終齡），體長 29 ～ 40mm。　在後胸明顯具有一條黃色條紋。

5齡幼蟲（終齡）背面，體長約 34mm。

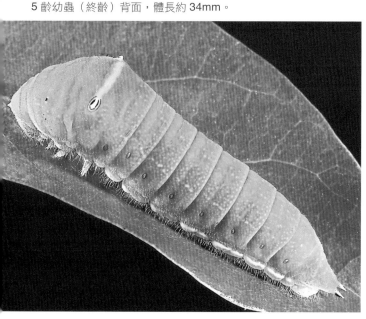

▲ 5 齡幼蟲頭胸部特寫，在後胸背面有一條黃色橫紋，兩端有上白下藍色之瘤狀錐突。

◀ 5 齡幼蟲（終齡）側面，體長約 39mm，在住家庭院、公園的樟樹最易觀察到本種蝶蟲。

● 蛹

　　蛹為帶蛹，有淡黃綠色、綠色或褐色，長約 31mm，寬約 10.5 mm。蛹表具有脈紋，外觀模擬成葉脈狀，於中胸會合成錐狀突起，具有良好保護色，氣孔淺黃色；常化蛹於葉背、枝條或樹幹上做掩護。低溫期以蛹越冬。7 月分蛹期 11 ～ 13 日。

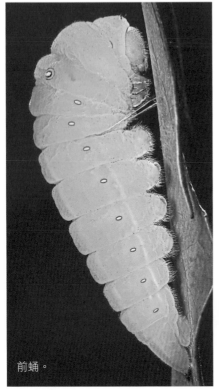

前蛹。

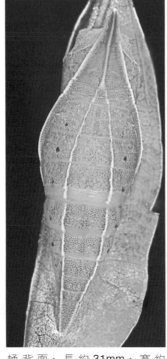

蛹背面，長約 31mm，寬約 10.5mm，淺綠色，蛹表像似葉片葉脈，在樹上具有隱蔽保護作用。

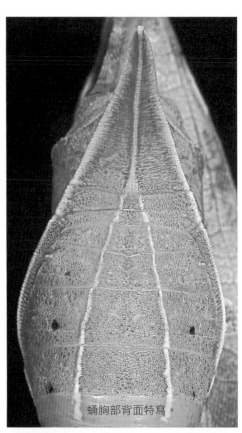

蛹胸部背面特寫。

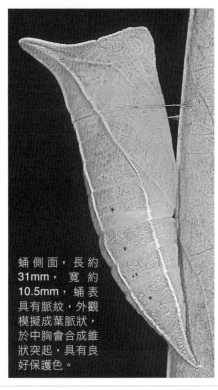

蛹側面，長約 31mm，寬約 10.5mm，蛹表具有脈紋，外觀模擬成葉脈狀，於中胸會合成錐狀突起，具有良好保護色。

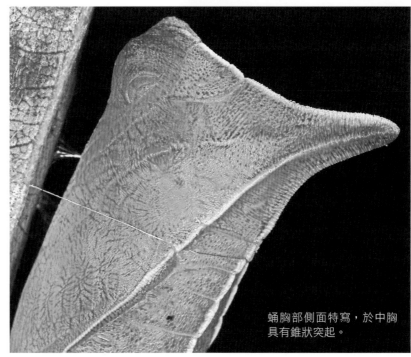

蛹胸部側面特寫，於中胸具有錐狀突起。

● 生態習性／分布

　　一年多世代，中型鳳蝶，前翅長 35 ～ 40 mm，普遍分布於海拔 0 ～ 2000 公尺山區，全年皆可見；主要出現於 4 ～ 11 月，夏季數量頗多，尤其是在棲息地的溪岸附近，最有機會一親芳澤。常見於林緣山徑、鄉野公園、溪畔等開闊處訪花飛舞。成蝶飛行迅速，機警靈敏；在野外往往只能短暫的驚鴻一瞥，只有在訪花或吸水時，較有機會親近觀賞牠的丰采。

● 成蝶

　　青鳳蝶（青帶鳳蝶），雌雄的斑紋與色澤相近。翅腹面為褐色，前、後翅中央有條藍色帶狀斑紋，後翅基部和亞外緣內側有紅色和黑色斑紋，在亞外緣有藍色弦月狀斑紋。翅背面為黑褐色，前、後翅中央有條藍色帶狀斑紋，後翅亞外緣有弦月狀斑紋。**雄蝶♂**：在後翅的內緣會反摺，內有淡米白色長毛之雄性性徵。

雄蝶♂剛羽化不久在休息。

雄蝶♂訪花。

雄蝶♂吸食狗花椒花蜜。

雌蝶♀。青鳳蝶為一年多世代，中型鳳蝶，前翅展開寬 5 ～ 6 公分，普遍種，全年皆可見。

雌蝶♀喜愛四處遨遊、飛舞和尋覓幼蟲寶寶的食草。

雌蝶♀展翅。前、後翅中央有條藍色帶狀斑紋。

交配（上♀下♂）

雄蝶♂飛舞。

花鳳蝶（無尾鳳蝶）

Papilio demoleus Linnaeus, 1758

鳳蝶科／鳳蝶屬

● 卵／幼蟲期

卵單產，黃色，圓形，徑約 1.1 mm，7 月分卵期 3～4 日。雌蝶的產卵習性，對於產卵的環境要求並不高，舉凡住家陽臺、騎樓、公園、路旁或柑橘園等處，只要有幼蟲食草新芽之處，都很容易吸引雌蝶前來產卵。

1～4 齡幼蟲外觀摹擬像鳥糞狀，常棲於葉表或枝條上。終齡 5 齡，體長 25～45 mm。頭部褐色，臭角雙顏色，上半部紅橙色，下近基部黃橙色。蟲體綠色至黃綠色，體側在第 4、5 與 6 腹節，具有褐色斜斑紋和小斑紋，腹足褐色，在上方有白色細條紋，前端和尾端各有一對淡褐色小錐突，氣孔褐色。7 月分 1～5 齡幼蟲期約 16 天。中南部暖冬時期，部份幼蟲會越冬。

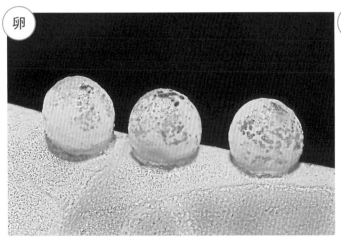

卵單產，黃色，圓形，徑約 1.1mm，3 粒即將孵化的卵。

1 齡幼蟲，體長 5mm，正在咬食嫩葉。

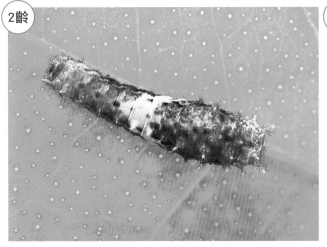

2 齡幼蟲背面，體長約 8mm，白斑紋已發育出現。

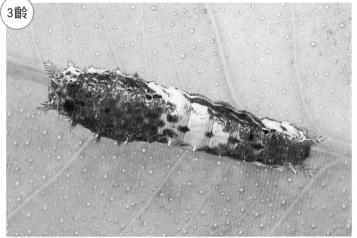

3 齡幼蟲背面，體長約 14mm。與 2 齡近似。

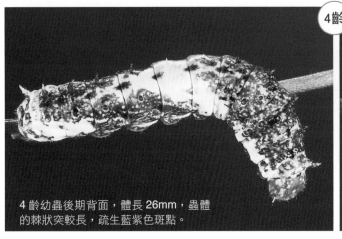

4 齡幼蟲後期背面，體長 26mm，蟲體的棘狀突較長，疏生藍紫色斑點。

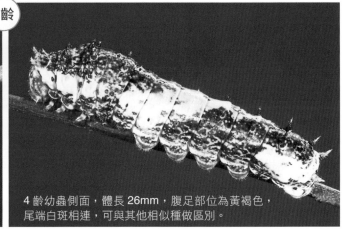

4 齡幼蟲側面，體長 26mm，腹足部位為黃褐色，尾端白斑相連，可與其他相似種做區別。

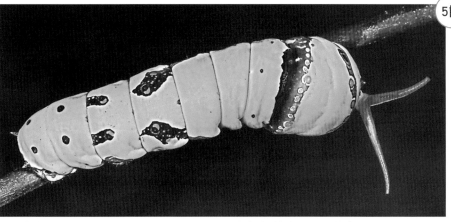 5齡

5 齡幼蟲（終齡）背面，體長 25～45 mm。當幼蟲受到驚擾時，會伸出氣味刺鼻之臭角，以威嚇驅離不速之客。

頭部褐色，臭角雙顏色，上半部紅橙色，近基部黃橙色，為本種幼蟲特徵。

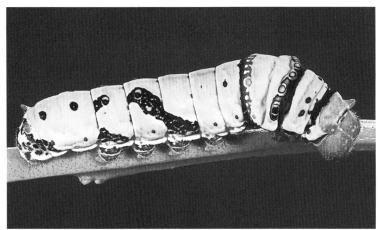

5 齡幼蟲初期，體長約 25mm。體色偏黃，斑紋偏黑。

5 齡幼蟲，體長 25mm，越冬蟲成長緩慢，體色淺米黃色型。

5 齡幼蟲（終齡）初期與後期比較圖　　　5 齡幼蟲（終齡）胸部圖騰變異

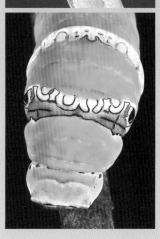

◀有些個體蟲體的斑紋較深、對比分明、色澤偏黃，不過數日後色澤會漸轉為綠色（初期時體長約 24mm）。

◀5 齡幼蟲（終齡）初期深色型的胸部圖騰。

◀與上圖同 1 隻，經過 4 日後，色澤漸漸轉為綠色，斑紋也轉淡（後期時體長約 44mm）。

◀5 齡幼蟲（終齡）後期淺色型的胸部圖騰。

● 蛹

　　蛹為帶蛹，**褐色或綠色**，長約 31mm，寬約 10
mm。頭頂有一對短錐突，中胸稜狀突起，腹背第 4 ～
6 節各具有 1 對不明顯小瘤突，氣孔淺褐色。常化蛹
於食草植物的樹幹、莖枝或葉背上，低溫期以蛹越
冬。10 月分蛹期 12 ～ 13 日。

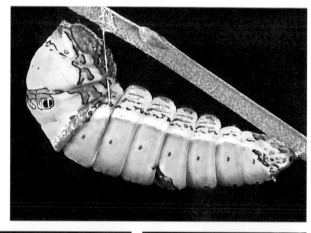

▶ 前蛹。

蛹（褐色型）側面，長約 30mm，寬約 9.5 mm。低溫期以蛹越冬。

蛹（褐色型）背面，長約
30mm，寬約 9.5 mm。腹背第 4 ～
6 節各具有 1 對不明顯小瘤突。

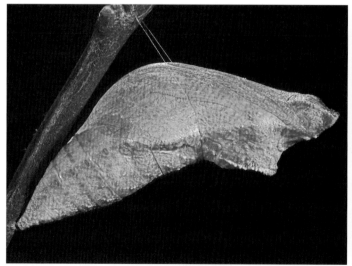

蛹（綠色型）側面，長約 31mm，寬約 10mm。10 月分蛹期 12 ～
13 日。

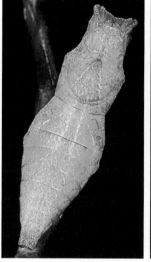

蛹（綠色型）背面，長約
31mm，寬約 10mm。

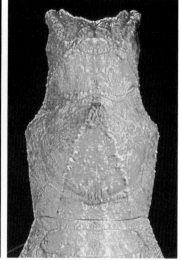

蛹頭、胸部特寫。頭頂有一對短
錐突。

● 生態習性／分布

　　一年多世代，中型鳳蝶，前翅長 43 ～ 46
mm，普遍分布於**海拔 0 ～ 1000 公尺山區**，全年可
見蹤跡，主要出現於 3 ～ 12 月，冬季數量較少。
成蝶飛行迅速，警覺性不高，外觀花枝招展，美麗
大方；在鄉村即使在家不出門，也有機會從窗外一
親芳澤的美蝴蝶。喜愛活動於絢麗的陽光下飛舞、
訪花或溪旁、路旁、田邊吸水。

● 成蝶

　　花鳳蝶（無尾鳳蝶）雌雄蝶的外觀和斑紋相近，後翅無尾狀突起。翅腹面分布著米黃色斑紋；在後翅中央部位有瑰麗的紅橙色、黑色、藍紫色所組成的斑紋。翅背面的翅底為黑褐色，外緣內側有排米黃色斑紋，其餘分布著米黃色斑紋，整體而言米黃色斑紋較腹面少；而在後翅前緣中央具有一枚藍黑色眼紋，肛角處也有一枚藍黑色和紅色組成的斑紋。**雌蝶♀**：在肛角處紅斑內的藍色斑紋範圍較大。

2 隻雄蝶♂正在濕地上吸水，吸食水中的無機鹽或礦物質。本種是平地常見的蝶種，也是入門者最容易接觸到的蝴蝶之一。

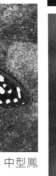

雄蝶♂展翅。花鳳蝶是一年多世代，中型鳳蝶，前翅展開時寬 7 ～ 8 公分。

雄蝶♂。成蝶外觀花枝招展，美麗大方，在鄉村即使在家不出門，也有機會從窗外一親芳澤。

雄蝶♂吸食金露花花蜜。本種觀察或飼養都很容易，因此常被做為生態導覽解說的蝶種。

▲雌蝶♀翅背肛角處紅斑內的藍色斑紋範圍較大。

◀雌蝶♀吸食馬纓丹花蜜。

▲交配（上♀下♂）。成蝶的繁殖力和適應力很強，常見於柑橘園、田野、林緣山徑、住家附近，就連車水馬龍的都會公園、花圃都有牠的蹤跡。

◀雌蝶♀正在產卵於四季橘，尤喜愛產於新芽。

柑橘鳳蝶 *Papilio xuthus* Linnaeus, 1767

鳳蝶科／鳳蝶屬

43～50 mm

● 卵／幼蟲期

卵單產，黃色，圓形，高約 1.0 mm，徑約 1.1 mm，8 月分卵期 3～4 日。雌蝶的產卵習性，常選擇向陽開闊處或林緣、路旁、田園、圍籬的幼蟲食草，將卵產於枝幹、葉背、新葉或新芽上。

1～4 齡幼蟲外觀摹擬像鳥糞狀，常棲於葉表或枝條上與花鳳蝶（無尾鳳蝶）的幼蟲很相似，

兩者差別在於：本種之腹足及腹底為白色，而花鳳蝶為黃褐色。終齡 5 齡，體長 20～46 mm。頭部綠色，臭角黃橙色。蟲體綠色，背部在第 4、5 與 6 腹節，具有墨綠色和白色所組成的「V」形狀和環狀條紋，體側腹足上方有白色條紋。氣孔白色。

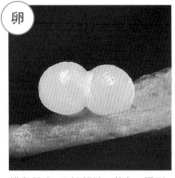

蝶卵單產，2 粒相連。黃色，圓形；高約 1.0 mm，徑約 1.1 mm。

1 齡幼蟲背面，體長約 4mm，白斑不明顯。

1 齡幼蟲側面，體長約 4mm。

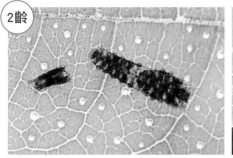

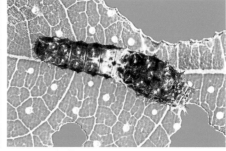

1 齡幼蟲蛻皮成 2 齡，體長約 6mm。

2 齡幼蟲側面，體長約 9mm，白斑已發育明顯。

2 齡幼蟲背面，體長約 8mm。

3 齡幼蟲側面，體長約 14 mm，很容易在胡椒木族群找到幼蟲。

3 齡幼蟲背面，體長約 14 mm。

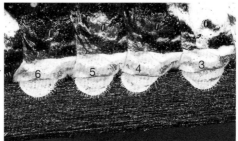
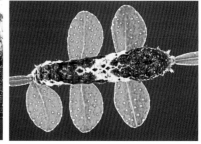

4 齡幼蟲體長 21 mm。本種之腹足及腹底為白色，而花鳳蝶為黃褐色。

4 齡幼蟲腹足特寫，腹足 3～6 節為白色。

4 齡幼蟲背面，體長約 21mm，棲息於胡椒木。

4 齡幼蟲蛻皮成 5 齡時，體長約 22mm。

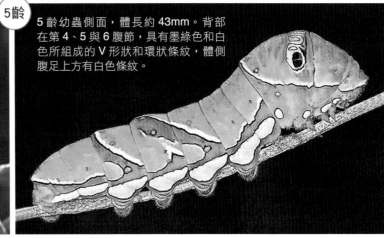

5齡

5 齡幼蟲側面，體長約 43mm。背部在第 4、5 與 6 腹節，具有墨綠色和白色所組成的 V 形狀和環狀條紋，體側腹足上方有白色條紋。

5 齡幼蟲（終齡）背面，體長 22 ～ 46 mm，幼蟲可利用 40 多種植物葉片為食，正咬食賊仔樹葉片。

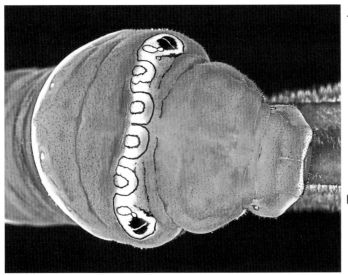

▶ 5 齡幼蟲頭胸部圖騰特寫。

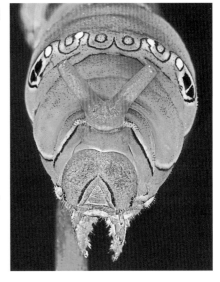

▶ 5 齡幼蟲頭部綠色，臭角淺橙黃色。

● 蛹

蛹為帶蛹，綠至黃綠色或淺褐至深褐色，體長約
31mm，寬約 9.5 mm。頭頂有一對錐狀突。蛹表具有
葉脈狀斑紋，中胸具有一扁錐狀突起，突起背面內凹
呈現倒「∧」形狀，氣孔白色；常化蛹於食樹葉背或
枝條上，低溫期以蛹越冬。8月分蛹期 8～9日。

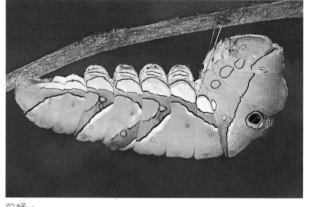

前蛹。

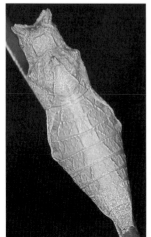

蛹背面（綠色型），長約 27
mm，寬約 9.5 mm。

蛹側面（綠色型），長約 27 mm，寬約 9.5 mm。　柑橘鳳蝶-蛹。頭頂有一對錐
狀突，中胸具有一扁錐狀突起。

蛹背面（黃褐色型），長約
30mm，寬約 10 mm。常化蛹
於食樹葉背或枝條上。

蛹（褐色型）。

帶蛹，側面（褐色型），低溫期以蛹越冬。8 月分蛹期 8～9 日。

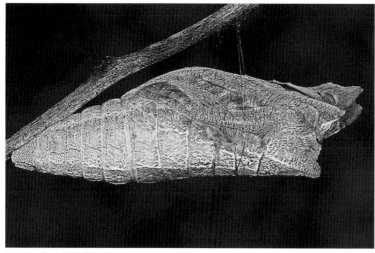

即將羽化的蛹，隱約可見蝴蝶形體。

● 生態習性／分布

一年多世代，中型鳳蝶，前翅長 43～
50 mm，普遍分布於海拔 0～2000公尺山區，
全年可見蹤跡，主要出現於 4～11 月，冬季
數量較少。成蝶飛行快速，警覺性高；乍看
之下外觀與黃鳳蝶很相似。再者，成蝶不耐
低溫，約 10℃以下便會死亡。喜愛活動於平
原、果園、農耕地或林緣山徑等向陽開闊處
訪花、飛舞。

● 成蝶

　　柑橘鳳蝶雌雄的外觀很相近，翅腹面為淡黃色至米黃色，前翅分布著許多塊狀斑紋，亞外緣淡黃色斑紋呈現帶狀排列。後翅具尾突，翅脈明顯，亞外緣由黑色、藍灰色、黃橙色組成寬帶狀紋。翅背面為黑色，前、後翅分布著許多米黃色斑紋；在後翅，**雌蝶♀**：亞外緣黑色帶內有藍灰色帶狀斑紋，肛角處有明顯的黃橙色圓斑。**雄蝶♂**：藍灰色斑紋不明顯，肛角及近翅基有黑斑點。

柑橘鳳蝶雌蝶♀羽化後在休息。近年來，在彰化田尾、永靖、北斗一帶鄉鎮，胡椒木被廣泛種植為綠籬、盆栽等用途，拜胡椒木之賜，柑橘鳳蝶在中部地區已成普遍蝶種，不必刻意復育，無心插柳卻柳成蔭。

雄蝶♂飛舞。柑橘鳳蝶一年多世代，中型鳳蝶，前翅展開時寬 7.5 ～ 8.7 公分。

柑橘鳳蝶雄蝶♂訪花。

雌蝶♀展翅。柑橘鳳蝶雌蝶♀翅背面肛角處有明顯的黃橙色圓斑。

交配（上♀下♂），成蝶飛行快速，警覺性高，乍看之下外觀與黃鳳蝶很相似。喜愛活動於平原、果園、農耕地或林緣山徑等向陽開闊處訪花、飛舞。

雌蝶♀吸食細葉雪茄花花蜜。

◀ 交配（左♀右♂），幼蟲的食草普遍，人工網室飼養時，幼蟲與成蟲的適應力及繁殖力都不錯，是值得推廣觀光的美蝴蝶。

▶ 雌蝶♀正產卵於賊仔樹新芽。

玉帶鳳蝶 | *Papilio polytes polytes* Linnaeus, 1758
鳳蝶科／鳳蝶屬

42 ～ 53 mm

● 卵／幼蟲期

　　卵單產，黃色，圓形，徑約 1.1mm，9 月分卵期 4 ～ 6 日。雌蝶的產卵習性，喜愛選擇開闊林緣、路旁或柑橘園、公園的幼蟲食草，將卵產於葉背或新芽。

　　1 ～ 4 齡幼蟲外觀摹擬像鳥糞狀，常棲於葉表或枝條上。終齡 5 齡，體長 25 ～ 48mm。頭部褐色，臭角紅色。蟲體綠色，體側在第 4、5 與 6 腹節，具有褐色白邊之斜斑紋，體側腹足上方有白色條狀紋，氣孔淺褐色。7 月分 1 ～ 5 齡幼蟲期約 16 天。

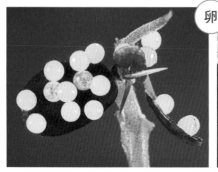

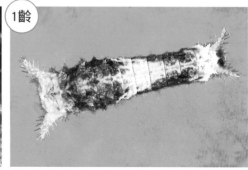

玉帶鳳蝶卵。烏柑仔的植株不易萌芽，一有新芽長出，雌蝶喜愛將卵產於嫩葉上，卵單產，17 粒聚集於烏柑仔新芽上。

卵黃色，圓形，徑約 1.1mm。發育中的卵表可見褐色的受精斑紋。

1 齡幼蟲背面，體長約 4.5mm。1 ～ 4 齡幼蟲外觀摹擬像鳥糞狀，常棲於葉表或枝條上。

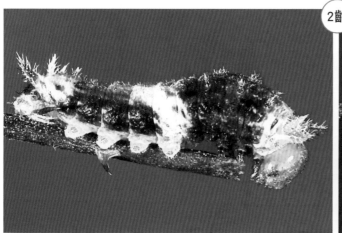
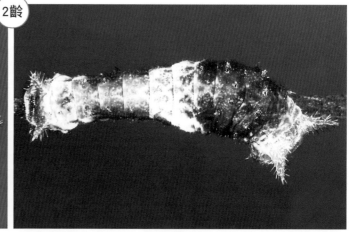

2 齡幼蟲側面，腹足部位灰白色，體長約 9mm。

2 齡幼蟲背面，體長約 9mm，幼蟲目前已記錄有 50 多種植物的葉片為食。

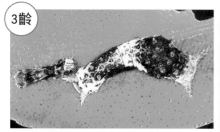

2 齡幼蟲蛻皮成 3 齡，體長約 10mm。經短暫休息便會轉頭吃掉舊表皮。

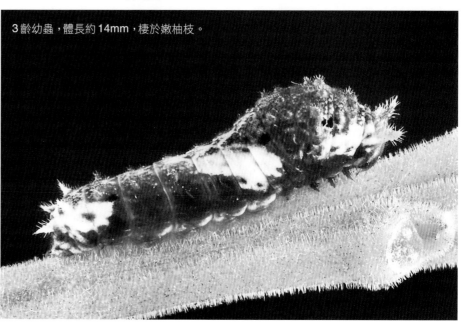

3 齡幼蟲，體長約 14mm，棲於嫩柚枝。

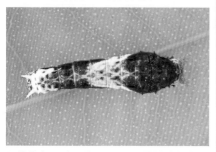

3 齡幼蟲，體長約 15 mm，棲於嫩柚葉。

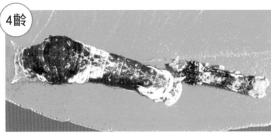

4齡

3 齡幼蟲蛻皮成 4 齡時,體長約 17mm。

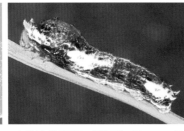

4 齡幼蟲側面,體長約 23 mm。7 月分 1 ～ 5 齡幼蟲期約 16 天。

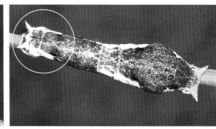

4 齡幼蟲背面,體長約 24 mm,第 7 腹節至尾端的白斑相連呈 U 型。

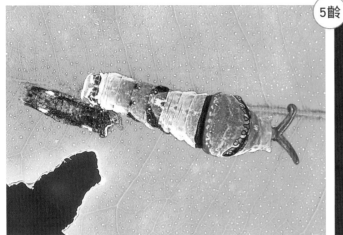

4 齡幼蟲蛻皮成 5 齡時,體長約 23mm。

5齡

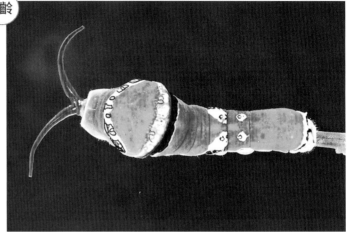

5 齡幼蟲(終齡)背面,體長約 40 mm。蟲體綠色,體側在第 4、5 與 6 腹節,具有褐色白邊之斜斑紋。

5 齡幼蟲(終齡),體長 25 ～ 48 mm,當受到驚擾時,會伸出紅色臭角,以威嚇驅離不速之客。

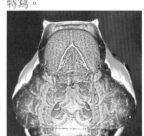

5 齡幼蟲(終齡)胸部圖騰特寫。

5 齡幼蟲頭部與胸足為褐色。

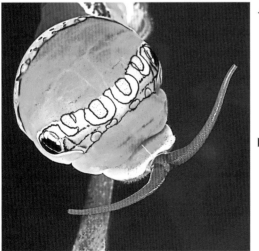

◀ 5 齡幼蟲。鳳蝶族的終齡幼蟲在胸部具有假眼紋,當配合臭角伸出時,可威嚇天敵。

▶ 5 齡幼蟲(終齡)胸部和紅色臭角特寫,臭角伸出時有如蛇吐蛇信來嚇敵。

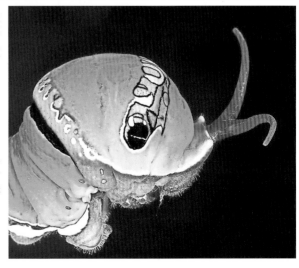

● 蛹

　　蛹為帶蛹，有綠色或褐色、綠褐色型，體長約 27mm，寬約 11mm。頭頂有一對錐狀突起，內側基部具有瘤狀小突，氣孔淺褐色。常化蛹於食樹葉背或莖、枝及樹幹上，低溫期以蛹越冬。8 月分蛹期 7 ～ 9 日。

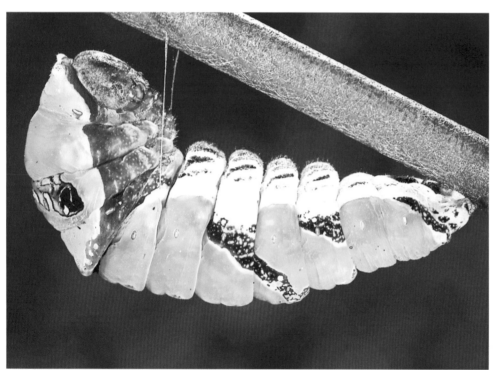

前蛹。前蛹時絲帶在第 2 ～ 3 腹節間垂吊。

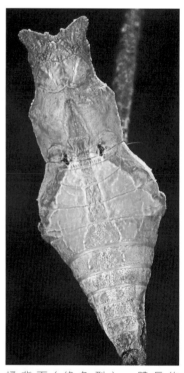

蛹背面（綠色型），體長約 27mm，寬約 11mm。體色通常會隨附著環境不同有綠色至褐色等類型。

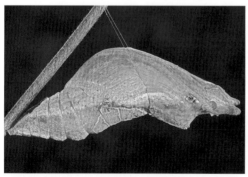

蛹側面（綠色型）。翅基附近有一枚灰白色斑紋。

蛹側面（綠褐色型），體長約 28mm，寬約 12mm，化蛹於枝條做偽裝。

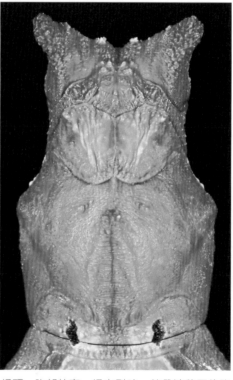

蛹頭、胸部特寫。蛹定型時，絲帶被移至後胸固定垂吊。

蛹背面（褐色型），體長 29mm，寬約 12.5mm。

● 生態習性／分布

　　一年多世代，中型鳳蝶，前翅長 42 ～ 53 mm，普遍分布於海拔 0 ～ 1800 公尺山區，全年皆可見，主要出現於 3 ～ 12 月，冬季數量較少。成蝶飛姿優雅，婀娜多姿；喜愛在陽光下曼妙飛舞及吸食各種野花花蜜、濕地水份。

● 成蝶

玉帶鳳蝶的翅底為黑褐色，後翅有尾突。**雄蝶♂**：在後翅中央有一排帶狀的白色斑紋。**雌蝶♀**有2型：一型為白帶型，外觀形態與**雄蝶♂**相似，在後翅肛角處有一枚橙色弦月狀斑紋。另一型為紅斑型，在後翅中央具有長形狀白斑，亞外緣有一排紅橙色斑紋；整體外觀形態乍看類似紅珠鳳蝶。但紅珠鳳蝶腹部為大面積紅色斑紋，玉帶鳳蝶皆為黑色，兩者可簡略區隔。

剛羽化休息中的雌蝶♀（白帶型）。

雄蝶♂（白帶型）舞動雙翅吸食毬蘭花蜜，前翅展開時寬7～8公分。

雄蝶♂（白帶型）正飛舞著雙翅吸食毬蘭花蜜。

雌蝶♀（紅斑型），紅斑型在後翅中央具有長形狀白斑，亞外緣有一排紅橙色斑紋；整體外觀形態乍看類似紅珠鳳蝶。

交配（左♀右♂，白帶型）。雌蝶♀外觀形態與雄蝶♂相似，在後翅肛角處有一枚橙色弦月狀斑紋。

交配（上♀下♂），牠是筆者庭園的常客，只要在陽臺、庭院放上幾盆四季橘或檸檬樹，便能吸引雌蝶♀前來產卵。

黑鳳蝶 *Papilio protenor protenor* Cramer, [1775]
鳳蝶科／鳳蝶屬

55～60 mm

● 卵／幼蟲期

　卵單產，黃色，圓形，高約 1.5 mm，徑約 1.6 mm，10 月分卵期 4～5 日。雌蝶的產卵習性，多見選擇林緣、疏林或柑橘園、公園等處的幼蟲食草，將卵產於葉背或新芽上。

　1～4 齡幼蟲外觀摹擬像鳥糞狀，常棲於葉表或枝條上。終齡 5 齡，體長 27～50mm。頭部褐色，臭角紅紫色。蟲體綠色，在第 4～5 節有 V 形，及第 6 節有環狀的褐色斑紋，氣孔褐色。7 月分 1～5 齡幼蟲期約 22 天。

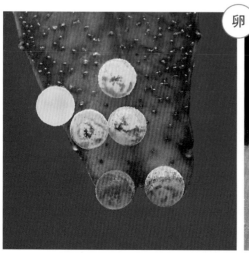

卵單產，6 粒產於雙面刺嫩葉（俯視）。　即將孵化的卵，褐色斑紋轉暗（側面）。

(1齡)

剛孵化的 1 齡幼蟲，體長約 4mm。

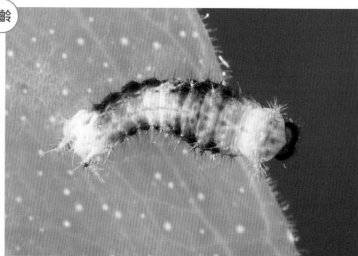

1 齡幼蟲背面，體長約 5mm，棲於飛龍掌血葉表。　1 眠幼蟲，體長約 6.5mm，靜休中準備蛻皮。

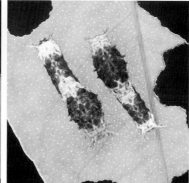
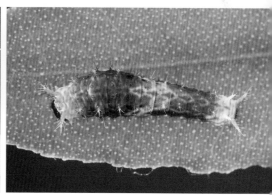

2 齡幼蟲體長約 7 與 10mm 棲息於柚葉葉表。　2 齡幼蟲，體長約 9mm。　2 眠幼蟲背面，體長約 11mm，棲息於飛龍掌血。

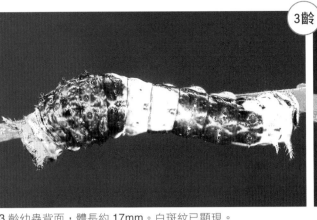

3 齡幼蟲背面,體長約 17mm。白斑紋已顯現。

3 齡幼蟲側面,體長約 17mm。在第 2 ～ 4 腹節和尾端具有白斑紋。

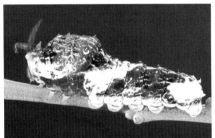

4 齡幼蟲背面,體長約 27mm。 尾端白紋第 7 節分離,第 8 ～尾端相連,為本種幼蟲特徵。

4 齡幼蟲側面,體長約 28mm,幼蟲的食性廣泛,可食 50 多種植物葉片。

即將蛻皮的 4 齡幼蟲,體色轉為橄欖黃,外表皮已鬆弛。

4 齡幼蟲正在蛻皮成 5 齡,體長約 26mm。

5 齡幼蟲(終齡)初期體色偏黃,體長約 29mm。

5 齡幼蟲(終齡)後期側面,體長約 45mm。

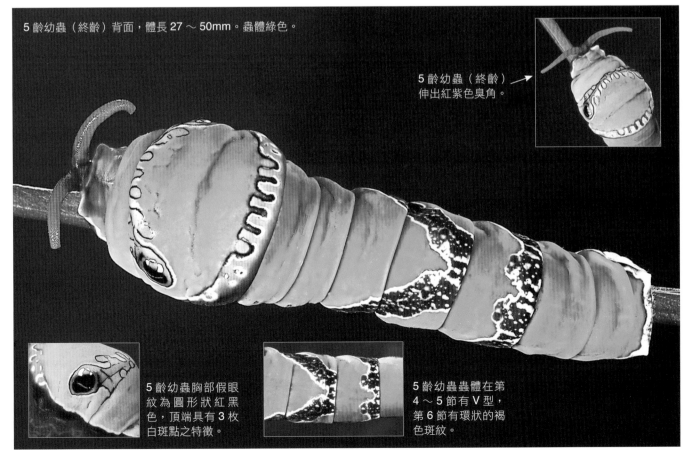

5 齡幼蟲(終齡)背面,體長 27 ～ 50mm。蟲體綠色。

5 齡幼蟲(終齡)伸出紅紫色臭角。

5 齡幼蟲胸部假眼紋為圓形狀紅黑色,頂端具有 3 枚白斑點之特徵。

5 齡幼蟲蟲體在第 4 ～ 5 節有 V 型,第 6 節有環狀的褐色斑紋。

● 蛹

　　蛹為帶蛹，有綠色或褐色、綠褐色型，蛹長約 39 mm，寬約 14 mm。頭頂有一對 4 mm 向背部微彎曲之錐突。綠色型之蛹，在前胸具螢光綠色斑紋，在後胸至第 5 節腹背，螢光綠色斑紋呈菱形，以第 3 腹節最寬，氣孔褐色。常化蛹於食樹之莖、枝或樹幹、葉背上，低溫期以蛹越冬。8 月分蛹期 10 ～ 12 日。

前蛹。

蛹背面（綠色型），長 39 mm。在後胸至第 5 節腹背，螢光綠色斑紋呈菱形，以第 3 腹節最寬。

蛹背面（褐色型），長 39 mm，寬 14 mm，外觀模擬似樹皮紋路的保護色。

蛹側面（褐色型），長 39 mm，寬 14 mm。

蛹頭頂有一對 4mm 向背部微彎曲之錐突為本種特徵。

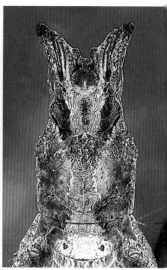

褐色蛹，頭、胸部特寫。

● 生態習性／分布

　　一年多世代，中、大型鳳蝶，前翅長 55 ～ 60 mm，普遍分布於海拔 0 ～ 1500 公尺山區，全年可見蹤跡，主要出現於 3 ～ 12 月。成蝶外觀色澤黑丫丫的較不受青睞，但當雄蝶在溪潤旁揮動著薄翅吸水時，那耀眼的深藍色光亮，模樣真是美呆了。雌蝶懷孕時非常忙碌，常穿梭於疏林間，時而高，時而低，尋尋覓覓的在為寶寶找尋食草，累了就展開雙翅休息，餓了就在林道旁訪花吸蜜。

● 成蝶

黑鳳蝶雌雄蝶的色澤與斑紋些微不同，翅腹面在後翅外緣及肛角處有橙色斑紋，後翅外緣呈現淺波狀緣，尾端無尾狀突起。**雄蝶♂**：翅底黑色，翅膀在陽光下會反射出亮麗的深藍色光澤；在後翅前緣具有一條長約 19 mm，寬約 4 mm 白色粗橫紋之雄性性徵。**雌蝶♀**：翅色較淡為黑褐色，翅背面在後翅的肛角處有一枚橙色斑紋，前緣無白色橫斑紋。

剛羽化不久的黑鳳蝶雄蝶♂。必須等待翅膀乾硬後，才能起飛翱翔於天際，此時正也是拍攝的最佳時機。

剛羽化休息中的黑鳳蝶雌蝶♀。

雌蝶♀吸食金露花花蜜。

雌蝶♀正產卵於金橘葉片。

▲ 雄蝶♂在溪澗旁揮動著薄翅吸水時，那耀眼的深藍色光亮模樣真是美呆了。

◀ 雄蝶♂在後翅前緣具有一條長約 19 mm，寬約 4 mm 白色粗橫紋的雄蝶♂性徵。

雄蝶♂吸食長穗木花蜜。大自然的黑衣舞姬黑鳳蝶為中、大型鳳蝶，前翅展開時寬 8～9 公分。

雄蝶♂在河床濕地吸水。

交配（上♀下♂）

白紋鳳蝶 *Papilio helenus fortunius* Fruhstorfer , 1908 [特有亞種]

鳳蝶科／鳳蝶屬

45 ～ 58 mm

● 卵／幼蟲期

　　卵單產，黃色，圓形，徑約 1.3 mm，8 月分卵期 4 ～ 5 日。雌蝶的產卵習性，常選擇疏林、林緣山徑或路旁的幼蟲食草，將卵產於葉背或新芽上。

　　1 ～ 4 齡幼蟲外觀摹擬像鳥糞狀，常棲於葉表或枝條上。終齡 5 齡，體長 30 ～ 49 mm。頭部褐色，

臭角紅紫色，胸部眼紋為黑褐色內有紅斑紋。蟲體綠色，體表平滑，在第 4 ～ 5 節兩側具有黑褐色斜斑紋，第 6 節三角狀斜紋，體側腹足上方有白色條紋，氣孔褐色。1 ～ 5 齡幼蟲期約 22 天。

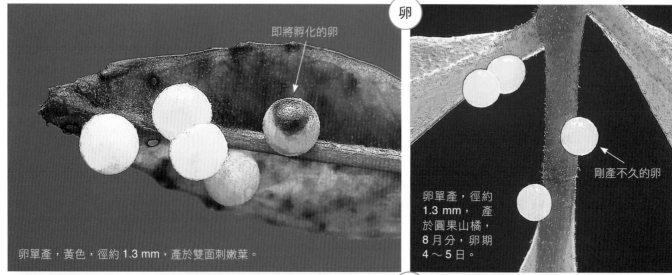

卵

即將孵化的卵

卵單產，黃色，徑約 1.3 mm，產於雙面刺嫩葉。

剛產不久的卵

卵單產，徑約 1.3 mm，產於圓果山橘，8 月分，卵期 4 ～ 5 日。

1齡

剛孵化的 1 齡幼蟲，體長約 3.3mm。

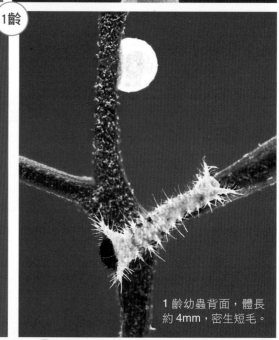

1 齡幼蟲背面，體長約 4mm，密生短毛。

2齡

2 齡幼蟲背面，體長約 7mm，腹背已出現白斑紋。

3 齡幼蟲，體長約 14mm。從網室觀察顯示，雌蝶會選擇多種柑橘屬、山橘等植物產卵，經飼養皆能羽化。

3齡

3 齡幼蟲，體長約 17mm，吃長果山橘。

4齡

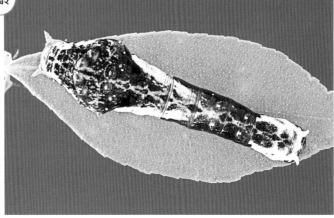

4 齡幼蟲側面，體長約 23mm，臭角紅色。

4 齡幼蟲，體長約 22mm。1 ～ 4 齡幼蟲外觀摹擬像鳥糞狀，常棲於葉表或枝條上。可食 30 多種植物葉片。

5齡

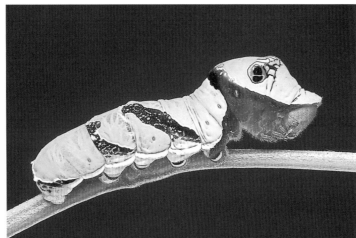

4 齡蛻皮成 5 齡幼蟲時體長約 28mm。

5 齡幼蟲（終齡）側面，體長 30 ～ 49 mm。

5 齡幼蟲在第 4 ～ 5 腹節兩側具有黑褐色斜斑紋，第 6 節三角狀斜紋。

5 齡幼蟲（終齡）後期，體長約 48mm，以圓果山橘為食。

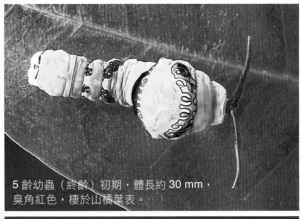

5 齡幼蟲（終齡）初期，體長約 30 mm，臭角紅色，棲於山橘葉表。

5 齡幼蟲頭、胸部特寫。頭部淺褐色，胸部假眼紋為 8 字狀紅黑色，頂端具有 2 枚白斑點。

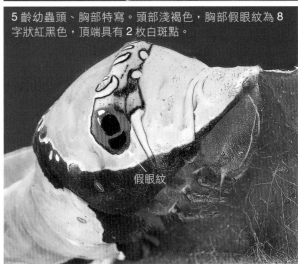

假眼紋

● 蛹

　　蛹為帶蛹，綠色或褐色型，體長約 34 mm，寬約 14 mm。頭頂有一對 2mm 向背部微彎曲的短錐突，後胸至第 3 腹節明顯內凹；常化蛹於食草植物的樹幹及莖枝上，低溫期以蛹越冬。8月分蛹期 8 ～ 9 日。

前蛹。

蛹背面的頭、胸部特寫，有綠色或褐色型。

蛹側面。頭頂有一對向背部微彎曲的短錐突，後胸至第 3 腹節明顯內凹。

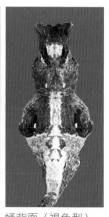

蛹背面（褐色型），低溫期以蛹越冬。

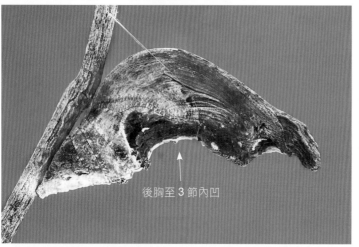

後胸至 3 節內凹

蛹側面（褐色型），體長約 31 mm，寬約 13 mm。蛹體側觀弧形。

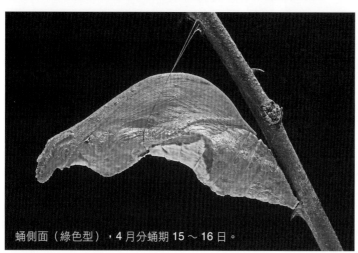

蛹側面（綠色型），4月分蛹期 15 ～ 16 日。

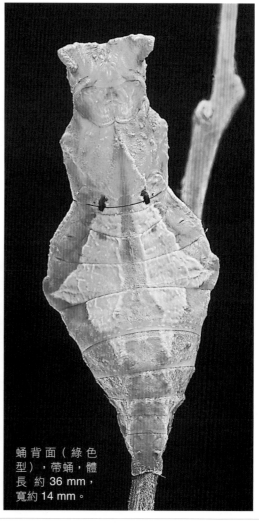

蛹背面（綠色型），帶蛹，體長約 36 mm，寬約 14 mm。

● 生態習性／分布

　　一年多世代，中、大型鳳蝶，前翅長 45 ～ 58 mm，普遍分布於海拔 0 ～ 2000 公尺山區，全年皆可見，主要出現於 3 ～ 11 月。成蝶飛行迅速，靈敏機警，喜愛於陽光普照的天氣活動；常見於路旁、林緣等曠野處吸食花蜜或飛舞。雄蝶是溪旁濕地的常客，在午后的陽光，常和其他蝴蝶三三兩兩舞動著薄翼，在溪畔濕地共食水分；伴隨著潺潺流水和徐徐清風，一副愜意自在的神情，令人賞心悅目。有時候筆者拍累了，都很想拿著躺椅，陪著他們一起共度美好時光。

鳳
蝶
科

075

● 成蝶

白紋鳳蝶雌雄的外觀形態相仿，後翅尾端具有長尾突。翅腹面為黑褐色，在後翅中央上方具有3塊白色大斑紋，亞外緣有一列橙色弧狀、圓圈狀斑紋及白色小斑紋。**雌蝶♀**：在前翅的翅背面亞外緣有灰白色鱗片呈現帶狀分布，後翅外緣內側具有一列紅橙色弧狀斑紋，雄蝶♂斑紋則不明顯。

雄蝶♂吸水。白紋鳳蝶為一年多世代，主要出現於 3～11 月，前翅長 45～58 mm。

雄蝶♂展翅覓食。白紋鳳蝶的成蝶飛行迅速，靈敏機警，喜愛吸食各種花蜜。

雄蝶♂吸水。白紋鳳蝶（左）的外觀乍看與大白紋鳳蝶（右）很相近，分布於臺灣低、中海拔山區，但族群遠不如大白紋鳳蝶多。

雌蝶♀吸食花蜜。

雌蝶♀覓食。白紋鳳蝶為中、大型鳳蝶，前翅展開時寬 8.5～9 公分。

交配（上♀下♂）。

求偶（左♀右♂）

雌蝶♀產卵於飛龍掌血葉片。

大白紋鳳蝶（臺灣白紋鳳蝶）

Papilio nephelus chaonulus（Fruhstorfer, 1902）
鳳蝶科／鳳蝶屬

52～60 m

● 卵／幼蟲期

卵單產，黃色，圓形，高約 1.2 mm，徑約 1.4 mm，8 月分期 4～5 日。雌蝶的產卵習性，喜愛選擇疏林、林緣山徑或陡坡的幼蟲食草，將卵產於葉背、新葉及新芽或附近物體、植物。

1～4 齡幼蟲外觀摹擬像鳥糞狀，常棲於葉面或莖、枝上。終齡 5 齡，體長 30～50 mm。頭部淡黃綠色，臭角紅色。蟲體黃綠色，體側在第 4、5 與 6 腹節具有橄欖色斜斑紋，氣孔淺褐色。1～5 齡幼蟲期約 23 天。

卵淺黃色，近圓形，高約 1.2 mm，徑約 1.4 mm，產於飛龍掌血葉背（側面）。

幾隻雌蝶在人造網室內，在飛龍掌血之莖產卵 400 多粒卵，圖正面可見 150 粒卵。

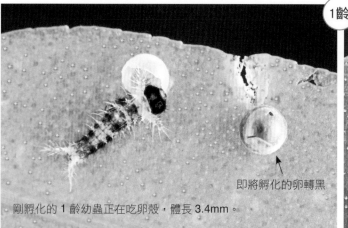

剛孵化的 1 齡幼蟲正在吃卵殼，體長 3.4mm。

即將孵化的卵轉黑

1 齡幼蟲，體長約 5mm。1～5 齡幼蟲期約 23 天。

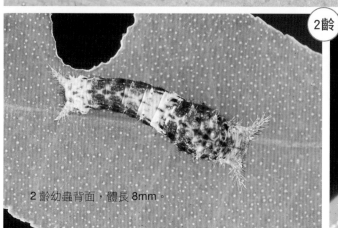

2 齡幼蟲背面，體長 8mm。

2 齡幼蟲側面，體長約 9mm。

3 齡幼蟲背面，蟲體黃褐色，體長約 18 mm。體色帶紅褐色。

3 齡幼蟲側面，體長約 18 mm。腹足白色

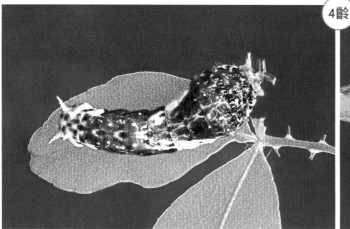
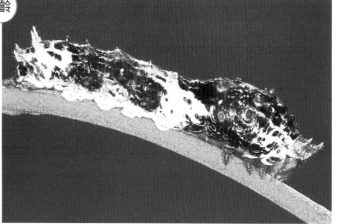

4 齡幼蟲背面，體長約 25 mm，臭角紅色。幼蟲可利用 30 多種植物葉片為食。

4 齡幼蟲側面，體長約 23 mm。網室與野外觀察，大白紋鳳蝶會選擇多種柑橘屬植物產卵，經飼養皆能羽化，只不過體型明顯比以「賊仔樹、吳茱萸、食茱萸、飛龍掌血」的葉片為食的個體來得小。

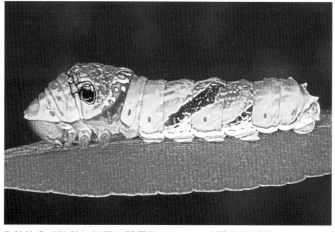

4 齡幼蟲蛻皮成 5 齡時體長約 28mm。

5 齡幼蟲（終齡）初期，體長約 32 mm。蟲體色澤偏黃。

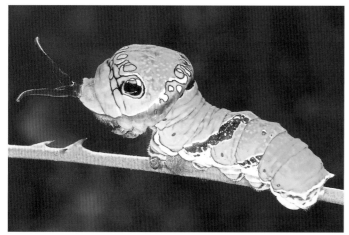

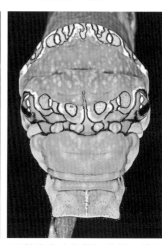

5 齡幼蟲（終齡）體長 30～50 mm，頭部淡黃綠色，臭角紅色。蟲體黃綠色，體側在第 4、5 與 6 腹節具有橄欖色斜斑紋

5 齡幼蟲（終齡）初期，體長約 31 mm 時，胸部圖騰色澤偏黃。

5 齡幼蟲（終齡）後期，體長約 45 mm 時，胸部圖騰色澤偏綠。

● 蛹

　　蛹為帶蛹，有綠色、褐色或綠褐色型，長約 35 mm，寬約 12 mm。頭頂有一對錐突。綠色型之蛹，在後胸至第 5 節腹背，瑩光綠色斑紋呈菱形，第 2 和 3 腹節綠色斑紋向外突，氣孔淺褐色，常化蛹於食樹樹幹、莖枝及葉背上，低溫期以蛹越冬。8 月分蛹期 8～10 天。

前蛹時絲帶在第 2～3 腹節間垂吊。

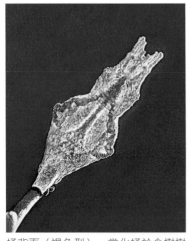

蛹背面（褐色型），常化蛹於食樹樹幹、莖枝及葉背上。

蛹（綠褐色型），8 月分蛹期 8～10 天。低溫期以蛹越冬。

綠褐色蛹結於飛龍掌血枝條。

蛹頭、胸部特寫。

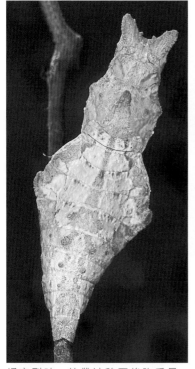

蛹定型時，絲帶被移至後胸垂吊（綠色蛹背面）。

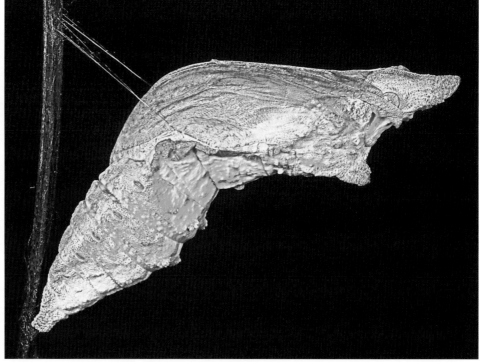

蛹側面（淺綠色型），蛹長約 35 mm，寬約 12 mm。蛹色會依附著當時之環境而有所不同。

● 生態習性／分布

　　一年多世代，大型鳳蝶，前翅長 52～60 mm，外觀無相似種，野外極易辨識，普遍分布於海拔 0～2000 公尺山區，除冬季較少全年皆可見，主要出現於 3～11 月。成蝶飛姿優美，靈敏嬌媚；常見於林緣山徑的花叢間訪花飛舞或溪畔、路旁濕地吸水。

● 成蝶

大白紋鳳蝶（臺灣白紋鳳蝶）雌雄的外觀形態相仿，後翅具有長尾突。翅腹面為黑褐色，後翅中室外側有數枚大白斑，外緣內側具有一列米黃色弧狀斑紋。翅背面為黑褐色，後翅具有 4 枚長形大白斑。**雌蝶**♀：外觀的色澤比雄蝶♂略淡，在前翅翅端下方及後緣外側的翅角有灰白色斑紋。**雄蝶**♂：前翅為黑色，僅在後緣外側翅角有一灰白色斑紋，因此；雌雄外觀可藉此簡略區別。

雄蝶♂在溼地吸水。

剛羽化後的雌蝶♀在休息。

雄蝶♂吸水。大白紋鳳蝶的成蝶後翅外緣內側具有一列米黃色弧狀斑紋，無相似種。

雌蝶♀訪花。大白紋鳳蝶為一年多世代，大型鳳蝶，前翅展開時 9～11 公分，普遍分布於海拔 0～2000 公尺山區，主要出現於 3～11 月。

▲ 交配，上♀下♂。蝶以食為天，任何植物只要能成功讓幼蟲成長至羽化成蝶皆為「幼蟲食草」，無論是寄主植物、飼育植物皆為「幼蟲食草」。

◀這隻大白紋鳳蝶雌蝶♀產卵時，將卵產在飛龍掌血旁，非幼蟲食物的金午時花上，幼蟲孵化後會先將卵殼吃掉；再循食草氣味爬至飛龍掌血上，不然就會餓死了。

無尾白紋鳳蝶

Papilio castor formosanus Rothschild,1896

特有亞種

45～50 mm

鳳蝶科／鳳蝶屬

● 卵／幼蟲期

　　卵單產，圓形，剛產淺黃白色，發育後漸轉為淡黃色，高約 1.2 mm，徑約 1.3 mm，8 月分卵期約 5 日。雌蝶的產卵習性，喜愛選擇疏林或林蔭的幼蟲食草，將卵產於成熟葉片、新芽或枝幹上。

　　1～4 齡幼蟲外觀摹擬像鳥糞狀，常棲於葉表或枝條上。終齡 5 齡，體長 30～50 mm。頭部綠色，臭角紅色。蟲體綠色，密布斑駁狀細斑紋及斑點，在第 4 與 5 腹節有褐色斜紋，斜紋旁有明顯至不明顯白色「V」形狀斑紋，前胸和尾端各有一對黃色小錐突，氣孔淺褐色。

卵單產，3 粒並排，中央那粒已有受精斑紋，淺黃色，近圓形，高約 1.2 mm，徑約 1.3mm，卵期約 5 日（側面）。

卵俯視與 1 齡幼蟲孵化出來在翻身，體長 3.5mm。

剛孵化的 1 齡幼蟲，體長約 3.3mm，正在吃卵殼。

1 齡幼蟲後期，體長 6mm，即有能力食略成熟之葉片。

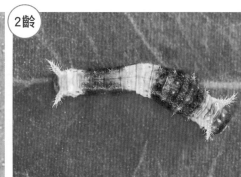

2 齡幼蟲，體長約 8mm，白斑已發育明顯。

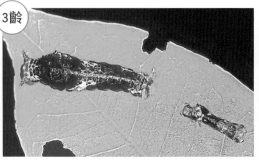

2 齡幼蟲蛻皮成 3 齡。

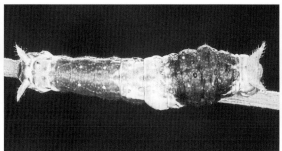

3 齡幼蟲背面的白色斑紋清晰、色調分明，體長約 15 mm。

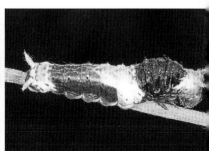

3 齡幼蟲側面，體長約 15 mm。

3齡幼蟲在圓果山橘葉表蛻皮成4齡，體長約18mm。

4齡幼蟲背面的白色斑紋退化而模糊，體長約27mm。

4齡幼蟲側面，體長約27mm，幼蟲會以圓果山橘、長果山橘為食，非單食性。

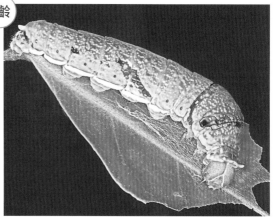

4齡幼蟲在長果山橘葉表蛻皮成5齡，體長約28mm。

5齡幼蟲（終齡）黃綠色型。山橘的果有圓形及橢圓形2變種，葉片幼蟲都會食用。

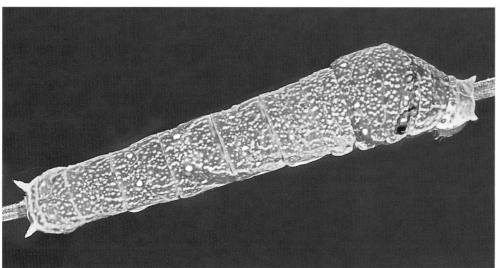

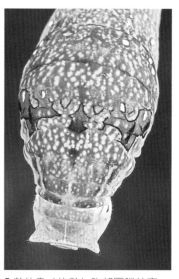

5齡幼蟲（終齡）黃色型，體長32〜50mm。幼蟲在飼養時會散發特殊的香氣。

5齡幼蟲（終齡）胸部圖騰特寫。

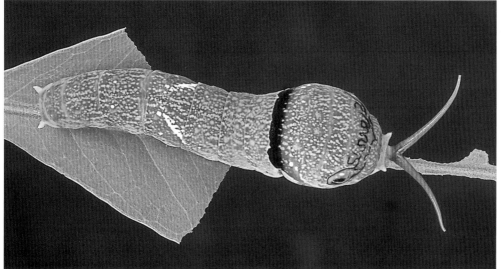

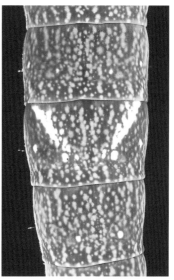

5齡幼蟲背面，黃綠色型，體長約50mm，受到驚擾時會伸出紅色臭角。

5齡幼蟲在第4與5腹節有褐色斜紋，斜紋旁有明顯至不明顯白色似「V」形狀斑紋。

● 蛹

　　蛹為帶蛹，有綠色或褐色，蛹長約 31 mm，寬約 13 mm。頭頂有一對錐突，錐突內側基部有 2 個黑色小瘤突，胸部隆起呈現稜形狀，在腹背第 4 ～ 6 節各有 4 個黑色小瘤突呈橫向排列，氣孔淺褐色。常化蛹於陰涼食樹葉背或枝幹，低溫期以蛹越冬。9 月分蛹期 7 ～ 9 日。

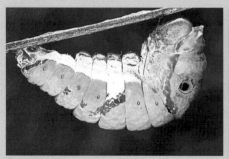

前蛹時絲帶在第 2 ～ 3 腹節間垂吊。

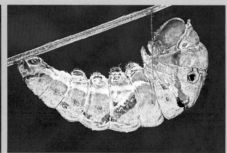

即將化蛹時舊表皮已鬆弛。

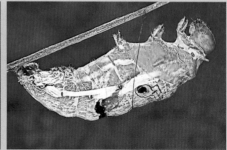

正在蛻皮進行中，蟲體膨脹頭胸縫線開裂。

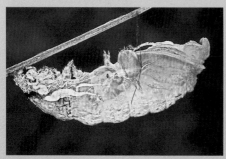

蛻皮至第 5 腹節。

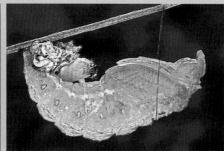

蛻皮完成。

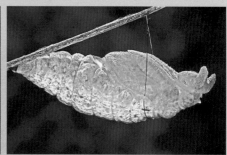

絲帶被蠕動至後胸固定。

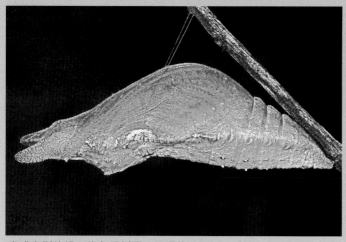

完成定型的蛹。綠色蛹側面，蛹長約 31 mm，寬約 13 mm。

綠色蛹背面，蛹長約 31 mm，寬約 13 mm。

小瘤突

蛹在腹背第 4 ～ 6 節各有 4 個黑色小瘤突呈橫向排列為特徵。

● 生態習性／分布

　　一年多世代，中型鳳蝶，無相似種，前翅長 45 ～ 50 mm，普遍分布於海拔 0 ～ 1500 公尺山區，主要出現於 3 ～ 11 月。多見於有圓果山橘和長果山橘族群的路旁或溪旁附近活動。成蝶飛行迅速，靈敏機警；常出現於林緣山徑吸食各種野花花蜜及追逐、嬉戲或在路旁濕地、河床吸水。

● 成蝶

　　無尾白紋鳳蝶雌雄的外觀斑紋些微不同，後翅外緣呈現鈍齒波狀緣，具有不明顯短尾突。**雄蝶♂：**翅為黑色，前翅外緣有排白色小斑點，中室外側有少許白色斑紋，腹面與背面略同；後翅腹面有 7 枚，背面有 4 枚大小不同白色斑紋。**雌蝶♀：**翅為黑褐色，腹面前翅外緣及亞外緣有白色列斑，中室外側有一白斑，後翅亞外緣有 2 列塊狀和小弧狀白斑紋，白斑數目明顯多於雄蝶♂。翅背面後翅白斑紋比雄蝶♂多出 1 ～ 2 塊，因此，雌雄外觀些微不同可藉此區別。

雄蝶♂吸水。成蝶飛行迅速，靈敏機警；常出現於林緣山徑吸食各種野花花蜜及追逐、嬉戲或在路旁濕地、河床吸水。

剛羽化不久的雄蝶♂。雄蝶♂後翅腹面僅有 1 排白色斑紋。

雄蝶♂吸食冇骨消花蜜。成蝶前翅展開時寬 7 ～ 8.5 公分。

剛羽化不久休息中的雌蝶♀。

交配（上♀下♂）

雌蝶♀飛舞著雙翅，正在吸食大花咸豐草花蜜。

雌蝶♀訪花。無尾白紋鳳蝶為一年多世代，中型鳳蝶，無相似種，雌蝶♀翅背面後翅白斑紋比雄蝶♂多出 1 ～ 2 塊。

臺灣鳳蝶

Papilio thaiwanus Rothschild, 1898 〔臺灣特有種〕

鳳蝶科／鳳蝶屬

50～60 mm

● 卵／幼蟲期

　　卵單產，黃色，圓形，高約 1.2 mm，徑約 1.4 mm，8 月分卵期 4～5 日。雌蝶的產卵習性，常選擇林緣、山徑路旁的幼蟲食草，將卵產於新葉或葉背上。

　　1～4 齡幼蟲外觀摹擬像鳥糞狀，常棲於葉表或枝條上。終齡 5 齡，體長 32～48 mm。頭部綠色，臭角黃橙色。蟲體綠色，體側中央在第 4～5 節，具有一條醒目的白色斜紋，腹足上方有白色條狀紋，外觀獨特無相似種，在野外極易辨識。氣孔淺褐色。

卵

卵單產，黃色，圓形，高約 1.2 mm，徑約 1.4 mm，8 月分卵期 4～5 日。

1齡

1 齡幼蟲側面，體長約 5 mm。

2齡

2 齡幼蟲側面，體長約 10 mm。

3齡

3 齡幼蟲背面，蟲體綠色，體長約 17 mm。幼蟲可食 30 多種植物葉片。

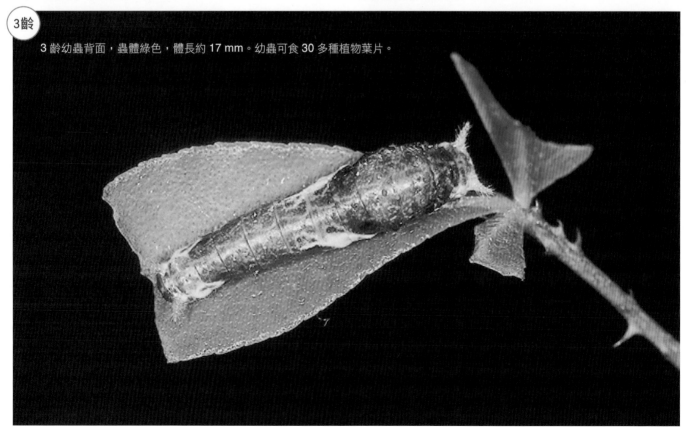

4齡

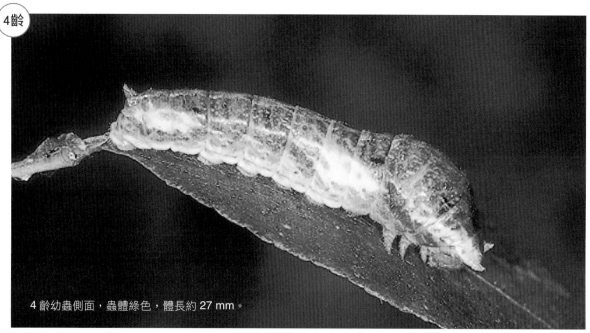

4 齡幼蟲側面，蟲體綠色，體長約 27 mm。

5齡

5 齡幼蟲（終齡）側面，體長約 48 mm。蟲體綠色，
體側中央在第 4 ～ 5 節，具有一條醒目的白色斜紋，
腹足上方有白色條狀紋。

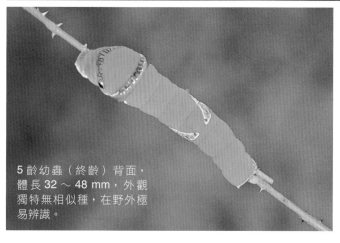

5 齡幼蟲（終齡）背面，
體長 32 ～ 48 mm，外觀
獨特無相似種，在野外極
易辨識。

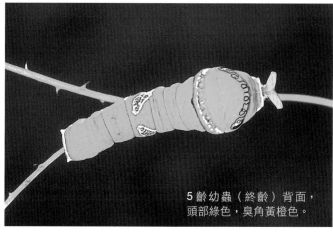

5 齡幼蟲（終齡）背面，
頭部綠色，臭角黃橙色。

● 蛹

　　蛹為帶蛹，**有綠色或褐色**，長約 35 mm，寬約 14 mm。頭頂具有一對錐突，錐突內側各具一個小瘤突，胸部隆起略成倒「∧」狀稜突，在後胸至第 5 節腹背，螢光綠色斑紋呈菱形，氣孔米白色。常化蛹於食樹枝條或樹幹，低溫期以蛹越冬。8月分蛹期 8 ～ 10天。

▶ 前蛹。

蛹側面（綠色型），體長約 34 mm。寬約 14mm。

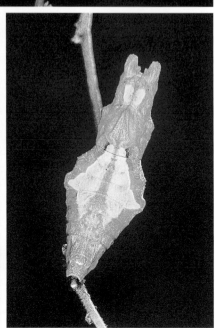

蛹背面（綠色型），在後胸至第 5 節腹背，螢光綠色斑紋呈菱形。

蛹側面（褐色型），體長約 35 mm。常化蛹於食樹枝條或樹幹，低溫期以蛹越冬。8 月分蛹期 8 ～ 10 天。

蛹背面（褐色型），頭頂具有一對錐突，錐突內側各具一個小瘤突，胸部隆起略成倒「∧」狀稜突。

● 生態習性／分布

　　一年多世代，中、大型鳳蝶，臺灣特有種，前翅長50～60 mm，普遍分布於**海拔 300～ 2300 公尺山區**，全年皆可見，主要出現於3 ～ 11 月。成蝶的外觀典雅別緻，飛姿優美；在野地不期而遇時，曼妙的舞姿常吸引著我佇足觀賞。喜歡流連於花叢間訪花飛舞或溪畔、路旁濕地吸水。

● 成蝶

　　臺灣鳳蝶雌雄的外觀色彩與斑紋明顯不同，後翅外緣呈現鈍齒波狀緣。**雄蝶♂**：翅腹面為黑色，翅基至後半部分布著紅橙色斑紋；翅背面全為深藍黑色在陽光下閃爍著金屬般光澤，在後翅肛角處有一枚紅橙色斑紋。**雌蝶♀**：翅腹面為淡黑色，前翅翅基及後翅翅基至後半部有紅橙色斑紋，在後翅中央外側具有 3 枚大白斑。翅背面與腹面略同但紅橙色斑紋較少，僅分布於後半部，後翅具不明顯短尾狀突起。

剛羽化休息中的雄蝶♂。

雄蝶♂。野溪的路旁、河床或溪澗濕地是各種雄蝶♂常聚會吸水的地方，這樣的英「雄」聚會，常吸引喜愛拍攝蝴蝶的人，前來捕捉那美麗的姿影。

雄蝶♂吸食九重葛花蜜。

雄蝶♂吸水。臺灣鳳蝶雄蝶♂是溪畔濕地的常客，吸水時還會不停地婆娑起舞，非常美麗。

雌蝶♀訪花。臺灣鳳蝶雌雄的外觀色彩與斑紋明顯不同，後翅外緣呈現鈍齒波狀緣。

雌蝶♀展翅。臺灣特有種，前翅展開時寬 8 ～ 9.5 公分；偶見於山林小徑飛舞、訪花或尋覓食草植物。

大鳳蝶

Papilio memnon heronus Fruhstorfer, 1902 特有亞種

鳳蝶科／鳳蝶屬

62～74 mm

● 卵／幼蟲期

　　卵單產，黃色，圓形，徑約 1.7mm，10 月分卵期 4～5 日。雌蝶的產卵習性，常選擇路旁、柑橘園或林蔭山徑，將卵產於幼蟲食草的葉背、葉面或新芽上。

　　1～4 齡幼蟲外觀摹擬像鳥糞狀，常棲於葉表或枝條上。終齡 5 齡，體長 35～56mm。頭部綠色，臭角橙色。蟲體綠色至黃綠色，體表平滑，在第 4、5 與 6 腹節具有白色粗斜紋。氣孔淺褐色。

卵

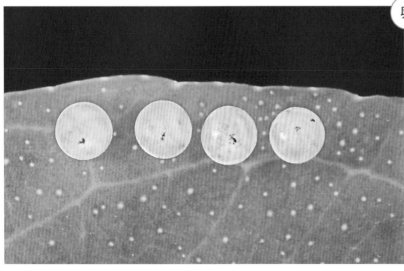

卵單產，黃色 4 粒聚集於柚葉（俯視）。

卵單產，圓形，徑約 1.7mm，卵期 4～5 日（卵側面）。

1齡

1 齡幼蟲吃卵殼，體長約 4mm。

4 隻 1 齡幼蟲，體長 5mm，食馬蜂橙葉片。

2齡

2 齡幼蟲背面，體長約 10mm。

2 齡幼蟲側面，體長約 10 mm，白斑已發育出現。

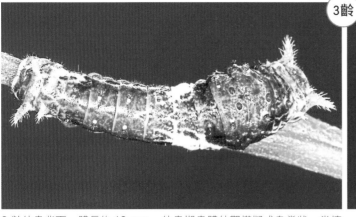

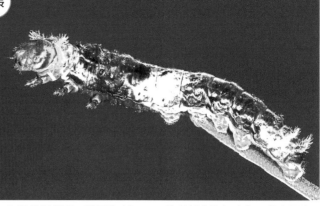

3齡幼蟲背面,體長約 18 mm。幼蟲期蟲體外觀模擬成鳥糞狀,常棲息於葉表或莖枝上。

3齡幼蟲側面,體長約 16 mm,腹足部位為灰白色。幼蟲可食 30多種植物葉片。

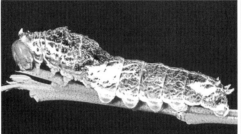

4齡幼蟲的臭角為紅橙色,蟲體綠色,體長約 34mm。

4齡幼蟲時體色轉為綠色,腹足部位為淺綠白色,體長約 34mm。

4齡幼蟲蛻皮成 5 齡時體長約 35mm。

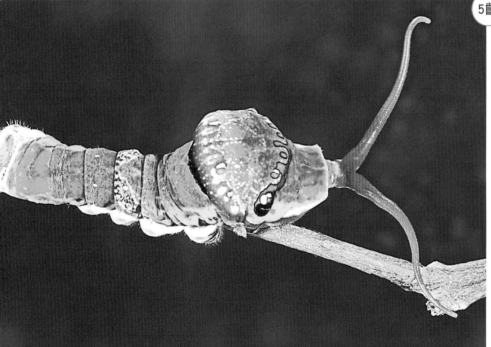

5 齡幼蟲(終齡),體長 35 ～ 56 mm,蟲體綠色,體型碩大,是鳥類眼中的美味佳餚。

5 齡幼蟲(終齡)側面,體長約 55mm。蟲體綠色,體表平滑,在第 4、5 與 6 腹節具有白色粗斜紋。

5 齡幼蟲(終齡)初期,體長約 30mm。當受到外力驚擾時,會伸出橙色長臭角來威嚇驅敵。

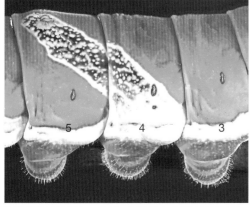

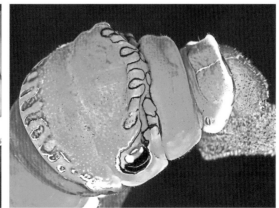

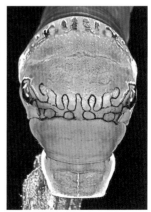

5齡幼蟲(終齡),第 4、5 腹節白色粗斜紋特寫。

5 齡幼蟲(終齡)頭胸部特寫。

5齡幼蟲胸部圖騰特寫。

● 蛹

　　蛹為帶蛹，有綠色或褐色型，體長約 41mm，寬約 16 mm。頭頂具有一對錐突，錐突先端鈍圓。翅面部位散生斑紋，氣孔淺褐色。常化蛹於食樹葉背或樹幹、莖、枝上，低溫期以蛹越冬。5月分蛹期8～10日。

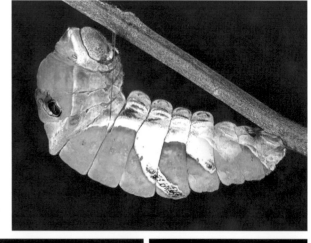

▶前蛹時絲帶在第2～3腹節間垂吊。

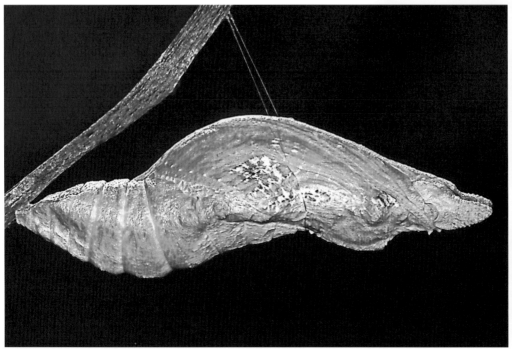

蛹側面（綠色型），體長 39mm，寬 14 mm。翅面散生褐色斑紋。

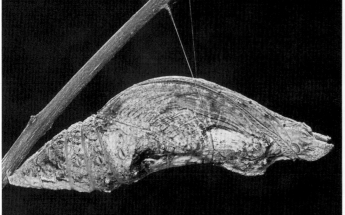

蛹背面（綠色型）。

蛹側面（綠褐色型），蛹長約 41 mm，寬約 16 mm。

蛹背面（綠褐色型）。外觀摹擬樹皮長青苔狀做為保護色。　蛹。頭、胸部特寫。頭頂具有一對錐突，錐突先端鈍圓。

● 生態習性／分布

　　一年多世代，大型鳳蝶，前翅長 62 ～ 74 mm，普遍分布於海拔 0 ～ 1500 公尺山區，主要出現於 3 ～ 12 月，以淺山地的柑橘園或溪畔附近最常見。成蝶的外觀雄偉華麗，飛姿優美；是極具觀賞價值的美蝴蝶，再加上雌雄蝶異型，宛若 3 種不同形態的蝶種；因此，深具生態教育解說、導覽特質。無論是飼養或觀察都很容易，也是人工蝴蝶園常見的寵兒。喜愛吸食各種野花花蜜或濕地水分。

● 成蝶

大鳳蝶的雌雄外觀差異甚大，宛若 3 種不同形態的蝴蝶。**雄蝶**♂ 有一型：翅膀兩面深藍黑色，在陽光下會閃爍著金屬般光澤。翅腹面前、後翅的翅基，有鮮明的紅色斑紋，後翅無尾突，肛角附近有橙色斑紋。**雌蝶**♀ 有 2 型，一型「無尾型」：翅腹面前翅為深灰白色，翅基有紅斑紋；後翅深藍黑色，翅基也有紅斑紋，在中央至亞外緣有成片的長條形白色斑紋，後翅無尾突。二型「有尾型」：翅腹面前翅灰黃色翅緣深藍色，翅基有紅斑紋；後翅深藍黑色，在中央有長形白斑，亞外緣有寬深藍黑色帶狀分布，後翅具有長尾突。

剛羽化休息中的雌蝶♀（有尾型）。

大鳳蝶雌蝶♀（有尾型）正將卵產於四季橘新芽上。

雄蝶♂後翅無尾突。前翅展開時寬 10～12 公分。

雄蝶♂吸水。

雌蝶♀吸食長壽花（有尾型）。

雌蝶♀訪花（無尾型）。

交配（有尾型上♀下♂）。蝴蝶的交尾姿態各持其趣，大鳳蝶交尾時習慣展開雙翅。

翠鳳蝶（烏鴉鳳蝶）

Papilio bianor thrasymedes Fruhstorfer, 1909　特有亞種　　50〜60 mm

鳳蝶科／鳳蝶屬

092

● 卵／幼蟲期

卵單產，淺黃白色或淺綠白色，近圓形，高約 1.1 mm，徑約 1.3 mm，7 月分卵期 3〜4 日。雌蝶的產卵習性，喜愛選擇疏林、林緣或路旁高處的幼蟲食草，將卵產於葉背、葉面或嫩葉上。

終齡 5 齡，體長 28〜45mm。頭部綠色，臭角淺黃橙色，胸部分布藍紫色網紋，後胸假眼紋為上黑與下紅雙色。蟲體綠色，密布黃色小紋，2〜7 節腹背具 2 排小藍色斑點，體側有綠色斜紋，腹足上方有白色條紋，氣孔褐色。尾端小錐突不明顯。幼蟲移行時緩慢，常棲於葉面或莖枝上。1〜5 齡幼蟲期約 23 天。

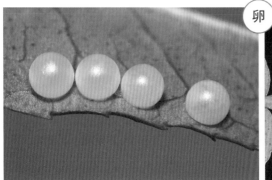  

卵單產，4 粒並排於賊仔樹葉背，徑約 1.3 mm，卵期 3〜4 日。

卵和剛孵化的 1 齡幼蟲，幼蟲各體色澤略有些小差異。

1 齡幼蟲，體長約 4 mm。在第 2〜3 和 8〜9 節具有白色斑紋。

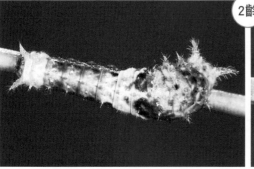 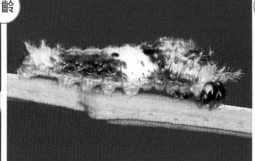 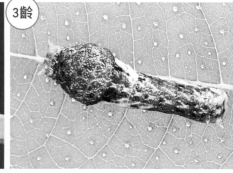

2 齡幼蟲背面，長約 9 mm。尾端白色斑紋減退。

2 齡幼蟲側面，長約 9 mm。1〜5 齡幼蟲期約 23 天。

3 齡幼蟲背面，長約 16 mm；幼蟲可食用 30 種以上植物，但以賊仔樹、食茱萸為主食，飼養狀況也較佳。

 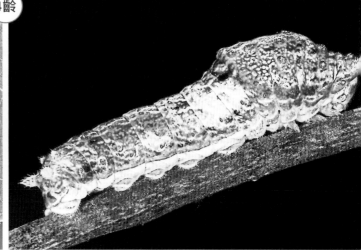

4 齡幼蟲，體長約 21mm。棲於賊仔樹葉表。

4 齡幼蟲側面，體長約 23mm。 體色轉為橄欖綠色，在第 2〜3 節體側具有白色斑紋。

5齡

4齡幼蟲蛻皮成5齡時，體長約26mm。

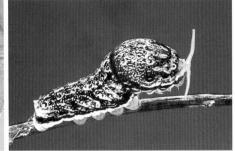

5齡幼蟲（黑化型），體長40mm。

5齡幼蟲，疑因基因產生異常，蟲體色澤呈現黃橙色。

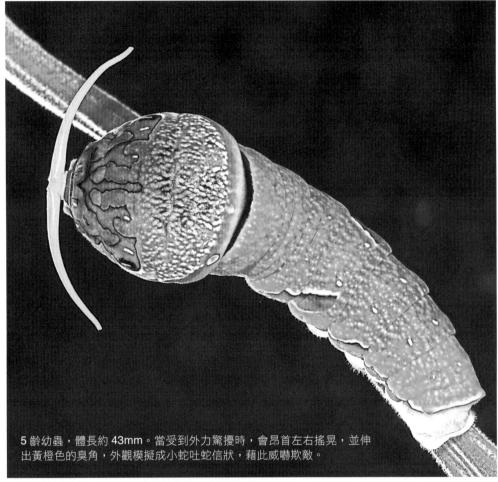

5齡幼蟲，體長約43mm。當受到外力驚擾時，會昂首左右搖晃，並伸出黃橙色的臭角，外觀模擬成小蛇吐蛇信狀，藉此威嚇欺敵。

5齡幼蟲（終齡）胸部圖騰與黃色臭角特寫。

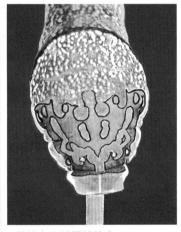

5齡幼蟲胸部圖騰特寫。

5齡幼蟲伸出黃色臭角。

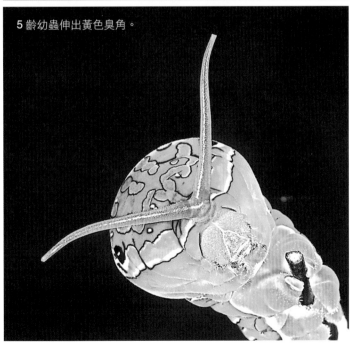

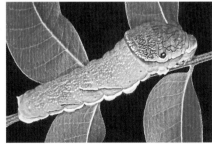

◀5齡幼蟲（終齡）側面，體長28～45mm。1～5齡幼蟲移行時緩慢，常棲於葉面或莖枝上。

◀5齡幼蟲體長約44mm，正在啃食賊仔樹葉片。

● 蛹

蛹為帶蛹，有褐色或綠色，體長約 34 mm，寬約 14 mm。頭頂具有一對 V 形狀錐突。中胸隆起為銳角狀，在後胸至第 1 腹節有褐斑，腹背中線白色，氣孔淺褐色。常化蛹於食樹葉背或樹幹及莖、枝上，低溫期以蛹越冬。9 月分蛹期 10 ～ 12 日。

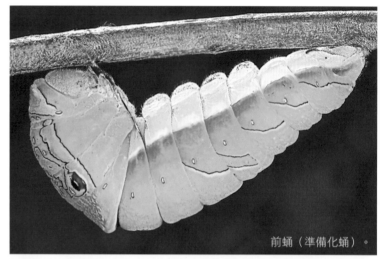

前蛹（準備化蛹）。

蛹側面（綠色型），長約 32 mm，寬約 15 mm，中胸隆起為銳角狀。　蛹側面（綠褐色型），低溫期以蛹越冬。9 月分蛹期 10 ～ 12 日。

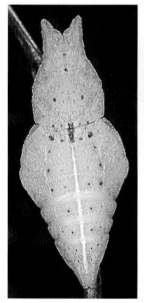

蛹背面（黃綠色型），體長約 34mm。

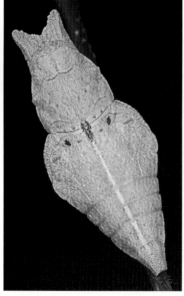

蛹背面（淺綠色型），長約 32 mm，寬約 15 mm。

蛹背面（褐色型），體長約 31mm，寬約 14mm。

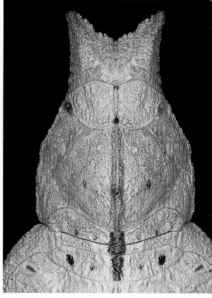

頭頂具有一對 V 形錐突，在後胸至第 1 腹節中央有褐斑。

● 生態習性／分布

一年多世代，大型鳳蝶，前翅長 50 ～ 60 mm，普遍分布於海拔 0 ～ 1900 公尺山區，全年皆可見，主要出現於 3 ～ 11 月。成蝶機警靈敏，飛姿優美；常見於林緣山徑旁訪花、飛舞。雄蝶是野溪河床、路旁濕地的常客，常駐足許久舞動著雙翼暢飲著濕地水分。

● 成蝶

翠鳳蝶（烏鴉鳳蝶）的雌雄外觀形態相仿，後翅具有長尾突，長尾突具有黑色邊紋。翅腹面為黑色，後翅密生細小斑點，在亞外緣各室有紅橙色弧狀斑紋。翅背面為黑色，前翅分布著許多綠色琉璃光澤的細小斑點。在後翅亞外緣附近為黑色帶，各室內有紅橙色弧狀斑紋；其餘分布著藍色和綠色琉璃光澤的細小斑點，在陽光的照射下閃爍著迷人的丰采。雄蝶♂：在前翅的背面下方，具有 4 條隆起長 1.5 ～ 1.8 公分灰黑色絨毛之雄性性徵。

剛羽化休息中的雌蝶♀。

剛羽化休息中的雄蝶♂。

雄蝶♂性徵特寫。在前翅的背面下方，具有 4 條隆起長 1.5 ～ 1.8 公分灰黑色絨毛。

雄蝶♂。長尾突邊緣密布黑色鱗片。

雌蝶♀。翠鳳蝶（烏鴉鳳蝶），普遍分布於海拔 0 ～ 1900 公尺山區，全年皆可見。

雌蝶♀訪花。對焦時筆者習慣使用手動對焦，對準主題的眼睛，並配合被攝物移動來拍攝。

雌蝶♀正產卵於賊仔樹新葉。

求偶。

雄蝶♂吸水。

雌蝶♀吸食火球花花蜜。

臺灣琉璃翠鳳蝶（琉璃紋鳳蝶）

Papilio hermosanus（Rebel, 1906）
鳳蝶科／鳳蝶屬　臺灣特有種　40～50mm

● 卵／幼蟲期

卵單產，黃色，近圓形，高約 1.2 mm，徑約 1.4 mm，5 月分 3～4 日。雌蝶的產卵習性，常選擇林緣、路旁或疏林的幼蟲食草族群，將卵產於葉背或新芽上。

1～4 齡幼蟲外觀摹擬像鳥糞狀，常棲於葉表或枝條上。終齡 5 齡，體長 24～43 mm。頭部淺綠色，臭角黃橙色。蟲體黃綠色，體表密布淡黃色斑點，體側腹足上方有淡黃色條狀紋，氣孔淺褐色。

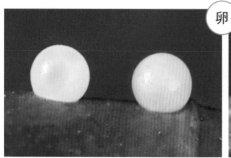

卵單產，黃色，近圓形，高約 1.2 mm，徑約 1.4 mm，卵期 3～4 日。

卵產於飛龍掌血葉表，5 月分卵期 3～4 日。

1 齡幼蟲背面，體長 5mm。

2 齡幼蟲背面，體長 9mm，白斑紋已顯見。

2 齡幼蟲側面，體長約 11 mm。

2 眠幼蟲，體長 12mm。

2 齡幼蟲蛻皮成 3 齡，體長 12mm。

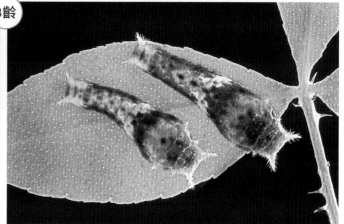

3 齡幼蟲背面，體長約 14mm。

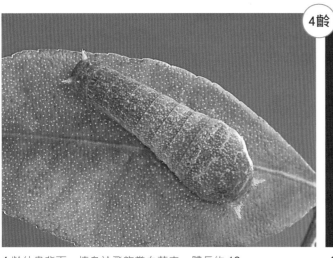

4齡

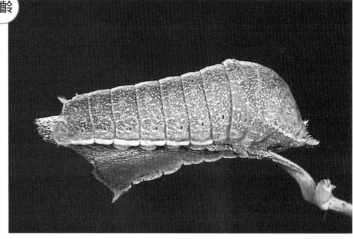

4 齡幼蟲背面，棲息於飛龍掌血葉表，體長約 18mm。

4 齡幼蟲側面，蟲體藍綠色，體長約 21mm。

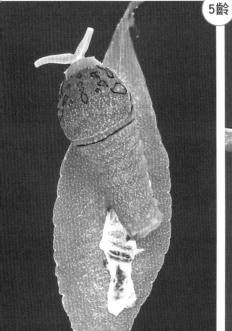

5齡

4 齡幼蟲蛻皮成 5 齡時體長約 22mm。

5 齡幼蟲（終齡），體長約 26mm，頭部淺綠色，臭角黃橙色。蟲體黃綠色，體表密布淡黃色斑點。

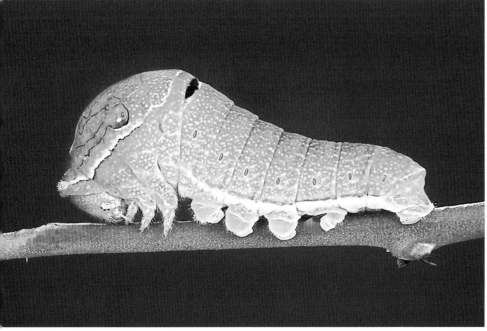

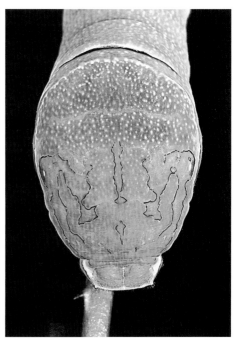

5 齡幼蟲側面，體長約 28mm，體側腹足上方有淡黃色條狀紋。

5 齡幼蟲（終齡）胸部圖騰特寫。

● 蛹

　　蛹為帶蛹，**有淺綠色或褐色型**，體長約 30mm，寬約 14 mm。頭頂有一對錐狀突起，蛹背近平，中胸微凸，中胸凸起處的角度較小，氣孔淺褐色。常化蛹於食草植物莖、枝或葉背上，低溫期以蛹越冬。6 月分蛹期 8 ～ 10 日。

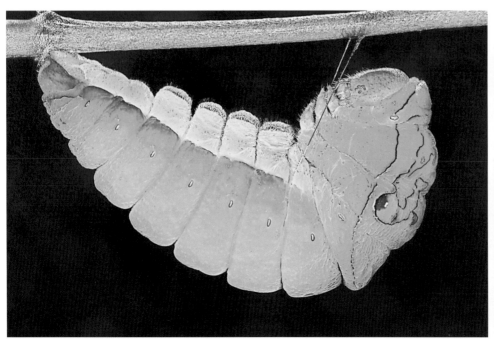

前蛹。

蛹 背 面， 長 約 30mm， 寬 約 14mm，低溫期以蛹越冬。6 月分蛹期 8 ～ 10 日。

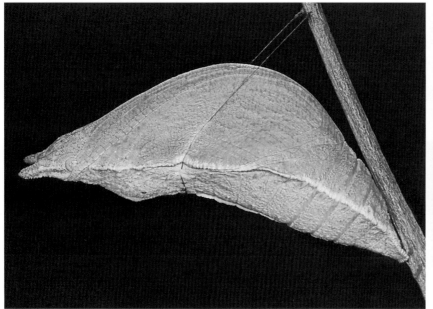

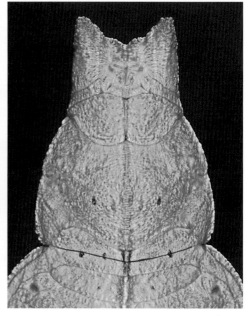

蛹側面，長約 30mm，寬約 14mm。蛹背近平，中胸微凸，中胸凸起處的角度較小。

蛹頭、胸部特寫。頭頂有一對錐狀突起，中、後胸各具有 1 對小褐色斑點。

● 生態習性／分布

　　一年多世代，中型鳳蝶，臺灣特有種，前翅長 40 ～ 50mm，普遍分布於**海拔 0 ～ 1100 公尺山區**，除冬季外全年皆可見，主要出現於 3 ～ 11 月，以夏季為高峰期。常見於林緣山徑、路旁、疏林飛舞或覓食。成蝶的外觀典雅端莊，機警靈敏；喜愛吸食馬纓丹、有骨消、大花咸豐草等野花花蜜或三五成群在溪旁、路旁、岩壁濕地吸水。

● 成蝶

　　臺灣琉璃翠鳳蝶（琉璃紋鳳蝶）雌雄的外觀相仿，後翅具有長尾突。翅腹面為黑褐色且密布細小斑點，亞外緣有一排弦月狀紅橙色斑紋。翅背面很漂亮翅底為黑褐色，上面密布綠色金屬般光澤的細鱗片；前翅亞外緣有一排綠色光澤的斑紋，後翅具有 4 塊被翅脈隔離的藍綠色金屬般藍光澤之斑紋為本種辨識特徵。**雄蝶♂**：在前翅的翅背面有隆起黑鱗毛之雄性性徵，藉此可簡易辨別雌雄。

剛羽化休息中的雌蝶♀。

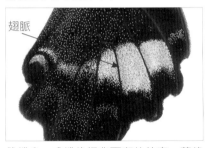

翅脈

雌蝶♀。成蝶後翅背面斑紋特寫，藍綠色斑紋被黑翅脈分割為本種特徵。

雄蝶♂訪花。外觀形態與大琉璃紋鳳蝶很相近。

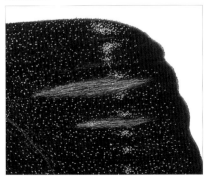

雄蝶♂在前翅背面有 2 條隆起之暗褐色絨毛為性徵。

▲雌蝶♀。臺灣琉璃翠鳳蝶普遍分布於海拔 0 ～ 1100 公尺山區，除冬季外全年皆可見。

◀雌蝶♀休息中。常見種，主要出現於 3 ～ 11 月。

▼雄蝶♂是濕地的常客，常結伴出現在溪澗、河床或路旁溼地吸水及嬉戲。

蛺蝶科 Nympalidae

蛺蝶科的卵，有單產或聚產。卵的外觀造型和色澤多樣化，有橢圓形、圓形、近圓形，卵表有光滑、細刺毛或有縱脈紋與淺橫紋等形態；卵的直徑 0.5 mm 至 1.8 mm 之間。幼蟲約有 5 ～ 12 個齡期，通常以 5 齡較多見。蛹為垂蛹（吊蛹），外觀的造型與色澤因種類而有所不同，有像枯葉、果實或金光閃閃的等多種形態。成蝶體型大、中、小皆有，展翅時寬 3 ～ 12.5 cm，其觸角腹面之節大多具有 2 縱溝，前足特化收縮在前胸，無法步行，僅利用中、後胸足來步行。目前臺灣產，最小的蛺蝶為：小波眼蝶（小波紋蛇目蝶）；最大者為：大白斑蝶（大笨蝶）。

成蝶的族群分布，從濱海、平地至中、高海拔都有族群活動，有一年一世代及多世代的，少數為雌雄異型。其食性包羅萬象，野外多見選擇以花蜜、腐果、鮮果、落果汁液、樹液及動物排泄物、昆蟲屍體、水分或丟棄飲料等為食。本科成蝶的前足並不發達，特化內縮置於前胸下方，乍看之下會以為只有 2 對腳，而據此特徵可與其他科別做簡易辨識。

成蝶的外觀獨特，色彩繽紛別緻美不勝收，有些種類造物者賦予色彩瑰麗的假眼紋來威嚇避敵；有的外觀摹擬的像枯葉、樹皮色澤，有的擬態（mimicry）成有毒斑蝶及具有鮮豔的警戒色

【蛺蝶科幼蟲食草】

臺灣牛皮消。

黃椰子。

葎草。

蓖麻。

臺灣馬藍。

華他卡藤。

馬利筋（尖尾鳳）。

小花三色堇。

裕榮鷗蔓（雜交栽培種）。

（aposematism）；在大自然中一副漫不經心悠哉地徜徉飛舞，其形態可謂五花八門不勝枚舉。

臺灣產蛺蝶科的幼蟲食草族群眾多，單、雙子葉植物皆會食用，在臺灣一萬多種植物中（含外來種），僅選擇少數科別中的幾種植物為食。2016 APG IV 臺灣種子植物的親緣分類，據文獻記載在臺灣有以：「爵床科、五福花科、莧科、漆樹科、夾竹桃科、冬青科、菊科、樺木科、豆科、大麻科、忍冬科、使君子科、旋花科、大戟科、殼斗科、金縷梅科、八仙花科、唇形科、樟科、母草科、桑寄生科、錦葵科、桑科、通泉草科、葉下珠科、車前科、馬齒莧科、鼠李科、薔薇科、茜草科、清風藤科、楊柳科、無患子科、榆科、蕁麻科、馬鞭草科、菫菜科、仙茅科、百合科、菝葜科、莎草科、禾本科、竹亞科、棕櫚科、薑科」等，目前約有 45 種植物科別為食的觀察記錄。而幼蟲外觀的造型與色彩多樣性，也衍生出一套自我求生的本能；體表有光滑、棘刺、長毛和肉質突起；有的食用有毒植物，使體內具有毒性或體表具有很強烈鮮明色彩做為警戒色，有的遇驚擾時會喬裝「裝死現象」來欺敵，有些草原性之蝴蝶幼蟲會躲藏在土縫、石塊下，以避暑熱及天敵捕食等等不勝枚舉。

迄今，全世界各地所發現的蛺蝶種類，約計有 6000 多種，臺灣約有 130 多種，其中有一種為保育類蝴蝶「大紫蛺蝶」。本書共記錄 48 種蛺蝶。

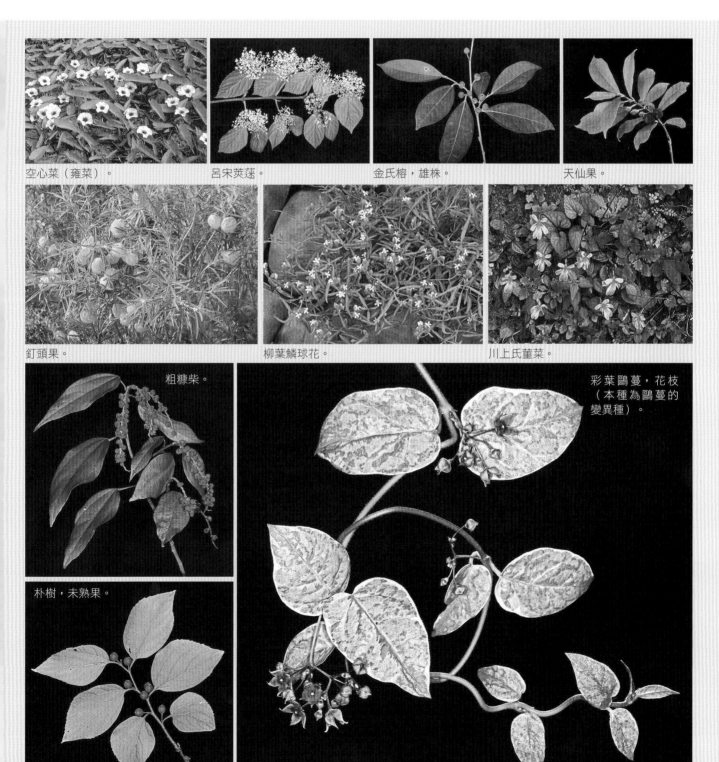

空心菜（雍菜）。

呂宋莢蒾。

金氏榕，雄株。

天仙果。

釘頭果。

柳葉鱗球花。

川上氏菫菜。

粗糠柴。

朴樹，未熟果。

彩葉鷗蔓，花枝（本種為鷗蔓的變異種）。

【蛺蝶科幼蟲食草】

茶匙黃。

臺灣鷗蔓，花枝。

鼠麴草。

忍冬。

甘藷。

臺灣鱗球花。

爬森藤。

笈白筍。

魯花樹。

水錦樹。

賽山藍。

短毛菫菜。

盤龍木。

鴨舌癀。

藤相思樹。

鷗蔓。

絡石。

布朗藤，花枝。

水柳，雌株。

紅毛饅頭果，花枝和葉背。

爵床。

馬齒莧。

青苧麻。

絨毛芙蓉蘭。

爪哇大豆，果枝。

菲律賓饅頭果，果枝。

錫蘭饅頭果，果枝。

小錦蘭。

糙莖菝葜，未熟果。

紅篦麻。

隱鱗藤，果枝。

蘇氏鷗蔓，葉圓形，先端凹具小突尖。

橙葉金午時花，花枝。

菝葜，雄花。

小葉桑，果枝。

小花寬葉馬偕花。

臺灣鉤藤，花枝。

水社柳，雄株。

金斑蝶（樺斑蝶）

Danaus chrysippus（Linnaeus, 1758）

蛺蝶科／斑蝶屬

34～39mm

● 卵／幼蟲期

　　卵單產，淺黃白色，橢圓形，高約 1.1 mm，徑約 0.8 mm，卵表具有凹凸淺刻紋，6月分卵期3～4 日。雌蝶對於幼蟲食草的搜尋能力頗強，而對產卵環境幾乎也不苛求，只要有食草之處，大多會聞訊而來，將卵產於葉背或新芽上。

　　終齡 5 齡，體長 20 ～ 42 mm。頭部黑色，具有 2 條白色粗條紋，中央（前額 Δ）淺黃白色三角狀，上唇黃色。蟲體具有黑白相間環狀紋和鮮黃色斑紋，色彩鮮豔豐富為警戒色；在中胸與第 2、8 腹節，共具有 3 對基部淺紅色之黑肉突。氣孔黑色。8月分 1 ～ 5 齡幼蟲期約 18 天。

▶ 卵單產，淺黃白色，高約 1.2mm，徑約 0.9mm。產於毛白前幼莖上。

卵

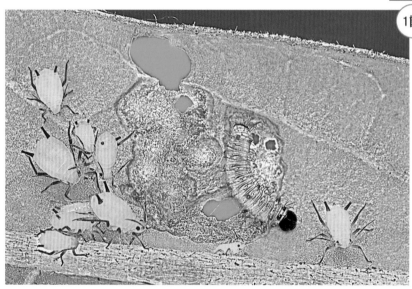

1 齡幼蟲，體長約 3mm 與夾竹桃蚜蟲共棲。

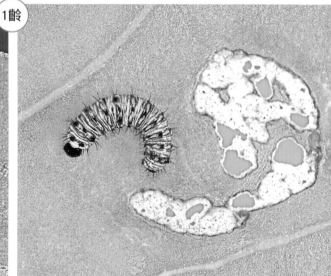

1齡

1 齡幼蟲背面，體長約 3.5mm，小幼蟲會咬食馬利筋葉片使乳汁液流出再進食的行為。

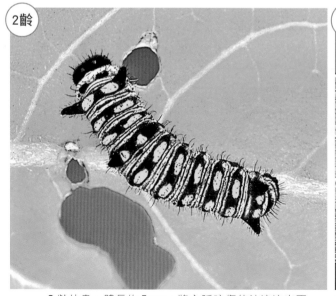

2齡

2 齡幼蟲，體長約 5mm，將主脈咬傷使汁液流出再進食。

3齡

3 齡幼蟲，體長約 11 mm。牛皮消與毛白前這 2 種原生種植物，有可能是臺灣的金斑蝶原始利用食草選項。

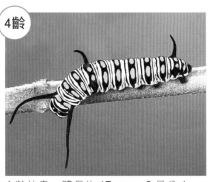

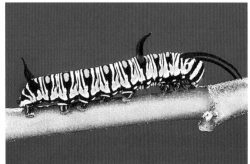

4齡

4 齡幼蟲，體長約 17 mm，8 月分 1 ～ 5 齡幼蟲期約 18 天。

4 齡幼蟲側面，體長約 17mm。

4 齡幼蟲（白化型），體長約 19 mm，棲息於蘭嶼牛皮消葉片。

5齡

5 齡幼蟲，體長約 38mm。金斑蝶的幼蟲取得和飼養皆很容易，因而常被做為生態觀察、導覽或解説的活教材。

5 齡幼蟲（終齡）側面，體長 36mm。牛皮消的生育地多見在墓仔埔，而毛白前的生地育卻是荒野草生地，兩者 10 月以後植株會開始進入休眠。

5 齡幼蟲，蟲體具有黑白相間環狀紋和鮮黃色斑紋，色彩鮮豔豐富為警戒色；在中胸與第 2、8 腹節，共具有 3 對基部淺紅色之黑肉突。

5 齡幼蟲大頭照。頭部黑色，具有 2 條白色粗條紋，中央（前額）淺黃白色三角狀，上唇黃色。

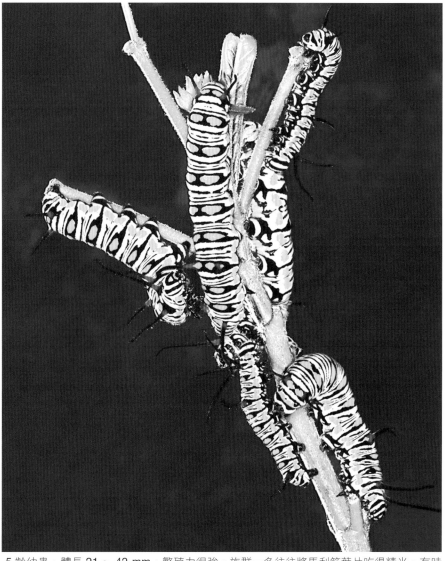

5 齡幼蟲，體長 21 ～ 42 mm，繁殖力很強，族群一多往往將馬利筋葉片吃得精光，有時候連嫩莖與表皮皆啃食得滿目瘡痍。幼蟲可食20種植物葉片。

● 蛹

蛹為垂蛹，有綠色或淡褐色型、米白色型，體長約 17mm，寬約 8mm。蛹表有金屬般之斑點，在第 3～4 間腹節，具有一銀色和黑色所組成之條狀橫紋，氣孔米白色。常化蛹於食草上或附近植物、物體等場所。7 月分蛹期 6～7 日。

前蛹。

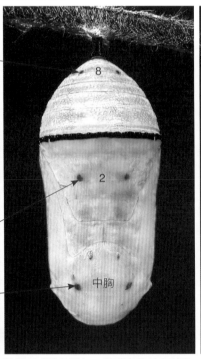

蛹背面（米色型），蛹體各節具有黃色斑紋，在中胸與第 2、8 腹節之背中線兩側，各具一對小斑點，此斑點與幼蟲時期之肉突相對應。

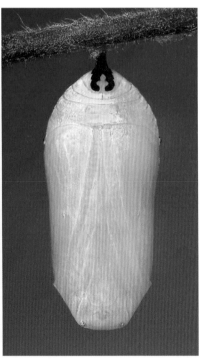

蛹腹面（米白色型），長約 17 mm，寬約 7.5 mm。

蛹背面（綠色型），長約 16 mm，蛹色會因依附環境而不同色。

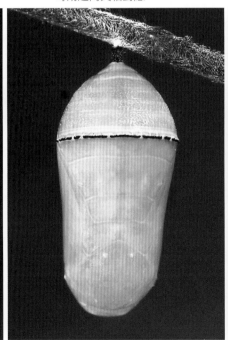

蛹背面（淺褐色型），長約 17mm，寬約 8mm。

即將羽化時的蝶蛹，蛹殼轉為透明，可見蝴蝶外觀形體。

● 生態習性／分布

一年多世代，中型蛺蝶，前翅長 34～39mm，普遍分布於海拔 0～1000 公尺山區，全年皆可見，主要出現於 2～12 月。成蝶飛行緩慢，外觀色彩鮮明奪目為警戒色，用以警示天敵「我有毒，請勿吃我！」。喜愛活躍於陽光普照的開闊處訪花飛舞、嬉戲，不過在雲霧飄渺的山林中，則不見其身影。

● 成蝶

　　金斑蝶（樺斑蝶）雌雄的斑紋及色澤相近，翅腹面為橙色翅端有白斑，前、後翅外緣為黑色各室內有白斑。翅背面為橙色，翅端黑褐色內有白色斑紋，在後翅中央有與腹面相同的黑色斑紋，前、後翅外緣為黑褐色，各室內有細小白斑。雌雄蝶在後翅腹面中央斑塊數不同。**雄蝶♂**：後翅腹面有 4 枚斑紋，在最下方多了一枚雄性性斑，性斑為黑色內有白色斑點。**雌蝶♀**：後翅腹面只有 3 枚黑色斑紋。

性斑

剛羽化不久在休息的雄蝶♂。

剛羽化休息中的雌蝶♀。

金斑蝶（上♂下♀）的羽翼鮮明奪目，警覺性又不高；觀察和飼養拍攝都很容易，是入門微距攝影，不錯的練習題材。

雌蝶♀。偶發性之個體，後翅泛白色。

交配（上♂下♀）。

雄蝶♂。

雌蝶♀。金斑蝶為一年多世代，前翅展開寬 5.5 ～ 6.5 公分，全年皆可見。

雄蝶♂訪花。成蝶飛行緩慢，外觀色彩鮮明奪目為警戒色，用以警示天敵「我有毒，請勿吃我！」。

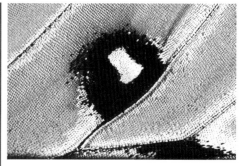

雄蝶♂在後翅具有寬約 3mm 之黑色性斑，性斑內有白色斑點。

虎斑蝶（黑脈樺斑蝶）

Danaus genutia（Cramer, [1779]）
蛺蝶科／斑蝶屬

39～43 mm

● 卵／幼蟲期

　卵單產，白色，橢圓形，徑約 0.8mm，高約 1.2mm，卵表具有格狀凹凸刻紋，8 月分卵期 3～4 日。雌蝶的產卵習性，常選擇疏林、林緣或路旁的幼蟲食草族群，將卵產於葉背或莖上。

　終齡 5 齡，體長 22～39mm。頭部黑色，具有白色環狀斑紋。蟲體黑褐色，背部各節有大鮮黃色和小白色斑紋，體側有淺黃與白色之帶狀斑紋，在中胸與第 2、8 腹節，共具有 3 對基部紅色之長黑色肉突，氣孔黑色。8 月分 1～5 齡幼蟲期約 19 天。

卵單產，白色，橢圓形，徑約 0.8mm，高約 1.2mm。

剛孵化不久的 1 齡幼蟲為白色，體長約 2.5mm。

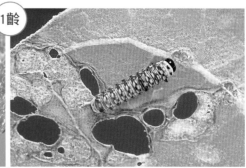

1 齡幼蟲，體長 4mm，棲息於薄葉牛皮消葉背的咬食行為。

2 齡幼蟲，體長約 7mm，棲息於臺灣牛皮消葉片，在中胸與第 2、8 腹節，已長出小肉突。

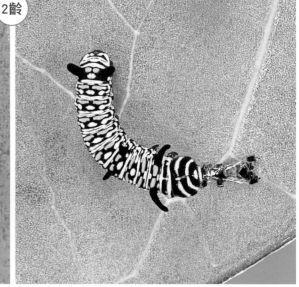

2 齡幼蟲蛻皮成 3 齡後，體長約 7.5mm，正咬食蛻下的舊表皮。

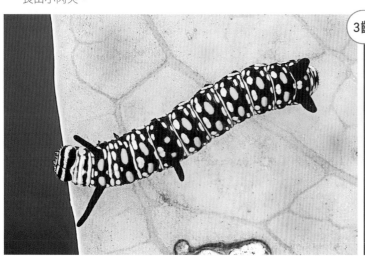

3 齡幼蟲，體長約 11mm，肉突明顯比 2 齡時長。

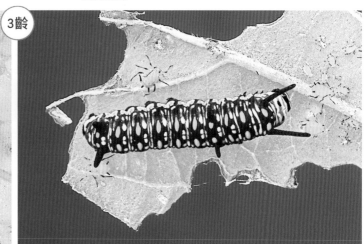

3 眠幼蟲，體長約 11mm。

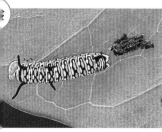   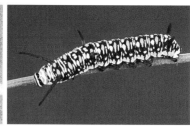

3 齡幼蟲蛻皮成 4 齡後,體長約 12mm,頭部尚未轉黑色。

3 齡幼蟲蛻皮成 4 齡後,體長約 12mm,正咬食蛻下的舊表皮。

4 齡幼蟲,體長約 17mm,主要以薄葉牛皮消、臺灣牛皮消、蘭嶼牛皮消的葉片為食。

4 眠幼蟲時體長約 22mm。

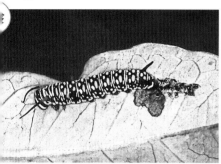 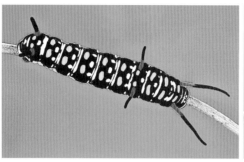 

4 齡幼蟲蛻皮成 5 齡時體長約 22mm。

5 齡幼蟲背面,體長約 31mm。中胸與第 2、8 腹節,有 3 對基部紅色之長肉突。

5 齡幼蟲(終齡)側面,體長約 34mm。8 月分 1 ～ 5 齡幼蟲期約 19 天。

5 齡幼蟲,體長約 33mm,棲息於蘭嶼牛皮消葉背,冬季之蟲色較夏季淡。

5 齡幼蟲,體長 22 ～ 39mm。幼蟲常棲息於葉背。

5 齡幼蟲(終齡)大頭照。

5 齡幼蟲,體表色彩鮮明奪目為警戒色,藉以警告其他生物「我有毒,請勿吃我!」。

● 蛹

　　蛹為垂蛹，有淡綠色至綠色或淺橙色，體長約 18mm，寬約 9mm。蛹表第 3 ～ 4 間腹節，具有銀白色和黑色所組成之橫帶紋，其他分布著金黃色小斑點，氣孔淺褐色；常化蛹於葉背或附近植物上。8 月分蛹期 6 ～ 7 日。11 月底蛹期約 13 日。

前蛹。

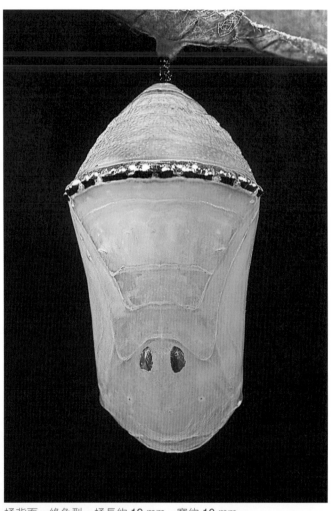

蛹背面，綠色型，蛹長約 19 mm，寬約 10 mm。

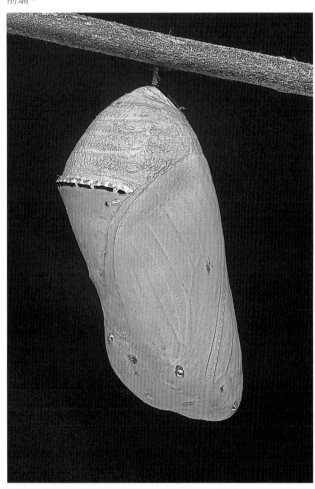

垂蛹，蛹長約 18 mm，8 月分蛹期 6 ～ 7 日。

▲ 蛹表第 3 ～ 4 間腹節，具有銀白色和黑色所組成之橫帶紋。

◀ 蛹腹面，綠色型，蛹長約 19 mm，寬約 10 mm。2 月分蛹期 14 ～ 21 日。

● 生態習性／分布

　　一年多世代，中型蛺蝶，前翅長 39 ～ 43 mm，普遍分布於海拔 0 ～ 2000 公尺山區，全年皆可見，主要出現於 3 ～ 11 月。常見於淺山地及低海拔山區，但活動範圍常侷限於幼蟲食草族群附近。成蝶飛行緩慢，輕盈優雅；喜愛活動於路旁、林緣小徑及山間谷地、濱海林緣，常低飛尋找蜜源而陶醉於花叢間或吸食蚜蟲蜜露。

● 成蝶

　　虎斑蝶（黑脈樺斑蝶）雌雄的斑紋差異不大，翅底為橙色，翅脈上有明顯的粗黑色線條斑紋，翅端有長形和圓形狀的白色斑紋；圓斑在某些個體上會相連，外緣黑色帶上有白色斑紋。**雄蝶♂**：在後翅中室下方，有一枚雄性性斑，此斑紋黑色內有白斑點，外觀微隆起。**雌蝶♀**：雌蝶♀無此性斑。因此，雌雄可由此明顯做區別。

雄蝶♂訪花。成蝶飛行緩慢，輕盈優雅；喜愛活動於路旁、林緣小徑及山間谷地、濱海林緣。

雄蝶♂在後翅中室下方，有一枚雄性性斑，此斑紋黑色內有白斑點，外觀微隆起。

雄性性斑，黑色，長約 4.5mm。

雌蝶♀吸食馬利筋花蜜。

雌蝶♀吸食馬纓丹花蜜。

交配（上♂下♀）。

雌蝶♀訪花。虎斑蝶為一年多世代，中型蛺蝶，前翅長 39 ～ 43 mm，雌蝶無性斑。

◀雄蝶♂訪花。虎斑蝶普遍分布於海拔 0 ～ 2000 公尺山區，全年皆可見。

雌蝶♀產卵於蘭嶼牛皮消葉背。

淡紋青斑蝶 | *Tirumala limniace limniace*（Cramer，[1775]） 45～50mm
蛺蝶科／青斑蝶屬

● 卵／幼蟲期

卵單產，白色，橢圓形，高約 1.1 mm，徑約 0.8 mm，卵表約 25 條凹凸刻紋，6 月分卵期 3～4 日。雌蝶的產卵習性，對於產卵的環境要求並不高，只要有幼蟲食草之處都能吸引雌蝶前來產卵，再將卵產於食草葉背或植株上。

終齡 5 齡，體長 23～43 mm。頭部黑色，寬約 3.6mm，具有 2 條白色粗條紋，中央（前額 Δ）淺黃白色三角狀，下方上唇為白色。胸足黑褐色，體表具有淡黃色和黑白相間的環狀紋；在中胸（長約 7mm）與第 8 腹節共有 2 對肉突，最尾端具有一枚黑斑點，體側氣孔線具有橙色帶狀斑紋，氣孔黑色。

卵單產，白色，橢圓形；高約 1.1 mm，徑約 0.8 mm，卵期 3～4 日。

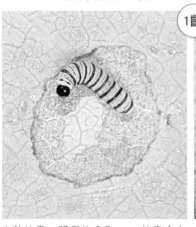

1 齡幼蟲，體長約 3.5mm，幼蟲會在成熟葉背上啃食葉表皮成圓形狀的行為。藉此阻斷過多汁液，以利進食。

1 齡幼蟲側面，體長約 4mm。1～5 齡幼蟲期約 18 天。

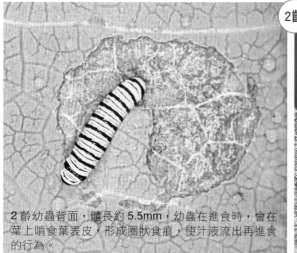

2 齡幼蟲背面，體長約 5.5mm，幼蟲在進食時，會在葉上啃食葉表皮，形成圈狀食痕，使汁液流出再進食的行為。

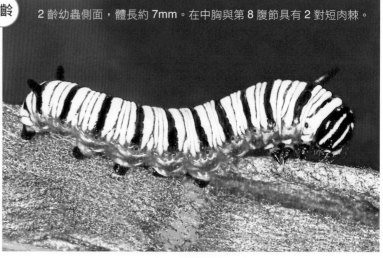

2 齡幼蟲側面，體長約 7mm。在中胸與第 8 腹節具有 2 對短肉棘。

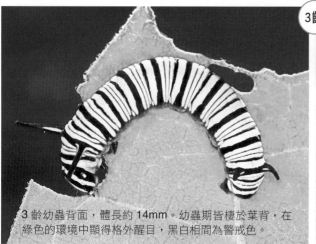

3 齡幼蟲背面，體長約 14mm。幼蟲期皆棲於葉背，在綠色的環境中顯得格外醒目，黑白相間為警戒色。

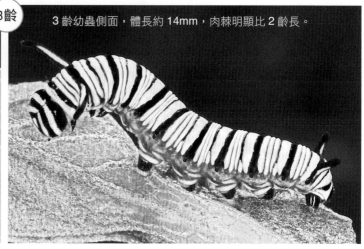

3 齡幼蟲側面，體長約 14mm，肉棘明顯比 2 齡長。

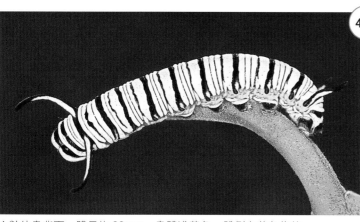

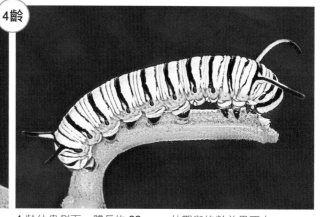

4齡

4 齡幼蟲背面，體長約 22mm，蟲體淺黃色，體側有黃色條紋。

4 齡幼蟲側面，體長約 22mm，外觀與終齡差異不大。

5齡

5 齡幼蟲後期，體長約 43mm，化蛹前體色轉為泛黃。

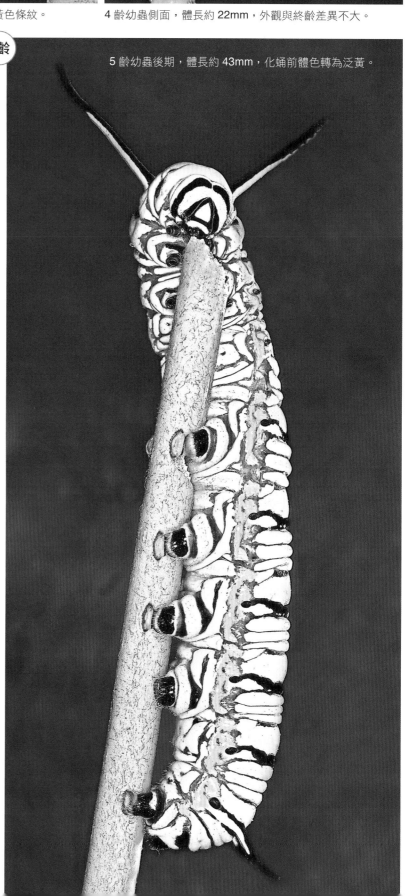

5 齡幼蟲（終齡背面），體長 23～43 mm。在中胸與第 8 腹節共有 2 對肉突。

5 齡幼蟲側面（終齡），體長約 40mm，體側氣門線具有橙色帶狀斑紋。

5 齡幼蟲大頭照。頭部黑色，寬約 3.8mm，具有 2 條白色粗條紋，中央（前額）淺黃白色三角狀，下方上唇白色。

● 蛹

　　蛹為垂蛹，綠色至淺綠色，體長約 21mm，寬約 11mm。蛹表散生銀斑點，在第 3 ～ 4 間腹節具有一黑色和銀色所組成之橫帶紋；常化蛹於食草葉背或附近植物及物體上，氣孔白色。6 月分蛹期 8 ～ 9 日。

前蛹時蟲體倒垂，呈現「J」形狀。

即將蛻皮成蛹時，蟲體漸直、表皮鬆弛。

蛻皮進行中，已露出蛹頭、胸部。

已露出蛹體一半。

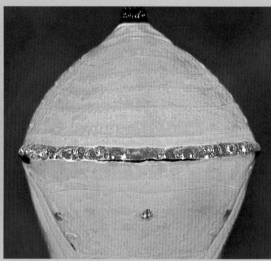

舊表皮已蛻至尾端。

開始用力扭轉蛹體，要甩掉舊表皮。

定型的蛹（背面），長約 20mm，寬約 11mm。

蛹在第 3 ～ 4 間腹節，具有一黑色和銀色所組成之橫帶紋。

即將羽化的蛹（背面）。蛹期 8 ～ 9 日。

即將羽化的蛹（腹面）。可見蝴蝶在蛹內背面的形體。

即將羽化的蛹（側面）。

剛羽化出來，休息中的雌蝶♀。

● 成蝶

　　淡紋青斑蝶雌雄蝶的外觀斑紋和色澤相似。翅腹面帶灰的褐色或橄欖色，前、後翅分布淡青色粗條紋及大小不一的斑紋，在翅基具有粗條紋，呈現「V」形狀。翅背面深褐色，斑紋與腹面略同。**雄蝶♂**：在後翅中室下方，具有一雄性性徵，呈現扁平袋狀隆起。**雌蝶♀**：雌蝶♀無此性徵。本種主要辨識特徵：本種前翅中室上方的斑紋寬大，可與小紋青斑蝶中室上方的斑紋窄小做區別。

剛羽化休息中的雄蝶♂。

雌蝶♀展翅訪花。前翅展開時寬 7.8 ～ 8.6 公分，本種前翅中室上方的斑紋寬大，可與小紋青斑蝶中室上方的斑紋窄小做區別。

雌蝶♀。筆者在住家種了幾株華他卡藤，每年都吸引雌蝶前來大量產卵；幼蟲每每將葉片一掃而空，最後找尋他處化蛹，而不知去向。待葉子又繁茂時，雌蝶又聞訊飛來產卵，每年周而復始，相當有趣。

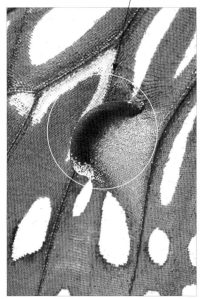

雄蝶♂後翅腹面具有寬約 4mm 褐色口袋狀之雄性性徵。

雄蝶腹端會伸出黃褐色毛筆器。

雌蝶♀吸食鳳梨汁液。

● 生態習性／分布

　　一年多世代，中型蛺蝶，前翅長 45 ～ 50mm，普遍分布於**海拔 0 ～ 1000 公尺**山區，全年皆可見，主要出現於 3 ～ 11 月，以中、南部較常見，這與華他卡藤的族群分布區域息息相關，通霄的華他卡藤棲地，卻生長在鐵路旁斜坡石頭群中。成蝶飛姿輕盈，曼妙的舞姿楚楚動人；喜愛吸食各種野花花蜜或腐果汁液。

小紋青斑蝶 *Tirumala septentrionis*（Butler，1874）

蛺蝶科／青斑蝶屬

45～50mm

● 卵／幼蟲期

　　卵單產，近白色，橢圓形，高約 1.2 mm，徑約 0.9 mm，卵表具有格狀凹凸刻紋，6 月分卵期 3 ～ 4 日。雌蝶的產卵習性，喜愛選擇陰涼濕潤林緣或疏林，路旁的幼蟲食草族群，將卵產於葉背、莖或新芽上。

　　終齡 5 齡，體長 23 ～ 42mm。頭部黑色，寬約 3.7mm，具有 2 條淺黃白色粗條紋，中央（前額 Δ）淺黃白色三角狀，下方上唇為黃色。蟲體體表色澤由黑白相間環狀紋所構成，在中胸與第 8 腹節，共具有 2 對肉突，體側具有橙色帶狀斑紋，氣孔黑色。

卵

卵單產，近白色，橢圓形，高約 1.2 mm，徑約 0.9 mm，產於布朗藤葉片。

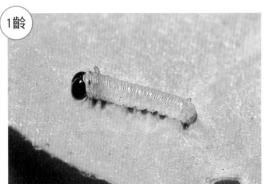

1齡

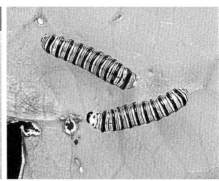

1 齡幼蟲孵出不久，蟲體近白色，體長約 3mm。　1 齡幼蟲正在咬食葉片，體長約 4mm。　1 眠幼蟲，體長約 6mm，準備蛻皮。

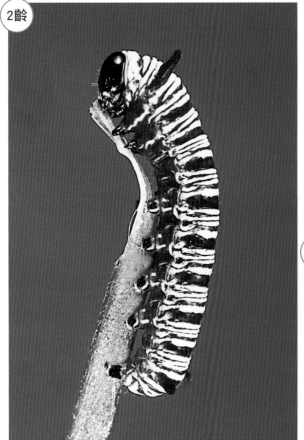

2齡

3 齡幼蟲背面，體長約 11mm，進食中。

3齡

3 齡幼蟲側面，體長約 10mm。1 ～ 5 齡幼蟲期約 18 天。

2 齡幼蟲側面，體長約 7mm。在中胸與第 8 腹節已發育出有 2 對短肉棘。

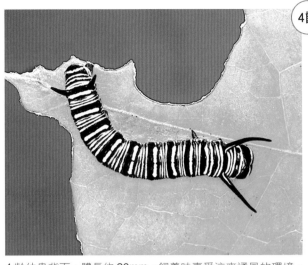

4齡

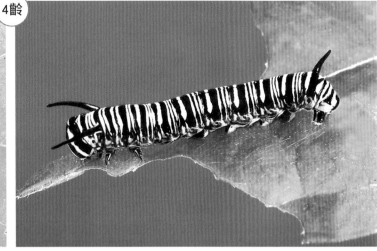

4 齡幼蟲背面，體長約 20mm，飼養時喜愛涼爽通風的環境，
忌高溫不通風的場所。

4 齡幼蟲側面，體長約 20mm。

5齡

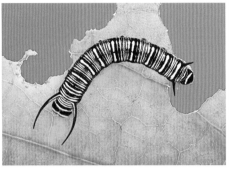

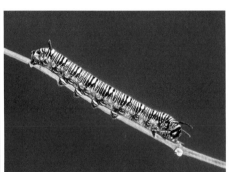

5 齡幼蟲（終齡），體長約 33 mm，幼蟲期
皆棲於植株上。

5 齡幼蟲（終齡），體長約 36mm。幼蟲和成
蟲的棲息環境與布朗藤生活環境息息相關。

4 齡幼蟲蛻皮成 5 齡時，體長約 22mm。

5 齡幼蟲，體長 23 ～ 42mm。體表色澤由黑白相間環狀紋所構成，圖為即將化蛹時，色澤
轉變之個體。

◀ 5 齡 幼 蟲 （終
　齡 ） 紅 色
　型 ， 體 長 約
　38mm。

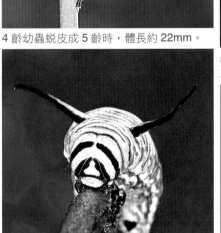

5 齡幼蟲大頭照。頭部黑色，寬約 3.7mm，
具有 2 條淺黃白色粗條紋，中央（前額△）
淺黃白色三角狀，下方上唇為黃色。

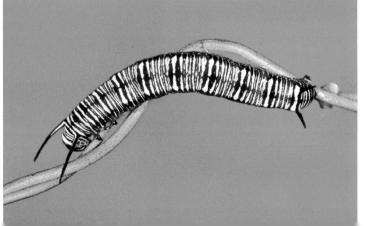

● 蛹

　　蛹為垂蛹，有淺褐色、淺綠色、綠色型，體長約 21mm，寬約 11mm。蛹表散生銀斑，在第 3 ～ 4 間腹節，具有一黑色和銀色所組成之橫帶紋，氣孔淺褐色；常化蛹於食草葉背及附近隱密枯藤、枝條及植物上。8 月分蛹期 8 ～ 9 日。

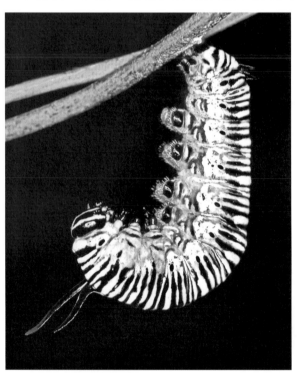

前蛹時蟲體倒垂，呈現「J」形狀。

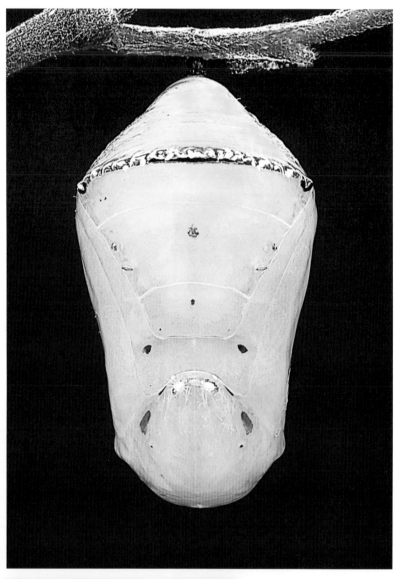

蛹側面，淺綠色，體長約 20mm，寬約 11mm，蛹表散生銀斑。

▲蛹背面，淺綠色，體長約 20mm。

◀蛹在第 3 ～ 4 間腹節，具有一黑色和銀色所組成之橫帶紋。

● 生態習性／分布

　　一年多世代，中型蛺蝶，前翅長 45 ～ 50mm，普遍分布於**海拔 0 ～ 1800 公尺山區**，除冬季較少全年皆可見，主要出現於 3 ～ 11 月。冬季時本種在東、南部溫暖山谷，會有群聚越冬的行為。成蝶飛行緩慢，輕盈優雅；常見於布朗藤族群附近的林緣、路旁飛舞及野溪旁訪花或吸食水份。

● 成蝶

　　小紋青斑蝶雌雄蝶的外觀斑紋和色澤相似。翅膀腹面為褐色，前、後翅近翅基分布淡青色條狀紋，其他分布著大小不一的小斑紋；在後翅基部的條紋相連，酷似長「V」形狀。翅背面為黑褐色，斑紋與腹面相近。**雄蝶**♂：在後翅中室下方，具有一枚扁平袋狀隆起的雄蝶♂性徵。**雌蝶**♀：雌蝶♀無此性徵。因此雌雄蝶可由此性徵簡易區別。本種主要辨識特徵：本種前翅中室上方的斑紋窄小，可與淡紋青斑蝶中室上方的斑紋寬大做區別。

剛羽化休息中的雄蝶♂。

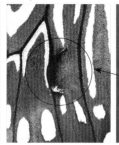
雄蝶在後翅中室下方，具有一枚扁平袋狀隆起的雄蝶性徵。

雄蝶♂訪花。小紋青斑蝶成蟲與食草在中部山區很常見，尤其是在南投縣溪頭、鹿谷一帶山區，可以説是本種的大本營。

雄蝶♂毛筆器。

剛羽化休息中的雌蝶♀。

雌蝶♀訪花。本種為中型斑蝶，外觀近似淡紋青斑蝶，前翅展開時寬7.5～8.5公分。

雌蝶♀展翅，雌蝶無性斑。

雌蝶♀吸食光冠水菊花蜜。

交配（上♂下♀）。只要找得到布朗藤族群，幾乎都可以看到卵及幼蟲和成蟲。

絹斑蝶 (姬小紋青斑蝶)

Parantica aglea maghaba（Fruhstorfer，1909）

蛺蝶科／絹斑蝶屬 特有亞種

40～45mm

● 卵／幼蟲期

卵單產，白色，橢圓形，高約 1.6 mm，徑約 1.1 mm，卵表具有格狀凹凸刻紋，7月分卵期 3～4 日。雌蝶的產卵習性，喜愛選擇疏林或林緣環境，低矮陰涼的幼蟲食草，將卵產於葉背、莖或新芽上。

終齡 5 齡，體長 20～32 mm，頭部黑色，疏生短毛和具有 7 枚白色斑點，上唇為白色。蟲體紅褐色，體表各節密布白色斑點，體側與中央兩側共具有 4 排鮮黃色斑點；在中胸與第 8 腹節，各具有一對肉突，氣孔黑色。

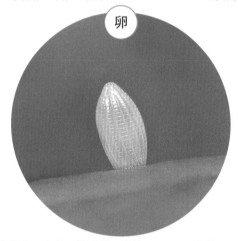

卵單產，白色，橢圓形，高約 1.6 mm，徑約 1.1 mm。

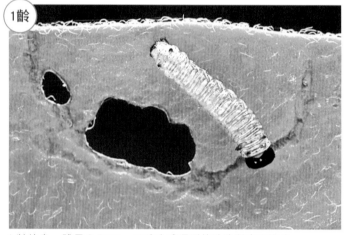

1 齡幼蟲，體長 3.5mm，正咬食成環形使汁液溢出再進食。

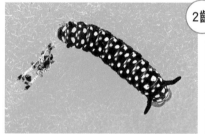

1 齡幼蟲蛻皮成 2 齡時體長 5 mm。

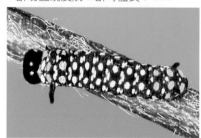

2 齡幼蟲背面，體長約 6mm，中胸與第 8 腹節具有短肉棘。

2 齡幼蟲側面，體長約 6mm，體側原足上方無黃斑。

3 齡幼蟲側面，體長約 11mm，體側原足上方有排黃斑出現。

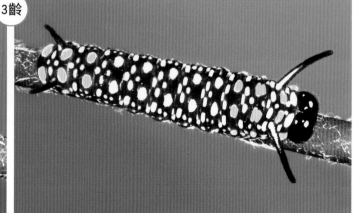

3 齡幼蟲背面，體長約 11mm，頭部已有白斑出現。

4齡

4齡幼蟲背面，體長約 19 mm。在中部南投縣雙冬、溪頭、鹿谷一帶山區，因鷗蔓屬植物分布零星不普遍，絹斑蝶的幼蟲多見以布朗藤為食。而八卦山山脈鷗蔓族群較常見，則以鷗蔓為主，臺灣牛皮消為輔。

4齡幼蟲側面，體長約 19 mm，正高舉尾端排出 2 粒便。幼蟲可食10多種植物葉片。

5齡

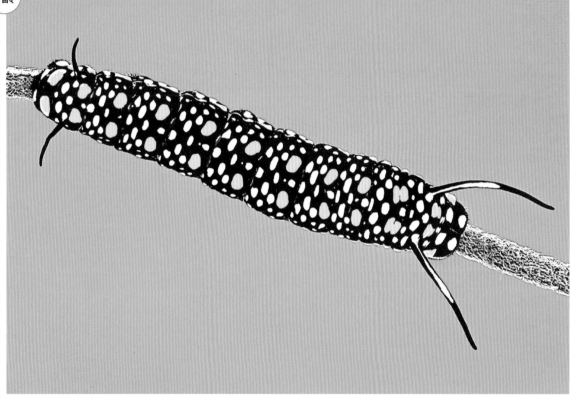

4齡幼蟲蛻皮成 5 齡時，體長約 19 mm。

5齡幼蟲大頭照。頭部黑色，頭寬約 3.7 mm，疏生短毛和具有 7 枚白色斑點。

5齡幼蟲（終齡），體長 26mm，幼蟲期常棲於葉背做隱蔽。色彩對比鮮明為警戒色。

5齡幼蟲（終齡）側面，體長約 30 mm，在中胸與第 8 腹節，各具有一對肉質突起。

5齡幼蟲（終齡）背面，體長 20 ～ 32 mm，蟲體紅褐色，體表各節密布白色斑點，體側與中央兩側共具有 4 排鮮黃色斑點。

● 蛹

蛹為垂蛹,有綠色或黃綠色,體長約 16mm,寬約 9mm,蛹表第 3 腹節有 10 個,第 4 節有 8 個,第 5 節有 4 個黑斑點,其他散生銀色金屬光澤斑點;常化蛹於食草葉背、莖或附近植物上,氣孔白色。

前蛹。

蛹背面,體長約 16mm,蛹表散生銀色金屬光澤斑點。

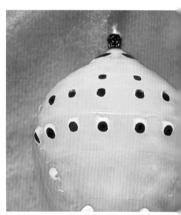

蛹背面。在第3節有10個,第4節有8個,第5節有4個黑斑點為本種之特徵。

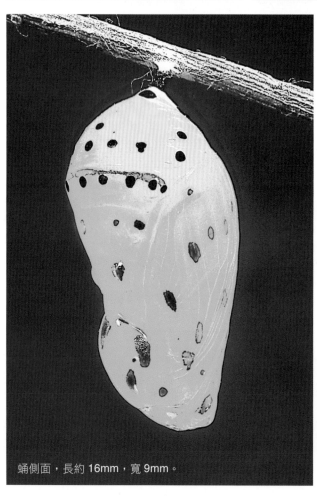

蛹側面,長約 16mm,寬 9mm。

即將羽化的蛹已可見翅背斑紋。

● 生態習性／分布

　　一年多世代,中型蛺蝶,前翅長 40 ～ 45mm,普遍分布於海拔 0 ～ 1500 公尺山區,除冬季數量較少外,全年可見蹤跡,主要出現於 3 ～ 12 月。成蝶飛姿輕盈,體態優美,是很容易近距離觀察的蝴蝶;喜愛穿梭於疏林間飛舞或在野溪、林道旁吸食各種野花花蜜。

● 成蝶

絹斑蝶（姬小紋青斑蝶）雌雄外觀的斑紋相近，翅底為褐色，前、後翅分布著長條狀淺藍灰色斑紋，亞外緣有大小不一的小斑紋；牠的斑紋半透明狀，宛若描圖紙般相當特殊有趣。**雄蝶♂**：在後翅肛角處附近，有一枚黑褐色斑紋之雄性性斑。**雌蝶♀**：雌蝶♀無此性斑。因此，雌雄外觀可由此做區別。

雄蝶♂吸食高士佛澤蘭花蜜。

雌蝶♀訪花。絹斑蝶為臺灣斑蝶類中體型最小的蝴蝶，前翅展開寬 6.5 ～ 7.2 公分。

雌蝶♀吸食長穗木花蜜。

雄蝶♂在後翅肛角處附近，具有一枚黑褐色雄性性斑。

交配（上♀下♂）。

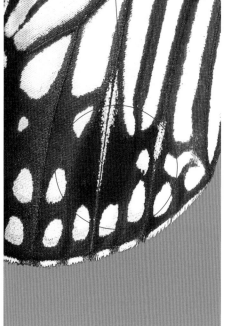

雄蝶♂黑色性斑，長約 5mm。

雄蝶♂飛舞求偶。

斯氏絹斑蝶（小青斑蝶）

Parantica swinhoei（Moore, 1883）　特有亞種

蛺蝶科／絹斑蝶屬

42～48 mm

● 卵／幼蟲期

　　卵單產，白色，橢圓形，高約 1.8 mm，徑約 1.1 mm，卵表具有格狀凹凸刻紋，6 月分期 3～4 日。雌蝶的產卵習性，常選擇陰涼林緣或疏林的幼蟲食草，將卵產於葉背或莖上。

　　終齡 5 齡，體長 21～39mm。頭部黑色，中央前額具有白色三角狀斑紋，具有 9 枚大小不一的白色斑紋。蟲體紫黑色，密布灰藍色小斑紋，具有 4 排醒目的黃色斑點，體側氣孔線的黃色斑點較小且略成對排列；在中胸與第 8 腹節，各有一對黑白雙色之肉突，氣孔黑色。

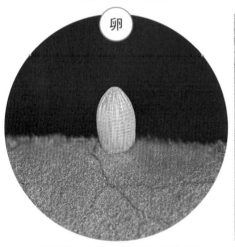

卵單產，白色，橢圓形，高約 1.8 mm，徑約 1.1 mm。

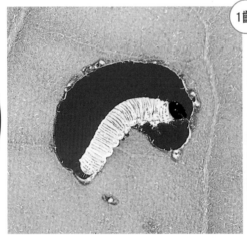

1 齡幼蟲，白色，體長約 4mm，正在咬食葉片。

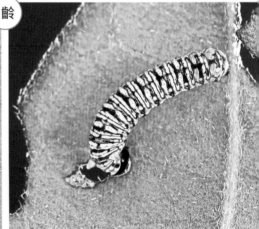

1 齡幼蟲後期，體長約 4.5mm，棲息於絨毛芙蓉蘭葉背。

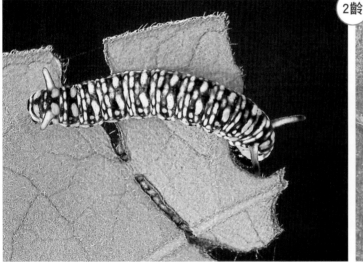

2 齡幼蟲，體長約 8mm，已可見短肉棘，正咬食絨毛芙蓉蘭葉片與咬痕。

2 眠幼蟲，體長約 8.5mm，準備蛻皮成 3 齡。

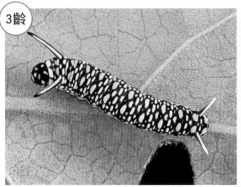

3 齡幼蟲背面，體長約 14mm，幼蟲期常棲息於葉背。

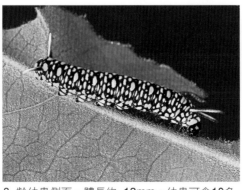

3 齡幼蟲側面，體長約 13mm。幼蟲可食10多種植物葉片。

3 眠幼蟲，體長約 14mm。

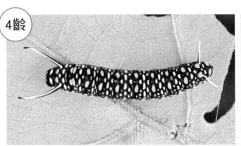
4齡

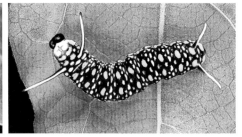

4齡幼蟲背面,體長約17mm。在中部南投山區、八卦山山脈,多見選擇以絨毛芙蓉蘭為食。

4齡幼蟲側面,體長約18mm。

4眠幼蟲,體長約21mm。已顯新頭部。

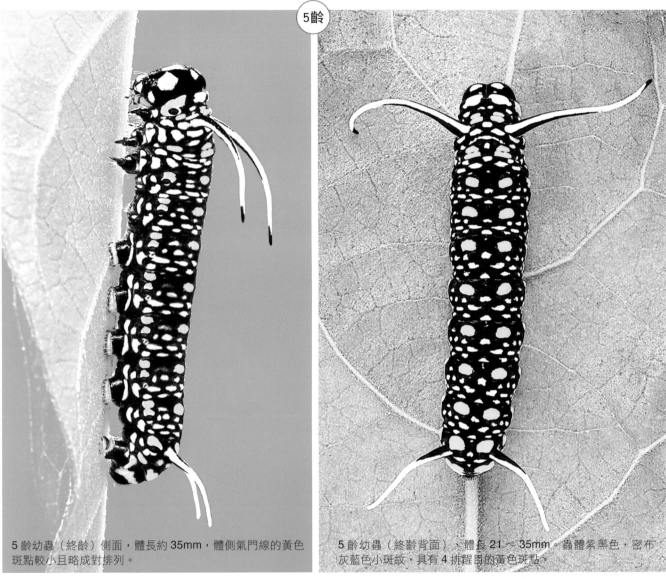
5齡

5齡幼蟲(終齡)側面,體長約35mm,體側氣門線的黃色斑點較小且略成對排列。

5齡幼蟲(終齡背面),體長21～35mm,蟲體紫黑色,密布灰藍色小斑紋,具有4排醒目的黃色斑點。

5齡幼蟲頭、胸部背面,中胸與第8腹節肉突背面全為白色。

5齡幼蟲大頭照。頭部黑色,頭寬約3.5 mm,具有9枚淺黃白色斑點。

● 蛹

　　蛹為垂蛹，綠色，體長約 19mm，寬約 10mm。頭頂有一對小突起。蛹體散生銀色斑點，在第 3～4 腹節間有一銀色條狀橫紋上面有 8 個黑斑點，第 5 腹節有 4 個黑點，氣孔白色，常化蛹於葉背或附近植物及物體上。7 月分蛹期 8～9 日。

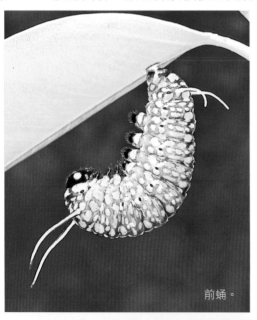

前蛹。

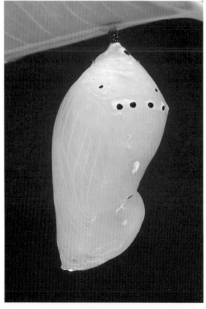

▲ 蛹背面，在第 3～4 腹節間有一銀色條狀橫紋上面有 8 個黑斑點，第 5 腹節有 4 個黑點，為本種之特徵。

◀ 蛹側面，體長約 17mm，7 月分蛹期 8～9 日。

蛹腹面，長約 19mm，寬約 10mm。

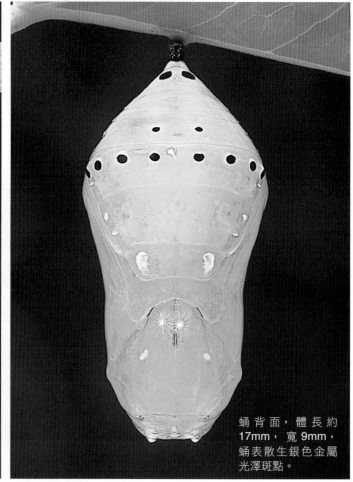

蛹背面，體長約 17mm，寬 9mm，蛹表散生銀色金屬光澤斑點。

● 生態習性／分布

　　一年多世代，中型蛺蝶，前翅長 42～48 mm，普遍分布於海拔 0～2300 公尺山區，全年皆可見，主要出現於 3～12 月。成蝶飛行緩慢，輕柔曼妙，常穿梭於林間飛舞或林緣山徑路旁活動；喜愛吸食各種野花花蜜或吸水，尤其特別偏愛菊科植物的花蜜。

● 成蝶

　　斯氏絹斑蝶（小青斑蝶）的雌雄腹面與背面斑紋差異不大，翅腹面為暗褐色，翅背面為黑褐色，斑紋呈現半透明狀淡青色。前翅：在基半部有 2 粗條狀斑紋，在前半部分布著條狀與塊狀斑紋。後翅：在中央至翅基有粗細不一的條紋與斑紋。而前、後翅的亞外緣有兩排小斑點沿著翅緣排列。**雄蝶♂**：在後翅肛角附近有 1 枚黑斑紋之雄性性斑。**雌蝶♀**：雌蝶♀無此性斑。因此，雌雄蝶可由此特徵簡易做區分。本種主要辨識特徵：後翅腹面中室外側 2 枚長形斑紋，先端無分岔，而大絹斑蝶（青斑蝶）後翅腹面中室外側 2 枚長形斑紋，先端有角狀分岔。

雄蝶♂訪花。一年多世代，中型蛺蝶，前翅長 42 ～ 48 mm。

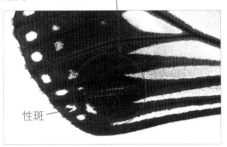

性斑

雄蝶♂在後翅肛角附近具有 1 枚長約 6mm 黑色性斑。

雄蝶♂訪花。斯氏絹斑蝶普遍分布於海拔 0 ～ 2300 公尺山區，全年皆可見，主要出現於 3 ～ 12 月。

雌蝶♀。成蝶飛行緩慢，輕柔曼妙，常穿梭於林間飛舞或林緣山徑路旁活動。

雌蝶♀訪花。斯氏絹斑蝶為中型斑蝶，前翅展開寬 7 ～ 8 公分，外觀與大絹斑蝶（青斑蝶）近似，但本種體型明顯較小可簡略辨別。

雌蝶♀訪花。主要辨識特徵：後翅腹面中室外側 2 枚長形斑紋，先端無分岔。

旖斑蝶（琉球青斑蝶）

Ideopsis similis（Linnaeus, 1758）

蛺蝶科／旖斑蝶屬

42～47mm

● 卵／幼蟲期

卵單產，淡黃白色，橢圓形，高約 1.6 mm，徑約 1.0 mm，卵表具有格狀凹凸刻紋，5 月分卵期 3～4 日。雌蝶的產卵習性，常選擇疏林、路旁或林緣環境的幼蟲食草，將卵產於新芽或新芽附近的莖、葉上。

終齡 5 齡，體長 20～41mm，頭部黑色。蟲體紫黑色，體表密布白色小斑點，在中胸與第 8 腹節，各具有一對基部深紅色之紫黑色的肉突，氣孔黑色。

卵

卵單產，淡黃白色，橢圓形，高約 1.6 mm，徑約 1.0 mm。

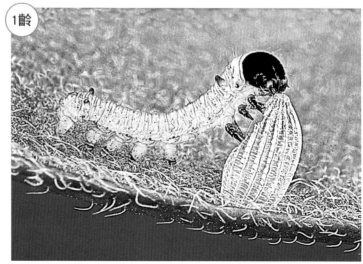

1齡

剛孵化 1 齡幼蟲，體色白色，正在吃卵殼，體長 2.8mm。

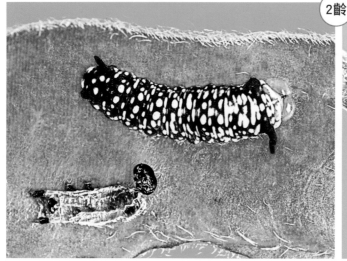

2齡

1 齡幼蟲蛻皮成 2 齡時，體長 5.5mm，頭部淺褐色，後漸漸轉為黑色。

2 齡幼蟲背面，體長 6mm，已可見短肉突。

3齡

3 齡幼蟲正舉起尾端排便，體長 14mm。

3 齡幼蟲背面，體長約 13mm。9月分 1～5 齡幼蟲期約 14 天。

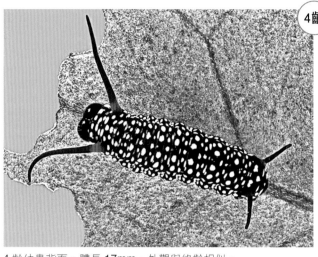
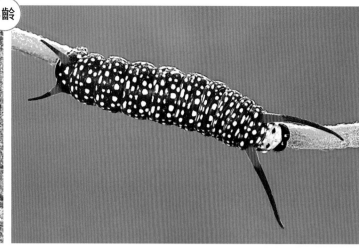

4 齡幼蟲背面,體長 17mm,外觀與終齡相似。

4 眠幼蟲,體長約 19mm,準備蛻皮成 5 齡。

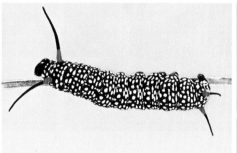

4 齡幼蟲蛻皮成 5 齡時,體長 19mm,正咬蛻下的舊表皮。

5 齡幼蟲(終齡),體長 20 ～ 41mm。幼蟲主要以鷗蔓屬植物的葉片、嫩莖及新芽等全株柔嫩組織為食。

5 齡幼蟲,體長 38 mm。蟲體紫黑色,體表密布白色小斑點,正咬食鷗蔓葉片。

5 齡幼蟲(終齡)側面,體長 30mm。在中胸與第 8 腹節,各具一對基部深紅色之紫黑色肉突。

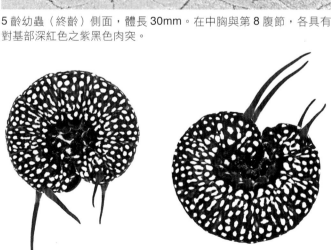

5 齡幼蟲大頭照。頭部黑色,中胸具有一對基部深紅色之紫黑色長肉棘。

5 齡幼蟲體長約 38mm。幼蟲受到驚擾時,蟲體會落地捲曲有假死之行為。

5 齡幼蟲,體長 35mm,咬食嫩莖。幼蟲可食近10種植物葉片。

● 蛹

蛹為垂蛹，綠色或黃綠色，體長約21mm，寬約10.5mm。蛹表分布有小銀斑點，在中胸與背面第1、4、8腹節，各有一對黑斑點，而在第3～4腹節間有一銀色橫條紋上有10個黑斑點，氣孔米白色。常化蛹於食草上或附近植物。6月分蛹期8～9日。11月分蛹期11～12日。

前蛹時蟲體倒垂呈現「J」形狀，準備蛻皮成蛹。

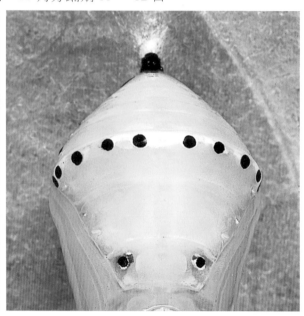

蛹背面，在第3～4腹節間有一銀色橫條紋上有10個黑斑點。

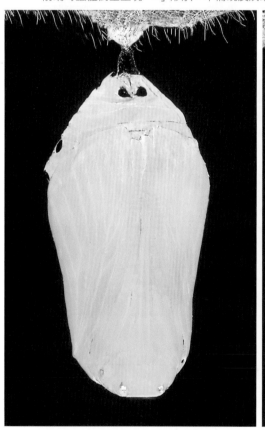

蛹腹面，體長約21mm，寬約19mm。

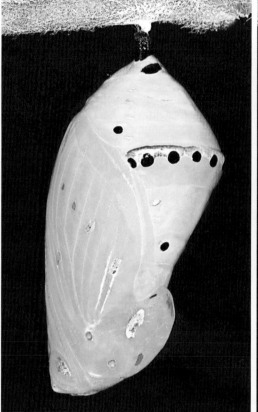

蛹側面。垂蛹，體長約21mm，寬約10.5mm。蛹表分布有小銀斑點，6月分蛹期8～9日。

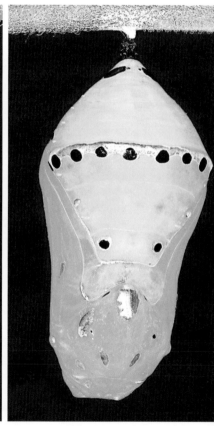

蛹背面。在中胸與背面第1、4、8腹節，各有一對黑斑點。

● 生態習性／分布

一年多世代，中型蛺蝶，前翅長42～47mm，普遍分布於海拔0～2200公尺山區，全年皆可見，主要出現於3～11月，以中、南部較常見。成蝶飛行緩慢，輕盈優美；常穿梭於曠野疏林或在山地小徑、林緣旁活動，不慎被捕捉時，偶有假死行為，相當有趣！喜愛翱翔在風和日麗的陽光下飛舞、嬉戲或吸食各種野花花蜜及蚜蟲蜜露、濕地水分。

● 成蝶

　　旖斑蝶（琉球青斑蝶）雌雄外觀的色澤和斑紋相近，翅為褐色，翅背面比腹面深。在前翅的翅基附近有 2 對長條狀「V」形斑紋，上半部分布塊狀斑紋，亞外緣有淡青色小斑紋；在後翅分布著數條長條狀淡青色斑紋，亞外緣有淡青色小斑紋。**雄蝶**

♂：在後翅背面內緣（1A+2A 脈），具有淺灰褐色長線形之雄性性徵。**雌蝶**♀：雌蝶♀無此性徵。雌雄蝶可由此特徵簡易做區分。本種主要辨識特徵：在前翅前緣基半部具有 1 條細長紋，在前翅中室端的斑紋兩端缺角。

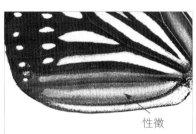

雄蝶♂在後翅背面內緣 1A+2A 脈，具有灰褐色特化鱗條狀性徵。

雄蝶♂訪花。旖斑蝶在南部全年皆可見，尤其是在恆春半島，無論是鷗蔓屬植物或成蝶族群都相當普遍，是野地不錯的觀賞地方。

雄蝶♂。旖斑蝶為中型斑蝶，前翅展開時寬 7 ～ 7.8 公分，在後翅背面內緣具有淺灰褐色長線形之雄性性徵。

剛羽化休息中的雌蝶♀。

雌蝶♀。旖斑蝶喜愛翱翔在風和日麗的陽光下飛舞、嬉戲或吸食各種野花花蜜及蚜蟲蜜露、濕地水分。

▲ 交配。本種辨識特徵：在前翅前緣基半部具有 1 條淡青色細長紋，在前翅中室端的淡青色斑紋兩端缺角。

雌蝶♀正產卵於鷗蔓葉片。

前足內縮　　中足

後足

◀ 雌蝶♀。本科成蝶的前足並不發達，特化內縮置於前胸下方，乍看之下會以為只有 2 對腳，而據此特徵可與其他科別做簡易辨識。

斯氏紫斑蝶（雙標紫斑蝶）

Euploea sylvester swinhoei Wallace , 1866　特有亞種

蛺蝶科／紫斑蝶屬

43〜4

● 卵／幼蟲期

　　卵單產，剛產白色，發育後漸轉為淡黃白色，橢圓形，高約 1.3 mm，徑約 0.9 mm，卵表具有凹凸淺刻紋，5 月分卵期 3 〜 4 日。雌蝶的產卵習性，常選擇食草族群的林緣、路旁或疏林內，將卵產於食草新芽、莖或葉背上。

　　終齡 5 齡，體長 26 〜 55mm。頭部黑色，前額上方具有「Λ」形粗白紋，上唇白色。蟲體橙褐色，平滑無毛，在中、後胸與第 8 腹節共有 3 對長肉突，氣孔黑色。外觀造型特殊，無相似種。

卵

卵單產，白色，橢圓形，高約 1.3 mm，徑約 0.9 mm，5 月分卵期 3 〜 4 日。

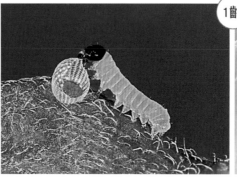

1 齡幼蟲，蟲體淺黃褐色，體長約 2.8mm，正在吃卵殼。

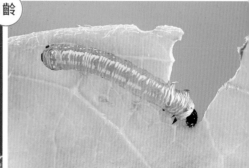

1齡

1 齡幼蟲食羊角籐，體長約 4.5mm。

2齡

2 齡幼蟲，體長約 8mm，橙褐色，體表已出現短肉棘。

2 齡幼蟲蛻皮成 3 齡時，體長約 9mm。

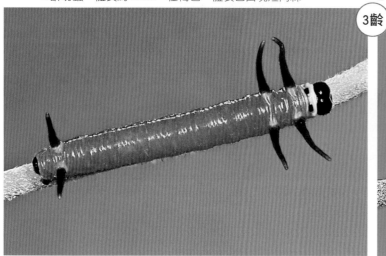

3齡

3 齡幼蟲背面，體長約 13mm，肉突明顯比 2 齡蟲長。

3 眠幼蟲，體長約 17mm。

4齡

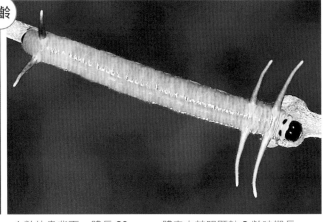

4齡幼蟲側面，體長 20 mm。幼蟲目前僅記錄以夾竹桃科「武靴藤（羊角藤）」的嫩莖、葉片為食。

4齡幼蟲背面，體長 20 mm，體表肉棘明顯較 3 齡時期長。

5齡

4齡幼蟲蛻皮成 5 齡時，體長約 25 mm。

5齡幼蟲側面，體長 26～55mm。蟲體橙褐色，平滑無毛，外觀造型特殊，無相似種。

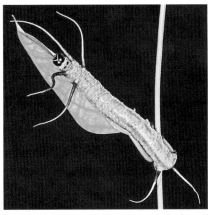

5齡幼蟲背面，體長 45 mm。在中、後胸與第 8 腹節共有 3 對長肉突，肉突長 15～17mm。

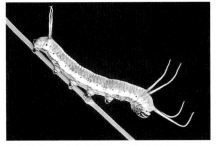

5齡幼蟲，（白化型），體長約 46mm。

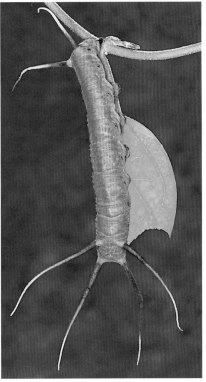

5齡初期大頭部特寫，體長約 25 mm。

5齡幼蟲（終齡）背面，體長 43 mm。幼蟲、成蝶和武靴藤普遍分布全台濱海至淺山地，在八卦山山脈族群甚多。

5齡幼蟲（終齡），體長約 44mm。

● 蛹

　　蛹為垂蛹，有黃綠色、褐色、銀灰色等色澤，蛹長約22mm，寬約11mm。蛹表斑紋具有金屬般光澤，在中、後胸與第8腹節之背中線兩側，各具一對黑褐色小斑點，氣孔褐色；常化蛹於食草植株或附近植物上。5月分蛹期8～10日。

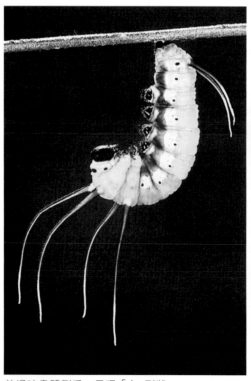

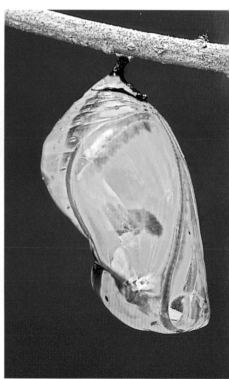

前蛹時蟲體倒垂，呈現「J」形狀。

蛹側面（黃綠色型），長19mm，寬10mm。

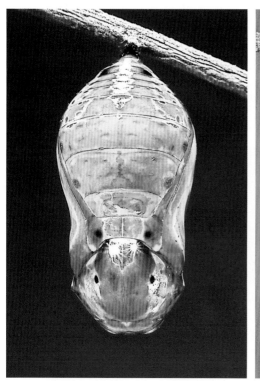

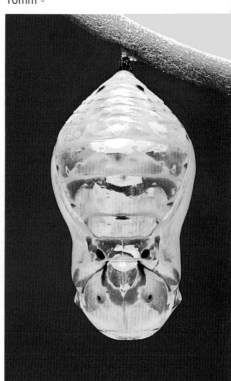

蛹背面（褐色型），長約20mm，寬10mm。

蛹背面（黃褐色型），長約21mm，寬10mm。

蛹背面（黃綠色型），長19mm，寬10mm。

● 生態習性／分布

　　一年多世代，中型蛺蝶，前翅長43～48mm，普遍分布於海拔0～1100公尺山區，全年皆可見，主要出現於3～11月，以中、南部較常見，冬季時會飛至東、南部溫暖山谷群聚越冬。成蝶飛行緩慢、姿態優雅；常穿梭於疏林、林緣山徑或樹冠飛舞嬉戲，喜愛吸食各種野花花蜜或路旁濕地水分。

● 成蝶

　　斯氏紫斑蝶的翅腹面為深褐色，前翅中央有 3 個銀灰色斑點，後翅中央散生白斑，前、後翅外緣內側各室有白斑呈帶狀排列。翅背面為黑褐色具深紫藍色光澤，外緣內側白斑與腹面略同。**雄蝶♂**：前翅後緣中央突出呈現弧形狀，在翅背面有 2 條黑褐色橫紋之雄性性徵；腹部尾端具有一對淺褐色毛筆器。**雌蝶♀**：前翅後緣呈現近直線狀。因此，雌雄外觀明顯不同，可由此做區分。本種主要辨識特徵：前翅腹面中央有 3 個銀灰色斑點，雄蝶♂在前翅背面具有 2 條黑褐色橫紋之雄性性徵。

雄蝶♂正伸出毛筆器散發性費洛蒙。

毛筆器

雄蝶♂腹端會伸出黃褐色毛筆器。

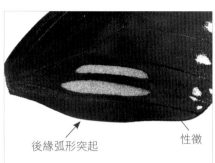
後緣弧形突起　　　性徵
雄蝶♂前翅有兩條雄性性徵。

雄蝶♂。斯氏紫斑蝶，中型斑蝶，前翅展開時寬 7～7.5 公分。
臺灣特有亞種「斯氏紫斑蝶」其亞種名是紀念斯文豪的貢獻，
以斯文豪氏（Robert Swinhoei）為名。

前翅後緣平直
雌蝶♀吸食高士佛澤蘭花蜜。

剛羽化休息中的雄蝶♂。

交配（上♀下♂）。

異紋紫斑蝶（端紫斑蝶）

Euploea mulciber barsine Fruhstorfer, 1904
蛺蝶科／紫斑蝶屬

45 ～ 50mm

● 卵／幼蟲期

卵單產，淡黃色，橢圓形，高約 1.7 mm，徑約 1.1 mm，卵表具有格狀凹凸刻紋，10 月分卵期 3 ～ 4 日。雌蝶的產卵習性，常選擇路旁、林緣或溪谷沿岸的林蔭環境，將卵產於幼蟲食草新芽或新葉上。

終齡 5 齡，體長 28 ～ 51mm。頭部黑色，具有 2 條白色粗條紋，中央白條紋似「∧」形狀，上唇白色。蟲體紅褐色與淺黃白色相間，體側有排黃橙色斑紋，在中、後胸與第 2、8 腹節共有 4 對長肉突，氣孔黑褐色。

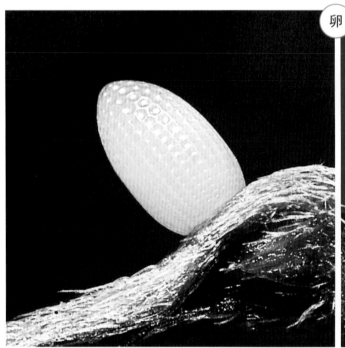

卵單產，淡黃色，橢圓形；高約 1.7 mm，徑約 1.1 mm，卵表具有格狀凹凸刻紋，卵頂圓錐形，卵期 3 ～ 4 日。

即將孵化的卵，卵頂可見幼蟲黑色頭部。

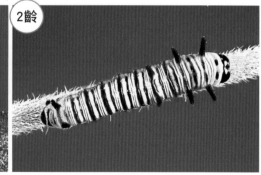

1 齡幼蟲背面，體長約 3.2 mm，吃飽活動筋骨。

1 齡幼蟲側面，蟲體黃色，體長約 3.2 mm，正在吃卵殼。

2 齡幼蟲，體長 8mm，棲息於絡石莖上。

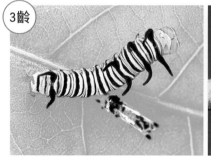

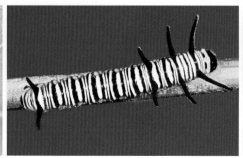

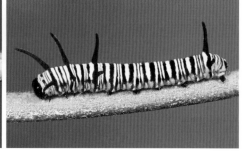

2 齡幼蟲蛻皮成 3 齡時，體長 11mm。

3 齡幼蟲背面，體長約 16 mm。人工飼育時也可使用爬森藤、尖尾鳳（馬利筋）、黃冠馬利筋、釘頭果（唐棉）的葉片來餵食。

3 齡幼蟲側面，體長約 16 mm。幼蟲可利用 45 多種植物的新芽、新葉和嫩莖為食，成熟厚葉很少食用。

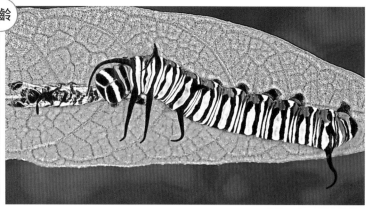

4齡

3 齡幼蟲蛻皮成 4 齡，體長約 17 mm。8 月分 1 ～ 5 齡幼蟲
期約 16 天。

4 齡幼蟲正在吃蛻下的舊表皮，此舉可避免螞蟻尋味遭捕食，體長 27
mm。

4 齡幼蟲背面，體長 25mm，雌蝶會跨科選擇多種幼蟲食草，在不
同地區利用不同植物讓幼蟲食用。

4 眠幼蟲，體長 26mm。

5齡

5 齡幼蟲（終齡），體長約
43mm。蟲體紅褐色與淺黃
白色相間，體側有排黃橙
色斑紋。

5 齡幼蟲（終齡），體長約 43 mm。背部在中、後胸與第 2、
8 腹節共有 4 對長肉突。

5 齡幼蟲（終齡），體長約 50 mm。在遇到驚擾時，頭、
胸部會曲捲起來。

◀5 齡幼蟲大頭照。
頭部黑色，具有
2 條白色粗條紋，
中央白條紋似 ∧
形狀，上唇白色。

● 蛹

蛹為垂蛹，黃褐色至褐色或粉紅色，體長約 21mm，寬約 10mm。蛹表具有金、銀色金屬光澤及斑紋。在中、後胸與第 2、8 腹節之背中線兩側，各具一對黑褐色小斑點，氣孔與氣孔線淺褐色；常化蛹與葉背或莖枝等隱密場所。10 月分蛹期 9 ～ 10 日。

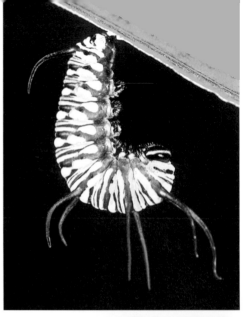

▶ 前蛹時蟲體倒垂，呈現「J」形狀。

▶ 蛹側面。蛹表具有金、銀色金屬光澤及斑紋，10 月分蛹期 9 ～ 10 日。

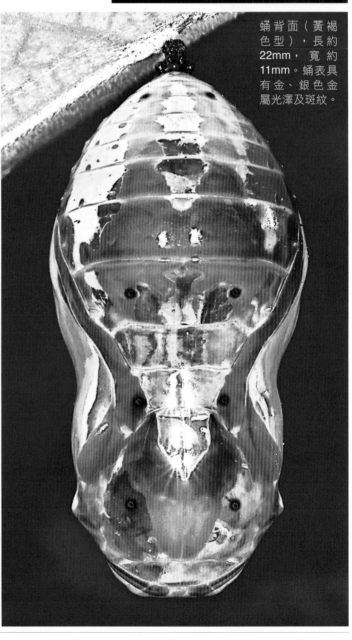

蛹背面（黃褐色型），長約 22mm，寬約 11mm。蛹表具有金、銀色金屬光澤及斑紋。

▶ 蛹背面（粉紅色型），長約 21mm，寬約 10mm。在中、後胸與第 2、8 腹節之背中線兩側，各具一對黑褐色小斑點，此斑點與幼蟲時期之肉突相對應。

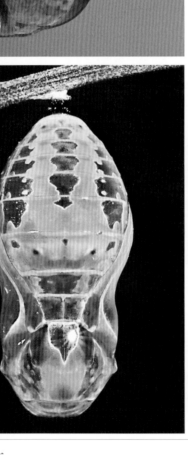

● 生態習性／分布

一年多世代，中、大型蛺蝶，前翅長 45 ～ 50mm，普遍分布於海拔 0 ～ 1200 公尺山區，全年皆可見，主要出現於 3 ～ 11 月，以中、南部較常見。冬季時會飛至東、南部溫暖山谷群聚越冬，中部山區 12 月分仍可見少數蝶隻活動。成蝶飛行緩慢，飛姿輕盈優雅；常活動於食草族群的疏林、樹冠或林緣山徑旁訪花、飛舞、吸食鮮果汁液和偶見於潮濕地面吸水。

● 成蝶

異紋紫斑蝶（端紫斑蝶）雌雄異型，外觀斑紋差異甚大。**雄蝶**♂：翅腹面為褐色，前翅的前半段及後翅中室外側和前、後翅外緣各室有灰藍色斑紋及斑點。翅背面為黑褐色，在前翅的前半段散生灰藍色斑紋與藍紫色光澤。**雌蝶**♀：翅為褐色，前、後翅兩面各室分布著白色條狀斑紋及斑點；翅背面在前翅翅端附近有藍紫色金屬光澤。因此，雌雄外觀明顯不同，極易辨識。

剛羽化休息中的雄蝶♂。

雄蝶♂展翅。雄蝶♂翅背面為黑褐色，前翅展開寬7～8公分，在前翅的前半段散生灰藍色斑紋與藍紫色光澤。

雄蝶♂腹端會伸出黃色毛筆器。毛筆器會散發費洛蒙來求偶。

雌蝶♀翅為褐色，前、後翅兩面各室分布著白色條狀斑紋及斑點；翅背面在前翅翅端附近有藍紫色金屬光澤。

交配（上♂下♀）。

雌蝶♀正在吸食小葉馬纓丹花蜜。異紋紫斑蝶的雌雄外觀斑紋差異甚大，是紫斑蝶屬中少有的種類。

雌蝶♀正產卵於小錦蘭的新芽。異紋紫斑蝶在網室觀察時，雌蝶特別偏愛選擇有毒性的夾竹桃科新芽產卵。

雌蝶♀。成蝶被捕捉時在手心上假死，等待機會逃逸。

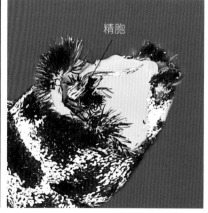

精胞

精胞。交配過的雌蝶生殖孔已閉合，雄蝶會在交配孔留下精胞，精胞外面具有近透明針狀附屬物。

圓翅紫斑蝶

Euploea eunice hobsoni（Butler, 1877） 特有亞種

蛺蝶科／紫斑蝶屬

45～50mm

● 卵／幼蟲期

卵單產，淡黃色，橢圓形，高約 1.7 mm，徑約 1.2 mm，卵表具有格狀凹凸刻紋，卵期 4～5 日。雌蝶的產卵習性，常選擇陰涼的疏林或林緣、溪谷沿岸的幼蟲食草，將卵產於新芽或新葉葉背。

終齡 5 或 6 齡，體長 33~58 mm。頭部黑色無斑紋，寬約 3.7mm。蟲體黑褐色，體表具有黃白色與黑色相間環紋，在中、後胸與第 2、8 腹節共有 4 對長肉突，突起先端常捲曲起來，體側有黃橙色、黃色、白色所組成之帶狀斑紋，氣孔黑色。

▶ 卵單產，淡黃色，橢圓形，高約 1.7 mm，徑約 1.2 mm，卵表具有格狀凹凸刻紋，卵頂圓弧形，卵期 4～5 日。

卵

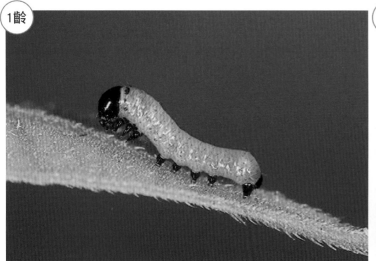

1 齡幼蟲側面，體長約 3.5mm。

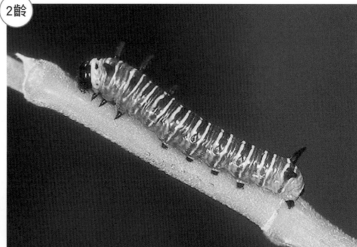

2 齡幼蟲側面，體長約 10mm，幼蟲可利用 35 種榕屬植物的葉片為食。

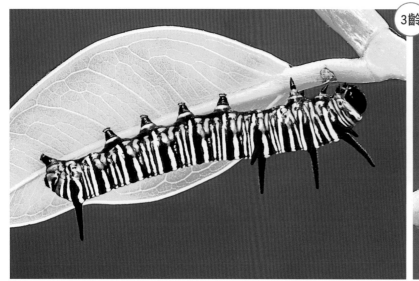

3 齡幼蟲側面，體長約 17mm。

3 齡幼蟲背面，體長約 19mm。

4 齡幼蟲,體長約 25mm,食榕的葉片。

4 齡幼蟲背面,體長約 25mm,幼蟲多見棲於葉背,在飼養時忌高溫環境。

4 眠幼蟲,體長約 33mm。

5 齡

5 齡幼蟲(終齡)側面,體長約 45mm,蟲體黑褐色,體表具有黃白色與黑色相間環紋。

5 齡幼蟲(黑化型),體長約 35mm。

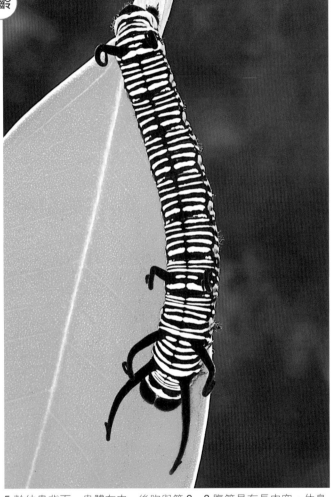

5 齡幼蟲背面,蟲體在中、後胸與第 2、8 腹節具有長肉突,休息時的姿態很優雅迷人。

6 齡　6 齡幼蟲,體長約 58mm。
終齡時有些是 6 齡。

◀ 5 齡幼蟲大頭照。頭部黑色,肉突先端常捲曲起來。

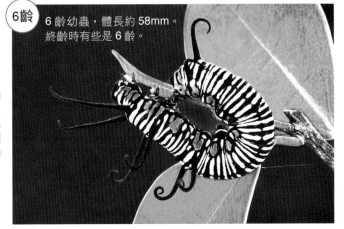

● 蛹

蛹為垂蛹,黃褐色至綠色,長橢圓形,體長約26mm,寬約11mm。蛹表有銀色金屬般光澤與條紋,背面具有V形狀褐色大條紋,在中、後胸與第2、8腹節之背中線兩側,各具一對幼蟲肉棘時的黑褐色小斑點,氣孔褐色;常化蛹於食樹陰涼葉背或枝條上。10月分蛹期8～9日。

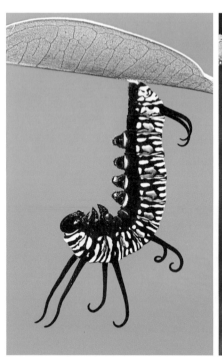
前蛹時蟲體倒垂,呈現「J」形狀。

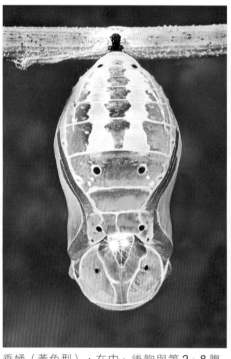
垂蛹(黃色型),在中、後胸與第2、8腹節之背中線兩側,各具一對幼蟲肉棘時的黑褐色小斑點。

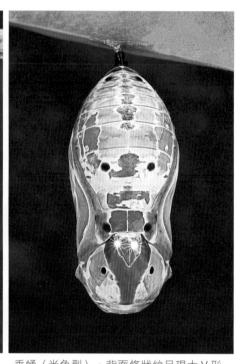
垂蛹(米色型),背面條狀紋呈現大V形狀。

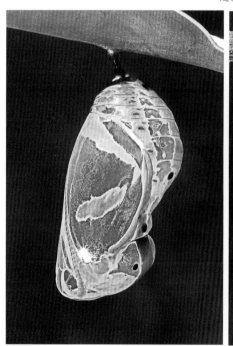
蛹側面(米色型),體長約26mm,蛹表有銀色金屬般光澤和分布著條狀褐色斑紋。

蛹腹面,體長約26mm,寬約11mm。

蛹長約24mm,寬約11mm,被寄生的蝶蛹泛黑,光澤消退,已無法羽化。

● 生態習性／分布

一年多世代,中、大型蛺蝶,前翅長45～50mm,普遍分布於海拔0～1200公尺山區,全年皆可見,主要出現於3～11月,以中、南部較常見,冬季時會飛至東、南部溫暖山谷群聚越冬。成蝶動作敏捷,飛行不疾不徐;喜愛穿梭於林蔭疏林、林緣山徑、谷地飛舞追逐或訪花及吸水。

● 成蝶

　　圓翅紫斑蝶翅腹面為暗褐色，前、後翅外緣與亞外緣具有 2 排灰白色小斑點，在前翅中央下方有一枚醒目的灰白色大斑紋。翅背面為藍黑色，具深藍色金屬般光澤，在前翅背面中央下方具有藍白色短橫紋。**雄蝶♂**：前翅的藍灰色斑紋較雌蝶♀多和大，後緣中央突出呈現弧形狀，周圍具灰褐色特化鱗與性斑；後翅亞外緣的斑紋稀疏；腹部尾端具有一對毛筆器。**雌蝶♀**：前、後翅亞外緣有藍灰色斑紋，前翅的斑紋比雄蝶♂略少和小；**後緣呈現直線狀**。本種主要辨識特徵：前翅背面中央下方具有藍白色短橫紋，體型明顯比相似種小紫斑蝶大。

剛羽化休息中的雄蝶♂。

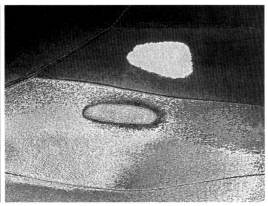

雄蝶♂在前翅腹面的淺藍白色斑紋下方，具有一枚 6.5mm 橢圓形深灰色性斑。

雄蝶♂腹部尾端毛筆器可釋放「斑蝶素」來擄獲雌蝶芳心或在遇驚擾時，也會伸出毛筆器來避敵害。

剛羽化休息中的雌蝶♀。

雄蝶♂展翅，鱗片具有藍紫色金屬般光澤閃耀之物理色。

雄蝶♂。圓翅紫斑蝶一年多世代，中、大型蛺蝶，前翅長 45 ～ 50mm。

雄蝶♂曬太陽。紫斑蝶類鱗片色彩具有豐富的物理色所形成之金屬般閃爍光澤。

雌蝶♀訪花。圓翅紫斑蝶的主要辨識特徵：前翅背面中央下方具有藍白色短橫紋，體型明顯比相似種「小紫斑蝶」大。

雌蝶♀訪花。圓翅紫斑蝶普遍分布於海拔 0 ～ 1200 公尺山區，全年皆可見。

小紫斑蝶

Euploea tulliolus koxinga Fruhstorfer, 1908 特有亞種

蛺蝶科／紫斑蝶屬

35 ～ 40mm

● 卵／幼蟲期

卵單產，淡黃色，橢圓形，高約 1.4 mm，徑約 1.0 mm，卵表具有格狀凹凸刻紋，5月分卵期3～4日。雌蝶的產卵習性，常選擇陰涼路旁、林緣或疏林內及溪谷沿岸有較多新芽的幼蟲食草，將卵產於新葉、新芽及嫩莖上。

終齡 5 齡，體長 21 ～ 34mm。頭部黑色，具

有 2 條白色粗條紋，中央白條紋似 Λ 形狀，上唇白色。蟲體深紅褐色，體表各節有粗細不一的白色環狀紋，在中、後胸與第 8 腹節，共有 3 對深紅褐色的長肉突，體側具有淺黃色與橙色之帶狀條紋，氣孔黑褐色。

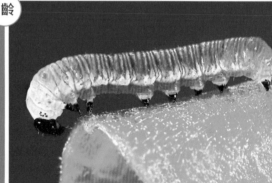

卵單產，產於盤龍木新芽。　1 齡幼蟲初期，蟲體淺黃色，體長約 4mm。

1 眠幼蟲，體長約 5mm，準備蛻皮。

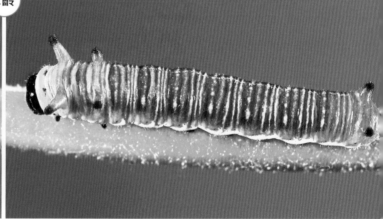

2 齡幼蟲，體長約 8mm。

2 齡幼蟲背面，體長約 8mm。蟲體出現白環紋與短肉棘。

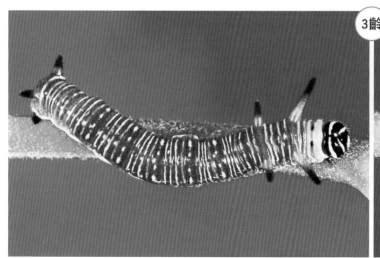

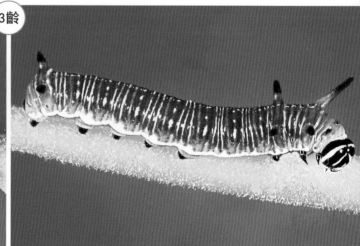

3 齡幼蟲背面，體長約 11mm。頭部有白色條紋出現。

3 齡幼蟲側面，體長約 11mm。蟲體明顯具白環紋，肉棘較 2 齡長。

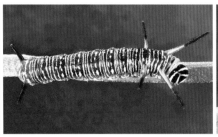

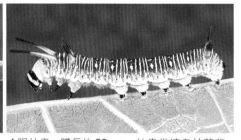

4齡幼蟲側面，體長約 19mm。1～5 齡幼蟲期約 17 天。

4齡幼蟲背面，體長約 19mm。蟲體密布白環紋與白點，具長肉棘。

4眠幼蟲，體長約 20mm。幼蟲常棲息於葉背，在野外觀察幼蟲遭遇到寄生的比例頗高。

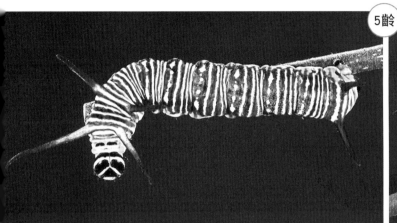

5 齡幼蟲（終齡），體長 21～34mm。在中、後胸與第 8 腹節，共有 3 對深紅褐色的長肉突。

5 齡幼蟲（終齡）側面，體長約 33mm。體側有淺黃色與橙色之帶狀條紋。

5 齡幼蟲（白化型），基因異常體色全白，體長 34mm。

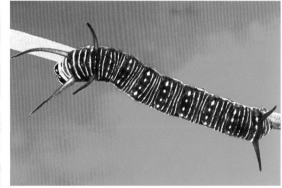

5 齡幼蟲（終齡，黑化型），體長約 31mm。幼蟲僅食嫩葉，成熟葉不食。

5 齡幼蟲大頭照。頭部黑色，具有 2 條白色粗條紋，中央白條紋似 ∧ 形狀，上唇白色。

● 蛹

　蛹為垂蛹，黃綠色或黃褐色、紅褐色，體長約 16mm，寬約 8mm。體表具有金黃色和銀色金屬般光亮。在中、後胸與第 8 腹節之背中線兩側，各具一對黑褐色小斑點，氣孔淺褐色；常化蛹於葉背或附近植物等隱密場所。6 月分蛹期 8 ～ 9 日。

 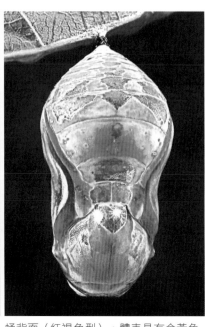 

前蛹時蟲體倒垂，呈現「J」形狀，體色轉為黃綠色。

蛹背面（紅褐色型）。體表具有金黃色和銀色金屬般光亮為警戒色。

蛹腹面，體長約 16mm，寬約 8.5mm。

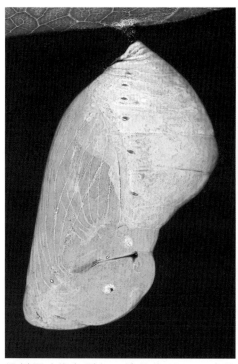 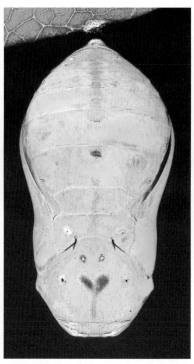 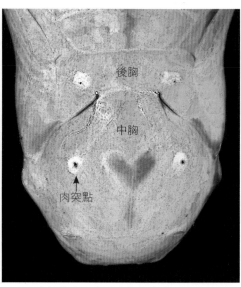

蛹側面（綠色型），體長約 15mm，寬約 8mm。腹部 2 ～ 6 節明顯膨大。

蛹背面（綠色型）。在中、後胸與第 8 腹節中央兩側具有一對小黑斑。

蛹頭、胸部特寫。中胸隆起，在中、後胸兩側可見一對小黑斑，此斑點與幼蟲時期之肉突相對應。

● 生態習性／分布

　一年多世代，中、小型蛺蝶，前翅長 35 ～ 40mm，普遍分布於海拔 0 ～ 1200 公尺山區，全年皆可見，主要出現於 3 ～ 11 月，以中、南部較常見，冬季時會飛至東、南部溫暖山谷群聚越冬。成蝶飛行不疾不徐，喜愛滑翔飛舞；常穿梭於林間及林緣山徑旁訪花飛舞或吸食溼地水分。雄蝶在求偶時，會不停舞動雙翼，並從尾端伸出毛筆器以展雄姿與散發費洛蒙，藉此來吸引雌蝶青睞，進而完成終身大事子孫滿堂。

● 成蝶

小紫斑蝶雌雄的外觀斑紋及色澤相近。翅腹面為深褐色，前、後翅亞外緣有 2 排灰白色小斑點，在前翅中央具有一個大灰白斑。翅背面為深藍紫色，閃爍著金屬般光澤，亞外緣有排灰白色小斑點，在前翅背面中央下方無斑紋。**雄蝶♂**：在前翅後緣中央突出呈現弧形狀，周圍具有一片寬約 22 mm，高約 8 mm 的灰色特化鱗，腹部尾端具有一對毛筆器。**雌蝶♀**：在前翅後緣呈現平直狀，雌雄蝶可藉此辨別。本種主要辨識特徵：前翅背面中央下方無斑紋，體型明顯比相似種圓翅紫斑蝶小。

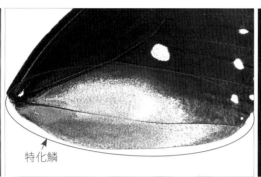

雄蝶♂吸食高士佛澤蘭花蜜。小紫斑蝶幼蟲雖然是單食性，僅以桑科「盤龍木」這種植物為食，然而成蝶卻是野地路旁花叢間常見的種類。

雄蝶♂在前翅後緣中央突出呈現弧形狀，周圍具有一片寬約22mm，高約8mm的灰色特化鱗。

雄蝶♂腹端伸出毛筆器，毛筆器淺黃白色。

雌蝶♀展翅。小紫斑蝶是紫斑蝶屬中，體型最小的蝴蝶，前翅展開時寬 6 ～ 6.7 公分。

雌蝶♀訪花。翅背面為深藍紫色，閃爍著金屬般光澤。

▲交配（上♂下♀）。雄蝶♂在求偶時，會不停舞動雙翼，並從尾端伸出毛筆器以展雄姿與散發費洛蒙，藉此來吸引雌蝶青睞。

雌蝶♀。小紫斑蝶被捕捉時，在手心上的假死行為。

◀雌蝶♀。普遍分布於臺灣淺山地至低海拔山區，南部全年皆可見；在隆冬時期，會遷移至東南部或南部較溫暖的谷地越冬。前翅長 35 ～ 40mm。

大白斑蝶（大笨蝶）

Idea leuconoe clara（Butler, 1867）

蛺蝶科／白斑蝶屬

60～70mm

● 卵／幼蟲期

　　卵單產，初產淺黃白色，發育後出現粉紅色受精斑，橢圓形，高約 1.8 mm，徑約 1.3 mm，卵表具有格狀凹凸刻紋，9 月分卵期 3 ～ 4 日。雌蝶的產卵習性，常選擇在濱海附近灌叢或疏林內、礁岩上的幼蟲食草，將卵產於葉背或莖、芽上。

　　終齡 5 齡，體長 35 ～ 61 mm。頭部黑色。蟲體有淡黃色和黑色相間環狀紋；在中、後胸與第 2、8 腹節，共具有 4 對長肉突，體側具有帶狀紅色斑點，外觀對比鮮明為警戒色，氣孔黑色。

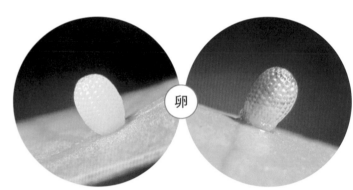

卵

卵單產，初產淺黃白色。橢圓形，高約 1.8 mm，徑約 1.3 mm。

卵發育後呈現橙色，卵表具有格狀凹凸刻紋，9 月分卵期 3 ～ 4 日。

1齡

剛孵出 1 齡幼蟲，體長 4.5mm，未吃自己的卵殼，有將身旁鮮卵吃掉的行為。

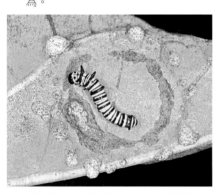

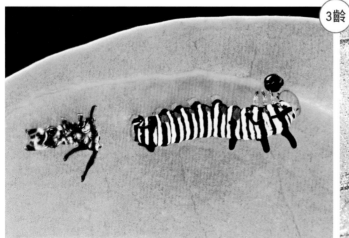

2齡

1 齡幼蟲，體長約 5mm，將葉片咬食成環狀，使多餘汁液流出再進食葉肉。

2 齡幼蟲背面，體長約 9mm，已明顯可見短肉棘。

3齡

2 齡蛻皮成 3 齡幼蟲時體長 13mm。

3 齡幼蟲背面，體長 19mm，肉棘明顯較 2 齡長。

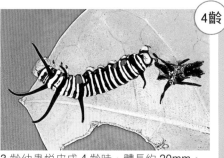

3 齡幼蟲蛻皮成 4 齡時，體長約 20mm。

4 齡幼蟲，體長 29mm。幼蟲以夾竹桃科
「爬森藤」的葉片及嫩莖等全株柔嫩組織
為食。

4 齡幼蟲，體長約 30mm，黑化型。

4 齡幼蟲蛻皮成 5 齡時，體長約 34mm。

▲ 5 齡幼蟲（終齡）背面，體長約 50mm。蟲
體有淡黃色和黑色相間環狀紋，對比鮮豔為
警戒色。

▶ 5 齡幼蟲（終齡），體長 55mm，在中、後
胸與第 2、8 腹節，共具有 4 對長肉質突起。

● 蛹

　　蛹為垂蛹，橢圓形，金黃色，體長約 29mm，徑約 12mm。蛹表光亮耀眼，具有反射性金屬般光澤，對天敵有警告防禦之作用，胸、腹部背面分布許多大小不一的黑色斑點，氣孔黑色；常化蛹於食草枝條、葉背或附近植物上。11 月分蛹期 14～15 日。

前蛹。

蛹腹面。

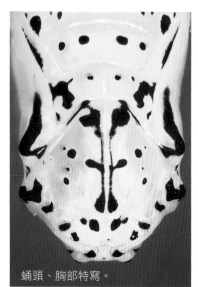

蛹頭、胸部特寫。

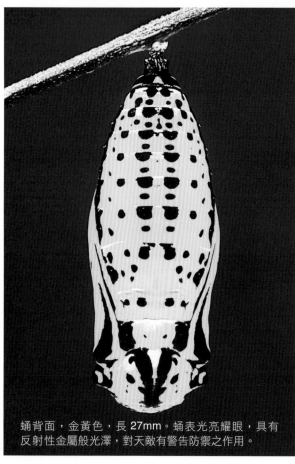

蛹背面，金黃色，長 27mm。蛹表光亮耀眼，具有反射性金屬般光澤，對天敵有警告防禦之作用。

蛹側面，金黃色，長 27mm，寬 11mm。

● 生態習性／分布

　　一年多世代，大型蛺蝶，前翅長 60～70mm，普遍分布於海拔 0～400 公尺濱海、海岸林山區，全年皆可見，主要出現於 3～11 月。在臺灣東北角、綠島、蘭嶼及恆春半島、基隆嶼、龜山島，各有族群分布為原始的棲息地。成蝶體型碩大，身上著有對比強烈的黑白斑紋；外觀高雅優美，極易辨識。喜愛吸食各種花蜜或水果汁液、蚜蟲蜜露，飛行時姿態輕盈優雅、平易近人；當被捕捉時偶有假死行為，整體給人一種笨拙的觀感，故別稱「大笨蝶」。

● 成蝶

大白斑蝶雌雄外觀的斑紋和色澤相近，翅色為白色或白中帶點淡黃色。翅脈黑色各室內有黑斑紋，外緣黑色內有排白斑紋。**雄蝶♂**：當被捕捉時，尾端會伸出一對雄性性徵之毛筆器，藉此威嚇欺敵。由於本種體型大，雌雄蝶可藉由外生殖器，直接清楚辨識。

剛羽化休息中的雌蝶♀。　雄蝶♂吸食蕾絲金露花。

雄蝶♂毛筆器。

雌蝶♀訪花。成蝶體型碩大，身上著有對比強烈的黑白斑紋。

雌蝶♀正產卵於爬森藤的葉片。大白斑蝶為臺灣產蛺蝶科中體型最大型的蝴蝶，前翅展開寬11～12.5公分，雌蝶一生約可產250多粒蝶卵。

交配（上♀下♂）。大笨蝶可以説是蝴蝶攝影中最容易靠近和拍攝，在逆光中光影非常美麗，使用補光板來平衡反差和消除陰影，以提高解像力、色彩飽和，使畫面具有立體感。

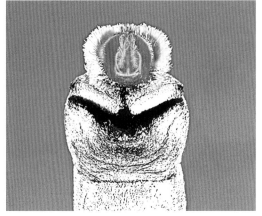

雌蝶♀外生殖器。

◀ 雄蝶♂吸食水果汁液。大白斑蝶因容易飼養及繁殖，而成為蝴蝶園中，最具觀賞和超人氣的寵兒；常被做為生態教育解説、導覽之活教材。

細蝶（苧麻蝶、苧麻細蝶）

Telchinia issoria formosana（Fruhstorfer, 1914）
蛺蝶科／細蝶屬　特有亞種　　29～33mm

● 卵／幼蟲期

　　卵聚產，黃橙色，橢圓形，高約 1.1 mm，徑約 0.7 mm，7 月分卵期 5～6 日。雌蝶的產卵習性，喜愛選擇濕潤涼爽的環境，將卵 100～250 粒，聚產排列於幼蟲食草的葉背上。幼蟲期具有群居性。

　　終齡 5 齡，體長 21～40mm。頭部深黃橙色，中央前額具有大三角形黑斑紋。蟲體淺黃白色，具有紅褐色格狀條紋，體表各節密生基部黃橙色，上部為黑色之棘刺，氣孔黑褐色。

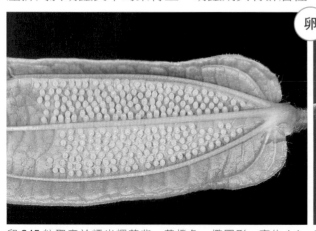

卵

卵 245 粒聚產於糯米糰葉背，黃橙色，橢圓形，高約 1.1 mm，徑約 0.7 mm。

卵 265 粒聚產於青苧麻葉背，7 月分卵期 5～6 日。

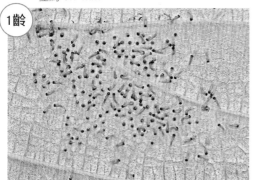

1齡

剛孵化的 1 齡幼蟲群聚，體長約 1.8 mm。

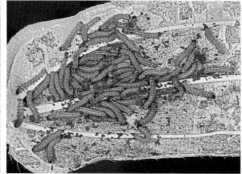

1 齡幼蟲，體長約 3 mm，65 隻群聚於糯米糰葉背。

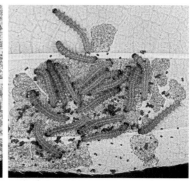

1 齡幼蟲，體長約 3.5 mm。在糯米糰上常可見到成群結隊，全身長滿棘刺，外觀像似毛毛蟲般的細蝶幼蟲。

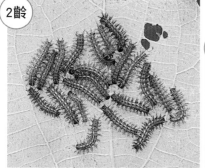

2齡

2 齡幼蟲群聚，體長約 7mm。

2 齡幼蟲蛻皮成 3 齡時，體長約 7 mm。

3齡

3 齡幼蟲側面，體長約 11 mm，體表各節具有棘刺。

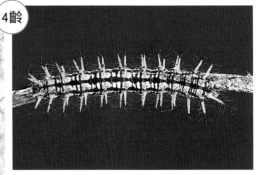

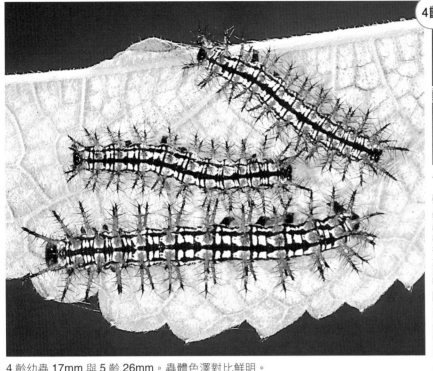

4 齡幼蟲背面,體長約 19mm。

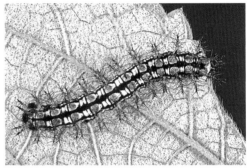

4 齡幼蟲 17mm 與 5 齡 26mm。蟲體色澤對比鮮明。

4 眠幼蟲,體長約 19mm。

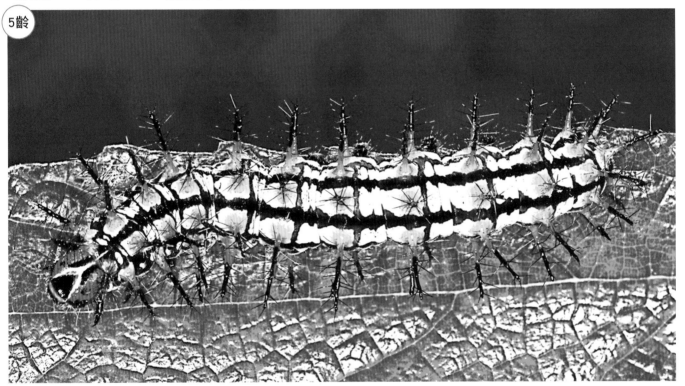

5 齡幼蟲(終齡)背面,體長約 40 mm。幼蟲的外觀並不討喜,常被誤以為毒毛蟲而慘遭摧殘,殊不知在醜陋的外衣上,以後將會蛻變成彩蝶。

5 齡幼蟲(終齡)側面,體長約 39 mm。蟲體淺黃白色,具有紅褐色格狀條紋,體表各節密生基部黃橙色,上部為黑色之棘刺。

5 齡幼蟲大頭照。頭部深黃橙色,中央前額具有大二角形黑斑紋。

● 蛹

　　蛹為垂蛹，米白色，體長約21mm，寬約5mm。腹部具有5黑色帶狀紋各節有黃橙色小錐突，氣孔黑色；常化蛹於葉背或附近植物枝條上。10月分蛹期10～12日。

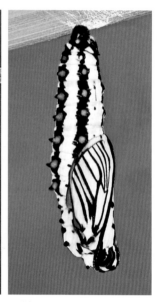

前蛹時蟲體倒垂，呈現「J」形狀。　　集體化蛹，米白色，體長約21mm

蛹側面，體長約20mm，寬約5mm

垂蛹背面，米白色，體長約21mm。腹部具有5黑色帶狀紋各節有黃橙色小錐突。

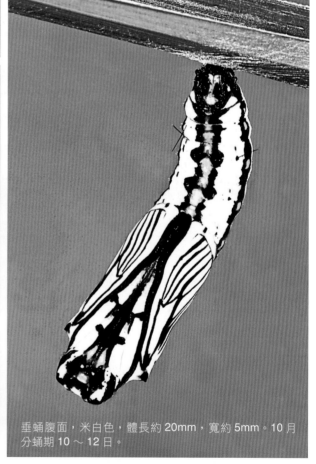

垂蛹腹面，米白色，體長約20mm，寬約5mm。10月分蛹期10～12日。

● 生態習性／分布

　　一年多世代，中型蛺蝶，前翅長29～33mm，普遍分布於海拔 300 ～ 2500 公尺山區，全年皆可見，主要出現於 3～ 11月。常活動於幽靜濕潤的環境，以山區野溪、林緣、竹林旁的幼蟲食草族群較為常見。成蝶飛行緩慢，輕盈俏麗；喜愛展開雙翅曬太陽、訪花或於林間、山徑嬉戲和飛舞。

● 成蝶

　　細蝶的雌雄外觀斑紋與色澤略同。翅膀腹面為淺黃橙色，翅脈有明顯黑色線條，後翅外緣具有黑鋸齒狀紋和白色斑紋。翅背面為黃橙色，外緣黑色帶內有淡黃橙色斑紋。雌雄斑紋相仿，雌蝶♀體型較雄蝶♂略大，交尾過的雌蝶♀，腹部尾端的生殖孔，具有錐狀咖啡色交尾栓，致使其他雄蝶就無法再交配。雌雄蝶可藉此簡略做區別。

◀ 雄蝶♂。成蝶前翅長 29 ～ 33 ｍｍ，普遍分布於海拔３００～ 2500公尺山區，全年皆可見，主要出現於3 ～ 11 月。

▶ 交尾過的雌蝶♀，腹部尾端的生殖孔，具有錐狀咖啡色交尾栓；致使其他雄蝶就無法再交配。

雄蝶♂展翅。細蝶為一年多世代，中型蛺蝶，前翅展開寬 6.2 ～ 7.2 公分。

雄蝶♂展翅。成蝶飛行緩慢，輕盈俏麗；喜愛展開雙翅日光浴、訪花或於林間、山徑嬉戲和飛舞。

雌蝶♀正在進行產卵。成蝶在繁殖高峰期，很容易就可以飽覽整個生活史的奧秘，這種景象是其他蝶種較少有的，亦是野外探索蝴蝶不錯的題材。

雌蝶♀一口氣產了 159 粒卵完，正伸展翅膀準備飛離。

要拍攝細蝶的交尾畫面其實並不難，只要掌握住繁殖高峰期，在棲息地如溪頭、鹿谷一帶無人干擾之山區路旁；在上午時光，都很容易遇到好幾對細蝶在交尾。

斐豹蛺蝶（黑端豹斑蝶）

Argynnis hyperbius（Linnaeus, 1763）
蛺蝶科／豹蛺蝶屬

35 ～ 40mm

● 卵／幼蟲期

　　卵淺黃色，圓錐狀卵圓形，高約 0.7 mm，徑約 0.8 mm，卵表具有凹凸狀刻紋，7 月分卵期 3 ～ 4 日。雌蝶的產卵習性，多見選擇路旁、林緣或草生地的低矮幼蟲食草族群，將卵 1 ～ 8 粒不等，產於食草的各部位或附近地面的枯枝落葉、石塊等可附著卵之物體。

　　終齡 5 齡，體長 25 ～ 44mm。頭部黑色，密生短毛，頭頂具有一對不明顯小圓錐突起。蟲體黑色，背中線橙色，體表各節具有紅橙色棘刺，氣孔黑色。

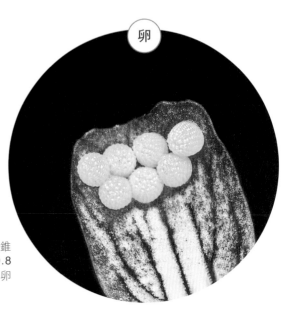

卵

▶ 卵 7 粒聚產於花瓣，淺黃色，圓錐狀卵圓形，高約 0.7 mm，徑約 0.8 mm，卵表具有凹凸狀刻紋，7 月分卵期 3 ～ 4 日。

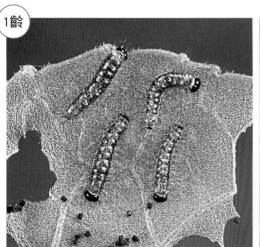

1 齡

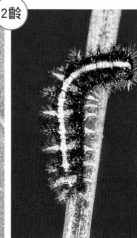

2 齡

1 齡幼蟲，蟲體黑褐色，體長約 2.8mm。

2 齡幼蟲初期，黑褐色，體長約 4mm。

2 齡幼蟲背面，體長約 6.5mm。

3 齡

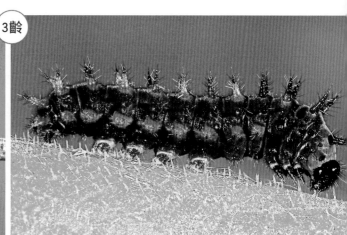

3 齡幼蟲背面，體長約 13mm，背中線黃橙色。

3 眠幼蟲，準備蛻皮成 4 齡，體長約 14mm。

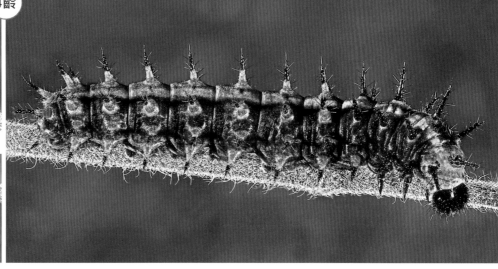

4 齡幼蟲側面，體長約 21mm。

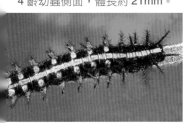

4 齡幼蟲背面，體長約 21mm。　　4 眠幼蟲，準備蛻皮成 5 齡，體長約 23mm。
體表各腹節棘刺紅橙色。

5 齡幼蟲（終齡）背面，體長 25 ～ 44mm。蟲體黑色，背中線橙色，體表各節具有紅橙色棘刺。

5 齡幼蟲（終齡），頭、胸部特寫。頭部黑色，胸部棘刺為黑色。

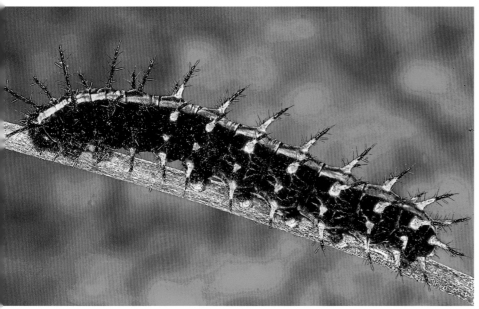

5 齡幼蟲大頭照。頭部黑色，密生短毛，頭頂具有一對不明顯小圓錐突起。

5 齡幼蟲（終齡），體長約 43mm。幼蟲食量大，幾株菫菜是無法供給幼蟲成長至化蛹。

● 蛹

蛹為垂蛹，黑褐色或褐色，體長約 23mm，寬約 8mm。頭頂具有一對錐狀突，腹背各節具有圓錐狀尖突，胸部至第 1 ～ 2 腹節，具有 5 對藍銀色金屬般光亮之錐突；常化蛹於食草附近隱密場所，氣孔黑色。7 月分蛹期 7 ～ 8 日。

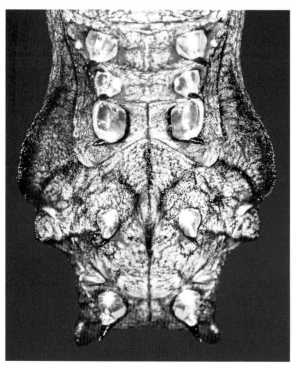

蛹頭、胸部特寫。胸部至第 1 ～ 2 腹節，具有 5 對藍銀色金屬般光亮之錐突。

前蛹時蟲體倒垂，呈現「J」形狀。

蛹背面。頭頂具有一對錐狀突，腹背各節具有圓錐狀尖突。

蛹側面，黑褐色或褐色，體長約 23mm，寬約 8mm，蛹期 7 ～ 8 日。

● 生態習性／分布

一年多世代，中型蛺蝶，前翅長 35 ～ 40mm；普遍分布於海拔 0 ～ 2300 公尺山區，全年可見冬季較少，主要出現於 3 ～ 11 月，以森林性遊樂園內林緣、開闊地或山區林緣、路旁、草生地的菫菜屬族群最有機會一親芳澤。成蝶飛行不快，靈敏機警；常活躍於陽光下飛舞嬉戲、曬太陽，喜愛吸食各種野花花蜜或搜尋地面上芬芳美味。

● 成蝶

　　斐豹蛺蝶（黑端豹斑蝶）雌雄異型。**雄蝶♂：**翅腹面的色澤與雌蝶♀相近，唯前翅翅端內無白色帶斑；翅背面前、後翅為黃橙色，散生黑斑點，後翅外緣鋸齒狀。**雌蝶♀：**翅腹面翅端和後翅為淺黃褐色，表面分布有棕綠色、銀灰色和黑色斑紋；前翅翅端內具有白色帶斑，下半部為紅橙色，散生黑斑點。翅背面前翅下半部及後翅為黃橙色，散生黑斑點。雌蝶♀前翅背面上半部為藍黑色，內有白色帶斑。雌雄外觀斑紋明顯不同，可藉此區別。

剛羽化休息中的雄蝶♂。

雄蝶♂翅背面前、後翅為黃橙色，散生黑斑點，後翅外緣鋸齒狀。

雄蝶♂曬太陽。斐豹蛺蝶為一年多世代，中型蛺蝶，前翅展開寬 6.5 ～ 7.5 公分，喜愛吸食各種野花花蜜。

剛羽化休息中的雌蝶♀。

交配（左♀右♂）。近年來野外的菫菜屬植物，數量上明顯大不如前，致使本種原本常見漸漸轉為偶見的蝶種。

雌蝶♀展翅。斐豹蛺蝶為雌雄異型，雌蝶前翅背面上半部為藍黑色，內有白色帶斑。

交配（左♀右♂）。雌蝶通常會選擇食草族群較多的地方為產卵和棲息之處。

雌蝶♀展翅。斐豹蛺蝶的成蝶飛行不快，靈敏機警；常活躍於陽光下飛舞嬉戲、曬太陽。

琺蛺蝶 （紅擬豹斑蝶）

Phalanta phalantha（Drury, [1773]）
蛺蝶科／琺蛺蝶屬

28 ～ 31mm

● 卵／幼蟲期

卵單產，黃色，圓錐狀卵圓形，高約 0.7 mm，徑約 0.8 mm，卵表具有凹凸刻紋，9 月分卵期 3~4 日。雌蝶的產卵習性，喜愛選擇陽光開闊處，將卵產於幼蟲食草的新芽或新葉、葉背上。

終齡 5 齡，體長 18 ～ 30 mm。頭部黃褐色，正面上褐下黑或褐底具 2 大黑斑，中央（前額 Δ）具有三角狀淺黃白色斑紋。蟲體深褐色，體表各節具有黑色棘刺，背中央兩側有黃褐色條紋，體側具有淡黃色波狀條紋，化蛹前漸漸轉為綠色，氣孔黑色。幼蟲在受到外力驚擾時，會用絲固定迅速自高處垂降，以躲避敵害。

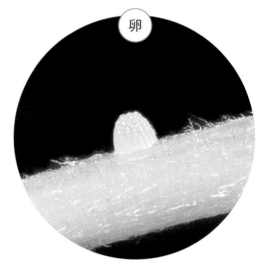

卵

卵單產，黃色，圓錐狀卵圓形，高約 0.7 mm，徑約 0.8 mm，卵表具有凹凸刻紋，9 月分卵期約 3 日。

1 齡幼蟲，淺黃色，體長約 3mm。

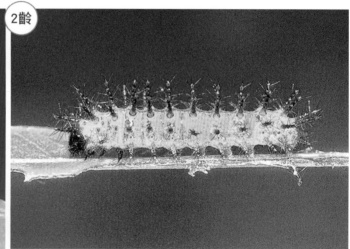

2 齡幼蟲，淺黃褐色，體長約 6mm。

3 齡幼蟲背面，體長約 12 mm。

3 齡幼蟲側面，體長約 11 mm。蟲體黃褐色，氣孔的白色圓圈紋路明顯。

4 齡幼蟲背面，體長約 17 mm。

4 齡幼蟲側面，體長約 17 mm。蟲體深褐色，氣孔的白圈紋不明顯。

4齡

4 眠幼蟲，準備蛻皮成 5 齡，體長約 17mm。

5齡

5 齡幼蟲（終齡）背面，體長約 26mm。體表各節具有黑色棘刺，背中央兩側有黃褐色條紋。

5 齡幼蟲（終齡）背面，淺褐色型，體長約 30 mm。

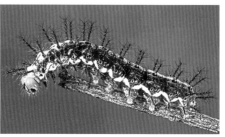

5 齡幼蟲（終齡）側面，體長 18 ～ 30 mm。體側具有淡黃色波狀條紋。

5 齡幼蟲（終齡）體長約 26mm，當受到驚擾時會有吐絲下垂逃生的行為。

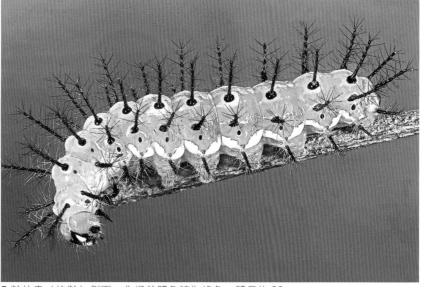

5 齡幼蟲（終齡）側面，化蛹前體色轉為綠色，體長約 26mm。

5 齡幼蟲（終齡）黑斑型大頭照。

5 齡幼蟲（終齡）大頭照。頭部黃褐色，上褐下黑或具 2 塊大黑斑，中央前額具有三角狀淺黃白色斑紋。

● 蛹

　　蛹為垂蛹，綠色或褐色型，體長約 17 mm，寬約 6 mm。蛹表胸部與第 2 ～ 8 節具有紅色斑紋的銀色錐狀突，翅外緣和後緣具有紅色邊紋的粗銀色條紋，氣孔米色。常化蛹於食樹葉背或枝條上。6 月分蛹期 6 ～ 7 日。

  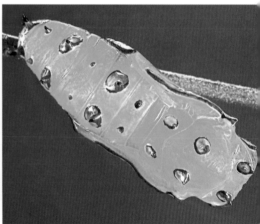

前蛹時蟲體倒垂，呈現「J」形狀。

蛹側面，綠色型，體長約 15mm，寬約 6mm。翅外緣和後緣具有紅與銀色粗條紋。

蛹背面（綠色型），體長約 15mm。蛹表胸部與第 2 ～ 8 節具有紅色斑紋的銀色錐狀突。

垂蛹（黑褐色型），長約 17mm，寬 6mm。

蛹背面（黑褐色型），長約 17mm，寬 6mm。

● 生態習性／分布

　　一年多世代，中、小型蛺蝶，前翅長 28 ～ 31mm，普遍分布於海拔 0 ～ 1100 公尺山區，全年皆可見，冬季較少見，主要出現於 3 ～ 12 月，以中、南部較常見。常見於開闊的田野花叢間、河岸或食草植物附近活動。成蝶飛行迅速，靈敏機警，金黃耀眼的外衣在陽光下閃閃動人，非常討喜。喜愛展翅曬太陽、吸食各種野花花蜜或濕地水分，吸蜜時常會舞動著雙翼，相當有趣！雄蝶具有領域性，常在樹稍駐守領地，以防入侵者。

● 成蝶

琺蛺蝶（紅擬豹斑蝶）的雌雄外觀斑紋和色澤相仿。翅腹面為淡黃橙色，前、後翅散生弧狀和點狀斑紋及閃耀著紫色光澤。翅背面為黃橙色，前、後翅散生黑褐色斑紋，外緣內側的斑紋成波狀排列。**雌蝶♀**：雌蝶♀比雄蝶♂略大，紫色光澤與黑褐色斑紋較明顯。

剛羽化休息中的雄蝶♂（夏型）。

雄蝶♂吸食腐果汁液。雄蝶具有領域性，常在樹稍駐守領地，以防入侵者。

琺蛺蝶為中、小型蛺蝶，前翅展開時寬 4.1～4.8 公分，普遍種，全年皆可見。

剛羽化休息中的雌蝶♀（冬型）。

交配（左♀右♂）。成蝶飛行迅速，靈敏機警；金黃耀眼的外衣在陽光下閃閃動人，非常討喜。

雌蝶♀喜愛選擇陽光開闊處，將卵產於幼蟲食草的新芽或新葉、葉背上。

雌蝶♀曬太陽。琺蛺蝶喜愛展翅曬太陽、吸食各種野花花蜜或濕地水分。

◀雄蝶♂覓食，低溫型。

黃襟蛺蝶（臺灣黃斑蛺蝶）

Cupha erymanthis（Drury, [1773]）
蛺蝶科／襟蛺蝶屬

27～30mm

● 卵／幼蟲期

卵單產，淺黃色，圓錐狀卵圓形，高約0.7 mm，徑約0.8 mm，卵表具有凹凸狀刻紋，9月分卵期3～4日。雌蝶的產卵習性，常選擇開闊處林緣、路旁或河岸旁的幼蟲食草，將卵產於新芽或新葉上。

終齡5齡，體長19～30mm。頭部黃橙色，頭頂板兩側各具一個黑色斑塊。蟲體黃褐色，密布白色小圓斑，各節具有灰和黑色相間之長棘刺，棘刺基部為黑色圓點，體側具有淺黃白色條紋，氣孔黑色；化蛹前漸漸轉為綠色。幼蟲在受到外界驚擾時，會吐絲下降至安全地方，以避敵害。

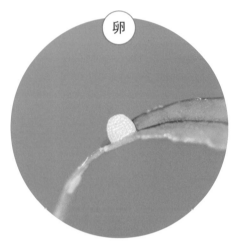

卵

卵單產，淺黃色，圓錐狀卵圓形，高約 0.7 mm，徑約 0.8 mm。

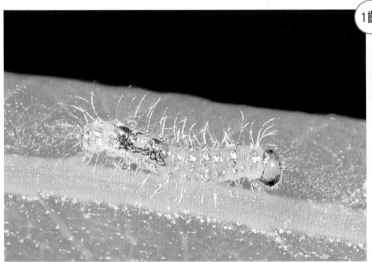

1齡

1齡幼蟲，體長約 3mm。

1齡幼蟲後期，體長 4.5mm。

2齡

1齡幼蟲蛻皮成 2齡時，體長 5.5mm。

2齡幼蟲，體長 7mm。頭部有斑紋出現。

3齡

3齡幼蟲，體長約 11mm。幼蟲的外觀其貌不揚，一副令人畏懼的模樣。

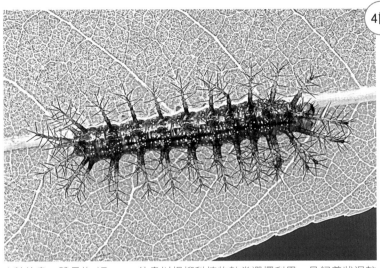

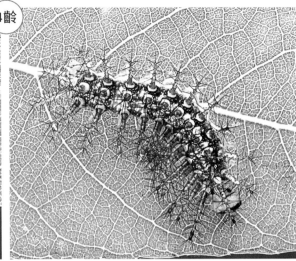

4 齡幼蟲，體長約 17mm。幼蟲以楊柳科植物較常選擇利用，且飼養狀況較 4 眠幼蟲，體長 16mm。
魯花樹佳、成長速度也較快。

5齡

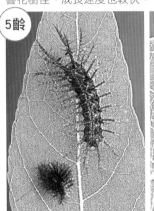

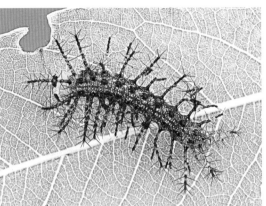

4 齡幼蟲蛻皮成 5 齡，體長 17mm。　　5 齡幼蟲背面（終齡），體長 25mm。　　5 齡幼蟲（終齡）側面，體長 26mm，體側具有淺黃白色條紋。

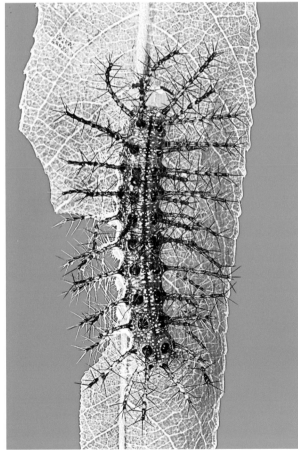

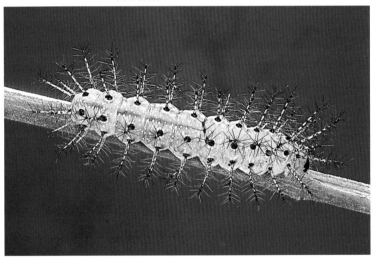

5 齡幼蟲（終齡）化蛹前體色轉為綠色，體長 25mm。

5 齡幼蟲（終齡）背面，體長 19 ～ 30mm。蟲體黃褐色，密布白色小圓斑，各節具有灰和黑色相間之長棘刺，棘刺基部為黑色圓點。

◀5 齡幼蟲大頭照，頭部具有 2 枚大黑斑宛如戴墨鏡。

● 蛹

蛹為垂蛹，綠色，體長 16mm，寬 6.5mm。頭頂有兩個黑色小突起，蛹表在前胸與第 3、5、7 節具有一對紅色細長突起，氣孔黑褐色。常化蛹於葉背或枝條上。6 月分蛹期 7 ～ 8 日。

前蛹時蟲體倒垂，呈現「J」形狀。

蛹側面，綠色，體長 16mm，寬 6.5mm，頭頂有兩個黑色小突起。

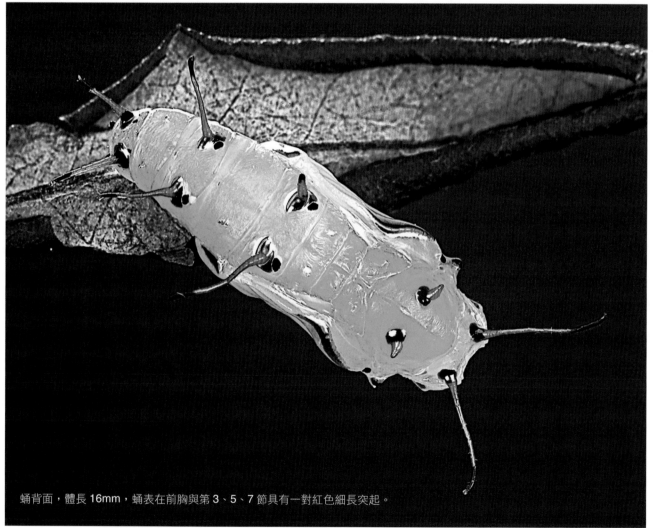

蛹背面，體長 16mm，蛹表在前胸與第 3、5、7 節具有一對紅色細長突起。

● 生態習性／分布

一年多世代，中、小型蛺蝶，前翅長 27 ～ 30mm，普遍分布於海拔 0 ～ 1200 公尺山區，全年皆可見，主要出現於 3 ～ 11 月，以中、南部較常見。成蝶飛行迅速，機警靈敏；喜愛活躍於絢麗的陽光下飛舞和吸食各種野花花蜜、落果、腐果汁液及濕地水分。

● 成蝶

　　黃襟蛺蝶（臺灣黃斑蛺蝶）雌雄的外觀斑紋與色澤略同。翅腹面為黃褐色，前翅中央具有黃白色帶狀斑紋；後翅中央具有醒目的藍紫色與橙褐斑紋，所構成之波狀帶斑紋。翅背面為黃褐色，前翅中央具有黃色帶狀斑紋，翅端及外緣著生黑褐色斑紋；後翅亞外緣及外緣分布著黑褐色圓斑及弦月狀斑紋。

剛羽化不久在休息的雌蝶♀。

雄蝶♂。黃襟蛺蝶普遍分布於海拔 0 ～ 1200 公尺山區，全年皆可見。

雌蝶♀產卵。雌蝶的產卵習性，常選擇開闊處林緣、路旁或河岸旁的幼蟲食草，將卵產於新芽或新葉上。

雌蝶♀曬太陽。成蝶主要出現於 3 ～ 11 月，以中、南部較常見。

黃襟蛺蝶為一年多世代，中、小型蛺蝶，前翅展開時寬 5 ～ 5.5 公分。

求偶。

▲ 交配（左♂右♀）。黃襟蛺蝶的成蝶的族群在數量上遠不及與食性相同的琺蛺蝶；有趣的事，兩蝶種的生活形態和食性都很相近，然而牠們卻被分類為不同屬。

◀ 雄蝶♂訪花。成蝶喜愛吸食各種野花花蜜、落果、腐果汁液及濕地水分。

眼蛺蝶（孔雀蛺蝶）

Junonia almana（Linnaeus, 1758）
蛺蝶科／眼蛺蝶屬

27～30mm

● 卵／幼蟲期

　　卵單產，綠色，近圓形，高約 0.6 mm，徑約 0.7 mm，卵表有 12～14 條細縱稜，10 月分卵期 3～4 日。雌蝶的產卵習性，對於產卵的環境要求並不高；幾乎找得到幼蟲食草之處都有可能產卵，卵 1~5 粒不等產於新芽或枝葉上。

　　終齡 5 齡，體長 23～42mm。頭部黑褐色，具有短毛及橙色小斑點。在頭後至前胸之間，具有明顯橙色環紋，胸部各節具有淺黃白色橫紋。蟲體黑褐色或褐色，體表各節具有黑色錐狀棘刺，氣孔黑色。

卵綠色，近圓形，高約 0.6 mm，徑約 0.7 mm，10 月分卵期 3～4 日。

卵 10 粒聚產，卵表約有 12～14 條細縱稜（俯視圖）。

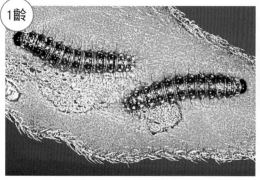

1 齡幼蟲後期，體長約 3.5mm，棲息在嫩葉時，會咬傷葉片使其枯萎做偽裝。

2 齡幼蟲，體長約 7mm。1～5 齡幼蟲期約 17 天。

2 齡幼蟲背面，體長約 6mm。

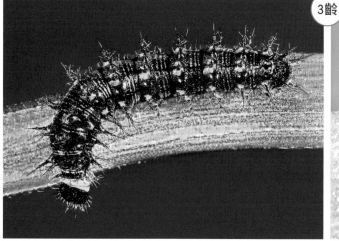

3 齡幼蟲背面，體長約 13mm。 體表各節黑色棘刺基部為黃橙色。

3 齡幼蟲側面，體長約 12mm。雌蝶會選擇翠蘆莉為寄主植物產卵，這所謂的「寄主植物」卻無法或難以養成蝶，黃蝶產於銀合歡、刺軸含羞木也有類似情況，是雌蝶誤產呢？還是自然演化的過程？

4齡

4 齡幼蟲背面，體長約 19mm。各節棘刺基部具有黃橙色斑紋。

4 齡幼蟲側面，體長約 19mm。幼蟲在全日照下，難熬暑氣，常躲藏在食草基部或地面的石塊、土縫裡避暑；待陽光漸弱時再出來進食。

4 眠幼蟲，頭部橙色環紋上面有一條黑線，體長約 22mm。幼蟲可食20多種植物葉片。

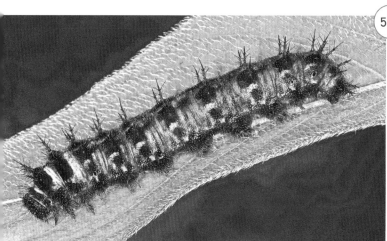

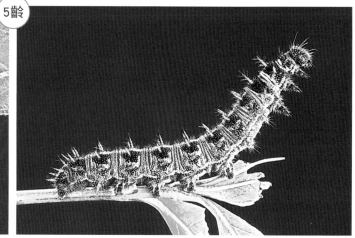

5齡

5 齡幼蟲側面（終齡），體長 38mm。體表各節棘刺全為黑褐色。

5 齡幼蟲（終齡）褐色型，體長約 38mm。

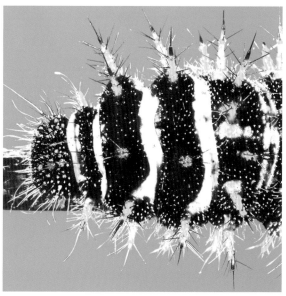

5 齡幼蟲（終齡），體長 23 ～ 42mm。只要在庭園中，種一些水莧菜屬植物，很容易就能吸引雌蝶前來產卵。

頭、胸部特寫（側面）。

頭、胸部特寫（背面）。在頭後至前胸之間，具有明顯橙色環紋，胸部各節具有淺黃白色橫紋。

● 蛹

蛹為垂蛹，**深褐色**，體長約 21mm，寬約 7mm。蛹表色彩斑駁狀分布，由褐色、黑色、米色和灰白色所構成，各節具有圓錐狀小突起，蛹背後胸至第 3 節具 2 縱列白斑紋，在第 4 ～ 8 節具有「工」字狀白斑紋，氣孔黑色。常化蛹於食草上或附近隱密場所。10 月分蛹期 7 ～ 8 日。

▶ 前蛹時蟲體倒垂，呈現「J」形狀。

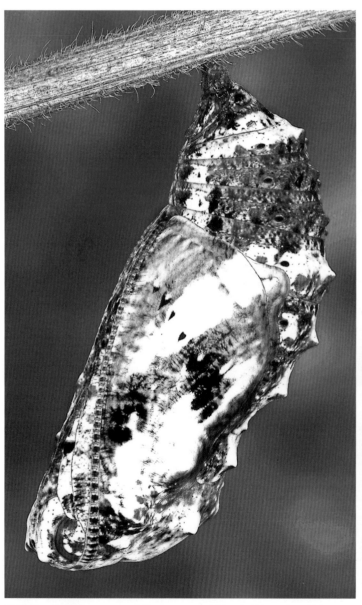

蛹側面，體長約 21mm，寬約 7mm。蛹體側面在前翅具有 2 條粗白色斜紋與 2 枚黑斑紋。

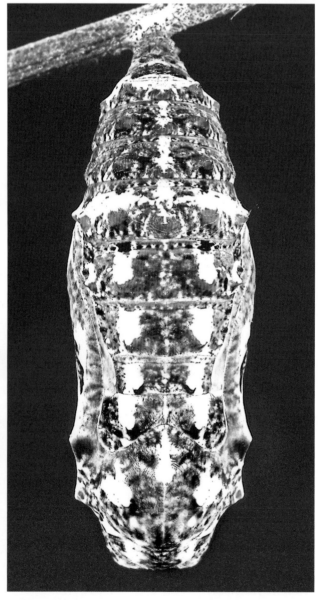

蛹背面，體長約 20mm，寬約 7.2mm。蛹背後胸至第 3 節具 2 縱列白斑紋，在第 4 ～ 8 節具有「工」字狀白斑紋。

● 生態習性／分布

一年多世代，中、小型蛺蝶，前翅長 27 ～ 30mm，普遍分布於**海拔 0 ～ 1100 公尺山區，全年皆可見**，主要出現於 3 ～ 12 月，以中、南部較常見。成蝶翅背面的色澤美麗光彩，飛行時輕盈飄逸、婆姿曼妙，往往吸引著旅人的目光。喜愛在開闊的陽光下飛舞、追逐、展開雙翼曬太陽或吸食各種野花花蜜、濕地水分。

● 成蝶

眼蛺蝶（孔雀蛺蝶）雌雄的外觀斑紋及色澤相仿。翅腹面為褐色，前、後翅亞外緣，各具有2組眼紋，翅中央有條白色或淺米白色縱條紋；在冬季低溫時期，腹面眼紋明顯消退或消失，外觀模擬成枯葉狀。翅背面為黃橙色，前、後翅眼紋位置與腹面相同，眼紋較大而鮮明；整體而言，外觀造型特殊無相似種，在野地很容易辨識。雌雄的外觀斑紋及色澤相仿，雌雄蝶直接以外生殖器做辨識。

剛羽化休息中的雌蝶♀。高溫型眼蛺蝶的翅緣圓弧、明顯具有眼紋。

低溫型雌蝶♀在覓食。眼蛺蝶在10月分起開始會有低溫型出現，低溫型的翅緣具有稜角、眼紋消退，外觀模擬成枯葉狀。

雌蝶♀展翅，高溫型。

雄蝶♂。成蝶的體型中、小型，前翅展開時寬4.8～5.7公分。

雄蝶♂訪花。成蝶在翅背面有鮮明奪目的大眼紋，外觀造型特殊無相似種極易辨識。

交尾（左♀右♂）。成蝶常活動於開闊地翱翔飛舞或嬉戲、追逐。

黯眼蛺蝶（黑擬蛺蝶）

Junonia iphita（Cramer, [1779]）
蛺蝶科／眼蛺蝶屬

30 ～ 35mm

● 卵／幼蟲期

　　卵單產，淡黃色，近圓形，高約 0.8 mm，徑約 0.8 mm，卵表有 12 ～ 14 條細縱稜，6 月分卵期 3 ～ 4 日。雌蝶的產卵習性，常選擇幽靜濕潤的幼蟲食草族群，將卵產於林蔭處的葉背或新芽上。

　　終齡 5 齡，體長 21 ～ 41mm。頭部黑色，具有長毛。蟲體黑色，密布細白點及短毛，各節具有黑褐色棘刺，氣孔黑褐色。

卵單產，淡黃色，近圓形，高約 0.8 mm，徑約 0.8 mm，卵表約有 12 ～ 14 條細縱稜，6 月分卵期 3 ～ 4 日。

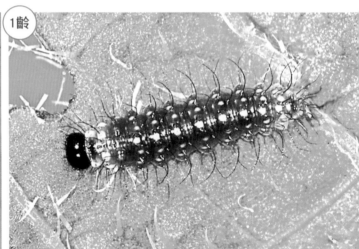

1 齡幼蟲，黑褐色，體長約 3.3mm，密布黑色短毛。

2 齡幼蟲側面，體長約 6mm。1 ～ 5 齡幼蟲期約 18 天。

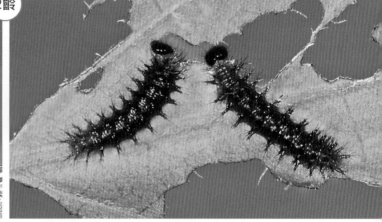

2 齡幼蟲背面，體長約 6mm。體表已顯短棘刺。

3 齡幼蟲側面，體長約 12mm。

3 眠幼蟲，體長約 12mm。

4 齡幼蟲背面，體長約 19mm。棘刺明顯比 3 齡長。幼蟲可食近 20種植物葉片。

4 眠幼蟲，體長約 19mm。

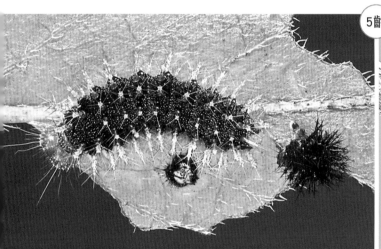

4 齡幼蟲蛻皮成 5 齡時體長約 19mm。

5 齡幼蟲（終齡）背面，體長 21 ～ 41mm，刺棘黑色。

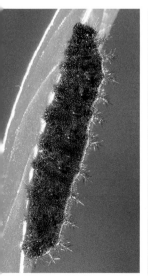

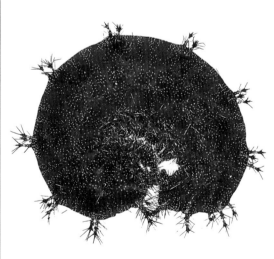

5 齡幼蟲（終齡）側面，體長約 41mm。蟲體黑色，密布細白點及短毛，各節具有黑褐色棘刺。

5 齡幼蟲大頭照，頭部黑色，具有長毛。

5 齡幼蟲（終齡），受到驚擾時蟲體會捲曲。

● 蛹

蛹為**垂蛹**,灰褐色,體長約 21mm,寬約 8mm。頭頂黑色,具有一對小錐突,蛹表各腹節具有褐色小錐突,氣孔褐色。常化蛹於幼蟲食草葉背、莖枝等隱密處或附近物體上。8月分蛹期 7 ～ 8 日。

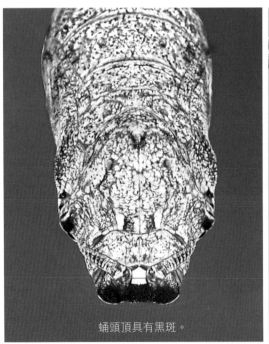

蛹頭頂具有黑斑。

前蛹時蟲體倒垂,呈現「J」形狀。

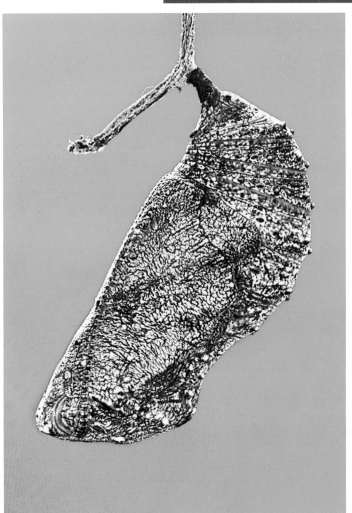

蛹側面,褐色,長 18mm,寬 8mm。8月分蛹期 7 ～ 8 日。

蛹背面,長約 18mm,蛹表各腹節具有褐色小錐突。

● 生態習性／分布

一年多世代,中型蛺蝶,前翅長 30 ～ 35mm,普遍分布於**海拔 0 ～ 2000 公尺山區,全年皆可見,主要出現於 3 ～ 12 月**。常見於幽靜濕潤的林緣環境,這與牠的幼蟲食草生長環境息息相關。成蝶外觀樸素典雅,飛姿輕盈曼妙;喜愛吸食各種腐果汁液、樹液、動物排泄物或在路旁花叢間訪花飛舞、追逐、展翅曬太陽,也常低飛於林緣小徑、溪畔濕地,搜尋著芬芳美味。

● 成蝶

　　黯眼蛺蝶（黑擬蛺蝶）雌雄蝶的外觀與色澤相仿。翅腹面**雌蝶♀**：褐色，**雄蝶♂**：深褐色，雌蝶♀體型比雄蝶♂略大。在前、後翅的翅基有深褐色帶狀小斑紋，亞外緣有一排不明顯的灰白色眼紋；後翅中央有一條深褐色細條紋。翅背面為暗褐色斑紋，亞外緣隱約可見 3 條深淺不一波狀紋，眼紋退化黯淡而不明顯。雌雄蝶的外觀與色澤相仿，雌雄蝶直接以外生殖器做辨識。

剛羽化休息中的雄蝶♂。

雄蝶♂。南投縣的鹿谷、溪頭至杉林溪一帶山區，曲莖馬藍是林下、路旁常見的植物，相對地黯眼蛺蝶在這一帶山區就隨處可見。

雌蝶♀。黯眼蛺蝶普遍分布於海拔 0 〜 2000公尺山區，全年可見，主要出現於 3 〜 12 月。

雌蝶♀吸食腐果汁液。成蝶喜愛在路旁花叢間訪花飛舞、追逐或曬太陽、覓食。

雌蝶♀吸食腐果汁液。成蝶喜愛吸食各種腐果汁液、樹液、動物排泄物。

▲ 雄蝶♂展翅曬太陽。黯眼蛺蝶為中型蛺蝶，前翅展開時寬 4.5 〜 5.5 公分，翅背面為暗褐色，眼紋黯淡不明顯。

◀ 交配（左♂右♀）。黯眼蛺蝶多見於幼蟲食草族群附近活動，在南投縣的蕙蓀林場或溪頭附近山區，分布有不少食草，是觀察本種不錯的地方。

鱗紋眼蛺蝶（眼紋擬蛺蝶）

Junonia lemonias aenaria（Fruhstorfer, 1912）
蛺蝶科／眼蛺蝶屬　特有亞種

26～31m

● 卵／幼蟲期

　　卵單產，綠色，近圓形；高約 0.6 mm，徑約 0.7 mm，卵表約有 12 條細縱稜，10 月分卵期 3～4 日。雌蝶的產卵習性，喜愛選擇陰涼濕潤環境，將卵產於幼蟲食草的新芽、莖及花序上或附近物體。

　　終齡 5 齡，體長 23～40mm。頭部黑色，密生短毛，中央具小橙斑，頭頂有一對黑色小突起；頭後至前胸之間具有橙色環紋。蟲體黑褐色，體表各節具有黑色棘刺，背中央有 2 列白色虛線狀的線紋，氣孔黑色。

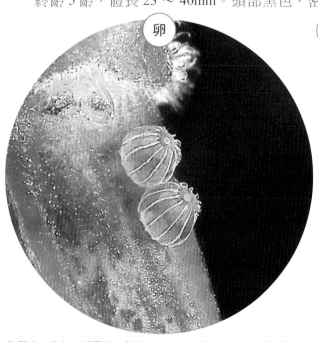

卵

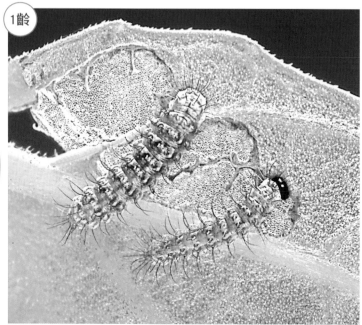

1齡

卵單產，綠色，近圓形；高約 0.6 mm，徑約 0.7 mm，卵期 3～4 日。

1 齡幼蟲，蟲體黑褐色，體長 2.4mm 與 2.7mm。密生細短毛。

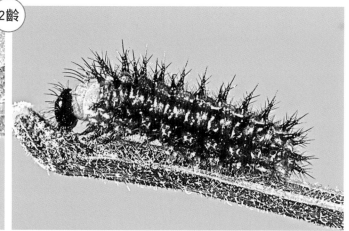

2齡

2 齡幼蟲背面，體長約 5mm。體表已顯短棘刺。

2 眠幼蟲，體長約 6mm。

3齡

3 齡幼蟲背面，體長約 11mm。已顯白色短紋。

3 齡幼蟲側面，體長約 11mm。

4齡

4 齡幼蟲側面，體長約 15mm。

4 眠幼蟲，體長約 18mm，準備蛻皮成 5 齡。

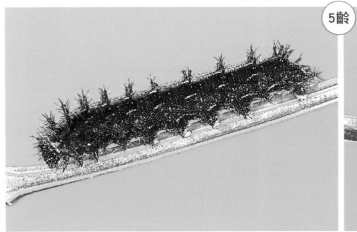

5齡

5 齡幼蟲（終齡），體長約 28mm，1 ～ 5 齡幼蟲期約 18 天。

5 齡幼蟲（終齡），體長 23 ～ 40mm。蟲體黑褐色，體表各節具有黑色棘刺，背中央有白色虛線狀的斑紋。

5 齡幼蟲大頭照。頭部黑色，密生短毛，頭頂有一對黑色小突起；頭後至前胸之間具有橙色環紋。

5 齡幼蟲（終齡），體長約 37mm，人工飼養幼蟲時，可利用易生木、大安水蓑衣、馬藍等 20 種植物的葉片來飼養。

◀ 5 齡幼蟲長 38mm，幼蟲在受到驚擾時會落地，將蟲體曲捲起來假死。

● 蛹

蛹為垂蛹，褐色至深褐色，體長約 18 mm，寬約 7.5 mm。頭頂鈍圓。背部各節有灰白色及褐色小錐突，具 2 縱列白色斑紋，在第 4～5 與 8～9 節具有白色環紋，氣孔黑色。常化蛹於食草上或附近植物隱密場所。9 月分蛹期 7～8 日。

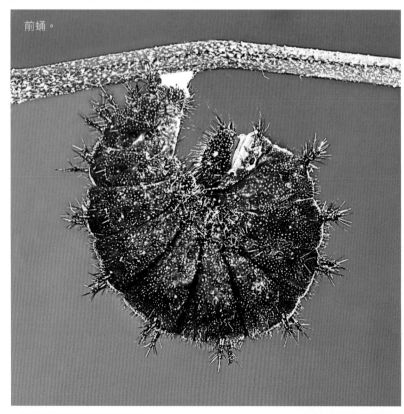

前蛹。

蛹背面，長約 18 mm，寬約 7 mm。蛹背中胸至第 3 節具 2 縱列白色斑紋。

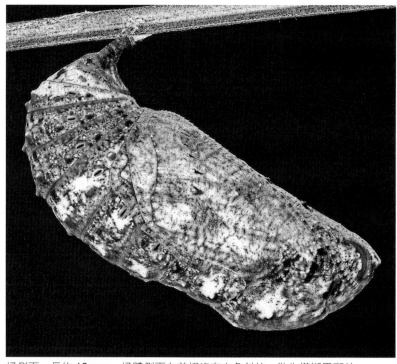

蛹側面，長約 18 mm，蛹體側面在前翅沒有白色斜紋，散生模糊黑斑紋。

蛹在第 4～5 與 8～9 腹節具有白色環紋。

● 生態習性／分布

一年多世代，中、小型蛺蝶，前翅長 26～31mm，普遍分布於海拔 0～1200 公尺山區，全年皆可見，主要出現於 3～11 月，常見活動於幼蟲食草族群附近的林緣山徑、野溪旁飛舞嬉戲。成蝶飛姿輕盈，婆娑曼妙；習慣振翅滑翔悠游於曠野山林間。喜愛展翅曬太陽、吸食各種野花花蜜、落果汁液或低飛於地面尋尋覓覓，找尋芬芳美味及吸食濕地水分。

● 成蝶

　　鱗紋眼蛺蝶（眼紋擬蛺蝶）的雌雄外觀斑紋相似。翅腹面翅色為黃褐色，前、後翅各有 2 個中央黑褐色環側橙色的眼紋，及分布著白色波狀斑紋。翅背面翅色為深褐色，前、後翅各具有 2 個中央藍黑色環側橙色的眼紋；在前翅亞外緣周圍分布著許多淺米白色塊狀小斑紋，後翅僅在亞外緣外側具有帶狀白色斑紋。雌雄外觀斑紋相似，雌雄蝶直接以外生殖器做辨識。

剛羽化休息中的雄蝶♂（夏型）。

雄蝶♂展翅。鱗紋眼蛺蝶為中、小型蛺蝶，前翅展開時寬 4.8 ～ 5.5 公分。在前翅背面分布著許多淺米白色小斑紋，為本種之特徵。

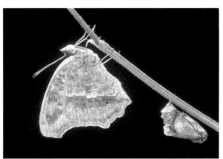

在冬季低溫時期，翅色明顯轉淡為淺褐色，與蕭瑟的冬季融合在一起，成為良好的保護色（冬型）。

雄蝶♂。鱗紋眼蛺蝶喜愛展翅曬太陽、吸食各種野花花蜜、落果汁液。

雄蝶♂覓食。鱗紋眼蛺蝶常低飛於地面尋尋覓覓，找尋芬芳美味及吸食濕地水分。

雌蝶♀。鱗紋眼蛺蝶為一年多世代，常見活動於幼蟲食草族群附近的林緣山徑、野溪旁飛舞嬉戲。

鱗紋眼蛺蝶普遍分布於海拔 0 ～ 1200 公尺山區，全年皆可見。

交配（上♂下♀）。

雌蝶♀正產卵於幼蟲食草臺灣鱗球花旁的檔土牆上。

青眼蛺蝶（孔雀青蛺蝶）

Junonia orithya（Linnaeus, 1758）

蛺蝶科／眼蛺蝶屬

25～30mm

● 卵／幼蟲期

　　卵單產，綠色，近圓形，高約 0.6 mm，徑約 0.7 mm，卵表約有 12～13 條細縱稜，9 月分卵期 3～4 日。雌蝶的產卵習性，喜愛選擇開闊林緣、路旁、果園、田園、岩壁旁等低地處，將卵 1~5 粒不等產於幼蟲食草的花穗或新芽上。

　　終齡 5 齡，體長 23～41mm。頭部黑色或黃橙色，具短毛，中央前額黃橙色，頭後至前胸之間，具有黃橙色環紋。蟲體黑色，體表各節具有黑色棘刺，背中線深黑色上面分布小灰點，體側氣孔線具有淺黃白色條紋，氣孔黑色。

卵

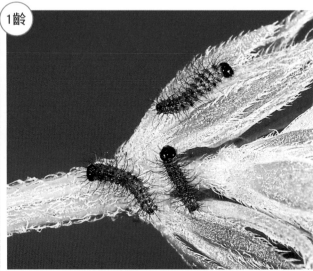

1齡

卵單產，綠色，近圓形，高約 0.6 mm，徑約 0.7 mm，9 月分卵期 3～4 日。

1 齡幼蟲，蟲體黑色，體長約 2mm。1～5 齡幼蟲期約 19 天。

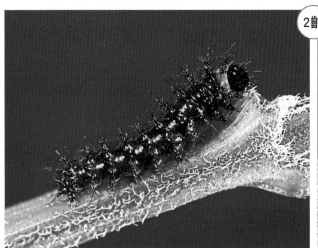

2齡

2 齡幼蟲側面，蟲體具有黑色棘刺，體長約 6mm。

2 眠幼蟲，體長 6mm。準備蛻皮。

3齡

3 齡幼蟲，體長 10mm，幼蟲在烈日下，會選擇棲於食草基部或附近落葉、物體來隱蔽。

3 眠幼蟲，體長 13mm，即將成形的頭部為橙色。

4 齡幼蟲蛻皮成 5 齡時體長約 22mm。

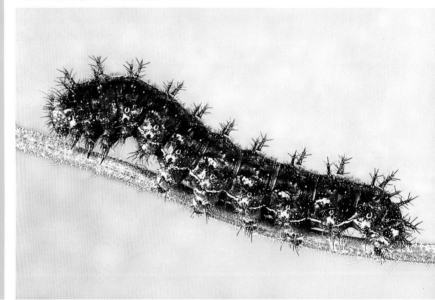

4 齡幼蟲，體長 16mm，幼蟲較愛食爵床屬植物。

5 齡幼蟲（終齡）側面，體側氣門線具有淺黃白色條紋。

5 齡幼蟲（終齡）背面，體長 23 ～ 43mm。頭後至前胸之間，具有黃橙色環紋。幼蟲可食10幾種植物葉片。

5 齡幼蟲（終齡）大頭照，頭寬約 3.3mm。頭部黑色或黃橙色，具短毛，中央前額黃橙色。

● 蛹

　　蛹為垂蛹，暗褐色，體長約18mm，寬約7mm。蛹表分布有紅褐色瘤狀小錐突，蛹背中胸至第3節具2縱列米色斑紋，在第4～7、8節具有「工」字狀米色斑紋，氣孔黑色。常化蛹於幼蟲食草上或附近枯木、石塊等低矮隱密處。6月分蛹期7～8日。

 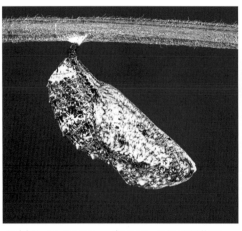 

前蛹時蟲體倒垂，呈現「J」形狀。　蛹側面。蛹長19mm，寬7mm。6月分蛹期7～8日。　剛羽化休息中的雄蝶♂。

 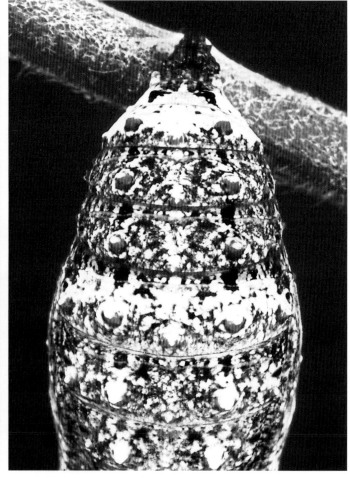

蛹背面。蛹長19mm，寬7mm。10月分蛹期10～11日。　蛹背面腹部特寫。在第4～7、8節具有「工」字狀米色斑紋。

● 生態習性／分布

　　一年多世代，中、小型蛺蝶，前翅長25～30mm，普遍分布於海拔0～1800公尺山區，全年皆可見，主要出現於3～11月，多見於山區幼蟲食草簇群附近活動。成蝶喜愛活躍於視野寬廣的環境飛舞、展翅曬太陽或吸食各種野花花蜜、濕地上水分。牠的飛行不快、飛姿輕盈優雅；時常抖動著薄翼在飛翔，宛若滑翔機般的英姿，徘徊穿梭於花叢間，非常美麗迷人。

● 成蝶

　　青眼蛺蝶（孔雀青蛺蝶）的翅腹面為褐色，翅背面雌雄色澤、斑紋明顯不同。**雄蝶♂**：翅背面，前翅為紫黑色，翅端具有白色斜帶及 2 枚眼紋；後翅分布著亮麗耀眼的藍色金屬般光澤，與一紫黑色、一紅色之 2 枚眼紋。**雌蝶♀**：翅背面為暗褐色，翅端具有白色斜帶，前、後翅各有 2 枚紅橙色大眼紋。在前翅中室外側，具有 2 枚橙色黑邊的長形狀之斑紋；後翅因個體不同，有部份在亞外緣分布少許淺藍色光澤。

雌蝶♀吸花蜜。成蝶前翅展開時寬 4.3 ～ 5 公分，雌、雄蝶翅背面色澤明顯不同。

雄蝶♂。青眼蛺蝶為中、小型蛺蝶，前翅長 25 ～ 30mm。　求偶。

雄蝶♂曬太陽。青眼蛺蝶雄蝶展翅時後翅明亮的藍色金屬般光澤，非常燦爛奪目；巧遇了，任誰也按奈不住手中的相機，想捕捉牠美麗的姿影。

雄蝶♂吸花蜜。成蝶喜愛活躍於視野寬廣的環境飛舞或吸食各種野花花蜜、濕地上水分。

雌蝶♀產卵。雌蝶的產卵習性，喜愛將卵產於幼蟲食草的花穗或新芽上。

雌蝶♀展翅曬太陽。

枯葉蝶

Kallima inachus formosana Fruhstorfer, 1912 　特有亞種

蛺蝶科／枯葉蝶屬

46 ～ 51mm

● 卵／幼蟲期

卵單產，綠色，近圓形，直徑約 1.2 mm，高約 1.3 mm，卵表約有 12 ～ 15 條白色縱稜，8月分卵期 6 ～ 7 日。雌蝶的產卵習性，特別偏愛選擇涼爽濕潤林緣、路旁或疏林的幼蟲食草族群，將卵 1 ～ 10 粒不等，產於蔭涼食草葉表或鄰近的枯枝、樹幹、石頭等物體。

終齡 6 齡，體長 38 ～ 75 mm。頭部黑色，密生紅褐色短毛，頭頂具有一對長約 5.5mm 的長棘刺。蟲體黑褐色，密生紅褐短毛，體表各節具有紅棘刺，氣孔黑色。

卵

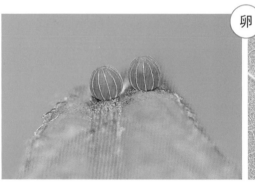

1齡

卵單產，綠色，近圓形，直徑約 1.2 mm，高約 1.3 mm，8月分卵期 6 ～ 7 日。

卵（俯視），卵表有 12 ～ 15 條白色細縱稜。

1 齡幼蟲，蟲體黑褐色，體長約 4mm。

2齡

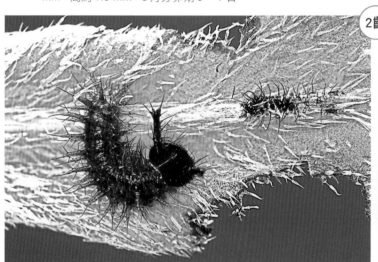

1 齡幼蟲蛻成 2 齡時，體長約 5mm，頭頂已出現棘突。

2 齡幼蟲背面，體長約 8 mm。

3齡

3 齡幼蟲後期，體長約 13mm，正在咬食葉片。

3 眠幼蟲，體長約 13mm。幼蟲可食20種植物葉片。

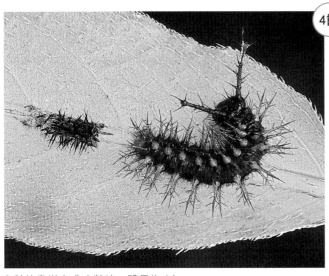

3 齡幼蟲蛻皮成 4 齡時，體長約 14mm。

4 齡幼蟲背面，體長約 20mm。

4 齡幼蟲蛻皮成 5 齡，體長 26mm。

5 齡幼蟲，體長約 31mm。

5 齡幼蟲蛻皮成 6 齡時體長約 36mm。

6 齡幼蟲（終齡）
體長約 65mm。

6 齡幼蟲，體長 58 mm。終齡的棘刺尖銳，手抓取時會有刺痛感。

6 齡幼蟲大頭照。頭部黑色，密生紅褐色短毛，頭頂具有一對長約 5.5mm
的長棘刺。

● 蛹

蛹為垂蛹，褐色至
黑褐色，體長約 33 mm，
寬約 14 mm。頭頂具有 1
對黑色圓狀短突起，蛹表
腹背第 3 ～ 8 節具有圓錐
狀尖突，氣孔黑色。常化
蛹於食草上及附近植物等
隱密場所。低溫期以蛹越
冬。10 月分蛹期 11 ～ 13
日。

前蛹時蟲體倒垂，呈現「J」形狀。　　　　　　蛹腹面。

垂蛹，褐色至黑褐色，長約 33 mm，寬約 14 mm，頭頂具有 1 對黑　蛹背面，蛹長約 33mm，寬約 14mm，蛹表腹背第 3 ～ 8 節具有
色圓狀短突起。　　　　　　　　　　　　　　　　　　　　　圓錐狀尖突。

● 生態習性／分布

　　一年多世代，大型蛺蝶，前翅長 46 ～
51mm，普遍分布於海拔 0 ～ 1900 公尺山區，全年
皆可見，主要出現於 3 ～ 11 月，常見於幼蟲食草
族群附近活動。成蝶飛行迅速，機警靈敏，喜愛吸

食發酵的水果汁液、樹液、落果及展翅曬太陽。雄
蝶具有強烈的領域性，常枯候樹稍駐守自己領地，
防止其他蝶類入侵和驅趕不速之客。

● 成蝶

　　枯葉蝶外觀像似一片枯葉，外觀獨特無相似種。翅腹面色澤多變，翅脈深淺及斑紋色澤會因個體之間有明顯差別，有褐色、深褐色或深紅褐色等同色系色澤；在前、後翅中央有條像似葉片中肋的條紋。翅背面的羽翼，色彩璀璨奪目，閃爍著深藍紫色金屬般光澤，非常美麗；在前翅中央具有橙色帶狀寬斑紋和 1 枚透明擬蛀孔，翅端頂部向外尖突宛若葉尖。**雌蝶♀**：雌蝶♀體型較雄蝶♂大，翅端尖突較長，角度較彎。

剛羽化休息中的雌蝶♀。

雄蝶♂展翅曬太陽。

雄蝶♂覓食落果汁液。

雌蝶♀體型較雄蝶大，翅端尖突通常較長，角度較彎。

雄蝶♂覓食。枯葉蝶翅膀的紋路，個體之間有明顯差異，有霉狀斑紋、腐爛狀斑紋、葉脈狀斑紋等多種自然枯葉型態。

雄蝶♂。成蝶的體型大，外觀獨特模擬成一片枯葉狀，摹擬的維妙維俏，在野外一眼就可以輕易辨識。

雌蝶♀產卵於易生木。

左♂右♀。枯葉蝶可謂是大自然的偽裝師，前翅展開時寬 7 ～ 8 公分。

交配（左♀右♂）。枯葉蝶是人工蝴蝶園的明星蝶，外觀像似真枯葉，摹擬得唯妙唯肖，往往讓小朋友驚喜萬分。

大紅蛺蝶（紅蛺蝶）

Vanessa indica（Herbst, 1794）
蛺蝶科／紅蛺蝶屬

● 卵／幼蟲期

　　卵單產，綠色，近圓形，高約 0.7 mm，徑約 0.6 mm，卵表約有 11 ～ 12 條細縱稜，5 月分卵期 3 ～ 4 日。雌蝶的產卵習性，常見選擇涼爽林緣或野溪路旁的幼蟲食草，將卵產於新葉或新芽上。

　　終齡 5 齡，體長 23 ～ 42mm。頭部黑色，具

有短毛。蟲體黑色，體表各節具有棘刺和分布著淡黃色小斑點，棘刺由黃色和黑色所組成，體側具有淡黃色波帶狀斑紋，氣孔黑色。初齡幼蟲便開始會用絲固定葉片來製作蟲巢，幼蟲期皆躲藏在蟲巢內生活；休息時蟲體常呈現弧形狀姿態。

卵單產，綠色，近圓形，高約 0.7 mm，徑約 0.6 mm。卵產於咬人貓。

1 齡幼蟲，蟲體黑褐色，體長約 2.6mm。

1 眠幼蟲，體長約 2.8mm。1 齡便會開始用絲和糞便、葉片來製作簡易蟲巢。

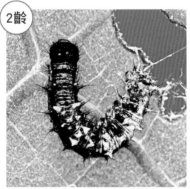

2 齡幼蟲背面，體長約 5mm，棲息於青苧麻。

2 齡幼蟲，蟲體黑色，體長約 6mm，體表有黃色短棘刺。

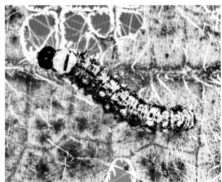

2 眠幼蟲，蟲體暗褐色，體長約 6mm。

3 齡幼蟲，體長約 11mm。幼蟲期皆躲藏在蟲巢內生活。

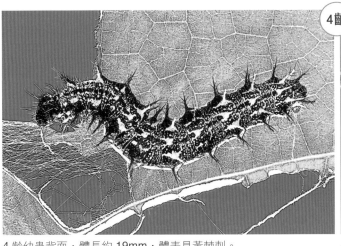

4齡

4齡幼蟲背面，體長約 19mm，體表具黃棘刺。

4齡幼蟲長約 22mm。幼蟲食草「蠍子草」與「咬人貓」具有焮毛，接觸焮毛時會讓皮膚產生過敏反應。

5齡

5齡幼蟲，體長 23 ～ 42mm，蟲體黑色，體表各節具有棘刺和分布著淡黃色小斑點，棘刺由黃色和黑色所組成。

5齡幼蟲（終齡）背面，體長約 36mm，休息時蟲體會捲曲。

5齡幼蟲頭、胸部特寫。頭部黑色，具有短毛，胸足黑褐色。

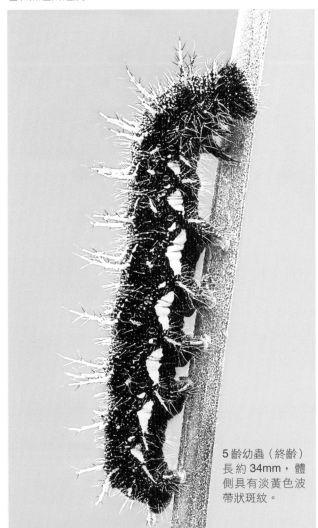

5齡幼蟲（終齡）長約 34mm，體側具有淡黃色波帶狀斑紋。

幼蟲會將葉基咬斷使葉枯萎造巢，內有 5齡幼蟲，長 42mm。

● 蛹

　　蛹為垂蛹，灰褐色，體長約 28mm，寬約 9mm。頭頂有一對鈍圓小突，蛹表具有 3 排金色與 黑色小錐突，氣孔紅褐色。蛹腹面具有 4 枚黑色小錐突。最後化蛹於蟲巢內。6 月分蛹期 7 ～ 9 日。

前蛹時蟲體倒垂，呈現「J」形狀。

蛹側面，垂蛹，6 月分蛹期 7 ～ 9 日。

蛹腹面，胸足附近具有 4 枚黑色小錐突。

蛹背面，灰褐色，長約 26mm，寬約 9mm。蛹表具有 3 排金黃色小錐突。

蛹頭、胸部背面特寫。頭頂有一對鈍圓小突。胸部兩側有 2 對小錐突，背面有 4 金 1 黑小錐突。

最後化蛹於簡易型蟲巢內，蟲巢半曝露。蛹長約 26mm，寬約 9mm。

● 生態習性／分布

　　一年多世代，中型蛺蝶，前翅長 30 ～ 33 mm，普遍分布於海拔 0 ～ 3000 公尺山區，全年皆可見，主要出現於 3 ～ 11 月。冬季和春季以平地至淺山地較常見；夏季高溫期平地少見，以低、中海拔較常見。成蝶飛行迅速，警覺性高；常活動於林緣山徑或曠野處尋覓各種野花花蜜、樹液。雄蝶具有領域性，喜愛展開雙翅曬太陽，有時低飛於地面尋覓美食或濕地水分。

● 成蝶

　　大紅蛺蝶（紅蛺蝶）的雌雄斑紋及色澤相近，**雌蝶♀**：比雄蝶♂略大。翅腹面前翅翅端角狀外突有白斑，及分布著褐色、藍黑色、橙色斑紋；後翅分布著斑駁狀褐色、黑色、藍色斑紋，在肛角上方具有一枚眼紋。翅背面前翅黑褐色斑紋與腹面相同；後翅背面為橙褐色，外緣內側具有橙色帶，內有4枚深褐色斑點。本種主要辨識特徵：前翅翅端角狀外突，後翅背面為橙褐色，外緣內側具有橙色帶，內有4枚深褐色斑點。可與小紅蛺蝶做區別。

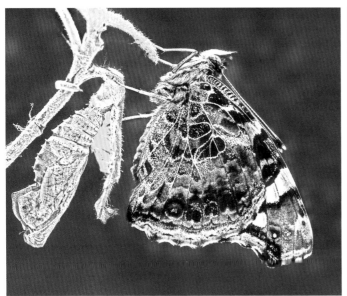

剛羽化休息中的雌蝶♀。

雄蝶♂吸水。成蝶常低飛於地面尋覓美食或濕地水分。

雌蝶♀。大紅蛺蝶的主要辨識特徵：前翅翅端角狀外突，後翅背面為橙褐色，外緣內側具有橙色帶，內有4枚深褐色斑點。可與「小紅蛺蝶」做區別。

雄蝶♂吸食動物排泄物。

雌蝶♀展翅曬太陽。在臺灣的兩種紅蛺屬中，體型較大者為「大紅蛺蝶」，另一型較小者為「小紅蛺蝶」。

雄蝶♂具有領域性，喜愛展開雙翅曬太陽。前翅展開寬4.5～5.5公分。

黃鉤蛺蝶（黃蛺蝶）

Polygonia c-aureum lunulata（Esaki & Nakahara, 1924）
蛺蝶科／鉤蛺蝶屬　特有亞種　　26 ～ 30 mm

● 卵／幼蟲期

　　卵單產或聚產，綠色，近圓形，高約 0.8 mm，徑約 0.8 mm，卵表約有 10 ～ 11 細縱稜，5 月分卵期 3 ～ 4 日。雌蝶的產卵習性，喜愛選擇開闊處的河岸、荒野、路旁、墓園、廢耕地等處的幼蟲食草族群，將卵 1 ～ 10 粒不等產於新葉、新芽及花序上。幼蟲會將葉片咬傷內摺來製作傘狀蟲巢，幼蟲期皆躲藏在內至化蛹，休息時呈 J 形狀。

　　終齡 5 齡，體長 18 ～ 26 mm。頭部黑色，密生褐色短毛。蟲體黑褐色，體表各節具有細環狀紋及橙色棘刺，氣孔黑色。

卵

卵單產，綠色，近圓形，高約 0.8 mm，徑約 0.8 mm，

1齡

1 齡幼蟲，體長約 3mm。

1 眠幼蟲，蟲體黑褐色，體長約 3.2mm。

2齡

2 齡幼蟲，體長約 5.5mm。

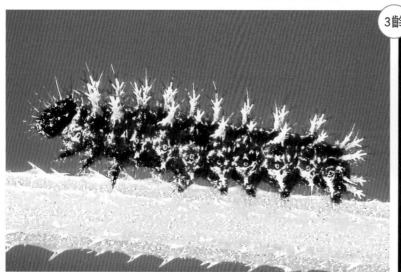

3 齡幼蟲側面，體長約 9mm。幼蟲目前僅記錄到一種，大麻科「葎草」的葉片為食。

3齡

3 齡幼蟲將律草葉片內摺成傘狀蟲巢來躲藏，在野外的律草上，只要找尋蟲巢便可發現幼蟲蹤跡。

4齡

4 齡幼蟲背面，體長約 15 mm，蟲體密布鮮明的黃橙色棘刺。　4 眠幼蟲，體長約 16mm，頭部後方的新頭部已成型，準備蛻皮成 5 齡。

5齡

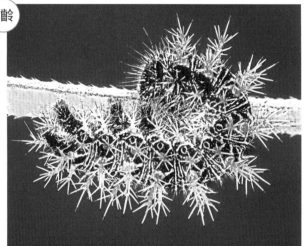

4 齡幼蟲蛻皮成 5 齡，體長約 17mm。

5 齡幼蟲初期，體長約 20mm。蟲體外觀猙獰可畏，可避免
蜥蜴、鳥類等天敵捕食。

5 齡幼蟲（終齡）側面，體長 18 ～ 26mm。

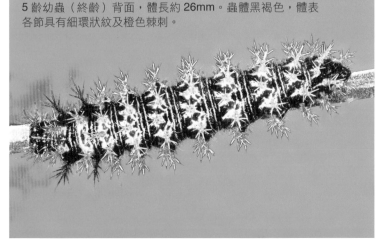

5 齡幼蟲（終齡）背面，體長約 26mm。蟲體黑褐色，體表
各節具有細環狀紋及橙色棘刺。

5 齡幼蟲，頭、胸部特寫。頭部黑色，密生褐色短毛。

● 蛹

　蛹為垂蛹，褐色或灰褐色，體長約 22 mm，寬約 7 mm。頭頂具有一對小錐突。中胸隆起成稜，在後胸至第 1～2 腹節共有 6 枚銀色斑點，各腹節具有小錐突，以第 4 節最大且突出，氣孔黑色。常化蛹於蟲巢內或附近植物隱密場所。5 月分蛹期 7～8 日。

前蛹時蟲體倒垂呈 J 形狀，所以結蛹時稱為「垂蛹」。

蛹頭、胸部特寫。頭頂具有一對小錐突，在後胸至第 1～2 腹節共有 6 枚銀色斑點。

剛羽化休息中的雌蝶♀。

蛹側面。中胸隆起成稜，各腹節具有小錐突，以第 4 節最大且突出。

垂蛹背面，褐色或灰褐色，體長約 22 mm，寬約 7 mm。

● 生態習性／分布

　一年多世代，中型蛺蝶，前翅長 26～30 mm，普遍分布於海拔 0～1000 公尺山區，全年皆可見，主要出現於 3～11 月，以中、北部較常見。常見於幼蟲食草族群附近的林緣、路旁、公園、田野、河岸及荒廢地、墓園等處活動。成蝶飛行不快、靈敏機警；幾乎只要有葎草之處，就不難巧遇翩翩飛舞的黃鉤蛺蝶。雄蝶具有領域性，喜愛展翅曬太陽、訪花或吸食落果汁液及水分。

● 成蝶

　　黃鉤蛺蝶（黃蛺蝶）雌雄的外觀斑紋與色澤相仿。翅腹面為黃褐色，前、後翅散生斑駁狀褐色斑紋；在後翅中央具有一枚白色勾狀紋，翅緣呈現不規則大波狀鋸齒緣。翅背面為黃褐色，前、後翅散生許多黑褐色斑紋，外緣內側具有黑褐色波狀邊紋。

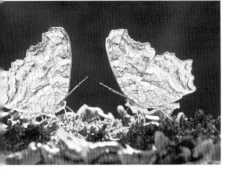

雌雄的外觀斑紋與色澤相仿，正在吸食腐果汁液。

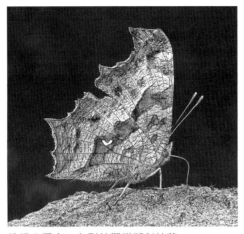

雄蝶♂覓食，冬型外觀模擬似枯葉。

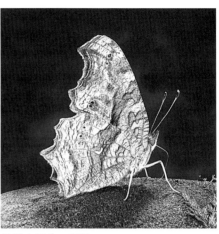

雄蝶♂覓食，夏型。

雌蝶♀，夏型。

雄蝶♂展翅曬太陽。

雌蝶♀吸食黃馬纓丹花蜜。

交配（左♀右♂）。成蝶常見於幼蟲食草族群附近的林緣、路旁、公園、田野、河岸及荒廢地、墓園等處活動。

雌蝶♀正在產卵。雌蝶喜愛選擇開闊處的幼蟲食草族群，將卵 1 ～ 10 粒不等產於新葉、新芽及花序上。

琉璃蛺蝶

Kaniska canace drilon（Fruhstorfer, 1908） 特有亞種

蛺蝶科／琉璃蛺蝶屬

32 ～ 36 mm

● 卵／幼蟲期

　　卵單產，綠色，近圓形，高約 1.1 mm，徑約 0.9 mm，6 月分卵期 3 ～ 4 日。卵表約有 10 ～ 11 條細縱稜。雌蝶的產卵習性，常選擇林緣、路旁或疏林內的幼蟲食草，將卵 1 ～ 5 粒不等產於成熟葉片的葉面或葉背。

　　終齡 5 齡，體長 23 ～ 44mm。頭部黑褐色，具有疏毛及紅褐色斑紋。蟲體由橙色細環狀紋和灰色、黑色斑紋所組成；各節具有黃色長棘刺，棘刺先端黑色呈現叢生狀，基部具有寬橙色環狀紋，幼蟲休息時，蟲體常呈現弧形或 J 形狀。氣孔黑色。

卵單產，綠色，近圓形，高約 1.1 mm，徑約 0.9 mm，3 粒並排。

卵（俯視）卵表有 10~11 條細縱稜，卵期 3 ～ 4 日。

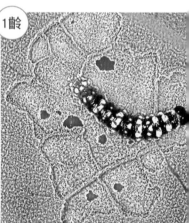

1 齡幼蟲，體長約 4mm，即有能力咬食成熟葉片，咬痕剩薄膜。

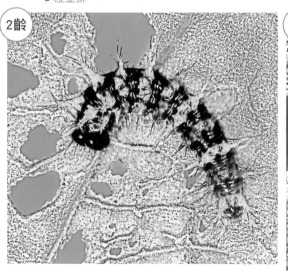

2 齡幼蟲背面，體長約 7mm，啃食葉表皮。

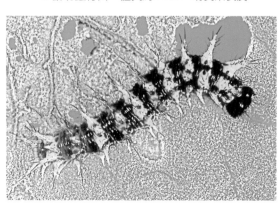

2 齡幼蟲，體長約 7mm。蟲體開始出現淺黃色短棘刺。

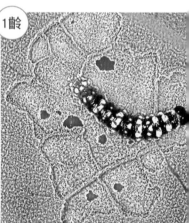

3 齡幼蟲背面，體長約 8.5mm。黃色棘刺先端叢生狀。

3 齡幼蟲剛蛻皮成 4 齡，此時棘刺尚未硬化，體長約 13mm。

3 齡幼蟲蛻皮成 4 齡，蛻完皮經片刻休息後轉身要吃舊表皮。

3 齡幼蟲蛻皮成 4 齡，正在吃蛻下的舊表皮，此舉可避免螞蟻尋味被捕食。

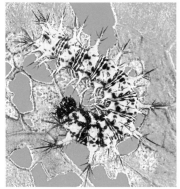

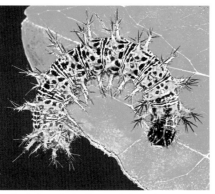

4 齡幼蟲初期時體色黃色，體長約 15mm。1～5 齡幼蟲期約 20 天。

4 齡幼蟲後期時體色轉為黃橙色，體長約 20mm。

4 眠幼蟲，準備蛻皮成 5 齡，黑頭部後方的新頭部已成型，體長約 22mm。

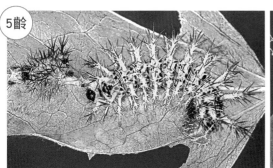

4 齡幼蟲蛻皮成 5 齡，體長約 22mm。

5 齡幼蟲背面，體長約 44mm，幼蟲休息時，蟲體常呈現弧形或 J 形狀。

5 齡幼蟲側面，體長約 40mm。蟲體由橙色細環狀紋和灰色、黑色斑紋所組成，各節具有黃色長棘刺。

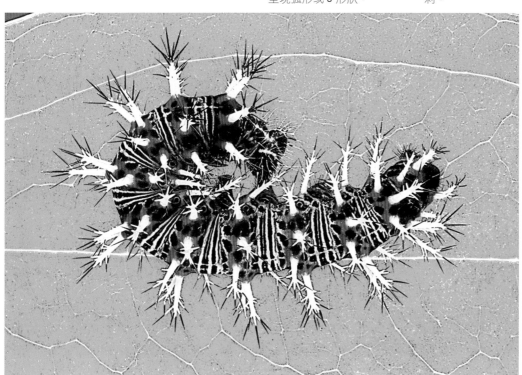

5 齡幼蟲（終齡）頭、胸背面部特寫。棘刺先端黑色呈現叢生狀。

5 齡幼蟲，體長 23～44mm。蟲體外觀密布長棘刺面目可憎，可避免蜥蜴、鳥類等天敵的捕食。

5 齡幼蟲大頭照，頭部黑褐色，具有疏毛及紅褐色斑紋。

● 蛹

蛹為垂蛹，紅褐色至褐色，體長約 32 mm，寬約 8.5mm。頭頂具有一對牛角狀錐突。中胸隆起成稜，在後胸和第 1 腹節背側，各具有一對銀白斑；常化蛹於葉背、莖蔓及附近植物等隱密場所。氣孔黑色。7 月分蛹期 7 ～ 8 日。

前蛹。

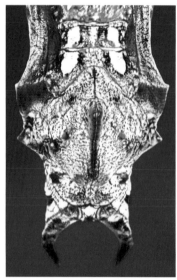

剛羽化休息中的雌蝶♀。

◀蛹頭、胸部特寫。頭頂具有一對牛角狀錐突。中胸隆起成稜，在後胸和第 1 腹節背側，各具有一對銀白斑。

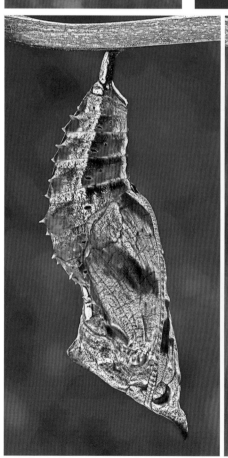

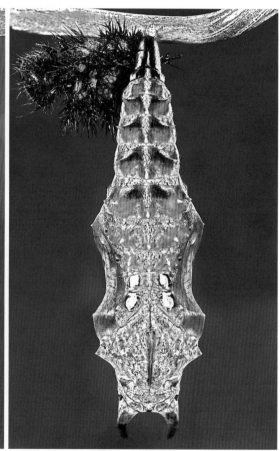

蛹側面，紅褐色至褐色，體長約 32 mm，寬約 8.5mm，7 月分蛹期 7 ～ 8 日。

蛹腹面，垂蛹，體長約 32mm，寬約 8.5mm。

蛹背面，體長約 28mm，當蛹體受到搔擾時，腹部會劇烈扭擺 20 ～ 30 秒，來驚嚇或甩掉螞蟻、寄生蜂等小型天敵，此舉相當有趣！

● 生態習性／分布

一年多世代，中型蛺蝶，前翅長 32 ～ 36 mm，普遍分布於海拔 0 ～ 2300 公尺山區，全年皆可見，主要出現於 3 ～ 11 月，以中、南部較常見。常活動於林緣山徑或溪畔附近飛舞、追逐。成蝶飛行迅速，靈敏機警；喜愛訪花、吸食樹液及落果汁液。雄蝶具有強烈的領域性，常駐足於樹梢、高處警戒，或在路旁尋覓地面上的芬芳美味及濕地水分。

● 成蝶

　　琉璃蛺蝶的雌雄外觀與色澤相仿。翅腹面為深褐色，前、後翅著生綠色斑紋及少許灰白色紋，後翅中央有一枚白斑點；斑紋的組成亂中有序，整體乍看酷似附著青苔的岩石或樹皮，在野外有良好的保護作用。翅背面為深藍黑色，前、後翅亞外緣有條淡藍色金屬光澤之寬帶紋，翅緣呈現不規則大波狀緣；牠的外觀非常獨特，無相似種，在野地很容易辨識。

雌蝶♀展翅。琉璃蛺蝶的雌雄外觀與色澤相仿，外觀獨特無相似種，在野地很容易辨識。

琉璃蛺蝶為中型蛺蝶，前翅展開時寬 5.2 ～ 6 公分。

雄蝶♂具有強烈的領域性，常駐足於樹梢、高處警戒，或在路旁地面上尋覓及濕地水分。

雄蝶♂訪花。普遍分布於海拔 0 ～ 2300 公尺山區，全年皆可見。

雌蝶♀。成蝶飛行迅速，靈敏機警，喜愛訪花、吸食樹液及落果汁液。

▲ 正在交尾中的琉璃蛺蝶（左♂右♀），牠的外形與色澤非常獨特，外觀色彩像似附著青苔或樹皮狀的保護色，在野地具有良好隱藏與保護作用。

◀ 雌蝶♀正將卵產於糙莖菝葜葉表。

黃豹盛蛺蝶（姬黃三線蝶）

Symbrenthia brabira scatinia（Fruhstorfer, 1908）

蛺蝶科／盛蛺蝶屬　特有亞種

20～22 m

● 卵／幼蟲期

卵單產，綠色，近圓形，高約 0.7 mm，徑約 0.7 mm，卵表約有 9 條細縱稜，9 月分卵期 3～4 日。雌蝶的產卵習性，常選擇陰涼濕潤環境的幼蟲食草低處，將卵產於葉表。

終齡 5 齡，體長 17～28mm。頭部褐色，具有短毛與白色斑紋。蟲體有淺灰綠色或黑褐色；體表各節具有棘刺，背中線淺黃色兩側有排黑斑點，腹背各節具有淺褐色細橫紋，體側具有淺黃色斜斑紋，氣孔黑褐色。以幼蟲休眠越冬。

卵

卵單產，綠色，近圓形，高約 0.7 mm，徑約 0.7 mm。

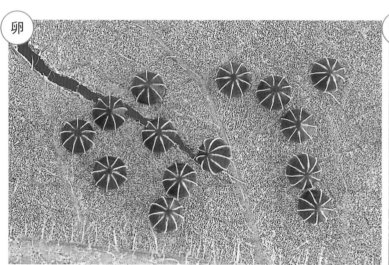

卵

人工套網 14 粒聚產於冷清草葉背。卵表約有 9 條細縱稜，9 月分卵期 3～4 日（俯視）。

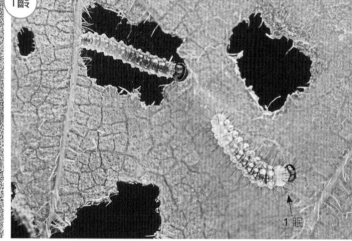

1齡

1 齡幼蟲體長 2.8mm 與 1 眠幼蟲，體長 3.2mm。

2齡

2 齡幼蟲側面，體長約 7mm。

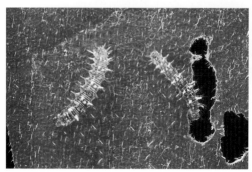

2齡

2 齡幼蟲背面，體長約 5.5mm。

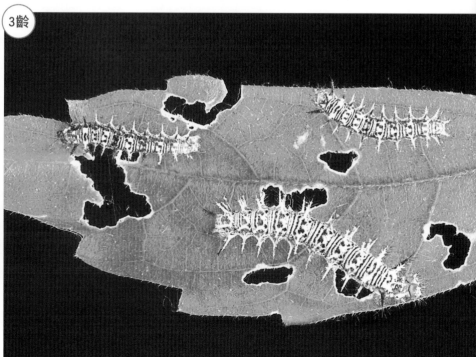

3齡

3 齡幼蟲，體長 10mm 與 14mm。

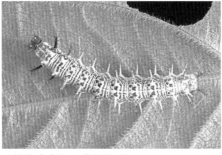

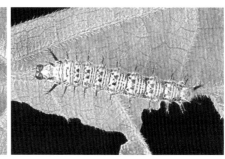

4齡

4 齡幼蟲側面，體長約 16mm（淺灰綠型）。 4 齡幼蟲背面，體長約 16mm。 4 眠幼蟲時體長約 17mm。

5齡

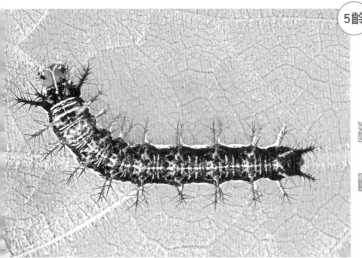

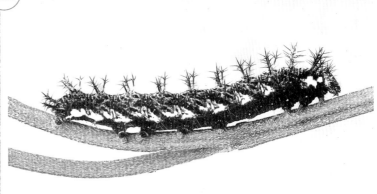

5 齡幼蟲（終齡），褐色型，體長 26mm。 5 齡幼蟲（終齡）側面，褐色型，體長約 28mm。體側具白斑紋。

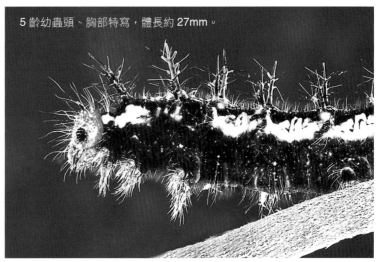

5 齡幼蟲（終齡）背面，體長 17 ～ 24mm。頭部褐色，具有短毛與斑紋。蟲體有淺灰綠色或黑褐色。

5 齡幼蟲頭、胸部特寫，體長約 27mm。

5 齡幼蟲（終齡）側面，體長約 24mm。體表各節具有棘刺，背中線兩側有排黑斑點，體側具有白色斜斑紋。

● 蛹

　　蛹為垂蛹，灰綠色至褐色，體長約 18mm，寬約 6mm。頭頂具有一對小錐突，中胸隆起，在後胸至第 1 ～ 2 腹節有銀色斑點，各腹節具有小錐突，以第 4 節最大突出且有一對小錐突，常化蛹於葉背、莖等或附近隱密場所，氣孔黑褐色。10 月分蛹期 8 ～ 9 日。

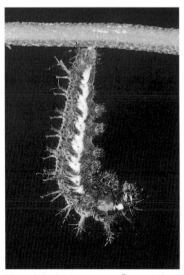

前蛹時蟲體倒垂，呈現「J」形狀。

蛹胸部腹面具有小突。

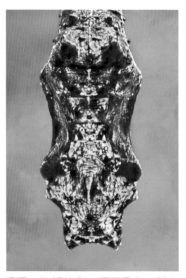

蛹頭、胸部特寫。頭頂具有一對小錐突，中胸隆起，在後胸至第 1 ～ 2 腹節有銀色斑點，各腹節具有小錐突。

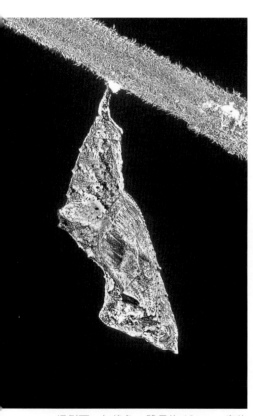

蛹側面，灰綠色，體長約 18mm，寬約 6mm，以第 4 節最大且突出。

蛹腹面，體長約 17mm，寬約 6mm。

蛹背面，體長約 17mm，寬約 6mm。

● 生態習性／分布

　　一年多世代，小型蛺蝶，前翅長 20 ～ 22 mm，普遍分布於海拔 0 ～ 1900 公尺山區，全年皆可見，主要出現於 3 ～ 11 月。常見於濕潤環境的山林小徑、竹林和路旁濕地、野溪旁或幼蟲食草族群附近活動。成蝶飛姿輕盈，嬌柔可愛；外觀的色彩繽紛綺麗，非常討人喜愛，常流連於有骨消的玉液瓊漿或在濕地上品嚐芬芳美味。雄蝶具有領域性，常展開雙翅枯守領地樹梢，有時候也會飛至低地處訪花及吸水。

● 成蝶

　黃豹盛蛺蝶（姬黃三線蝶）翅腹面為黃橙色，前、後翅分布著許多花豹般的黑褐色斑紋；後翅亞外緣具有 5 個眼紋狀相連的藍灰色帶狀斑紋，外緣內側有波狀細條紋及藍灰色斑紋。翅背面為黑褐色，平展時有三條粗橙色帶狀斑紋；翅背面像似散紋盛蛺蝶（黃三線蝶），但腹面外觀的形態，兩種明顯截然不同。**雄蝶♂**：在前翅外緣中央呈現略凹陷。**雌蝶♀**：雌蝶♀體型較雄蝶♂略大，在前翅外緣中央呈現圓弧狀。因此，雌雄蝶可藉此簡略做區別。

剛羽化休息中的雌蝶♀。

雌蝶♀在前翅外緣中央呈現圓弧狀。

雄蝶♂吸食腐果汁液。

雄蝶♂吸水。黃豹盛蛺蝶常流連於有骨消的玉液瓊漿或在濕地上品嚐芬芳美味，吸食時一邊吸，一邊排泄，非常有趣味！

雄蝶♂吸食排泄物。黃豹盛蛺蝶為小型蛺蝶，前翅展開時寬 3.5 ～ 4.1 公分。

黃豹盛蛺蝶為常見種，一年多世代，小型蛺蝶，前翅長 20 ～ 22 mm。

散紋盛蛺蝶（黃三線蝶）

Symbrenthia lilaea formosanus（Fruhstorfer, 1908）

蛺蝶科／盛蛺蝶屬　特有亞種

● 卵／幼蟲期

卵單產，綠色，近圓形，高約 0.8 mm，徑約 0.8 mm，卵表約有 9 條細縱稜，8 月分卵期 4 ～ 5 日。雌蝶的產卵習性，常選擇疏林、林緣或路旁等涼爽濕潤的環境，將卵產於幼蟲食草葉背或葉面及新芽上。

終齡 5 齡，體長 17 ～ 32mm。頭部黑色或紅褐色，具有短毛。蟲體黑色，有些部分個體在胸部背部為褐色，體表各節具有黑色棘刺，體側具有淺黃白色帶狀斑點，氣孔黑色。幼蟲有時會製作蟲巢，以休眠越冬。

卵綠色，近圓形，高約 0.8 mm，徑約 0.8 mm，8 月分卵期 4 ～ 5 日（側面）。

卵 4 粒聚產於青苧麻葉片，卵表約有 9 條細縱稜。

1 齡幼蟲，黑褐色，體長約 3.2mm。密生短毛。

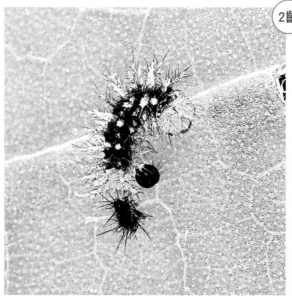

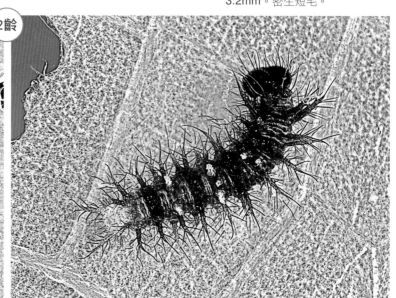

1 齡蛻皮成 2 齡幼蟲時體長約 3.7mm。

2 齡幼蟲背面，體長約 5mm。已可見棘刺。

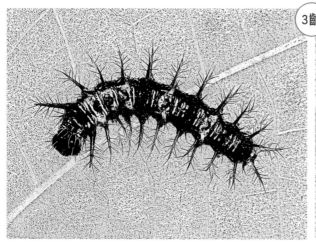

3 齡幼蟲，體長約 12mm，背部有白斑紋出現。

3 齡後期與 3 眠幼蟲，體長約 11mm。

④齡

4 齡幼蟲背面，體長約 16mm。

4 眠幼蟲，體長約 16mm。

⑤齡

5 齡幼蟲（終齡）背面，黑色型，體長約 26mm。蟲體黑色，體表各節具有黑色棘刺。

5 齡幼蟲（終齡）側面，黑色型，體長約 26mm。體側具有淺黃白色帶狀斑點。

5 齡幼蟲側面（終齡），褐色型，體長約 26mm。

5 齡幼蟲背面（終齡），褐色型，體長 17 ～ 32mm。

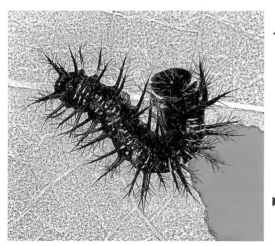

◀ 5 齡幼蟲（終齡），體長約 22mm，棲息於青苧麻葉背。

▶ 5 齡幼蟲（終齡），頭、胸部特寫。頭部黑色或紅褐色，具有短毛。

● 蛹

　蛹為垂蛹，淺褐色至深褐色，體長約 21 mm，寬約 6.5 mm。頭頂具有一對牛角狀彎曲突起。中胸隆起成稜，在後胸至第 1～2 腹節共有 5 枚銀色大斑點，各腹節具有小錐突，以第 4 節最大且突出，氣孔暗褐色。再者，胸部腹面具有 2 條綠褐色斜縱紋。常化蛹於食草葉背及莖、枝等隱密處。6 月分蛹期 8～9 日。

◀ 前蛹。前蛹時蟲體倒垂，呈現「J」形狀，所以結蛹時稱為「垂蛹」。

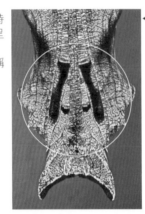

◀ 蛹腹面特寫。胸部具有 2 條綠褐色粗紋與 2 枚小黑斑。

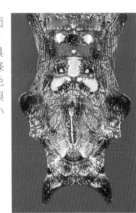

◀ 蛹頭、胸部特寫。頭頂有一對牛角狀彎曲突起，在後胸至第 1～2 腹節共有 5 枚銀色大斑點。

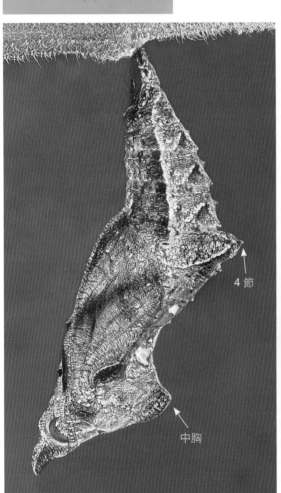

4 節

中胸

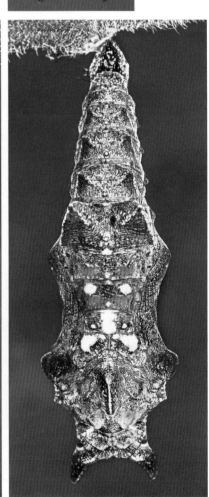

蛹側面，體長約 19mm，寬約 6.5mm。中胸隆起成稜，各腹節具有小錐突，以第 4 節最大且突出。

蛹腹面，體長約 19mm。胸部腹面具有 2 條綠褐色斜縱紋。

蛹背面，淺褐色至深褐色，體長約 19mm，寬約 6.5mm。

● 生態習性／分布

　一年多世代，小型蛺蝶，前翅長 24～27 mm，普遍分布於海拔 0～2500 公尺山區，全年皆可見，主要出現於 3～11 月；在海拔 1000 公尺以下山區與散紋盛蛺蝶（寬紋黃三線蝶＆華南亞種）混棲。常活動於濕潤的路旁、林緣山徑或溪畔附近飛舞、嬉戲。成蝶飛行不快，警覺性不高；喜愛展翅曬太陽和吸食各種野花花蜜、落果汁液。雄蝶具有領域性，也是溪澗濕地的常客，常流連忘返於石礫上的芬芳美味。

● 成蝶

　　散紋盛蛺蝶（黃三線蝶）雌雄的外觀色澤和斑紋差異不大。翅腹面為黃褐色，前、後翅散生雜亂的褐色斑紋與條紋；後翅外緣近中央有一角狀突起與藍黑色斑紋。翅背面為黑褐色，在前翅中室的黃橙色斑紋先端呈現分斷未相連；展翅時，有三條平行狀的黃橙色斑紋。**雄蝶♂**：在前翅外緣中央呈現略凹陷。**雌蝶♀**：體型較大色澤較淡，前翅外緣翅形較圓弧。

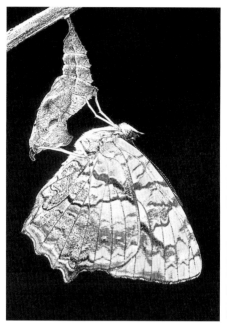

剛羽化休息中的雌蝶♀。　　　　雄蝶♂吸水。雄蝶♂是溪澗濕地的常客，常流連忘返於石礫上的芬芳美味。

雌蝶♀體型較大色澤較淡，前翅外緣翅形較圓弧。　　　　雄蝶♂吸食排泄物。雄蝶♂在前翅外緣中央呈現略凹陷。

雌蝶♀訪花。　　　　雄蝶♂訪花，具有領域性。

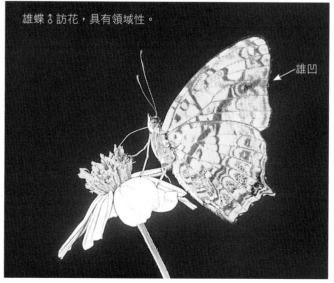

幻蛺蝶 （琉球紫蛺蝶）

Hypolimnas bolina kezia（Butler, 1877）
蛺蝶科／幻蛺蝶屬

40 ～ 50 mm

● 卵／幼蟲期

卵單產或聚產，淺黃綠色、淺綠色或藍綠色，近圓形，高約 0.7 mm，徑約 0.8 mm，卵表具有約 10 條細縱稜，8 月分卵期 3 ～ 4 日。雌蝶的產卵習性，常選擇開闊處路旁、林緣山徑或農田、菜園等地低矮的幼蟲食草，將卵 1 ～ 20 粒不等產於葉背、莖或地面石塊、枯枝等物體。雌蝶一生約可產 480 粒卵（套網採卵）。

終齡 5 齡，體長 30 ～ 52 mm。頭部橙色，頭頂具有一對長 3.5 mm 黑色棘狀突起，疏生短毛。蟲體黑褐色，體表各節具有橙色錐狀棘刺，體側有橙色帶狀斑紋，氣孔黑色。當幼蟲在受到外力驚擾時，會直接掉落地面；將蟲體捲曲起來裝死，以避敵害。

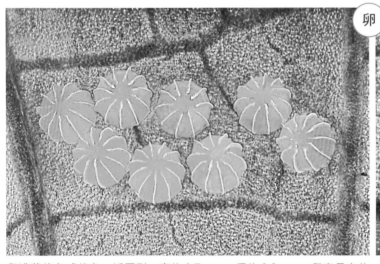

卵

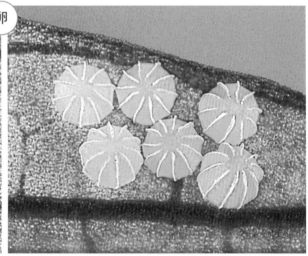

卵淺黃綠色或綠色，近圓形；高約 0.7 mm，徑約 0.8 mm，卵表具有約 10 條細縱稜，卵期 3 ～ 4 日。

卵 1 ～ 20 粒不等產於葉背、莖或地面石塊、枯枝等物體。

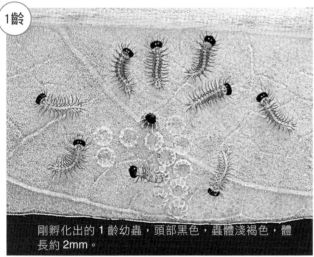

1齡

剛孵化出的 1 齡幼蟲，頭部黑色，蟲體淺褐色，體長約 2mm。

2齡

2 齡幼蟲，頭部橙色，頭頂具有 2 短突，蟲體黑褐色，體長約 5mm。

3齡

3 齡幼蟲，體長約 14mm。

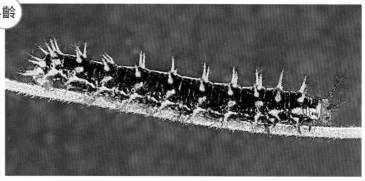

4齡

4 齡幼蟲背面，體長約 27 mm。人工飼養時，也可使用爵床科「大安水蓑衣、賽山藍」來飼養，但以旋花科植物最容易飼養。

4 齡幼蟲側面，體長 28 mm。幼蟲的食性頗雜，目前已記錄到會利用 7 種科別，約 40 多種植物的葉片、嫩莖為食。

4 齡幼蟲蛻皮成 5 齡時，體長約 28 mm。

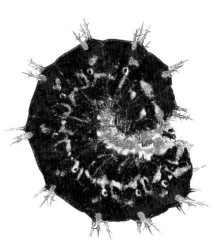

5 齡幼蟲，體長 52 mm。當幼蟲在受到外力驚擾時，會直接掉落地面；將蟲體捲曲起來裝死，以避敵害。

5 齡幼蟲（終齡），體長 30 ～ 52mm。 頭部橙色，蟲體黑褐色，體表各節具有橙色錐狀棘刺，體側有橙色帶狀斑紋。

5 齡幼蟲背面，體長約 51 mm。幼蟲的食性頗雜，以旋花科、錦葵科、菊科、蕁麻科、爵床科、莧科、桑科都有觀察記錄。

5 齡幼蟲大頭照。頭部橙色，頭頂具有一對長 3.5mm 黑色棘狀突起，側單眼處具黑斑紋。

● 蛹

　　蛹為垂蛹，褐色至深褐色，體長約 22 mm，寬約 8 mm。頭頂具有一對黑色短扁錐突。背部各節具有圓錐狀尖突，氣孔黑色。常化蛹於食草葉背、莖或附近植物等低矮隱密場所。9 月分蛹期 7 ～ 8 日。12 月分蛹期約 12 日。

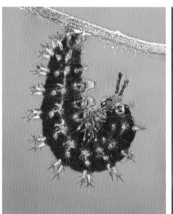

前蛹。

垂蛹，褐色至深褐色，體長約 22 mm，寬約 8 mm。

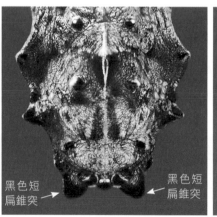

蛹背面。頭頂具有一對黑色短扁錐突。

黑色短
扁錐突 ←　　　　　　　　　　→ 黑色短
　　　　　　　　　　　　　　　　 扁錐突

蛹腹面，頭胸部特寫。

蛹側面，褐色，長約 22 mm，寬約 8 mm。頭頂具有一對短扁錐突。

蛹背面，背部各節具有圓錐狀尖突起。9 月分蛹期7～8日。

● 生態習性／分布

　　一年多世代，中、大型蛺蝶，前翅長 40 ～ 50 mm，普遍分布於海拔 0 ～ 1600 公尺山區，全年皆可見，主要出現於 3 ～ 12 月，以淺山地的田園、菜園或野溪路旁、林緣山徑的幼蟲食草族群附近較常見。成蝶飛行不快，機警靈敏；常飛至地面或低矮花叢間吸吮花蜜、落果及濕地水分。

● 成蝶

　　幻蛺蝶（琉球紫蛺蝶）雌雄斑紋異型。翅腹面深褐色，前、後翅外緣內側具有淡米白色斑紋及斑點；**雄蝶**在前翅翅端有少許白斑及中央具有明顯白色帶狀斑紋，**雌蝶**斑紋較淡近消失。翅背面雌雄的外觀明顯不同；**雄蝶** ♂：翅背面為黑褐色，前、後翅中央共具 4 個藍紫色和白色光澤所組成的眼紋狀大斑紋。**雌蝶** ♀：翅背面為黑褐色，前翅有深藍紫色光澤，前、後翅外緣內側的斑紋和斑點與腹面相近。因此，雌雄外觀明顯不同，極易辨識。

剛羽化休息中的雌蝶 ♀（白帶型）。

雌蝶 ♀ 展翅。幻蛺蝶為中、大型蛺蝶，前翅展開時寬 6.6 ～ 8.3 公分。翅端具物理色紫光澤。

雌蝶 ♀ 訪花。成蝶飛行不快，機警靈敏；常飛至地面或低矮花叢間吸吮花蜜。

雌蝶 ♀ 吸食腐果汁液。雌蝶一生約可產 480 粒卵（套網採卵）。

雌蝶 ♀（黃褐色個體），翅背面為黑褐色，前翅有深藍紫色光澤。

雌蝶 ♀ 吸食馬纓丹花蜜。前翅長 40 ～ 50 mm，普遍分布於海拔 0 ～ 1600 公尺山區，全年皆可見。

雌蝶 ♀ 正在產卵於甘薯葉片葉表。

雄蝶 ♂ 覓食（白帶型），白帶從無至粗白帶皆有，個體間呈連續性變異。

雄蝶 ♂ 展翅曬太陽。翅背具有4枚紫光眼紋。

交配（左♀右♂）。

雌擬幻蛺蝶 (雌紅紫蛺蝶)

Hypolimnas misippus (Linnaeus, 1764)
蛺蝶科／幻蛺蝶屬

35～40mm

● 卵／幼蟲期

卵單產或聚產，淺黃白色至近白色，近球形，高約 0.5 mm，徑約 0.6 mm，卵表具有 12 條細縱稜，9 月分卵期 3 ～ 4 日。雌蝶的產卵習性，喜愛選擇開闊的路旁、林緣、河岸旁或農耕地、花圃、墓園等低矮的幼蟲食草，將卵 1 ～ 8 粒不等產於葉、莖或附近物體上。

終齡 5 齡，體長 22 ～ 42 mm。頭部橙色，頭頂具有一對長 2 mm 橙黑色棘狀突起。蟲體黑褐色，體表各節具有黑色棘刺，體側具有橙色帶狀斑紋，氣孔黑色。

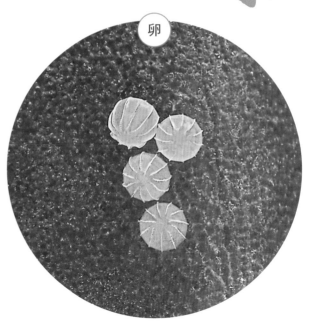

卵

卵淺黃白色至淺綠色，近球形，高約 0.5 mm，徑約 0.6 mm，卵表具有 12 條細縱稜，9 月分卵期 3 ～ 4 日。

1 齡幼蟲纖細，蟲體黑褐色，體長約 2.7mm。密生短毛。

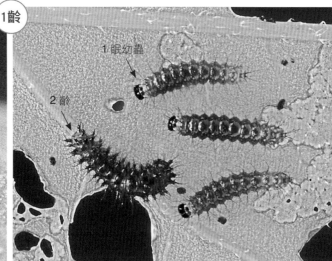

1 眠幼蟲，體長約 3.2 mm 與 2 齡幼蟲。

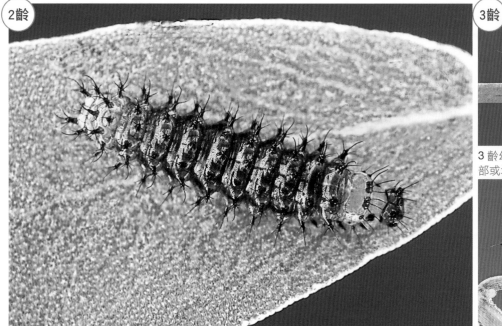

2 眠幼蟲，體長約 7mm。

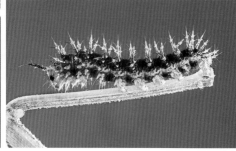

3 齡幼蟲，體長約 13mm，常躲藏在食草基部或地面隱密處。

3 齡幼蟲側面，體長約 11mm，食赤道櫻草。

4 齡幼蟲背面，體長約 21mm，食馬齒莧。

4 齡幼蟲側面，體長約 21mm。幼蟲可食5種植物葉片。

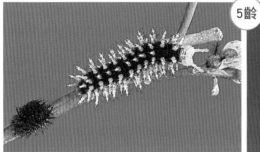

4 齡幼蟲蛻皮成 5 齡時體長約 23mm。

5 齡幼蟲（終齡）背面，體長 22 ～ 50mm。

5 齡幼蟲，體長約 42mm。使用小花寬葉馬偕花與赤道櫻草飼養，幼蟲的糞便較乾不黏稠，有別於馬齒莧黏稠。

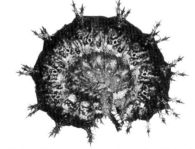

5 齡幼蟲，體長約 35mm。幼蟲受到驚擾時，蟲體會落地捲曲假死行為。

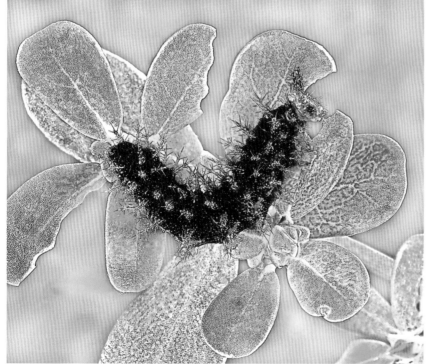

5 齡幼蟲（終齡），體長約 30mm，棲息於馬齒莧。舊文獻常記錄主要以馬齒莧為主。

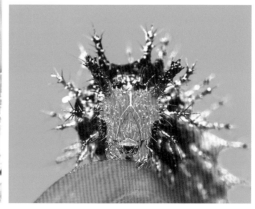

5 齡幼蟲（終齡）大頭照。頭部橙色，頭頂具有一對長 2 mm 橙黑色棘狀突起。

● 蛹

　　蛹為垂蛹，褐色至淺褐色，體長約 19 mm，寬約 8.5 mm。頭頂近平。蛹表腹背第 2 ～ 7 節具有短錐突，氣孔褐色。常化蛹於幼蟲食草低矮處或附近植物、物體上。9 月分蛹期 7 ～ 8 日。12 月分蛹期約 14 日。

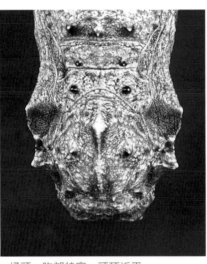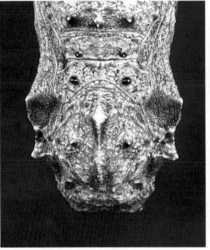

前蛹時蟲體倒垂，呈現「J」形狀。　蛹頭、胸部特寫。頭頂近平。　剛羽化休息中的雌蝶♀。

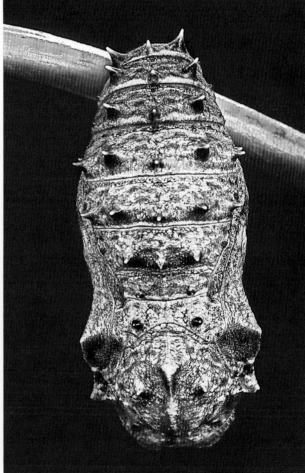

蛹褐色至淺褐色，體長約 19 mm，寬約 8.5 mm。蛹表腹背第 2 ～ 7 節具有短錐突。　蛹背面，體長約 19mm，寬約 8mm。

● 生態習性／分布

　　一年多世代，中型蛺蝶，前翅長 35 ～ 40 mm，普遍分布於海拔 0 ～ 1600 公尺山區，全年皆可見，主要出現於 3 ～ 11 月。常見活躍於陽光璀璨的農耕地、花圃、菜園或墓園、林緣曠野處飛舞、訪花。成蝶喜愛吸食各種腐果汁液、落果及訪花。

● 成蝶

雌擬幻蛺蝶（雌紅紫蛺蝶）雌雄異型。**雄蝶**♂：翅腹面為橙褐色，前、後翅中央有大面積白斑，外緣黑色帶內密布白色波狀小斑紋。翅背面翅底為黑褐色，前、後翅中央共具4個藍紫色和白色光澤所組成的眼紋狀大斑紋。整體外觀與幻蛺蝶（琉球紫蛺蝶）之雄蝶很相近。**雌蝶**♀：翅腹面為黃橙色，在前翅翅端下方具有粗帶狀白色斑紋，後翅具有兩枚小黑斑；前、後翅的外緣黑色帶內密布白色波狀小斑紋。翅背面翅端為黑色內有粗帶狀白色斑紋，在後翅前緣中央具有一枚黑斑。外觀擬態成有毒的金斑蝶（樺斑蝶）。

雄蝶♂覓食。

雄蝶♂翅腹面為橙褐色，前、後翅中央有大面積白斑。

雌蝶♀展翅曬太陽。

雄蝶♂展翅曬太陽，大眼紋會因光線反射角度而有物理色變化。

交配（左♂右♀）。雌雄異型，外觀形態宛若兩種不同蝶種；再加上雌蝶外觀擬態成有毒的金斑蝶，所以非常適合做為生態觀察和導覽解說之題材。

◀雌蝶♀正產卵於馬齒莧葉片。雌蝶♀經以人工套網約可獲得300多粒蝶卵，是很適合做為生態教育推廣與復育的美蝴蝶。

波蛺蝶 （樺蛺蝶、篦麻蝶）

Ariadne ariadne pallidior（Fruhstorfer, 1899）
蛺蝶科／波蛺蝶屬

26～30 mm

● 卵／幼蟲期

　　卵單產，綠色，卵圓形，高約 0.8 mm，徑約 0.8 mm，卵表約有 17 條細縱稜，稜上密生 0.4 mm 白色細刺毛，10 月分卵期 3～4 日。雌蝶的產卵習性，喜愛選擇路旁、河岸、荒野等曠野處的幼蟲食草，將卵產於新葉或新芽的葉面或葉背。幼蟲期常棲於葉表，行蹤顯露，很容易被天敵所覬覦。

　　終齡 5 齡，體長 20～32mm。頭部黑褐色，頭頂具有一對 5mm 長分枝狀突起。蟲體黑褐色，各節具有棘刺，體側有淡黃色細弧狀紋，背中央具有明顯淡黃色斑紋，氣孔黑色。

卵單產，綠色，卵圓形；高約 0.8 mm，徑約 0.8 mm。

卵（俯視）。卵表約有 17 條細縱稜，稜上密生 0.4 mm 白色細刺毛，卵期 3～4 日。

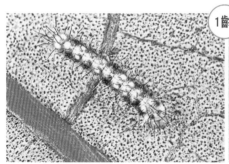

1 齡幼蟲，蟲體淺褐色，體長約 3mm。

1 眠幼蟲，體長約 3.6 mm，準備蛻皮。

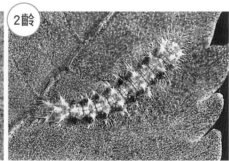

2 齡幼蟲，體長 6 mm，已可見頭頂小錐突。

3 齡幼蟲，體長約 9mm，背部具有白斑紋。

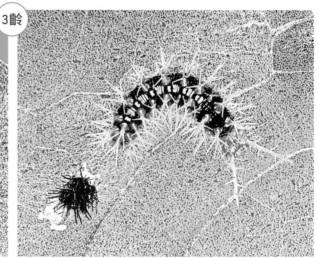

3 齡幼蟲蛻皮成 4 齡時，體長約 10mm。

4齡

4 齡幼蟲,體長約 15mm。本種幼蟲食草文獻皆記錄為單食性,以「篦麻」為食,而另一種歸化種「紅篦麻」也會食用。

4 齡幼蟲蛻皮成 5 齡時,體長約 20mm。

5齡

5 齡幼蟲,體長約 27mm。本種幼蟲主要以大戟科:篦麻、紅篦麻的葉片為食,所以別稱「蓖麻蝶」,真正名副其實,好記易懂。

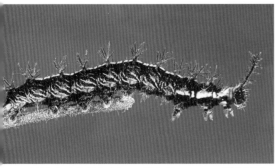

5 齡幼蟲(終齡)側面,體長約 32mm,體側具有淡黃色細弧狀紋。

5 齡幼蟲(終齡)背面,體長 20 ～ 32mm。幼蟲期常棲於葉表,行蹤顯露,很容易被天敵所覬覦。

5 齡幼蟲頭、胸部特寫。頭部黑褐色,頭頂具有一對 5mm 長分枝狀突起。

● 蛹

蛹為垂蛹，褐色或綠色型，體長約 20mm，寬約 6.5mm。頭頂具有一對短小錐突。胸部具深色斑紋，蛹體中央第 4 腹節具有 1 對綠褐色斑紋，氣孔褐色。常化蛹於葉背、葉柄或莖、枝上。10 月分蛹期 7 ～ 8 日。

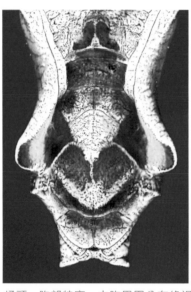

前蛹時蟲體倒垂，呈現「J」形狀。

蛹頭、胸部特寫。中胸周圍分布綠褐色斑紋。

剛羽化休息中的雌蝶♀。

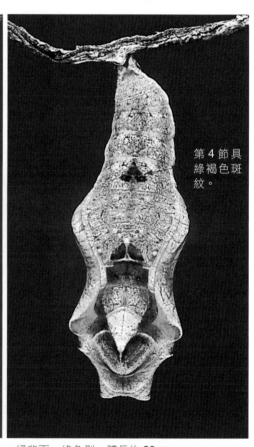

第 4 節具綠褐色斑紋。

蛹側面，體長約 20mm，寬約 6.5mm。

蛹背面，褐色型。

蛹背面，綠色型，體長約 20mm。

● 生態習性／分布

一年多世代，中、小型蛺蝶，前翅長 26 ～ 30 mm，普遍分布於海拔 0 ～ 1100 公尺山區，全年皆可見，主要出現於 3 ～ 12 月，以中、南部較常見，北部不常見。常見於荒郊野外、山麓河畔、河床等開闊處的蓖麻族群飛舞、嬉戲或曬太陽，幾乎只要有蓖麻之處，多不難發現牠的蹤跡。成蝶飛行靈敏，習慣振翅滑翔；喜愛悠遊於花叢間訪花或吸食樹液、落果汁液及濕地水分。

● 成蝶

　　波蛺蝶（樺蛺蝶）的雌雄外觀相近，翅腹面為紅褐色或深紅褐色，前、後翅分布著黑褐色波狀紋；在前翅近翅端有一個白色斑點，翅緣具有白色波狀緣。翅背面為黃褐色，前、後分布著黑褐色波狀紋，整體外觀造型特別，無相似種，在野地很容易辨識。**雄蝶♂**：在前翅腹面後緣周圍，具有成片黑色雄性性徵。**雌蝶♀**：比雄蝶♂略大，色澤略淡。

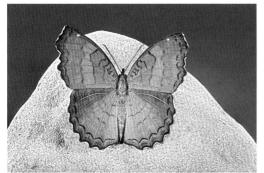

雄蝶♂展翅曬太陽。波蛺蝶為中、小型蛺蝶，普遍種，前翅展開時寬 4.5 ～ 5.5 公分。

雌蝶♀曬太陽。成蝶主要出現於 3 ～ 12 月，以中、南部最多見。

雌蝶♀常見活動於有蓖麻族群之處。

雌蝶♀正在產卵。雌蝶♀喜愛選擇路旁、河岸、荒野等曠野處的幼蟲食草，將卵產於葉面或葉背。

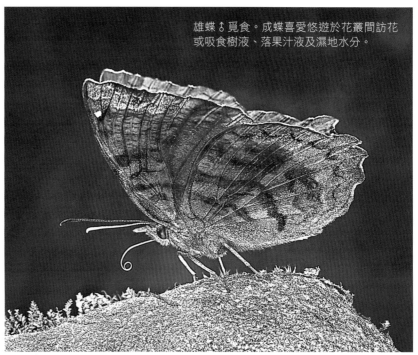

雄蝶♂覓食。成蝶喜愛悠遊於花叢間訪花或吸食樹液、落果汁液及濕地水分。

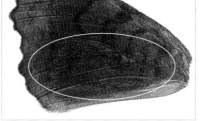

交配（左♀右♂）。雌雄外觀相近，雄蝶在前翅腹面後緣周圍，具有成片黑色雄性性徵。雌蝶比雄蝶略大，色澤略淡。

◀雄蝶♂在前翅腹面下方具有一片黑色性徵。

豆環蛺蝶（琉球三線蝶）

Neptis hylas luculenta（Fruhstorfer, 1907）

蛺蝶科／環蛺蝶屬

26～32 mm

● 卵／幼蟲期

卵單產，綠色，卵圓形，高約 0.9 mm，徑約 0.8 mm，卵表密布六角狀凹凸紋及密生細刺毛，9 月分卵期 3～4 日。雌蝶的產卵習性，常選擇幼蟲食草成熟的葉片，將卵產於葉面。

幼蟲期多棲於葉表葉脈上，並利用細小碎葉片做偽裝以避敵害。終齡 5 齡，體長 16～26 mm。頭部淺褐色，盾狀，頭頂具有一對短錐突。蟲體有深褐色、橄欖色，在中、後胸與第 2、8 腹節有棘狀突起，尾端第 7～8 節腹體側有一個特徵：像似英文字母斜「*P*」形之淺黃綠色斑紋，氣孔黑色。

卵單產，綠色，卵圓形；高約 0.9 mm，徑約 0.8 mm。

1 齡幼蟲，蟲體淺褐色，體長約 3mm。

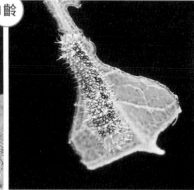

1 齡幼蟲背面，體長約 3.4mm 吃三裂葉扁豆。

2 齡幼蟲，體長 5.5mm，正吃銳葉山黃麻的生態咬食行為。

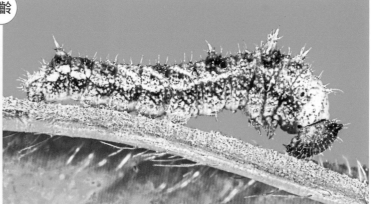

2 眠幼蟲，體長約 6 mm。頭後方會明顯膨脹準備蛻皮。

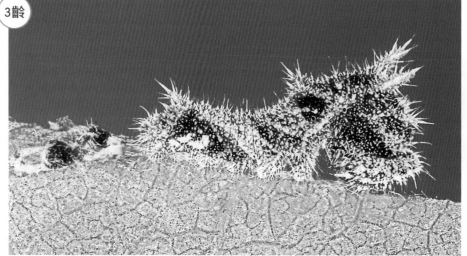

2 齡蛻皮成 3 幼蟲，體長約 7mm。尾端第 7～8 節腹體側，已出現斜 P 型之淺黃綠色斑紋。

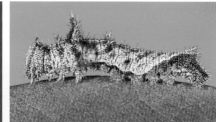

3 齡幼蟲側面，體長約 10 mm。

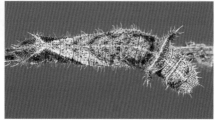

3 齡幼蟲背面，體長約 10 mm。

4齡

4 齡幼蟲，體長約 15 mm。幼蟲食性頗雜，會以豆科、錦葵科、榆科、蕁麻科等科別，90 多種植物葉片為食。

4 齡幼蟲，體長約 12mm。7 月分 1 ～ 5 齡幼蟲期約 18 天。

4 眠幼蟲，準備蛻皮成 5 齡，體長約 15 mm。

5齡

5 齡幼蟲（終齡），體長約 21mm，尾端具有淺黃綠色斜 p 斑紋。

5 齡幼蟲，體長約 23 mm。蟲體有深褐色、橄欖色，在中、後胸與第 2、8 腹節有棘狀突起（紅褐色型）。

5 齡幼蟲，尾端第 7 ～ 8 節腹體側有一個特徵，像似英文字母斜 P 型之淺黃綠色斑紋。

5 齡幼蟲，體長 26mm。偶見吃青苧麻並咬葉柄使枯萎做隱藏。

5 齡幼蟲（終齡）綠色型，體長 16 ～ 26 mm。

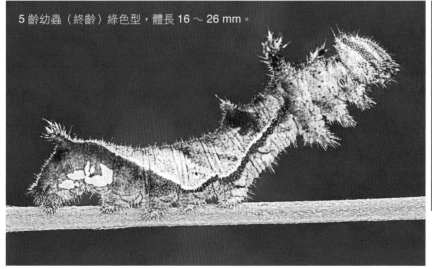

5 齡幼蟲大頭照，頭寬約 3.5mm。

● 蛹

　　蛹為垂蛹，淺黃褐色至暗褐色，蛹長約 16 mm，寬約 7.5 mm。頭頂具有一對小錐突，蛹表分布有褐斑紋及金屬般光澤，氣孔黑褐色。常化蛹於食草葉背及枝條上。11 月分蛹期 8 ～ 9 日。

前蛹時蟲體倒垂，呈現「J」形狀。

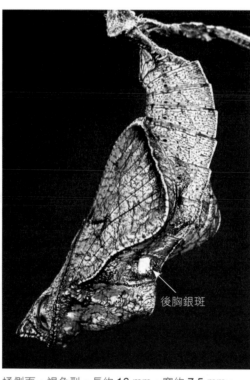
蛹側面，褐色型，長約 16 mm，寬約 7.5 mm。

後胸銀斑

蛹背面，褐色型，長約 16 mm，寬約 7.5 mm。在後胸常具有 1 對銀斑或黃斑。

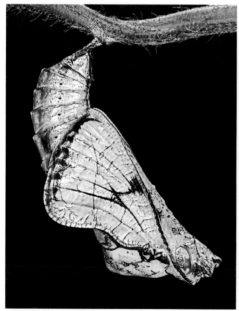
蛹側面，淺黃褐色型，體長約 16mm。

蛹背面，淺黃褐色型，體長約 16mm。11 月分蛹期 8 ～ 9 日。

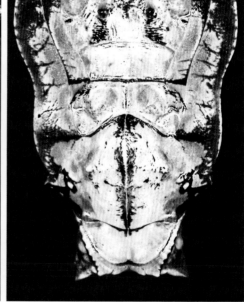
蛹頭、胸部特寫。頭頂具有一對小錐突，中胸隆起。

● 生態習性／分布

　　一年多世代，中型蛺蝶，前翅長 26 ～ 32 mm，普遍分布於海拔 0 ～ 2000 公尺山區，除冬季較少外，全年皆可見，主要出現於 3 ～ 12 月，以平地至淺山地較多見。成蝶飛行緩慢，適應力強，對於棲息環境的要求並不高；喜愛在陽光下，曼妙飛舞和覓食或吸食腐果汁液及濕地水分。雄蝶具有領域性，常於樹稍駐守自己的領地，展翅警戒與曬太陽，以防入侵者。

● 成蝶

豆環蛺蝶（琉球三線蝶）雌雄腹面與背面的斑紋大致相同。翅腹面為黃褐色，前翅亞外緣內側有白斑紋和中央至翅基有分斷的條狀斑紋；後翅亞外緣及中央有粗帶狀和線條狀白色斑紋，其特徵：白色斑紋周圍明顯鑲有黑褐色邊紋。翅背面為黑褐色，展翅時白色斑紋的排列外觀，乍看宛若中文字的「三」字型。**雄蝶♂**：在後翅背面前緣周圍，具有灰褐色雄性性徵。本種主要辨識特徵：翅腹面為黃褐色，白色帶狀斑紋周圍明顯鑲有黑褐色邊紋。

剛羽化休息中的雌蝶♀。

雌蝶♀展翅。豆環蛺蝶為一年多世代，中型蛺蝶，前翅展開寬 4.5 ～ 4.8 公分，是環蛺蝶屬中最常見與容易親近的蝴蝶。

雄蝶♂覓食。成蝶常見於住家附近、公園、林緣山徑或溪旁、田野、荒野等開闊處活動。

雄蝶♂具有領域性，常於樹梢駐守自己的領地，展翅警戒與曬太陽，以防入侵者。

正在交配中的豆環蛺蝶（左♂右♀），本種主要辨識特徵：翅腹面為黃褐色，白色帶狀斑紋周圍明顯鑲有黑褐色邊紋。

雄蝶♂正舞動雙翅，利用慢速度拍攝，捕捉翅膀舞動的流影畫面。

小環蛺蝶（小三線蝶）

Neptis sappho formosana（Fruhstorfer, 1908）

蛺蝶科／環蛺蝶屬　特有亞種

26 ～ 30 mm

● 卵／幼蟲期

卵單產，綠色，卵圓形，高約 0.8 mm，徑約 0.9 mm，卵表密布六角狀凹凸刻紋及細刺毛，8 月分卵期 3 ～ 4 日。雌蝶的產卵習性，喜愛選擇路旁、疏林蔭涼環境的幼蟲食草，將卵產於葉表。孵化後的幼蟲多棲息於葉脈先端，並利用葉碎片和少量排遺製作簡易蟲座和偽裝。

終齡 5 齡，體長 16 ～ 26 mm。頭部褐色，盾狀，密布瘤狀小突起。蟲體淺橄欖黃或褐色且密生短毛，在中、後胸與第 2、8 腹節有棘狀突起，以後胸最長及粗大，尾端第 7 ～ 8 腹節體側，具有淺黃白色至黃綠色斑紋，氣孔黑色。

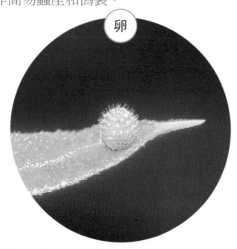

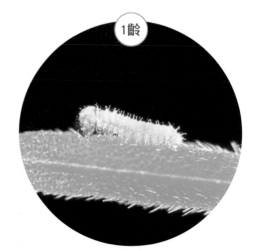

卵綠色，卵圓形，高約 0.8 mm，徑約 0.9 mm，卵表密布六角狀凹凸刻紋及細刺毛，8 月分卵期 3 ～ 4 日。

1 齡幼蟲，體長約 3mm。

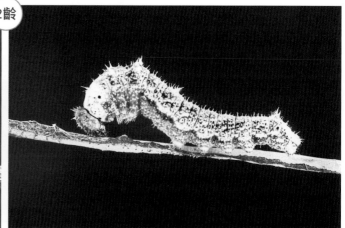

2 齡幼蟲，蟲體褐色，體長 7mm。

2 眠幼蟲，體長 8mm，食老荊藤。

3 齡幼蟲側面，體長約 10mm。

3 齡幼蟲背面，體長 10mm。

4齡

4 齡幼蟲側面，蟲體褐色，體長約 15mm。

5齡

5 齡幼蟲側面，體長約 22mm。尾端第 7 ～ 8 腹節體側，有
黃綠色至淺黃白色斑紋。

5 齡幼蟲背面，體長約 23 mm。蟲體淺橄欖黃至褐色且密生短毛，在中、
後胸與第 2、8 腹節有棘狀突起，以後胸最長及粗大。

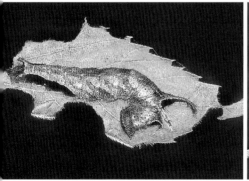

5 齡幼蟲（終齡）背面，體長 16 ～ 26mm。

5 齡幼蟲以糙葉樹葉片為食，體長 26 mm。

5 齡幼蟲（終齡）大頭照。

● 蛹

　　蛹為垂蛹，淡黃褐色，蛹長約 16 mm，寬約 7.5 mm。頭頂具有一對小錐突，前翅兩側有一枚褐色斑紋，體表有金銀色光澤之斑紋，蛹體中央第 2 腹節有黑褐色倒「U」形斑紋，內有一對小錐突，氣孔黑褐色，常化蛹於葉背或枝條上。6月分蛹期7～8日。

前蛹時蟲體倒垂，呈現「J」形狀。

蛹為垂蛹，淡黃褐色，蛹長約 15mm，寬約 6.5mm。

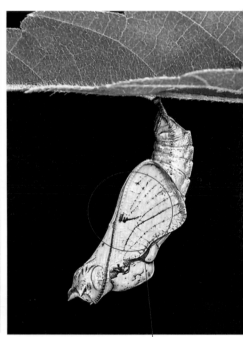

蛹側面，蛹長約 14mm，寬約 6mm。6月分蛹期7～8 日。

蛹上半部特寫。

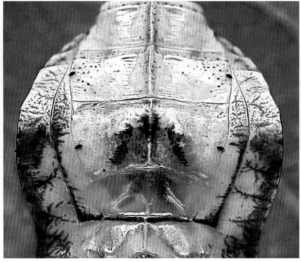

蛹體中央第 2 腹節有黑褐色倒 U 形斑紋，內有一對小錐突。

蛹在前翅兩側有一枚褐色斑紋。

● 生態習性／分布

　　一年多世代，中、小型蛺蝶，前翅長 26 ～ 30 mm，普遍分布於海拔 0 ～ 2300 公尺山區，全年皆可見，主要出現於 3 ～ 11 月。生態習性與細帶環蛺蝶（臺灣三線蝶）、斷線環蛺蝶（泰雅三線蝶）、豆環蛺蝶（琉球三線蝶）相近。幼蟲期酷似豆環蛺蝶，成蟲酷似斷線環蛺蝶，在外觀上極易混淆需特別注意。成蝶飛行輕盈曼妙，警覺性不高；喜愛曬太陽、吸食各種野花花蜜和腐果汁液、樹液、動物排泄物。雄蝶具有領域性，常飛於地面尋覓食物及吸水。

● 成蝶

　　小環蛺蝶（小三線蝶）雌雄的外觀與形態略同。翅腹面為褐色至咖啡色，前翅中室及亞外緣有白斑；後翅有兩對一粗一細白色帶狀斑紋，而內側白色寬帶前後粗細約相等且無黑邊紋，邊緣起伏較泰雅三線蝶平緩，褐色邊紋也較淡。翅背面為黑褐色，前翅白斑與腹面相近，但後緣中央下方二枚白斑大小及方位與斷線環蛺蝶（泰雅三線蝶）略不同；

後翅有 2 條寬白色帶狀斑紋，內側白色寬帶中央下方有一枚分離狀小白斑，而 2 條細條紋淡化隱約可見。**雄蝶♂**：在後翅背面前緣周圍，具有灰褐色雄性性徵。本種主要辨識特徵：後翅背面內側白帶為外側白帶的 2 倍寬以上，內側白色寬帶中央下方有一枚分離狀小白斑。白帶前後等寬。

剛羽化休息中的雌蝶♀。

雌蝶♀曬太陽。小環蛺蝶普遍分布於海拔 0 ～ 2300 公尺山區。

雄蝶♂大頭照與複眼。

雄蝶♂常飛至地面覓食，具有領域性。

雄蝶♂覓食動物糞便汁液。

雄蝶♂吸水。

雄蝶♂覓食。喜愛吸食各種野花花蜜和腐果汁液、樹液、動物排泄物。

雄蝶♂曬太陽。成蝶全年皆可見，主要出現於 3 ～ 11 月。

斷線環蛺蝶（泰雅三線蝶）

Neptis soma tayalina（Murayama & Shimonoya, 1968）

蛺蝶科／環蛺蝶屬 特有亞種

25～30 m

● 卵／幼蟲期

　　卵單產，綠色，卵圓形，高約 0.8 mm，徑約 0.9 mm，卵表密布六角狀凹凸刻紋及細刺毛，9 月分卵期 3～4 日。雌蝶的產卵習性，喜愛選擇路旁或疏林的蔭涼環境，將卵產於幼蟲食草的葉表中肋先端。孵化後的幼蟲棲息於葉表的葉脈先端，以兩側葉片為食；再將細碎片和少量排遺用絲固定，製作簡易蟲座來偽裝欺敵。

　　終齡 5 齡，體長 16～26mm。頭部褐色，盾狀，密生短毛，頭頂具有一對小錐突。蟲體淺橄欖黃或褐色且密生短毛，在中、後胸與第 2、8 腹節具有棘狀突起，而後胸明顯比其他 3 對長和粗大；尾端第 7～8 節腹體側，具有 2 枚分離或相連之淺橄欖黃色小斑紋，氣孔黑褐色。

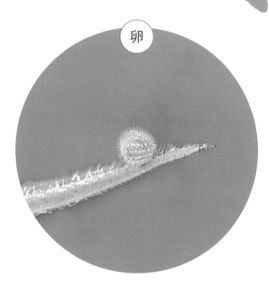

卵

卵綠色，卵圓形，高約 0.8 mm，徑約 0.9 mm，

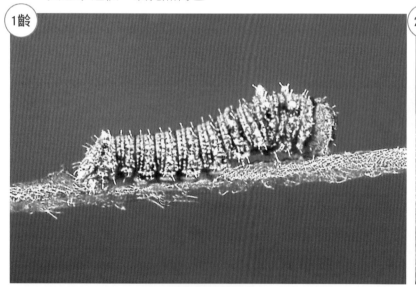

1齡

1 齡幼蟲，蟲體淺黃褐色，體長約 3mm。

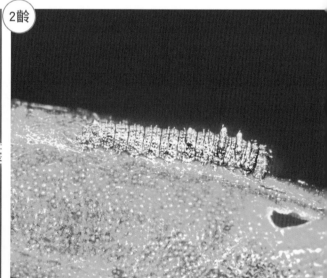

2齡

2 齡幼蟲，蟲體褐色，體長約 6mm。

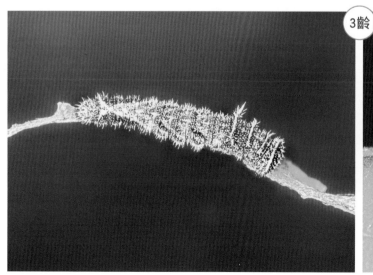

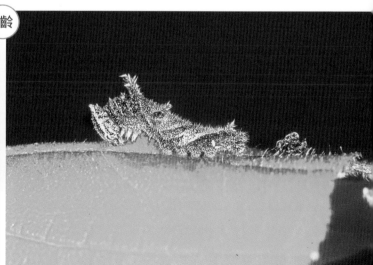

3齡

3 齡幼蟲，體長約 10mm。

3 齡幼蟲蛻皮成 4 齡。

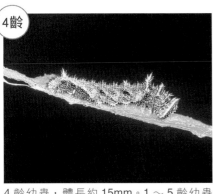

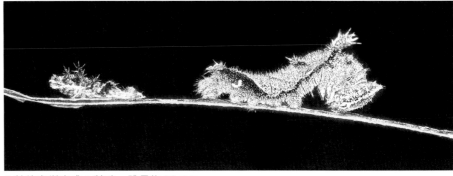

4 齡幼蟲,體長約 15mm。1 ～ 5 齡幼蟲
期約 18 天。

4 齡幼蟲蛻皮成 5 齡時,體長約 16 mm。

5 齡幼蟲(終齡)側面,體長 16 ～ 26mm。尾端斑紋相連之個體。

5 齡幼蟲(終齡)側面,幼蟲尾端在第 7 ～ 8 節腹體側,具有 2 枚
分離或相連之淺橄欖黃色小斑紋。

5 齡幼蟲大頭照。頭部褐色,盾狀,密生短毛,
頭頂具有一對小錐狀突起。

5 齡幼蟲(終齡)背面,體長約 26mm。幼蟲食性雜,可利用10幾種科別,20多種植物葉片。

● 蛹

　　蛹為垂蛹，淺褐色，體長約18mm，寬約7mm。頭頂具有一對錐突。蛹體密布細網紋中胸隆起，在下方具有2個金銀色斑點，翅基兩側有小突起，背中線褐色，氣孔黑色；常化蛹於葉背或枝條上。6月分蛹期7～8日。

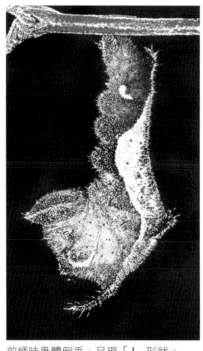

前蛹時蟲體倒垂，呈現「J」形狀。　　羽化後停憩在蛹殼等待翅乾。

蛹為垂蛹，淺褐色，體長約 18mm。6月分蛹期 7～8 日。

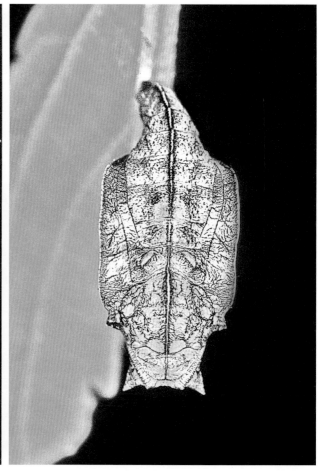

蛹背面，蛹體密布細網紋，中胸隆起，在下方具有 2 個金銀色斑點。

● 生態習性／分布

　　一年多世代，中型蛺蝶，前翅長 25～30 mm，普遍分布於海拔 200～2400 公尺山區，全年皆可見，主要出現於 3～11 月，多見於涼爽環境或溪谷沿岸的幼蟲食草族群附近活動。成蝶飛行輕盈曼妙，警覺性不高；喜愛曬太陽、吸食各種野花花蜜和腐果汁液、樹液、動物排泄物。

● 成蝶

　　斷線環蛺蝶（泰雅三線蝶）雌雄蝶的外觀略同，翅腹面為褐色，前翅中室及亞外緣有白斑，後翅有 2 條寬白色帶狀斑紋及 2 條細紋；外緣內側的邊紋，在中央處模糊未相連接或中斷。翅背面為黑褐色，前翅白斑與腹面大致相近，而後翅之細條紋淡化不明顯。**雄蝶♂**：在後翅背面前緣周圍，具有灰褐色雄性性徵。本種主要辨識特徵：翅腹面為褐色，後翅外緣內側的邊紋，在中央處模糊未相連接或中斷。內側白帶由外寬向內窄。

雄蝶♂覓食。斷線環蛺蝶普遍分布於海拔 200 ～ 2400 公尺山區，全年皆可見，主要出現於 3 ～ 11 月。

雄蝶♂具有領域性，喜愛展翅曬太陽或在路旁地面尋覓落果及吸水。

雌蝶♀曬太陽。斷線環蛺蝶為一年多世代，中、小型蛺蝶，前翅展開寬 4.5 ～ 5.3 公分。

斑紋中斷

雄蝶♂覓食動物糞便汁液。

雄蝶♂覓食。成蝶多見於涼爽環境或溪谷沿岸的幼蟲食草族群附近活動。

◀雌蝶♀展翅。斷線環蛺蝶的主要的特徵：成蟲腹面外緣內側邊紋，在中央處模糊未相連接或中斷。

殘眉線蛺蝶（臺灣星三線蝶）

Limenitis sulpitia tricula（Fruhstorfer, 1908） 30～34 mm

蛺蝶科／線蛺蝶屬　特有亞種

● 卵／幼蟲期

卵單產，綠色，卵圓形，高約 1.1 mm，徑約 1.2 mm，卵表密布有六角狀凹凸刻紋及細刺毛，7月分卵期 4～5 日。雌蝶的產卵習性，喜愛選擇林陰路旁或林緣茂盛的幼蟲食草，將卵產於葉表、葉背或葉先端。

1～4 齡蟲體皆為褐色，多見棲於葉表葉脈的

糞橋上，且會利用枯葉碎片及糞便做偽裝，來欺敵防禦自己。終齡 5 齡，體長 18～33 mm。頭部褐色，頭寬約 4 mm，密生淺黃白色小錐突，兩側具有黑白縱帶紋，頭頂具有一對黑色棘刺。蟲體綠色，體表在中、後胸與第 2、7、8 腹節具有長棘刺，體側具有淺黃白色帶狀條紋，氣孔淺褐色。

卵單產，綠色，卵圓形，高約 1.1 mm，徑約 1.2 mm，7 月分卵期 4～5 日。

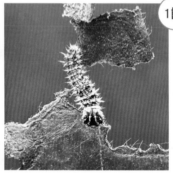

1 齡幼蟲背面，體長約 3mm。

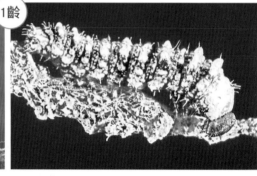

1 眠幼蟲，體長約 4.5mm，棲息在糞橋上偽裝，等待蛻皮成 2 齡。

2 齡幼蟲，體長 6 mm。蟲體為褐色，棲息於葉表葉脈的糞橋上，並利用枯葉碎片及糞便做偽裝。

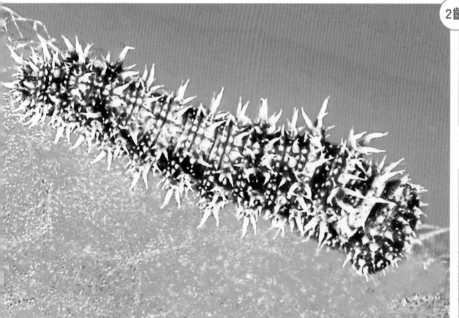

2 齡幼蟲背面，體長約 6 mm。蟲體褐色，棘刺尚未長出。

2 眠幼蟲，體長約 8 mm，準備蛻皮成 3 齡。

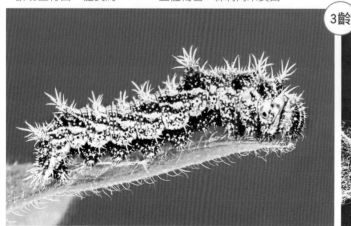

3 齡幼蟲側面，體長約 10 mm。

3 齡幼蟲蛻皮成 4 齡時體長約 11mm。

4 齡幼蟲背面，體長約 13 mm。1 ～ 4 齡蟲體皆為褐色。

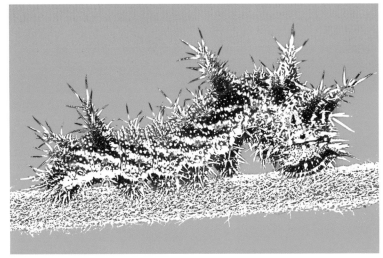

4 齡幼蟲側面，體長約 13 mm。蟲體褐色，體表在中、後胸與第 2、7、8 腹節具有短棘刺。

4 齡幼蟲後期，體長 17 mm。蟲體為褐色，多見棲於葉表葉脈的糞橋上，且會利用枯葉碎片及糞便做偽裝，來欺敵防禦自己。

偽裝蟲座

剛從 4 齡蛻皮成 5 齡幼蟲，體長約 16 mm。

◀ 5 齡幼蟲大頭照，頭部褐色，寬約 4 mm，密生淺黃白色小錐突，兩側具有黑白縱帶紋，頭頂具有一對黑色棘刺。

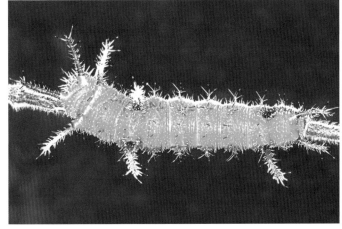

5 齡幼蟲（終齡）背面，體長 18 ～ 33 mm。蟲體綠色，具有良好保護色，野外主要以「裡白忍冬」為食較多見，「忍冬」在野外族群並不普遍，反而人工藥用栽培較多見。

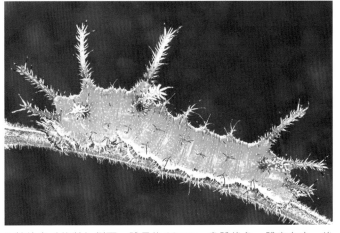

5 齡幼蟲（終齡）側面，體長約 33mm。蟲體綠色，體表在中、後胸與第 2、7、8 腹節具有長棘刺，體側具有淺黃白色帶狀條紋。

● 蛹

蛹為垂蛹，綠色，體長約 23 mm，寬約 8.5 mm。頭頂具有一對褐色眉形角狀向外突起，蛹體中央第 2 腹節具有一咖啡色扁平板狀錐突，腹部兩側有咖啡色帶狀斑紋延伸至尾端垂懸器，在後胸與第 1 腹節明顯具有 4 枚銀斑，氣孔褐色。常化蛹於隱密食草葉背及枝條上。8 月分蛹期 7 ～ 8 日。

前蛹時蟲體倒垂，呈現「J」形狀。

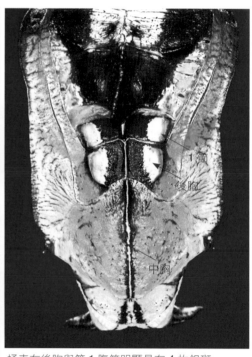

蛹表在後胸與第 1 腹節明顯具有 4 枚銀斑。

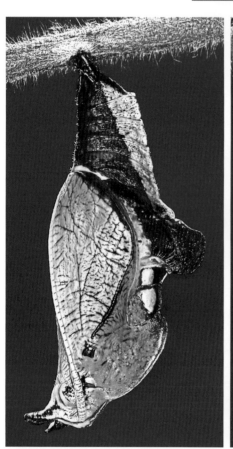

蛹側面，長約 23 mm，寬約 8.5 mm。蛹體中央第 2 腹節具有一咖啡色扁平板狀錐突。

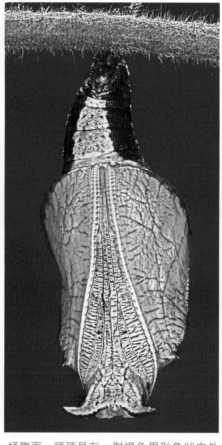

蛹腹面。頭頂具有一對褐色眉形角狀向外突起。

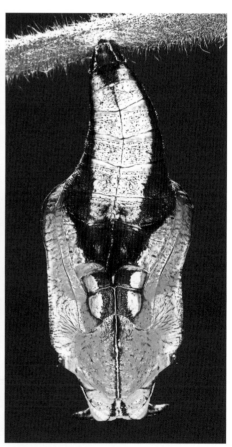

蛹背面，長約 23 mm，寬約 8.5 mm。腹部兩側有咖啡色帶狀斑紋延伸至尾端。

● 生態習性／分布

一年多世代，中型蛺蝶，前翅長 30 ～ 34 mm，普遍分布於海拔 0 ～ 1200 公尺山區，全年皆可見，主要出現於 3 ～ 11 月，以中、北部較常見。常見於夏、秋之際，幼蟲食草族群的林緣山徑、野溪路旁活動。成蝶飛行迅速，警覺性高；喜愛吸食各種野花花蜜、落果液汁及動物排泄物、濕地水分。雄蝶具有強烈的領域性，常展開雙翼駐守在領地樹梢、曬太陽及驅趕、追逐不速之客。

● 成蝶

殘眉線蛺蝶（臺灣星三線蝶）雌雄外觀的斑紋相仿。翅腹面翅底為橙褐色，前翅中室至翅基具有一條殘缺不全的眉形狀白色條紋，中室外側具有白色斑紋呈弧狀排列；後翅在近翅基，具有約 5 枚黑褐色斑點，中央內側具有白色寬帶狀斑紋，亞外緣有弦月狀白斑及褐色斑紋。翅背面為黑褐色，前、後翅分布著與腹面相近位置的白色斑紋。

剛羽化休息中的雄蝶♂。

雄蝶♂展翅。殘眉線蛺蝶為中型蛺蝶，前翅展開寬 4.8 ～ 5.5 公分。

雄蝶♂曬太陽。雄蝶♂具有強烈的領域性，常展開雙翼駐守在領地樹梢、曬太陽及驅趕、追逐不速之客。

雌蝶♀覓食。殘眉線蛺蝶普遍分布於海拔 0 ～ 1200 公尺山區，翅背面與其他三線蝶類近似。

雄蝶♂。殘眉線蛺蝶為一年多世代，前翅長 30 ～ 34 mm，主要出現於 3 ～ 11 月，以中、北部較常見。

雌蝶♀。殘眉線蛺蝶在前翅中室有一條殘缺不全的眉形狀白色條紋為本種的特徵。

玄珠帶蛺蝶（白三線蝶）

Athyma perius（Linnaeus, 1758）
蛺蝶科／帶蛺蝶屬

30 ～ 34 mm

● 卵／幼蟲期

卵單產，黃色，卵圓形，高約 0.9 mm，徑約 1.2 mm，卵表具有六角狀凹凸刻紋及密生細刺毛，7 月分卵期 3 ～ 4 日。雌蝶的產卵習性，常選擇林緣、路旁的幼蟲食草，將卵產於 0.5 ～ 8 公尺高的成熟葉片葉背。

終齡 5 齡，體長 21 ～ 42 mm。頭部深紅豆色，

且密布小錐突。蟲體綠色，體表各節具有分叉狀長棘刺，化蛹前體色會漸漸轉為黃色，最後呈現米白色，氣孔黑褐色。1 ～ 4 齡幼蟲暗褐色，多見棲於葉表葉脈的糞橋上，且會將枯葉碎片及糞便用絲固定堆積成糞堆做偽裝，來欺敵防禦自己。

卵黃色，卵圓形，高約 0.9 mm，徑約 1.2 mm，卵表具有六角狀凹凸刻紋及密生細刺毛，7 月分卵期 3 ～ 4 日。

1 齡幼蟲側面，蟲體褐色，體長約 3.6mm，棲息於糞橋上。

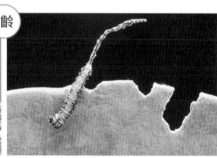

1 齡幼蟲，體長約 3.7mm 在細葉饅頭果葉片的咬痕與糞橋生態。

2 齡幼蟲，蟲體暗褐色，體長約 7mm，在遇到驚擾時，幼蟲會暫時離開蟲座。

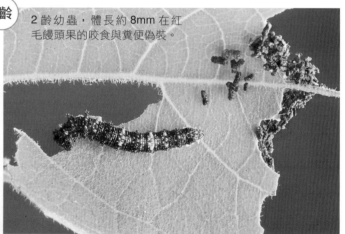

2 齡幼蟲，體長約 8mm 在紅毛饅頭果的咬食與糞便偽裝。

3 齡幼蟲，體長約 13mm。幼蟲特別偏愛成熟葉片，並製作穩固的蟲座及偽裝。

糞便 →

4齡

4 齡幼蟲側面，體長約 16mm。

4 齡幼蟲背面，體長約 16mm。1 ～ 4 齡幼蟲暗褐色，多見棲於葉表葉脈的糞橋上。

5齡

4 齡幼蟲蛻皮成 5 齡時，體長 17mm。

5 齡幼蟲初期，體長約 20 mm，蟲體為暗褐色，體表各節具有分叉狀長棘刺。

5 齡幼蟲終齡中期，蟲體綠色，體長約 27 mm，終齡時幼蟲會離開蟲座棲息與進食。

5 齡幼蟲（終齡）側面，體長約 21 ～ 42 mm。

5 齡幼蟲大頭照。

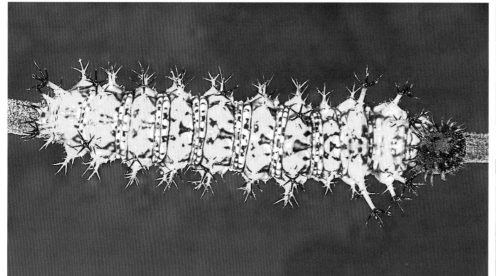

5 齡幼蟲終齡後期體色由綠轉藍綠色，體長 36mm。

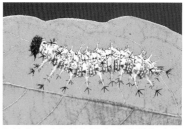

5 齡幼蟲後期（背面），體長約 38 mm。化蛹前體色會漸漸轉為黃色。

5 齡幼蟲（終齡）體色由黃轉為米色即將化蛹，體長縮至 33mm。

● 蛹

　　蛹為垂蛹，褐色，體長約 26 mm，寬約 10 mm。頭頂具有一對 V 形狀向外突起。蛹表具有金色光澤與斑紋，在中央第 2 腹節具有扁錐狀大突起，3 ～ 4 節兩側具有中錐突，各腹節具有小錐突，氣孔黑褐色；常化蛹於葉背或隱密莖、枝上。8 月分蛹期 9 ～ 11 日。

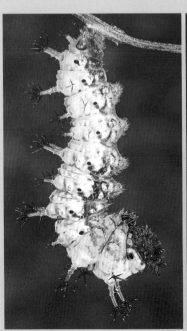  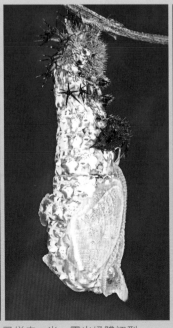 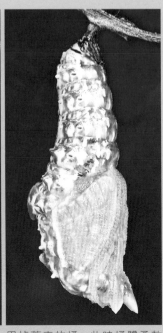

前蛹時蟲體倒垂，呈現「J」形狀，體色轉為米褐色。

即將蛻皮成蛹時，蟲體縮直。

已蛻皮一半。露出蛹體初型。

甩掉舊表的蛹，此時蛹體柔軟未定型。

 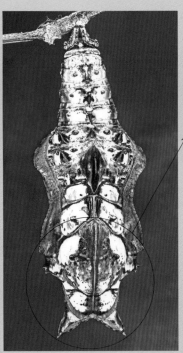 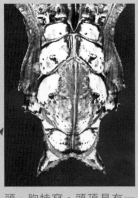

頭、胸特寫。頭頂具有一對 V 形狀向外突起。蛹表具有金色光澤與斑紋。

 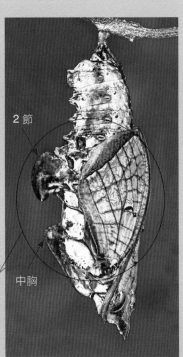

蛹體慢慢蠕動成型，長約 22 mm，寬約 9.5 mm。

蛹背面。長約 22 mm，寬約 9.5 mm。第 3 ～ 4 節兩側具有中錐突，各腹節具有小錐突。

中胸角狀突起，在中央第 2 腹節具有扁錐狀大突起。

2 節

中胸

完全定型的蛹側面，體色轉為褐色。

● 成蝶

　　玄珠帶蛺蝶（白三線蝶）雌雄的外觀斑紋與色澤相仿。翅腹面黃橙色或淡黃橙色，前翅有許多白色黑邊斑紋；後翅中央有白色黑邊帶狀斑紋，亞外緣白色帶狀斑紋的各室內有黑斑點，前、後翅外緣有白色波狀紋。翅背面為黑褐色，有三條粗白色帶狀斑紋，斑紋與腹面大同小異。

剛羽化休息中的雌蝶♀。

成蝶喜愛展翅曬太陽和吸食各種野花花蜜、腐果汁液或動物排泄物，展翅寬 5 ～ 5.8 公分。

雌蝶♀覓食。玄珠帶蛺蝶為一年多世代，中型蛺蝶。

雄蝶♂覓食。前翅長 30 ～ 34 mm，常低飛於地面覓食或吸水。

雄蝶♂覓食。成蝶翅背面為黑褐色，有三條粗白色帶狀斑紋。

交配（左♀右♂）。玄珠帶蛺蝶普遍分布於海拔 0 ～ 1200 公尺山區，全年皆可見，主要出現於 3 ～ 11 月。

● 生態習性／分布

　　一年多世代，中型蛺蝶，前翅長 30 ～ 34 mm，普遍分布於**海拔 0 ～ 1200 公尺山區**，全年皆可見，主要出現於 3 ～ 11 月，以中、南部較常見。常活動於幼蟲食草族群附近的林緣山徑或曠野處飛舞追逐。成蝶機警靈敏，飛姿輕盈優雅；喜愛展翅曬太陽和吸食各種野花花蜜、腐果汁液或動物排泄物。雄蝶具有領域性，常低飛於地面尋尋覓覓及吸食水分。

異紋帶蛺蝶（小單帶蛺蝶）

Athyma selenophora laela（Fruhstorfer, 1908）　　32 ～ 37 mm

蛺蝶科／帶蛺蝶屬　特有亞種

● 卵／幼蟲期

　　卵單產，黃色，卵圓形，高約 0.9 mm，徑約 1.0 mm，卵表有六角狀凹凸紋和細刺毛，8 月分卵期 3 ～ 4 日。雌蝶的產卵習性，偏愛選擇涼爽林緣、路旁、溪谷沿岸的幼蟲食草，將卵產於成熟葉片葉背。

　　終齡 5 齡，體長 20 ～ 35 mm。頭部紅褐色，具有短錐刺，中央前額具有黃褐色「Δ」形狀斑紋。

　　蟲體綠色，密布淺黃色細小突起，體表各節具有紅褐色棘刺，背部中央第 5 腹節有一塊紫黑色斑塊，體側在第 1、2 節與第 8 至尾端具有白斑紋，氣孔黑褐色。化蛹前蟲體色澤會漸漸轉為黃色。1 ～ 4 齡幼蟲暗褐色，多見棲於葉表葉脈的糞橋上，且會將枯葉碎片及糞便用絲固定堆積成糞堆做偽裝，來欺敵防禦。

卵初產淺藍白色，8 月分卵期 3 ～ 4 日。

1 齡幼蟲，體長約 4mm，棲息於水金京葉尖中肋利用糞便、碎葉做偽裝。

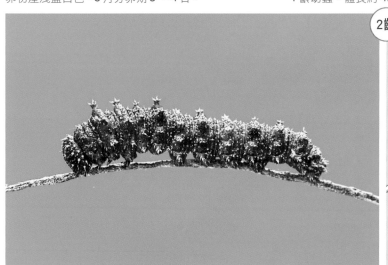

2 齡幼蟲側面，暗褐色，體長約 6mm，棲於糞橋仿枯葉。

2 齡幼蟲背面與蟲座、糞便做偽裝，蟲體暗褐色，體長約 7mm。

2 齡幼蟲蛻皮成 3 齡時，體長約 8mm，棲息於蟲座的生態行為。

3 齡幼蟲，蟲體暗褐色，體長約 12mm。　3 眠幼蟲，體長 12mm。

4齡幼蟲背面，體長約 17 mm。1～4 齡幼蟲暗褐色，多見棲於葉表葉脈的糞橋上。

4齡幼蟲側面，蟲體暗褐色，體長約 17 mm，腹背中央具有黃綠色斑紋。

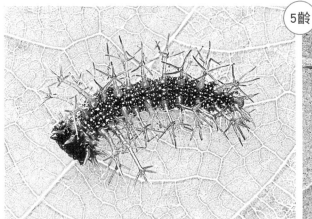
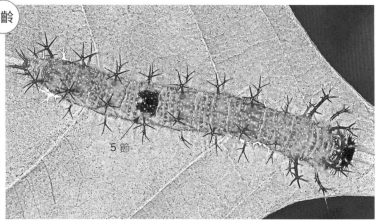

5齡幼蟲初期，體長 19mm。

5齡幼蟲（終齡）背面，體長約 30 mm，體表各節具有紅褐色棘刺，背部中央第 5 腹節有一塊紫黑色斑塊。

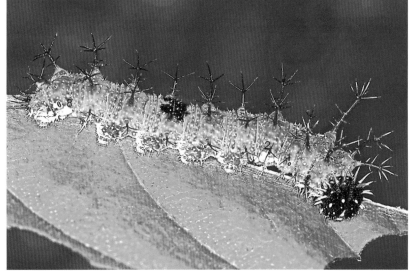

5齡幼蟲（終齡）側面，體長 20～35 mm，蟲體綠色，密布淺黃色細小突起，體側在第 1、2 節與第 8 至尾端具有白斑紋。

5齡幼蟲大頭照，頭部紅褐色，具有短錐刺，中央前額具有黃褐色「Δ」形狀斑紋。

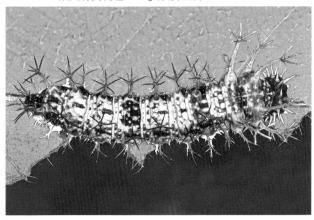

5齡幼蟲後期側面，幼蟲體表各節密布硬質棘刺，壁虎、蜥蜴、鳥類等天敵較有顧忌難以吞嚥。

5齡幼蟲（終齡）背面，化蛹前蟲體轉為淺黃褐色，背部中央紫黑色斑塊色澤不變。

● 蛹

蛹為垂蛹，金黃褐色，體長約 25 mm，寬約 10 mm。頭頂有一對眉形狀向外突起。蛹表有金銀色金屬般光澤，在中央第 2 腹節具有扁錐狀大突起，氣孔黑褐色；常化蛹於食樹葉背。10 月分蛹期 8 ～ 10 日。

前蛹時體色由綠轉為米色，蟲體倒垂。

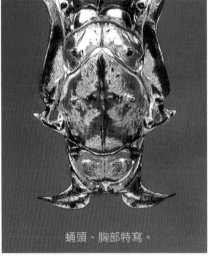

蛹頭、胸部特寫。

剛羽化休息中的雌蝶♀。

蛹側面，蛹表有金銀色金屬般光澤，在中央第 2 腹節具有扁錐狀大突起，10 月分蛹期 8 ～ 10 日。

蛹為垂蛹，金黃褐色，體長約 25 mm，寬約 10 mm。頭頂有一對眉形狀向外突起。

● 生態習性／分布

一年多世代，中型蛺蝶，前翅長 32 ～ 37 mm，普遍分布於海拔 0 ～ 2000 公尺山區，全年皆可見，主要出現於 3 ～ 11 月，以中、南部較常見，多見於林緣山徑和溪谷沿岸路旁活動。成蝶飛姿輕盈，綺麗優雅；喜愛吸食各種腐果汁液、樹液、花蜜及動物排泄物、享受曬太陽，在幼蟲食草族群的林蔭小徑或溪澗旁濕地最有機會一親芳澤。雄蝶有很強的領域性，常展翅棲於樹梢駐守領地，驅趕其他蝶類入侵者。

● 成蝶

異紋帶蛺蝶（小單帶蛺蝶）雌雄異型。雌雄蝶腹面外觀形態相仿；翅腹面為橙褐色，前、後翅中央有條粗白色帶狀斑紋相連，亞外緣和翅端下方也有白斑紋。翅背面雌雄差異甚大，判若兩種不同蝴蝶個體；**雄蝶♂**：翅背面翅底為黑褐色，近翅端有 2～3 枚的白斑，中央具有一條前、後翅相連接的粗白色帶狀斑紋，外觀與雄的雙色帶蛺蝶（臺灣單帶蛺蝶）近似。**雌蝶♀**：翅背面黑褐色，外觀像似三線蝶家族，但在腹部有一白斑紋可藉此區別。

雌蝶♀吸食溪床的螃蟹屍體汁液。

雄蝶♂（個體斑紋變異型）吸食小動物糞便汁液，

雌蝶♀覓食。翅腹面為橙褐色，前、後翅中央具有條粗白色帶狀斑紋相連，亞外緣和翅端下方也有白斑紋。

雄蝶♂（冬型）常飛至地面覓食。

雌蝶♀曬太陽。成蝶前翅展開寬 4.8～5.8 公分，雌雄翅背的外觀斑紋明顯不同。

雄蝶♂展翅曬太陽。異紋帶蛺蝶為一年多世代，中型蛺蝶。

網絲蛺蝶（石牆蝶）

Cyrestis thyodamas formosana Fruhstorfer, 1898

蛺蝶科／絲蛺蝶屬 特有亞種

28 ～ 34 mm

● 卵／幼蟲期

卵單產，黃色，卵圓形，高約 0.7 mm，徑約 0.7 mm，卵表約有 10 ～ 11 條細縱稜，6 月分卵期 3 ～ 4 日。雌蝶的產卵習性，喜愛選擇蔭涼路旁或溪谷沿岸的幼蟲食草，將卵產於新芽上。

終齡 5 齡，體長 21 ～ 33mm。頭部黃褐色，

兩側各有黑褐色條紋，頭頂具有一對長約 7mm 的彎形犄角。蟲體綠色至黃綠色，在第 2、8 腹節背部中央各有一條長肉棘及基部分布有大小不一致的深褐色斑紋，氣孔米白色。

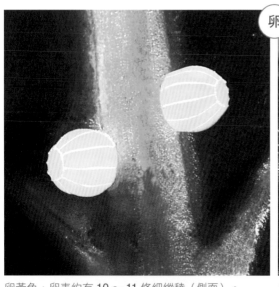

卵黃色，卵表約有 10 ～ 11 條細縱稜（側面）。

卵單產，卵圓形，高約 0.7 mm，徑約 0.7 mm。人工套網時卵 7 粒聚集。

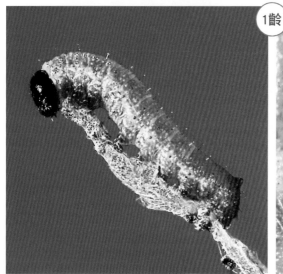

1 齡幼蟲側面，體長約 3.5mm，體背的肉棘尚未長出。

1 齡幼蟲背面，體長約 3.5mm。1 ～ 5 齡幼蟲期約 17 天。

2 齡幼蟲側面，體長約 5.5mm，頭頂與體背已長出小錐突。

2 齡幼蟲背面，體長約 5.5mm。

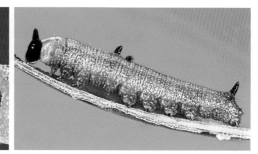

2 眠幼蟲，準備蛻皮成 3 齡，體長約 7.5mm。

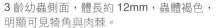

3齡幼蟲側面，體長約 12mm，蟲體褐色，明顯可見犄角與肉棘。

3齡幼蟲背面，體長約 13mm。幼蟲可利用桑科等 30 多種榕屬的植物葉片為食。

3眠幼蟲，準備蛻皮成 4 齡，體長約 13mm。

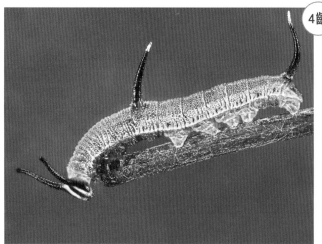

4齡幼蟲側面，體長約 19mm。蟲體綠色，具有長犄角與長肉棘，在第 1～2 腹無黑褐色粗斑紋。

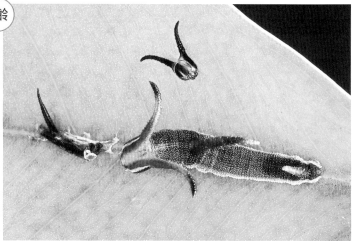

4齡幼蟲蛻皮成 5 齡時體長約 20mm。

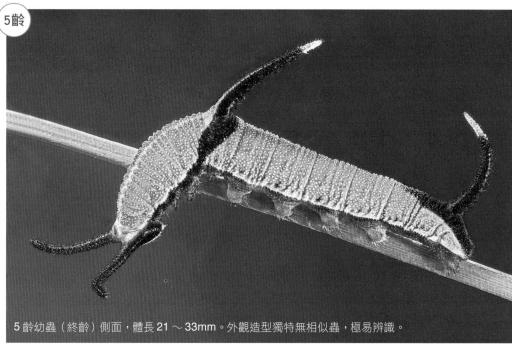

5齡幼蟲（終齡）側面，體長 21～33mm。外觀造型獨特無相似蟲，極易辨識。

5齡幼蟲（終齡），體長約 33mm。在第 1～2 腹節具有黑褐色粗斑紋。

◀5 齡 幼 蟲（終齡）正在啃食榕樹葉片特寫。

▶5 齡幼蟲大頭照。頭頂具有一對長約 7mm 的彎形犄角。

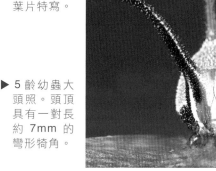

5齡幼蟲，體長約 36mm。蟲體綠色至黃綠色，在第 2、8 腹節背部中央各有一條長肉棘。

● 蛹

蛹為垂蛹，褐色，模擬似捲狀枯葉，體長約 26mm，側面寬約 8.5mm。頭頂具有一對合併狀長突起。後胸與第 1 節腹背向內凹，背中央在第 2 腹節隆起呈現弧形稜突，漸而向尾端斜細成扁狀，氣孔淡褐色；常化蛹於蔭涼食樹枝條或葉背。6 月分蛹期約 7 日。

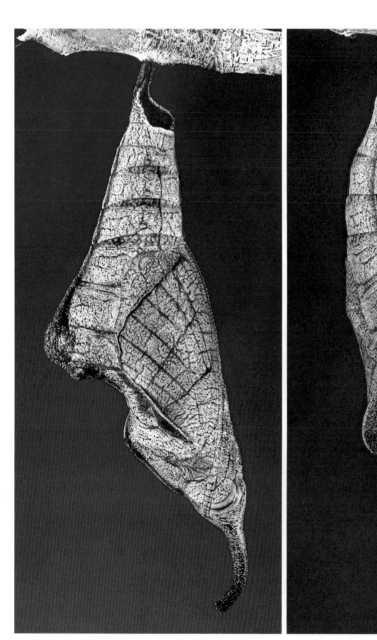

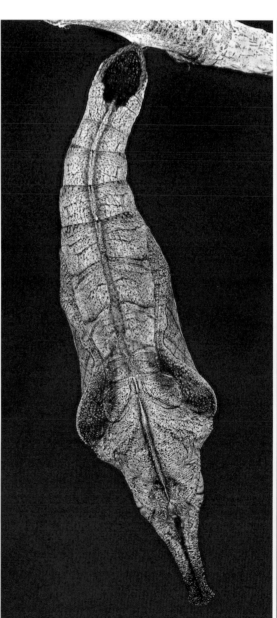

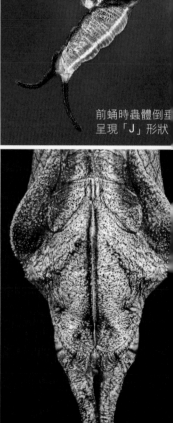

前蛹時蟲體倒垂呈現「J」形狀

蛹側面，體長約 26mm，寬約 8.5mm。背中央在第 2 腹節隆起呈現弧形稜突，漸而向尾端斜細成扁狀。

蛹背面，體長約 26mm，側面寬約 8.5mm。

蛹頭、胸部特寫。頭頂具有一對合併狀長突起。

● 生態習性／分布

一年多世代，中型蛺蝶，前翅長 28 ～ 34 mm，普遍分布於海拔 0 ～ 2300 公尺山區，全年皆可見，主要出現於 3 ～ 12 月，以中、南部較常見，常見於溪谷沿岸、林緣、路旁濕地活動。成蝶飛行不快，飛姿優雅；習慣將翅平展，展現出那斑斕的紋路；而翅膀的紋路，宛若交錯的網紋，故名「網絲蛺蝶」。喜愛展翅曬太陽及吸食各種野花花蜜，常低飛於地面尋覓落果、濕地水分、動物排泄物或小生物屍體，對於食材一點也不挑食，堪稱為大自然的清道夫。

● 成蝶

網絲蛺蝶（石墻蝶）翅底為白色，雌雄蝶的外觀及斑紋相近，後翅具有尾狀突起。翅腹面在前、後翅分布有細黑色條紋與斑紋，翅脈近白色。翅背面翅脈為黑色，整體翅背面條紋及色調明顯比腹面複雜及深；外緣及亞外緣有黑色或黑褐色帶狀斑紋。後翅在肛角處有兩枚外突狀之眼紋，附近色澤為黃褐色。雌雄的外觀無明顯特徵，**雌蝶♀**：體型較雄蝶♂大；辨識雌雄可由外生殖器做區別。

剛羽化休息中的雌蝶♀，6月分蛹期約 7 天。

雌蝶♀覓食。成蝶常低飛於地面尋覓落果、水分、動物排泄物或小生物屍體，對於食材一點也不挑食，堪稱為大自然的清道夫。

網絲蛺蝶雄蝶♂正在吸食有骨消散發出杯杯香醇的玉液瓊漿。有骨消的花季一到，散發出芬芳的氣息，常吸引著各類昆蟲前來造訪覓食。

雌蝶♀展翅曬太陽。成蝶飛行不快，飛姿優雅；習慣將翅平展，展現出那斑斕的紋路。

雌蝶♀展翅。網絲蛺蝶為一年多世代，中型蛺蝶，前翅展開時寬 4.4 ～ 5.1 公分，普遍分布於低海拔山區，主要出現於 3 ～ 11 月。

白裳貓蛺蝶（豹紋蝶）

Timelaea albescens formosana Fruhstorfer, 1908

蛺蝶科／貓蛺蝶屬　特有亞種

26 ～ 30 m

● 卵／幼蟲期

　　卵單產，初產白色，發育後漸漸轉為淡黃色，次日卵表開始有橙色受精斑點呈現，圓形，高約 0.9 mm，徑約 0.9 mm，卵表約有 26 條細縱稜，7 月分卵期 3 ～ 4 日。雌蝶的產卵習性，常選擇涼爽林緣的幼蟲食草，約 2 公尺以下的葉片，將卵產於新芽或新葉及葉背上。

　　終齡 5 齡，體長 19 ～ 30mm。頭部褐色，兩側具有白色縱帶紋，頭頂具有一對長約 5mm 密生細毛的黑褐色長犄角。蟲體綠色，體中央粗寬漸向頭尾兩端窄細，體表密生黃白色瘤狀細小突起，體側有白色細條紋，尾端有一對小錐突，氣孔淡黃色。以幼蟲休眠越冬。

卵單產，初產白色，圓形，高約 0.9 mm，徑約 0.9 mm，卵表約有 26 條細縱稜。

卵發育後漸漸轉為淡黃色，次日卵表開始有橙色受精斑點呈現。

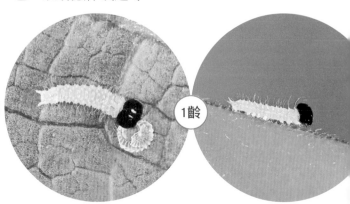

剛孵化的 1 齡幼蟲正在吃卵殼，體長約 2.2mm。

1 齡幼蟲側面，蟲體淺黃白色體長約 2.9mm。

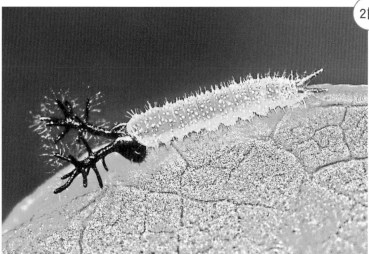

2 齡幼蟲，蟲體淺綠色，體長約 6mm，頭部具有短犄角。

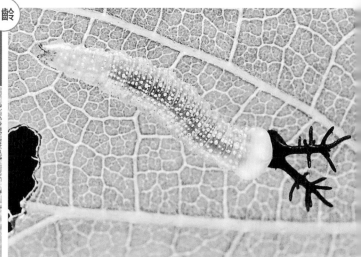

2 眠幼蟲，體長約 6.5mm。

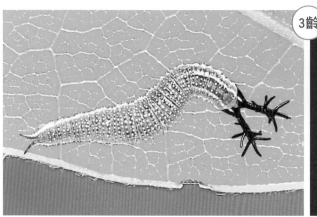

3 齡幼蟲，體長約 9mm，蟲體密布白斑點。

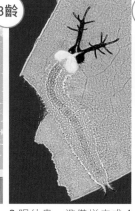

3 眠幼蟲，準備蛻皮成 4 齡，體長約 12mm。

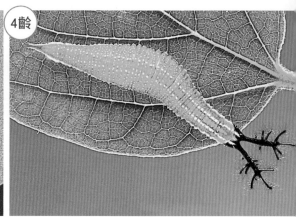

4 齡幼蟲背面，體長約 18 mm。

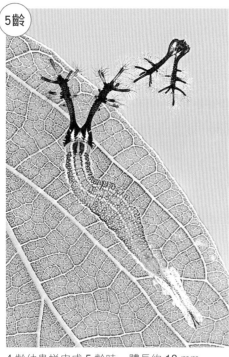

5齡

4 齡幼蟲蛻皮成 5 齡時，體長約 18 mm。

5 齡幼蟲（終齡）背面，體長 19 ～ 30mm。

5 齡幼蟲，體長約 26mm。蟲體綠色，體中央粗寬漸向頭尾兩端窄細，體表密生黃白色瘤狀細小突起。

5 齡幼蟲（終齡）腹面，體長約 24mm。

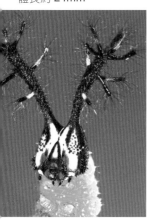

5 齡幼蟲（終齡）大頭照。頭頂具有犄角長約 5mm。

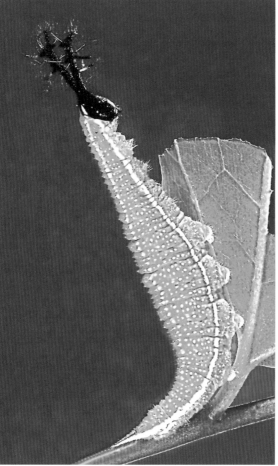

5 齡幼蟲（終齡）側面，體長約 23mm，體側有白色細條紋，尾端有一對小錐突。

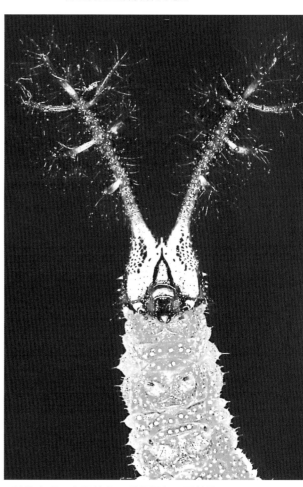

5 齡幼蟲頭、胸部特寫。頭部褐色，兩側具有白色縱帶紋，頭頂具有一對密生細毛的黑褐色長犄角。

● 蛹

蛹為垂蛹，**綠色**，蛹長約 21 mm，側面寬 14mm。頭頂具有一對錐狀突起。蛹體兩側扁平狀，在後胸至第 1 ～ 2 腹節凹陷，第 3 ～ 8 腹節背部稜突鋸齒狀，外觀模擬成葉片缺陷狀；常化蛹於食樹葉背或枝條上。7 月分蛹期 7 ～ 8 日。

前蛹時蟲體傾斜。

蛹綠色，摹擬食草葉片，隱藏於綠葉中做保護色。

蛹側面。蛹長約 21 mm，在後胸至第 1～2 腹節凹陷，第 3 ～ 8 腹節背部稜突鋸齒狀，外觀模擬成葉片缺陷狀。

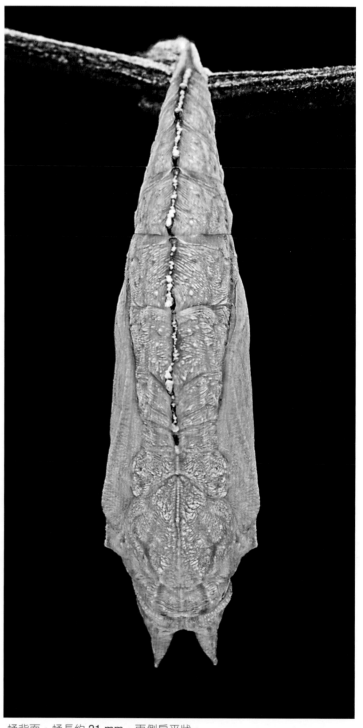

蛹背面，蛹長約 21 mm，兩側扁平狀。

● 生態習性／分布

一年多世代，中、小型蛺蝶，前翅長 26 ～ 30 mm，普遍分布於**海拔 0 ～ 1200 公尺**山區，全年皆可見，主要出現於 3 ～ 11 月。常見於幼蟲食草族群的溪谷林緣、山徑或疏林飛舞追逐。成蝶飛行緩慢、輕盈曼妙；喜愛展翅曬太陽及吸食各種野花花蜜、樹液和落果汁液。雄蝶是野溪、路旁濕地的常客，常飛於地面上尋尋覓覓及吸水。

● 成蝶

　　白裳貓蛺蝶（豹紋蝶）的翅兩面為黃橙色，前、後翅密布花豹般的黑褐色斑紋，在後翅翅基至中央有大面積米白色斑紋，故名豹紋蝶。雌雄外觀相近，無明顯特徵，唯**雌蝶**♀：體型較雄蝶♂略大，翅形較圓。

剛羽化休息中。

雄蝶♂展翅曬太陽與警戒，展翅寬 4.5 ～ 5 公分。

雄蝶♂。成蝶前、後翅密布花豹般的黑褐色斑紋為本種之特徵，故名「豹紋蝶」。

雄蝶♂是野溪、路旁濕地的常客，常飛於地面上尋尋覓覓及吸水。

雌蝶♀覓食。白裳貓蛺蝶喜愛展翅曬太陽及吸食各種野花花蜜、樹液和落果汁液。

雌蝶♀產卵。雌蝶的產卵習性，常選擇涼爽林緣的幼蟲食草，約 2 公尺以下的葉片，將卵產於新芽或新葉及葉背上。

雌蝶♀。白裳貓蛺蝶為一年多世代，中、小型蛺蝶，前翅長 26 ～ 30 mm，普遍分布於海拔 0 ～ 1200 公尺山區，全年皆可見。

白蛺蝶

Helcyra superba takamukui Matsumura, 1919

特有亞種

蛺蝶科／白蛺蝶屬

34～37 mm

● 卵／幼蟲期

卵單產，初產白色，發育後次日卵表漸有暗紫色受精斑點呈現，近圓形，高約 1.2 mm，徑約 1.3 mm，卵表有 20~22 條細縱稜，6月分卵期 4～5 日。雌蝶的產卵習性，多見選擇溪谷沿岸岩壁或陡坡、路旁易崩塌等特殊環境的幼蟲食草，將卵產於葉背、枝條上。

終齡 5 齡，體長 24～37 mm，寬 10 mm。頭部綠色與褐色型，兩側具有黑褐色縱帶紋，頭頂具有一對長 9~10mm 長犄角。蟲體有綠色與褐色型，中央部位粗寬漸而向兩端窄細，背中央第 3～4 腹節具有一對菱形狀黃綠色斑紋與 1 枚小錐突，尾端有一對小錐突，體表密布淡黃色細小突起及 4 條白色細條紋，氣孔近白色。低溫期以 3 齡至終齡越冬，隔年 3～4 月食樹萌芽長葉片時甦醒活動進食。

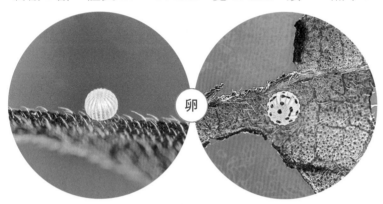

卵單產，初產白色，近圓形，高約 1.1 mm，徑約 1.3 mm。

卵發育後次日會有暗紫色受精斑點呈現。

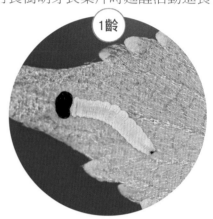

1齡

1 齡幼蟲，蟲體黃色，體長約 3mm。

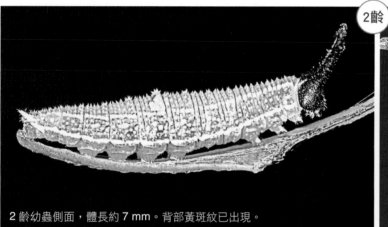

2齡

2 齡幼蟲側面，體長約 7 mm。背部黃斑紋已出現。

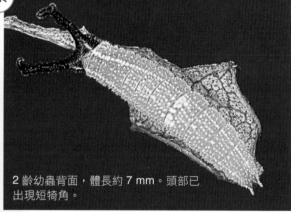

2齡

2 齡幼蟲背面，體長約 7 mm。頭部已出現短犄角。

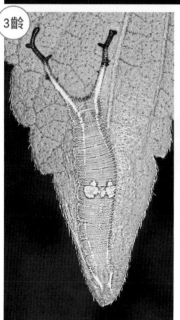

3齡

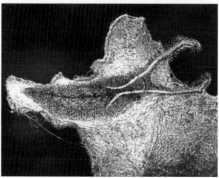

▲ 3 齡幼蟲越冬，體長約 11mm。越冬時，幼蟲會吐厚絲加強葉片與細枝交接處的穩固，以防落葉；而棲息於枯葉上越冬。

◀ 3 齡幼蟲背面，體長約 14 mm。主食為沙楠子樹，人工飼養也可用石朴、朴樹來代替，但飼養狀況以沙楠子樹較佳。

圖中 11 隻白蛺蝶幼蟲，以 3 齡（13mm）至 5 齡（36mm）越冬。

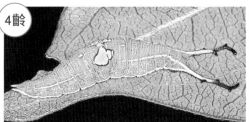

4齡

4 齡幼蟲側面，綠色型，體長約 21mm。

4 齡幼蟲，淺褐色型。背中央第 3 ～ 4 腹節具有一對菱形狀黃綠色斑紋。

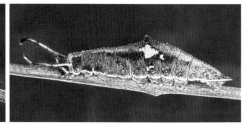

4 齡幼蟲側面，體長約 19mm。越冬後蟲體色澤變化大，褐色至綠色系轉變。

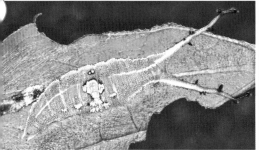

4 齡幼蟲蛻皮成綠色型 5 齡，體長 22mm。

4 齡幼蟲蛻皮成綠褐色型 5 齡，體長約 23mm。

5 齡幼蟲（終齡）背面，體長約 33 mm，寬約 8 mm。

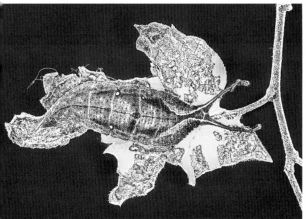

5 齡幼蟲越冬，體長約 31mm。幼蟲低溫期以 3 齡至終齡越冬，隔年 3 月中～ 4 月甦醒活動進食。

5 齡幼蟲，綠褐色型，體長約 29mm。蟲體中央部位粗寬漸而向兩端窄細。

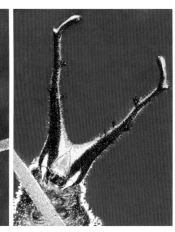

5 齡幼蟲大頭照。頭頂具有一對 10mm 長犄角。

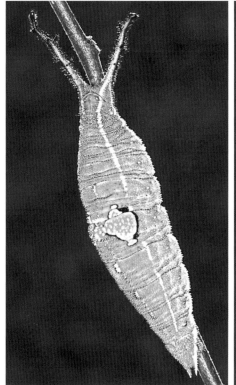

5 齡幼蟲（終齡）背面，綠色型，體長 24 ～ 37 mm，寬 10 mm。

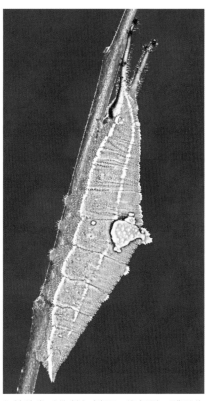

5 齡幼蟲（終齡）側面，綠色型，體長約 32 mm。

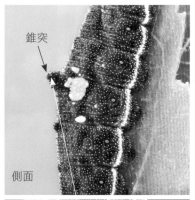

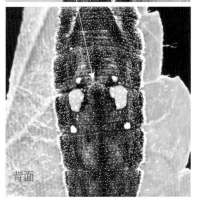

錐突

側面

背面

5 齡幼蟲側面，褐色型，幼蟲在第 4 腹節腹背中央具有錐突為特徵。

● 蛹

蛹為垂蛹，綠色，體長 26mm，寬 12mm，頭頂具有一對小錐突。蛹體兩側扁錐狀厚約 8mm，在後胸至第 1～2 腹節凹陷，第 3～8 腹節背部稜突圓弧狀，外觀模擬成一片裂葉；化蛹時垂吊在葉背或枝條上，外觀與大自然環境融合在一起不易被察覺。4 月分蛹期 9～10 日。

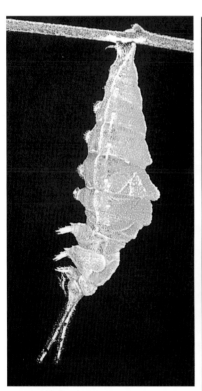

前蛹。

蛹側面，體長約 22mm。在後胸至第 1～2 腹節凹陷，第 3～8 腹節背部稜突圓弧狀，外觀模擬成一片裂葉。

蛹腹面。頭頂具有一對小錐突，蛹體兩側扁錐狀厚約 8mm，即將羽化的蛹。

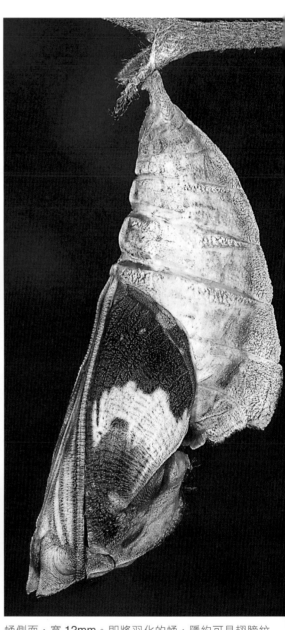

蛹側面，寬 12mm。即將羽化的蛹，隱約可見翅膀紋路。

● 生態習性／分布

一年多世代，中型蛺蝶，前翅長 34～37 mm，偶見於海拔 50～1500 公尺山區，主要出現於 4～10 月，以中、南部較常見。多見活動於海拔 400～1100 公尺的幼蟲食草族群之路旁、溪谷沿岸，較有機會觀賞到。成蝶外觀素雅端莊，賞心悅目；在幽靜的縱谷山林間，顯得格外的醒目與獨特。其飛行迅速，警覺性高；遇有食物時，會先觀察周遭環境再見機行事。如環境安全有美食，常三五成群歡樂暢飲，也常與獨角仙共同享用美食。喜愛吸食樹液、腐果汁液或濕地上水分。

● 成蝶

　　白蛺蝶翅為白色，翅腹面前翅的橙黑色斑紋較少且不明顯，部分個體幾近消失；後翅亞外緣具有一排由橙色和黑色組成的帶紋。翅背面翅底白色，前翅翅端及外緣內側為大面積黑褐色帶，翅端內有2個白斑；在後翅外緣內側有黑褐色齒波狀斑紋及斑點。**雌蝶♀**：體型比雄蝶♂略大，雌雄外觀的斑紋與色澤無明顯差異，乍看不易辨識雌雄；辨識雌雄最好從外生殖器做區別。

剛羽化休息中的雌蝶♀。

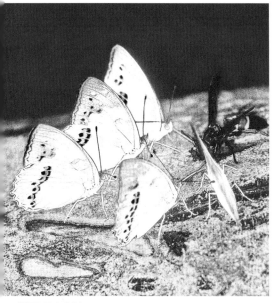

群聚吸食樹液。

雄蝶♂。成蝶喜愛吸食樹液、腐果汁液或濕地上水分。

雄蝶♂白蛺蝶為中型蛺蝶，前翅展開時寬 5 ～ 6 公分，偶見於低、中海拔山區，主要出現於 4 月～ 11 月，夏季為高峰期。

雌蝶♀。成蝶外觀素雅端莊，賞心悅目，飛行迅速快，警覺性高；在幽靜的縱谷山林間，顯得格外的醒目與獨特。

小波眼蝶 （小波紋蛇目蝶）

Ypthima baldus zodina（Fruhstorfer, 1911）
蛺蝶科／波眼蝶屬　特有亞種

18～22 mm

● 卵／幼蟲期

卵單產，淺藍白至白色，近圓形，高約 0.7 mm，徑約 0.8 mm，卵表具有淺凹凸刻紋，7月分卵期5～6日。雌蝶的產卵習性，常選擇林蔭涼爽低矮的幼蟲食草，將卵產於葉背或莖上。終齡5齡，

長 14～22mm。頭部褐色，具有短毛，頭頂具有一對細小錐突。蟲體淺褐色，體側腹足上方具有一條白色條紋，尾端具有一對小錐突，氣孔黑色。

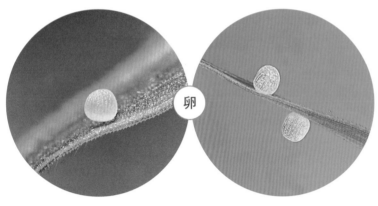

卵

卵表具有淺凹凸刻紋，7月分卵期5～6日。

卵近圓形，高約 0.7 mm，徑約 0.8 mm，產於馬唐葉片。

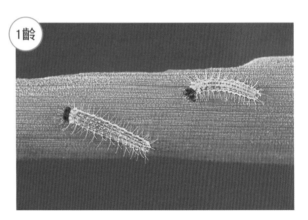

1齡

1 齡幼蟲，體長約 3mm，淺綠白色。

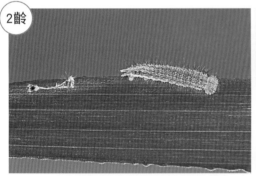

2齡

1 齡幼蟲蛻皮成 2 齡時，體長約 4mm。

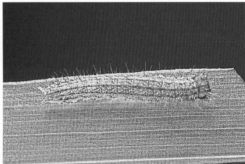

2 齡幼蟲，蟲體淺綠色，體長約 5mm。

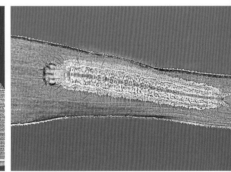

2 眠幼蟲時體長約 6mm。

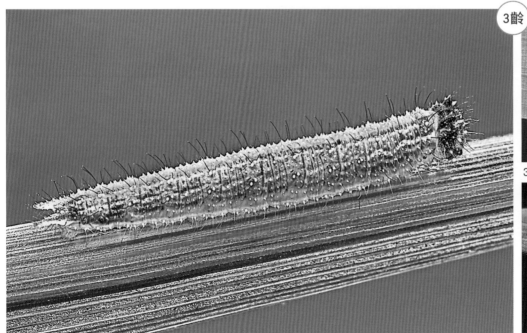

3 齡幼蟲側面，體長約 8mm。

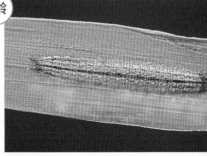

3齡

3 齡幼蟲背面，體長 8mm。

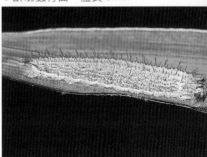

3 眠幼蟲時體長約 9mm。

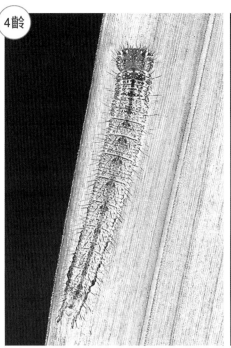

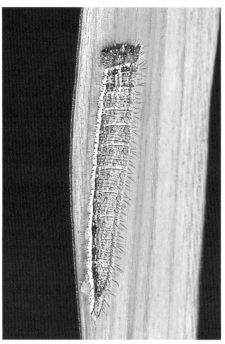

4 齡幼蟲背面，體長約 11mm。

4 齡幼蟲側面，體長約 11mm，外觀介於 3 和 4 齡之間。

4 眠幼蟲，體長約 14mm。

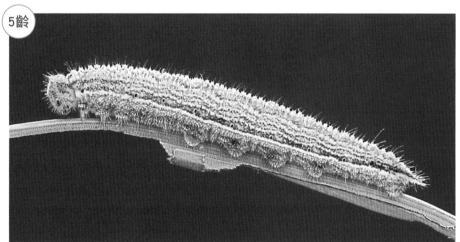

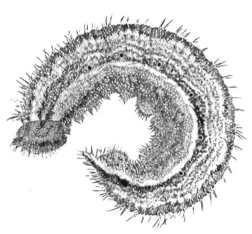

5 齡幼蟲（終齡）階段，側面，體長 14 ～ 22mm。

終齡幼蟲體長約 18mm，幼蟲受到驚擾時，蟲體會有落地捲曲假死行為。

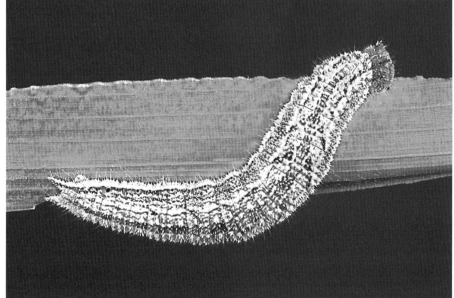

5 齡幼蟲（終齡）背面，體長 20mm，幼蟲主要以軟質禾草為食。

5 齡幼蟲大頭照，頭部褐色，具有短毛，頭頂具有一對細小突起。

● 蛹

蛹為垂蛹，褐色，體長約 11mm，寬約 3.8mm。頭頂近扁平，中胸隆起，在第 3、4 節腹背具有波狀橫稜，氣孔暗褐色；常化蛹於幼蟲食草或附近陰涼、隱密場所。8 月分蛹期 8 ～ 9 日。

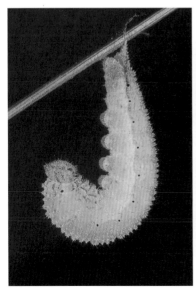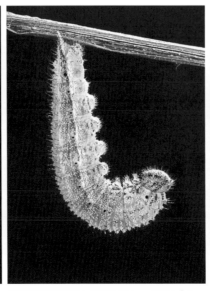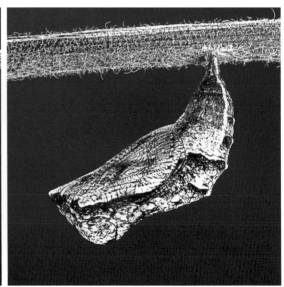

前蛹時蟲體倒垂（綠色型），呈現「J」形狀。

前蛹時蟲體倒垂（褐色型），呈現「J」形狀。

蛹側面，褐色，體長約 10.5mm，寬約 3.8mm，頭頂近扁平，中胸隆起。

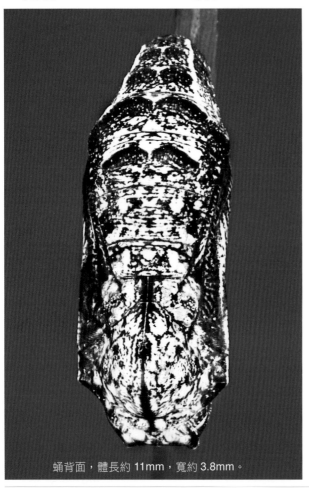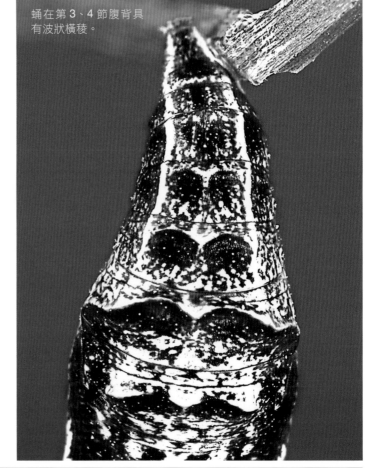

蛹在第 3、4 節腹背具有波狀橫稜。

蛹背面，體長約 11mm，寬約 3.8mm。

● 生態習性／分布

一年多世代，小型蛺蝶，前翅長 18 ～ 22 mm，普遍分布於海拔 0 ～ 1800 公尺山區，全年皆可見，主要出現於 3 ～ 12 月。牠的飛行緩慢，常見於枝葉扶疏的林道、竹林山徑或草叢、疏林等林蔭環境活動。成蝶警覺性不高，飛姿婆娑曼妙，常低飛於地面尋覓食物及吸水；喜愛在林緣、路旁低矮的花叢間訪花、飛舞或展開雙翅享受曬太陽，及吸食腐果汁液、樹液。

● 成蝶

　　小波眼蝶（小波紋蛇目蝶）翅腹面為褐色，前翅具有 1 枚大眼紋；後翅中央具有 2 條暗褐色弧形細條紋，亞外緣具有 6 枚眼紋。翅背面為褐色，在前翅雌雄蝶各具有 1 枚眼紋；而在後翅雌雄蝶有 2 枚明顯的大眼紋，小眼紋不明顯。雌蝶♀體型較雄蝶大，低溫期冬型的成蝶，在後翅的眼紋會消退成小眼紋，色澤與冬枯的草融合在一起，具有良好保護作用。

雄蝶♂覓食。成蝶飛行緩慢，前翅展開寬 2.9 ～ 3.4 公分，常見於草叢、疏林等林蔭環境活動。

雄蝶♂訪花。小波眼蝶喜愛在林緣、路旁低矮的花叢間訪花、飛舞。

雄蝶♂冬型。冬季時後翅眼紋明顯消退，與夏型外觀不同。

雌蝶♀。小波眼蝶為一年多世代，小型蛺蝶，前翅長 18 ～ 22 mm。

雄蝶♂吸食腐果汁液。成蝶警覺性不高，飛姿婆娑曼妙，常低飛於地面尋覓食物及吸水。

雌蝶♀正產卵於食草旁的石塊上。

雌蝶♀訪花。小波眼蝶普遍分布於海拔 0 ～ 1800 公尺山區，全年皆可見。

交配（上♀下♂）。小波眼蝶普遍分布於臺灣平地至低海拔山區，中、南部全年皆可見。

大波眼蝶 （大波紋蛇目蝶、寶島波眼蝶）

Ypthim atra taiwana Lamas , 2010
蛺蝶科／波眼蝶屬　特有亞種

24 ～ 27 mm

● 卵／幼蟲期

　　卵單產，白色，圓形，高約 0.9 mm，徑約 0.9 mm，卵表具有淺凹凸刻紋，10 月分卵期 5 ～ 6 日。雌蝶的產卵習性，喜愛選擇蔭涼、林緣的低矮草叢，將卵產於幼蟲食草葉背及莖上。當幼蟲受到驚擾時，會直落地面假死，假死的姿勢常呈現僵直狀或捲曲。

　　終齡 5 齡，體長 18 ～ 30mm。頭部褐色，具有斑駁狀褐斑紋及疏毛，頭頂具有一對小錐突。蟲體淡褐色，腹背具有成對黑褐色斑紋，體側具有褐色條紋，尾端有一對小錐突，氣孔黑色。3~4 月分幼蟲期約 40 天。

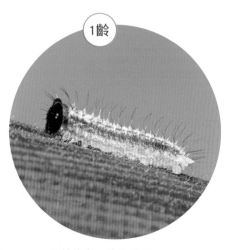

卵單產，白色，圓形，高約 0.9 mm，徑約 0.9 mm，卵期 3 ～ 4 日。

雌蝶喜愛選擇蔭涼、林緣的低矮草叢，將卵產於幼蟲食草葉背及莖上。

1 齡幼蟲，體長約 3mm。

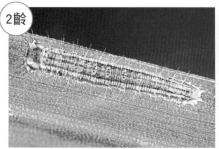

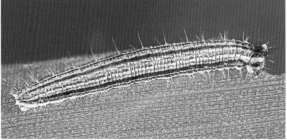

2 齡幼蟲背面，體長約 5mm。

2 齡幼蟲側面，體長約 6mm。頭部錐突微突，蟲體具有 5 條紅色條紋。

2 眠幼蟲，體長 6 mm，準備蛻皮成 3 齡。

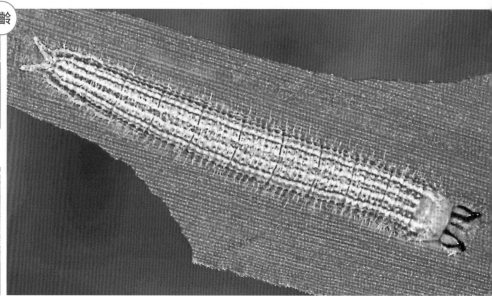

3 齡幼蟲背面，體長約 9.5mm。

3 齡幼蟲側面，體長約 9.5mm。頭部與尾端明顯有小錐突，蟲體具有 5 條暗紅色條紋。

3 眠幼蟲，準備蛻皮成 4 齡，體長約 10.5mm。

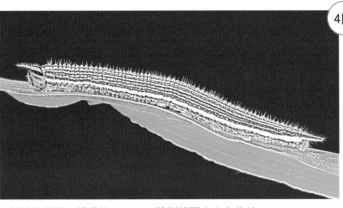

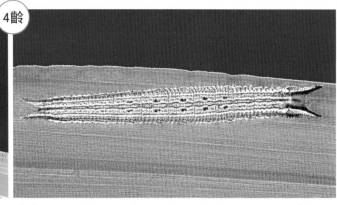

4 齡幼蟲側面，體長約 16mm，體側明顯有白色條紋。

4 齡幼蟲背面，體長約 17mm。蟲體腹背有成對黑褐色斑紋出現。

5 齡幼蟲（終齡）側面，體長 23mm。體側具有褐色條紋。

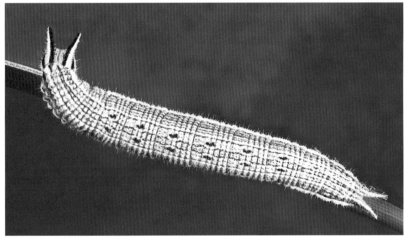

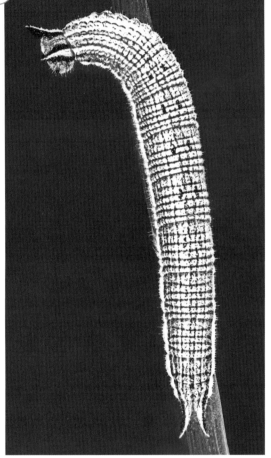

5 齡幼蟲（終齡）背面，體長 24mm，尾端有一對小錐突。

5 齡幼蟲時期，體長 18 ～ 30mm。

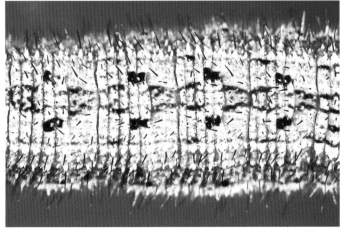

5 齡幼蟲（終齡）背部斑紋特寫。蟲體淡褐色，腹背具有成對黑褐色斑紋。

5 齡幼蟲大頭照。頭部褐色，寬約 3mm，具有斑駁狀褐斑紋及疏毛。

5 齡幼蟲頭部背面。頭部錐突長約 1.7mm，具灰白色粗縱紋。

● 蛹

蛹為垂蛹，褐色，體長約 14 mm，寬約 5 mm。蛹體分布著斑駁狀斑紋，頭頂具有一對小錐突。胸部隆起弧形狀，兩側翅基有角狀突起，在第 4 節腹背有一橫稜與翅緣連接，外觀略呈現長方形，氣孔暗褐色；常化蛹於低矮食草隱密場所。6 月分蛹期 8 ～ 9 日。

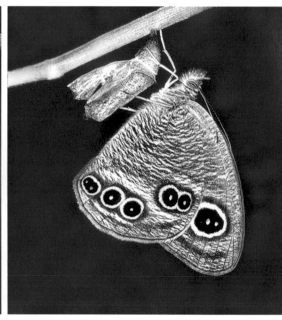

前蛹時蟲體倒垂，呈現「J」形狀。　　剛羽化不久在休息。

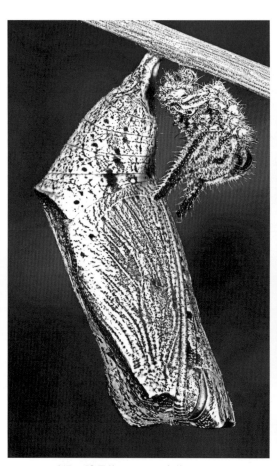
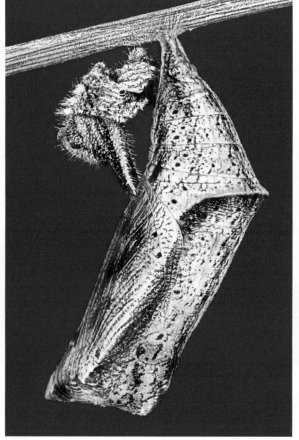

垂蛹，體長約 14mm，寬約 4.6mm。頭頂具有一對小錐突，胸部隆起弧形狀。

蛹側面，體長約 14mm，寬約 4.6mm，蛹表散生斑駁狀褐斑。

蛹背面，在第 4 節腹背有一橫稜與翅緣連接，外觀略呈現長方形。

● 生態習性／分布

一年多世代，小型蛺蝶，前翅長 24 ～ 27 mm，普遍分布於海拔 100 ～ 1500 公尺山區，全年皆可見，主要出現於 3 ～ 12 月。常見於竹林、林緣山徑或野溪旁等陰涼環境。成蝶飛行緩慢，身上褐色的外衣，在野地具有良好保護作用；喜愛穿梭於低矮花叢間，吸食各種野花花蜜、樹液、落果或濕地水分與展翅曬太陽。

● 成蝶

　　大波眼蝶（大波紋蛇目蝶）翅腹面為褐色至暗褐色，前翅翅端下方有 1 枚眼紋；後翅圓弧形，分布較疏白色波狀細紋，在中央具有 1 條暗褐色條紋貫穿翅面，亞外緣具有 5 枚眼紋。**雄蝶♂**：翅背面為深褐色，前翅翅端具有 1 枚眼紋，後翅具有 2 枚眼紋。**雌蝶♀**：翅背面為褐色，前翅有 2 個一大一小眼紋（有些個體小眼紋不明顯），後翅具有 5 枚眼紋。雌雄蝶可直接由外生殖器做區別。

雌蝶♀展翅曬太陽。

雌蝶♀翅背面為褐色，前翅有 2 個一大一小眼紋（有些個體小眼紋不明顯），後翅具有 5 枚眼紋。

雄蝶♂前翅翅端有 1 枚眼紋，後翅具有 2 枚眼紋。

雄蝶♂。大波眼蝶成蝶後翅圓弧形，分布較疏白色波狀細紋，在中央具有 1 條暗褐色條紋貫穿翅面，亞外緣具有 5 枚眼紋。

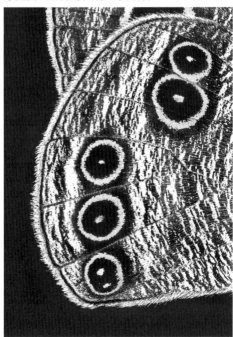

雄蝶♂。大波眼蝶的主要特徵；後翅淺褐色，外緣圓弧形，亞外緣具有 5 枚眼紋。可與狹翅波眼蝶後翅外緣角狀區別。

雌蝶♀。成蝶飛行緩慢，常見於竹林、林緣山徑或野溪旁等陰涼環境活動。

密紋波眼蝶（臺灣波紋蛇目蝶）

Ypthima multistriata（Butler, 1883）
蛺蝶科／波眼蝶屬

18 ～ 22 mm

● 卵／幼蟲期

卵 1~10 粒不等散產，淺綠色，圓形，高約 0.8 mm，徑約 0.8 mm，卵表具有淺凹凸刻紋，10 月分卵期 4 ～ 5 日。雌蝶的產卵習性，常選擇林蔭或濕涼環境的低矮幼蟲食草族群，將卵產於葉背或莖上。

終齡 5 齡，體長 15 ～ 26 mm。頭部褐色，具有短毛，頭頂具有一對小突起。蟲體有綠色或褐色兩型，體表具有比體色較淡之條紋，以背中線及氣孔線較明顯，尾端具有一對小錐突，氣孔淺褐色。當幼蟲在受到驚擾時，會直接掉落至地面，而將蟲體捲曲起來假死，以避敵害。

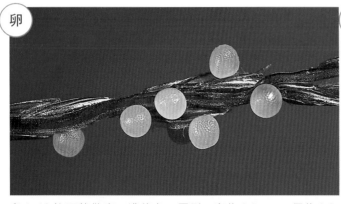

卵 1~10 粒不等散產，淺綠色，圓形，高約 0.8 mm，徑約 0.8 mm，10 月分卵期 4 ～ 5 日。

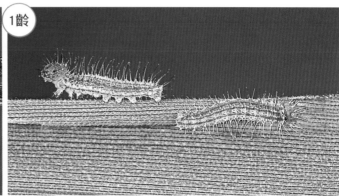

1 齡幼蟲，蟲體淺紅褐色，體長約 3mm。

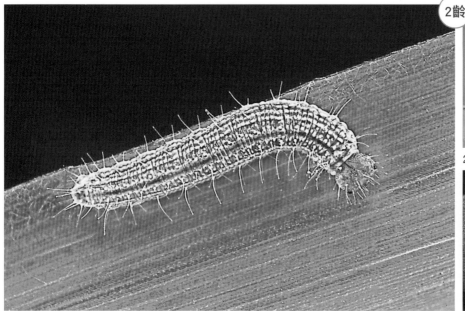

2 齡幼蟲背面，體長 6mm。

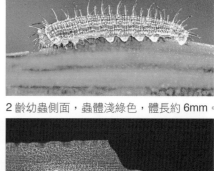

2 齡幼蟲側面，蟲體淺綠色，體長約 6mm。

2 眠幼蟲，體長 6.5mm。

3 齡幼蟲側面，體長約 9mm。幼蟲主要以禾本科多種軟質禾草的葉片為食。

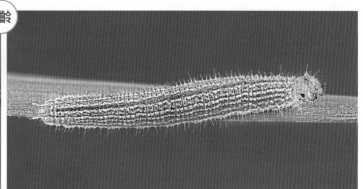

3 齡幼蟲背面，體長 9mm。

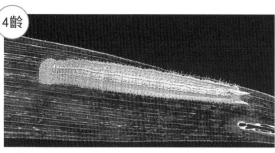

4 齡幼蟲背面，體長約 13mm。

4 齡幼蟲，褐色型，體長 14mm。

4 眠幼蟲，體長 15mm。

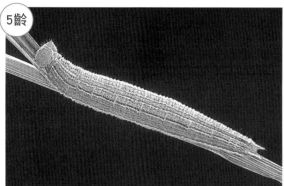

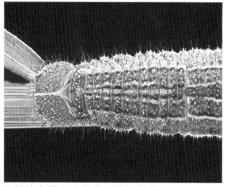

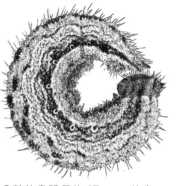

5 齡幼蟲（終齡），褐色型，體長 15 ～ 26 mm。

5 齡幼蟲頭至 1 節背面紋路特寫。

5 齡幼蟲體長約 17mm。幼蟲受到驚擾時，蟲體會落地捲曲假死行為。

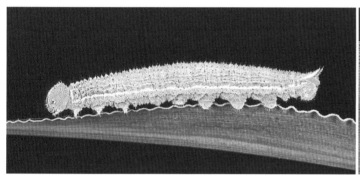

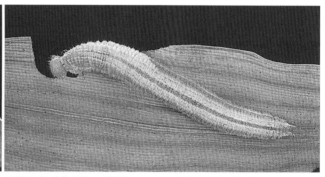

5 齡幼蟲（終齡）側面，體長 22mm。

5 齡幼蟲（終齡），體長 26mm，蟲體有綠色或褐色兩型。

5 齡幼蟲背面，體長 26mm，體表具有比體色較淡之條紋，以背中線及氣門線較明顯，尾端具有一對小錐突。

5 齡幼蟲（終齡）大頭照，頭寬約 2.5mm。

● 蛹

　　蛹為垂蛹，**有褐色或綠色**，體長約 13mm，寬約 5.5 mm。翅緣有深褐色條紋，中胸隆起呈現弧形狀，在第 1、2、3 節腹背具有 3 對淺黃色小斑點，在第 4 節腹背具有一長橫稜紋，5 節為短橫稜；常化蛹於食草或附近植物物體上等隱密藏所。6 月分蛹期 8 ～ 9 日。

前蛹（綠色型）蟲體倒垂，呈現「J」形狀。

蛹為垂蛹，綠色或褐色型，體長約 13mm，寬約 5.5 mm。

蛹側面，體長約 11mm，寬 4.5mm，6 月分蛹期 8 ～ 9 日。

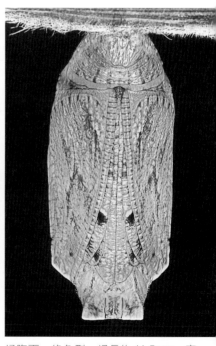

蛹背面，綠色型，體長約 11mm；在第 1、2、3 節腹背具有 3 對淺黃色小斑點。

蛹在第 4 節腹背具有一長橫稜紋，5 節為短橫稜。

蛹腹面，綠色型，蛹長約 11.5mm，寬約 5 mm。

● 生態習性／分布

　　一年多世代，小型蛺蝶，前翅長 18 ～ 22 mm，普遍分布於海拔 0 ～ 1800 公尺山區，全年皆可見，主要出現於 3 ～ 12 月。常見於淺山地林蔭濕潤的山徑、野溪路旁活動或於疏林、草叢間穿梭飛舞及追逐。成蝶飛行緩慢，警覺性低，是一種很容易親近的蝴蝶；喜愛展翅日光浴和吸食各種野花花蜜、腐果汁液、樹汁及濕地水分。

● 成蝶

　　密紋波眼蝶（臺灣波紋蛇目蝶）翅腹面為褐色，表面密布細波狀米白色斑紋，在前翅翅端具有1枚眼紋；後翅有3枚眼紋，眼紋呈現大、中、小排列。翅背面為褐色，**雄蝶♂**：前翅背面無眼紋或只見黑斑點，在基半部具有一片黑褐色發香鱗之雄性性徵。後翅亞外緣僅有1枚眼紋，此枚與腹面後翅第2枚相同。**雌蝶♀**：在前翅翅端有1枚與腹面相同的眼紋。

剛羽化休息中的雌蝶♀。從卵期4〜5日→幼蟲期約25日→蛹期8〜9日→羽化，整個生活史約40日。

雄蝶♂吸水。密紋波眼蝶為一年多世代，小型蛺蝶，前翅長18〜22 mm。

雌蝶♀。成蝶普遍分布於海拔0〜1800公尺山區，全年皆可見。

雌蝶♀覓食（夏型）。

雄蝶♂展翅曬太陽（夏型）。

雌蝶♀吸食大花咸豐草花蜜。

雌蝶♀正產卵於食草旁的植物。

長紋黛眼蝶（玉帶蔭蝶）

Lethe europa pavida Fruhstorfer, 1908

蛺蝶科／黛眼蝶屬

30 ～ 35 mm

● 卵／幼蟲期

卵單產，淺綠色或淺黃綠色，圓形，高約 1.3 mm，徑約 1.3 mm，9 月分卵期 3 ～ 4 日。雌蝶的產卵習性，常選擇幽靜涼爽竹林，將卵產於幼蟲食草葉背。

終齡 5 齡，體長 25 ～ 50mm。頭部卵形狀，密布淺黃白色細小突起，頭頂具有一對錐狀突起，突起先端淺橙紅色。蟲體綠色，體表具有黃色細條紋，氣孔淺褐色，尾端具有一對長突起。體色與竹葉的顏色相融合，在竹林中具有良好的隱藏與保護作用。

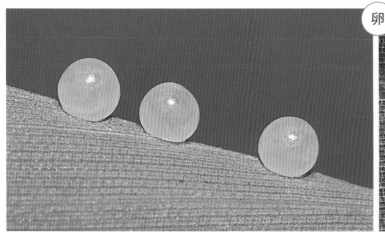

卵側面，淺綠色或淺黃綠色，圓形，高約 1.3 mm，徑約 1.3 mm，9 月分卵期 3 ～ 4 日。

卵人工套網時 7 粒聚產（俯視）。

剛孵化的 1 齡幼蟲正在吃卵殼，體長約 4mm，體色白色。

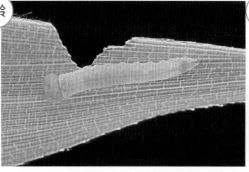

1 齡幼蟲背面，進食後蟲體由白轉淺黃色，體長約 5mm。

2 齡幼蟲，蟲體淺綠色，體長約 10mm。

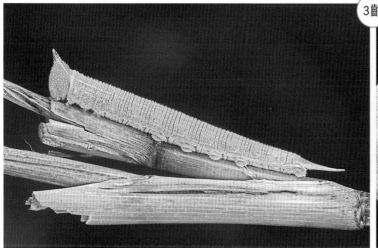

3 齡幼蟲側面，體長約 16mm，小突錐紅色。

3 眠幼蟲，體長約 18mm。

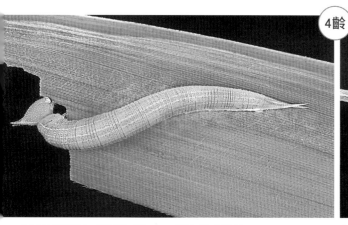

○4齡

4 齡幼蟲背面，體長約 23mm，正在咬食葉片。

4 齡幼蟲側面，體長約 23mm。

○5齡

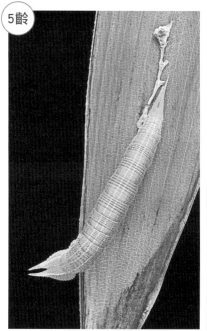

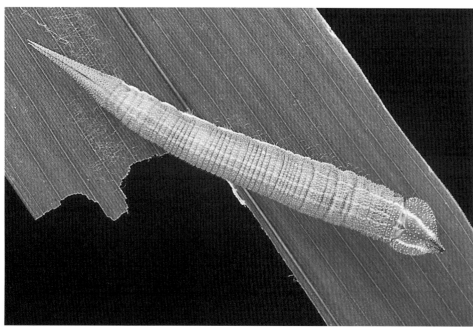

4 齡幼蟲蛻皮成 5 齡時，體長約 24mm。

5 齡幼蟲初期，體長約 27mm，頭寬約 4mm，頭頂有紅色錐突。

5 齡幼蟲（終齡後期），體長約 50mm。

5 齡幼蟲時期體長 25 ～ 50mm。體色與竹葉的顏色相融合，在竹林中具有良好的隱藏與保護作用。

5 齡幼蟲大頭照。頭部卵形狀，密布淺黃白色細小突起，頭頂具有一對錐狀突起，突起先端淺橙紅色。

● 蛹

蛹為垂蛹，有綠色或褐色，體長約 23mm，寬約 9mm。頭頂具有一對小錐突。中胸隆起角狀，腹背有兩排黃色小斑點，氣孔白色，頭部至前翅後緣有明顯或不明顯的黃色條紋；常化蛹於食草植物的隱密處。9 月分蛹期 8 ～ 9 日。

前蛹時蟲體倒垂，呈現「J」形狀。

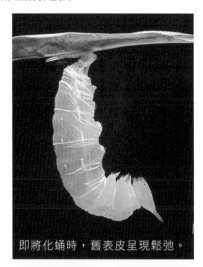

即將化蛹時，舊表皮呈現鬆弛。

蛻皮化蛹時從胸部開裂。

胸部

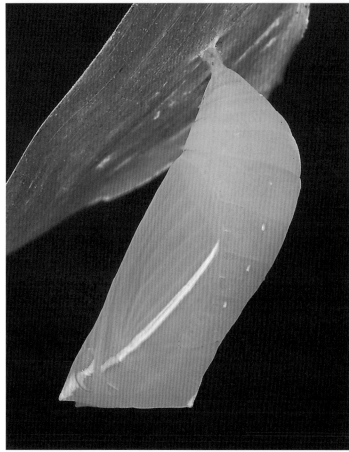

蛹有綠色或褐色，體長約 19mm。頭頂具有一對小錐突。中胸隆起角狀。9 月分蛹期 8 ～ 9 日。

蛹背面，體長約 19mm，寬約 8mm。腹部有兩排黃色小斑點。

● 生態習性／分布

一年多世代，中型蛺蝶，前翅長 30 ～ 35mm，普遍分布於海拔 0 ～ 1300 公尺山區，全年皆可見，主要出現於 3 ～ 11 月。以平地、淺山地幽靜的竹林附近最為常見。成蝶飛行迅速，機警靈敏；常活動於綠蔭幽靜的竹林、山林小徑或棲息於幽暗疏林及路旁，有時候，也會在豔陽高照之處活動。雄蝶具有領域性，常佔據一方，驅趕著其他不速之客。喜愛吸食腐果汁液、樹液、動物排泄物或溼地上的芬芳美味。

● 成蝶

　　長紋黛眼蝶（玉帶蔭蝶）雌雄白斜紋明顯有差異。翅腹面翅底為褐色，前翅中央具有一條白色粗斜紋；**雌蝶♀**：白色粗斜紋較寬而長，**雄蝶♂**：白色粗斜紋則窄而短。在前、後翅近翅基，具有一條白色細線條相連接，亞外緣各具有 6 枚排列成弧形的黑斑大眼紋。翅背面為暗褐色，**雄蝶♂**：前翅無粗斜紋。**雌蝶♀**：前翅具有白色粗斜紋。

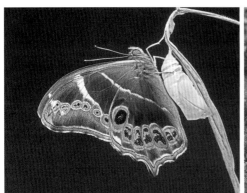
剛羽化休息中的雄蝶♂。

雄蝶♂吸水（黑化型）。

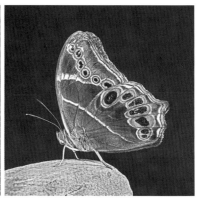
雄蝶♂。成蝶常活動於綠蔭幽靜的竹林、山林小徑或棲息於幽暗疏林及路旁。

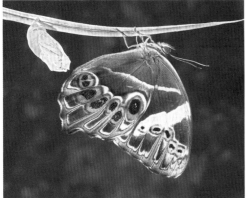
剛羽化休息中的雌蝶♀。

2 隻雄蝶♂覓食。雄蝶♂前翅腹面的白色粗斜紋窄而短，而前翅背面無粗斜紋。

雌蝶♀覓食。雌蝶♀翅腹面前翅中央具有一條白色粗寬斜紋。

雌蝶♀吸食腐爛的香蕉汁液。

雌蝶♀吸食糞便汁液。長紋黛眼蝶為一年多世代，中型蛺蝶，前翅長 30 ～ 35 mm，全年皆可見。

褐翅蔭眼蝶（永澤黃斑蔭蝶）

Neope muirheadii nagasawae Matsumura, 1919
蛺蝶科／蔭眼蝶屬 **特有亞種**

● 卵／幼蟲期

　　卵聚產，淺黃白色，圓形，高約 1.3 mm，徑約 1.3 mm，8 月分卵期約 7 日。雌蝶的產卵習性，常選擇涼爽濕潤環境，約 2 公尺以下低矮位置的幼蟲食草，將卵 30 ～ 80 粒不等聚產於葉背。

　　1 ～ 4 齡幼蟲明顯有群集性，往後隨著成長四處移動，而分散成三三兩兩在生活；4 ～ 5 齡會製作蟲巢加以隱蔽，以防天敵捕食。終齡 5 齡，體長 27 ～ 50mm。頭部褐色，密生細毛。蟲體褐色，背中線淡褐色，體側有淺黑褐色條紋，氣孔黑褐色，尾端具有一對小錐突。

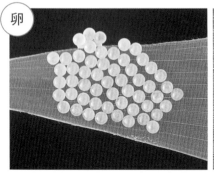
卵

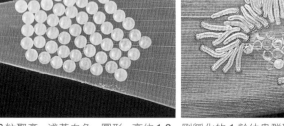

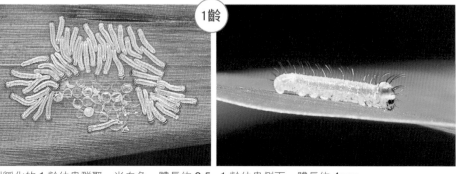
1齡

卵 56 粒聚產，淺黃白色，圓形，高約 1.3 mm，徑約 1.3 mm，8 月分卵期約 7 日。

剛孵化的 1 齡幼蟲群聚，米白色，體長約 3.5 mm。

1 齡幼蟲側面，體長約 4mm。

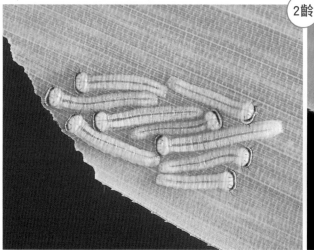

2齡

1 齡與 2 齡幼蟲群聚，體長 4.5~7mm。

2 齡幼蟲側面，蟲體淺黃色，體長約 7mm。

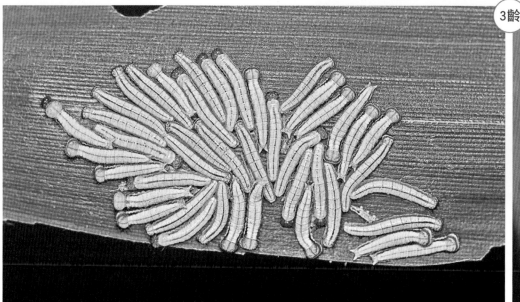

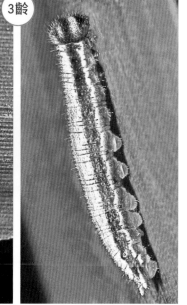
3齡

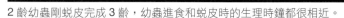
2 齡幼蟲剛蛻皮完成 3 齡，幼蟲進食和蛻皮時的生理時鐘都很相近。

3 齡幼蟲側面，體長約 13mm。

4 齡幼蟲，體長約 19mm。幼蟲以多種竹類的葉片為食，在中部山區多見選擇以桂竹為幼蟲食草。

4 齡幼蟲大頭照，體長約 21mm，頭寬約 3.2mm。

4 齡幼蟲蛻皮成 5 齡，體長約 27mm。

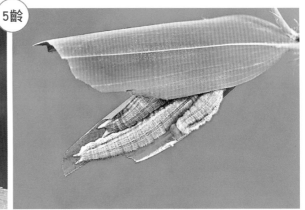

4 ～ 5 齡幼蟲會利用數枚竹葉片吐絲造巢來躲藏，只有在進食時才離巢，其餘時間皆躲藏在巢穴，以防天敵捕食。

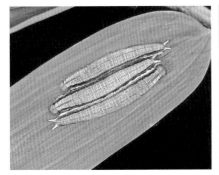

5 齡幼蟲（終齡）背面，體長約 50mm。蟲體褐色，背中線淡褐色，體側有淺黑褐色條紋，尾端具有一對小錐突。

5 齡幼蟲初期，體長約 33mm。

5 齡幼蟲大頭照，頭寬約 4.5mm，褐色，密生細毛。

● 蛹

　　蛹為垂蛹，深褐色，卵狀橢圓形，體長約18mm。蛹體有黑褐色斑紋，背中線明顯，腹部膨大，尾端具有一扁平錐狀的垂懸器，氣孔褐色；常

化蛹於蟲巢或附近低處等隱密場所。6月分蛹期8～9日。

前蛹時蟲體倒垂，呈現「J」形狀。

蛹為垂蛹，深褐色，卵狀橢圓形，體長約18mm。6月分蛹期7～8日。

蛹體有黑褐色斑紋，背中線明顯，腹部膨大，尾端具有一扁平錐狀的垂懸器，化蛹於蟲巢。

● 生態習性／分布

　　一年多世代，中型蛺蝶，前翅長36～40mm，普遍分布於**海拔0～2400公尺山區，全年皆可見，主要出現於3～12月**。常見於濕潤涼爽的竹林山徑、林緣及野溪路旁等處活動，或棲息於幽暗的林間及落葉堆中休憩；牠的外觀色澤與自然環境相融合，具有良好的保護色不易被發現。成蝶飛行迅速，靈敏機警；喜愛吸食樹液、腐果汁液，也常飛到地面上走動覓食，找尋落果、動物排泄物及吸水。

● 成蝶

　　褐翅蔭眼蝶（永澤黃斑蔭蝶）翅腹面為褐色或深褐色，前、後翅中央具有一條相連接之白色條紋，此條紋在低溫期時，某些個體會轉淡或近消失；在亞外緣，前翅具有4個眼紋，後翅具有8個眼紋。翅背面為褐色，前、後翅亞外緣具有黑褐色斑紋，**雌蝶♀**：斑紋較雄蝶♂多且明顯。

夏型雌蝶♀覓食。褐翅蔭眼蝶為一年多世代，中型蛺蝶，前翅長 36 ～ 40mm。

成蝶喜愛吸食樹液、腐果汁液，也常飛到地面上走動覓食，找尋落果、動物排泄物及吸水。

低溫型雄蝶♂吸食動物糞便汁液。

低溫型雄蝶♂。褐翅蔭眼蝶普遍分布於海拔 0 ～ 2400 公尺山區，全年皆可見。低溫型的斑紋變異大。

雄蝶♂覓食。成蝶常見於濕潤涼爽的竹林山徑、林緣及野溪路旁等處活動，牠的外觀色澤與自然環境相融合不易被發現。

切翅眉眼蝶（切翅單環蝶）

Mycalesis mucianus zonatus Matsumura, 1909
蛺蝶科／眉眼蝶屬

● 卵／幼蟲期

　　卵單產或聚產，淺綠白色，半透明狀，圓形，高約 0.9 mm，徑約 0.9 mm，5 月分卵期 4 ～ 5 日。雌蝶的產卵習性，常選擇涼爽疏林或林蔭路旁，低矮的幼蟲食草，將卵 1 ～ 8 粒不等產於葉背或植株上。

　　幼蟲期 2 ～ 4 齡在腹部尾端背面具有紅色條紋。終齡 5 齡，體長 21 ～ 32 mm。頭部黑褐色，頭頂具有一對小錐突。蟲體有褐色或綠色，體表具有淺條紋及斜斑紋，尾端也有一對小錐突，氣孔黑褐色。

卵

卵淺綠白色，半透明狀，圓形，高約 0.9 mm，徑約 0.9 mm。

人工套網時，卵聚產，5 月分卵期 4 ～ 5 日（俯視圖）。

1齡

2齡

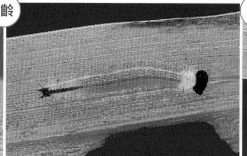
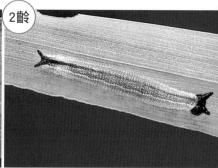

1 齡幼蟲側面，體長約 4mm。

1 眠幼蟲，體長 5mm。

2 齡幼蟲，蟲體淺綠色，體長約 7mm，腹部尾背有紅色斑紋出現。

3齡

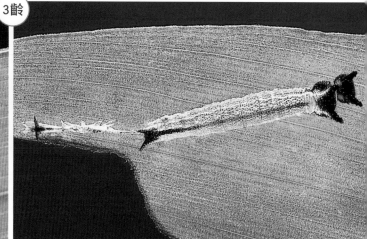

3 齡幼蟲，體長約 10mm，在腹部尾背具有紅色斑紋。

3 齡幼蟲蛻皮成 4 齡，體長 10mm。

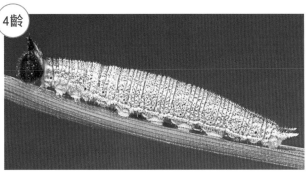

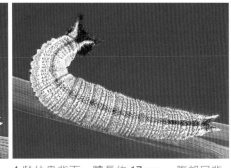

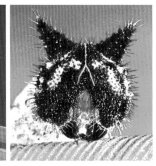

4齡

4 齡幼蟲側面，體長約 18mm，尾端具有一對小錐突。

4 齡幼蟲背面，體長約 17mm。 腹部尾背具有淺紅色斑紋。

4 齡幼蟲大頭照，頭寬約 3.1mm。

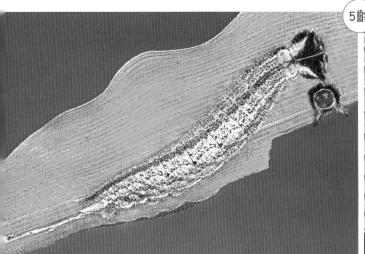

5齡

4 齡幼蟲蛻皮成 5 齡，體長約 20mm，蟲體轉為綠褐色，腹部尾端的紅斑紋消失。

5 齡幼蟲（終齡）背面，體長 21～37 mm。

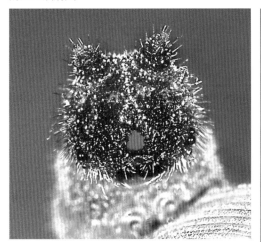

5 齡幼蟲大頭照。

5 齡幼蟲初期，體長 22mm。蟲體有褐色或綠色，體表具有淺條紋及斜斑紋。

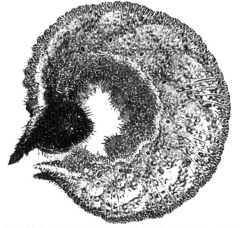

終齡幼蟲體長約 25mm。幼蟲受到驚擾時，蟲體會落地捲曲假死行為。

● 蛹

　　蛹為垂蛹，綠色，體長約 14 mm，寬約 6 mm。中胸隆起圓弧形，第 1~5 腹節背部有兩排米白色小斑點，氣孔米白色。常化蛹於低矮隱密植物及物體上。6 月分蛹期 7 ～ 8 日。8 月分從產卵至羽化約 30 天。

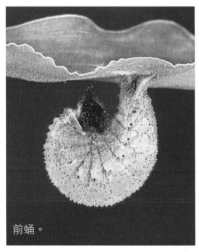

前蛹。

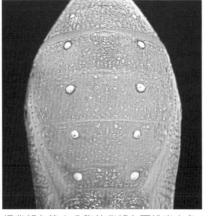

蛹背部在第 1~5 腹節背部有兩排米白色小斑點。

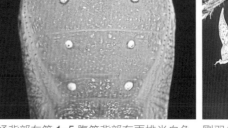

剛羽化休息中的雄蝶♂。8 月分從產卵至羽化約 30 天。

垂蛹，綠色，長約 14 mm，寬 6mm，中胸隆起圓弧形。

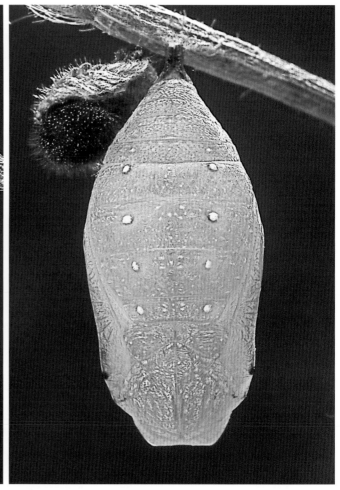

蛹背面。常化蛹於低矮隱密植物及物體上。6 月分蛹期 7 ～ 8 日。

● 生態習性／分布

　　一年多世代，中、小型蛺蝶，前翅長 24 ～ 27 mm，普遍分布於海拔 0 ～ 1500 公尺山區，全年皆可見，主要出現於 3 ～ 12 月。常活動於濕潤的林緣小徑、溪畔及竹林中飛舞嬉戲。牠的外觀色彩並不起眼似枯葉，與自然環境相融合具有良好的保護色。喜愛棲息於涼爽環境的草叢或林間幽暗處，最愛吸食樹液、野地落果及動物排泄物、濕地水分。

● 成蝶

切翅眉眼蝶（切翅單環蝶）的翅腹面為褐色，前翅翅端明顯截平呈現缺角狀；在亞外緣，前翅具有 2 枚眼紋，後翅具有 7 枚眼紋，及眼紋內側具有一條前、後翅相連接的米白色縱線，外緣有米白色弧狀條紋，腹面的眼紋在冬季低溫期明顯消退。翅背面為褐色，僅前翅具有 1 枚眼紋。**雄蝶♂**：在後翅前緣至基部有雄性性徵之灰白色長毛。本種主要辨識特徵：前翅翅端明顯截平呈現缺角狀。

雄蝶♂吸食腐果汁液。切翅眉眼蝶為一年多世代，中、小型蛺蝶，前翅長 24 ～ 27 mm。

雌蝶♀覓食，低溫型。成蝶在冬季低溫時期，腹面的眼紋明顯消退，外觀似枯葉，具有良好的保護色。

雌蝶♀展翅曬太陽。

雄蝶♂展翅曬太陽。

雄蝶♂覓食，低溫型。切翅眉眼蝶普遍分布於海拔 0 ～ 1500 公尺山區，全年皆可見。

雌蝶♀覓食（夏型）。

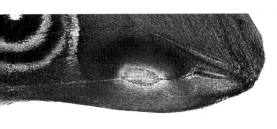

雄蝶♂在前翅腹面後緣具有橢圓形褐色性徵。

雄蝶♂覓食。切翅眉眼蝶前翅翅端明顯截平呈現缺角狀，為本種之特徵。

雄蝶♂在後翅背面近翅基具有一叢雄性褐毛。

暮眼蝶（樹蔭蝶）

Melanitis leda（Linnaeus, 1758）
蛺蝶科／暮眼蝶屬

34～38mm

● 卵／幼蟲期

卵聚產，淺米白色半透明狀，圓形，高約 1.0 mm，徑約 1.1 mm，10 月分卵期 3～4 日。雌蝶的產卵習性，偏愛選擇林蔭涼爽的疏林或路旁，將卵 1～10 粒不等，產於低矮蔭涼的幼蟲食草葉片上。

小幼蟲初期有群居性，3 齡以後漸分散生活。

終齡 5 齡，體長 26～46mm。頭部有綠色型或黑色型，密生短毛，頭頂具有一對長約 2.5mm 密生短毛的紅色至紅褐色棒狀突起。蟲體綠色，體表各節密生白色瘤狀小斑點與短毛，尾端具有一對長約 2.3mm 之錐突。氣孔米白色。

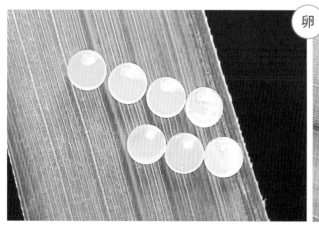
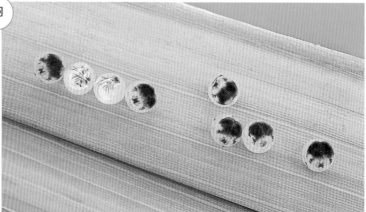

卵白色半透明狀，聚產，圓形，高約 1.0 mm，徑約 1.1 mm。

即將孵化的卵透明狀，隱約可見幼蟲外觀。10 月分卵期 3～4 日。

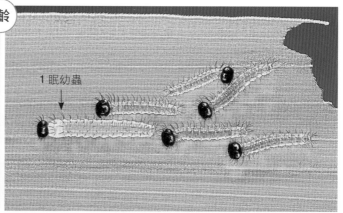

剛孵化出的 1 齡幼蟲，體長 2.8mm 正食卵殼。

1 齡幼蟲，體長 4mm 與 1 眠幼蟲，體長 5mm。

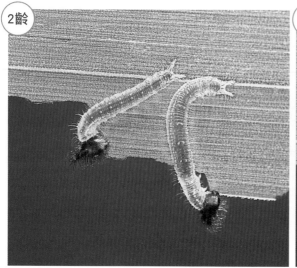
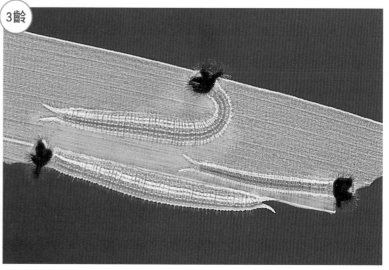

2 齡幼蟲，體長 6mm 與 7mm，正在咬食葉片。

3 齡幼蟲，體長 9mm 與 12mm，幼蟲期有聚集性，隨著齡期增加而逐漸分散各自生活。

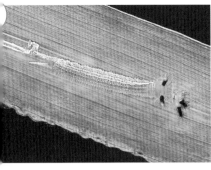

3 齡幼蟲蛻皮成 4 齡時體長 14mm。

4 齡幼蟲，頭部綠色型，體長 19mm。

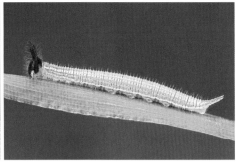

4 齡幼蟲，頭部黑色型，體長 20mm。

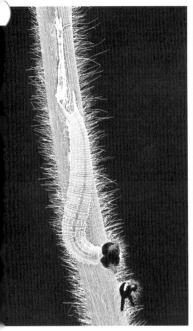

剛從 4 齡蛻皮成 5 齡幼蟲，體長約 25mm。

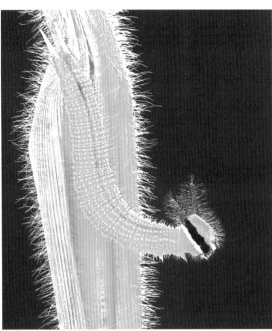

5 齡幼蟲，頭部綠色型，體長 36mm，蟲體綠色，體表各節密生白色瘤狀小斑點與短毛，尾端具有一對長約 2.3mm 之錐突。

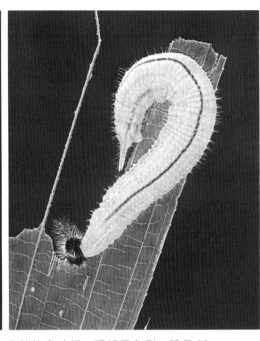

5 齡幼蟲時期，頭部黑色型，體長 26 ~ 46mm，正在食用黃藤。

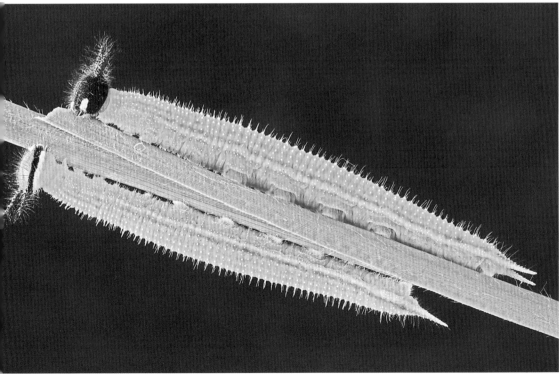

5 齡幼蟲側面（終齡）後期，體長 41mm。10月分 1 ~ 5 齡幼蟲期約 25 天。頭頂紅色毛刷狀突起，長約 2.5mm（上黑頭型，下綠頭型）。幼蟲可食50多種禾草葉片。

5 齡幼蟲（終齡）大頭照，綠色型。

5 齡幼蟲（終齡）大頭照，黑色型。

● 蛹

蛹為垂蛹，綠色，體長約 18mm，寬約 8mm。頭頂近平坦。中胸隆起圓弧形，腹部渾圓，外觀平滑無明顯特徵，氣孔白色。常化蛹於食草葉背或附近隱密場所。11 月分蛹期 8 ～ 10 日。

前蛹時蟲體倒垂，呈現「J」形狀。

蛹側面，蛹長約 19mm，寬約 7mm。

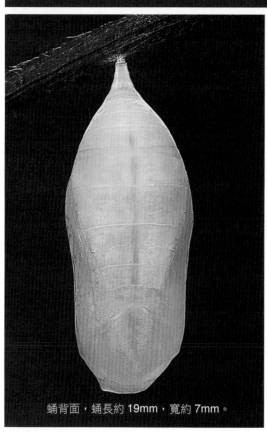

蛹背面，蛹長約 19mm，寬約 7mm。

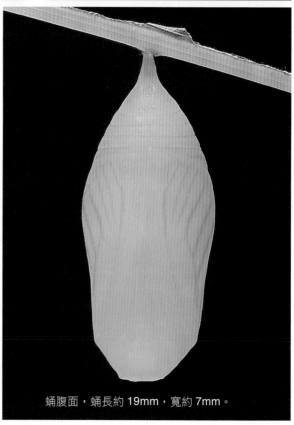

蛹腹面，蛹長約 19mm，寬約 7mm。

● 生態習性／分布

一年多世代，中型蛺蝶，前翅長 34 ～ 38mm，普遍分布於海拔 0 ～ 1000 公尺山區，全年皆可見，主要出現於 3 ～ 11 月，以中、南部較常見。喜愛棲息於蔭涼乾燥環境，晨昏時段活動較多，晚上會有趨光行為。常低飛至地面上走動覓食，搜尋著芬芳美味；最喜愛吸食樹液、腐果汁液及動物排泄物、濕地水分。

● 成蝶

　　暮眼蝶（樹蔭蝶）雌雄的外觀和斑紋相仿。翅腹面為褐色，表面密布細鱗紋，前、後翅亞外緣有黑色橙環之眼紋（眼紋數個體不一）；在冬季低溫期，眼紋明顯變淡而縮小。翅背面為暗褐色，在前翅翅端具有黑眼紋，斑紋內有 2 個大小不一的白色斑點；而下方小白點位在眼紋的中央為本種之特徵。可藉此與森林暮眼蝶（黑樹蔭蝶）做區別。

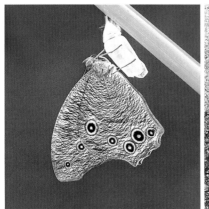
剛羽化休息中的雌蝶♀（夏型）。

雌蝶♀。成蝶前翅展開時寬 5.5~6.5 公分。

雌蝶♀覓食，夏型。雌蝶一生約可產 300 粒卵。

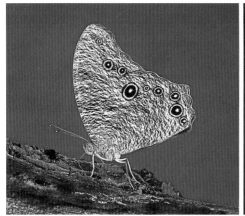
雄蝶♂覓食，夏型。

雄蝶♂冬型。暮眼蝶喜愛吸食樹液、腐果汁液及動物排泄物、濕地水分。

雄蝶♂覓食。冬型之個體斑紋與色澤變異頗大。

雄蝶♂覓食。冬型之個體斑紋變異。

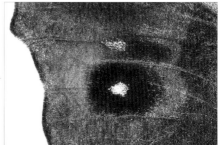
翅背面，左前翅，翅端下方眼紋白斑置中為本種之特徵。

雄蝶♂冬型，展翅曬太陽。

森林暮眼蝶（黑樹蔭蝶）

Melanitis phedima polishana Fruhstorfer, 1908
蛺蝶科／暮眼蝶屬　特有亞種

35 ～ 38 m

● 卵／幼蟲期

　　卵聚產，淺黃白色，圓形，高約 1.0 mm，徑約 1.1 mm，外觀宛若珍珠般晶瑩美麗，9 月分卵期3 ～ 4 日。雌蝶的產卵習性，喜愛選擇林蔭環境，將卵 1 ～ 10 粒不等，產於蔭涼低矮的幼蟲食草葉背上。

　　小幼蟲初期有群居性，3 齡以後漸分散生活。

終齡 5 齡，體長 28 ～ 45mm。頭部寬約 3.5mm，綠色或黑色型，具有短毛，兩側有組黑白色條紋；頭頂具有一對密生短毛的黑色或紅褐色棒狀突起。蟲體綠色，體表密布白點和短毛，尾端具有一對錐狀突，氣孔米白色。

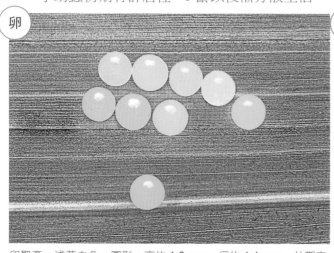

卵

卵聚產，淺黃白色，圓形，高約 1.0 mm，徑約 1.1 mm，外觀宛若珍珠般晶瑩美麗，9 月分卵期 3 ～ 4 日。

1齡

1 齡幼蟲，體長約 3.3mm。頭部黑色，蟲體白色。

2齡

2 齡幼蟲，蟲體淺綠色，體長約 7mm。

3齡

3 齡幼蟲聚集。幼蟲初期有群集性，往後隨著齡期成長而分道揚鑣生活。

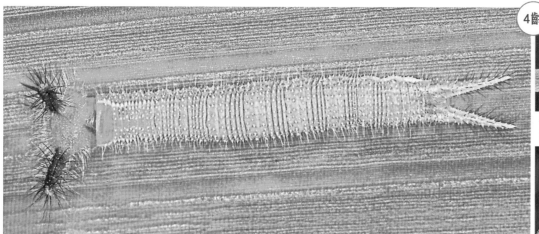

4 齡幼蟲背面，綠頭型，初期階段體長約 17 mm。 野外在森林野徑的棕葉狗尾草上，所找到的蝶蟲，多數為本種的幼蟲。幼蟲可食30種禾草葉片。

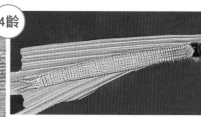

4齡

4 齡幼蟲背面，黑頭型，體長約 23mm。

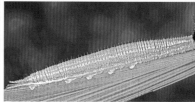

4 齡幼蟲側面，黑頭型，體長約 23mm。1 ～ 5 齡幼蟲期約 26 天。

4 齡幼蟲蛻皮成 5 齡時，體長約 26mm。

5 齡幼蟲皆段，體長 28 ～ 45mm。

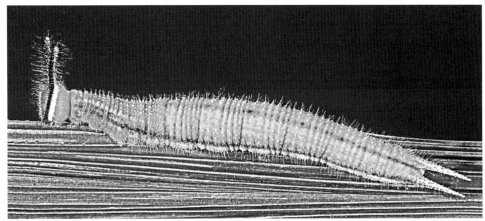

5 齡幼蟲，體長約 40mm。蟲體綠色，體表密布白點和短毛，尾端具有一對錐狀突。

5 齡幼蟲（終齡）背面，體長約 45mm。 幼蟲主要以禾本科多種軟質禾草的葉片為食。

▶ 5 齡幼蟲（終齡）白邊型，側面大頭照。

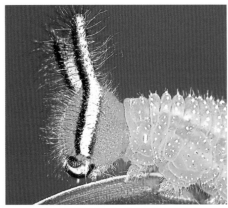

◀ 5 齡幼蟲大頭照，白邊型，正面。

▶ 5 齡幼蟲大頭照，黑邊型，頭寬約 3.5mm。

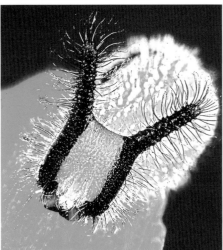

◀ 5 齡幼蟲（終齡）大頭照，黑頭型。

● 蛹

蛹為垂蛹，綠色，體長約 20 mm，寬約 8 mm。胸部微凸，腹部渾圓，外觀無明顯特徵，氣孔白色；常化蛹於食草植物葉背或附近隱密場所。10 月分蛹期 8 ～ 9 日。

前蛹時蟲體倒垂，呈現「J」形狀。

夏型雄蝶♂在前翅翅端無角突、無眼紋；外觀模擬成枯葉或枯樹皮狀。

剛羽化休息中的夏型雌蝶♀。

蛹背面，體長約 17.5 mm，寬約 7 mm。

蛹側面。長約 17mm，寬約 7.7mm。前翅隱約可見 4 條暗斜紋。

● 生態習性／分布

一年多世代，中型蛺蝶，前翅長 35 ～ 38 mm，普遍分布於海拔 0 ～ 1400 公尺山區，全年皆可見，主要出現於 3 ～ 11 月，以中、南部較常見。常見於蒼翠綠蔭的林道小徑或幽靜竹林等處活動。成蝶飛行迅速，機警靈敏；外觀形態和色澤與暮眼蝶（樹蔭蝶）很相似，都模擬成枯葉或枯樹皮狀，與自然環境相融合成良好的保護色。喜愛棲息於樹林內或林緣草叢等處幽暗濕潤的環境；最愛吸食樹液和腐果汁液、動物排泄物，也常飛至地面上走動尋尋又覓覓，找尋著芬芳美味。

● 成蝶

森林暮眼蝶（黑樹蔭蝶）的翅腹面為暗褐色，色澤變異大，翅基至基半部周圍色澤較深，亞外緣較淺，且有一列黃褐色眼紋。翅背面為暗褐色，在前翅翅端具有黑眼紋，斑紋內有 2 個大小不一的白色斑點；而下方小白點，位在斑紋的外側為本種之特徵，後翅外緣有一明顯短尾突。雌雄的外觀形態相仿，**雌蝶♀**：色澤較雄蝶♂淡，體型略大。**雄蝶♂**：在前翅翅端高溫型無角突、無眼紋，低溫型有角狀突。辨識雌雄可從外生殖器做辨別。

森林暮眼蝶是中型蛺蝶，前翅展開時寬 5.6 ～ 6.6 公分，圖為翅背無眼斑型，翅端角突消失之夏型雄蝶♂。

雄蝶♂吸食腐果汁液。翅腹面為暗褐色至紅褐色，色澤變異大。

雄蝶♂吸食腐果汁液。

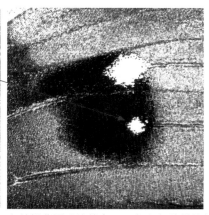

雄蝶♂展翅。在前翅翅端具有黑眼紋，斑紋內有 2 個大小不一的白色斑點。

夏型雌蝶♀展翅曬太陽。

右前翅背面眼紋特寫。下方白斑點偏外側為本種之特徵。

雄蝶♂，冬型個體間斑紋與色澤變異大。

交配（左♀右♂），由於交尾時必須消耗許多體力，左邊的雌蝶正在吸食從樹上掉下的落果汁液。

臺灣斑眼蝶（白條斑蔭蝶）

Penthema formosanum（Rothschild, 1898）
蛺蝶科／斑眼蝶屬　臺灣特有種

48～53mm

● 卵／幼蟲期

卵單產，淺綠白色或淺黃白色，卵圓形，高約 1.4 mm，徑約 1.6 mm。雌蝶的產卵習性，常選擇林蔭涼爽的竹林環境，將卵產於約人高以上的幼蟲食草葉背。

終齡 6 齡，體長 50～70mm。頭部褐色，三角狀卵形；頭頂具有一對長約 10mm 並列的長錐突。

蟲體褐色，體表在第 1～7 節腹背兩側各有藍色小斑點，尾端具有一對 13mm 長錐突。氣孔黑褐色。幼蟲在冬季低溫期會停止進食而休眠，休眠期約 4 個月，待至隔年的春暖時節，才開始恢復活動與化蛹。

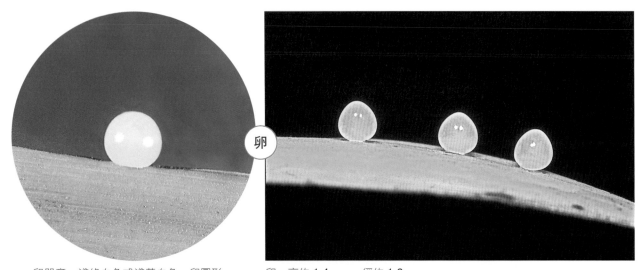

卵

卵單產，淺綠白色或淺黃白色，卵圓形。

卵，高約 1.4 mm，徑約 1.6 mm。

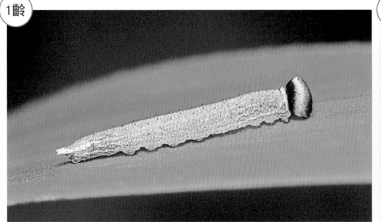

1齡

1 齡幼蟲頭頂無錐突，蟲體淺黃色，體長約 4.5mm。

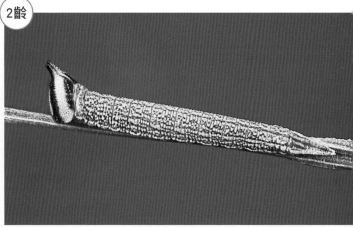

2齡

2 齡幼蟲，蟲體淺綠色，體長約 9mm，頭頂發育出小錐突。

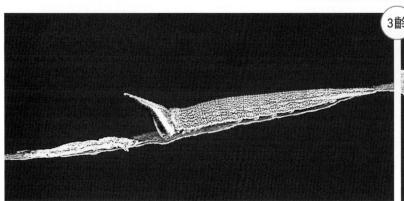

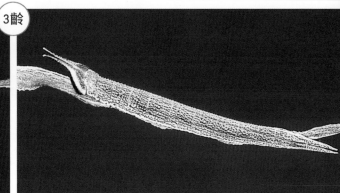

3齡

2 齡幼蟲蛻皮成 3 齡時，體長約 14 mm。

3 齡幼蟲，體長約 17mm，頭頂與尾端明顯具有小錐突。

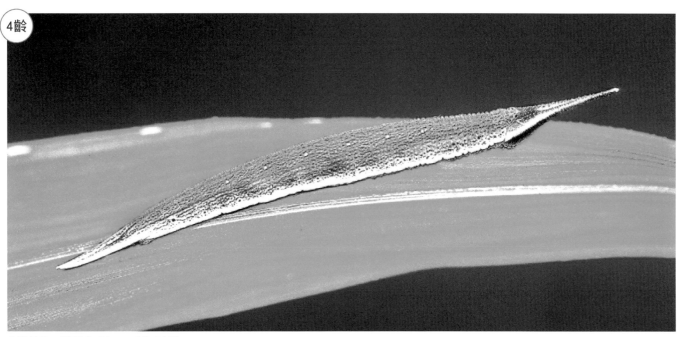

4 齡幼蟲，體長約 24mm（綠色型）。

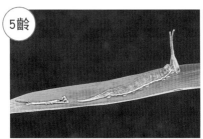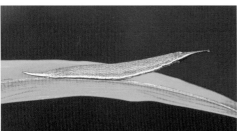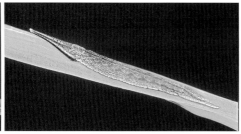

4 齡幼蟲蛻皮成 5 齡時，體長約 30mm。

5 齡幼蟲背面，綠色型，體長約 35mm。

5 齡幼蟲，褐色型，體長約 36mm。

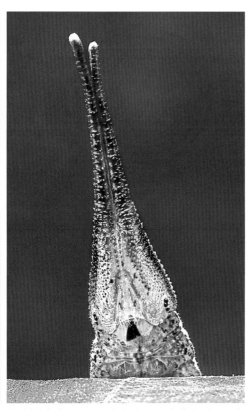

6 齡幼蟲（終齡），體長約 70mm。

6 齡幼蟲（終齡）背面，體長約 62mm。幼蟲的整體外形像似一片枯黃的小竹葉，與自然環境相融合；在枝葉繁茂的竹林中，具有良好保護作用。

終齡幼蟲大頭照，頭部褐色，三角狀卵形，頭寬約 3mm，頭頂有 1 對長約 7mm 突起。

● 蛹

　　蛹 為 垂 蛹，
褐色，外觀模擬成
枯竹葉狀，體長約
46mm。頭頂具有一
對並列的長錐突，腹
部 在 第 1 ～ 7 節 腹
背具有兩排藍色小斑
點；常化蛹於枝條或
葉背上等隱密場所。

前蛹時蟲體倒垂，呈現　剛羽不久在休息的雌蝶♀。　剛羽化休息中的雄蝶♂。
「1」形狀。

蛹的外觀模擬成枯竹葉狀，體長約 46mm。頭頂具有一對並列的長　蛹側面，垂蛹，褐色。
錐突，腹部在第 1 ～ 7 節腹背具有兩排藍色小斑點。

● 生態習性／分布

　　一年多世代，中、大型蛺蝶，前翅長 48 ～ 53mm，普遍分布於海拔 200 ～ 1500 公尺山區，全年皆可見，主要出現於 3 ～ 11 月，以綠蔭幽靜的竹林山徑、野溪旁較為常見。成蝶飛姿輕盈，優雅大方；常穿梭於竹林間曼妙飛舞或低飛至地面上尋覓食物。喜愛吸食樹液、落果、小動物排泄物、屍體及濕地水分，有時候也會在樹梢展開羽翼享受曬太陽。

● 成蝶

臺灣斑眼蝶（白條斑蔭蝶）外觀斑紋特殊，無相似種，在野外極易辨識。雌雄斑紋及色澤相近，**雌蝶♀**：體型比雄蝶♂略大。翅腹面為褐色，前、後翅亞外緣具有弧形排列的白色斑紋，基半部分布著長條形白色條紋。翅背面為黑褐色，前、後翅的白色斑紋和色澤對比強烈，比腹面清晰明顯。本種體型大，辨識雌蝶♀可直接由外生殖器做辨識。

雌蝶♀覓食。

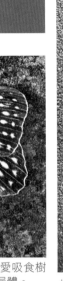

雄蝶♂覓食。臺灣斑眼蝶喜愛吸食樹液、落果、小動物排泄物、屍體。

雌蝶♀覓食落果汁液。

雄蝶♂。臺灣斑眼蝶為臺灣眼蝶亞科中體型最大者，外觀斑紋特殊，無相似種。

雄蝶♂。成蝶飛姿輕盈，優雅大方；常穿梭於竹林間曼妙飛舞或低飛至地面上尋覓食物。

◀雄蝶♂曬太陽。臺灣斑眼蝶為一年多世代，中、大型蛺蝶，前翅展開時寬 7.5 ～ 8.5 公分。

藍紋鋸眼蝶 （紫蛇目蝶）

Elymnias hypermnestra hainana Moore, 1878

蛺蝶科／鋸眼蝶屬

35～38mm

● 卵／幼蟲期

　　卵單產，初產淺黃白色，發育後漸漸轉為黃色，圓形，高約 1.5 mm，徑約 1.5 mm，7 月分卵期 3 ～ 4 日。雌蝶的產卵習性，常選擇濕潤林蔭的幼蟲食草，將卵產於葉背、新葉及新芽上。1 ～ 4 齡幼蟲的外觀差異不大。

　　終齡 5 齡，體長 28 ～ 44mm。頭部紅褐色，密生深紅褐色小斑點，頭頂具有一對深紅褐色錐突。蟲體綠色，體表具有數條黃色條紋，尾端有一對長約 6 mm 的長錐突，氣孔淺黃色。

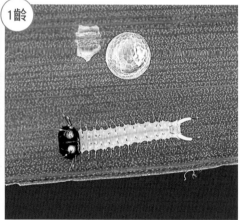

卵單產，初產淺黃白色，圓形，高約 1.4 mm，徑約 1.4 mm。

卵發育後漸漸轉為黃色，卵期 3 ～ 4 日。

1 齡幼蟲，蟲體淺黃色，體長約 4.5mm。

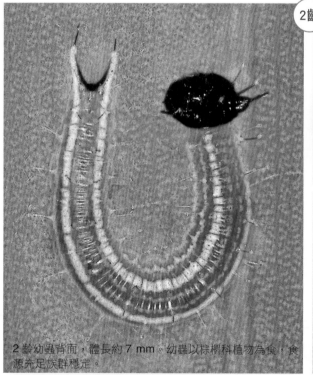
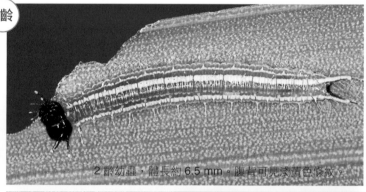

2 齡幼蟲，體長約 6.5 mm。腹背可見淺黃色條紋。

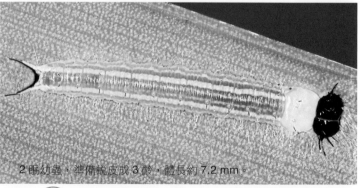

2 齡幼蟲背面，體長約 7 mm。幼蟲以棕櫚科植物為食，食源充足族群穩定。

2 眠幼蟲，準備蛻皮成 3 齡，體長約 7.2 mm。

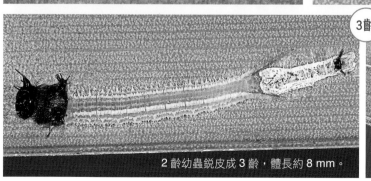
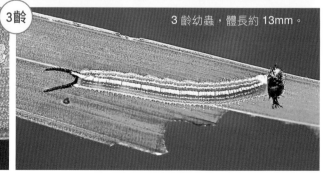

3 齡幼蟲，體長約 13mm。

2 齡幼蟲蛻皮成 3 齡，體長約 8 mm。

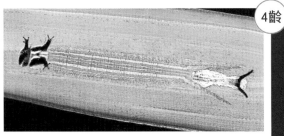

3 齡幼蟲蛻皮成 4 齡，體長約 18 mm。

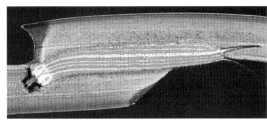

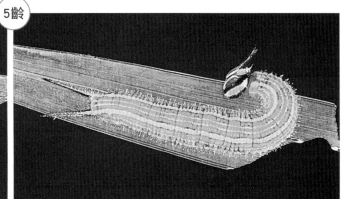

4 眠齡幼蟲，準備蛻皮成 5 齡，頭後可見黃色新頭型 4 齡幼蟲，體長約 22mm。蟲體可見鮮黃色細條紋。幼蟲可食30種植物葉片。
形成，體長約 29mm。

5齡

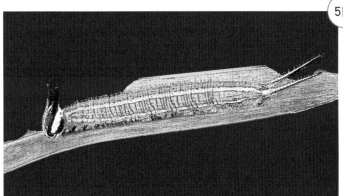

5 齡幼蟲階段，體長 28 〜 44mm。

5 齡幼蟲，體長約 38mm，尾端具有一對長約 6mm 的長錐突。

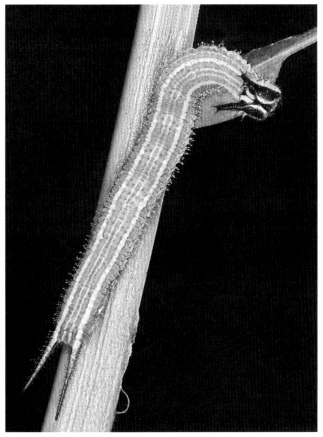

5 齡幼蟲（終齡）背面，體長約 40mm。蟲體綠色，體表具有
數條黃色條紋。

5 齡幼蟲大頭照。頭部紅褐色，密生深紅褐色小斑點，頭頂具有一對深
紅褐色錐狀突起。

● 蛹

蛹為垂蛹，綠色，體長約 22 mm，寬約 7.5 mm。頭頂有一對小錐突，中胸隆起角狀稜突，體表具有鮮明的黃色和紅色所構成的條狀斑紋，外觀

獨特美麗無相似種；常化蛹於食樹葉背。氣孔淺米白色。9月分蛹期 7 ～ 8 日。

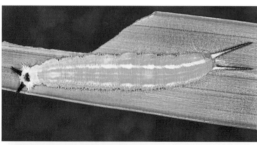

◀ 前蛹。前蛹時體長縮至約 35mm，體色轉淡。略貼近葉片斜平行狀。

▶ 蛹頭、胸部側面特寫。頭頂有一對小錐突，中胸角狀稜突，體表具有鮮明的黃色和紅色所構成的條狀斑紋。

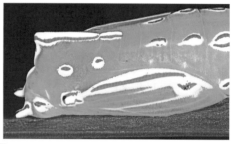

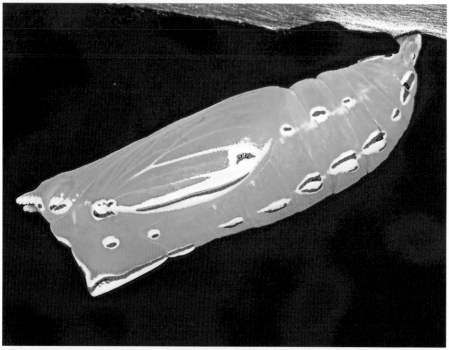

◀ 蛹側面。垂蛹，綠色，體長約 22mm，寬約 7.5 mm，外觀獨特美麗無相似種。

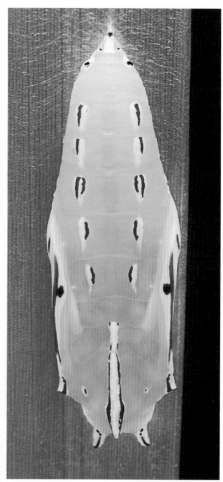

蛹背面，淺黃綠色型。體長約 22mm，寬約 7.5 mm。

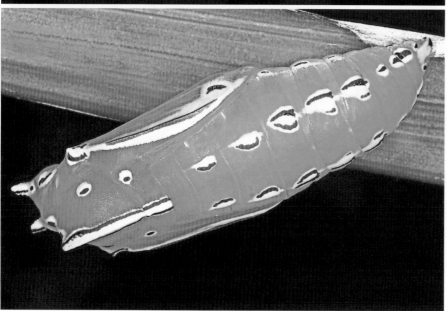

◀ 蛹背面，體長約 22mm。體表具有鮮明的黃色和紅色所構成的條狀斑紋。

● 生態習性／分布

一年多世代，中型蛺蝶，前翅長 35 ～ 38mm，普遍分布於海拔 0 ～ 1100 公尺山區，全年皆可見，主要出現於3～12月，以中、南部較常見。

成蝶飛行緩慢，警覺性低，外觀深褐色並不顯眼，較不為人所青睞。喜愛吸食樹液、腐果汁液及地面落果、小型生物屍體汁液、動物排泄物、濕地吸水。

● 成蝶

　　藍紋鋸眼蝶（紫蛇目蝶）的翅腹面為深褐色，且分布著灰白色細鱗紋，翅端具有三角狀白斑；亞外緣有灰白色帶狀紋。翅背面雌雄外觀明顯不同，**雄蝶♂**：翅為紫黑色光澤，前翅亞外緣具有弧狀藍紫色斑紋；後翅無白斑，亞外緣為橙褐色。在前翅腹面具有特化鱗，背面具有黑色性斑；在後翅背面具有褐色毛叢之雄性性徵。**雌蝶♀**：翅背面為深紫褐色光澤，前、後翅亞外緣皆有淺紫白色斑點。因此，雌雄蝶可藉此簡易做辨識。

剛羽化休息中的雌蝶♀。

冬型雌蝶♀。

冬型雌蝶♀展翅。

雄蝶♂吸食小動物排泄物汁液。

兩隻雄蝶♂正在共享蝸牛屍體汁液。中部南投縣國姓、魚池、雙冬一帶因廣植檳榔為經濟作物，因此在此隨處可見藍紋鋸眼蝶在檳榔園翱翔飛舞、追逐。

雄蝶♂正在吸食螃蟹屍體汁液。大自然裡是個弱肉強食的世界，即便是死亡，屍體也沒被浪費掉。

雄蝶♂覓食。冬型的腹面具有灰紅色縱帶。

雄蝶♂右後翅。背面翅基具有一叢黑褐色長約 9mm 毛束性徵。

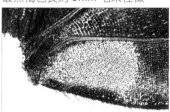

雄蝶♂右前翅。腹面翅基具有寬約 3.5mm 灰白色特化鱗。

交配（左♂右♀），藍紋鋸眼蝶為一年多世代，中型蛺蝶，前翅長 35 ～ 38mm，普遍分布於海拔 0 ～ 1100 公尺山區，全年皆可見。

粉蝶科 Pieridae

粉蝶科的卵，有單產或聚產。形狀多為橢圓形至長橢圓形，卵表有縱脈紋與淺橫紋，顏色有白色、淺黃至黃色、橙色等各種不同色澤。卵的直徑 0.35 mm～0.9 mm，高 1.4 mm～2.0mm 之間。幼蟲約有 5～10 個齡期，通常以 5 齡較多見。蛹為帶蛹，蛹表色澤多樣，顏色會因依附環境與場所而有所不同，多見以綠色系與褐色系及部分為黑褐色、黃色等色澤。成蝶的體型中、小

型，展翅時寬 3～9 cm，在跗節尾端的爪皆為二分叉狀。目前臺灣產，最小的粉蝶為：纖粉蝶（黑點粉蝶）；最大者為：橙端粉蝶（端紅蝶）。

成蝶的族群分布，從濱海、平地至中、高海拔皆有分布，有一年一世代及多世代的，少部分為雌雄異型，外觀宛若兩種不同蝶種。成蝶的外觀色彩，多見以淺色系的黃、白色為主體，再搭配紅、橙、黑等色彩圖騰，而鱗片結構宛如粉末般易脫落，故稱名「粉蝶」。其食性野外多見選擇以花蜜和水分為食。雌蝶偏愛於幼蟲食草附近或疏林、林緣活動；雄蝶則喜愛三五成群聚集於

【粉蝶科幼蟲食草】

芥藍。

假含羞草。

鐵色。

白花菜。

鐵掃帚。

魚木。

光果翼核木。

埔姜桑寄生，寄生於朴樹。

蓮實藤（喙莢雲實）。

翼柄決明。

甘藍。

臺灣假黃楊。

毛胡枝子。

平伏莖白花菜。

翼核木。

金龜樹。

河床、溪畔溼地吸水和飛舞。

臺灣產粉蝶科的幼蟲食草族群眾多，在臺灣一萬多種植物中（含外來種），僅選擇少數科別中的幾種植物為食。2016 APG IV 臺灣種子植物的親緣分類，據文獻記載有以：「疊珠樹科、小蘗科、十字花科、豆科、山柑科、白花菜科、胡頹子科、桑寄生科、葉下珠科、非洲核果木科（假黃楊科）、鼠李科、檀香科、金蓮花科」等，目前約有 13 種植物科別為食的觀察記錄。幼蟲多見棲於葉表及莖上，有單獨或群聚性，也衍生出一套自我求生的本能，體色以綠色系較為多見；常與幼蟲食草的葉片色澤相融合，成良好的保護色。少數族群會選擇生活在半空中的桑寄生科植物為食，其蟲體具有長柔毛及鮮明的色彩，外觀擬態（mimicry）成毒蛾的幼蟲，摹擬得唯妙唯肖做偽裝保護，非常耐人尋味，不由地佩服自然的奧妙啊！

迄今，全世界各地所發現的粉蝶種類，約計1120 多種，臺灣約有 35 種，本書共紀錄 18 種粉蝶。

葶藶。

蘿蔔。

搭肉刺。

金葉黃槐。

阿勃勒。

花旗木（絨果決明）。

大葉桑寄生，寄生於黃蓮木。

佛來明豆。

西洋白花菜（醉蝶花）。

合萌。

小白菜。

頷垂豆。

臭薺。

毛瓣蝴蝶木。

白豔粉蝶（紅紋粉蝶）

Delias hyparete luzonensis（C. & R. Felder, 1862）

粉蝶科／豔粉蝶屬

32～36 mm

● 卵／幼蟲期

卵聚產，淺黃色，橢圓形，高約 1.5 mm，徑約 0.6 mm，卵表具黏液與細縱稜，9 月分卵期 4～5 日。雌蝶的產卵習性，常會在幼蟲食草族群上空觀察徘徊許久，等找到安全理想位置時，將卵 10～30 粒不等，東倒西歪散亂聚產於桑寄生的葉片上。

終齡 5 齡，體長 20～42mm。頭部和尾端黑色，具有黃毛。蟲體黃色，體表各節疏生黃色細長柔毛，氣孔淺褐色。幼蟲有群集性，從幼蟲孵化至化蛹到羽化，生命週期都很相近，與豔粉蝶（紅肩粉蝶）的習性和食性也很相近，但數量上卻遠不及豔粉蝶族群。

卵

卵 10～30 粒不等聚產，淺黃色，橢圓形，高約 1.5 mm，徑約 0.8m。卵表具黏液。

1齡

剛孵化的 1 齡幼蟲，黃色，體長約 2.8mm，密生黃毛。

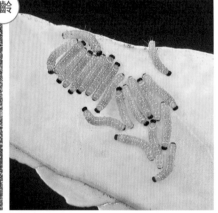

1 眠幼蟲群聚，黃色，體長約 4.5mm。

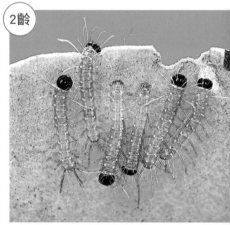

2齡

2 齡幼蟲群聚，體長約 5mm。

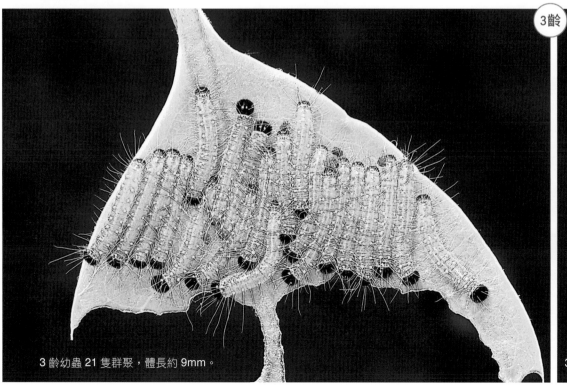

3齡

3 齡幼蟲 21 隻群聚，體長約 9mm。

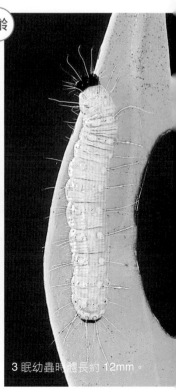

3 眠幼蟲時體長約 12mm。

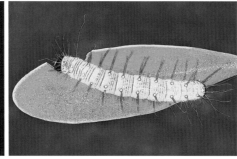

4 齡

4 齡幼蟲 17 隻群聚，體長約 18mm。　4 齡幼蟲，體長約 19mm，正在咬食埔姜桑　4 眠幼蟲，體長約 19mm。
寄生葉片。

5 齡

4 與 5 齡幼蟲 11 隻群聚於大葉桑寄生葉片。　5 齡幼蟲（終齡）初期，體長約 23mm，棲息於埔姜桑寄生。

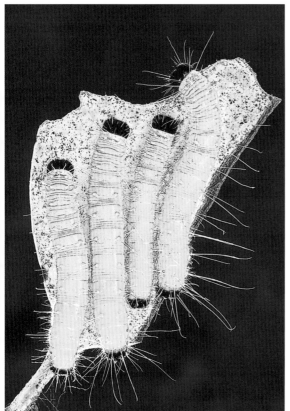

5 齡幼蟲群聚，體長 20 ～ 42mm。幼蟲期皆黃色，　5 齡幼蟲大頭照，頭部黑色，寬約 3.5mm，具長黃毛。
體表各節疏生黃色細長柔毛。

● 蛹

蛹為帶蛹，黃色，體長約 25mm，寬約 8mm。頭頂具有一黑短突與 1 對黃色小突。在 1、3、4 腹節兩側各有一對黑斑點，腹背中央 4~7 腹節有一排黑斑點與尾端 1 枚大黑斑，蛹腹底泛黑色，常三、五成群聚集化蛹於食草葉背或樹幹、枝條上。氣孔米色。8 月分蛹期 8 ～ 9 日。

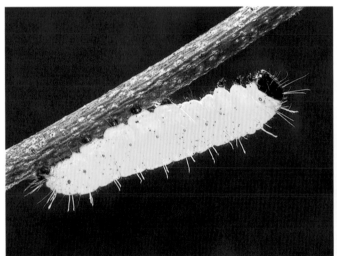

前蛹時體長縮至約 24mm。

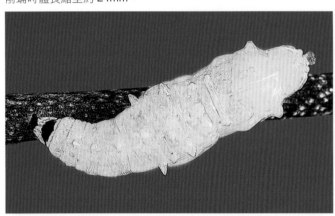

剛蛻完皮的蛹為黃色，黑斑未出現。

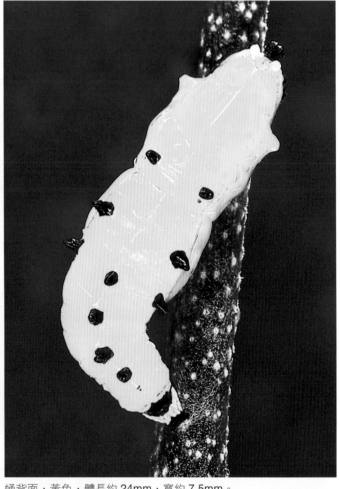

蛹背面，黃色，體長約 24mm，寬約 7.5mm。

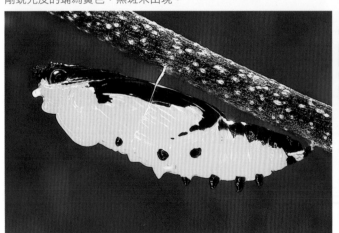

蛹側面，體長約 24mm，8 月分蛹期 8 ～ 9 日。

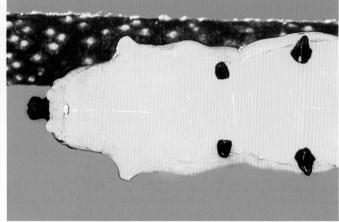

蛹頭、胸部特寫。頭頂具有一黑短突與 1 對黃色小突。

● 生態習性／分布

一年多世代，中型粉蝶，前翅長 32 ～ 36mm，分布於海拔 100 ～ 1600 公尺山區，全年皆可見，主要出現於 3 ～ 12 月。幼蟲在夏季高溫期，受到感染與寄生的比例頗高，且僅以桑寄生科特定幾種植物為食，成蟲和食草並不普遍，而棲息環境也受限於食草植物族群分布之多寡，來決定命運。成蝶喜愛吸食各種野花花蜜，以桑寄生植物族群的林緣山徑、果園路旁較有機會一親芳澤；其外觀亮麗美艷動人，飛姿輕盈婀娜多姿，是愛蝶雅士眼中的夢幻蝴蝶。

● 成蝶

　　白豔粉蝶（紅紋粉蝶）翅腹面前翅翅底白色，翅脈為黑色，翅端黑色內具有白色斑紋；在後翅基半部，分布有鮮明的黃色長斑紋，外緣內側為黑色，各室內有 6 ～ 7 枚鮮紅斑，呈現弧形帶狀排列。翅背面翅底為白色，翅脈有明顯黑色鱗紋，翅端和外緣內側為黑色。**雄蝶♂**：腹面後翅亞外緣內側的斑紋為白色，翅背泛白。**雌蝶♀**：腹面後翅亞外緣內側的斑紋常為黃色，翅背面外緣的黑色斑紋分布較雄蝶♂寬闊，翅脈黑色。

剛羽化休息中的雌蝶♀。

剛羽化休息中的雄蝶♂。

雄蝶♂訪花。

雌蝶♀訪花。白豔粉蝶為常見種，全年皆可見。

雌蝶♀吸食大花咸豐草花蜜。

▲ 飛行中的雄蝶♂。白豔粉蝶為一年多世代，中型粉蝶，展翅寬 5.5 ～ 6.5 公分。

雌蝶♀訪花。成蝶喜愛吸食各種野花花蜜，以桑寄生植物族群的林緣山徑、果園路旁較有機會一親芳澤。

◀ 交配（上♂下♀）。白豔粉蝶的外觀非常美艷動人，能遇到交配畫面，可以說是可遇不可求；任誰也會按耐不住手中的相機，多拍幾張美麗的倩影留念。

豔粉蝶（紅肩粉蝶）

Delias pasithoe curasena Fruhstorfer, 1908 ｜特有亞種｜

粉蝶科／豔粉蝶屬

39～42 mm

● 卵／幼蟲期

卵聚產，黃色，橢圓形，高約 1.5 mm，徑約 0.6 mm，卵表有細縱稜，5 月分卵期 4 ～ 5 日。雌蝶的產卵習性，當想產卵時會在幼蟲食草周圍，上下左右來回的穿梭徘徊許久；等找到安全理想位置時，就會飛到食草上，將卵 20 ～ 100 粒不等，聚產於樹梢高處的葉片上。幼蟲期具有群集性，生理

時鐘亦很接近，常吃完一片葉子集體移行至另一葉片，一直到化蛹。終齡 5 齡，體長 28 ～ 44 mm。頭部黑色，疏生黃色長柔毛。蟲體深紅色，體表共具有 11 節鮮黃色環狀紋，環紋上疏生黃色長柔毛，氣孔深紅褐色。

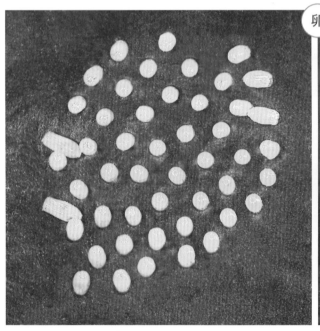

卵聚產（俯視）。雌蝶會將卵 20 ～ 100 粒不等，聚產於樹梢高處的食草葉片上。

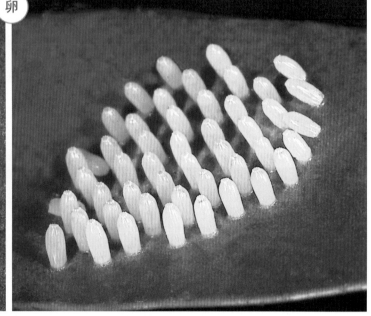

卵聚產，黃色，橢圓形，高約 1.5 mm，徑約 0.6 mm。

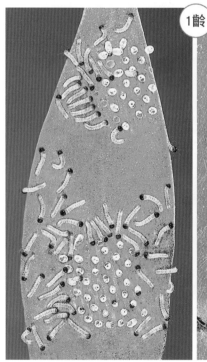

剛孵化的 1 齡幼蟲，體長約 2.4mm，蟲體密生黃色長毛，幼蟲具有群聚性。

1 齡幼蟲 43 隻群聚。

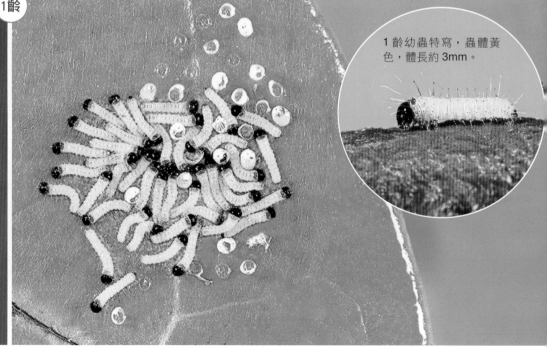

1 齡幼蟲特寫，蟲體黃色，體長約 3mm。

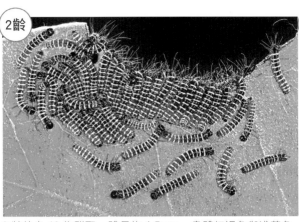

2 齡幼蟲 48 隻群聚，體長約 4.5mm。蟲體紅褐色與淺黃色相間，密生黃色長毛。

3 齡幼蟲集體進食，體長約 11mm。蟲體紅褐色與鮮黃色相間為警戒色。

4 齡幼蟲 14 隻聚集，體長約 20mm。幼蟲期生理時鐘亦很接近，常吃完一片葉子集體移行至另一葉片，一直到化蛹。

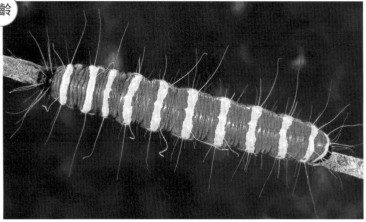

5 齡幼蟲，體長約 42 mm。外觀像似長斑擬燈蛾幼蟲；鮮明的色彩為警戒色，具有強烈的警告意味。

5 齡幼蟲，體長約 43mm。蟲體深紅色，體表共具有 11 節鮮黃色環狀紋，環紋上著生疏黃色長柔毛。

長斑擬燈蛾的幼蟲與本種幼蟲外觀很相近，常有人混淆誤判。

5 齡幼蟲階段，體長 28 ～ 44 mm。在高溫的夏、秋之際，幼蟲常遭遇到寄生和感染而死亡。

5 齡幼蟲（終齡），頭、胸部特寫。

● 蛹

　　蛹為帶蛹，有深紅色至黑褐色，體長約 27 mm，寬約 8 mm。頭頂具有一根長 1.1 mm 短突。中胸隆起成弧形，在第 3 ～ 4 節具有向外錐突，第 2 ～ 7 腹節背中央具有黃褐色小錐突，氣孔黑色。化蛹時有集體化蛹的行為，常化蛹於食草葉背或樹幹、枝條上。6 月分蛹期 8 ～ 9 日。

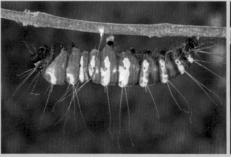

前蛹後期，即將蛻皮。

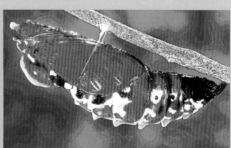

止蛻皮至尾端。

化蛹時有集體化蛹的行為，常化蛹於食草葉背或樹幹、枝條上。

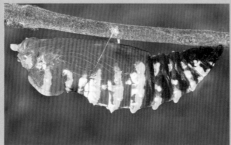

剛蛻完皮時，蛹體為紅橙色。

蛹經過一段時間，體色由紅橙色轉為紅褐色，體長約 27mm，寬約 8mm。

蛹背面，體長約 27mm。第 2 ～ 7 腹節背中央具有黃褐色小錐突。

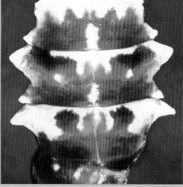

蛹背面，在第 3 ～ 4 節具有向外錐突。

豔粉蝶集體化蛹於大葉桑寄生葉片。有些個體蛹表體色會擬態成受到寄生和感染的病態樣，且模擬的唯妙唯肖，堪稱摹擬高手。

頭、胸部特寫。頭頂具有一長 1.1mm 短突。中胸突起成弧形。

幼蟲的生理周期幾近一致，集體化蛹集體羽化。

● 成蝶

豔粉蝶（紅肩粉蝶）翅腹面為黑褐色，前翅分布著白色斑紋；在後翅，翅基具有鮮豔的紅色斑紋，其餘分布著長條形和塊狀黃色斑紋。翅背面為黑褐色，前、後翅亦分布著白色斑紋。**雄蝶♂**：翅背面斑紋和色澤對比較明顯，在後翅內緣具有 2 條黃色長條紋為特徵。**雌蝶♀**：翅背面斑紋和色澤對比模糊。因此，雌雄翅背面外觀明顯不同，可藉此做區別。

剛羽化不久正在休息中的雌蝶♀，任誰瞧見了，也會被牠的美麗所驚豔，而按耐不住手中的相機猛拍幾張畫面。

雄蝶♂吸水。

雄蝶♂翅背面斑紋和色澤對比較明顯，在後翅內緣具有 2 條黃色長條紋為特徵。

雄蝶♂在後翅內緣具有 2 條黃色長條紋為雄蝶特徵。

豔粉蝶為一年多世代，中型粉蝶，前翅長39～42 mm，全年皆可見。

豔粉蝶前翅展開時寬 5.5～6.5 公分，雌蝶♀翅背面斑紋和色澤對比模糊。

交配（左♂右♀）。在八卦山山脈的豔粉蝶會選擇李棟山桑寄生為幼蟲食草，而李棟山桑寄生選擇朴樹來寄生，三者間之關係為大自然譜出一段美好戀曲。

● 生態習性／分布

一年多世代，中型粉蝶，前翅長 39～42 mm，普遍分布於**海拔 100～1800 公尺山區，全年皆可見**，主要出現於 3～12 月。偶見於淺山地至低海拔山區，以幼蟲食草族群的附近較有機會一親芳澤。在八掛山山脈的豔粉蝶會選擇李棟山桑寄生為幼蟲食草，而李棟山桑寄生選擇朴樹來寄生，三者間之關係為大自然譜出一段美好戀曲。尤其是在春末夏初之際的盛發期，常可在樹梢發現許多幼蟲和蛹，數量之多蔚為奇觀。

緣點白粉蝶（臺灣紋白蝶）

Pieris canidia（Linnaeus, 1768）

粉蝶科／白粉蝶屬

25～30 mm

● 卵／幼蟲期

卵單產，黃色，長橢圓形，高約 1.2 mm，徑約 0.4 mm，卵表具有細縱稜，12 月分卵期 4～5 日。雌蝶的產卵習性，常選擇林緣山徑、河床或山區路旁、農耕地等處的幼蟲食草，將卵產於低矮之食草上。終齡 5 齡，體長 18～30 mm。頭部和蟲體綠色，密生黑色瘤狀小突起及疏短毛，背中線為鮮黃色，線條較粗，體側氣孔線黃色呈現虛線狀排列，氣孔黑色。

卵

卵單產，黃色，長橢圓形，高約 1.2 mm，徑約 0.4 mm，卵表具有細縱稜，12 月分卵期 4～5 日。

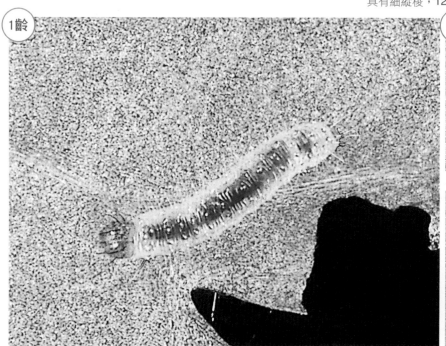

1齡

1 齡幼蟲，體長約 2.7mm。

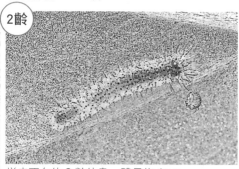

2齡

蛻皮不久的 2 齡幼蟲，體長約 4mm。

2 齡幼蟲正在進食，體長約 6mm。

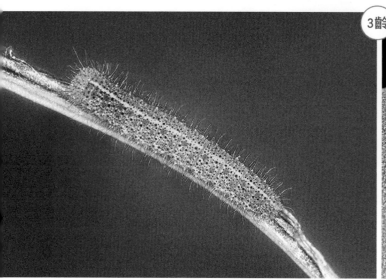

3 齡幼蟲背面，體長約 10mm。

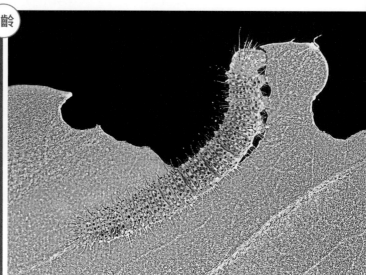

3齡

3 齡幼蟲側面，體長約 8mm，正食平伏莖白花菜。

4齡

 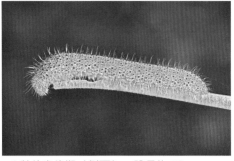 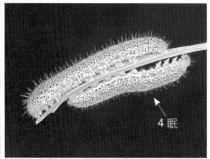

4 眠

4 齡幼蟲背面，體長約 16mm。背中線黃色。 4 齡幼蟲後期（側面），體長約 16mm。 4 眠幼蟲體長約 16mm 與 5 齡幼蟲初期體長約 18mm。

5齡

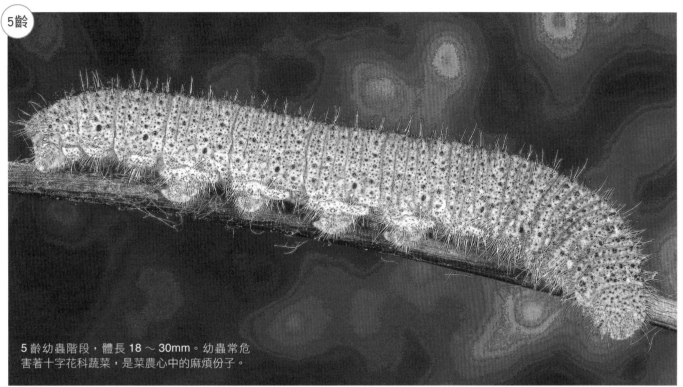

5 齡幼蟲階段，體長 18 ～ 30mm。幼蟲常危害著十字花科蔬菜，是菜農心中的麻煩份子。

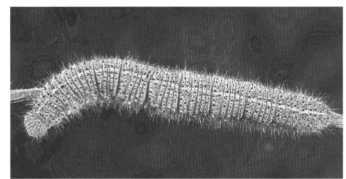 

5 齡幼蟲（終齡）背面，體長約 29mm。背中線為鮮黃色，線條較粗，是本種幼蟲的辨識特徵。

5 齡幼蟲（終齡）側面，體長約 27mm。體側氣孔線黃色呈現虛線狀排列。

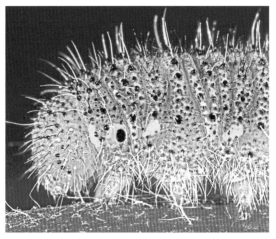

◀ 5 齡幼蟲頭、胸部側面特寫。頭部和蟲體綠色，密生黑色瘤狀小突起及疏短毛。

▶ 5 齡幼蟲背面頭、胸部特寫。背中線為鮮黃色，線條較粗。

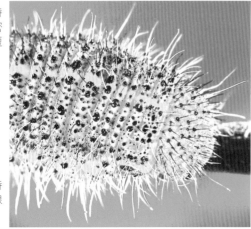

● 蛹

　　蛹為帶蛹，有綠色或褐色，長約 21 mm，寬約 6 mm。頭頂具有一黃色短錐突，中胸隆起成稜，蛹體分布著許多黑斑點，背中線鮮黃色，中央米白色在第 3 腹節擴張，兩側具有約 1mm 黑色刺狀錐突，氣孔黃色；常化蛹於食草上或附近植物、物體。1 月分蛹期 7 ～ 8 日。

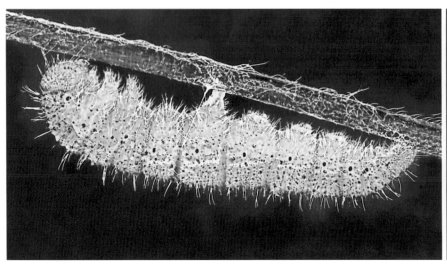

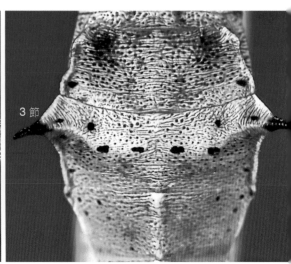

3 節

前蛹。

體中央米白色，在第 3 腹節擴張，兩側具有約 1mm 黑色刺狀錐突。

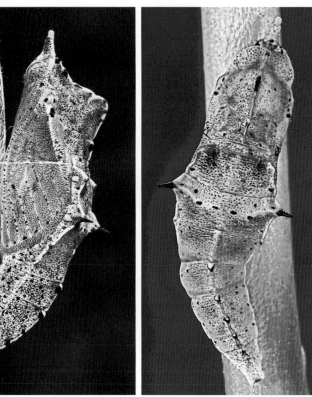

蛹背面（褐色型），體長約 21mm，寬約 7mm。第 3 腹節具米白色橫帶。

蛹側面（褐色型），體長約 21mm，寬約 6mm。

蛹背面（綠色型）。頭頂具有一黃色短錐突，蛹體分布著許多黑斑點，背中線鮮黃色。

蛹側面。中胸隆起成稜。

● 生態習性／分布

　　一年多世代，中型粉蝶，前翅長 25 ～ 30 mm，普遍分布於海拔 0 ～ 3000 公尺山區，全年皆可見。成蝶的繁殖力超強，幼蟲常危害著十字花科蔬菜，是菜農心中的麻煩份子。其飛行緩慢，輕柔飄揚；常活動於林緣山徑、野溪路旁及穿梭於果菜園、檳榔園等農墾處飛舞。喜愛訪花或吸食濕地水分。

● 成蝶

　　緣點白粉蝶（臺灣紋白蝶）翅腹面雌蝶♀為淡黃色，雄蝶♂為白色，皆分布有細小黑色鱗紋；在前翅亞外緣有 2 個黑褐色斑紋。翅背面為白色，前翅翅端黑褐色，在翅端下方，**雄蝶♂**：明顯有 1 個，**雌蝶♀**：有 2 個黑褐色斑紋；後翅外緣具有一列黑褐色斑點沿翅緣排列。**雌蝶♀**：雌蝶♀後翅的黑褐色斑紋比雄蝶♂粗大且明顯。本種外觀像似白粉蝶，但白粉蝶後翅背面外緣無黑褐色列斑，可藉此區別。

雌蝶♀。翅背面為白色，後翅外緣具有一列黑褐色斑點沿翅緣排列為本種之特徵。

雌蝶♀吸食花蜜。成蝶飛行速度緩慢，飛姿輕柔飄揚；常於林緣山徑、路旁及果菜園等農墾處飛舞活動。

雌蝶♀正產卵於葶藶葉片。

成蝶後翅外緣具有一列黑褐色斑點沿翅緣排列。

成蝶對於環境的適應力頗強，從濱海平地至低、中高海拔 3000 公尺的山區都有牠的蹤跡。

雄蝶♂在溼岩石上吸水。

緣點白粉蝶為一年多世代，中型粉蝶，前翅展開寬 4.3 ～ 4.8 公分；平地至淺山地盛發於冬季至春季，夏季則以高地較常見。

白粉蝶（紋白蝶）

Pieris rapae crucivora Boisduval, 1836

粉蝶科／白粉蝶屬

25 ～ 30 mm

● 卵／幼蟲期

　　卵單產，黃色，長橢圓形，高約 1.0 mm，徑約 0.4 mm，卵表具有細縱稜，10 月分卵期 4 ～ 5 日。雌蝶的產卵習性，喜愛選擇低矮的幼蟲食草，將卵產於食草各部位。

　　終齡 5 齡，體長 18 ～ 29 mm。頭部綠色，具有短毛。蟲體綠色，體表密生黑色瘤狀小突起，背中線為黃色，線條較細不明顯（緣點白粉蝶的線條很明顯），體側有虛線狀黃色斑紋，氣孔褐色。幼蟲常棲息於葉表或莖枝上。

卵

卵單產，黃色，長橢圓形，高約 1.3 mm，徑約 0.5 mm，卵表具有細縱稜，10 月分卵期 4 ～ 5 日。

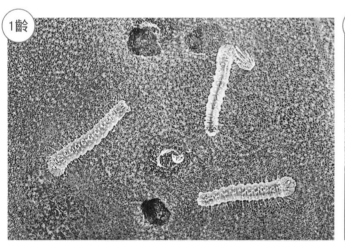

1齡

1 齡幼蟲，體長約 2mm 正吃卵殼。

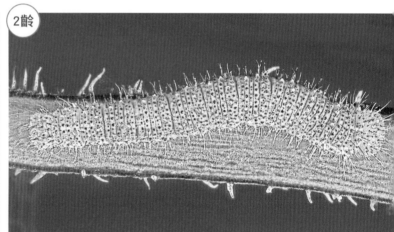

2齡

2 齡幼蟲背面，體長約 6 mm。

3齡

3 齡幼蟲側面，體長約 9mm。幼蟲嗜食十字花科植物的花、果、嫩莖及葉片為食。除了硬質部分幾乎整株都會食用。

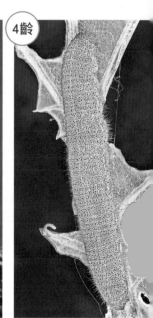

4齡

4 齡幼蟲背面，體長 17 mm。幼蟲會利用 40 多種十字花科植物的花、果、嫩莖及葉片為食。

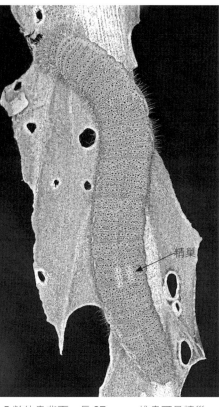

5 齡幼蟲（終齡）背面，體長約 28 mm。背中線為黃色，線條較細不明顯，緣點白粉蝶的黃線條很明顯。

5 齡幼蟲背面，長 27 mm，雄蟲可見精巢，在菜園裡吃小白菜。

5 齡幼蟲，體長約 28 mm 正在回轉，蟲體綠色，體表密生黑色瘤狀小突起。

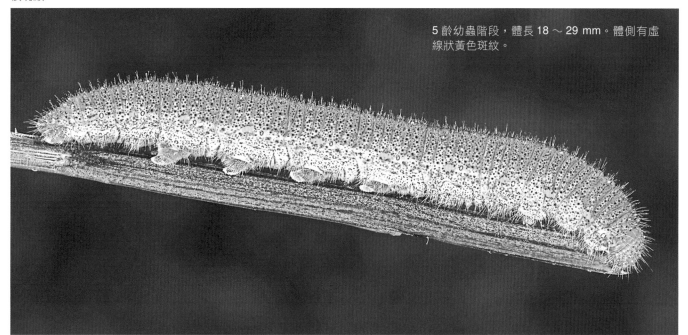

5 齡幼蟲階段，體長 18 ～ 29 mm。體側有虛線狀黃色斑紋。

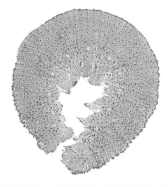

白粉蝶幼蟲嗜食十字花科疏菜類，所以又俗稱「菜蟲」，圖中幼蟲正咬食白花椰菜。

5 齡幼蟲大頭照。頭部綠色，具有短毛。

5 齡幼蟲，受驚擾時蟲體會落地曲捲起來。

● 蛹

　　蛹為帶蛹，**有綠色或褐色**，體長約 20 mm，寬約 5.5 mm。頭頂具有一黃色短錐突，中胸隆起成稜，蛹體中央在第 3 腹節擴張，兩側有短錐狀外突，背中線淡黃色，氣孔褐色；常化蛹於食草葉背、莖枝或附近物體。11 月分蛹期 7 ～ 8 日。

前蛹（準備結蛹）。

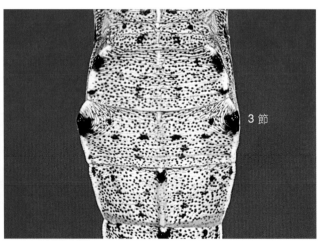

蛹體中央在第 3 腹節擴張，兩側有短錐狀外突。

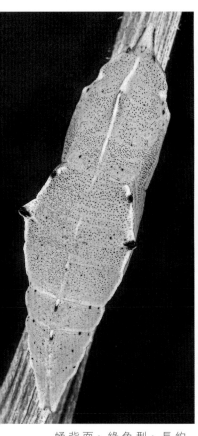

蛹背面，綠色型，長約 21mm，寬約 6mm。背中線淡黃色。

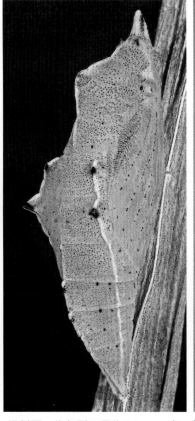

蛹側面，綠色型，長約 21mm，寬約 6mm。中胸隆起成稜，蛹體中央在第 3 腹節兩側有短錐狀外突。

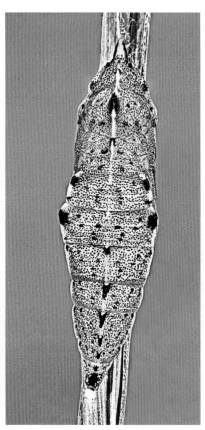

帶蛹，褐色型，體長 20mm，寬約 6mm。

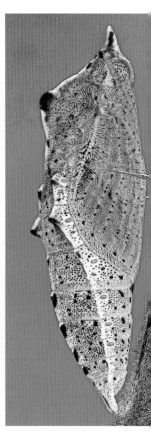

蛹側面，褐色型，長約 20 mm，寬約 5.5 mm。常化蛹於食草葉背、莖枝或附近物體。11 月分蛹期 7 ～ 8 日。

● 生態習性／分布

　　一年多世代，中型粉蝶，前翅長 25 ～ 30 mm，普遍分布於海拔 0 ～ 2500 公尺山區，全年皆可見。成蝶別稱菜粉蝶，常危害著十字花科蔬菜，為菜農的麻煩份子；在高峰繁殖期抓也抓不完，索性只能以消極的方法，施予農藥清除。成蟲飛行緩慢，棲息環境涵蓋廣泛，常活動於食草植物附近的田野路旁，溝渠、林緣等陽光開闊地飛舞嬉戲，喜愛訪花和吸食濕地水分。

● 成蝶

　　白粉蝶（紋白蝶）翅腹面雌蝶♀為淡黃色，雄蝶♂為淡黃白色，皆分布有細小黑色鱗紋；在前翅亞外緣有2個黑褐色斑紋。翅背面為白色，前翅翅端黑褐色；在翅端下方，**雄蝶♂**：明顯有1個，**雌蝶♀**：有2個黑褐色斑紋及後翅前緣中央有一個黑斑紋。**雌蝶♀**：在前翅背面基半部密布灰黑色鱗紋。**雄蝶♂**：無灰黑色鱗紋。本種外觀像似緣點白粉蝶，但白粉蝶後翅背面外緣無黑褐色列斑，可藉此區別。

剛羽化出來的雌蝶♀在休息。

雄蝶♂展翅曬太陽。白粉蝶外觀像似緣點白粉蝶，但白粉蝶後翅背面外緣無黑褐色列斑，可藉此區別。

雄蝶♂食花蜜。成蝶喜愛吸花蜜和濕地水分。

雌蝶♀訪花。白粉蝶為一年多世代，前翅展開寬4.3～4.8公分；又名「紋白蝶」。

雌蝶♀正產卵於獨行菜的果序上。

白色的三角蟹蛛捕食白粉蝶。

交配（上♀下♂）。成蝶飛行緩慢，棲息環境涵蓋廣泛，常活動於食草植物附近的田野路旁、溝渠、林緣等陽光開闊地飛舞嬉戲。

淡褐脈粉蝶 （淡紫粉蝶）

Cepora nadina eunama（Fruhstorfer, 1903）
粉蝶科／脈粉蝶屬　特有亞種

30 ～ 34 mm

● 卵／幼蟲期

　　卵單產，剛產淡黃白色，發育後次日漸轉為紅橙色，長橢圓形，高約 1.2 mm，徑約 0.5 mm，卵表約有 12 條細縱稜，9 月分卵期 5 ～ 6 日。雌蝶的產卵習性，喜愛選擇陰涼林緣、疏林內或路旁的幼蟲食草，將卵產於食草新葉或新芽上。

　　終齡 5 齡，體長 20~41 mm。頭部綠色，且密布白色細小瘤突及短毛。蟲體綠色，各節密布白色細小瘤突及短毛（腹部底灰白色），體側氣孔下線淺黃白色，且密布白色長柔毛，氣孔白色。

卵

卵單產，剛產淡黃白色，長橢圓形，高約 1.2 mm，徑約 0.5 mm。

卵發育後次日漸轉為紅橙色，9 月分卵期 5 ～ 6 日。

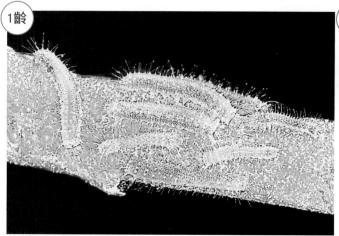

1齡

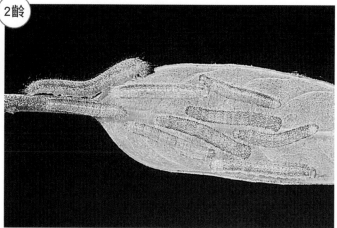

2齡

1 齡幼蟲，淺黃褐色，體長約 3mm，低溫期聚集正咬食新嫩莖。

2 齡幼蟲，體長約 5.5mm，1~2 齡幼蟲於低溫期有聚集行為，圖 9 隻聚集於葉凹處。

2齡

3齡

2 齡幼蟲，淺黃色，體長約 7mm。

3 齡幼蟲，體長約 10mm。幼蟲期多見棲息於葉面或枝條上，融合成良好的保護色。

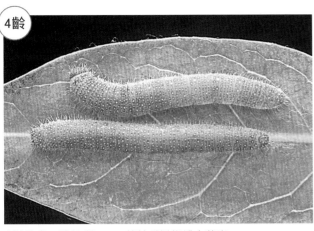

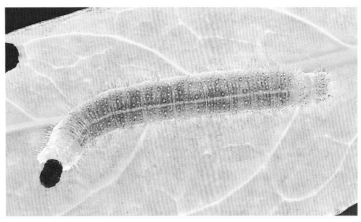

4 齡幼蟲，體長 18mm。棲於毛瓣蝴蝶木葉表。

4 眠幼蟲，體長 19mm。

5 齡幼蟲（終齡），體長 39mm，體側氣孔線淺黃白色，且密布白色長柔毛。

5 齡幼蟲（終齡）背面，體長約 28mm，蟲體綠色，各節密布白色細小瘤突及短毛。

5 齡幼蟲（終齡），頭胸部側面，體側氣孔線淺黃白色具長毛。

5 齡幼蟲大頭照。頭部綠色，密布白色細小瘤突及短毛。

● 蛹

　　蛹為帶蛹，綠色或淺綠色，體長約 23 mm，寬 10mm。頭頂具有一 1.7 mm 淡褐色圓錐突，前胸背面也有 2 枚小錐突。中胸隆起菱形狀，蛹體中央第 2～3 腹節有淺褐色梯形狀斑塊，在斑塊中央有一枚綠色小斑點，兩側各具有一錐狀尖突，為本種蛹之特徵。氣孔淺褐色。常化蛹於食草葉表或附近等隱密場所。6 月分蛹期 8～9 日。

前蛹（準備結蛹）。

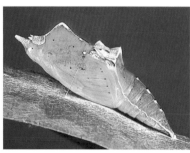

蛹側面，長約 21mm，寬約 9mm。6 月分蛹期 8～9 日。

蛹體中央第 2～3 腹節有淺褐色梯形狀斑塊，在中央有一枚小綠斑，兩側各具有一錐突，為本種蛹特徵。

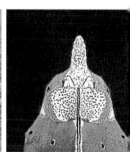

蛹頭頂具有一枚 1.7 mm 淡褐色圓錐突，前胸背面也有 2 枚小錐突。

蛹背面，褐色型，長約 21mm，寬約 8.5mm。

帶蛹，淺黃褐色型。

蛹背面，綠色型。常化蛹於食草葉表或附近等隱密場所。

● 生態習性／分布

　　一年多世代，中型粉蝶，前翅長 30～34 mm，普遍分布於海拔 0～2000 公尺山區，全年皆可見，主要出現於 2～12 月，以中、南部較常見。成蝶飛行緩慢，姿態柔美；喜愛沈浸於大花咸豐草花叢間吸食花蜜及飛舞。雄蝶則是溪澗、河床濕地的常客，常群集在一起吸食水分，吸水時相互碰撞、推擠；此起彼落跳躍飛舞的模樣非常有趣！

● 成蝶

淡褐脈粉蝶（淡紫粉蝶）雌雄斑紋不同。翅腹面為灰黃色，前翅內側為白色，後翅中室有白色斑紋。翅背面雌雄的色澤明顯不同，**雄蝶♂**：翅背為白色，在前翅前緣、翅端至外緣有黑褐色斑紋。**雌**蝶♀：翅背為黑褐色又略帶微黃，前、後翅中央明顯有白色粗斑紋。因此，雌雄背面明顯不同，可藉此做區別。

剛羽化休息的冬型雄蝶♂。

冬型雄蝶♂在濕地吸水。

冬型雄蝶♂展翅。成蝶全年皆可見，主要出現於3～12月，以中、南部較常見。

夏型雄蝶♂吸水。雄蝶是溪澗、河床濕地的常客，常群集在一起吸水。

雄蝶♀展翅。淡褐脈粉蝶是中型粉蝶，展翅寬4.5～5.1公分。

夏型雌蝶♀吸食馬利筋花蜜。

冬型雌蝶♀。冬型的成蝶為淺灰黃色，色澤明顯比夏型的黃色淡許多。

交配（上♂下♀）。通常雌蝶體型多見比雄蝶大，圖中的雄蝶卻比雌蝶大而強勢，帶著雌蝶飛，閃躲我捕捉牠們相愛的畫面。

尖粉蝶（尖翅粉蝶）

Appias albina semperi（Moore, 1905）
粉蝶科／尖粉蝶屬

26～31mm

● 卵／幼蟲期

　　卵單產，黃色，橢圓形，高約 0.7 mm，徑約 0.4 mm，卵表具有細縱稜，9 月分卵期 4 ～ 5 日。雌蝶的產卵習性，常選擇幼蟲食草族群的陰涼處；將卵 1 至數粒散產於新葉、新芽或近新芽的葉片。

　　終齡 5 齡，體長 20 ～ 33mm，頭部黃綠色，

密布紫黑色小瘤狀錐突、斑點及疏短毛。蟲體綠色或黃綠色，體表密布紫黑色瘤狀錐突及斑點，體側有淡黃色條紋，尾端背面具有黑色斑紋，氣孔黑褐色。幼蟲全年皆可見。

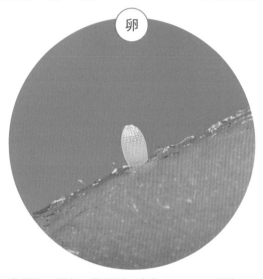

卵單產，黃色，橢圓形，高約 0.7 mm，徑約 0.4 mm，9 月分卵期 4 ～ 5 日。

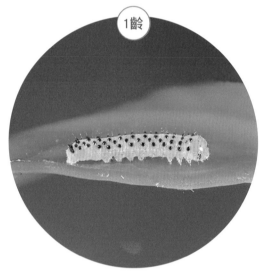

1 齡幼蟲，蟲體淺黃色，體長約 2.8mm。

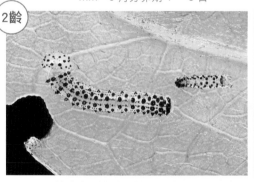

1 齡幼蟲蛻皮成 2 齡時，體長 4.5mm。

2 齡幼蟲，體長 6mm，棲息於鐵色葉表。

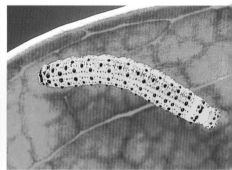

2 眠幼蟲，體長 8mm，棲息於鐵色葉背。

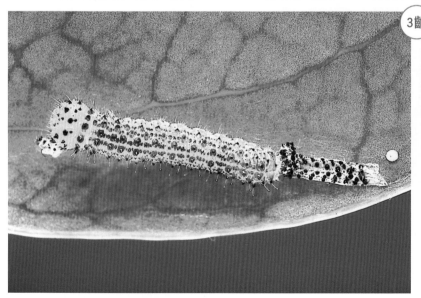

2 齡幼蟲蛻皮成 3 齡時體長 8mm。

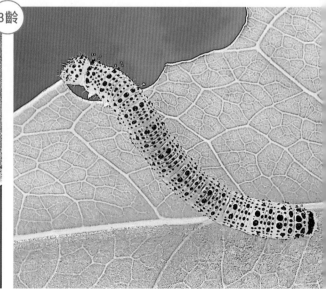

3 齡幼蟲背面，體長約 12 mm，正在咬食嫩葉。

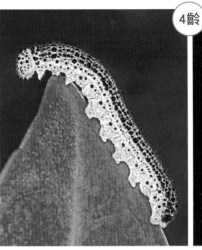

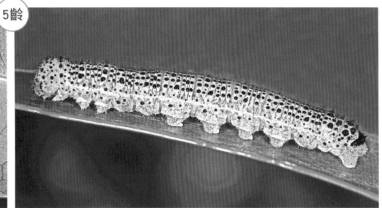

4齡

4齡幼蟲側面,體長約 20 mm。　4齡幼蟲背面,體長約 21 mm。幼蟲僅選擇新芽和新葉為食,成熟厚葉不吃。

5齡

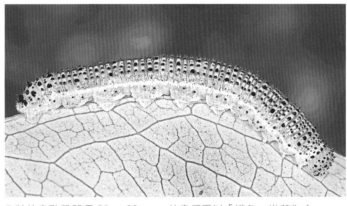

5齡幼蟲(終齡)背面,體長約 30 mm。蟲體綠色至黃綠色,體表密布紫黑色瘤狀錐突及斑點。

5齡幼蟲(終齡)側面,體長約 30 mm。體側有淡黃色條紋,尾端背面具有黑色斑紋。

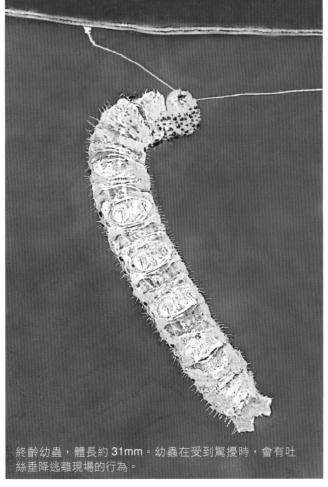

5齡幼蟲階段體長 20 ～ 33mm,幼蟲偏愛以「鐵色」嫩葉為食。

5齡幼蟲大頭照。

終齡幼蟲,體長約 31mm。幼蟲在受到驚擾時,會有吐絲垂降逃離現場的行為。

● 蛹

　　蛹為帶蛹，有淡綠色或淡褐色、黃色，體長約 22mm，寬約 6.5mm。頭頂具有一斜上舉之錐狀突尖，突尖上面有黑條紋。胸部稜狀隆起，蛹體中央在第 2 ～ 4 腹節擴張，具有 3 對錐狀外突，背部各節分布黑色小斑點，氣孔白色；常化蛹於陰涼食樹葉背。7 月分蛹期 6 ～ 7 日。

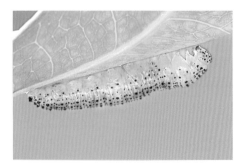

前蛹時體長縮至 24mm。

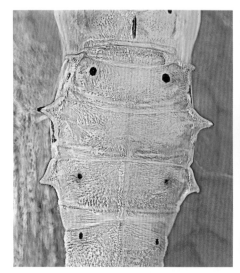

蛹體中央在第 2 ～ 4 腹節擴張，具有 3 對錐狀外突為特徵。

帶蛹，蛹長 23mm，寬 6.5mm。

蛹背面（褐色型），體長約 22mm，背部各節分布黑色小斑點。

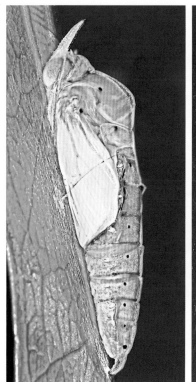

蛹側面，體長約 22mm。即將羽化的雄蝶可見翅色全白。

蛹背面（米白色型），7 月分蛹期 6 ～ 7 日。

蛹側面，體長約 22mm。即將羽化的雌蝶可見黑色斑紋。

蛹頭、胸部側面特寫。頭頂具有一斜上舉之錐狀突尖，突尖上面有黑條紋。

● 成蝶

尖粉蝶（尖翅粉蝶）雌雄異型。**雄蝶♂**：翅腹面為淡黃白色，前翅基半部為白色。翅背面前、後翅全為白色，在前翅前緣及翅端外緣具有少許灰黑色細邊紋。**雄蝶♂**：尾端具有黑褐色毛筆器之性徵。**雌蝶♀**：外觀的色澤有 3 型，白色型、黃色型、雙色型，翅腹面前翅翅端下方具有波帶狀黑斑紋。白色型：前、後翅外緣為淡黃色至黃色；翅背面在前翅前緣沿翅端至外緣及後翅外緣密布黑色帶狀紋，而在翅端具有 2 枚小白斑。黃色型的外觀色澤則皆為黃色。雙色型的外觀色澤則腹黃背白。本種雌蝶♀主要辨識特徵：翅端尖形，具有 2 枚清晰白斑。近似種黃尖粉蝶，翅端圓形，具有 4 枚清晰白斑。

剛羽化休息中的黃色型雌蝶♀。

黃色型雌蝶♀。

尖粉蝶為中型粉蝶，前翅展開寬 4.5 ～ 5.3 公分，雄蝶翅背面前、後翅全為白色。

雌蝶♀訪花。近 10 年來由於「鐵色」從南部濱海隨著庭園造景栽種，族群四處擴散已在中部田尾、北斗定居，附近有多戶農家種植鐵色為景觀用途，無意間提供了尖粉蝶良好的棲息與繁殖場所，族群尚見穩定。

白色型雌蝶♀正在吸食大花咸豐草花蜜。

雄蝶♂訪花。鐵色的樹形優美、抗風耐旱，全台各地公園、休息站等處廣為種植，以鐵色為食的蝶種，族群將會慢慢擴散至全台各地；例如田中有一處百餘株大棵的鐵色，已轉賣移植至北部。

白色型雌蝶♀展翅曬太陽。

雄蝶尾端具有黑褐色毛筆器之性徵。

● 生態習性／分布

一年多世代，中型粉蝶，前翅長 26 ～ 31mm，普遍分布於海拔 0 ～ 300 公尺山區，全年皆可見，主要出現於 3 ～ 10 月，以中、南部較常見。成蝶飛行迅速，機警靈敏；常活躍於向陽開闊處、田野、林緣訪花飛舞。雌蝶喜愛於食草族群附近棲息或活動，雄蝶常見穿梭於食樹間，在找尋雌蝶或吸食濕地水分。

雲紋尖粉蝶（雲紋粉蝶）

Appias indra aristoxemus Fruhstorfer, 1908

粉蝶科／尖粉蝶屬 特有亞種

27 ～ 32 mm

322

● 卵／幼蟲期

卵聚產，黃色，橢圓形，高約 1.2 mm，徑約 0.5 mm，卵表具有細縱稜，5 月分卵期 4 ～ 5 日。雌蝶的產卵習性，喜愛選擇幼蟲食草族群的林蔭處，有多數新芽的地方。將卵 1 ～ 10 粒不等，聚產於新芽及近新芽之處。

幼蟲略有聚集性，僅以新芽、新葉和柔嫩的組織為食，而食性、習性和外觀與尖粉蝶的幼蟲很相似，兩者幼蟲又常混棲在一起，容易混淆，需多加注意。終齡 5 齡，體長 22 ～ 38 mm，頭部黃色，且密生黑色瘤狀小錐突及細白毛。蟲體綠色，體表各節密生大小不同的黑色或紫黑色瘤狀錐突及斑點，體側有黃色條狀紋，氣孔白色。

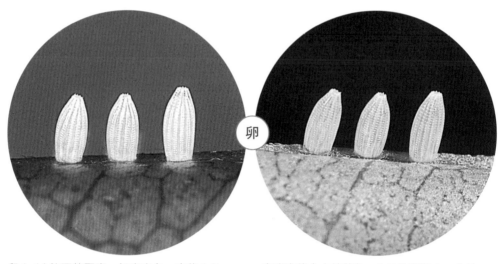

卵

卵 1~14 粒不等聚產，初產白色，高約 1.2mm，徑約 0.5 mm，卵表具有細縱稜，。

卵發育後由白轉黃色，5 月分卵期 4 ～ 5 日。

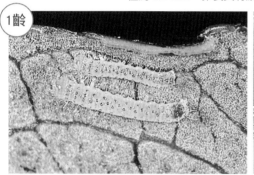

1齡

1 齡幼蟲，淺黃色，體長約 2.5mm。

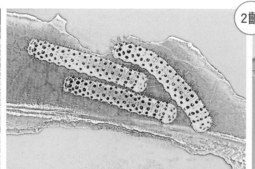

2齡

2 齡幼蟲，體長約 5mm，可見密布黑斑點。

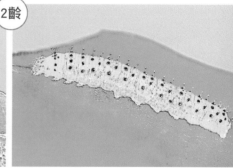

2 眠幼蟲，體長約 6.5mm，準備蛻皮。

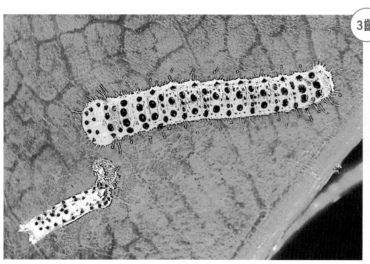

3齡

2 齡幼蟲蛻皮成 3 齡時，體長約 7mm。

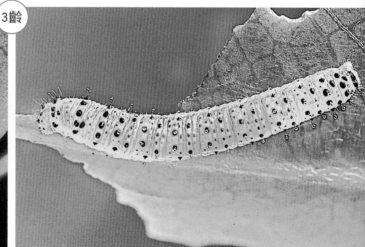

3 齡幼蟲背面，體長約 10mm。

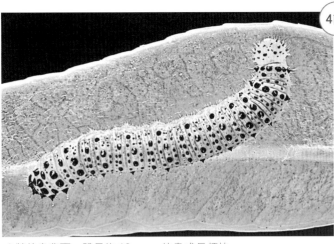 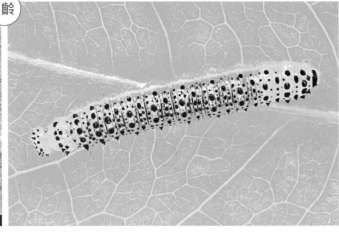

4齡

4 齡幼蟲背面，體長約 18mm，幼蟲成長頗快。

4 眠幼蟲，體長約 20mm。

5齡

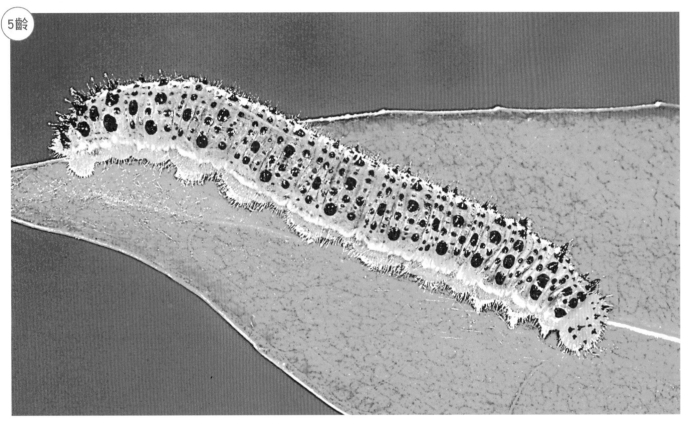

5 齡幼蟲（終齡），體長約 30mm，1~5 齡約 15 天。

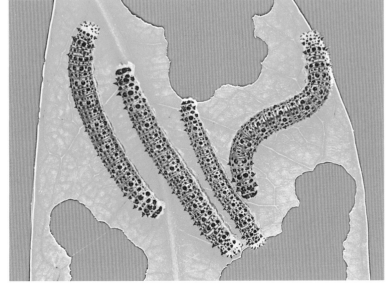

5 齡幼蟲階段時期，體長 22 ～ 38 mm，群聚於鐵色葉片。

5 齡幼蟲大頭照。頭部黃色，寬 3.3mm，有黑錐突。

● 蛹

　　蛹為帶蛹，有綠色、黃色或淺褐色，體長約 22 mm，寬約 11mm。頭頂具有一 3mm 斜上舉細錐突。胸部隆起稜狀，蛹體中央在第 2～4 腹節擴張，具有 3 對錐狀外突，背部兩側各節具有黑色圓斑點，斑點明顯比尖粉蝶粗大，氣孔白色。常化蛹於涼爽環境的葉背或葉表。5 月分蛹期 9～10 日。

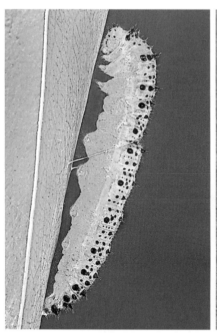

前蛹（準備化蛹）。

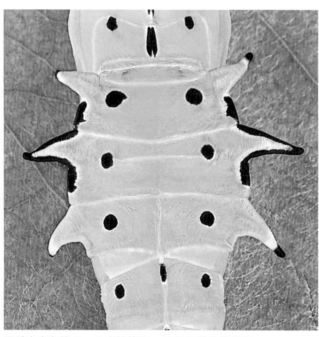

蛹體中央在第 2～4 腹節擴張，具有 3 對錐狀外突。

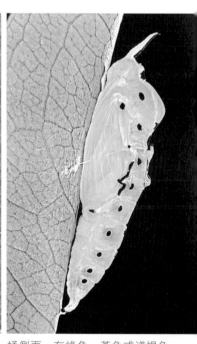

蛹側面，有綠色、黃色或淺褐色，常化蛹於涼爽環境的葉背或葉表。

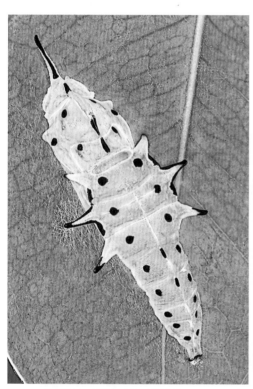

蛹背面，淺褐色型，體長約 25 mm，寬 12mm，頭頂突尖長 4mm。

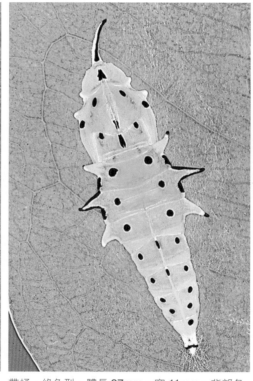

帶蛹，綠色型，體長 27mm，寬 11mm，背部各節具有黑色圓斑點，斑點明顯比尖粉蝶粗大。

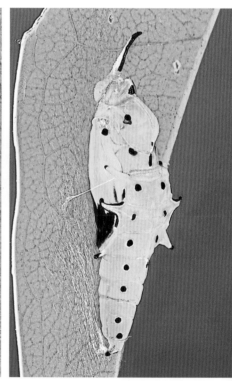

即將羽化的雌蝶♀之蛹，5 月分蛹期 9～10 日。

● 生態習性／分布

　　一年多世代，中型粉蝶，前翅長 27～32 mm，普遍分布於海拔 0～600 公尺山區，全年皆可見，主要出現於 3～10 月，以中、南部較常見，常見於幼蟲食草族群附近活動。成蝶飛行迅速，警覺性高；喜愛在璀璨的陽光下飛舞訪花及吸水。

● 成蝶

　　雲紋尖粉蝶（雲紋粉蝶）雌雄斑紋不同。翅腹面**雌蝶♀**：為黃褐色，且密布細小黑鱗紋，翅基附近與亞外緣分布有雲霧狀白斑，在前翅翅端下方具有黑色波狀斑紋。**雄蝶♂**：翅為淡黃褐色，雲霧狀白色帶斑紋較不明顯。**雄蝶♂**：翅背面為白色，僅前翅翅端具有黑色斑紋，黑斑紋內有 2～3 枚小白斑；後翅白色，外緣無黑色帶，**雄蝶♂**：尾端具有淺褐色毛筆器之性徵。**雌蝶♀**：翅背面為淡黃白色，在前翅翅端（內有小白斑點）及前、後翅外緣分布黑色帶狀斑紋。因此，雌雄蝶後翅背面明顯不同可藉此區別。

剛羽化休息中的雌蝶♀。

雌蝶♀。在中部彰化縣田尾、永靖、田中、北斗一帶農田，有花農種植鐵色為景觀用途，此地無意中成為雲紋尖粉蝶與尖粉蝶繁殖地。

雌蝶♀正產卵於鐵色嫩葉。

雌蝶♀翅背面為淡黃白色，在前翅翅端內有小白斑點及前、後翅外緣分布黑色帶狀斑紋。

雌蝶♀訪花。雲紋尖粉蝶為一年多世代，中型粉蝶，前翅展開時寬 5～5.6 公分。

雄蝶♂訪花。全年皆可見，主要出現於 3～10 月，以中、南部較常見。

雄蝶♂翅背面為白色，僅前翅翅端具有黑色斑紋，黑斑紋內有 2～3 枚小白斑；後翅白色，外緣無黑色帶。

交配（左♀右♂）。

異色尖粉蝶（臺灣粉蝶）

Appias lyncida eleonora（Boisduval, 1836）
粉蝶科／尖粉蝶屬

35 ～ 38mm

● 卵／幼蟲期

　　卵聚產，初產淡黃白色，發育後次日漸轉為黃橙色，長橢圓形，高約 1.4 mm，徑約 0.5 mm，卵表約有 13 ～ 14 條細縱稜，5 月分卵期 3 ～ 4 日。雌蝶的產卵習性，喜愛選擇疏林、林緣山徑旁或向陽開闊處的幼蟲食草，將卵 1 ～ 8 粒不等聚產或散產於新芽或葉表上。

　　幼蟲常棲於葉表，終齡 5 齡，體長 21 ～ 40mm。頭部和蟲體綠色，且密布紫黑色小瘤突，體側有淡黃白色條狀紋，背中線黃色但隱約可見不明顯，尾端具 2 小錐突，氣孔白色。

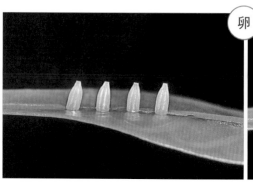

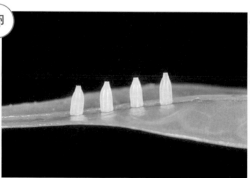

卵聚產，初產淡黃白色，長橢圓形，高約 1.4 mm，徑約 0.5 mm，卵表約有 13 ～ 14 條細縱稜。

卵發育後次日漸轉為黃橙色，6 月分卵期 4 ～ 5 日。

1 齡幼蟲，淺黃色，體長 3.5mm，正在咬食嫩葉。

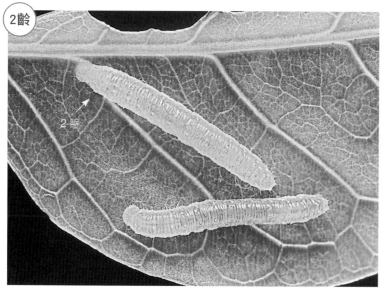

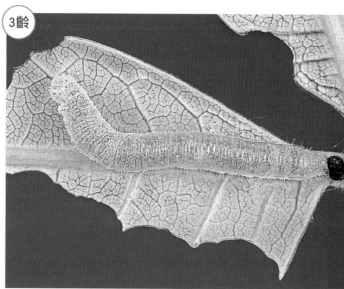

2 齡幼蟲與 2 眠幼蟲，體長約 6mm。1 ～ 5 齡幼蟲期約 13 天。

3 齡幼蟲背面，體長約 11mm。

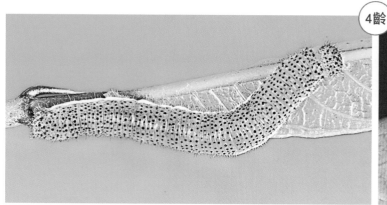

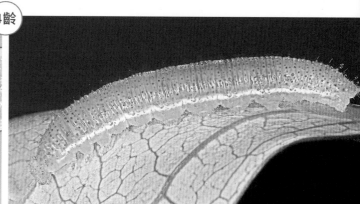

4 齡幼蟲，體長約 16mm。體表滿布紫黑色小瘤突。

4 眠幼蟲，體長約 18mm，準備蛻皮成 5 齡。

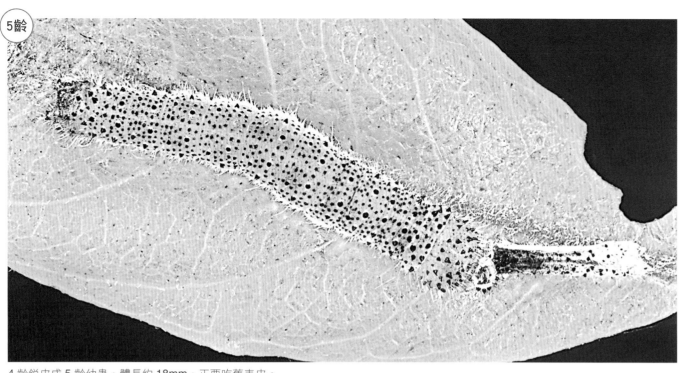

5齡

4 齡蛻皮成 5 齡幼蟲，體長約 18mm，正要吃舊表皮。

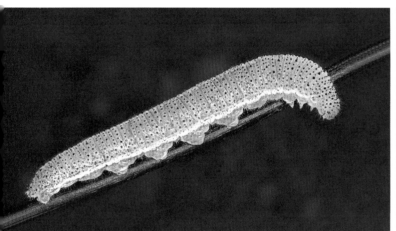

5 齡幼蟲（終齡），體長約 34mm。體側有淡黃白色條狀紋。

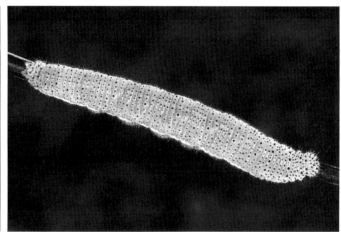

5 齡幼蟲，體長約 35mm。背中線黃色但隱約可見不明顯，
尾端具 2 小錐突。

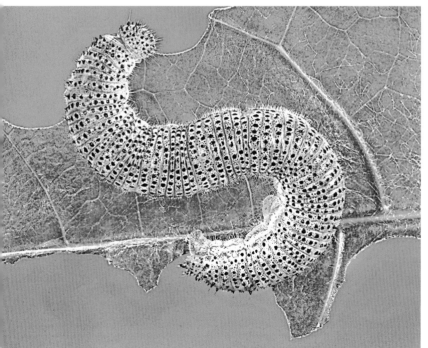

5 齡幼蟲階段，體長 21 ～ 42 mm。頭部和蟲體綠色，且密布紫黑色小瘤突。

5 齡幼蟲大頭照，頭寬約 2.4mm，密布紫黑色小瘤突。

● 蛹

　　蛹為帶蛹，綠色、黃綠色或褐色、淺褐白色，體長約 26 mm，寬約 12 mm。頭頂具 2.8 mm 小錐突。中胸隆起稜狀，蛹體散生黑斑點，中央在第 3 腹節向外擴張，兩側具有尖錐狀外突，氣孔白色。背中線黃色，在腹背線上 5 ～ 8 節具有 4 枚小黑點；常化蛹於食樹陰涼處葉背。7 月分蛹期 7 ～ 8 日。

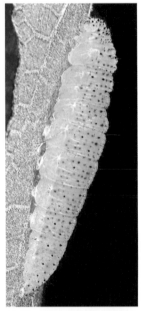

前蛹。前蛹時體長縮至 24mm。

蛹背面，褐色型，長約 21mm，寬約 10mm，中胸隆起稜狀。

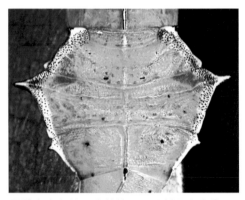

蛹體中央在第 3 腹節擴張，兩側具有尖錐狀外突為特徵。

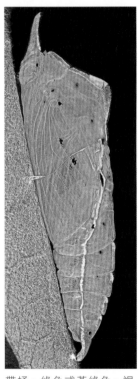

帶蛹，綠色或黃綠色、褐色，體長約 26 mm，寬約 12 mm，頭頂具 2.8 mm 小錐突。

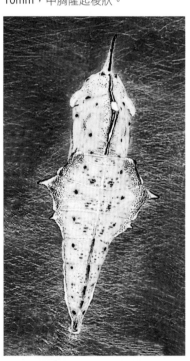

蛹背面，淺褐白色型，長約 21mm，寬約 10mm，在腹背線上 5 ～ 8 節具有 4 枚小黑點。

蛹背面，長約 26mm，寬約 12mm，蛹體散生黑斑點，背中線黃色。

● 生態習性／分布

　　一年多世代，中型粉蝶，前翅長 35 ～ 38mm，普遍分布於海拔 0 ～ 2300 公尺山區，全年皆可見，主要出現於 3 ～ 12 月，以中、南部較常見。成蝶飛行迅速，警覺性高；喜愛奔馳於曠野山林或在路旁飛舞與吸食各種野花花蜜。雄蝶是溪邊濕地的常客，常三五成群聚集於河床、溪澗旁濕地吸水及嬉戲。

● 成蝶

異色尖粉蝶（臺灣粉蝶）雌雄異型。**雄蝶♂：**翅腹面前翅為白色，翅端具有 1 枚黃斑，前緣具有黑褐色與外緣具有鋸齒狀黑褐色斑紋；在後翅，翅色因個體的色澤不一，有淺黃白色、淡黃色或黃色，外緣內側具有黑褐色鋸齒狀粗斑紋。翅背面為白色，前、後翅外緣具有鋸齒狀黑斑紋。**雄蝶♂：**尾端具有褐色毛筆器之性徵。**雌蝶♀：**翅腹面為灰白色，前翅前緣和外緣及後翅外緣具有黑褐色帶狀斑紋；在後翅前緣有 1 條黃色細邊紋；翅背面為黑褐色，前、後翅分布有白色長條狀斑紋。

剛羽化休息中的冬型雌蝶♀，色澤與夏型雌蝶♀略不同。

剛羽化休息中的雄蝶♂。

冬型雄蝶♂。成蝶喜愛奔馳於曠野山林或在路旁飛舞、覓食。

雄蝶♂尾端具有毛筆器之性徵。

夏型雌蝶♀訪花。成蝶飛行迅速，警覺性高，喜愛吸食各種野花花蜜。

雄蝶♂後翅翅色因個體的色澤不一，有淺黃白色、淡黃色或黃色。

雄蝶♂展翅。異色尖粉蝶為中型粉蝶，前翅展開時寬 5 ～ 5.8 公分。

夏型雌蝶♀翅腹面為灰白色，前翅前緣和外緣及後翅外緣具有黑褐色帶狀斑紋。

夏型雌蝶♀正將卵產於魚木新芽上。

交配（夏型，左♀右♂），雌雄異型。雄蝶翅腹面有淺黃白色、淡黃色或黃色；雌蝶翅腹面為灰白色，而冬型與雄蝶黃色相近。

鑲邊尖粉蝶（八重山粉蝶）

Appias olferna peducaea Fruhstorfer, 1910

粉蝶科／尖粉蝶屬

27～32mm

● 卵／幼蟲期

卵單產，剛產淺黃白色，發育後次日漸漸轉為黃橙色，長橢圓形，高約 0.9 mm，徑約 0.45 mm，卵表約有 10～11 條細縱稜，7 月分卵期 5～6 日。雌蝶的產卵速度頗快，習性多見選擇路旁、墓園、荒野、水溝沿岸的幼蟲食草，將卵產於低矮食草的葉軸頂端新芽、新葉的葉表或花苞上。

幼蟲常棲於葉表或莖上，終齡 5 齡，有綠色或淺褐色至紅褐色型，體長 19～32 mm，寬約 5 mm。頭部綠色，具有短毛。蟲體綠色，密生細小短毛及紫色小斑點，尾端具有一對小錐突，體側有白色條紋，氣孔白色。

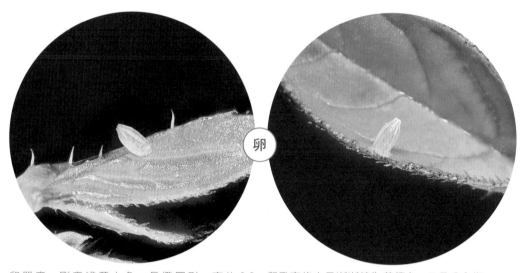

卵單產，剛產淺黃白色，長橢圓形，高約 0.9 mm，徑約 0.45 mm。

卵發育後次日漸漸轉為黃橙色，7 月分卵期 5～6 日。

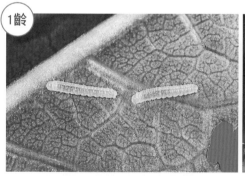

1 齡幼蟲，體長 2.3mm，淡黃色。

1 齡幼蟲蛻皮成 2 齡。

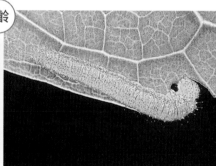

2 齡幼蟲，體長 6mm。

2 齡幼蟲蛻成 3 齡，體長 8mm。

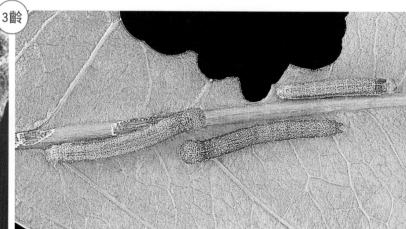

3 齡幼蟲以毛瓣蝴蝶木為食，體長 8 與 9mm。

4齡

4 齡幼蟲側面，體長 17mm，正咬食平伏莖白花菜。

4 齡幼蟲背面，體長 17mm。

5齡

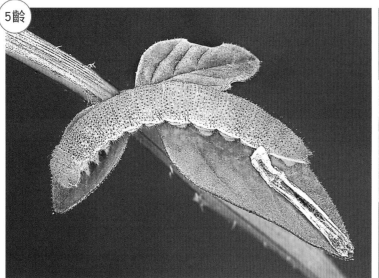

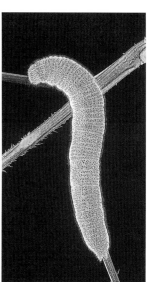

4 齡幼蟲蛻皮成 5 齡時體長 19mm。

5 齡幼蟲初期以魚木為食，體長約 19mm。

5 齡幼蟲（背面），體長約 30mm。

5 齡幼蟲大頭照。頭部綠色，具有短毛，寬約 2.6mm。

5 齡幼蟲以魚木為食，體長約 27mm，有綠色、淺綠色或紅褐色型。

◀ 5 齡幼蟲（終齡）側面，體長約 28mm，體側有白色條紋。蟲體綠色，密生細小短毛及紫色小斑點，尾端具有一對小錐突。

● 蛹

　　蛹為帶蛹，有綠色或
淺褐色至米白色型，體長
約 22mm，寬約 7mm。
頭頂具有一錐狀突尖，上
有或無黑色斑紋。胸部隆
起稜狀，在第 2 腹節向外
擴張，具有角狀外突，腹
背兩側有排細黑斑點，背
中央及腹側有淺黃色細條
紋，氣孔白色；常化蛹於
食草低處葉背或附近隱密
場所。10 月分蛹期 8 ～ 9
日。

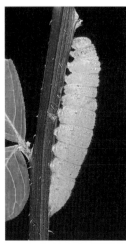

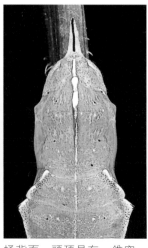

前蛹於平伏莖白花菜，
體長縮至 21mm。

蛹背面，頭頂具有一錐突，
胸部隆起稜狀，在第 2 腹節
向外擴張，具有角狀外突。

剛羽化休息中的雄蝶♂。

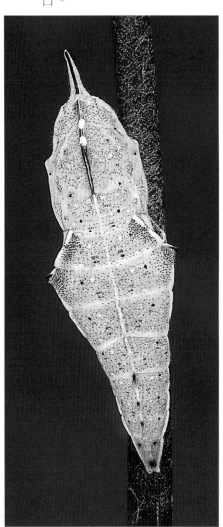

帶蛹，米白色型，長約 20mm，寬
約 7mm。

蛹側面，長約 21mm，寬約 7mm。10 月分蛹期 8～9 日。

蛹背面，腹背兩側有排細黑斑點，背
中央及腹側有淺黃色細條紋。

● 生態習性／分布

　　一年多世代，中型粉蝶，前翅長 27 ～ 32mm，
普遍分布於海拔 0 ～ 300 公尺山區，全年皆可見，
主要出現於 3 ～ 12 月，以南部較常見。雌雄蝶外
觀差異甚大，宛若兩種不同蝶種，牠的飛行迅速，

靈敏機警；喜愛在開闊平原或曠野處飛舞、追逐和
訪花。野外觀察雄蝶數量比例明顯比雌蝶多，雄蝶
常出現於平伏莖白花菜族群穿梭飛舞及搜尋著雌蝶
或在路旁濕地吸食水分。

● 成蝶

　　鑲邊尖粉蝶（八重山粉蝶）雌雄異型。**雄蝶♂**：翅腹面為白色，前翅翅端的翅脈和後翅的翅脈為黑色，翅脈周圍泛黑色。翅背面翅為白色，在前翅翅端和前、後翅外緣鑲有黑斑紋。**雄蝶♂**：尾端具有黑褐色毛束之毛筆器性徵。**雌蝶♀**：翅腹面翅底淺灰白色，前、後翅分布有橄欖黃鱗紋，白斑分外突顯，後翅翅基有一鮮黃色斑紋。翅背面為黑褐色，前、後翅分布有白色斑紋，在前翅外緣內側有排淺黃白色斑紋。因此，雌雄蝶的外觀色澤明顯不同，可藉此做區分。

雄蝶♂翅腹面為白色，前翅翅端的翅脈和後翅的翅脈為黑色。

雄蝶♂翅背面翅為白色，前翅展開寬 5 ～ 5.7 公分。

雄蝶♂腹端具有長約 3mm 黑褐色毛束之毛筆器性徵。

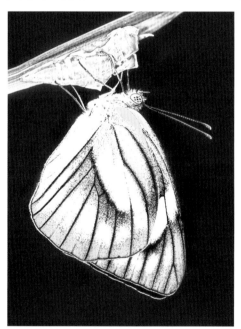

剛羽化休息中的雌蝶♀。

冬型雌蝶♀。鑲邊尖粉蝶在 10 月分後，冬型逐漸出現，腹面色澤轉為淺灰黃色。

雌蝶♀曬太陽。雌蝶♀翅背面為黑褐色，前、後翅分布有白色斑紋，在前翅外緣內側有排淺黃白色斑紋。

夏型雌蝶♀。雌蝶♀翅腹面翅底淺灰白色，前、後翅分布有橄欖黃鱗紋，白斑分外突顯，後翅翅基有一鮮黃色斑紋。

雌蝶♀覓食。鑲邊尖粉蝶為一年多世代，中型粉蝶，前翅長 27 ～ 32mm。

交配（左♂右♀）。鑲邊尖粉蝶，昔僅金門有記錄，於 2002 年在臺灣高雄及屏東地區被發現，而今逐步往北繁衍傾向，成為在臺灣的新移民蝶種。

纖粉蝶 （黑點粉蝶、阿飄蝶）

Leptosia nina niobe（Wallace, 1866） 特有亞種

粉蝶科／纖粉蝶屬

18～23mm

● 卵／幼蟲期

　　卵單產，淺藍白色，長橢圓形，高約 1.4 mm，徑約 0.4 mm，卵表具有細縱稜，8 月分卵期 3～4 日。雌蝶的產卵習性，喜愛選擇低矮蔭涼的幼蟲食草，將卵產於新芽或莖、葉片上。

　　終齡 5 齡，體長 15～22 mm。頭部綠色，疏生黑短毛。蟲體綠色，體表密布暗綠色斑點和短毛，背中線暗綠色，氣孔白色。

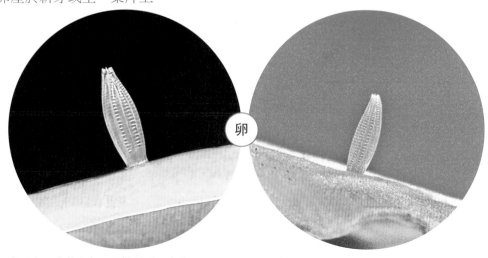

卵單產，淺藍白色，長橢圓形，高約 1.4 mm，徑約 0.4 mm。

卵表具有細縱稜，8 月分卵期 3～4 日。

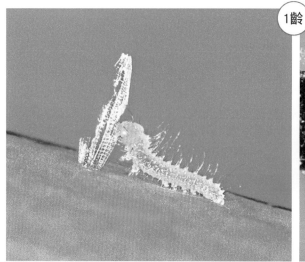

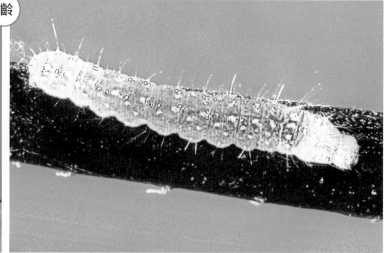

剛孵化出的 1 齡幼蟲正在吃卵殼。

1 眠幼蟲，體長約 3.8mm。

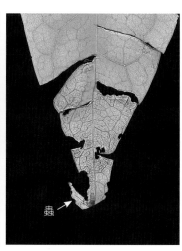

蟲

2 齡幼蟲，蟲體淺綠色，體長約 5mm。

在葉背先端躲藏的 2 眠幼蟲體長約 4.5mm 與 3 齡幼蟲體長約 7mm。

野外幼蟲在毛瓣蝴蝶木葉片的食痕與偽裝的生態行為。

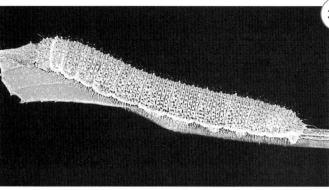

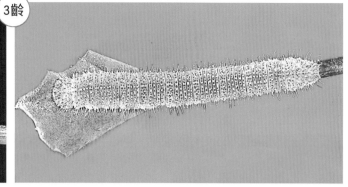

3 齡幼蟲側面，體長約 9mm。

3 齡幼蟲背面，體長約 9mm。

4 齡幼蟲側面，體長約 13 mm。

4 齡幼蟲背面，體長約 13 mm。

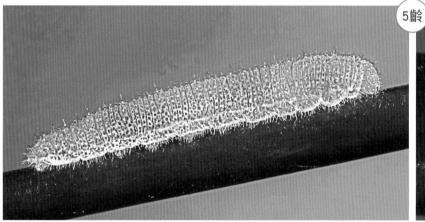

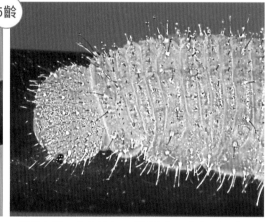

5 齡幼蟲 階段，體長約 15 ～ 22 mm。蟲體密生短毛。

5 齡幼蟲頭、胸部特寫。頭部綠色，密生黑短毛。

5 齡幼蟲（背面），體長約 20 mm。蟲體綠色，體表密布暗綠
色斑點和短毛，背中線暗綠色。

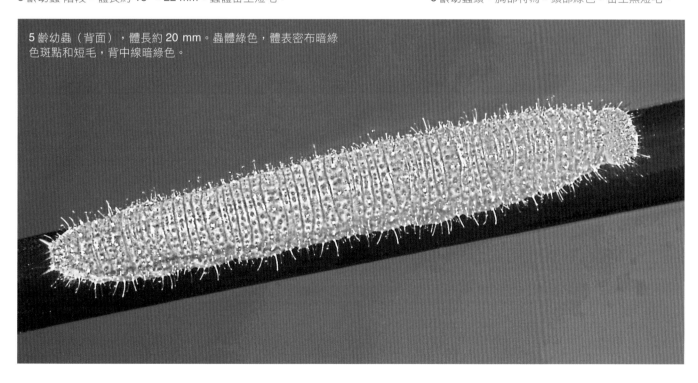

● 蛹

蛹為帶蛹，有綠色、褐色或淺褐色，體長約 16.5 mm，寬約 3.6 mm。頭頂具有一長約 1 mm 的小錐突，蛹體背側近平直，腹面隆起圓弧形，兩側扁平狀；常化蛹於低矮幼蟲食草葉背或莖、枝上。10 月分蛹期 7 ～ 8 日。

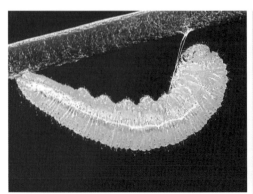

前蛹。

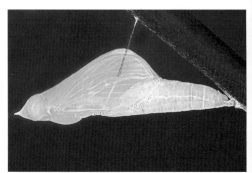

蛹側面（綠色型），體長約 13.5mm，寬約 3mm。頭頂具有一長約 1mm 的小錐突。

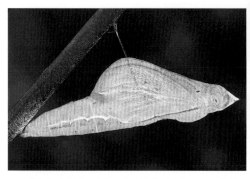

蛹側面（米色型），體長約 16.5mm，寬約 3.6mm。蛹體背側近平直，腹面隆起圓弧形，兩側扁平狀。

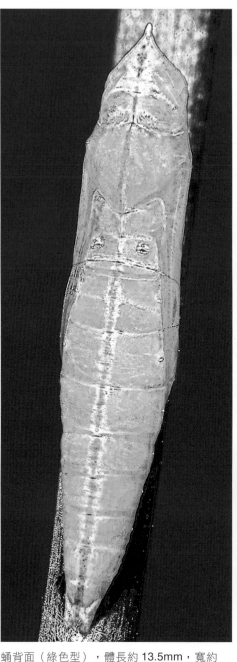

蛹背面（綠色型），體長約 13.5mm，寬約 3mm。

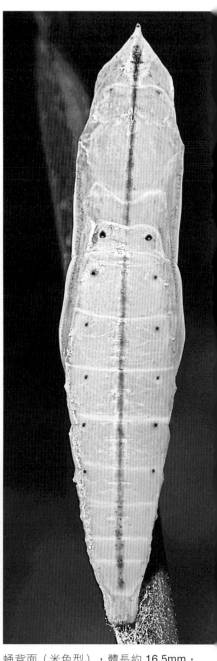

蛹背面（米色型），體長約 16.5mm，寬約 3.6mm。10 月分蛹期 7 ～ 8 日。

● 生態習性／分布

一年多世代，小型粉蝶，前翅長 18 ～ 23mm，普遍分布於海拔 0 ～ 1000 公尺山區，全年皆可見，主要出現於 3 ～ 11 月，以中、南部較常見，常見於幼蟲食草族群附近活動。成蝶外觀樸素淡雅纖細嬌小，飛行時輕緩優雅，時常抖動著薄翼，漫不經心地穿梭徘徊於林間，忽隱又忽現，時而高時而低；一副悠哉悠哉高處不勝寒的模樣，探訪著野地馨香及芬芳美味，一點也不畏生人靠近。因而被蝶友稱為「阿飄蝶」。

● 成蝶

　　纖粉蝶（黑點粉蝶）雌雄蝶的外觀形態相仿，**雌蝶♀**：體型比雄蝶♂略大。翅腹面翅底白色，前翅前緣及後翅分布著淺灰綠色或灰褐色的斑駁狀斑紋，在前翅翅端下方具有 1 枚黑斑點；外緣著生細黑斑點。翅背面為白色，在前翅翅端下方具有 1 枚黑色斑點，這斑點粗黑明顯，為黑點粉蝶之特徵，因而得名。雌雄蝶直接由外生殖器做辨識。

羽化休息中的雌蝶♀。

雄蝶♂吸水。

雄蝶♂訪花。

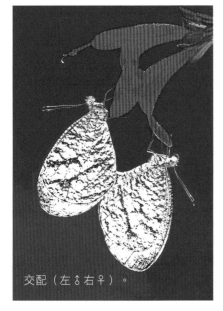

交配（左♂右♀）。

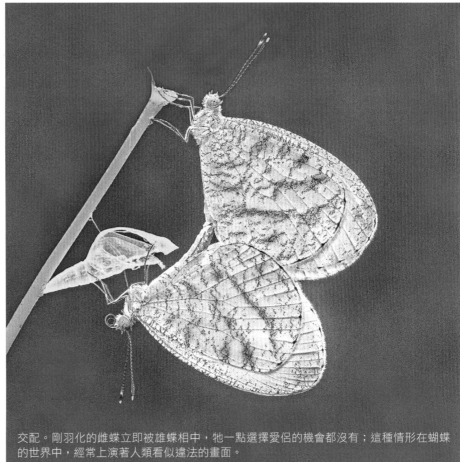

交配。剛羽化的雌蝶立即被雄蝶相中，牠一點選擇愛侶的機會都沒有；這種情形在蝴蝶的世界中，經常上演著人類看似違法的畫面。

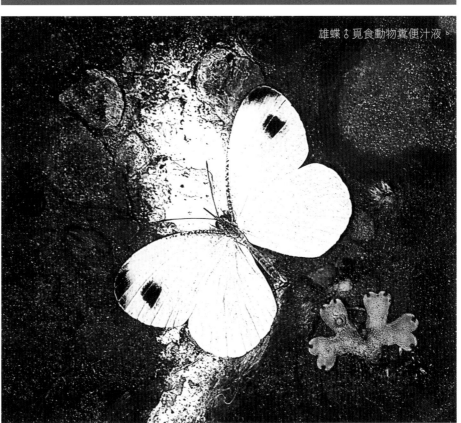

雄蝶♂覓食動物糞便汁液。

異粉蝶（雌白黃蝶）

Ixias pyrene insignis Butler, 1879　特有亞種

粉蝶科／異粉蝶屬

28 ～ 32mm

● 卵／幼蟲期

　　卵單產，剛產時白色，發育後漸漸轉為淺黃白色，卵表有紅色受精斑紋出現，長橢圓形，高約 1.3 mm，徑約 0.5 mm，卵表具有細縱稜，6 月分卵期 4 ～ 5 日。雌蝶的產卵習性，常見選擇陰涼疏林、林緣或路旁的幼蟲食草，將卵產於葉表、葉背或成熟葉、新葉、新芽。

　　終齡 5 齡，體長 18 ～ 30mm。頭部和蟲體綠色，體表密布暗紅色細斑點，體側氣孔線有紅色條紋，於尾端有明顯白色紅邊紋，氣孔褐白色。

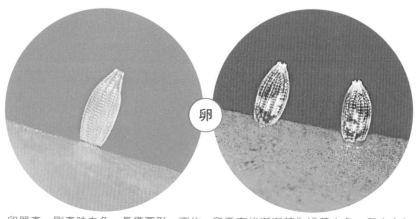

卵

卵單產，剛產時白色，長橢圓形，高約 1.4 mm，徑約 0.7 mm，卵表約有 12 條細縱稜。

卵發育後漸漸轉為淺黃白色，卵表有紅色受精斑紋出現，6 月分卵期 4 ～ 5 日。

1齡

剛孵化不久的 1 齡幼蟲食卵殼，體長 2.4mm。

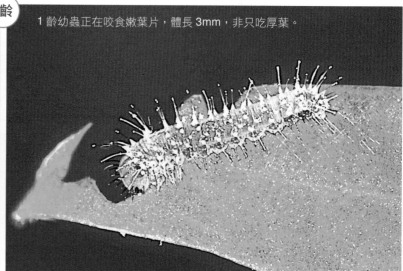

1 齡幼蟲正在咬食嫩葉片，體長 3mm，非只吃厚葉。

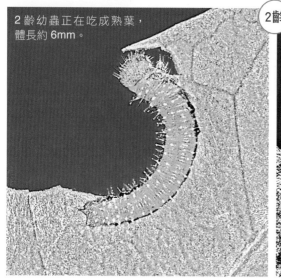

2齡

2 齡幼蟲正在吃成熟葉，體長約 6mm。

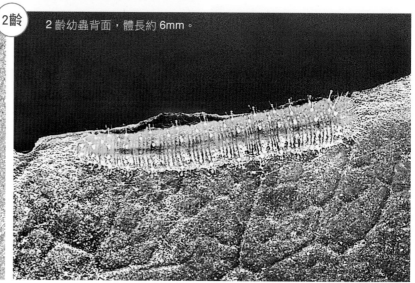

2 齡幼蟲背面，體長約 6mm。

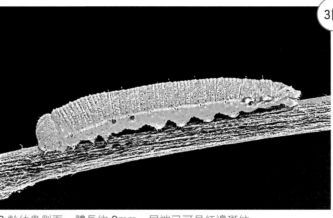

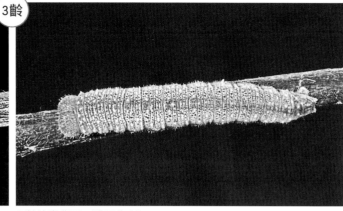

3 齡幼蟲側面，體長約 9mm，尾端已可見紅邊斑紋。

3 齡幼蟲背面，體長約 10mm。

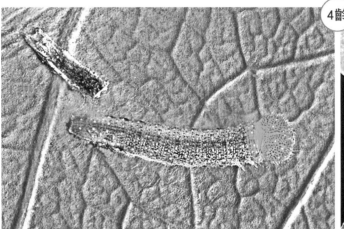

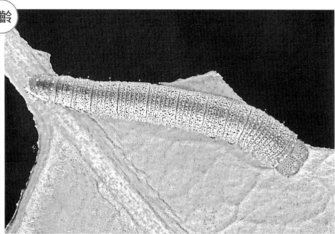

3 齡幼蟲蛻皮成 4 齡時，體長約 10mm。

4 齡幼蟲，體長約 14mm。

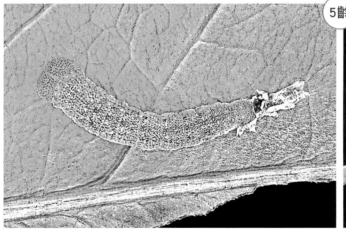

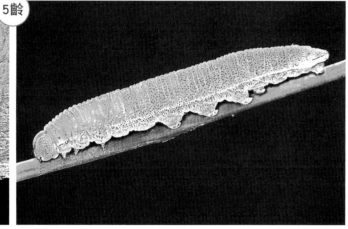

4 齡幼蟲蛻皮成 5 齡時，體長約 17mm。

5 齡幼蟲側面，體長約 30mm。體側氣孔線有紅色條紋，於尾端有明顯白色紅邊紋。

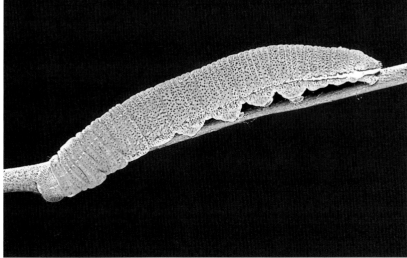

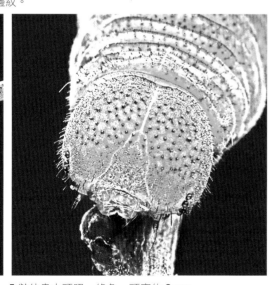

5 齡幼蟲（終齡），體長約 30mm。頭部和蟲體綠色，體表密布暗紅色細斑點。

5 齡幼蟲大頭照，綠色，頭寬約 3mm。

● 蛹

　　蛹為帶蛹，有綠色或褐色，體長約 22 mm，寬 6mm。頭頂具有一長 1.6mm 小錐突。蛹體散生碎斑紋，背側近平直，腹面隆起圓弧形，氣孔淺褐色，常化蛹於食草植物或附近隱密處。7 月分蛹期 8～9 日。

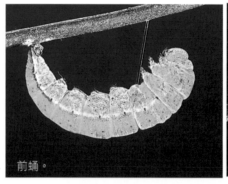

前蛹。

即將羽化的雄蝶♂，7 月分蛹期 8～9 日。

蛹側面，綠色型，體長約 21 mm，寬 6mm。

帶蛹，暗褐色型，體長約 21 mm，寬 6mm。

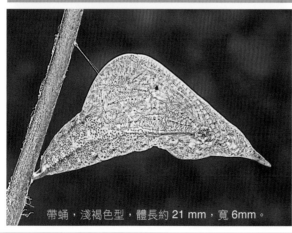

帶蛹，淺褐色型，體長約 21 mm，寬 6mm。

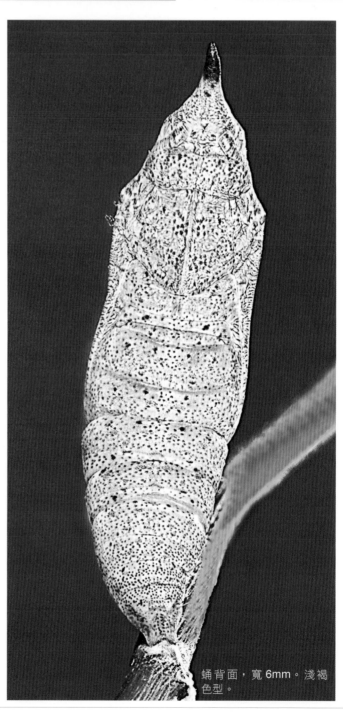

蛹背面，寬 6mm。淺褐色型。

● 生態習性／分布

　　一年多世代，中型粉蝶，前翅長 28～32mm，普遍分布於海拔 0～1800 公尺山區，全年皆可見，主要出現於 3～11 月，以中、南部較常見。成蝶雌雄外觀色彩明顯不同，雌蝶的色澤樸素典雅；雄蝶的色澤鮮明奪目，飛行時輕盈柔美非常美麗。雌蝶多見活動於幼蟲食草族群附近的林緣山徑訪花、飛舞或穿梭於山林野徑四處找尋食草產卵。雄蝶喜愛趴趴走，常三五成群聚集於潮濕石礫地、溪畔河床上吸食水分。

● 成蝶

　　異粉蝶（雌白黃蝶）雌雄異型。翅腹面，**雌蝶♀**：為淺黃白色，**雄蝶♂**：為黃色，且密布細褐色斑點；在後翅亞外緣各具有少許褐色斑紋。翅背面雌雄斑紋明顯不同。**雄蝶♂**：翅背面為黃色，前翅中央有大面積橙色斑紋，在翅端及前、後翅外緣有黑褐色斑紋。**雌蝶♀**：翅背面為灰白色，前翅中央有大面積白色斑紋，在翅端及前、後翅外緣有黑褐色斑紋。

 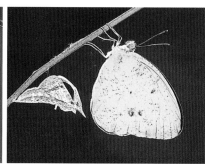  

剛羽化休息中的雌蝶♀。　剛羽化休息中的雄蝶♂。　　雄蝶♂覓食。雄蝶♂吸食大花咸豐草花蜜。　　雄蝶♂展翅。異粉蝶為中型粉蝶，前翅展開寬 4.5 ～ 5.2 公分。

冬季雌蝶♀腹面色澤較夏季黃，褐斑紋較深。

異粉蝶和淡褐脈粉蝶一同聚集在河床濕地吸水。

雌蝶♀食花蜜。異粉蝶雌蝶的翅背面為灰白色，前翅中央有大面積白色斑紋與雄蝶橙色不同。

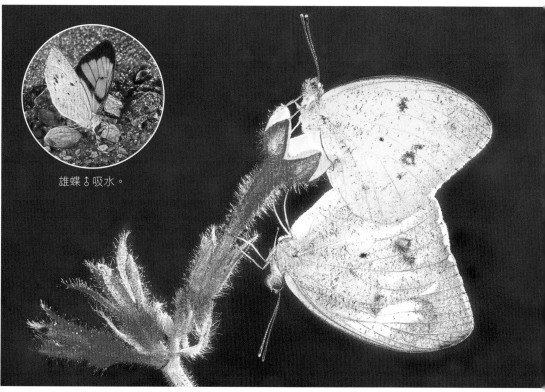

雄蝶♂吸水。

交配（上♂下♀）。異粉蝶為雌雄異型，雌蝶翅腹面為淺黃白色，雄蝶為黃色。

雌蝶♀訪花。彰化社頭鄉的清水巖附近的造林地，林下生長眾多「毛瓣蝴蝶木」族群，這裡的族群應是臺灣排前 3 名的棲地，也是獨角仙棲息地。如能善加利用，對蝴蝶生態將是助益。

橙端粉蝶（端紅蝶）

Hebomoia glaucippe formosana Fruhstorfer, 1908
粉蝶科／橙端粉蝶屬　特有亞種

48 ～ 51mm

● 卵／幼蟲期

卵單產，剛產淺黃白色，發育後數日漸漸轉為黃橙色，但有些色澤深淺會不一；橢圓形，高約 1.9mm，徑約 1.0 mm，卵表有 12 ～ 13 條細縱稜，9月分卵期 5 ～ 6 日。雌蝶的產卵習性，喜愛選擇半日照及林蔭環境，將卵產於新芽及成熟的葉片表面或葉背。

終齡 5 齡，體長 34 ～ 54mm。頭部和蟲體綠色，體表密生藍黑色小斑點，體側有紅橙、白色條紋，氣孔白色。胸部造型特殊，黃色胸腹部外突，體側有藍黑色與紅橙色之假眼斑，當受到外力騷擾時，蟲體前段會昂起；外觀像似一條面目可憎的小蛇，模樣令天敵畏怯而裹足不前，藉以來威嚇欺敵。

卵

卵單產，初產淺黃白色，橢圓形，高約 1.9mm，徑約 1.0mm，為臺灣粉蝶類卵粒最大者。

卵數日後漸漸轉為黃橙色，卵表約有 12 ～ 13 條細縱稜，9月分卵期 5 ～ 6 日。

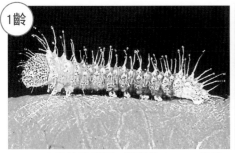

1齡

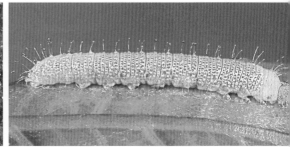

1 齡幼蟲側面，體長約 4mm，蟲體淺黃褐色，密生腺毛。

1 齡幼蟲背面，體長約 4mm，體表密生瘤狀小突。

1 眠幼蟲，頭後的新頭部已形成，準備蛻皮成 2 齡，體長約 8mm。

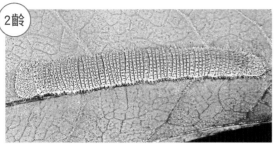

2齡

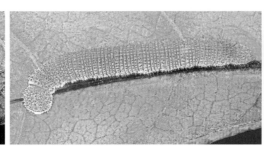

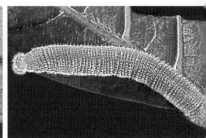

2 齡幼蟲側面，體長約 13mm。蟲體綠色，體表密布藍色細瘤狀突。

2 齡幼蟲背面，體長約 13mm。1 ～ 3 齡幼蟲常棲息於葉表基部中肋處休息。

2 眠幼蟲，準備蛻皮成 3 齡，體長約 14mm。

3齡

3齡幼蟲，體長約 17mm。1～5 齡幼蟲期約 28 天。　　3 齡幼蟲蛻皮成 4 齡，體長約 22mm。

4齡

4 齡幼蟲背面，體長約 29mm，外觀近似終齡。

4 齡幼蟲側面，體長約 26mm，胸部明顯具有假眼紋，體側有淺黃色條紋。　　4 眠幼蟲，體長約 35mm，準備蛻皮。

5齡

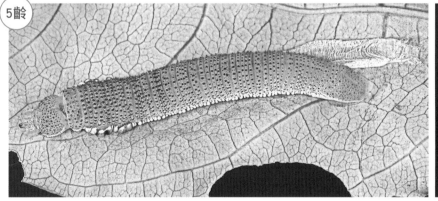

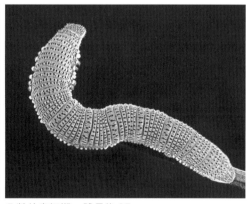

4 齡幼蟲蛻皮成 5 齡，體長約 34mm。　　　　　　　　　5 齡幼蟲初期，體長約 35mm。

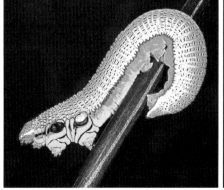

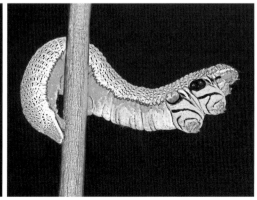

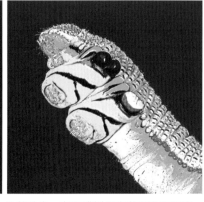

5 齡幼蟲階段體長 34 ～ 54mm。頭部和蟲體綠色，體表密生藍黑色小斑點，體側有紅橙、白色條紋。

5 齡幼蟲（終齡），體長約 52mm。外觀模擬攀纏於樹枝的小蛇。

5 齡幼蟲。中胸體側具有藍黑色假眼斑，後胸體側具有黃橙色假眼斑，黃綠色胸部鼓起膨大時具有警告意味。

● 蛹

　　蛹為帶蛹，有淺綠色至綠色或淺黃白色至黃色，因棲息環境的色澤而有所不同，體長約 42 mm，寬約 12 mm，頭頂具有一黑褐色棒狀錐突，

蛹體背側近平直，腹面隆起圓弧形；常化蛹於食樹葉背及枝條上，氣孔淺褐色。8 月分蛹期 10 ～ 11 日。

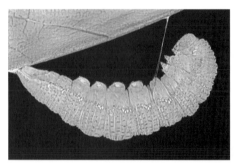

前蛹。

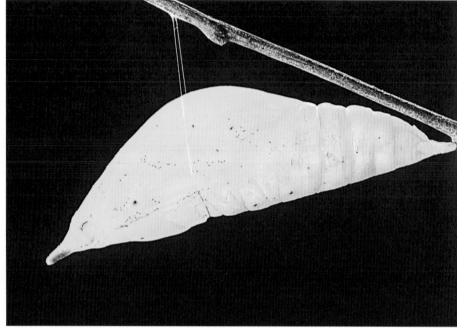

蛹（綠色型），長約 42mm，寬約 12mm，蛹體背側近平坦，腹面隆起圓弧形。

蛹側面，黃色型，體長約 38mm，寬約 11mm。8 月分蛹期 10 ～ 11 日。

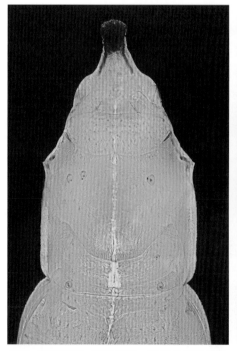

蛹頭、胸部特寫。頭頂具有一黑褐色棒狀錐突。　低溫型雌蝶♀即將羽化，已可見翅背外觀。

● 生態習性／分布

　　一年多世代，大型粉蝶，前翅長 48 ～ 51mm，普遍分布於海拔 0 ～ 1800 公尺山區，全年皆可見，主要出現於 3 ～ 11 月。多見於開闊林緣或幼蟲食草族群的山林飛舞。成蝶一身素雅端莊，

翅端橙色，其特徵明顯無相似種，在野外很容易辨識。牠的飛行快速，警覺性高；喜愛翱翔於陽光普照的樹灌層及林緣山徑訪花覓食或濕地吸水。

● 成蝶

　　橙端粉蝶（端紅蝶）翅腹面，前翅上半部為黃褐色，基半部為白色。後翅為黃褐色，亞外緣有列不明顯褐色斑紋，在中央具有 1 條深褐色細條紋由翅基至外緣。翅背面雌雄的外觀明顯不同，**雄蝶♂：**翅背色為灰白色，前翅翅端底色黑褐色，內具有紅橙色大斑紋，後翅外緣的黑褐色斑紋較少，幾近消失。**雌蝶♀：**翅背色為淺黃色，前翅翅端底色黑褐色，內有橙色大斑紋；在後翅外緣具有黑褐色波帶狀紋，亞外緣有列 6 枚黑褐色斑紋。因此，雌雄可藉此簡易做區別。

剛羽化休息中的冬型雌蝶♀。

橙端粉蝶是臺灣粉蝶科中體型最大型的蝴蝶，前翅展開時寬 8 ～ 9 公分（夏型）。

研究發現橙端粉蝶（左♂右♀）前翅背面的橙色鱗片斑紋，具有與海裡生物「芋螺」相似成份的神經毒，對人體有害，捕捉時不可不慎，尤其是學童把玩時須多加留意其安全性；橙色斑紋不僅為天敵的警戒色，也是人類的警戒色。

冬型雄蝶♂。成蝶一身素雅端莊，翅端橙色，展翅寬 8~9 公分，無相似種易辨識。

雄蝶♂吸水。橙端粉蝶的成蝶喜愛翱翔於陽光普照的樹灌層、林緣山徑覓食或濕地吸水（夏型）。

交配（左♀右♂）。

遷粉蝶（淡黃蝶、銀紋淡黃蝶）

Catopsilia pomona pomona（Fabricius, 1775）
粉蝶科／遷粉蝶屬

● 卵／幼蟲期

　　卵單產，白色，長橢圓形，高約 1.4 mm，徑約 0.5 mm，6 月分卵期 3 ～ 4 日。雌蝶的產卵習性，喜愛選擇涼爽環境的高處，將卵產於幼蟲食草的新芽或新葉上。

　　終齡 5 齡，體長 28 ～ 54mm。頭部和蟲體黃

綠色，且密生深藍黑色瘤狀小突，體側有深藍黑色光澤和淡黃白色所組成之條狀紋，氣孔白色；外觀與細波遷粉蝶（水青粉蝶）的幼蟲很相近，極易混淆。

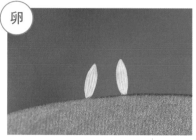

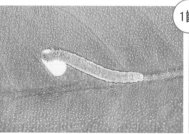
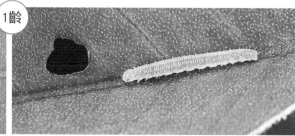

卵白色，長橢圓形，高約 1.4 mm，徑約 0.5 mm，6 月分卵期 3 ～ 4 日。

1 齡幼蟲，體長 4mm，正在咬食鐵刀木嫩葉。

1 齡幼蟲側面，體長 4mm。會先將葉片咬出葉洞。

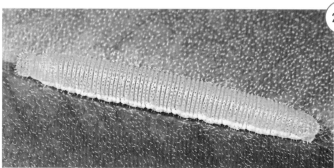

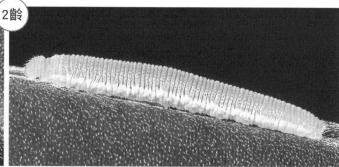

2 齡幼蟲背面，體長約 7 mm。

2 齡幼蟲側面，體長約 7mm，蟲體黃色。

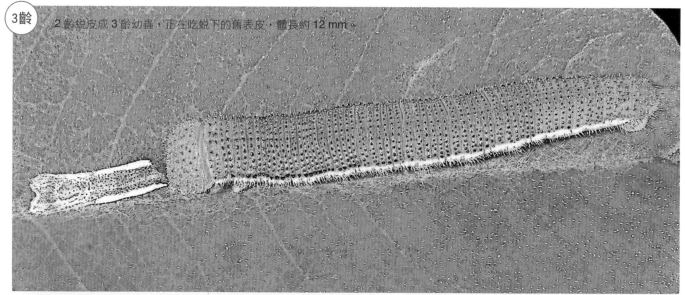

2 齡蛻皮成 3 齡幼蟲，正在吃蛻下的舊表皮，體長約 12 mm。

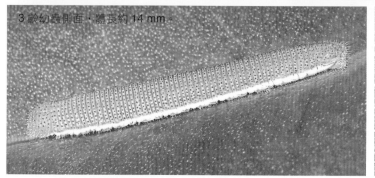

3 齡幼蟲側面，體長約 14 mm。

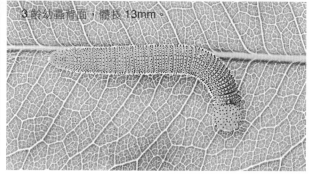

3 齡幼蟲背面，體長 13mm。

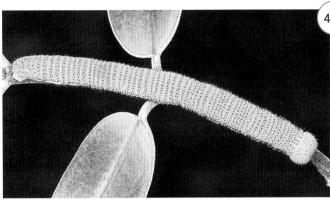
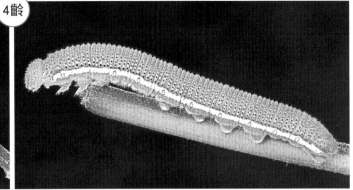

4齡

4 齡幼蟲背面，體長約 25 mm，體色隱身與葉片同色係。

4 齡幼蟲側面，體長約 23 mm，體側具有白條紋。

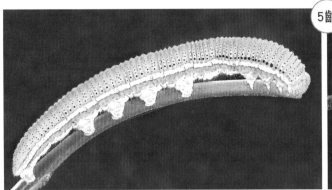

5齡

5 齡幼蟲（終齡），白條紋型，體長約 45mm。

5 齡幼蟲初期（終齡），白條紋型，體長約 27 mm。

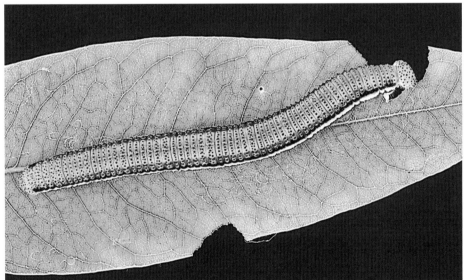
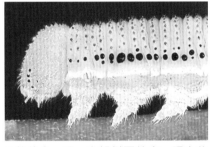

5 齡幼蟲，頭、胸部側面特寫。頭寬約 4mm，胸足白色。

5 齡幼蟲（終齡），黑條紋型，體長 54 mm，正咬食鐵刀木葉片。

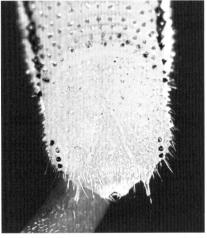

5 齡幼蟲大頭照。頭寬約 4mm。頭部黃綠色，密生深藍黑色瘤狀小突。

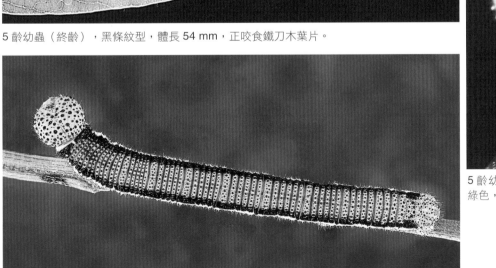

5 齡幼蟲，黑條紋型，體長 28 ～ 54mm。

● 蛹

　　蛹為帶蛹，有綠色、黃綠色或褐色，體長約 24 mm，寬約 6 mm。頭頂具有一黃色錐突，胸部隆起弧形狀，腹面隆起圓弧形，體側明顯具有淺黃色細條紋，氣孔米黃色；常化蛹於食樹或附近植物。5 月分蛹期 6 ～ 7 日。

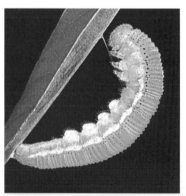

◀前蛹。

▶蛹側面。胸部隆起弧形狀，腹面隆起圓弧形，體側明顯具有淺黃色細條紋。

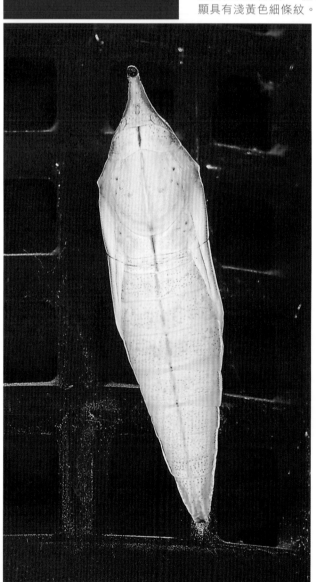

蛹背面，淺褐白色型。體長約 24mm，寬約 6mm。

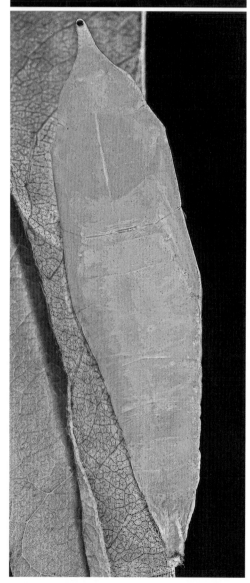

蛹背面，綠色，體長約 24mm，寬約 6mm。頭頂具有一黃色錐突。

● 生態習性／分布

　　一年多世代，中型粉蝶，前翅長 34 ～ 37mm，普遍分布於海拔 0 ～ 1500 公尺山區，全年皆可見，主要出現於 3 ～ 11 月，以中、南部較常見。成蝶飛行快速，特別喜愛活躍於風和日麗的天氣，常見於公園、路旁等地飛舞、訪花或溪畔河床、林緣濕地吸水，昔日為美濃「黃蝶翠谷」的主角。

● 成蝶

　　遷粉蝶（淡黃蝶）雌雄異型。色調從淡黃色至鮮黃色皆有，個體之間差異甚大，宛若兩種不同蝶種。成蝶外觀有「無紋型」與「銀紋型」2種形態。**雄蝶♂**：在前翅後緣基部具有淺黃色長毛和後翅中室具有白色橢圓狀性斑之雄性性徵。

　　無紋型：雄蝶♂：翅腹面為淡黃色，後翅無銀斑。翅背面翅底為淺黃白色，翅基周圍分布著黃色鱗片，在前翅翅端至外緣具有細黑邊紋。**雌蝶♀**：翅腹面為淺黃白色，後翅無銀斑。翅背面為白色至淡黃白色，前翅中室外側具有1枚黑斑點，在前翅前緣及前、後翅外緣具有寬黑褐色帶狀斑紋。

　　銀紋型：雄蝶♂：翅腹面為淡黃色，後翅具有銀斑。**雌蝶♀**：翅腹面為黃色，且散生紅褐色斑紋，在前翅中室外側具有1枚斑點，後翅具有2枚銀斑點。翅背面為黃色。

　　銀紋紅斑型：雌蝶♀：後翅具有大型紅褐色斑紋，內具有銀斑。

無紋型雄蝶♂高溫期。

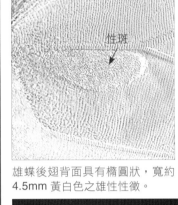

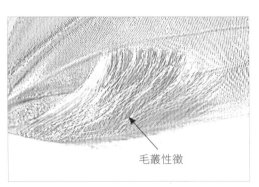

性斑

雄蝶後翅背面具有橢圓狀，寬約4.5mm黃白色之雄性性徵。

毛叢性徵

雄蝶在前翅後緣基部具有淺黃色長毛之雄性性徵。

休息中的紅斑型雌蝶♀。後翅具有大型紅褐色斑紋，外觀與其他遷粉蝶略不同。

無紋型雌蝶♀吸食花蜜。

銀紋型雌蝶♀。

無紋型交配（上♂下♀）。

無紋型雌蝶♀，高溫期。昔日美濃山區廣植鐵刀木來製造槍托，致使遷粉蝶蝶群豐富蔚為奇觀，便有「黃蝶翠谷」的美譽。而今，景象物換星移，蝶名也改，棲地也式微，情何以堪！

雌蝶♀吸花蜜。成蝶前翅展開時寬5～6公分。

細波遷粉蝶（水青粉蝶）

Catopsilia pyranthe pyranthe（Linnaeus, 1758）

粉蝶科／遷粉蝶屬

28 ～ 33 mm

● 卵／幼蟲期

　　卵單產，白色，長橢圓形，高約 1.6 mm，徑約 0.5 mm，卵表約有 14 條細縱稜，10 月分卵期 3 ～ 4 日。雌蝶的產卵習性，喜愛選擇在陽光下，將卵快速地產於幼蟲食草的葉表或新芽上。由於幼蟲食草多數具有腺體，常吸引螞蟻棲息，因此，卵常被螞蟻前來啃食。

　　幼蟲多見棲於葉表及枝條上，行蹤顯露常遭遇到蜂類捕食。終齡 5 齡，頭部寬約 3.2 mm，體長 24 ～ 45 mm。頭部和蟲體綠色，體表密生藍黑色瘤狀小突起，體側有淡黃色、白色與有光澤的藍黑色瘤狀突起所組成之條狀紋，氣孔白色。1 ～ 5 齡幼蟲期約 14 天。

卵白色，長橢圓形，高約 1.6 mm，徑約 0.5 mm，10 月分卵期 3 ～ 4 日。

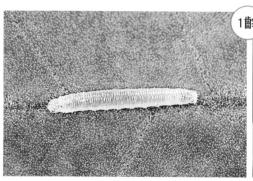

1 齡幼蟲，黃色，體長 4mm。

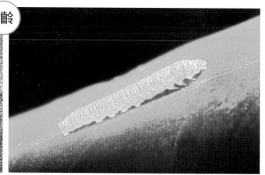

1 眠幼蟲，淺黃色，體長約 4.5mm。

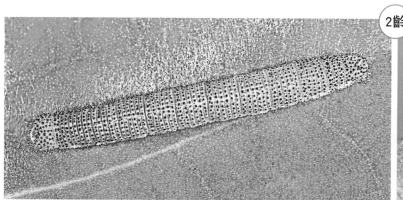

2 齡幼蟲背面，體長約 8 mm。密生藍黑色瘤狀小突起。

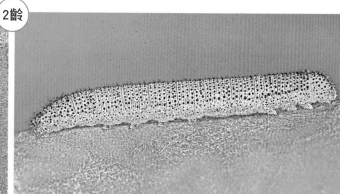

2 齡幼蟲側面，體長約 8 mm。1 ～ 5 齡幼蟲期約 14 天。

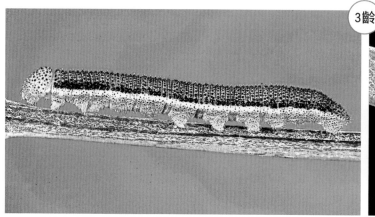

3 齡幼蟲側面，體長約 13 mm。體側有白色與藍黑色條狀紋出現。

3 齡幼蟲背面，體長約 14mm。

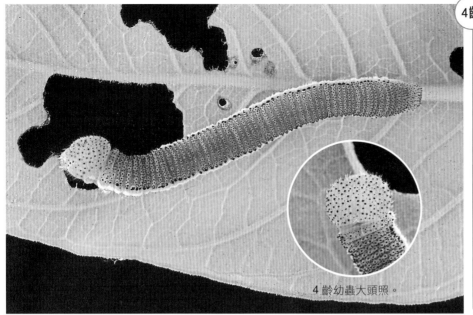

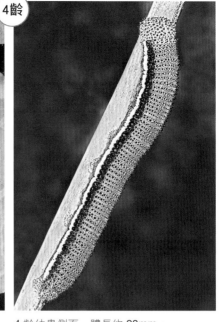

4齡

4齡幼蟲背面，體長約 21mm，頭寬 2.8mm。

4齡幼蟲大頭照。

4齡幼蟲側面，體長約 23mm。

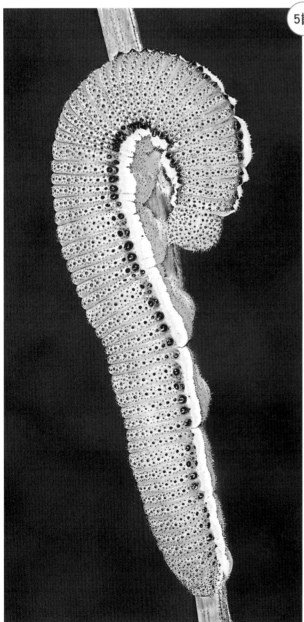

5齡

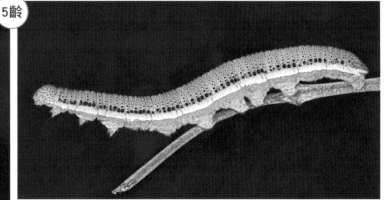

5齡幼蟲階段體長 24～45mm。體側有淡黃色、白色與有光澤的藍黑色瘤狀突起所組成之條狀紋。

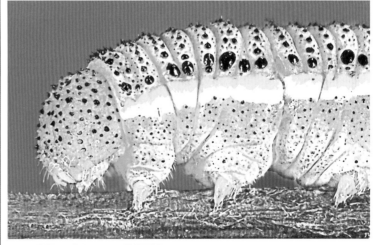

5齡幼蟲，體長約 44 mm。頭部和蟲體綠色，體表密生藍黑色瘤狀小突起。

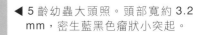

▲ 頭、胸部側面特寫，體側具藍黃白色條紋，胸足黃色。

◀ 5齡幼蟲大頭照。頭部寬約 3.2 mm，密生藍黑色瘤狀小突起。

● 蛹

蛹為帶蛹，綠色，體長約 28mm，寬約 7mm。頭頂有一鈍平狀之突起，胸部隆起圓弧形，中央稜線黃色。腹面隆起圓弧形，體側具有黃色線條，氣孔白色。常化蛹於食草葉背、枝條或附近植物上。10 月分蛹期 6 ～ 7 日。

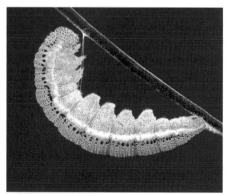

前蛹。

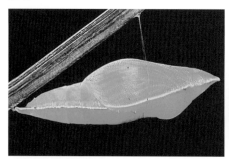

蛹側面。腹面隆起圓弧形，體側具有黃色線條。

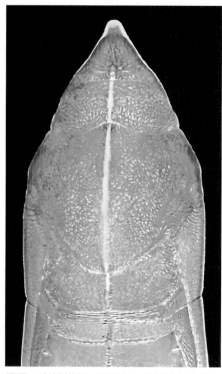

蛹頭、胸部特寫。頭頂有一鈍平狀之突起，胸部隆起圓弧形，中央稜線黃色。

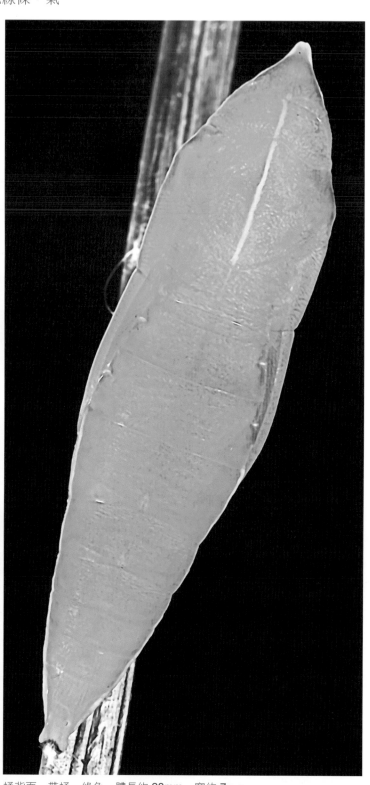

蛹背面，帶蛹，綠色，體長約 28mm，寬約 7mm。

● 生態習性／分布

一年多世代，中型粉蝶，前翅長 28 ～ 33mm，普遍分布於海拔 0 ～ 1600 公尺山區，全年皆可見，主要出現於 3 ～ 12 月，以中、南部較常見，多見於幼蟲食草附近活動、飛舞。成蝶飛行迅速，機警靈敏；喜愛在林緣曠野處或開闊的陽光下飛舞、訪花。

● 成蝶

細波遷粉蝶（水青粉蝶）翅腹面，前翅上半部及後翅為淡黃綠色，密布波狀細小淺褐色斑紋。翅背面，**雄蝶♂**：翅為白色略帶綠調，前翅前緣、翅端至外緣具有黑褐色邊紋，在前緣中央下方有 1 個小黑點，此黑斑點比雌蝶♀小，而後翅外緣無黑褐色邊紋。**雄蝶♂**：在前翅後緣基部具有白色長毛和

後翅中室具有雄性性斑。**雌蝶♀**：翅為白色略帶黃調，前翅前緣、翅端至外緣和後翅外緣具有黑褐色寬邊紋，邊紋明顯比雄蝶♂寬廣；在前翅中央下方具有一枚黑斑點。因此，雌雄可藉此做區別。本種低溫型在翅腹面具有銀斑。

雄蝶♂曬太陽。細波遷粉蝶為中型粉蝶，前翅展開寬 4.7 ～ 5.7 公分。

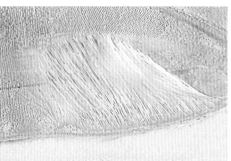

雄蝶♂左前翅。腹面後緣具有一叢雄蝶性徵的白毛。

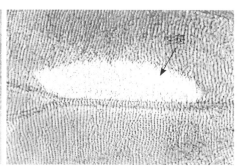

雄蝶♂右後翅。背面具有長約 5mm 橢圓形白色雄性性徵。

剛羽化休息中的夏型雌蝶♀。

夏型雄蝶♂。細波遷粉蝶的成蝶飛行迅速，喜愛在林緣曠野處或開闊的陽光下飛舞、訪花。

雄蝶♂訪金露花。翅腹面密布波狀細小淺褐色斑紋，為本種之特徵。

冬型雌蝶♀。細波遷粉蝶於低溫期時，翅腹面色澤為淺黃綠色，中室明顯具有紅褐色邊之銀白斑。

雌蝶♀正將卵產於望江南葉表。

交配（夏型，上♀下♂），只要廣植望江南，即使不用外出也能輕鬆吸引雌蝶前來產卵和觀察整個蝴蝶生活史。

淡色黃蝶

Eurema andersoni godana（Fruhstorfer, 1910） 特有亞種

粉蝶科／黃蝶屬

20 ～ 22 mm

● 卵／幼蟲期

卵單產，白色，長橢圓形，高約 1.8 mm，徑約 0.5 mm，卵表具有細縱稜，9 月分卵期 4 ～ 5 日。雌蝶的產卵習性，喜愛選擇陰涼林緣、路旁或疏林的幼蟲食草植物，將卵產於新芽或新葉的葉表。

終齡 5 齡，體長 17 ～ 27 mm。頭部綠色，疏生短毛。蟲體綠色，體表密布小瘤突及腺體，體側有白色條紋，條紋在胸部段有少許褐色斑紋，氣孔白色。幼蟲多見棲於葉表或莖上。

卵

卵白色，長橢圓形，高約 1.8mm，徑約 0.5mm。9 月分卵期 4 ～ 5 日。

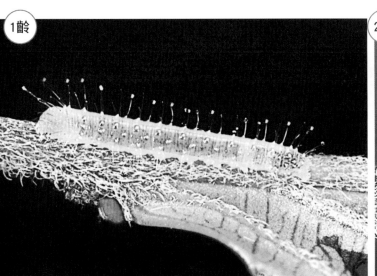

1齡

1 齡幼蟲側面，體長約 3mm。

2齡

2 齡幼蟲，體長約 6mm，體表密布腺毛。

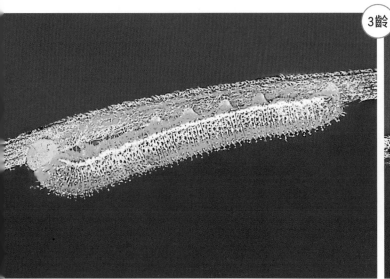

3齡

3 齡幼蟲，體長約 10mm，幼蟲多見棲於葉表或莖上。

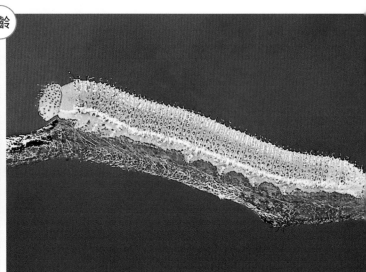

3 眠幼蟲，體長約 10mm。

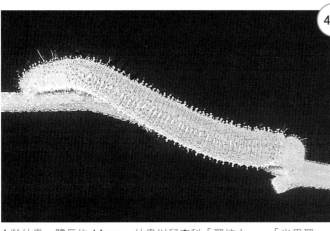

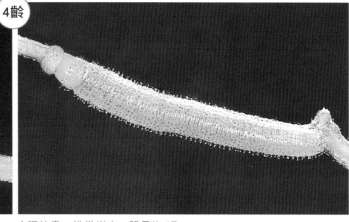

4 齡幼蟲，體長約 14mm，幼蟲以鼠李科「翼核木」、「光果翼核木」的葉片、嫩莖為食。

4 眠幼蟲，準備蛻皮，體長約 17mm。

精巢

5 齡幼蟲（終齡）背面，體長約 27mm。蟲體綠色，體表密布小瘤突及腺體（雄蟲）。

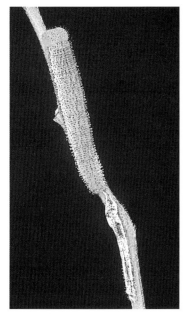

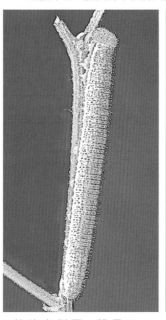

4 齡幼蟲蛻皮成 5 齡時體長約 17mm。

5 齡幼蟲側面，體長 17～27mm。體側有白色條紋，條紋在胸部段有少許褐色斑紋。

5 齡幼蟲大頭照。綠色，頭寬 2.5mm。

● 蛹

　　蛹為帶蛹，綠色，體長約 15 ～ 19mm，寬約 4mm。頭頂具有一對錐狀突尖，蛹體背側近平直，腹面隆起圓弧形，氣孔白色；常化蛹於食草植物莖、葉柄等隱密處。7 月分蛹期 7 ～ 8 日。

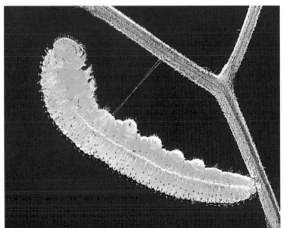

前蛹。

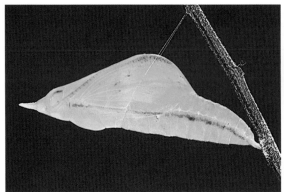

蛹側面，長約 19mm，背面近平直，腹面隆起圓弧形。

蛹側面，羽化前體色轉為黃色。

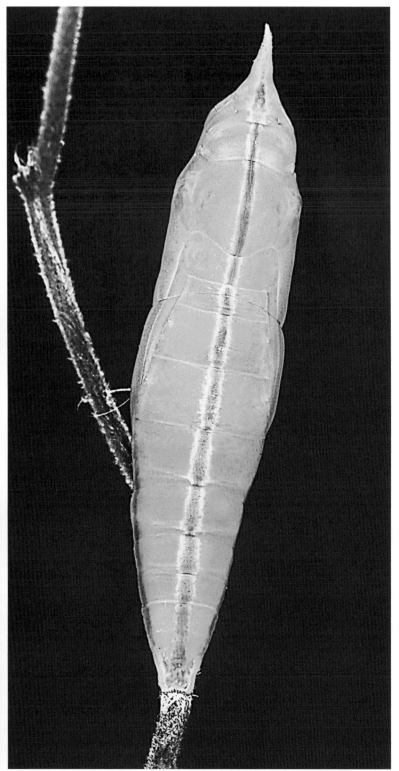

蛹背面，體長 18mm，寬約 4mm，頭頂具有一小錐突，背中線綠白色。

● 生態習性／分布

　　一年多世代，中、小型粉蝶，前翅長 20 ～ 22 mm，普遍分布於海拔 0 ～ 1800 公尺山區，全年皆可見，主要出現於 3 ～ 11 月，多見於幼蟲食草族群附近活動，只要找得到翼核木族群就有機會一親芳澤。成蝶飛行緩慢，輕盈優雅；外觀與其他黃蝶類近似，極易混淆！其棲息環境較偏愛雜木林，常出現在幼蟲食草族群附近林緣、路旁穿梭飛舞和尋覓食草；喜愛吸食各種野花花蜜、路旁濕地水分。

● 成蝶

淡色黃蝶的雌雄蝶外觀色澤略不同，翅端和後翅外緣呈現圓弧形，**雌蝶♀**：淺黃色，**雄蝶♂**：鮮黃色。翅腹面在前翅中室內具有 1 枚黑褐色小斑紋，在後翅近翅基具有 3 枚圓環紋，亞外緣具有波狀黑褐色斑紋。翅背面前翅前緣至翅端及外緣具有黑褐色斑紋，外緣中央黑褐色帶凹陷成ㄷ形。後翅外緣具有黑褐色細邊紋。**雄蝶♂**：在前翅腹面近翅基中室後緣翅脈上，具有白色線形性斑。**雌蝶♀**：在後翅外緣的黑褐色帶較雄蝶♂寬，色澤較雄蝶♂淡。因此，可藉此簡易區別。

本種辨識特徵：翅腹面在前翅中室內具有 1 枚黑褐色小斑紋，後翅近翅基具有 3 枚圓環紋，亞外緣具有波狀黑褐色斑紋。翅背面外緣中央黑褐色帶凹陷成ㄷ形。

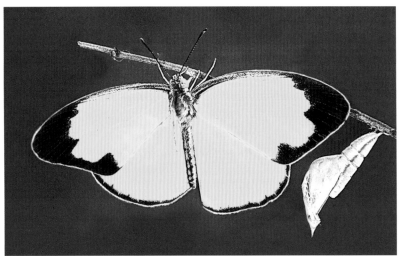

剛羽化的雄蝶♂，前翅展開時寬 3.5 ～ 4.2 公分。

雌蝶♀訪花。淡色黃蝶喜愛吸食各種野花花蜜、路旁濕地水分。

雌蝶♀訪花。淡色黃蝶為一年多世代，中、小型粉蝶，全年皆可見，主要出現於 3 ～ 11 月。

▲ 交配（左♀右♂）。成蝶的棲息環境較偏愛雜木林，常出現在幼蟲食草族群附近林緣、路旁穿梭飛舞和尋覓食草。

◀ 雄蝶♂。普遍分布於臺灣淺山地至低海拔山區。

星黃蝶

Eurema brigitta hainana（Moore, 1878）

粉蝶科／黃蝶屬

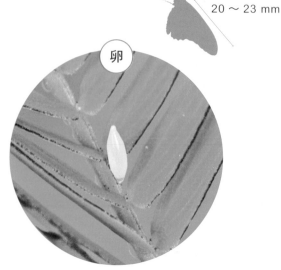

20～23 mm

● 卵／幼蟲期

卵單產，黃色，長橢圓形，高約 1.2 mm，徑約 0.35 mm，卵表具有細縱稜，6月分卵期4～5日。雌蝶的產卵習性，喜愛選擇山區路旁或曠野、荒地的幼蟲食草族群，將卵產於葉面或葉軸上。

終齡 5 齡，體長 17 ～ 26 mm。頭部綠色，具有短毛。蟲體綠色，體表密生黑褐色短毛，背中央有一條深綠色細條紋，體側有淡黃色條紋，氣孔白色。

卵單產，黃色，長橢圓形，高約 1.2 mm，徑約 0.35 mm。6月分卵期 4 ～ 5 日。

1齡

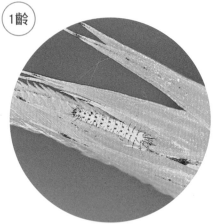

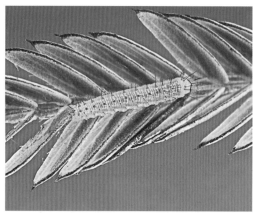

1 齡幼蟲，蟲體淺黃色，體長約 2mm。　　1 眠幼蟲，體長約 2.7mm，正準備蛻皮。　　1 齡幼蟲側面，體長約 2mm。

2齡

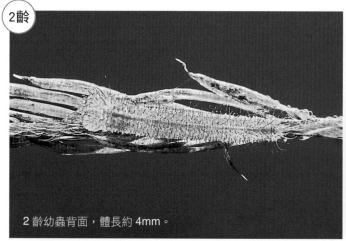

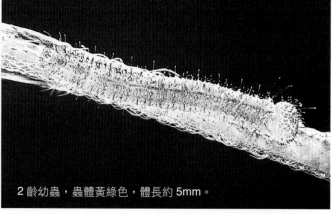

2 齡幼蟲背面，體長約 4mm。

2 齡幼蟲，蟲體黃綠色，體長約 5mm。

3齡

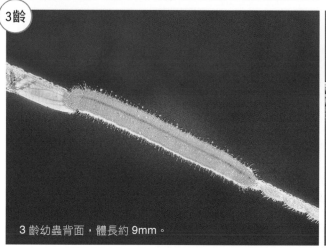

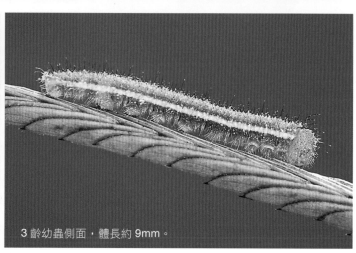

3 齡幼蟲背面，體長約 9mm。

3 齡幼蟲側面，體長約 9mm。

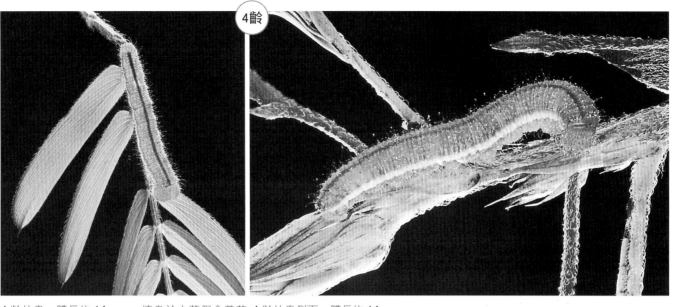

4 齡幼蟲，體長約 14 mm，棲息於大葉假含羞草 4 齡幼蟲側面，體長約 14mm。
並為食。

5齡 4 齡幼蟲蛻皮成 5 齡時體長約 16 mm。

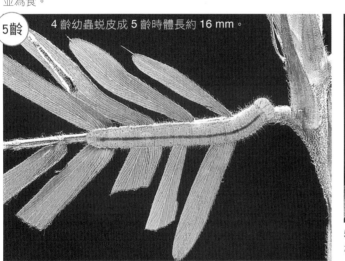

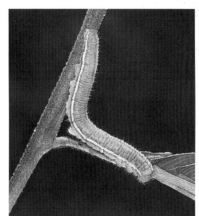

5 齡幼蟲（終齡），體長約 26 mm，棲息於大葉假含羞草。

5 齡幼蟲側面，體長 25 mm。體側有淡黃色條紋，以假含羞草為食。

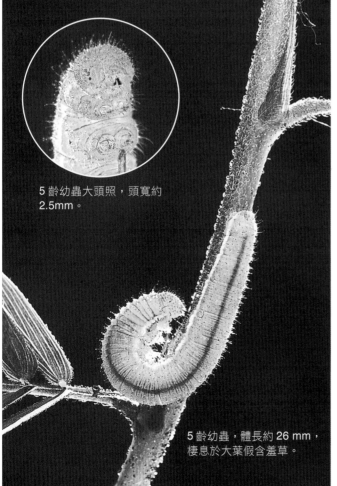

5 齡幼蟲大頭照，頭寬約 2.5mm。

5 齡幼蟲，體長約 26 mm，棲息於大葉假含羞草。

5 齡幼蟲階段體長 17 ～ 26 mm。蟲體綠色，體表密生黑褐色短毛，背中線深綠色。

● 蛹

　　蛹為帶蛹，有綠色、黃綠色、褐色，體長約 16 ～ 18 mm，寬約 3.5mm。頭頂具有一突尖，蛹體背側近平直，腹面隆起圓弧形；常化蛹於食草植物背面中肋或莖上。6月分蛹期 7 ～ 8 日。

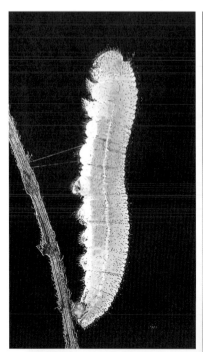

前蛹時體長縮至約 19mm。

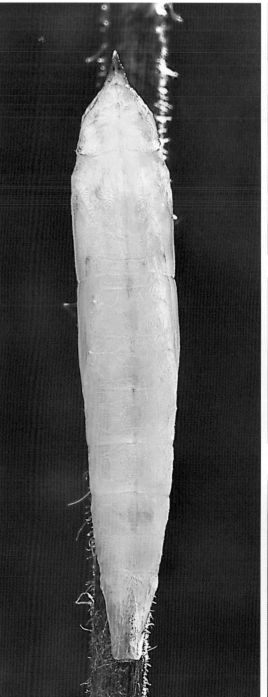

蛹側面，體長約 18mm，寬約 3mm。

蛹背面，體長約 18mm，寬約 3mm。

帶蛹，體長約 17mm，化蛹於大葉假含羞草。

蛹為帶蛹，有綠色、黃綠色、褐色，體長約 16 mm。

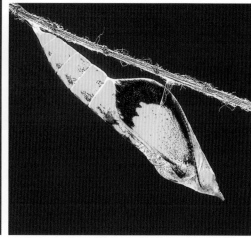

即將羽化的蛹，蛹殼透明已可見蝴蝶外觀模樣。

● 生態習性／分布

　　一年多世代，中、小型粉蝶，前翅長 20 ～ 23 mm，普遍分布於海拔 0 ～ 1800 公尺山區，全年皆可見，主要出現於 3 ～ 11 月，以中、南部較常見。常見於幼蟲食草族群附近活動；在南投縣魚池、日月潭及蓮華池一帶山區；因假含羞草分布普遍，這些區域是探索星黃蝶不錯地方。當您幸運地找到食草族群時，就可以很輕鬆的飽覽整個蝴蝶生活史。成蝶飛姿輕盈，警覺性低，是一種很容易近距離觀察的蝴蝶；常活躍於晴空萬里的棲地路旁及曠野。喜愛吸食各種野花花蜜、嬉戲追逐或在潮濕地面吸水。

● 成蝶

　　星黃蝶的雌雄外形相仿，**雌蝶♀**：色澤較雄蝶♂淡。翅腹面前翅中室內無斑紋，僅在前緣中央下方具有 1 枚黑褐色小斑紋。後翅亞外緣具有條狀黑褐色條紋。翅背面為黃色，前翅前緣至翅端及外緣具有寬闊黑褐色斑紋，黑褐色帶內側呈波狀弧形。後翅外緣具有黑褐色粗邊紋。在低溫期時，本種翅膀外緣的緣毛呈現粉紅色。**雄蝶♂**：在前翅腹面中室外側無白色線形性斑，為黃蝶屬中唯一無白色線形性斑者。

　　本種辨識特徵：僅在翅腹面前翅前緣中央下方，具有 1 枚黑褐色小斑紋。後翅亞外緣具有條狀黑褐色條紋。而雄蝶♂翅膀不具有性斑。在低溫期時，本種翅膀外緣的緣毛呈現粉紅色。

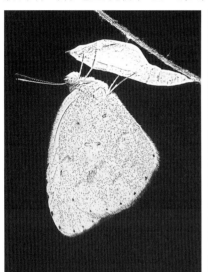

剛羽化不久休息中的雌蝶♀，羽化時間多見於早上。

星黃蝶為中、小型粉蝶，前翅展開寬 4 ～ 4.5 公分。

星黃蝶的主要辨識特徵：僅在翅腹面前翅前緣中央下方，具有 1 枚黑褐色小斑紋。後翅亞外緣具有條狀黑褐色條紋。而雄蝶翅膀不具有性斑。

雄蝶♂食花蜜。星黃蝶喜愛吸食各種野花花蜜、嬉戲追逐或在潮濕地面吸水。

冬型雌蝶♀覓食。在低溫期時，翅膀外緣的緣毛會呈現粉紅色。

交配（上♀下♂）。成蝶飛姿輕盈警覺性低，是一種很容易近距離觀察的蝴蝶。

亮色黃蝶（臺灣黃蝶）

Eurema blanda arsakia（Fruhstorfer, 1910）
粉蝶科／黃蝶屬

26 ～ 29 mm

● 卵／幼蟲期

卵聚產，白色，長橢圓形，高約 1.4 mm，徑約 0.6 mm，卵表具有細縱稜，6 月分卵期 3 ～ 4 日。雌蝶的產卵習性，常選擇開闊處路旁或林緣的幼蟲食草，將卵 50 至百餘粒不等，聚產於新葉或新芽上。幼蟲群聚性。

終齡 5 齡，體長 17 ～ 28mm。頭部黑色，具有短毛，中央下方（前額 △）有三角狀綠色斑。蟲體黃綠色或深黃綠色，各節密布深綠色瘤狀細小突起及細短毛，體側有淺黃色條紋，氣孔淺黃白色。

卵

卵聚產，白色，長橢圓形，高約 1.4 mm，徑約 0.6 mm。

雌蝶會將卵 50 ～ 100 粒不等，聚產於新葉或新芽上，卵期 3 ～ 4 日，圖中卵聚產 75 粒於蓮實藤新芽上。

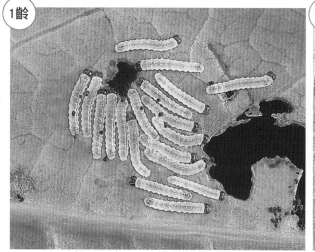

1齡

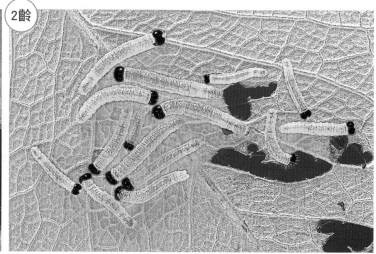

2齡

1 齡幼蟲群聚，頭部黑褐色，體長約 2.6mm，食越南鴨健藤。

2 齡幼蟲，蟲體黃色，體長 4 與 5mm。1 ～ 5 齡幼蟲期約 17 天。

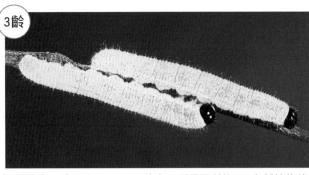

3齡

3 齡幼蟲，體長約 10mm。 幼蟲可利用豆科約 30 多種植物的葉片為食。

幼蟲的生理時鐘相近，集體進入 3 眠，準備蛻皮成 4 齡，體長約 11mm。

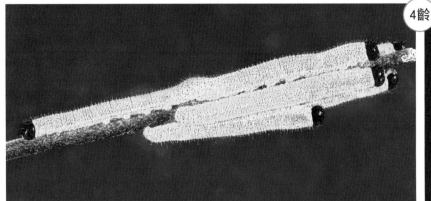

4 齡幼蟲，體長約 14mm。2 ～ 5 齡幼蟲頭部為黑色，可與其他黃蝶屬幼蟲做區別。

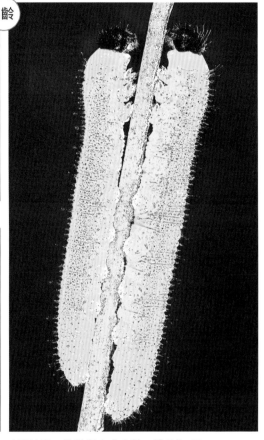

4齡

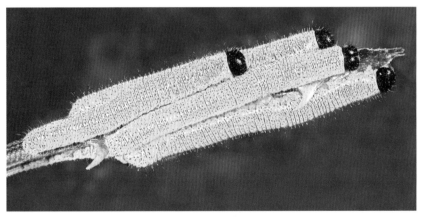

4 齡幼蟲，體長約 14mm。幼蟲期具有群聚性，成長過程中的生理時鐘亦很相近。卵從孵化後即群聚活動至化蛹，這種特殊行為是黃蝶屬中少見的景象。

4 眠幼蟲，準備蛻皮成 5 齡，體長約 17mm。

5齡

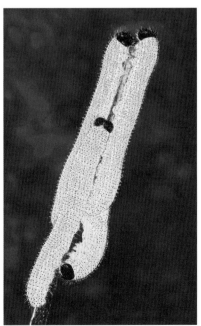

◀ 5 齡幼蟲大頭照。頭部黑色，頭寬約 2.5mm，具有短毛，中央下方（前額）有三角狀綠色斑。

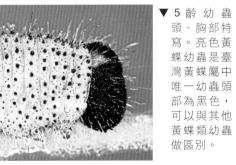

▼ 5 齡幼蟲頭、胸部特寫。亮色黃蝶幼蟲是臺灣黃蝶屬中唯一幼蟲頭部為黑色，可以與其他黃蝶類幼蟲做區別。

5 齡幼蟲階段體長 17 ～ 28mm。幼蟲 1 ～ 5 齡皆有群聚性。

5 齡幼蟲，體長約 28mm。蟲體黃綠色至深黃綠色，各節密布深綠色瘤狀細小突起及細短毛。

● 蛹

　　蛹為帶蛹，有綠色、黃綠色、褐色或黃褐色、黑褐色等多種環境色澤，體長 14 ～ 17mm，寬約 3.7 mm。頭頂具有一圓錐狀突尖，突尖先端為白色。

蛹體背側近平直，腹面隆起圓弧形，氣孔白色；常群集化蛹於食草植物莖、枝上。8 月分蛹期 6 ～ 7 日。

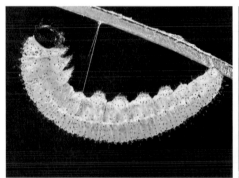  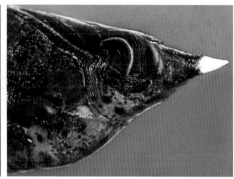

前蛹時體色轉為淺綠色。

蛹側面（褐色型），體長約 16 mm。蛹體背側近平直，腹面隆起圓弧形。

蛹頭、胸部特寫。頭頂具有一圓錐狀突尖，突尖先端為白色。

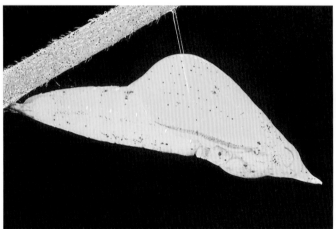 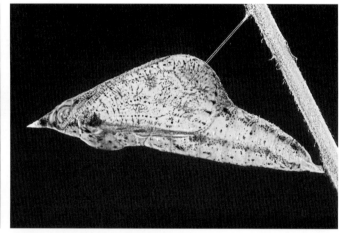

蛹側面（黃色型），體長約 16 mm。

蛹側面（黃褐色型），體長約 14 mm。

 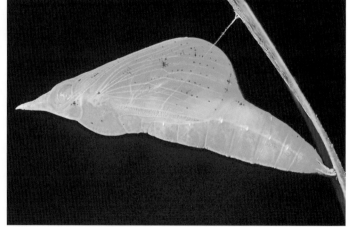

蛹側面（黑色型），體長約 17mm，寬約 3.7mm。

蛹側面（綠色型），體長約 15 mm。

● 生態習性／分布

　　一年多世代，中、小型粉蝶，前翅長 26 ～ 29 mm，普遍分布於海拔 0 ～ 2300 公尺山區，全年皆可見，主要出現於 3 ～ 12 月。常見於幼蟲食草族群附近路旁、林緣或野溪旁活動。成蝶飛姿輕盈，幽雅美麗，鮮黃色的外衣在曠野綠林中，顯得格外光彩奪目，常吸引著路人的目光觀賞。喜愛活動於陽光開闊處飛舞、嬉戲或穿梭於路旁花叢間訪花。雄蝶是濕地的常客，常三五成群在溪谷河床或路旁石礫濕地上吸食水分。

● 成蝶

　　亮色黃蝶（臺灣黃蝶）雌雄蝶外觀的色澤明顯不同，**雌蝶♀**：翅為淡黃色，**雄蝶♂**：黃色。翅腹面在前翅中室內具有 3 枚黑褐色小斑紋（夏型 3 枚小斑紋較模糊或減退）；在後翅近翅基具有 3 枚褐色小斑點，低溫型亞外緣具有波狀黑褐色斑紋。翅背面前翅前緣至翅端及外緣具有黑褐色斑紋，外緣中央黑褐色帶耳狀凹陷 ε 形或弧形。後翅外緣具有黑褐色細邊紋。

　　雄蝶♂：在前翅腹面近翅基中室後緣翅脈上，具有白色線形性斑。翅背外緣中央黑褐色帶耳狀凹陷 ε 形較淺或弧形。後翅外緣的黑褐色帶較窄或近消失。**雌蝶♀**：在後翅外緣的黑褐色帶較雄蝶♂寬。翅背外緣中央黑褐色帶耳狀凹陷 ε 形較深。

　　本種辨識特徵：翅腹面在前翅中室內具有 3 枚黑褐色小斑紋（斑點夏型模糊，冬型清晰），後翅近翅基具有 3 枚褐色小斑點，後翅圓弧形。幼蟲群聚性，頭部黑色。

剛羽化不久休息中的雌蝶♀（冬型）。

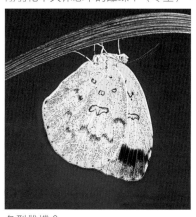

冬型雌蝶♀。

雄蝶♂訪花。亮色黃蝶雄蝶是濕地的常客，常三五成群在溪谷河床或路旁石礫濕地上吸食水分。

2 隻雌蝶♀卵聚產於越南鴨腱藤嫩葉。

▲ 交配（上♂下♀）。亮色黃蝶是一年多世代，中、小型粉蝶，前翅長 26 ～ 29 mm，翅為鮮黃色，雌雄蝶色澤明顯不同。

◀夏型雄蝶♂。成蝶喜愛活動於陽光開闊處飛舞、嬉戲或穿梭於路旁花叢間訪花。

黃蝶（荷氏黃蝶）

Eurema hecabe（Linnaeus, 1758）

粉蝶科／黃蝶屬

23 ～ 26 mm

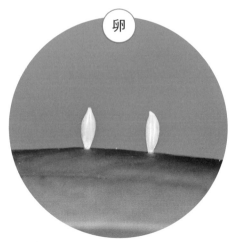

● 卵／幼蟲期

卵單產，白色，長橢圓形，高約 1.4 mm，徑約 0.5 mm，卵表具有細縱稜，7 月分卵期 3 ～ 4 日。雌蝶的產卵習性，對於產卵的環境一點都不挑剔，舉凡是田野、路邊、牆角、農耕地、山林小徑或者在豔陽高照、遮陰處等，只要有幼蟲食草的地方幾乎都會產卵。

終齡 5 齡，體長 17 ～ 31 mm。頭部和蟲體綠色，體表各節密布暗綠色細小突起及黑短毛，體側明顯有白色細條紋，氣孔白色。

卵白色，長橢圓形，高約 1.4 mm，徑約 0.5 mm，7 月分期 3 ～ 4 日。

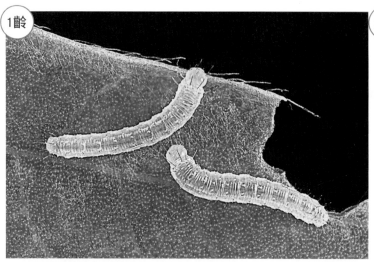

1 齡幼蟲，體長約 2.3mm。

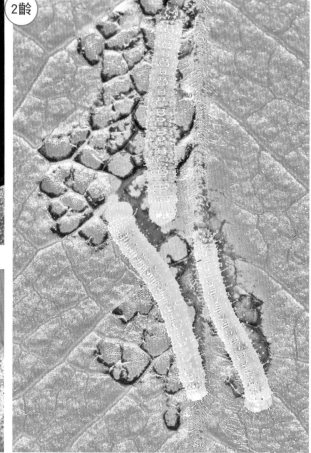

2 齡幼蟲，蟲體淺黃色，體長約 5mm。

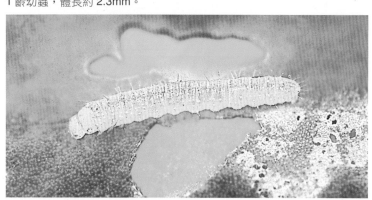

1 眠幼蟲，蟲體黃色，體長約 3.5mm。

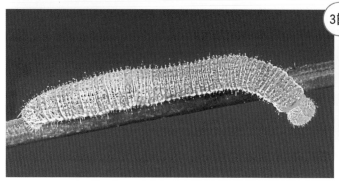

3 齡幼蟲背面，體長約 11mm。幼蟲可利用 30 多種食草。

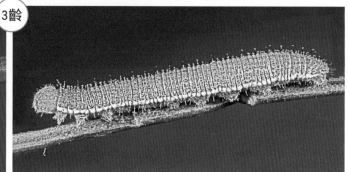

3 齡幼蟲側面，體長約 11mm。與 4 和 5 齡外觀相近。

4 齡

精巢

4 齡幼蟲側面，體長約 14mm。幼蟲色澤與葉片融為一體，具有良好保護色，所以不易被察覺。

4 齡幼蟲背面，體長約 14mm，正在食印度田菁葉片（雄蟲）。

5 齡

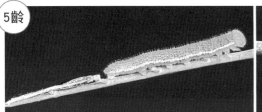

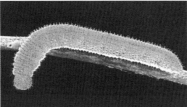

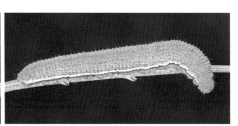

4 齡幼蟲蛻皮成 5 齡，體長約 16mm。

5 齡幼蟲背面，體長約 26mm。野外一年生的「田菁」很少見，多見為多年生的「印度田菁」。

5 齡幼蟲（終齡）側面，體長 27 mm。體側明顯有白色細條紋。

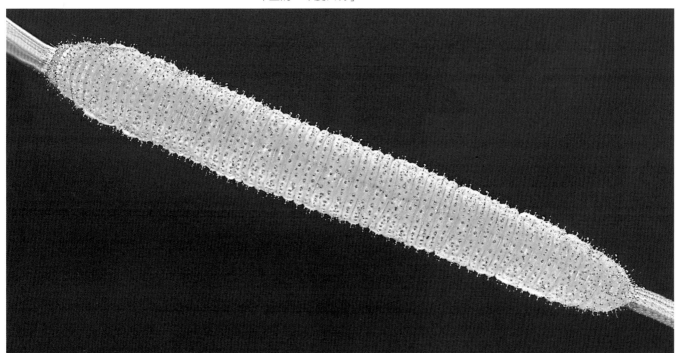

5 齡幼蟲階段體長 17 ～ 31 mm，寬約 3.5 mm。頭部和蟲體綠色，體表各節密布暗綠色細小突起及黑短毛。

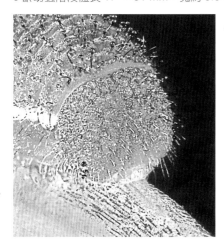

◀ 5 齡幼蟲大頭照。頭部密布暗綠色細小突起與短毛。

▶ 5 齡幼蟲（終齡），頭、胸部側面特寫。

● 蛹

　　蛹為帶蛹，綠色、黃綠色、褐色，體長約 17 ~ 19 mm，寬約 4 mm。頭頂具有 1mm 小錐突。蛹體背側近平直，背中線淺褐色，腹面隆起圓弧形，氣孔白色；常化蛹於食草植物莖、枝上。9 月分蛹期 6 ~ 7 日。

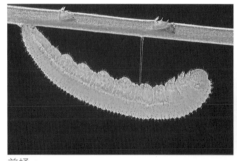

前蛹。

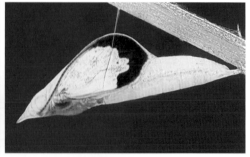

蛹羽化前體色漸轉為黃色，可見翅膀外觀形態，頭頂具有 1mm 小錐突。

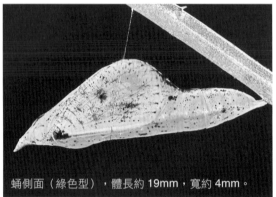

蛹側面（綠色型），體長約 19mm，寬約 4mm。

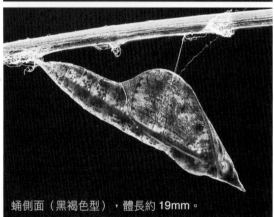

蛹側面（黑褐色型），體長約 19mm。

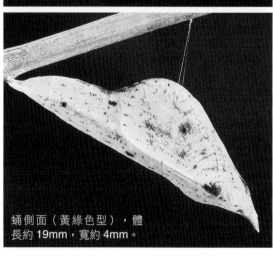

蛹側面（黃綠色型），體長約 19mm，寬約 4mm。

蛹背面，體長約 19mm，寬約 4mm。蛹體背側近平直，背中線淺褐色，第 3 腹節具 1 對褐斑。

● 生態習性／分布

　　一年多世代，中、小型粉蝶，前翅長 23 ~ 26 mm，普遍分布於海拔 0 ~ 1800 公尺山區，全年皆可見，以中、南部最為多見，常見於田野荒地，住家公園、林緣、路旁等處，幾乎有食草的地方，皆有機會一親芳澤。成蝶飛行緩慢，常低飛採食花蜜，是路旁野花的親密伙伴；喜愛在風和日麗的陽光下婆娑飛舞、追逐求偶，鮮黃的色彩在曠野綠林間，更顯得格外耀眼奪目。

● 成蝶

　　黃蝶（荷氏黃蝶）雌雄蝶的外觀與色澤略不同，**雌蝶♀**：為淡黃色，**雄蝶♂**：鮮黃色。翅腹面在前翅中室內具有 2 枚黑褐色小斑紋，在後翅近翅基具有 3 枚黑褐色小圓環紋，後翅外緣中央呈現角狀圓弧形。翅背面前翅前緣至翅端及外緣具有黑褐色斑紋，外緣中央黑褐色帶耳狀凹陷 ε 形（夏型）或弧形（冬型）。後翅外緣具有黑褐色細邊紋。**雄蝶♂**：在前翅腹面近翅基中室後緣翅脈上，具有白色線形性斑。

　　本種辨識特徵：前翅外緣的黃色緣毛內混雜褐色緣毛，在後翅外緣中央具有稜角。北黃蝶緣毛皆為黃色緣毛，以資區別，不過有些差異。

剛羽化不久正在休息中的雄蝶♂。

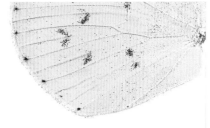

黃蝶後翅特寫。

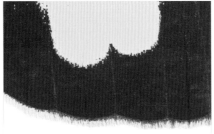

雄蝶♂緣毛。黃蝶的主要鑑別特徵：前翅外緣的黃色緣毛內混雜褐色緣毛。

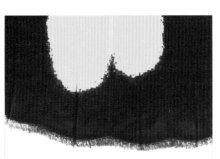

雌蝶♀緣毛。黃蝶的主要鑑別特徵：前翅外緣的黃色緣毛內混雜褐色緣毛。

雄蝶♂展翅，吸食馬利筋花蜜。

黃蝶為一年多世代，中、小型粉蝶，前翅展開寬 3.6 ～ 4.5 公分，又名「荷氏黃蝶」。

（左下）雌蝶♀正在產卵於印度田菁。

低溫型，交配。黃蝶的主要鑑別特徵：前翅外緣的黃色緣毛內混雜褐色緣毛，在後翅外緣中央具有稜角。北黃蝶緣毛皆為黃色緣毛，以資區別，不過有些差異。

黃蝶為常見種，在夏季農田休耕時，農民常會播以印度田菁當綠肥，因此總會吸引著雌蝶前來產卵，以繁延下一代。

灰蝶科 Lycaenidae

　　灰蝶科的卵有單產或少量聚產，形狀多為扁狀圓形、半圓形。卵表具有凹凸刻紋或細刺毛，卵頂中央具有一明顯細小之「精孔 micropyle」。色澤以白色、淺綠白色為多見。少數蝶種的卵，外面會包覆著泡沫膠狀物質，以保護卵群（如：雅波灰蝶／琉璃波紋小灰蝶的卵群）。一年一世代的蝶種，會選擇休眠芽、小枝或樹幹、樹皮裂縫為產卵處來越冬。卵的直徑 0.35 mm ～ 1.4 mm 之間。幼蟲通常具有 4～5 個齡期，少數為 6～9 齡。

　　蛹為帶蛹，少數蝶種其胸部無絲帶環繞，僅以特化粗大的垂懸器附著在枝條絲座上化蛹（如：小鑽灰蝶、鑽灰蝶）等蝶類。化蛹時常選擇在樹幹、枝條、葉片、落葉堆、土壤狹縫、石塊、枯木等陰涼隱密場所化蛹。

　　成蝶的體型嬌小玲瓏，展翅時寬 1.6 cm ～ 4.8 cm；觸角與足常具有黑白相間環紋，雄蝶前足跗節常癒合，但仍可步行，有些蝶種在後翅肛角處具有長短不一的細長尾突與假眼紋，其功能似假頭，可做為欺敵偽裝。目前臺灣產，最小的灰蝶為：迷你藍灰蝶（迷你小灰蝶）或東方晶灰蝶（臺灣姬小灰蝶）；最大者為：白雀斑灰蝶（白雀斑小灰蝶♀）或赭灰蝶（寶島小灰蝶♀）。

　　成蟲的族群分布，從濱海、平地至中、高海拔皆有蹤跡，有一年一世代及多世代的，其食性野外多見選擇以花蜜和水分，及部分會選擇動物排泄物為食。在覓食時，有些種類習慣擺動後翅，而後翅的細長尾突和假眼紋外觀宛如頭部，藉此晃動搖擺來欺敵；讓天敵誤判為頭部以防致命一擊，以利遁逃。其飛行靈敏快速，尤其是在中、高海拔雲霧飄渺之環境，牠的行蹤往往難以捉摸，不易觀察。而繽紛多樣的羽翼，使在野地不經意巧遇的旅人，往往為之驚豔和讚嘆，而久久無法忘懷。

【灰蝶科幼蟲食草】

火炭母草。

水蓑衣。

大安水蓑衣。

槲寄生。

太陽麻。

軟毛柿，果枝。

臺灣山桂花。

相思樹。

大葉野百合。

大葉溲疏。

芒果。

圓果山桔。

鐵樹（蘇鐵）。

龍眼。

臺灣產灰蝶科的幼蟲食草族群眾多，裸子植物和雙子葉植物皆有記錄，在臺灣一萬多種植物中（含外來種），僅選擇少數科別中的幾種植物的花、葉、果為食。2016 APG IV 臺灣種子植物的親緣分類，據文獻記載有以：「蘇鐵科、羅漢松科、爵床科、五福花科、莧科、漆樹科、五加科、菊科、樺木科、天芹菜科、破布子科、豆科、大麻科、使君子科、牛栓藤科、山茱萸科、景天科、柿樹科、大戟科、殼斗科、龍膽科、苦苣苔科、金縷梅科、八仙花科、鼠刺科、胡桃科、唇形科、桑寄生科、千屈菜科、黃褥花科、錦葵科、粟米草科、桑科、木犀科、酢漿草科、葉下珠科、胡椒科、車前科、藍雪科、蓼科、報春花科、山龍眼科、鼠李科、薔薇科、茜草科、芸香科、清風藤科、山欖科、檀香科、無患子科、灰木科、茶科、榆科、蕁麻科、馬鞭草科、蒺藜科、蘭科、薑科、閉鞘薑科」等，目前約有 59 種植物科別與少數為肉食性以扁蚜科、介殼蟲科、粉介殼蟲科、膠介殼蟲科、螞蟻幼蟲為食的觀察記錄。而幼蟲的外觀造型獨特，蟲體體表有的被短毛或肉質突起，多見呈現扁橢圓狀與其他蝶種幼蟲明顯不同，在自然界中，也衍生出一套自我求生本能。大多數幼蟲的背面尾端具有「喜蟻器（第 7 腹節有蜜腺，第 8 腹節有觸手器）」器官，喜蟻器約在 3 ～ 4 齡期發育成熟，而蜜腺會分泌蜜露，以吸引螞蟻前來覓食；藉此獲得螞蟻的保護，形成一種有趣又微妙的互利共生關係。而有些幼蟲會躲藏在花苞及果實內，或者棲於同色系之花序與葉背上以避敵害。幼蟲因體型嬌小玲瓏，在野地不易尋找，且外觀形態相似眾多，而有些食豆科植物之蝶種又常混棲在一起，在身份辨識上較麻煩需多費心思；因此，可選用人工套網方式來取得卵，以利飼養和觀察記錄或拍攝幼蟲生活史畫面。

迄今，全世界各地所記錄的灰蝶種類，約計有 6000 多種。臺灣約有 120 多種，本書共記錄 17 種灰蝶。

蠅翼草。　　大葉假含羞草。　　酢漿草。　　穗花木藍。　　鵲豆。

山葛。　　落地生根。　　曲毛豇豆。　　菊花木。

毛苦參。　　無患子。

刺杜密。

老荊藤。　　南美豬屎豆。

扛香藤。　　春不老。　　光葉魚藤。

紫日灰蝶（紅邊黃小灰蝶）

Heliophorus ila matsumurae（Fruhstorfer, 1908）　15～18 mm

灰蝶科／日灰蝶屬　特有亞種

● 卵／幼蟲期

卵單產，白色，扁狀半圓形，徑約 0.5 mm，高約 0.3 mm，卵表具有凹凸刻紋，9 月分卵期 5～6 日。雌蝶的產卵習性，喜愛選擇林緣、山徑路旁或低矮、近地面涼爽的幼蟲食草，將卵產於莖、葉

鞘或葉背、新葉上。

終齡 4 齡，體長 10～16mm。頭部淺米色，蟲體綠色、黃綠色至黃色，體表密生褐色短毛，背中線淺綠色或紅橙色，氣孔淺褐色。

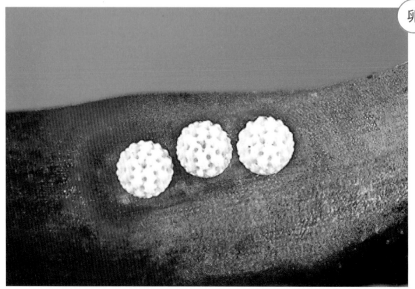

卵單產，白色，扁狀半圓形，高約 0.3 mm，徑約 0.5 mm。

卵表具有凹凸刻紋，9 月分卵期 5～6 日。

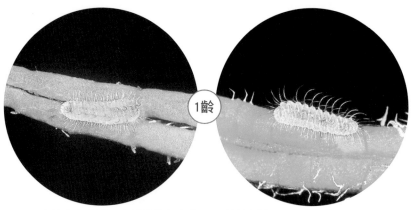

1 齡幼蟲背面，蟲體淺黃色密生短毛，體長約 2.5mm。

1 齡幼蟲側面，蟲體淺黃色，具有短毛，體長約 2.6mm。

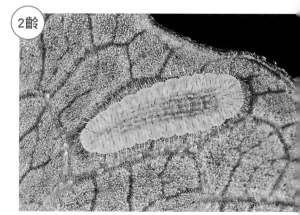

2 齡幼蟲後期，體長約 5mm。

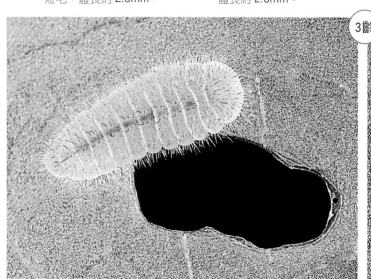
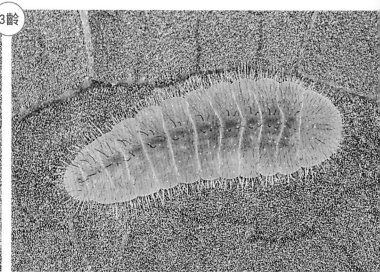

3 齡幼蟲，體長約 6mm，棲於葉背將葉片咬食成洞。

3 齡幼蟲，體長約 6.5mm。幼蟲主要以蓼科「火炭母草」的葉片為食。

 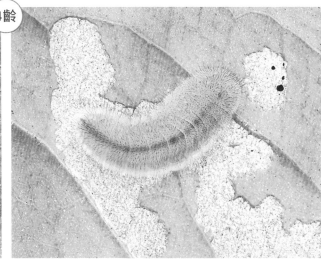

4齡

4齡幼蟲（終齡），體長14mm，正咬食火炭母草葉片。

4齡幼蟲，體長約12mm，咬食火炭母草葉肉餘薄膜的生態行為。

 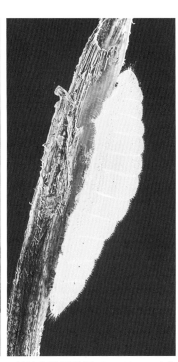

4齡幼蟲（黃色型），體長約14mm，蟲體黃色，背中線紅橙色。

4齡幼蟲階段體長10～16 mm（黃色型側面）。

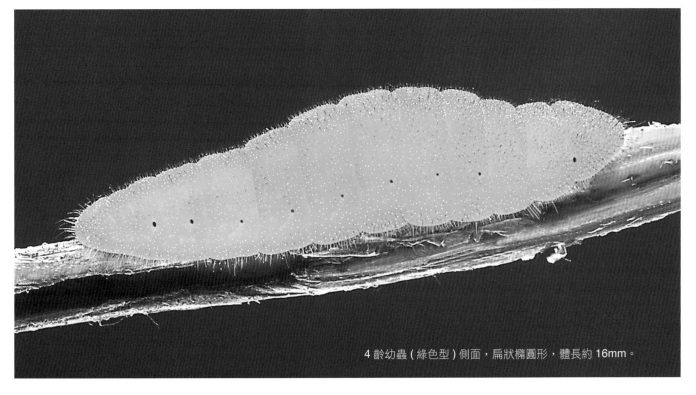

4齡幼蟲（綠色型）側面，扁狀橢圓形，體長約16mm。

● 蛹

　　蛹為帶蛹，綠色或黃綠色，寬橢圓狀，蛹長約
11 mm，寬約 5.5 mm；胸部較小，腹部明顯寬大。
蛹表散生褐色斑紋，氣孔米白色；常化蛹於食草群
落低矮處或落葉堆、土壤狹縫、石塊、枯木等陰涼
隱密場所。9 月分蛹期 7 ～ 8 日。

▶前蛹時體長縮至 12mm。

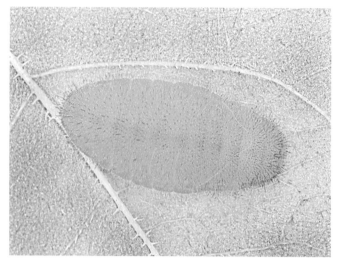

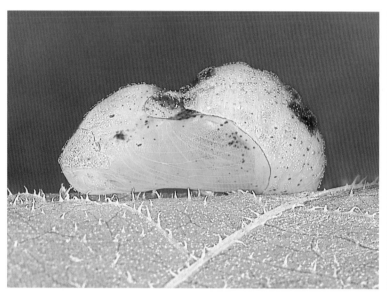

蛹側面，綠色型，體長約 10.5mm，寬約 5.5mm。

帶蛹，背面，綠色型，體長約 10.5mm，寬約 5.5mm。

蛹側面，黃綠色型，寬橢圓狀，胸部較小，腹部明顯寬大，9 月分蛹期
7 ～ 8 日。

蛹背面，黃綠色型，長約 9mm，寬約 4.5mm，蛹表散生褐
色斑紋。

● 生態習性／分布

　　一年多世代，中型灰蝶，前翅長 15 ～ 18
mm，普遍分布於海拔 0 ～ 2400 公尺山區，全年皆
可見，主要出現於 3 ～ 11 月。成蝶外觀與眾不同，
由鮮明的黃色和紅橙色所組成，非常璀璨耀眼；在

曠野綠林中，那一閃一閃翩翩飛舞的姿影，往往引
領著目光焦點。常活躍於低處涼爽的林緣小徑、溪
畔或花叢間；喜愛展翅曬太陽和吸食各種野花花
蜜、動物排泄物或小生物屍體、濕地水分。

● 成蝶

紫日灰蝶（紅邊黃小灰蝶）翅背雌雄斑紋不同。翅腹面翅色為鮮黃色，前、後翅外緣內側具有紅橙色帶紋及白色細波狀紋；後翅具有細尾突。翅背面雌雄的色澤明顯不同，**雄蝶♂**：翅色為黑褐色，在前、後翅中央具有深藍紫色閃亮光澤，後翅外緣具有紅橙色波狀紋。**雌蝶♀**：翅色為黑褐色，在前翅中央和後翅外緣具有紅橙色斑紋。因此，雌雄蝶翅背色澤明顯不同，可藉此做區別。

剛羽化不久在休息。

雌蝶♀食花蜜。成蝶常活躍於低處涼爽的林緣小徑、溪畔或花叢間覓食。

雌蝶♀在前翅中央和後翅外緣內側具有紅橙色斑紋。

雄蝶♂展翅曬太陽。成蝶前翅展開時寬2.8～3.2公分。

雄蝶♂在前、後翅中央具有深藍紫色閃亮光澤。

雄蝶♂吸食馬利筋花蜜。中型灰蝶，前翅長 15～18 mm，全年皆可見。

雄蝶♂吸水。成蝶喜愛吸食各種野花花蜜、動物排泄物或屍體、濕地水分。

成蝶外觀與眾不同，由鮮明的黃色和紅橙色所組成，非常璀璨耀眼；在曠野綠林中，那一閃一閃翩翩飛舞的姿影，往往引領著目光焦點。

交配（左♀右♂）。紫日灰蝶為普遍種，翅腹面為鮮黃色，前、後翅外緣內側具有紅橙色帶紋及白色細波狀紋。

凹翅紫灰蝶（凹翅紫小灰蝶）

Mahathala ameria hainani Bethune-Baker, 1903

灰蝶科／凹翅紫灰蝶屬 特有亞種

17～20 mm

● 卵／幼蟲期

卵單產，白色，半圓形，高約 0.5 mm，徑約 0.7 mm，卵表具有格狀凹凸刻紋密生細刺毛，7月分卵期 3～4 日。雌蝶的產卵習性，多見選擇涼爽有溪谷環境的山徑路旁、林緣的幼蟲食草，將卵產於莖枝、葉背或新芽。

終齡 4 齡，體長 10~23 mm。頭部深褐色，蟲體綠色扁橢圓狀，背中央具有黃綠色粗帶紋，體側密生緣毛，化蛹前漸漸轉為橄欖色至灰褐色，氣孔白色。幼蟲會將食草葉片兩端，用絲固定製作成蟲巢，而躲藏在裡面以防天敵捕食。不僅如此，幼蟲還有一個特殊本能，蟲體尾端的喜蟻器會分泌蜜露以吸引螞蟻前來取食，而獲得螞蟻的照顧與保護。

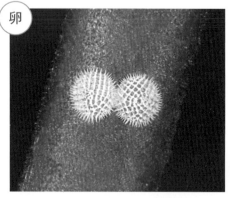

卵單產，白色，半圓形，高約 0.5 mm，徑約 0.7 mm，7月分卵期 3～4 日。

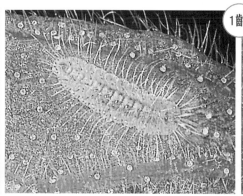

1 齡幼蟲背面，體長約 2mm。

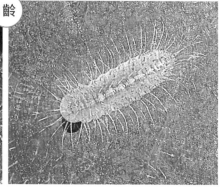

1 齡幼蟲，體長約 2mm。正在咬食「扛香藤」的葉片。

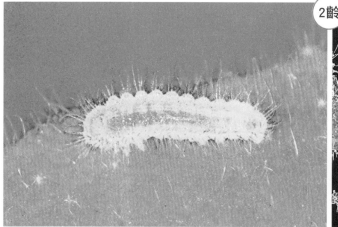

2 齡幼蟲，蟲體黃色，體長約 5mm。

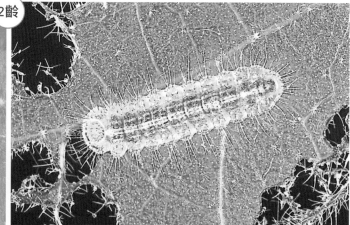

2 齡幼蟲背面，體長約 4mm，正在咬食嫩葉。

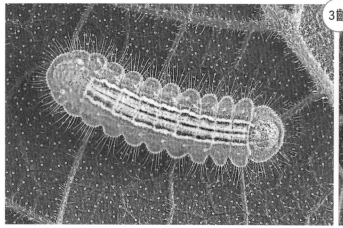

3 齡幼蟲背面，體長約 8.5mm。

3 齡幼蟲蛻皮成 4 齡，體長約 10mm。

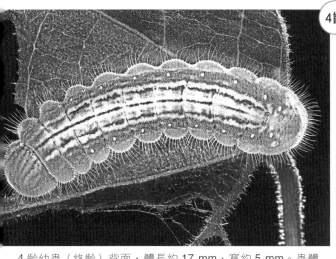

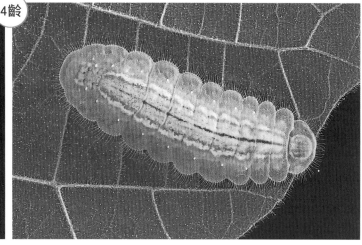

4齡幼蟲（終齡）背面，體長約 17 mm，寬約 5 mm。蟲體綠色扁橢圓狀。

4齡幼蟲（終齡）背面，體長約 23 mm，寬約 8mm。背中央具有黃綠色粗帶紋，體側密生緣毛。

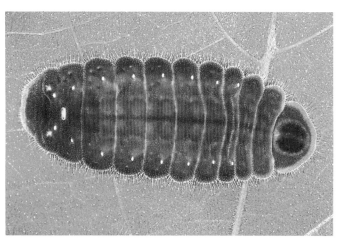

4齡幼蟲（終齡）側面，體長約 23 mm，蟲體扁橢圓狀。

4齡幼蟲（終齡）背面，體長約 19mm。化蛹前蟲體由綠轉為暗紅褐色。

圖中的二隻螞蟻正在吸食凹翅紫灰蝶幼蟲所分泌的蜜露，而不是遭受到攻擊；這種自然界微妙的互動關係，生物學家稱之為「共生現象」。

幼蟲在扛香藤葉片上咬食與造巢的生態行為。

幼蟲蟲巢

幼蟲蟲巢

● 蛹

　　蛹為帶蛹，褐色至深紅褐色，橢圓狀，體長約 14.5 mm，寬約 6 mm。中胸微隆起，體表無明顯斑紋，最後化蛹於蟲巢內或落葉堆，氣孔近白色。6 月分蛹期 7 ～ 8 日。

蛹背面，褐色。中胸微隆起，體表無明顯斑紋，最後化蛹於蟲巢內或落葉堆。

蛹側面，褐色，橢圓狀，體長約 14 mm，寬約 6 mm。蛹期 7 ～ 8 日。

● 生態習性／分布

　　一年多世代，中型灰蝶，前翅長 17 ～ 20 mm，普遍分布於海拔 0 ～ 900 公尺山區，全年皆可見，主要出現於 3 ～ 12 月，以中、南部較常見，以海拔 100 ～ 800 公尺的淺山地，有溪谷環境及幼蟲食草族群之路旁、野溪沿岸最為常見，並不是有扛香藤的地方就有機會巧遇。成蝶飛行不快，機警靈敏；喜愛訪花及吸食腐果、落果汁液或濕地水分。

● 成蝶

　　凹翅紫灰蝶（凹翅紫小灰蝶）雌雄蝶的外觀形態與色澤相仿，雌蝶比雄蝶略大。翅腹面**雄蝶♂**：為深褐色，**雌蝶♀**：褐色；在後翅前緣內凹，中央呈現角狀突起，肛角處葉狀凸圓，內側有明顯凹陷為本種之特徵，具尾狀突起。翅背面為深褐色，前、後翅翅基至中央有深藍紫色閃亮光澤。野外無相似種，極易辨識。

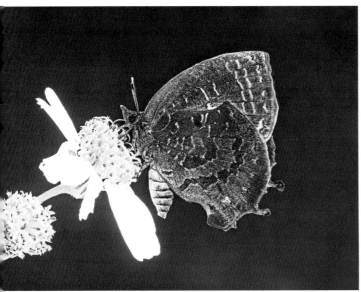 

雄蝶♂覓食。凹翅紫灰蝶的外觀造型獨特，其特徵：在後翅前緣內凹，中央呈現角狀突起，肛角處葉狀凸圓，內側有明顯凹陷，具尾狀突起，在野外很容易辨識。

雌蝶♀食花蜜。成蝶飛行不快，機警靈敏。

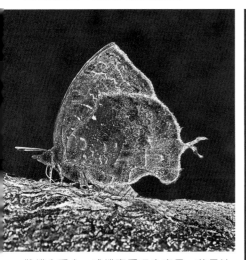

雌蝶♀覓食。成蝶喜愛吸食腐果、落果汁液或濕地水分。

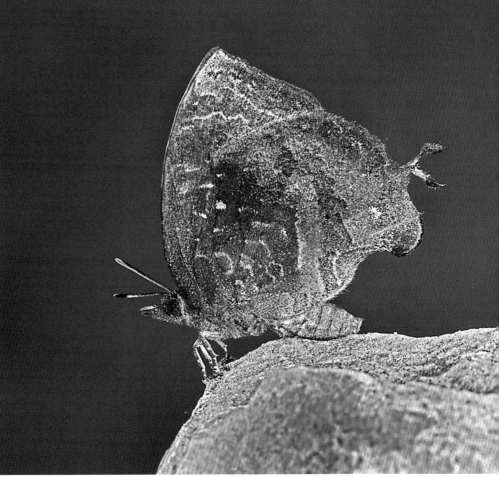

雄蝶♂覓食。凹翅紫灰蝶的口器具有細微纖毛，可嗅觸到美味食物。

雌蝶♀。凹翅紫灰蝶為 一年多世代，中型灰蝶，前翅長 17 ～ 20 mm。

玳灰蝶 (恆春小灰蝶)

Deudorix epijarbas menesicles Fruhstorfer, 1912
灰蝶科／玳灰蝶屬　特有亞種　　18～22 mm

● 卵／幼蟲期

卵單產，藍色，半圓形，徑約 0.9 mm，高約 0.6 mm，卵表具有格狀凹凸刻紋，7月分卵期4～5日。雌蝶的產卵習性，依不同季節，會選擇不同幼蟲食草的果實為產卵對象，將卵產於果表或果柄上。

終齡4齡，體長11～20 mm。頭部橙色，中央有褐色斑紋。蟲體橄欖黃至藍綠色，尾端斜平圓弧狀，在化蛹前漸轉為帶綠的藍色，氣孔黑色。

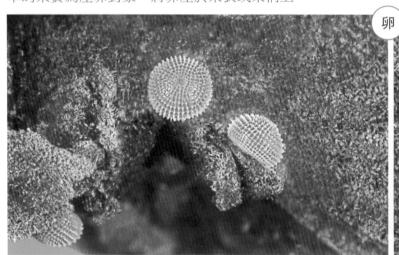

卵
卵單產，藍色，半圓形，高約 0.6 mm，徑約 0.9 mm，產於龍眼上。

卵表具有格狀凹凸刻紋，卵期4～5日，產於龍眼果柄上。

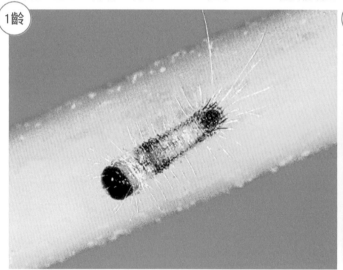

1齡
1 齡幼蟲，體長約 3mm。蟲體褐色，具長毛。

2齡
2 齡幼蟲，體長約 5mm。幼蟲會鑽食果實而躲藏在果實內。

3齡
3 齡幼蟲背面，體長約 10 mm。蟲體褐色，腹背第 2～6 腹節具有淺黃色斑紋。

3 齡幼蟲側面，體長約 10 mm。幼蟲的口器宛若大鋼牙，可直接從果表一直鑽入中央果仁內，再將果仁啃食至可以棲身躲藏的範圍；而後，在裡面慢慢的，將果肉及果仁吃得精光。

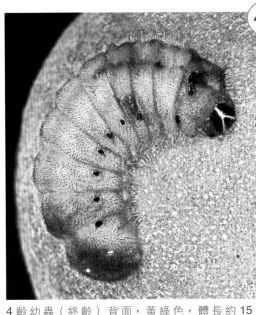

4齡

4 齡幼蟲（終齡）背面，黃綠色，體長約 15 mm。人工飼養時，可僅以種子來飼養，一樣可以順利成長至羽化成蝶。

4 齡幼蟲階段，體長 11～20mm。後期時由綠轉為藍綠色。

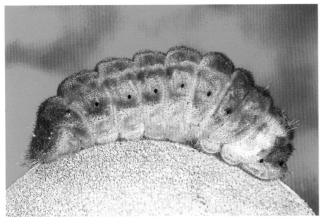

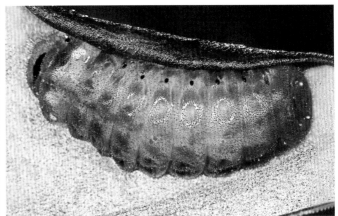

化蛹前蟲體由暗綠色轉為暗藍色，4 齡幼蟲側面（終齡），體長約 17 mm。

化蛹前蟲體由暗綠色轉為暗藍色，4 齡幼蟲背面（終齡），體長約 16 mm。

玳灰蝶（恆春小灰蝶）4 齡幼蟲（終齡）鑽入龍眼過程

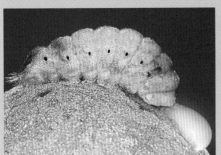

4 齡幼蟲（終齡）啃蝕果皮使龍眼汁液漸漸流出。

4 齡幼蟲一邊啃食一邊鑽入果實內，第 3 腹節已鑽進果食內。

4 齡幼蟲退出洞口喘息讓果汁排出。

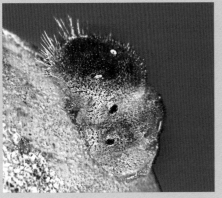

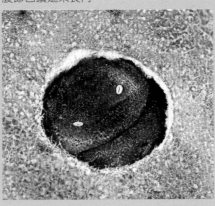

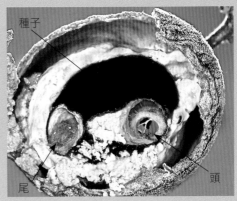

幼蟲再次鑽入果內啃食挖洞，第 5 腹節已進入果食內。

4 齡幼蟲完全鑽入果食內躲藏，洞口徑約 4 mm。

撥開龍眼可見幼蟲生態行為，幼蟲鑽入種子內，露出頭尾。

種子

尾

頭

● 蛹

蛹為帶蛹，褐色至深褐色，橢圓狀，體長約 14.5 mm，寬約 6.5 mm。蛹表有暗褐色斑紋及密生褐色短毛，氣孔深褐色；化蛹於果實內、樹幹或外面等隱密處。8 月分蛹期 7 ～ 8 日。

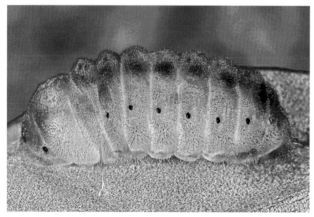

前蛹時體長縮至約 14 mm。

剛蛻皮成蛹時，蛹體近白色。

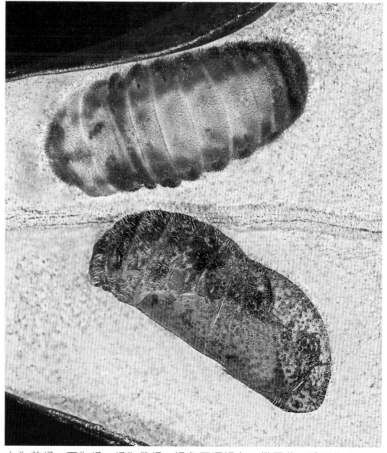

上為前蛹，下為蛹，蛹為帶蛹，褐色至深褐色，橢圓狀，體長約 14.5 mm，寬約 6.5 mm。

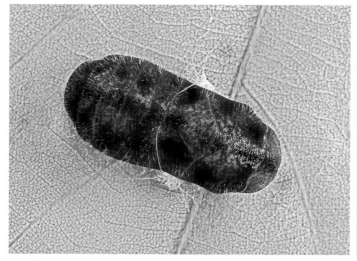

蛹背面。蛹表有暗褐色斑紋及密生褐色短毛。體長約 14.5mm，寬約 6.5mm。

蛹側面，深褐色，體長約 14.5mm，化蛹於隱密處。

● 生態習性／分布

一年多世代，中型灰蝶，前翅長 18 ～ 22 mm，普遍分布於海拔 0 ～ 2500 公尺山區，全年皆可見，主要出現於 3 ～ 11 月，以中、南部淺山地最為常見。在中部八卦山山脈的社頭、芬園一帶山區及南投國姓、雙冬山區有栽種許多龍眼、荔枝樹；而龍眼和荔枝甜美的果實是人類的經濟作物，也是玳灰蝶幼蟲的最愛，在龍眼果實結果時期，正也是本種的盛發期。成蝶飛行迅速，機警靈敏；常活動於果園、林緣山徑旁飛舞、嬉戲。喜愛吸食各種小型花朵蜜汁，或濕地吸食水分。

● 成蝶

　　玳灰蝶（恆春小灰蝶）雌雄斑紋不同。翅腹面為暗褐色，前翅亞外緣具有 1 條鑲白邊暗褐色縱帶，中室端具 1 枚短斑紋。後翅亞外緣具 2 條 y 狀鑲白邊暗褐色縱帶，縱帶上方於前緣中央處間隔較開，縱帶於近肛角處反折成「√」形狀，旁邊具有 1 枚眼斑。在後翅肛角處葉狀突，也具有橙色和黑色所組成的假眼紋及細長尾突，外觀似假頭。翅背面，雌雄的色澤明顯不同，**雄蝶**♂：翅底為深褐色，前、後翅分布有大面積橙色閃亮光澤之鱗紋。**雌蝶**♀：翅背面為褐色，前翅有少許淺橙色鱗紋。因此，雌雄翅背色澤明顯不同，可藉此做區別。

玳灰蝶為一年多世代，中型灰蝶，前翅長 18 ～ 22 mm。

雄蝶♂吸水。成蝶飛行迅速，機警靈敏，常活動於果園、林緣山徑旁飛舞、嬉戲、訪花。

雌蝶♀覓食。成蝶喜愛吸食各種小型花朵蜜汁或濕地覓食。

雌蝶♀吸食大花咸豐草花蜜。

雌蝶♀翅背面為褐色，前翅有少許淺橙色鱗紋。

雌蝶♀食龍眼花花蜜。

淡青雅波灰蝶（白波紋小灰蝶）

Jamides alecto dromicus（Fruhstorfer, 1910）
灰蝶科／雅波灰蝶屬　特有亞種

18～21mm

● 卵／幼蟲期

　　卵單產，淺藍白色，扁狀圓形，高約 0.3 mm，徑約 0.8 mm，卵表具有凹凸刻紋，5 月分卵期 4～5 日。雌蝶的產卵習性，常見選擇路旁、林緣的幼蟲食草，將卵產於未熟果、花苞、花軸或近花苞的葉片與莖上。

　　幼蟲期大多隱藏在花軸上的花苞等各部位組織裡面，從牠的排遺就可探尋牠位置所在。終齡 4 齡，體長約 9～16 mm。頭部褐色。蟲體有淺褐色或紅褐色，密生短毛，氣孔深褐色，其他特徵並不明顯。

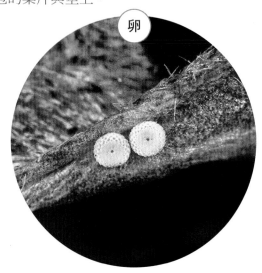

卵單產，淺藍白色，扁狀圓形，高約 0.3 mm，徑約 0.8 mm。

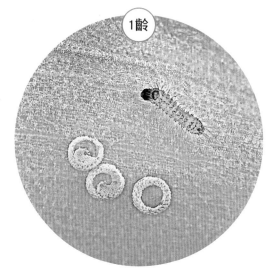

剛孵化 1 齡幼蟲，體長約 1.6 mm。

2 齡幼蟲，體長約 5mm。幼蟲可利用 10 多種月桃的花苞、花瓣及莖部頂端的柔軟組織為食。

3 齡幼蟲，體長約 8 mm，與花苞食孔。

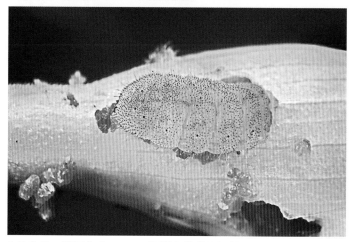

3 齡幼蟲，體長約 8 mm，正要鑽入花苞內躲藏。

4齡

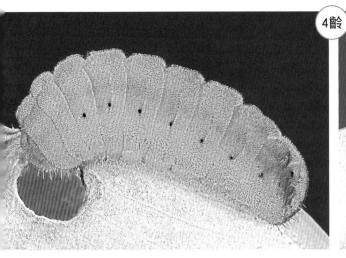

4 齡幼蟲（終齡）側面，體長約 14mm。正咬食恆春月桃花苞。　4 齡幼蟲（紅褐色型），體長約 10mm，正要鑽入花苞。

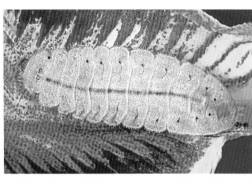

幼蟲在角板山月桃花苞上的食孔。　撥開花苞可見躲在裡面的 4 齡幼蟲（終齡），　4 齡幼蟲階段，體長 9 ～ 16mm。蟲體有淺褐色或
　　　　　　　　　　　　　　　　體長 13mm。　　　　　　　　　　　　　紅褐色，密生短毛，藏棲於月桃唇瓣上。

4 齡幼蟲，體長約 13 mm，與螞蟻共生，螞蟻正在蟲體食蜜露。

● 蛹

蛹為帶蛹，褐色，橢圓狀，蛹長 11 ～ 12 mm，寬約 5 mm。蛹表散生褐色小斑點，其他特徵並不明顯，氣孔淺褐色。常選擇化蛹於食草群落低矮處、葉鞘，花苞苞片內或落葉堆、土壤狹縫、石塊、枯木等陰涼隱密場所。5 月分蛹期 7 ～ 8 日。

前蛹時體長縮至 12 mm。

蛹背面，體長約 12mm，寬約 5mm。蛹表散生褐色小斑點，其他特徵並不明顯。

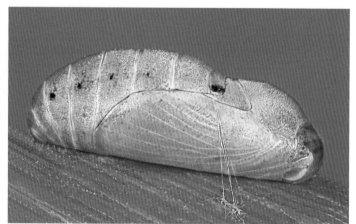

帶蛹，側面，褐色，橢圓狀，蛹長 11 ～ 12 mm，氣孔深褐色。

● 生態習性／分布

一年多世代，中型灰蝶，前翅長 18 ～ 21mm，普遍分布於海拔 0 ～ 2200 公尺山區，全年皆可見，主要出現於 3 ～ 11 月，以夏、秋的幼蟲食草的花、果時節為高峰期。成蝶外觀樸素典雅、靈敏機警；常活動於幼蟲食草族群附近飛舞及林蔭小徑旁訪花，或在朝濕地面吸食水分。

● 成蝶

　　淡青雅波灰蝶（白波紋小灰蝶）翅腹面為褐色，前翅具有 2 條對比清晰鑲細白邊的褐色條斑；後翅密布白色細波狀紋，在後翅肛角上方，明顯具有 1 枚橙色黑眼紋及黑色長尾突，旁有「√」形斑紋。翅背面雌雄色澤明顯不同，**雄蝶♂**：翅背色為淺藍色且閃耀著淡青色光澤，在前翅外緣有黑褐色細邊紋，後翅外緣內側有波狀黑褐色邊紋。**雌蝶♀**：體型較雄蝶♂大，翅背面為淺藍白色，在前翅前緣、翅端至外緣具有寬闊黑褐色帶紋，後翅外緣內側有白邊黑褐色斑紋。因此，雌雄蝶翅背面色澤明顯不同，可藉此簡略做區別。

雄蝶♂食花蜜。成蝶常活動於幼蟲食草族群附近飛舞、訪花或在濕地吸水。

雄蝶♂曬太陽。成蝶前翅展開寬2.8〜3.4公分，全年皆可見，主要出現於3〜11月。

雄蝶♂食大花咸豐草花蜜。

雌蝶♀食花蜜。淡青雅波灰蝶為一年多世代，中型灰蝶，常見種，前翅長 18〜21mm。

雄蝶♂。淡青雅波灰蝶的成蝶在後翅肛角上方，明顯具有 1 枚橙色黑眼紋及黑色長尾突。

交配（左♂右♀）。成蝶常出現於野薑花或月桃族群附近活動，只要在盛花時期造訪棲息地，就有機會巧遇牠翩翩飛舞的姿影。

雅波灰蝶（琉璃波紋小灰蝶）

Jamides bochus formosanus Fruhstorfer, 1909
灰蝶科／雅波灰蝶屬 特有亞種

13 ～ 15 mm

● 卵／幼蟲期

卵少量聚產，淺綠白色，扁狀圓形，高約 0.3 mm，徑約 0.45 mm，外面被雌蝶所分泌出白色泡沫狀物質所包覆著，泡沫乾後有彈性似膠質，9 月分卵期 3 ～ 4 日。雌蝶的產卵習性，依不同季節會選擇不同幼蟲食草的花、果期，將卵 3 ～ 8 粒不等，聚產於花序、花苞細縫上。

終齡 4 齡，體長 7 ～ 11 mm。頭部黃褐色。蟲體有紅褐色、黃褐色至深褐色；體表密生細短毛及有淺褐色斜線斑紋，氣孔黑色。幼蟲為躲避天敵捕食，常鑽入花苞及莢果內生活；只要搜尋著莢果和花苞上的蛀孔及排遺，就有機會發現寶藏，這寶藏就是待羽化成蝶，在陽光下閃閃動人，外觀像似藍寶石一樣美麗的雅波灰蝶。

卵

卵泡

雌蝶♀正彎著腹部尾端的產卵器，將卵 3 至 8 粒不等，聚產於花序與花苞間狹縫，產完並馬上分泌出白色泡沫狀物質將卵群包覆著，以保護卵群，來避免被天敵取食；這種特殊行為在蝶類中很少見。

在花序上的卵泡。

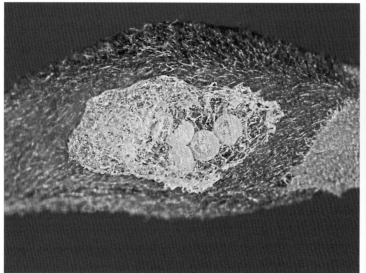

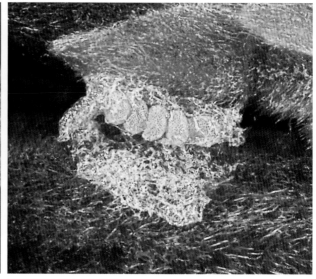

產於山葛花苞上之卵泡，卵泡寬約 3 mm，內隱藏 8 粒卵粒。

移除卵泡可見 5 粒卵粒。

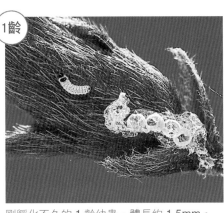

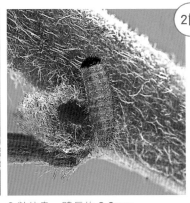

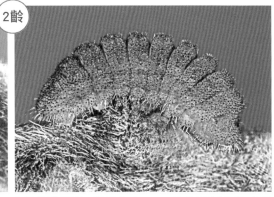

剛孵化不久的 1 齡幼蟲，體長約 1.5mm。

2 齡幼蟲，體長約 2.8mm。

2 齡幼蟲側面，體長約 4 mm。幼蟲可利用 40 多種豆科植物的花瓣、花苞及未熟果為食。

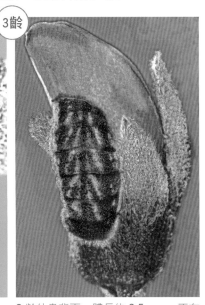

3 齡幼蟲背面，體長約 7 mm。在食物不足下，幼蟲會自相殘食，吃掉同伴前蛹及軟蛹的行為。

3 齡幼蟲背面，體長約 6.5 mm，正在鑽食山葛花苞，要進入花苞內躲藏。

4 齡幼蟲，體長約 11 mm。幼蟲為躲避天敵捕食，常鑽入花苞及莢果內生活；只要搜尋著莢果和花苞上的蛀孔及排遺，就有機會發現。

4 齡幼蟲齡（終齡），體長約 10mm，正咬食鵲豆花瓣。

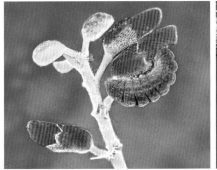

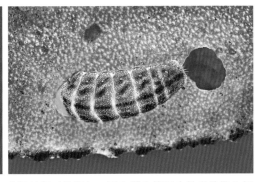

4 齡幼蟲（終齡）食花苞，紅褐色型，體長 7 ～ 11 mm。

4 齡幼蟲齡（終齡）側面，體長約 10mm，棲息於鵲豆花苞。

4 齡幼蟲（終齡），正在鑽食鵲豆未熟果欲進入躲藏。

● 蛹

蛹為帶蛹，褐色或深褐色，橢圓狀，蛹長9～10 mm，寬約4.5mm。蛹表有黑褐色斑紋及斑點，氣孔白色；常化蛹於食草群落低矮處或落葉堆、土壤狹縫、石塊、枯木等陰涼隱密場所。9月分蛹期7～8日。

帶蛹，褐色型，蛹長約10.5 mm，寬約4.8 mm，化蛹於枯木。

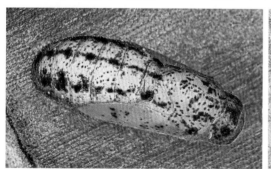

蛹褐色或深褐色，長約9mm，蛹表有黑褐色斑紋及斑點。

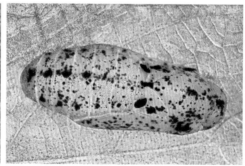

蛹背面，體長約10mm。化蛹於佛來明豆大苞片內。

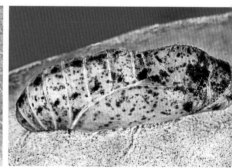

蛹側面，體長約9.5mm，寬約3.8mm。蛹期7～8日。

● 生態習性／分布

一年多世代，小型灰蝶，前翅長13～15 mm，普遍分布於海拔0～1800公尺山區，全年皆可見，以中、南部較常見。平地和淺山地以秋末至冬季為高峰期，常見活動於幼蟲食草族群附近飛舞、追逐，在空中上演著紫光交會的舞碼。成蝶飛行不快，機警靈敏；喜愛在風和日麗的陽光下飛舞、訪花或在濕地上吸水。

● 成蝶

　　雅波灰蝶（琉璃波紋小灰蝶）雌雄蝶外觀的斑紋與色澤相仿。翅腹面為褐色，前、後翅分布有波狀細紋，在肛角上方具有一枚眼紋及細長尾突。雌雄翅背面色澤不同，**雄蝶♂**：翅底為深黑褐色，前、後翅分布著強烈的深藍紫色閃亮光澤。**雌蝶♀**：翅底為淺黑褐色，呈現較不反光的淺藍紫色光澤，淺藍紫色光澤面積比雄蝶♂窄，兩者的色調與亮度不同。

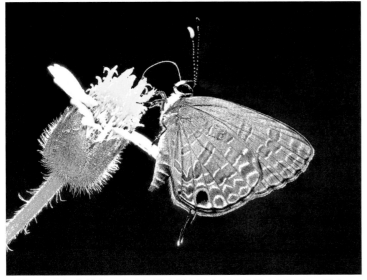

雄蝶♂食長柄菊花蜜。雅波灰蝶喜愛在風和日麗的陽光下飛舞、覓食。　　雄蝶♂吸水。

雄蝶♂吸水。雅波灰蝶普遍分布於平地至低、中海拔山區，全年皆可見。

雌蝶♀。

交配（左♀右♂）。雌雄蝶外觀的斑紋與色澤相仿。

◀雌蝶♀。雅波灰蝶為一年多世代，中型灰蝶，前翅展開寬 2.7 ～ 3.2 公分。

白雅波灰蝶（小白波紋小灰蝶）

● 卵／幼蟲期

　　卵單產，淺綠白色，扁狀圓形，高約 0.3 mm，徑約 0.5 mm，卵表具有凹凸刻紋，5 月分卵期 3 ～ 4 日。雌蝶的產卵習性，喜愛選擇曠野、荒地或開闊林緣、路旁、溪邊的幼蟲食草族群，將卵產於花序或花苞及嫩果上。幼蟲多棲於花序之間或躲藏於花苞中。

　　終齡 4 齡，體長 8 ～ 14 mm。頭部褐色，側單眼具有黑斑紋。蟲體有綠色或紅褐色，背中央具有白色或紅褐色條紋，氣孔白色。

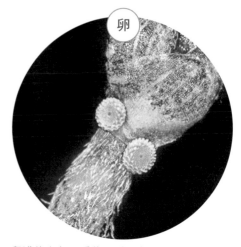

卵淺綠白色，扁狀圓形，高約 0.3 mm，徑約 0.5 mm。

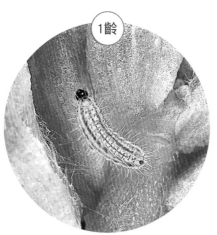
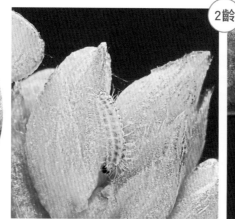
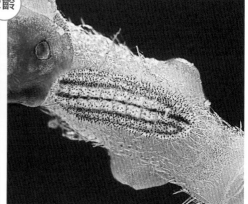

1 齡幼蟲背面，體長約 1.8mm，具有細毛。　1 齡幼蟲側面，體長約 2mm。

2 齡幼蟲背面，體長約 3mm 具紅條紋。

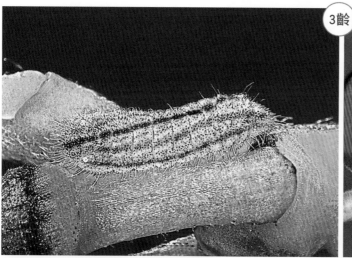

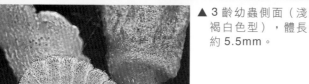

▲ 3 齡幼蟲側面（淺褐白色型），體長約 5.5mm。

▲ 3 齡幼蟲背面（紅綠色型），隱藏在花苞做保護色，體長 8mm。

◀ 3 齡幼蟲側面（綠色型），體長約 6mm。

◀ 3 齡幼蟲背面，體長 5.5mm，蟲體色澤融入花苞中隱藏。

4齡

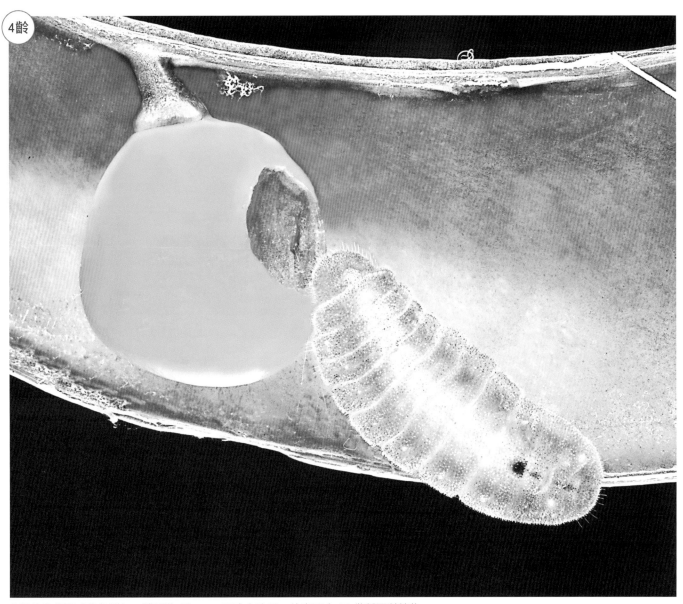

4 齡幼蟲背面（綠色型），體長約 12mm，正咬食碗豆。幼蟲可食 10 幾種豆科植物。

4 齡幼蟲（終齡，綠色型），體長約 12mm，正咬食花苞。

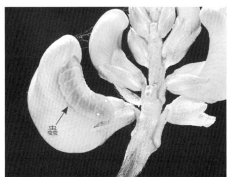

蟲

4 齡幼蟲體長 10mm，體色溶入花苞中隱藏進食。

4 齡幼蟲（紅褐色型），體長約 14mm。蟲體有綠色或紅褐色，背中央具有白色或紅褐色條紋。

● 蛹

蛹為帶蛹，褐色，橢圓狀，體長約 11mm，寬約 4.8mm。蛹表具有黑褐色斑紋、斑點，氣孔白色；常選擇化蛹於食草群落低矮處、葉片或落葉堆、土壤狹縫、石塊、枯木等陰涼隱密場所。6 月分蛹期 8 ～ 9 日。

前蛹時體長縮至約 11.5mm，體色由綠轉淡。

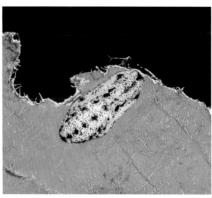

蛹為帶蛹，褐色，橢圓狀，蛹長約 10 mm。

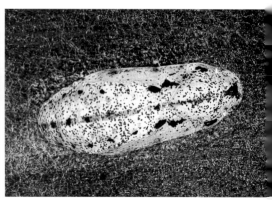

帶蛹，背面，褐色，體長約 11mm，蛹表具有黑褐色斑紋、斑點。

蛹側面，褐色，體長約 11mm，寬約 4.8mm，化蛹於枯木。

● 生態習性／分布

一年多世代，中、小型灰蝶，前翅長 15 ～ 17 mm，普遍分布於海拔 0 ～ 1100 公尺山區，全年皆可見，以海拔 200 ～ 800 公尺區域最為多見；秋、冬之際為盛發期，通常僅活動於幼蟲食草族群附近或路旁。成蝶以秋、冬豆科的花、果期為大量發生期，在此季節不約而同聞訊前來，在食草族群附近飛舞訪花、追逐嬉戲及繁衍下一代，整個生活史就在此度過，花、果期一過便逐漸銷聲匿跡。

● 成蝶

　　白雅波灰蝶（小白波紋小灰蝶）翅腹面為淺白褐色，前翅具有 3 小段對比模糊鑲粗白邊的褐色短條斑；後翅分布鑲粗白邊淡褐色條斑，前、後翅外緣具有褐色細邊紋；在後翅肛角上方，明顯具有 1 枚橙色黑眼紋及黑色細長尾突，旁有 V 形斑紋。翅背面，**雄蝶♂**：翅為淺灰白色略帶藍色調；在前翅

外緣具有黑褐色邊紋，斑紋明顯比雌蝶♀窄小約一半，後翅外緣的邊紋不明顯。**雌蝶♀**：翅為淺灰白色略帶褐色調，在前翅翅端及外緣具有寬廣的黑褐色帶，後翅前緣泛褐色，外緣內側具有波狀褐色斑紋。因此，雌雄蝶可藉此簡易做區別。

雄蝶♂，冬型翅色泛白。

雌蝶♀在竹筒上覓食。白雅波灰蝶為常見種，一年多世代，中、小型灰蝶，前翅長 15 ～ 17 mm。

秋、冬豆科的花、果期為白雅波灰蝶的發生期，在此季節不約而同聞訊前來繁衍後代。

雌蝶♀。雌蝶喜愛在食草族群附近飛舞覓食及繁殖，整個生活史就在此度過。

雌蝶♀訪花。白雅波灰蝶的成蝶主要活動於食草族群附近，它的花果維繫著本種族群的命脈。

正在活動後翅的雌蝶♀。灰蝶在停歇時，後翅常會上下活動，眼紋與絲狀尾突外觀模擬成「假頭」，可用於蒙騙欺敵攻擊。

青珈波灰蝶（淡青長尾波紋小灰蝶）

Catochrysops panormus exiguus（Distant, 1886）

灰蝶科／珈波灰蝶屬

15 ～ 18 mm

● 卵／幼蟲期

卵少量聚產，淺綠色，略扁圓形狀，高約 0.3 mm，徑 0.5 ～ 0.6 mm，12 月分卵期 4 ～ 5 日。雌蝶的產卵習性，常選擇開闊路旁、荒野的幼蟲食草族群，把針狀產卵器深入花序頂端苞片的細縫或花苞間細縫，將卵 2 ～ 4 粒產於裡面，並分泌透明膠狀物質將卵包覆，以防天敵捕食，卵因空間受限常略變形。

終齡 4 齡，體長 8 ～ 14mm。頭部黃褐色。蟲體有綠色和褐色，體表密生淡金黃色短毛，胸部背面具有粗褐色斑紋，背中央兩側具有白色條狀斑紋，體側具有白色細條紋，氣孔淡米白色。幼蟲期皆躲藏在花苞內或花序與花苞之間的縫細，體色與花序色澤相融合成絕佳保護色；且常與雅波灰蝶（琉璃波紋小灰蝶）、豆波灰蝶（波紋小灰蝶）的幼蟲混棲，不易被察覺。

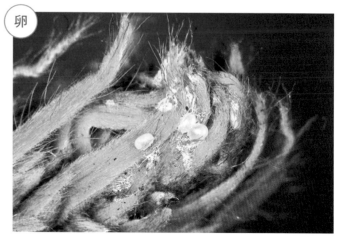

卵

卵少量聚產，淺綠色，略扁圓形狀，高約 0.3 mm，徑 0.5 ～ 0.6 mm，12 月分卵期 4 ～ 5 日。

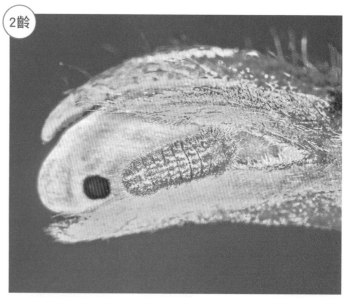

2齡

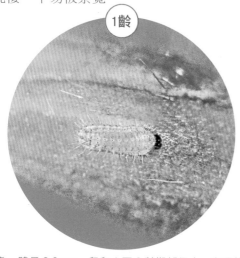

1齡

1 齡幼蟲，體長 2.8mm。卵和 1 至 2 齡期都很小，在尋找幼蟲時最好要攜帶放大鏡，以備不時之需，才不會乘興而來敗興而歸。

2 齡幼蟲，體長 4mm。幼蟲主要利用豆科「白木蘇花、佛來明豆、大葛藤、山葛」的花苞、花瓣、未熟果為食，以山葛最常見。

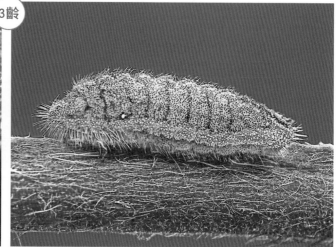

3齡

3 齡幼蟲背面，體長約 6.5 mm。背面白色條狀斑紋不明顯。

3 齡幼蟲側面，體表密生短毛，體長約 6.5mm。

4齡

4 齡幼蟲（綠色型），體長約 12 mm。胸部背面具有粗褐色斑紋，背中央兩側具有白色條狀斑紋。

4 齡幼蟲階段體長 8 ～ 14mm，體側具有白色細條紋。

4 齡幼蟲側面，體長約 12mm，棲息於山葛花序做隱藏成保護色。

4 齡幼蟲（終齡），體長約 12mm，與螞蟻共生正在吸食蜜露。

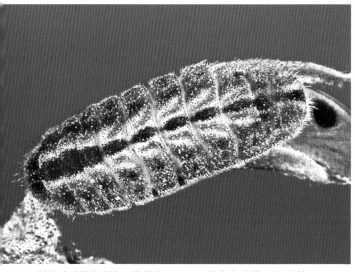

4 齡幼蟲（褐色型），體長約 13mm。幼蟲在食物不足的情況下，會有殘食同伴的行為，而將前蛹及軟蛹吃掉。

終齡化蛹前體色轉淡，選擇躲藏在木頭狹縫前蛹。

● 蛹

　　蛹為帶蛹，橢圓狀，褐色或深褐色，蛹長約 9 mm，寬約 4.5 mm。散生黑色斑點及斑紋，氣孔白色；常化蛹於食草群落低處或落葉堆、土壤狹縫、石塊、枯木等陰涼隱密場所化蛹。12月分蛹期 8 ～ 12 日。

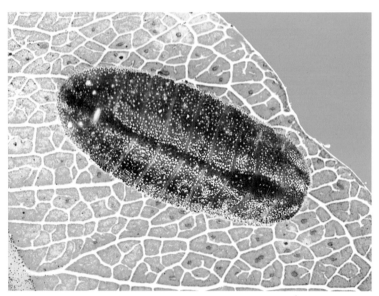

前蛹時體長縮至約 10mm。

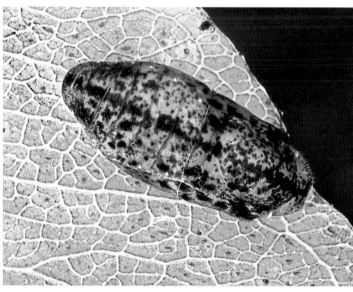

蛹背面，褐色，體長約 10mm，寬約 4.5mm，化蛹於佛萊明豆葉片。

蛹側面，蛹表散生黑斑，體長約 10mm，寬約 4mm。

蛹背面。躲藏在木頭狹縫結蛹，蛹長約 8 mm，寬約 3.3mm（剛化蛹不久色澤）。

帶蛹，褐色，體長約 10mm，寬約 4mm，化蛹於落葉。

● 生態習性／分布

　　一年多世代，中型灰蝶，前翅長 15 ～ 18 mm，普遍分布於海拔 0 ～ 1000 公尺山區，全年皆可見，以中、南部較常見，秋末至冬季為盛發期，在山葛的花季最容易觀賞到整個生活史。成蝶飛行不快，靈敏機警；多見活躍於幼蟲食草族群周圍的向陽開闊處飛舞及嬉戲。以盛花期數量最多，花季一過隨即不見蹤影，另尋覓棲息處。喜愛訪花、曬太陽或吸食露水、濕地水分。

● 成蝶

　　青珈波灰蝶（淡青長尾波紋小灰蝶）雌雄斑紋不同。翅腹面，**雌蝶♀**：為淺褐色，**雄蝶♂**：色澤較淡為白褐色；前、後翅具有波狀紋，在後翅肛角上方具有 1 枚橙色黑眼紋及黑色細長尾突；而在後翅前緣，具有 2 個小黑點為本種之特徵。翅背面色澤雌雄明顯不同，**雄蝶♂**：翅為淡水青色閃亮光澤，在後翅肛角上方有 1 個小黑斑點。**雌蝶♀**：翅底為褐色，前、後翅翅基至中央分布著淡藍灰色鱗紋，在後翅肛角有 1 枚橙色黑眼紋。因此，雌雄蝶可由翅背色澤簡易做區別。

雄蝶♂曬太陽。前翅展開時寬 2.8～3.2 公分，雄蝶翅為淡水青色閃亮光澤。

雄蝶♂吸水。成蝶喜愛訪花或吸食露水、濕地水分。

雄蝶♂覓食。全年皆可見，以中、南部較常見，秋末至冬季為盛發期。

雌蝶♀曬太陽。雌蝶翅底為褐色，前、後翅翅基至中央分布著淡藍灰色鱗紋，在後翅肛角有 1 枚橙色黑眼紋。

交配（左♂右♀）。成蝶腹面在後翅前緣，具有 2 個小黑點為本種之特徵。

雌蝶♀展翅。成蝶多見活躍於幼蟲食草族群周圍的向陽開闊處飛舞及嬉戲。

雌蝶♀正在產卵，產卵時將卵 2～4 粒產於花序細縫，並分泌透明膠狀物質將卵包覆，以防天敵捕食，這種行為是其他蝶類少見的聰明演化。

雌蝶產卵時特寫。雌蝶產卵時把針狀產卵器深入花序頂端苞片的細縫或花苞間細縫產卵。

雌蝶♀針狀產卵器特寫。

豆波灰蝶（波紋小灰蝶）

Lampides boeticus（Linnaeus, 1767）
灰蝶科／豆波灰蝶屬

15～18 mm

● 卵／幼蟲期

　　卵單產，淺綠白色，扁狀圓形，高約 0.3 mm，徑約 0.5 mm，卵表具有凹凸刻紋，11 月分卵期 3～4 日。雌蝶的產卵習性，對於產卵的環境要求並不高，且隨著不同季節，選擇不同幼蟲食草的花、果期，將卵產於花序或花苞及莢果上。

　　終齡 4 齡，體長 8～14 mm。頭部褐色。蟲體有綠色或褐色至紅褐色，體表密生細短毛及有淺綠色斜線紋，氣孔白色。

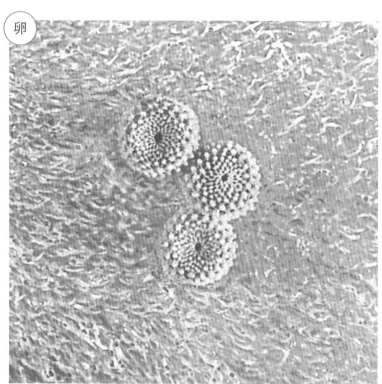

卵單產，淺綠白色，扁狀圓形，高約 0.3 mm，徑約 0.5 mm。

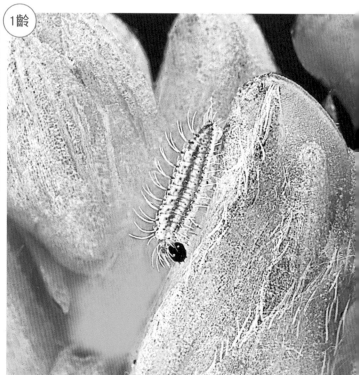

1 齡幼蟲側面，體長約 2mm，密生細毛。

2 齡幼蟲背面，體長約 4 mm（只要掌握住花、果期，就不難在花序上找到卵、幼蟲及飽覽整個生活史。

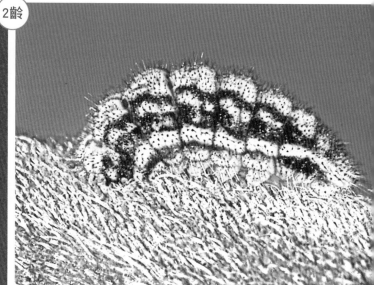

2 齡幼蟲側面，體長約 4 mm。正在咬食花苞，要鑽入花苞內躲藏。

3 齡

3 齡幼蟲側面，體長約 7 mm，正在咬食毛胡枝子花苞。

3 齡幼蟲背面，紅褐色型，體長約 7 mm。

4 齡

4 齡幼蟲（終齡）背面，體長約 12mm，背面有淺綠色斜線紋。

4 齡幼蟲側面，體長約 10mm。頭部褐色，體表密生細短毛。

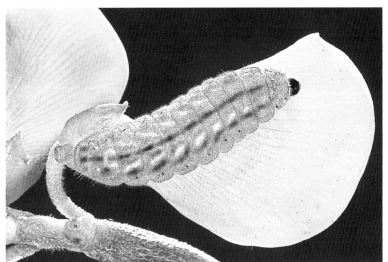

4 齡幼蟲（終齡），綠色型，體長 11 mm。幼蟲可食 60 幾種豆科植物。

4 齡幼蟲（終齡），有褐色至紅褐色與綠色型，體長 8 ～ 14mm。

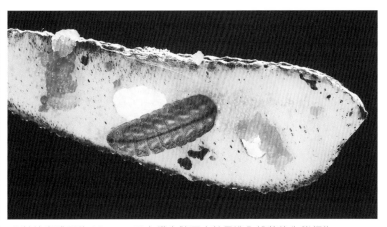

4 齡幼蟲（淺黃白色型），體長約 11mm，正在鑽食鵲豆花苞進入躲藏。

4 齡幼蟲體長約 12mm，正在鑽食鵲豆未熟果進入躲藏的生態行為。

● 蛹

蛹為帶蛹，褐色，橢圓狀，蛹長約 9.5mm，寬約 4mm。體表散生黑褐色斑紋；常化蛹於落葉堆、土壤狹縫、石塊等或幼蟲食草低矮陰涼隱密場所。10月分蛹期 7 ～ 8 日。

前蛹背面，體長縮至約 10mm。

前蛹側面，體長縮至約 10mm。

蛹背面（淺褐色型），橢圓狀，蛹長約 9.5mm。體表散生黑褐色斑紋。

蛹側面，體長約 9.5mm。常化蛹於落葉堆、土壤狹縫、石塊等或食草低矮隱密場所。蛹期 7 ～ 8 日。

蛹（深褐色型），蛹長約 10.5 mm，寬約 5 mm。

● 生態習性／分布

一年多世代，中型灰蝶，前翅長 15 ～ 18 mm，普遍分布於海拔 0 ～ 2500 公尺山區，全年皆可見，以中、南部較常見。平地至淺山地以秋、冬數量較多，當大多數的蝶類正準備越冬時，本種卻盛發於秋、冬之際；在幼蟲食草族群花開時，便相繼聞訊而來，在此飛舞、追逐和繁衍下一代。成蝶飛行不快卻矯健敏捷；常活動在幼蟲食草族群附近飛舞、嬉戲，為蕭瑟的隆冬增添幾分光彩；也是冬季觀察小灰蝶不錯的自然題材。喜愛曬太陽、訪花或吸食濕地水分。

● 成蝶

豆波灰蝶（波紋小灰蝶）雌雄外觀的斑紋與色澤相仿，翅腹面為淡褐色，前、後翅密布白色波狀紋；在後翅的亞外緣具有白色帶狀紋，肛角處具有 2 個眼紋和尾狀突起。翅背面，雌雄蝶的色澤明顯不同，**雄蝶♂**：翅背色為淺藍紫色閃亮光澤，前、後翅外緣具有黑褐色細邊紋。**雌蝶♀**：翅背色為暗褐色，前、後翅中央至翅基分布有淺藍色鱗紋光澤，黑褐色邊紋比雄蝶♂寬闊。野外無相似種，極易辨識。

雄蝶♂食豆科「太陽麻」花蜜。成蝶喜愛訪花或吸食濕地水分。

夏型雌蝶♀展翅。常見種，中型灰蝶，前翅展開寬 2.6 ～ 3.1 公分，是世界分布最廣泛的蝴蝶。

雌蝶♀正將卵產於太陽麻的花苞上。

雄蝶♂翅背色為淺藍紫色閃亮光澤，前、後翅外緣具有黑褐色細邊紋。

雌蝶♀曬太陽。雌蝶♀翅背為暗褐色，前、後翅中央至翅基分布有淺藍色鱗紋光澤，黑褐色邊紋比雄蝶寬闊。

交配（左♂右♀）。本種盛發於秋、冬之際，在幼蟲食草族群花開時，便相繼聞訊而來，在此飛舞、追逐和繁衍下一代。

◀雄蝶♂吸水。

▶雌蝶♀豆波灰蝶的成蝶在後翅腹面亞外緣，具有明顯的白色帶狀條紋為本種之特徵。

細灰蝶（角紋小灰蝶）

Leptotes plinius（Fabricius, 1793）

灰蝶科／細灰蝶屬

11～14 mm

● 卵／幼蟲期

卵單產，淺黃白色或淺綠白色，扁狀圓形，高約 0.25 mm，徑約 0.4 mm，卵表具有凹凸刻紋，12 月分卵期 3～4 日。雌蝶的產卵習性，常選擇向陽開闊的路旁、山徑、河岸、陡坡等幼蟲食草族群，將卵產於未熟果、花苞、花序上。

終齡 4 齡，體長 7～12mm。頭部黑色。蟲體有咖啡色、綠色、褐色至深褐色，因食用食草不同而異，體表各節具有白色或綠色斜斑紋，體側有白色細條紋，氣孔淺黃色。

卵

卵淺黃白色或淺綠白色，扁狀圓形，高約 0.25 mm，徑約 0.4 mm。

1齡

1 齡幼蟲，體長約 1.5 mm。食草「烏面馬」具有黏性腺體，幼蟲躲藏在腺體其中，有著很好保護作用。

2齡

1 齡幼蟲蛻皮成 2 齡時，體長約 2.2mm。

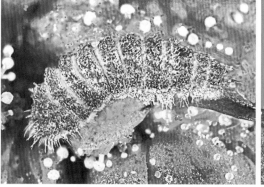

2 齡幼蟲，體長約 3.5 mm。

2 齡幼蟲背面，體長約 4mm。

3齡

3 齡幼蟲背面，咖啡色型，體長約 6 mm。本種會因幼蟲食草花期的更迭，而選擇不同的食草；冬季以「烏面馬」最常利用。

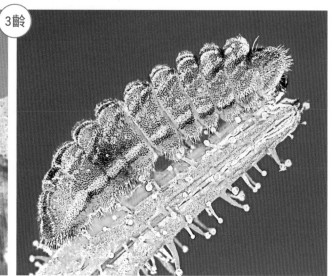

3 齡幼蟲側面，綠色型，體長約 6.5mm。

4齡幼蟲階段體長 7 ～ 12 mm。頭部黑色，體表各節具有白色或綠色斜斑紋。

4齡幼蟲（終齡）側面，綠色型，體長約 10 mm。體側有白色細條紋。

▲ 4齡幼蟲背面（終齡褐色與綠色型），體長約 10mm。

◀ 4齡幼蟲（深褐色型），體長約 11 mm。幼蟲可利用藍雪科「烏面馬」與豆科「穗花木藍、脈葉木藍」等 30 多種植物的花苞及未熟果為食。

● 蛹

　　蛹為帶蛹，褐色至深褐色，橢圓狀，蛹長 8～9 mm。蛹表具有褐斑紋，背中線褐色，氣孔白色；常化蛹於幼蟲食草莖、果、葉上或落葉堆、土壤狹縫、石塊、枯木等陰涼隱密場所。12 月分蛹期 8～9 日。

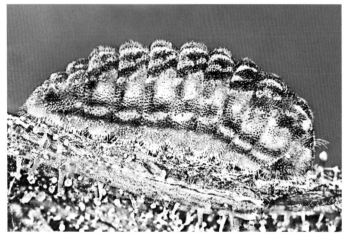

前蛹時體長縮至約 8.3 mm。

部份個體化蛹前轉為紅褐色，體長約 10mm。

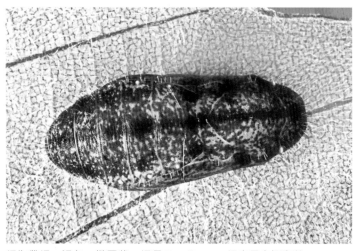

蛹為帶蛹，褐色，橢圓狀，蛹長 8～9 mm。蛹表具有褐斑紋，背中線黑褐色。

蛹側面，暗褐色，體長約 8.5mm，寬約 3.5mm，化蛹於石塊上。

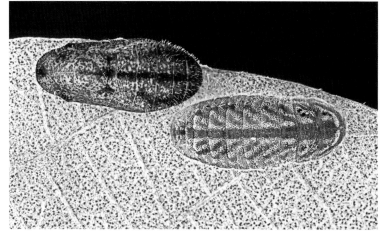

左為蛹體長約 8.5mm，寬約 3.5mm。右為前蛹。

蛹 2 粒。化蛹於佛萊明豆大苞片內，體長約 8.5mm。

● 生態習性／分布

　　一年多世代，小型灰蝶，前翅長 11～14 mm，普遍分布於海拔 0～2500 公尺山區，全年皆可見，以中、南部較常見；平地以冬季較多見，高地以夏季較常見。成蝶飛行不快，靈敏機警；多見出現於幼蟲食草族群的花、果期，在附近訪花飛舞、嬉戲及繁衍下一代。

● 成蝶

　　細灰蝶（角紋小灰蝶）雌雄斑紋不同。翅腹面雌雄的色澤和斑紋相似，翅底為褐色，前、後翅分布白色圓形、條紋、彎曲的迷彩狀紋路。在後翅肛角處具有2枚黃橙色黑眼紋及細短尾突。翅背面雌雄色澤明顯不同，**雄蝶♂**：翅背面為淺褐色，閃耀著淺藍紫色光澤，前、後翅外緣具有黑褐色細邊紋。**雌蝶♀**：翅背面為褐色，前、後翅分布有大面積的白色斑紋，在前翅中央的斑紋略塊狀；而在翅基具有淺藍色光澤之鱗紋。因此，翅背面雌雄色澤明顯不同，可藉此做區別。野外無相似種，極易辨識。

雄蝶♂。

雌蝶♀翅背面為褐色，前、後翅分布有大面積的白色斑紋。

交配（左♂右♀）。只要掌握住食草的花、果期，就不難在植物上找到卵及幼蟲和看到成蝶翩翩飛舞的姿影。

雌蝶♀正彎腹伸出針狀產卵器要產卵。

雄蝶♂展翅曬太陽。

雄蝶♂翅背面為淺褐色，閃耀著淺藍紫色光澤，前、後翅外緣具有黑褐色細邊紋。

雄蝶♂訪花。細灰蝶為一年多世代，小型灰蝶，前翅長 11～14 mm，普遍種，全年皆可見，以中、南部較常見。

雌蝶♀展翅曬太陽。

雌蝶♀正產卵於烏面馬花苞。

藍灰蝶（沖繩小灰蝶、酢漿灰蝶）

Zizeeria maha okinawana（Matsumura, 1929）
灰蝶科／藍灰蝶屬

11 ～ 14 mm

● 卵／幼蟲期

卵單產，白色，扁狀圓形，高約 0.25 mm，徑約 0.5 mm，9 月分卵期 3 ～ 4 日，幼蟲期約 21 日。雌蝶的產卵習性，對於產卵環境的要求並不高，幾乎只要有酢漿草之處，都很容易吸引雌蝶前來產卵；喜愛將卵產於低矮近地面的食草葉背。

終齡 4 齡，體長 7 ～ 11mm。頭部黑褐色。蟲體有綠色至紅褐色，體表密生短毛，背中線明顯，氣孔米白色；幼蟲常躲藏在食草底層隱密處休憩。

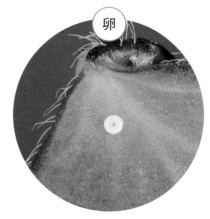

卵單產，白色，扁狀圓形，高約 0.25 mm，徑約 0.5 mm，9 月分卵期 3 ～ 4 日。

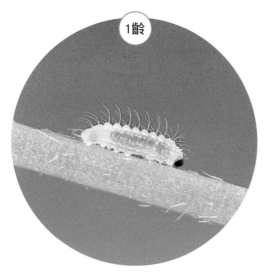

1 齡幼蟲，體長約 2mm。幼蟲期約 21 日。

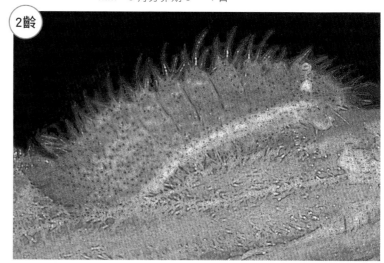

2 齡幼蟲，體長約 2.8mm。正在鑽食酢漿草的未熟果。

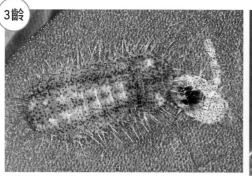

2 齡蛻皮成 3 齡幼蟲，體長約 3mm，淺褐色型。幼蟲常躲藏在食草底層隱密處休憩。

3 齡幼蟲，綠色型，體長約 5.5mm。

3 齡幼蟲背面（紅褐色型），體長約 3.7mm。幼蟲主要以酢醬草科「酢漿草」的葉片為食。

4齡

4 齡幼蟲（終齡）背面，淺綠色型，體長約 8mm。

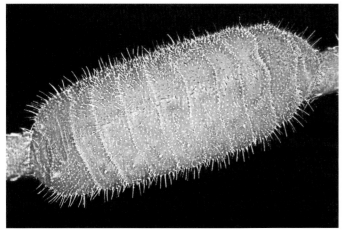

4 齡幼蟲背面（綠色型），體長約 9.5mm。體表密生短毛，背中線明顯。

4 齡幼蟲（終齡）側面，綠色型，體長約 9.5mm。

◀ 4 齡幼蟲（終齡，綠褐色型），體長 7 ～ 11mm。

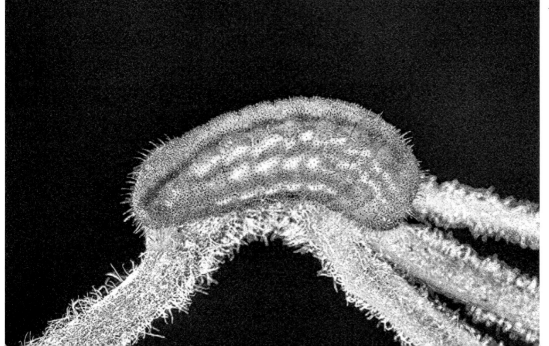

● 蛹

　　蛹為帶蛹，橢圓狀，綠色或褐色，體長約 8.5mm，寬約 3.8mm。蛹表具有黑褐色斑紋及短毛；常選擇化蛹於食草群落低矮處葉片或落葉堆、土壤狹縫、石塊、枯木等陰涼隱密場所。7月分蛹期 6 ～ 7 日。

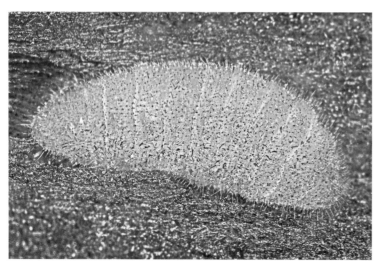

躲藏在枯木縫的前蛹，體長約 8.5mm。

蛹背面。體長約 9mm，寬約 4mm。蛹表具有黑褐色斑紋及短毛。

蛹背面。常選擇化蛹於食草群落低矮處葉片或落葉堆、土壤狹縫、石塊、枯木等陰涼隱密場所。

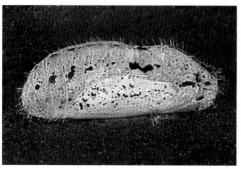

蛹側面，橢圓狀，綠色或褐色，蛹長約 8.5mm，寬約 3.8mm，蛹期 6 ～ 7 日。

蛹為帶蛹，化蛹於酢漿草葉片。背中線黑褐色。

● 生態習性／分布

　　一年多世代，小型灰蝶，前翅長 11 ～ 14 mm，普遍分布於海拔 0 ～ 1800 公尺山區，全年皆可見。多見於酢漿草族群附近活動，可以說是最常見的小灰蝶，從濱海、平原、都會公園乃至曠野山林，都有牠們翩翩飛舞的蹤跡。當您走進在綠草如茵的黃花酢漿草中，在身旁一閃一閃游移著目光的藍色小精靈，那肯定是藍灰蝶（沖繩小灰蝶）在歡迎您；巧遇時，請好好善待牠們。成蝶飛行緩慢，喜愛在開闊的陽光下享受日光浴、嬉戲追逐或穿梭於低矮花叢間訪花、飛舞及吸水。

● 成蝶

　　藍灰蝶（沖繩小灰蝶）雌雄外觀斑紋與色澤相仿，後翅無尾突。翅腹面淺褐色，前翅外緣內側有2條斑帶與中央外側黑點斑帶色調相同為黑褐色。後翅外緣內側具有黑斑帶；在中央具有一枚「く」形狀小斑紋，外圍有黑褐色斑點呈弧狀排列。在夏季高溫期翅為灰白色，斑點清晰；冬季低溫期翅為淺褐色，斑點淡且不清晰。翅背面雌雄色澤不同，**雄蝶♂**：前、後翅為淺藍色閃亮光澤，外緣有黑褐色細邊紋和模糊黑斑點。**雌蝶♀**：翅背面為黑褐色，前、後翅翅基至中央具有淺藍灰色光澤，後翅沿外緣有排模糊黑斑點。因此，雌雄翅背面明顯不同，可藉此做區別。

　　本種辨識特徵：複眼被毛，前翅腹面外緣內側2條斑帶與中央外側黑點斑帶色調相同為黑褐色，近翅基有2枚小黑點。翅背面後翅沿外緣有排模糊黑斑點。

成蝶的飛行緩慢，喜愛在開闊的陽光下嬉戲追逐或穿梭於低矮花叢間訪花、飛舞。

低溫型雄蝶♂，翅腹面斑紋對比模糊，外觀明顯與夏型不同。

雄蝶♂展翅。

雄蝶♂曬太陽。

雌蝶♀。

雌蝶♀展翅曬太陽。

低溫型雄蝶♂正飛舞雙翅向雌蝶♀求偶。

雌蝶♀展翅曬太陽。

交配（左♂右♀）。普遍分布於海拔 0 ～ 1800 公尺山區，全年皆可見，多見於酢漿草族群附近活動。

迷你藍灰蝶 (迷你小灰蝶)

Zizula hylax (Fabricius, 1775)
灰蝶科／迷你藍灰蝶屬

8～11mm

● 卵／幼蟲期

　　卵單產，白色，扁狀卵球形，高約 0.2 mm，徑約 0.35 mm，卵表具有凹凸刻紋，11月分卵期3～4日。雌蝶的產卵習性，僅選擇有花苞及未熟果的幼蟲食草，將卵產於花、果及苞片上。

　　終齡4齡，體長 6.5～8.4 mm，寬約 2.3 mm。頭部褐色。蟲體綠色，密生短毛，背中線粗寬為紅褐色，體側具不明顯白色波狀紋，氣孔白色。幼蟲具良好的保護色及隱藏方式，常躲藏於苞片或蒴果內以避敵害，但幼蟲再怎麼躲藏，其身上的美味蜜露總吸引著螞蟻前來造訪，而外面的排遺也容易暴露其行蹤。

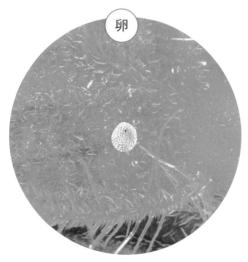

卵

卵單產，白色，扁狀卵球形，高約 0.2 mm，徑約 0.35 mm，11月分卵期3～4日。

2齡

2齡幼蟲背面，蟲體紅褐色，體長約 3.5mm。

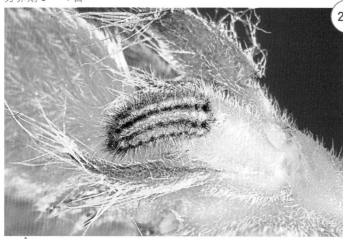

2齡幼蟲，體長約 3.5mm，正要鑽入花苞內。

3齡

3齡幼蟲側面，體長約 6 mm。幼蟲可利用「馬鞭草科、爵床科」等20多種植物，依不同季節選擇花苞、嫩果、新芽為食。

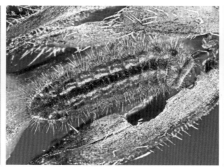

3齡幼蟲背面，體色黃褐色，體長約 6 mm，正在食大安水蓑衣花苞。

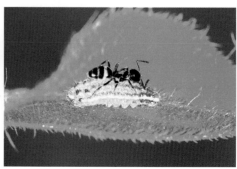

一隻螞蟻正在迷你藍灰蝶 3 齡幼蟲身上吸食蜜露，不知情的人會誤以為是幼蟲遭遇到螞蟻捕食。

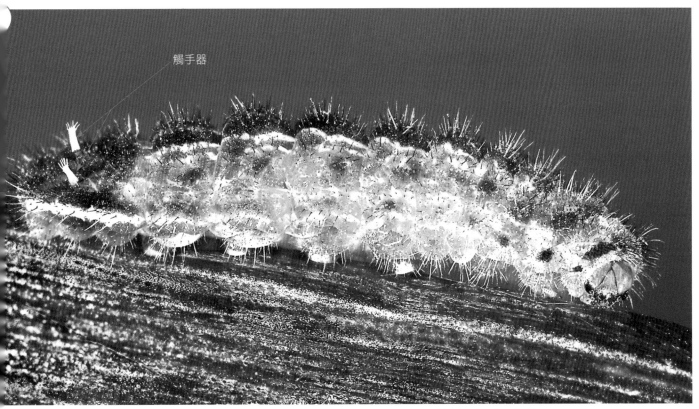

觸手器

4齡幼蟲（側面），體長 8.4 mm，體側具不明顯白色波狀紋。當遇驚擾時喜蟻器會伸出觸手器虛張聲勢。

4齡幼蟲（背面），體長約 8.2 mm，寬約 2.3 mm。幼蟲常躲藏於苞片或蒴果內以避敵害。

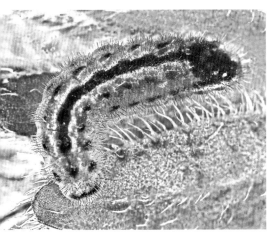

4齡幼蟲（終齡），體長約 8.2 mm。蟲體綠色，密生短毛，背中線粗寬紅褐色，為本種的特徵。

4齡幼蟲（終齡），體長約 7.5mm，正在鑽食大安水簑衣花苞。

● 蛹

　　蛹為帶蛹，綠色或褐色，長橢圓狀，體長約 7.5mm，寬約 2.5mm。體表密生白色長毛，在第 1 腹節背部具有 2 個小黑點，氣孔白色；常化蛹於低矮食草或落葉堆、土壤狹縫、石塊、枯木等陰涼隱密場所。10 月分蛹期 5 ～ 6 日。

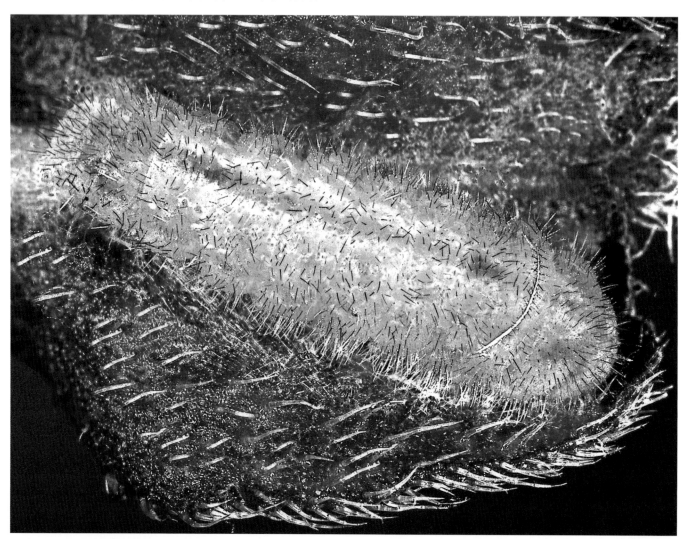

前蛹，前蛹時體長約 7mm。

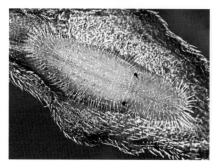

蛹背面，綠色型，長約 7.5mm，寬約 2.7mm。體表密生白色長毛，第 1 腹節背部具有 2 個小黑點。

蛹側面，綠色型，長約 8mm，寬約 2.7mm。10 月分蛹期 5 ～ 6 日。

蛹背面，暗褐色型，長橢圓狀，體長約 7.5mm，寬約 2.5mm。

● 生態習性／分布

　　一年多世代，小型灰蝶，前翅長 8 ～ 11mm，普遍分布於海拔 0 ～ 600 公尺山區，全年皆可見，以中、南部較常見。多見於幼蟲食草族群附近活動，特別是在水蓑衣屬植物的花、果期更為常見。

成蝶飛行緩慢，嬌小玲瓏；喜愛穿梭於馬纓丹族群飛舞、覓食或吸食各種低矮野花花蜜，如不特別留意，即使出現在身旁也會忽略牠的存在。

● 成蝶

　　迷你藍灰蝶（迷你小灰蝶）雌雄蝶外觀的色澤與斑紋相仿，後翅無尾突。翅腹面翅灰白色至淺褐白色，前、後翅外緣具有細黑邊線及淡褐色帶狀斑紋。在前翅翅端下方有 1 枚斑紋呈「ｃ」狀小鉤紋，在前翅前緣中央具有 2 枚小黑斑點；在後翅中央具有一枚「く」形狀小斑紋，外圍有黑褐色斑點呈弧狀排列。

　　翅背面雌雄色澤不同，**雄蝶**♂：翅為黑褐色，在前、後翅分布有大片淺藍紫色閃亮光澤。**雌蝶**♀：翅為黑褐色。因此，雌雄翅背色澤明顯不同，可藉此做區別。

　　本種辨識特徵：整體外觀像似藍灰蝶，但本種體型明顯較小，在翅端下方有 1 枚斑紋呈「ｃ」狀小鉤紋。在前翅前緣中央具有 2 枚小黑斑點為特徵，可簡略做區別。

雌蝶♀。

雌蝶♀覓食。迷你藍灰蝶為一年多世代，小型灰蝶，前翅長 8～11mm，全年皆可見，以中、南部較常見。

雄蝶♂吸水。多見於幼蟲食草族群附近活動，特別是在水蓑衣屬植物的花、果期更為常見。

成蝶被守候已久的三角蟹蛛所捕食。

雌蝶♀食花蜜。

雌蝶♀正產卵於赤道櫻草花苞。

交配（右♀左♂）。迷你藍灰蝶整體外觀像似藍灰蝶，但本種體型明顯較小，在翅端下方有 1 枚斑紋呈「ｃ」狀小鉤紋。在前翅前緣中央具有 2 枚小黑斑點為特徵。

臺灣玄灰蝶（臺灣黑燕蝶）

Tongeia hainani（Bethune-Baker, 1914）

灰蝶科／玄灰蝶屬 臺灣特有種

12 ～ 14 mm

● 卵／幼蟲期

　　卵單產，淺綠白色，扁狀圓形，高約 0.3 mm，徑約 0.6 mm，卵表具有凹凸刻紋，7 月分卵期 3 ～ 4 日。雌蝶的產卵習性，多見選擇涼爽林緣、路旁或陡坡、岩壁等開闊處的幼蟲食草，將卵產於葉背或花序、莖上。

　　終齡 4 齡，體長 7 ～ 13 mm。頭部淺橄欖色。蟲體綠色，密生黑褐色短毛，氣孔黑褐色。幼蟲的生活史很奇特，從 1 ～ 4 齡（終齡）皆躲藏在食草的葉肉裡，像似一台潛盾機，在葉子裡鑽來鑽去的啃食葉肉，啃到整株及葉片只剩下一層薄膜，非常有趣。化蛹時，再鑽出外面尋找安全隱蔽的地方化蛹。

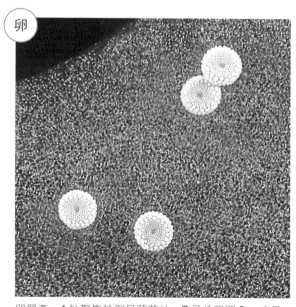

卵

卵單產，4 粒聚集於倒吊蓮葉片，7 月分卵期 3 ～ 4 日。

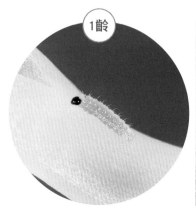

1齡

1 齡幼蟲側面，體長約 2.2mm。

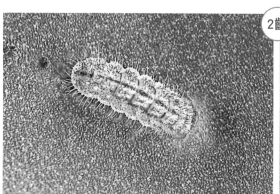

2齡幼蟲體長約 4mm，正鑽食落地生根葉片，欲躲藏在葉肉內避敵害。

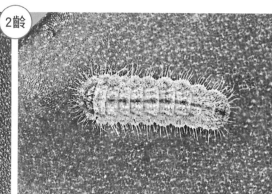

2齡

2 齡幼蟲背面，體長約 4mm。

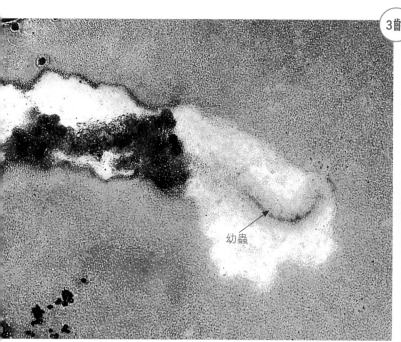

3齡

幼蟲

3 齡幼蟲隱藏在葉肉內，體長 6mm。

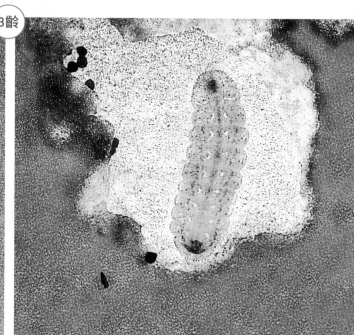

撥開葉片薄膜可見 3 齡幼蟲背面，體長 6mm。

4齡

4 齡幼蟲階段體長 7 ～ 13mm，棲息在倒吊蓮葉片。

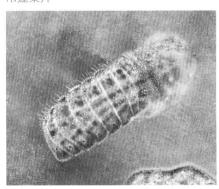

4 齡幼蟲，體長 11mm 正在鑽食要躲藏在葉肉內。

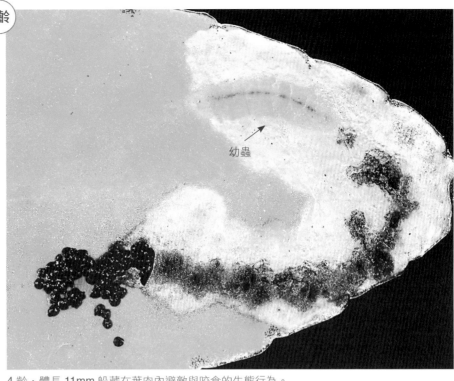

幼蟲

4 齡，體長 11mm 躲藏在葉肉內避敵與咬食的生態行為。

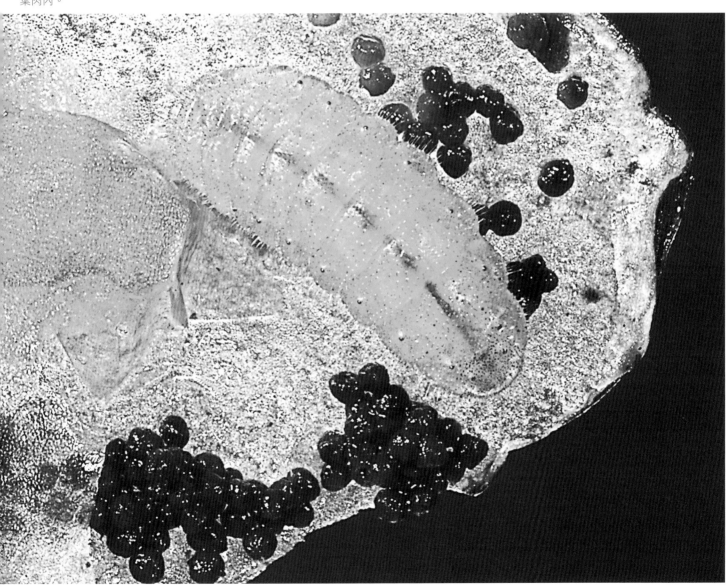

撥開葉片薄膜可見 4 齡幼蟲與糞便，體長 11mm。

● 蛹

　　蛹為帶蛹，綠色、黃綠色或褐色型，橢圓狀，蛹長約 9 mm，寬約 4mm。蛹表分布細毛，腹背兩側有黑褐色斑紋，氣孔白色；常化蛹於幼蟲食草上或附近植物、物體等隱密場所。8 月分蛹期 7 ～ 8 日。2021 年 3 月 1 日產卵，4 月 10 羽化，整個生活史約 40 天。

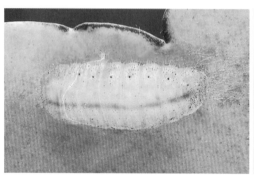 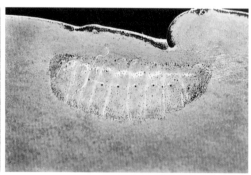 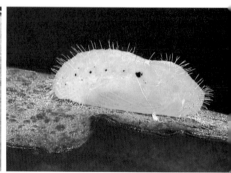

前蛹背面，前蛹時體長縮至 9mm。　　前蛹側面，前蛹時體長縮至 9mm。　　蛹側面，常化蛹於幼蟲食草上或附近植物、物體等隱密場所（綠色型）。

蛹背面，綠色，橢圓狀，長 9.5mm，寬 4mm，蛹表分布有黑褐色斑紋與細毛。

即將羽化的蛹，長 9mm，寬 3.8mm。8 月分蛹期 7 ～ 8 日。　　蛹（黃綠色與褐色型），長 8.5mm，寬 4mm。4 月分蛹期約 10 天。

● 生態習性／分布

　　一年多世代，小型灰蝶，前翅長 12 ～ 14 mm，普遍分布於海拔 0 ～ 1800 公尺山區，全年皆可見，主要出現於 3 ～ 11 月。多見於海拔 200 ～ 1400 公尺山區的幼蟲食草族群附近活動。在棲息地只要觀察到被啃食成透明薄膜的葉片和排遺，就可尋覓到幼蟲，非常有趣！。成蝶飛行緩慢，機警靈敏，外觀與密點玄灰蝶（霧社黑燕蝶）很相似，常低飛於低處覓食；喜愛展翅曬太陽或吸食各種野花花蜜及濕地上水分、動物排泄物。

● 成蝶

　　臺灣玄灰蝶（臺灣黑燕蝶）雌雄蝶外觀的斑紋與色澤相仿。翅膀腹面為淺褐色，前、後翅外緣至亞外緣具有帶黃色 3 排弧形狀的黑褐色斑紋，前翅近翅基無斑紋；在後翅近翅基具有 4 枚黑褐色斑點成縱列。翅背面為黑褐色，在後翅外緣具有不明顯的淺藍白色邊紋與具有短尾突。

　　本種辨識特徵：臺灣玄灰蝶在前翅近翅基無斑紋，與相似種密點玄灰蝶（霧社黑燕蝶）前翅近翅基具有 2 枚黑斑紋，以資區別。

雌蝶♀覓食。多見活動於倒吊蓮及小燈籠草的食草族群環境。

雌蝶♀。成蝶多見於海拔 200 ～ 1400 公尺山區的幼蟲食草族群附近活動。

成蝶飛行緩慢，機警靈敏，外觀與密點玄灰蝶很相似。

雄蝶♂展翅曬太陽。小型灰蝶，前翅展開時寬 2.3 ～ 2.6 公分。

雄蝶♂吸水。

雄蝶♂吸水。早春羽化出的個體斑紋色澤偏橙色。

雄蝶♂吸水。臺灣玄灰蝶為一年多世代，常見種，前翅長 12 ～ 14 mm，臺灣特有種。

雄蝶♂。常低飛於低處覓食、吸水或曬太陽、吸食各種野花。

黑點灰蝶（姬黑星小灰蝶）

Neopithecops zalmora（Butler, [1870]）
灰蝶科／黑點灰蝶屬

11～13 mm

● 卵／幼蟲期

　　卵單產，淺綠白色，扁狀圓形，高約 0.25 mm，徑約 0.5 mm，卵表具有凹凸刻紋，9月分卵期3～4日，整個生活史約35天。雌蝶的產卵習性，常選擇林下或林緣蔭涼環境，有頂芽、新芽的幼蟲食草，將卵產於新芽、嫩葉、嫩枝上。

　　終齡4齡，體長7～10 mm。頭部褐色，兩側具有黑褐色小圓斑。蟲體綠色，體表密生褐色短毛，氣孔白色。

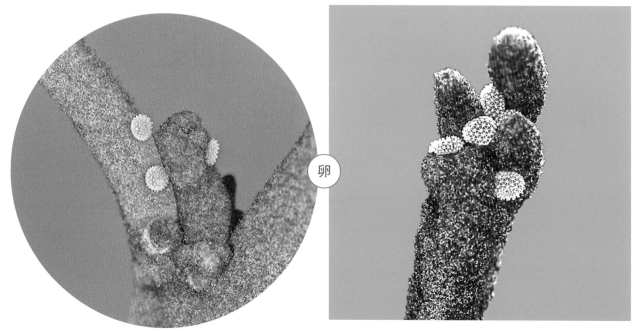

卵淺綠白色，扁狀圓形，高約 0.25 mm，徑約 0.5 mm。　　卵單產，5 粒聚集於長果山橘頂芽細縫上。

1齡幼蟲，體長約 1.5 mm，體色淺紅褐色與新芽很相近，具有保護色。　　1齡幼蟲蛻皮成 2齡時體長約 2.8mm。

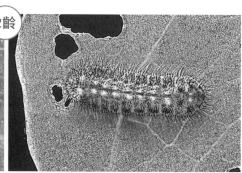

2齡幼蟲背面，體長約 3.2mm。

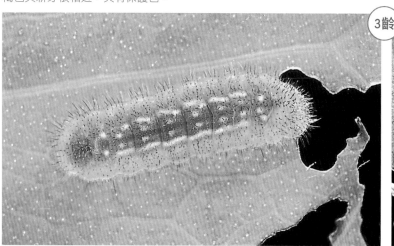

3齡幼蟲背面，黃綠色，體長約 5.5 mm，與山橘嫩葉融合為保護色。

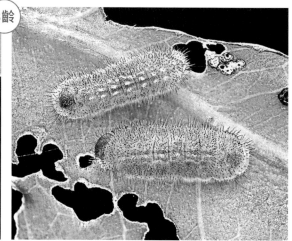

3齡幼蟲，體長約 5mm，幼蟲以頂芽、新芽和嫩葉為食，成熟葉片不食。

4齡

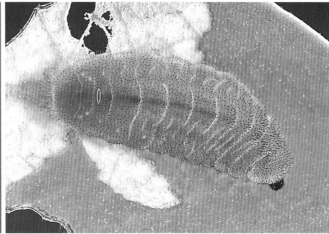

4 齡幼蟲（側面），體長約 10 mm。幼蟲目前記錄到以芸香科「圓果山桔、長果山桔」2 種植物為食。

4 齡幼蟲，體長約 10mm，從卵至羽化整個生活史約 35 天。

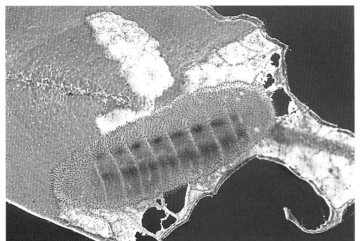

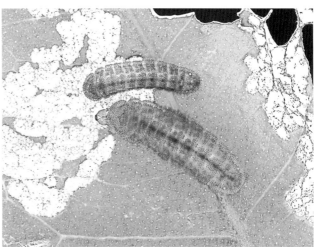

4 齡幼蟲（終齡），體長約 10mm，正咬食較厚葉表組織。

4 齡幼蟲，體長約 8 與 9mm，咬食山橘葉片只剩薄膜的生態行為。

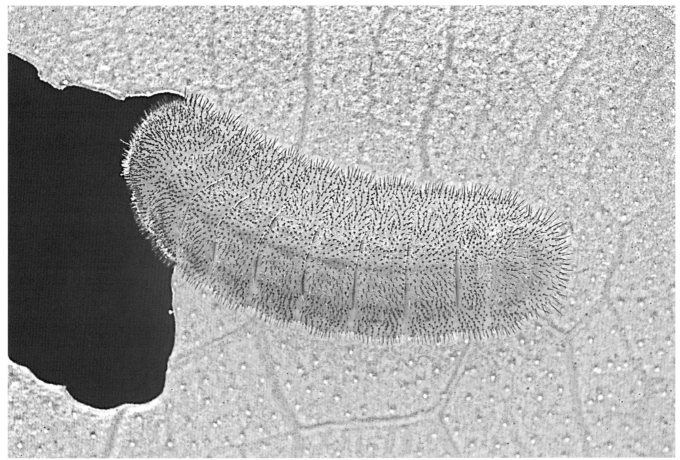

4 齡幼蟲（終齡），體長 9 mm，蟲體綠色，體表密生褐色短毛。

● 蛹

　　蛹為帶蛹，綠色，橢圓狀，蛹長約 8 mm。蛹表具有少許深褐色斑紋，氣孔白色。常選擇化蛹於食草群落低矮處、樹幹、枝條、葉片或落葉堆、枯木等陰涼隱密場所。10 月分蛹期 8 ～ 9 日。

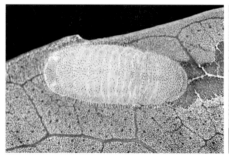

前蛹時體長縮至約 7mm。

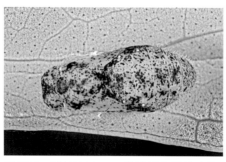

蛹背面，體長約 7mm，常選擇化蛹於食草群落低矮處、樹幹、枝條、葉片或落葉堆、枯木等陰涼隱密場所。

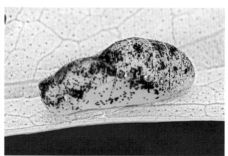

蛹側面，綠色，體長約 7mm，寬約 3.3mm，10 月分蛹期 8 ～ 9 日。

帶蛹，綠褐色型，密生短毛，體長約 9mm，寬約 4.2mm。

● 生態習性／分布

　　一年多世代，小型灰蝶，前翅長 11 ～ 13 mm，普遍分布於海拔 0 ～ 1100 公尺山區，全年皆可見，主要出現於 3 ～ 11 月。在中部的蕙蓀林場、草屯雙冬、國姓、埔里一帶的林蔭山區，因長果山桔普遍分布，這裡是不錯的觀察區域。成蝶嬌小玲瓏，飛行緩慢；在浩瀚的林間很容易忽略牠的存在，往往不經意地就從身邊擦身而過。喜愛穿梭於疏林間飛舞、追逐或林緣山徑訪花及在潮濕石礫地吸水。

● 成蝶

　　黑點灰蝶（姬黑星小灰蝶）雌雄蝶外觀斑紋相似，**雌蝶♀**：體型比雄蝶♂大。翅腹面為灰白色，在前、後翅中央具有「＜」淺褐色短紋，前、後翅外緣具有細邊紋與黑點列斑，亞外緣具有一縱列淺褐色斑紋。在後翅的前緣中央外側與內緣，各具有一個明顯一大一小的黑色斑點，而大黑點下方延伸出淺褐色短紋，後翅無尾突與黑眼斑為本種之特徵。翅背面為黑褐色，前翅中央分布著少許灰白色斑紋。

　　本種辨識特徵：在前、後翅中央具有「＜」淺褐色短紋，在後翅的前緣中央外側與內緣，各具有一大一小的黑斑點，而大黑點下方延伸出淺褐色短紋，後翅無尾突與黑眼斑。

雌蝶♀吸食臺灣鱗球花花蜜。

冬型雌蝶♀覓食。冬型的黑斑紋較少而淡。

夏型雌蝶♀。黑點灰蝶的體型嬌小，在後翅腹面具有明顯一大一小的黑色斑點，肛角處無尾突與黑眼斑。

夏型雄蝶♂。夏型的黑斑紋較大而黑白對比分明。

雄蝶♂覓食。成蝶喜愛穿梭於疏林間飛舞、追逐或林緣山徑訪花、濕地吸水。

夏型雄蝶♂吸水。成蝶的外觀嬌小玲瓏，體長約 13 mm。

黑星灰蝶（臺灣黑星小灰蝶）

Megisba malaya sikkima Moore , 1884
灰蝶科／黑星灰蝶屬

11～14 mm

● 卵／幼蟲期

卵單產，白色，扁圓形，高約 0.2 mm，徑約 0.4 mm，卵表具有凹凸刻紋，6 月分卵期 3～4 日。雌蝶的產卵習性，常見選擇路旁、林緣或樹冠有花序、花苞的幼蟲食草，將卵產於近花序之葉片和花苞及花軸上。幼蟲期體色與花序相近，具有良好的保護色。

終齡 4 齡，體長 6～10 mm。頭部褐色。蟲體有褐色或綠色，密生短毛，背部具有褐色斑紋，尾端斜扁平，氣孔白色，化蛹前體色漸轉淡。

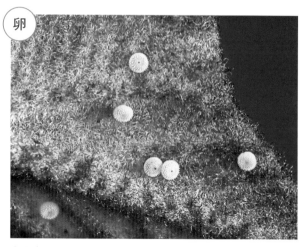

卵

卵白色，扁圓形，高約 0.2 mm，徑約 0.4 mm，6 月分卵期 3～4 日。卵產於野桐嫩葉。

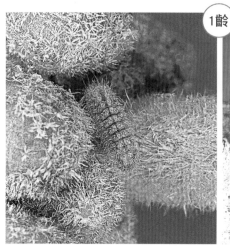

1齡

1 齡幼蟲背面，體長約 1.5mm，躲藏在花苞細縫。　1 齡幼蟲側面，頭部黑色，體長約 1.5mm。

2齡

2 齡幼蟲背面，體長約 3mm。

3齡

3 齡幼蟲側面，體長約 5.5mm，體表具斑紋。

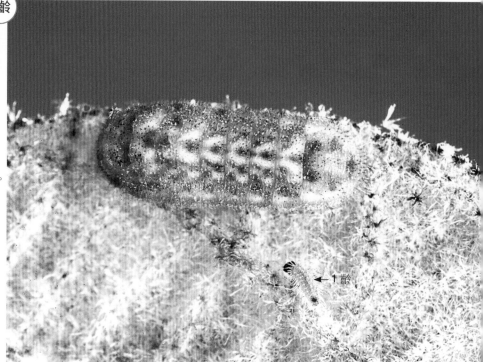

← 1齡

3 眠幼蟲背面，體長約 5.5mm 與 1 齡幼蟲。

3 齡幼蟲背面，體長約 5.5mm，正在咬食花苞。

4齡

4 齡幼蟲（側面）與螞蟻共生，體長約 8mm，體側具有白　4 齡幼蟲（終齡）背面，綠色型，體長約 8mm。
條紋。

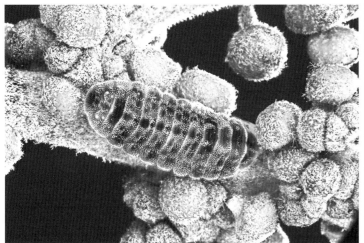

4 齡幼蟲，紅褐色型，體長約 10mm，躲藏在花序上。

蟲

4 齡幼蟲，體長約 10mm，體色與外觀模擬成花苞做躲藏。

4 齡幼蟲（終齡），化蛹前轉為紅褐色，體長約 8.5mm。

● 蛹

蛹為帶蛹，褐色，橢圓狀，蛹長約 8 mm，寬約 3.5 mm。胸部微隆起，在後胸至第 1 腹節兩側具有一黑褐色斑紋，蛹表疏生短毛及散生黑褐色斑點。常選擇化蛹於食草群落低矮處、樹幹、枝條、葉片或落葉堆、土壤狹縫、石塊、枯木等陰涼隱密場所。6 月分蛹期 8 ～ 9 日。

前蛹時體長縮至 8mm。

蛹側面，深褐色型，體長約 8mm，胸部微隆起。

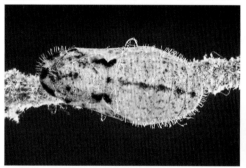
蛹背面，淺褐色型，體長約 8mm。在後胸至第 1 腹節兩側具有一黑褐色斑紋。

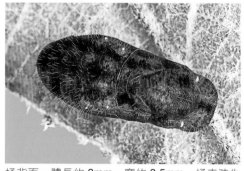
蛹背面，體長約 8mm，寬約 3.5mm，蛹表疏生短毛及散生黑褐色斑點。

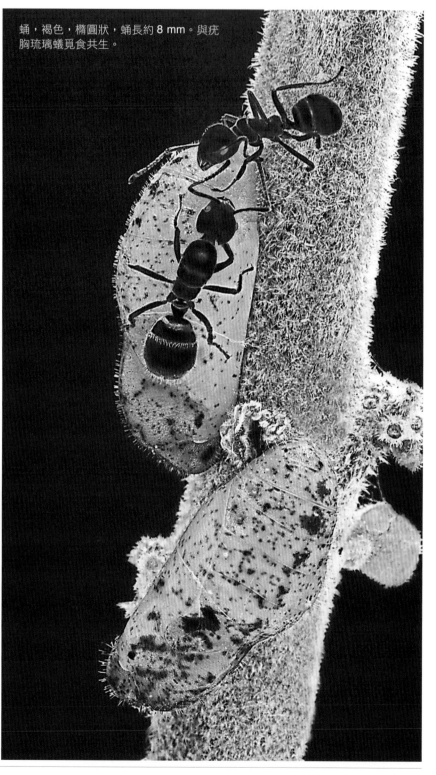
蛹，褐色，橢圓狀，蛹長約 8 mm。與疣胸琉璃蟻覓食共生。

● 生態習性／分布

一年多世代，小型灰蝶，前翅長 11 ～ 14 mm，普遍分布於海拔 0 ～ 2500 公尺山區，全年皆可見，主要出現於 3 ～ 12 月。成蝶嬌小玲瓏，機警敏捷，會隨著食樹花季不同而出現，喜愛吸食各種野花花蜜及濕地水分。在中部八卦山山脈、南投山區，春、夏之際數量頗多，樹冠的野桐花序上，很容易就可找得到卵及幼蟲；而野桐的葉基具有腺點，會分泌汁液，常吸引螞蟻前來覓食，而螞蟻巧遇黑星灰蝶幼蟲，會刺激幼蟲分泌汁液供食，三者間形成大自然有趣的互利共生畫面。

● 成蝶

　　黑星灰蝶（臺灣黑星小灰蝶）翅腹面灰白色，前、後翅亞外緣具有淡褐色斑紋，外緣內側具有淡褐色斑點及波狀紋。在後翅前緣中央外側具有一個粗黑點，在後翅具有細小短尾突與黑眼斑，在近翅基處也有 3 個縱列的小黑點，將 5 黑點直線連接成「ㄈ」形為本種之特徵。翅背面為黑褐色，**雄蝶♂**：在前翅中央有灰白色斑紋。**雌蝶♀**：體型較雄蝶♂寬大色澤較淡，斑紋模糊。

成蝶嬌小玲瓏，機警敏捷，會隨著食樹花季不同而出現。

成蝶在後翅具有細小短尾突與黑眼斑。

雄蝶♂吸水。黑星灰蝶為一年多世代，小型灰蝶，前翅長 11 ～ 14 mm。

雄蝶♂吸水。黑星灰蝶喜愛吸食各種野花花蜜及濕地水分。

雌蝶♀正產卵於扛香藤葉背。

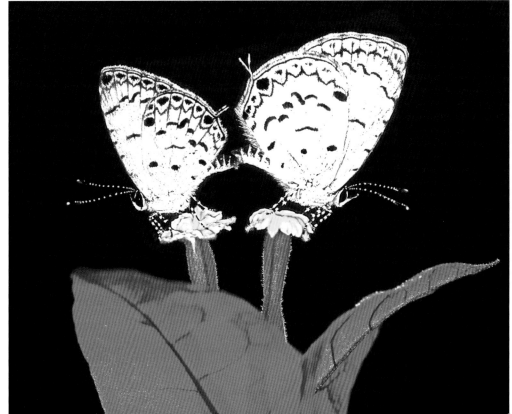

雄蝶♂展翅曬太陽。黑星灰蝶為小型灰蝶，前翅展開時寬 2.2 ～ 2.8 公分。

◀交配（左♂右♀）。雌蝶♀翅腹面偏白色，體型較大。雄蝶♂翅腹面偏灰白色，體型明顯較小。

蘇鐵綺灰蝶（東陞蘇鐵小灰蝶）

Chilades pandava peripatria Hsu, 1989
灰蝶科／綺灰蝶屬

13～16 mm

● 卵／幼蟲期

卵單產，淡綠白色，扁狀圓形，高約 0.28 mm，徑約 0.5 mm，卵表具有凹凸刻紋，6 月分卵期 3～4 日，幼蟲期約 20 日，一世代約 31 日。雌蝶的產卵習性，喜愛選擇在陽光開闊處的蘇鐵族群，將卵產於幼蟲食草新葉及新芽上。

終齡 4 齡，體長 8～14 mm，寬約 3.5 mm。

頭部黃褐色。蟲體有黃色、黃橙色或深紅色等色澤，體表密生細短毛，背中央兩側具有斑紋及條狀紋，氣孔淺褐色。幼蟲常多數聚集於新芽或新葉上，之後隨著成長便將整株可食之葉片及柔軟組織啃食的體無完膚，為蘇鐵花農的麻煩份子。

卵單產多數群聚，淡綠白色，扁狀圓形，高約 0.28 mm，徑約 0.5 mm，6 月分卵期 3～4 日。在蘇鐵園裡如新芽不多，常會吸引多數雌蝶密集性單產於同一株。

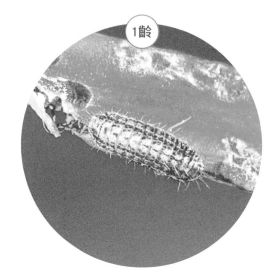

1 齡幼蟲，體長約 2.8mm。

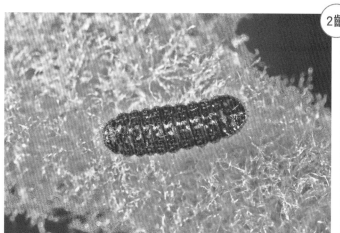

2 齡幼蟲，體長約 3.3mm。

2 齡幼蟲，體長約 3.6mm。

3 齡幼蟲，體長約 8mm。

3 齡幼蟲，體長 5.5mm。

3 齡幼蟲蛻皮成 4 齡時體長約 8mm。

4齡

4 齡幼蟲階段體長 8 ～ 14mm（紅色型）。

4 齡幼蟲背面，暗紅色型，體長約 14 mm，寬約 3.5 mm。體表密生細短毛，背中央兩側具有斑紋及條狀紋。

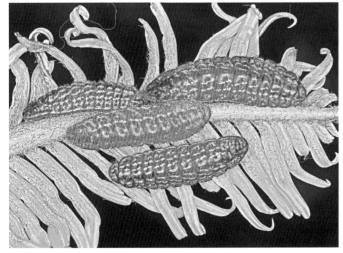

4 齡幼蟲體長約 14 mm。幼蟲常多數聚集於新芽或新葉上，將整株可食之葉片及柔軟組織啃食只剩硬枝葉。

4 齡幼蟲（終齡），黃色型，體長約 13 mm。

● 蛹

蛹為帶蛹，橢圓狀，**褐色或深褐色**，蛹長 9～10 mm。蛹表具有黑褐色斑紋，氣孔白色。常選擇化蛹於食草群落低矮處、樹幹、枝條、葉片或落葉堆、土壤狹縫、石塊、枯木等陰涼隱密場所。6 月分蛹期 7～8 日。

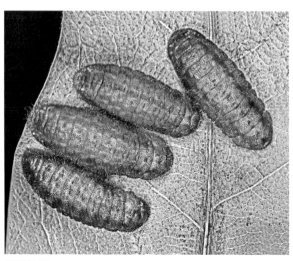

集體前蛹。

集體化蛹。蛹橢圓狀，褐色或深褐色，蛹長 9～10 mm。蛹表具有黑褐色斑紋，背中線黑褐色。

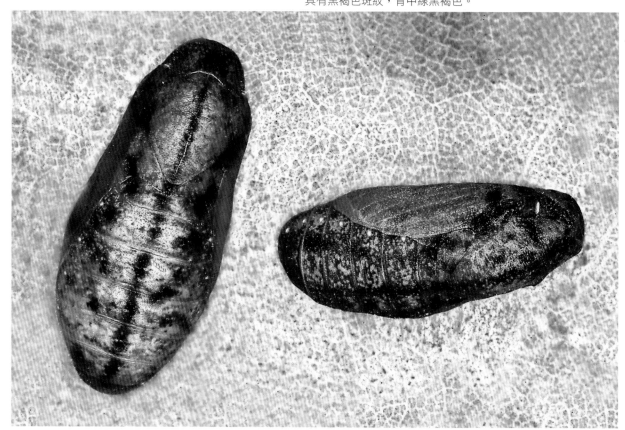

蛹為帶蛹，蛹長 9.5 mm，化蛹於食草群落低矮處的落葉堆或鐵蘇植株隱密處。

● 生態習性／分布

一年多世代，中、小型灰蝶，前翅長 13～16 mm，普遍分布於海拔 0～1000 公尺山區，全年皆可見，主要出現於 3～12 月，多見於蘇鐵族群附近活動。在彰化縣田尾、永靖、北斗、田中一帶的田野，有農民廣泛種植蘇鐵為庭園景觀用途，只要能造訪未使用農藥及長有新芽及新葉之苗圃，大多能如願探索整個蝴蝶生活史。尤其是在大量發生時，我曾在一個早上看到一、二百隻蝴蝶，在蘇鐵園飛舞追逐和有 20～30 對雌雄蝶在交尾的畫面，這景象在腦海中久久不能忘懷。成蝶飛行不疾不徐，喜愛在風和日麗的陽光下飛舞訪花、曬太陽或濕地吸水。

● 成蝶

　　蘇鐵綺灰蝶（東陸蘇鐵小灰蝶）翅腹面雌雄的斑紋和色彩相仿。翅為淡褐色，前、後翅中央有1組（外長內短）鑲白色波紋的褐色縱紋。後翅具有細長尾突，肛角處具有2枚一大一小由橙色和黑色組成之眼紋。在前緣中央外側有1枚白邊黑斑點，斑點正下方有弧形狀列斑及近基部有4個（3大1小）黑斑點為本種之特徵。翅背面雌雄的色澤明顯不同，**雄蝶♂**：翅為淡藍色閃亮光澤，外緣具有黑色細邊紋。**雌蝶♀**：翅為暗褐色，在近翅基分布少許淡藍色光澤，後翅沿外緣內側有白色圈紋及黑斑紋。因此，雌雄蝶可由此簡易做區別。

雄蝶♂展翅曬太陽。

雄蝶♂吸食花蜜。

雄蝶♂在濕地吸水。

交配，夏型。

冬型雌蝶♀展翅曬太陽，藍色鱗紋較淡個體。

雄蝶♂翅背為淡藍色閃亮光澤，外緣具有黑色細邊紋。

雌蝶♀正產卵於蘇鐵嫩芽。

夏型雌蝶♀。翅背暗褐色，在近翅基分布少許淡藍色光澤。

夏型雌蝶♀。全年皆可見，多見於蘇鐵族群附近活動。

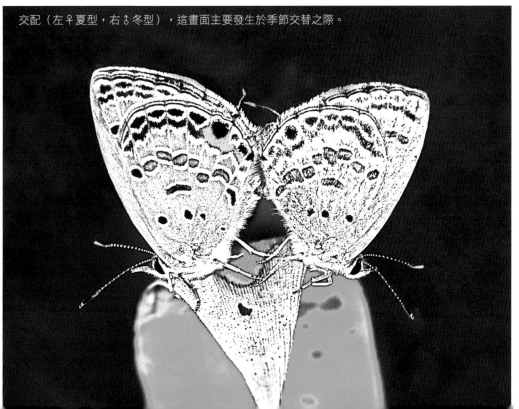

交配（左♀夏型，右♂冬型），這畫面主要發生於季節交替之際。

靛色琉灰蝶（臺灣琉璃小灰蝶）

Acytolepsis puspa myla（Fruhstorfer, 1909） 14～17 r

灰蝶科／靛色琉灰蝶屬　特有亞種

● 卵／幼蟲期

　　卵單產，白色，扁狀圓形，高約 0.3 mm，徑約 0.6 mm，卵表具有凹凸刻紋，6 月分卵期 3～4 日。雌蝶的產卵習性，常選擇林緣、疏林或路旁的幼蟲食草，將卵產於葉背、新芽及頂芽上。

　　終齡 4 齡，體長 7～13 mm。頭部黃褐色。蟲體有淡黃色、黃綠色或紅橙色、紅褐色，依食用食草葉片色澤而有所不同，體表密生短毛，背中線明顯，體側具有淺白色斜紋，氣孔白色。

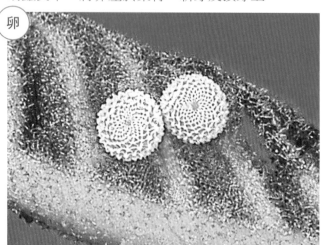

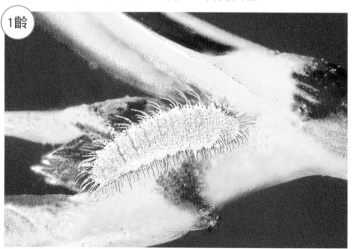

卵白色，扁狀圓形，高約 0.3 mm，徑約 0.6 mm，產於龍眼新芽上。

1 齡幼蟲，體長約 2.5mm。

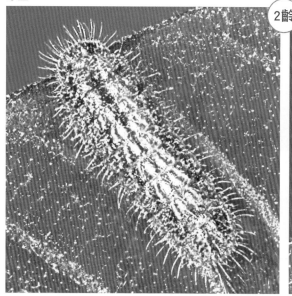

2 齡幼蟲背面，體長約 4mm。幼蟲常棲息於新芽葉背，食性很廣泛。

2 齡幼蟲側面，體長約 4mm。會選擇不同科別的植物為食，有別於其他蝶類只選擇單一科別。

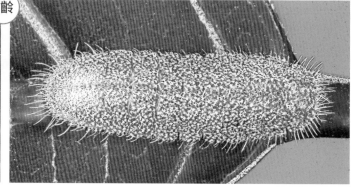

3 齡幼蟲，體長約 6mm。目前已記錄到 60 多種植物的新葉、嫩葉、嫩莖或花苞、花、未熟果等柔嫩組織為食。

3 齡幼蟲背面，體長約 7mm，以龍眼新葉為食，蟲體色澤偏紅色。

4齡

3齡蛻皮成4齡幼蟲時體長約6.5mm。

4齡幼蟲背面，紅色型，體長約10mm。體表密生短毛，背中線明顯。

終齡幼蟲正在食前蛹的同伴，以確保自己的優勢。

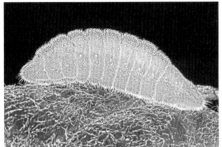

4齡幼蟲（終齡）側面，黃綠色型，體長12 mm。

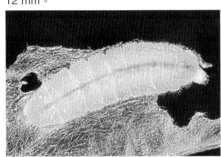

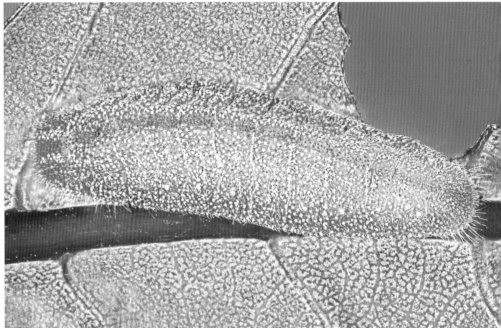

4齡幼蟲背面，體長12 mm，以戀大雀梅藤為食，蟲體色澤偏黃綠色。

4齡幼蟲階段體長7～13mm（淺黃色型）。

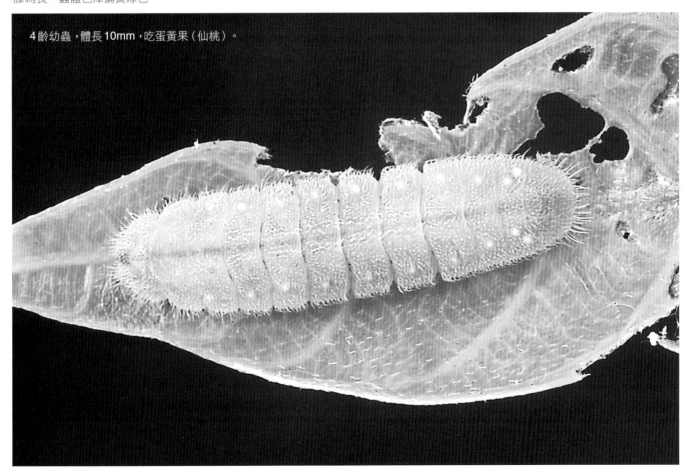

4齡幼蟲，體長10mm，吃蛋黃果（仙桃）。

● 蛹

蛹為帶蛹，褐色，橢圓狀，蛹長約 9.5 mm，寬約 4 mm。蛹表有短毛及黑褐色斑紋，在後胸至第 1 腹節與第 5 ～ 7 腹節之黑斑紋較穩定，氣孔米白色。常選擇化蛹於食草群落低矮處、樹幹、枝條、葉片或落葉堆、土壤狹縫、石塊、枯木等陰涼隱密場所。11 月分蛹期 8 ～ 9 日。

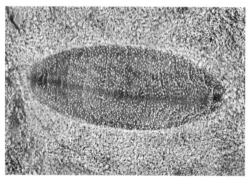

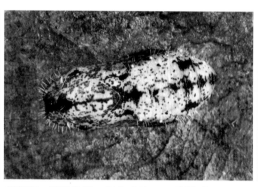

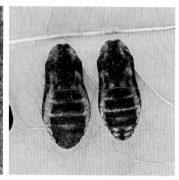

終齡幼蟲躲藏在紅磚塊縫前蛹，體長從 13mm 縮至 10mm。

蛹背面，淺褐色型，長約 9.5mm，寬約 4mm。

蛹背面。即將羽化的蛹可見翅背為黑色。

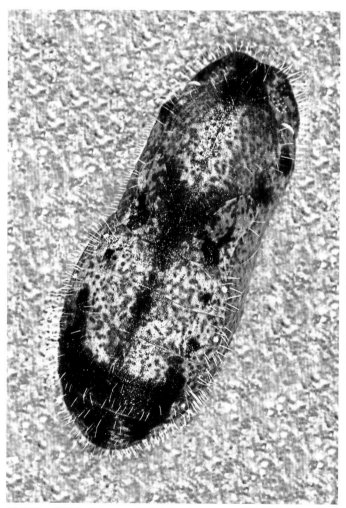

蛹背面，蛹長約 9.5mm，蛹表有短毛及黑褐色斑紋，在後胸至第 1 腹節與第 5 ～ 7 腹節之黑斑紋較穩定。

蛹側面，帶蛹，暗褐色，橢圓狀，蛹長約 9.5mm，蛹期 8 ～ 9 日。

● 生態習性／分布

一年多世代，中、小型灰蝶，前翅長 14 ～ 17 mm，普遍分布於海拔 0 ～ 2500 公尺山區，全年皆可見，以平地至淺山地較常見，尤其是在春、夏之際幼蟲食草萌芽期最有機會邂逅。成蝶飛行不快、靈敏機警；喜愛活動於山林小徑旁訪花、覓食或在溪畔、河床、潮濕地面吸水與追逐、嬉戲。

● 成蝶

靛色琉灰蝶（臺灣琉璃小灰蝶）雌雄蝶的斑紋相仿，後翅無尾突。翅腹面為白色，前、後翅沿外緣具有1組外黑點內黑細波紋的列斑。前翅亞外緣具有5枚黑色縱列斑紋（外側3枚，內側2枚；而外側3枚的第2枚斑紋歪斜）。後翅翅基與亞外緣有黑色斑紋及斑點。翅背面雌雄色澤明顯不同，**雄蝶♂**：翅背色為藍紫色閃亮光澤；前、後翅外緣具有黑褐色邊紋，前翅中央常有白斑紋。**雌蝶♀**：翅背面為黑褐色，前、後翅翅基至中央的鱗紋有淺藍灰色之光澤，前翅中央具有白斑紋；在後翅外緣內側有白色波狀紋，**雌蝶♀**：黑褐色邊紋比雄蝶♂寬闊約2倍。因此，雌雄蝶翅背面外觀與色澤明顯不同，可藉此做區別。

冬型雌蝶♀。低溫型翅膀的斑紋與斑點較高溫型模糊且淡。

雄蝶♂翅背色為藍紫色閃亮光澤；前、後翅外緣具有黑褐色邊紋，前翅中央常有白斑紋。

冬型雄蝶♂。靛色琉灰蝶為一年多世代，中、小型灰蝶，前翅展開時寬2.7～3.1公分。

冬型雌蝶♀食花蜜。

雌蝶♀曬太陽。雌蝶翅背面為黑褐色，黑褐色邊紋比雄蝶寬闊約2倍。

▲交配（左♀右♂，夏型）成蝶喜愛活動於山林小徑旁食花蜜、覓食或在濕地吸水與追逐、嬉戲。

◀夏型雌蝶♀正將卵產於紅毛饅頭果的新芽上。

東方晶灰蝶 （臺灣姬小灰蝶）

Freyeria putli formosanus（Matsumura, 1919）

灰蝶科／晶灰蝶屬　特有亞種

7～9 mm

● 卵／幼蟲期

　　卵單產，白色，扁圓形，高約 0.25 mm，徑約 0.4 mm，卵表具有凹凸刻紋，10月分卵期 3～4 日。雌蝶的產卵習性，喜愛選擇開闊路旁、林緣的幼蟲食草族群，將卵產於葉背或花序、花苞上。

　　終齡 4 齡，體長 5.5～8.5 mm。頭部黑褐色。蟲體有綠色或淺紅綠色，體表密生短毛，背中線紅色深淺不一，體側有白色條紋，氣孔白色。

卵淺綠白色，扁圓形，高約 0.25 mm，徑約 0.4 mm，產於穗花木藍花序上。

1 齡幼蟲，體長約 2mm。

2 齡幼蟲，體長約 2.5mm（背面）。

2 齡幼蟲，體長約 3mm（側面）。

3 齡幼蟲背面，綠色型，體長約 5mm，背中線明顯。

3 齡幼蟲背面，體長約 4.5mm。棲於花瓣進食。

4齡

4 齡幼蟲階段體長 5.5 ～ 8.5 mm，蟲體密被毛。

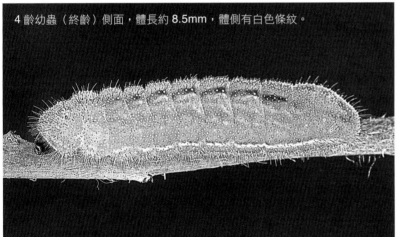

4 齡幼蟲（終齡）側面，體長約 8.5mm，體側有白色條紋。

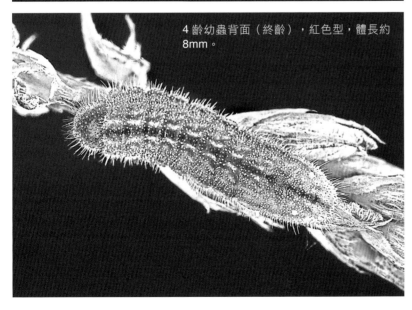

4 齡幼蟲背面（終齡），紅色型，體長約 8mm。

4 齡幼蟲（終齡），綠色型，體長約 8.5mm，棲息於花序上。

● 蛹

　　蛹為帶蛹，綠色，橢圓狀，蛹長 6 ～ 7 mm，寬約 2.7mm。體表分布有長毛，氣孔米白色；常選擇化蛹於食草群落低矮處、葉片或落葉堆、土壤狹縫、石塊、枯木等陰涼隱密場所。6 月分蛹期 7 ～ 8 日，11 月分蛹期 8 ～ 9 日。

即將蛻皮成蛹時舊表皮已鬆弛。　　　剛蛻皮成蛹時，蛹體柔軟尚未硬化階段。　　　蛹背面，橢圓狀，體表分布有長毛。

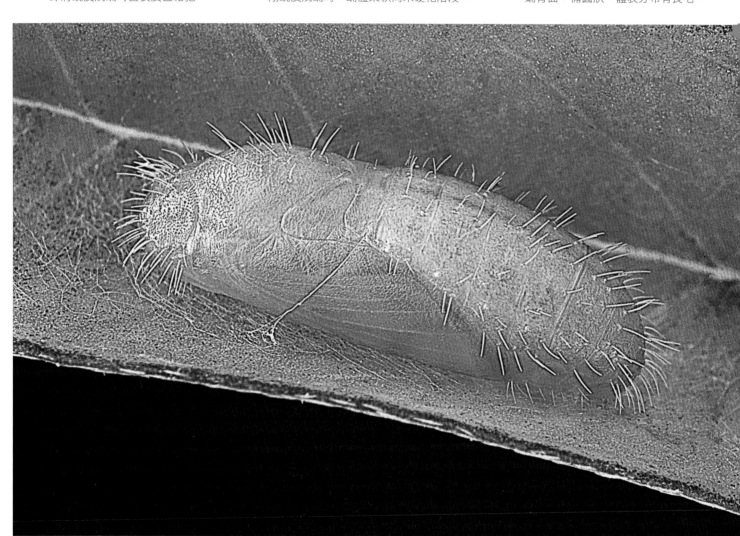

蛹側面，綠色，體長約 6.5mm，寬約 2.5mm，化蛹於葉表，11 月分蛹期 8 ～ 9 日。

● 生態習性／分布

　　一年多世代，小型灰蝶，前翅長 7 ～ 9 mm，普遍分布於海拔 0 ～ 1100 公尺山區，全年皆可見，以夏、秋之際穗花木藍的盛花期最為常見，多見於幼蟲食草群附近活動。成蝶嬌小玲瓏，飛行緩慢，往往忽略了牠的存在；常低飛於花叢間訪花覓食或在潮濕地面、石礫地上吸水。在穗花木藍群落休息時，常躲藏在食草植族群中休憩，若以捕蟲網撥弄植物，牠會立即驚動而現身。

● 成蝶

　　東方晶灰蝶（臺灣姬小灰蝶）雌雄蝶斑紋相似。翅膀腹面為淺灰褐色，前、後翅中央有1組（外長內短）鑲白色波紋的褐色縱紋。後翅近基部與前緣中央具有黑色斑點；在外緣內側明顯有4～5枚

相連的橙色黑眼紋為本種之特徵。野外無相似種，極易辨識。翅背面暗灰褐色，後翅外緣具有4枚模糊黑斑，後翅無尾突。**雌蝶♀**：色澤比雄蝶♂深，雌雄蝶以外生殖器做辨識。

雄蝶♂曬太陽。東方晶灰蝶為臺灣產蝶類中體型最小者之一，展翅時寬15～17 mm。

雄蝶♂。成蝶嬌小玲瓏，飛行緩慢，往往忽略了牠的存在。

雄蝶♂吸水。成蝶常低飛於花叢間覓食或在潮濕地面、石礫地上吸水。

雌蝶♀展翅曬太陽。成蝶以夏、秋之際穗花木藍的盛花期最為常見。

雌蝶♀食花蜜。小型灰蝶，前翅長7～9 mm，全年皆可見。

雌蝶♀正產卵於穗花木藍葉片。

東方晶灰蝶在後翅外緣內側明顯有4～5枚相連的橙色黑眼紋，為本種之特徵。

弄蝶科 Hesperiidae

　　弄蝶科的卵，有單產或聚產。形狀有扁狀圓形、半圓形及半圓錐狀，但大多數為半圓形。卵的造型多樣性，卵表有平滑或具有縱脈紋及少數有存留雌蝶尾端之絨毛。卵的直徑 0.6 mm ～ 2.1 mm 之間。幼蟲約有 5 ～ 9 個齡期，通常以 5 齡較多見。蟲體色彩繽紛，以綠色系居多，體表有光滑、密生短毛或斑點、斑紋等等。蛹為帶蛹，蛹表有光滑或密生白色臘粉物質等形態；有些化蛹於蟲巢內，有些化蛹於蟲巢外，因種類而有所不同。成蝶的體型嬌小與灰蝶科伯仲之間，展翅時寬 2.0 cm ～ 6.5 cm 之間。目前臺灣產，最小的弄蝶為：小黃星弄蝶（小黃斑弄蝶）；最大者為：香蕉弄蝶（蕉弄蝶）。

　　成蝶的族群分布，從濱海、平地至中、高海拔皆有分布，有一年一世代及多世代的。其特徵：頭部構造寬廣，使觸角基部間隔寬闊，觸角棒狀先端膨大彎曲成鉤狀及具有長口器，前翅近三角形，色彩較不鮮明，以褐色系和橙色系和黃褐色為主。成蝶在野外多見選擇以花蜜和水分，及部分會選擇動物排泄物、鳥糞、腐果為食；其飛行快速靈敏，警覺性高，在野外往往只能驚鴻一瞥。休息或覓食時，習慣展開雙翅警戒或曬太陽，外觀宛若一架三角狀戰鬥機，隨時警戒蓄勢待發。

【弄蝶科幼蟲食草】

短節泰山竹。

牛樟。

猿尾藤。

李氏禾。

棕葉狗尾草。

野薑花（穗花山奈）。

象草。

兩耳草。

稻。

但外觀看似威風凜凜的架勢，其實生性膽怯；在野地只要有任何一點驚動，馬上振翅快飛，消失地無影無蹤。

臺灣產弄蝶科的幼蟲食草族群眾多，單、雙子葉植物皆有食用記錄，在臺灣一萬多種植物中（含外來種），僅選擇少數科別中的幾種植物為食。2016 APG IV 臺灣種子植物的親緣分類，據文獻記載有以：爵床科、莧科、五加科、豆科、樟科、木蘭科、黃褥花科、薔薇科、芸香科、清風藤科、蕁麻科、薯蕷科、禾本科、竹亞科、棕櫚科、芭蕉科、薑科等目前約有 17 多種植物為食的觀察記錄。但主要以禾本科的植物最為多見及普遍；因此，以禾本科為食之蝶種，在臺灣並不會有斷糧之危機；因為野草實在太多了，正所謂「野火燒不盡，春風吹又生」。而幼蟲大多具備有建築蟲巢的特殊本能，會利用食草葉片吐絲固定反捲來製作蟲巢，而躲藏在裡面遮風擋雨及躲避敵害。在需要進食時，才會爬行至其他葉片取食，待飽足以後或遇驚動時，會迅速再回到原處蟲巢休憩及躲避；有的幼蟲很奇妙，還會使用同伴死亡或棄用之蟲巢，相當有趣！

迄今，全世界各地所記錄的弄蝶種類，約計 3500 多種，臺灣約有 63 種；本書共記錄 10 種弄蝶。

五節芒。

月桃。

羽萼懸鉤子，花枝背面。

臺灣蘆竹。

大黍。

香蕉。

恆春月桃。

橙翅傘弄蝶（鸞褐弄蝶）

Burara jaina formosana（Fruhstorfer, 1911）

弄蝶科／傘弄蝶屬　特有亞種　22～25 mm

● 卵／幼蟲期

　　卵單產，剛產近白色，發育後淺黃色卵表漸有淺橙色受精斑紋呈現，半圓形，高約 0.8 mm，徑約 1.1 mm，卵表約有 18 條細縱稜，6 月分卵期 5～6 日。雌蝶的產卵習性，常選擇陰涼林緣、路旁或溪畔的幼蟲食草，將卵產於葉背、葉表或新葉上。幼蟲常棲於葉表並將葉片重疊或捲曲，再用絲固定製作成蟲巢，躲藏在裡面休息及躲避天敵捕食。

　　終齡 5 齡，體長 22～43 mm。頭部黑色，密生短毛，表面有紅橙色斑紋。蟲體黑褐色，背中央兩側各具有一條白色細條紋及黃色條紋，而在黃色條紋上有短橫斑紋，體側有兩條淺黃白色條紋，尾端有一對紅橙色斑紋，氣孔米白色。以幼蟲休眠越冬。

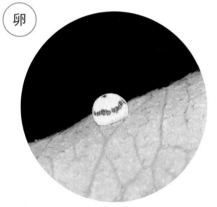

卵單產，半圓形，淺黃色，高約 0.8 mm

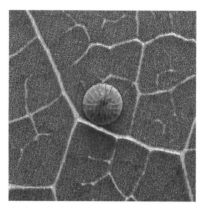

卵半圓形，粉紅色（俯視），卵表約有 18 條細縱稜。

卵側面，單產，半圓形，粉紅色，高約 0.8 mm，徑約 1.1 mm。

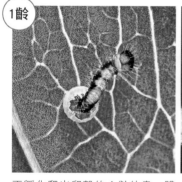

正孵化爬出卵殼的 1 齡幼蟲，體長約 3.7mm。

1 齡幼蟲側面，體長約 4mm。

1 齡幼蟲蛻皮成 2 齡時，體長約 5mm。

2 齡幼蟲背面，體長約 6.5mm。背部條紋白色。

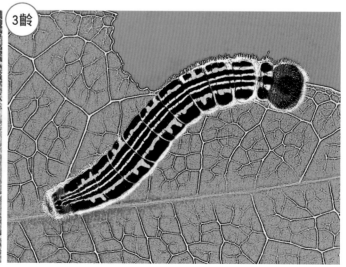

3 齡幼蟲背面，體長約 11mm。已可見黃色條紋。

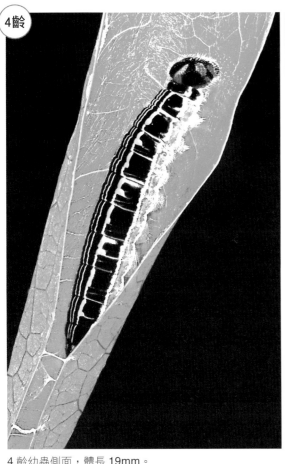

4齡

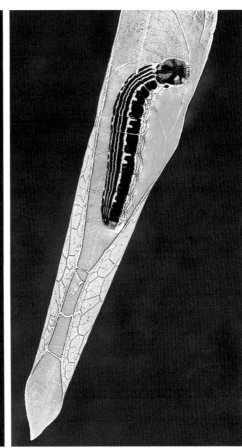

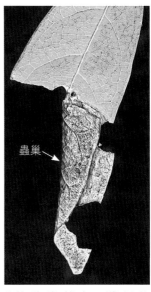

4齡幼蟲越冬，體長約 19mm，褐色蟲巢長 5 公分。

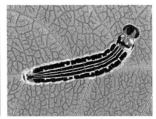

4齡幼蟲側面，體長 19mm。

4齡幼蟲與蟲巢，體長 19mm。

4眠幼蟲，體長 22mm，準備蛻皮成 5 齡。

5齡

5齡幼蟲（終齡），冬季蟲，長約 44mm。幼蟲 2~5 齡越冬皆有觀察到紀錄。

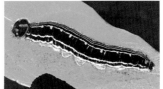

5齡幼蟲階段體長 22～43 mm。體側有兩條淺黃白色條紋。

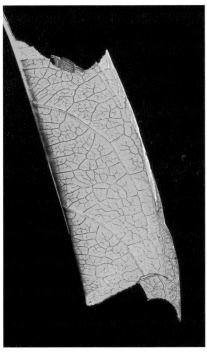

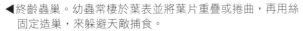

▲ 5齡幼蟲背面，體長約 43 mm。蟲體黑褐色，背中央兩側各具有一條白色細條紋及黃色條紋，而在黃色條紋上有短橫斑紋。

◀終齡蟲巢。幼蟲常棲於葉表並將葉片重疊或捲曲，再用絲固定造巢，來躲避天敵捕食。

5齡幼蟲大頭照。終齡冬季蟲黑色特別發達，紅斑少，頭寬約 5.5mm。

5齡幼蟲大頭照，夏型。頭部黑色，密生短毛，表面有紅橙色斑紋，宛如京劇臉譜彩繪。

● 蛹

　　蛹為帶蛹，黃褐色，長圓筒狀，體長約 30 mm，徑約 10 mm。頭頂具有一短瘤狀突，體表密生白色臘粉物質，腹部兩側和胸部具有黑色斑點，氣孔淡黃褐色；化蛹於蟲巢內或另覓其他隱密處化蛹。9 月分蛹期 9 ～ 11 日。

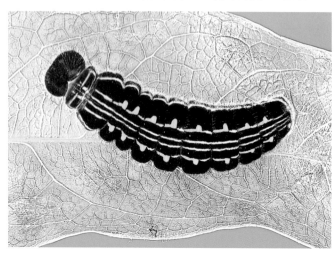

終齡在蟲巢內前蛹，前蛹時體長縮至約 26 mm。

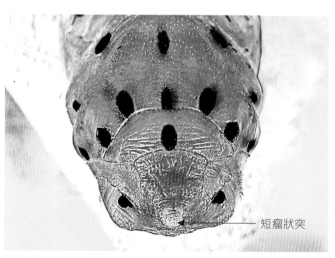

蛹頭胸部特寫，頭頂具有一短瘤狀突。

短瘤狀突

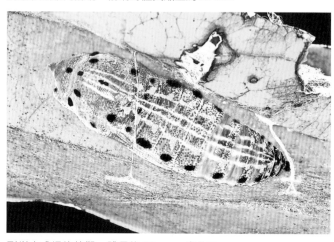

剛蛻皮成蛹的外觀，體長約 24mm，寬約 9mm。

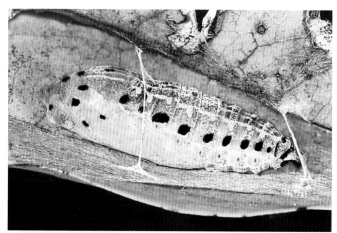

蛹側面，體長約 24mm，寬約 9mm，越冬蟲化蛹於蟲巢。

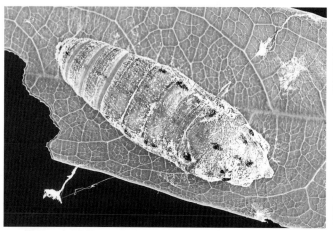

蛹黃褐色，長圓筒狀，體長約 29 mm，徑約 9 mm，體表密生白色臘粉物質。

蛹側面。腹部兩側和胸部具有黑色斑點。

● 生態習性／分布

　　一年多世代，大型弄蝶，前翅長 22 ～ 25 mm，普遍分布於海拔 0 ～ 1200 公尺山區，全年皆可見，主要出現於 3 ～ 11 月，常見於幼蟲食草林緣、路旁或野溪旁訪花飛舞。成蝶飛行迅速，警覺性高；在野地一有人靠近，便嚇得急馳而不知蹤影。喜愛吸食各種野花花蜜或動物排泄物，雄蝶是溪畔和路旁濕地的常客；常低飛至地面上尋尋覓覓或吸食水分。

● 成蝶

　　橙翅傘弄蝶（鸞褐弄蝶）雌雄蝶外觀的色澤相仿，腹部具有黃橙色環狀紋，翅脈與各室線條狀鱗紋呈現傘骨架般放射狀排列。翅腹面為深紅橙色，在前翅前緣近中央下方具有 1 枚白色斑紋；雄蝶在後緣周圍分布有淺黃橙色鱗紋。翅背面為暗褐色，前翅外緣有淺黃橙色緣毛，後翅外緣有明顯的橙色緣毛。**雄蝶♂**：在前翅背面的中央下方，具有一枚黑色雄性性斑。**雌蝶♀**：雌蝶無性斑。

雌蝶♀展翅。橙翅傘弄蝶為大型弄蝶，前翅展開時寬 4.5 ～ 5 公分。

雌蝶♀。成蝶翅脈與各室線條狀鱗紋呈現傘骨架般放射狀排列，為本種特徵。

雌蝶♀。成蝶的警覺性很高又膽怯，拍攝時需安靜的慢慢靠近，才不會徒勞無功。

雄蝶♂。成蝶飛行迅速，喜愛吸食各種野花花蜜或動物排泄物、水分。

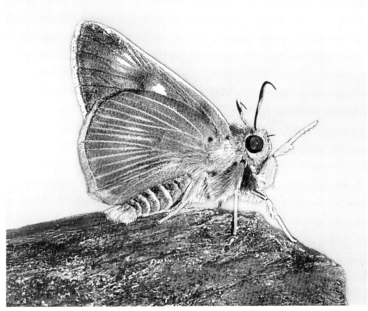

雄蝶♂。經常出現於有「猿尾藤」附近的溪畔、路旁濕地活動，幼蟲全年皆可見蹤跡。

尖翅絨弄蝶 （沖繩絨毛弄蝶）

Hasora chromus (Cramer, [1780])
弄蝶科／絨弄蝶屬

18 ～ 23 mm

● 卵／幼蟲期

　　卵單產，剛產近白色，發育後漸漸轉為淺紅色，半圓形，高約 0.4 mm，徑約 0.6 mm，卵表具有約 18 條細縱稜，5 月分卵期 4 ～ 5 日。雌蝶的產卵習性，喜愛選擇幼蟲食草中、高處，將卵產於新芽上。

　　幼蟲孵化後即會製作蟲巢，幼蟲期 1 ～ 5 齡皆躲藏在蟲巢內避敵害。終齡 5 齡，淺黃綠色或黑褐色型，體長 19~40 mm，寬約 5 mm。頭部黃橙色，寬約 3.5mm，密生白色長柔毛。蟲體黑褐色或淺黃白色，體表密生白色短毛及細斑點，背部具有 4 條淺黃白色條紋及兩排黑斑點，體側具有褐色白邊之條紋，氣孔米白色，化蛹前蟲體色澤轉為淺黃綠色。

卵單產，剛產近白色，發育後漸漸轉為淺紅色，半圓形，高約 0.4 mm，徑約 0.6 mm。5 月分卵期 4 ～ 5 日。

1 齡幼蟲，體長約 3mm。

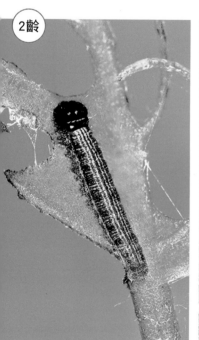

2 齡幼蟲，體長約 5.5mm。

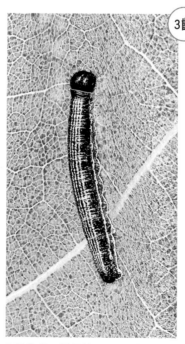

3 齡幼蟲，體長約 9mm，腹背明顯具有白色紋路。

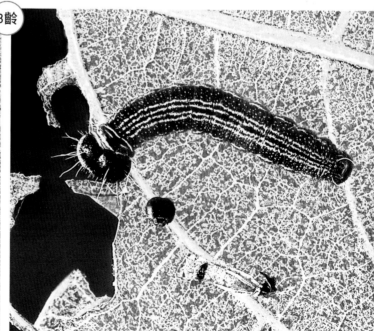

3 齡幼蟲蛻皮成 4 齡時，體長約 10mm。

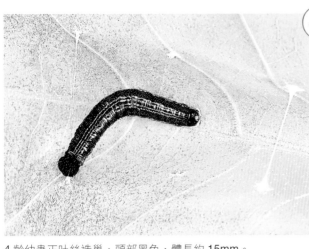

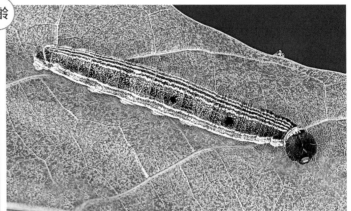

4齡幼蟲正吐絲造巢，頭部黑色，體長約15mm。

4眠幼蟲時體長約18mm。

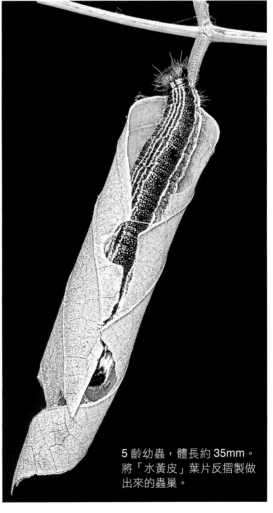

5齡幼蟲（終齡）背面，黑褐色型，體長約29mm。

5齡幼蟲（終齡）側面，體長約31mm。 幼蟲期1～5齡皆躲藏在蟲巢內避敵害。

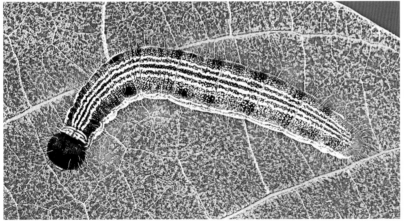

5齡幼蟲（淺黃綠色型），體長約31mm。在山區只要有水黃皮的地方，都不難在樹上的新葉或新芽，發現幼蟲蟲巢的蹤跡。

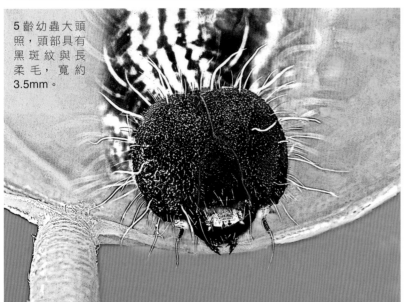

5齡幼蟲大頭照，頭部具有黑斑紋與長柔毛，寬約3.5mm。

5齡幼蟲，體長約35mm。將「水黃皮」葉片反摺製做出來的蟲巢。

● 蛹

　　蛹為帶蛹，淺綠色，體長約 23 mm，寬約 7 mm。頭頂具有 1mm 小圓錐突。體表覆有白色臘粉物質及短毛，氣孔米色，化蛹於蟲巢內。5 月分蛹期 8 ～ 9 日。11 月分蛹期 10 ～ 12 日。

▶ 前蛹時體色轉為淺黃綠色，體長縮至約 25mm。

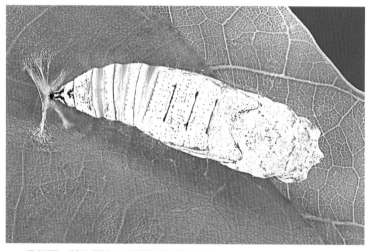

蛹背面，體表覆有白色臘粉物質及短毛。

帶蛹，側面，淺黃綠色，體長 22mm，寬約 7mm。

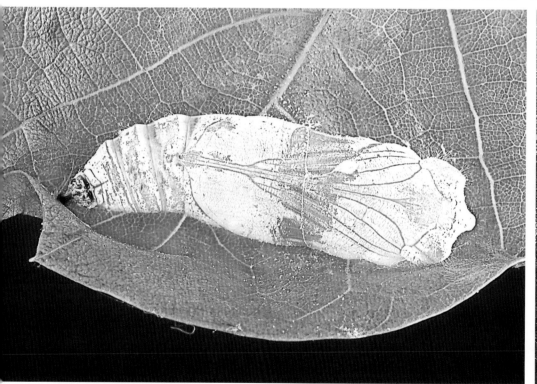

蛹腹面，淺黃綠色，體長 22mm，寬約 7mm，最終化蛹於蟲巢內。11 月分蛹期 10 ～ 12 日。

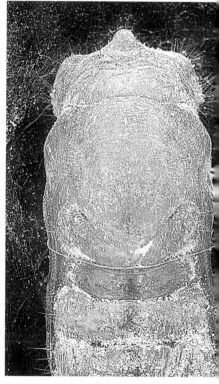

蛹頭頂具有一小圓短突。5 月分蛹期 8 ～ 9 日。

● 生態習性／分布

　　一年多世代，中、大型蝶，前翅長 18 ～ 23 mm，普遍分布於海拔 0 ～ 1000 公尺山區，全年皆可見，主要出現於 3 ～ 11 月。成蝶飛行迅速，機靈敏捷；喜愛在路旁花叢間訪花飛舞、嬉戲或在濕地上吸水、動物排泄物。

● 成蝶

尖翅絨弄蝶（沖繩絨毛弄蝶）翅腹面為暗褐色，略帶紫色金屬般光澤。前翅銳角三角形，翅端尖形。後翅具有黑褐色葉狀尾突，在中央外側具有 1 條帶藍紫色光澤之白色粗條紋，條紋個體粗細不一。翅背面前、後翅為深褐色。**雄蝶♂**：前翅正反面無白斑，在翅背近翅基具有灰色斜條狀性斑。

雌蝶♀：在前翅正反面的中央具有 2 枚淺黃白色斑紋，在翅端下方具 1 枚小白點。因此，雌雄明顯不同，可藉此做區別。近似種圓翅絨弄蝶（臺灣絨毛弄蝶），翅端圓弧形，後翅葉狀尾突不明顯，以資區別。

雄蝶♂覓食動物排泄物。尖翅絨弄蝶普遍分布海拔 0~1000 公尺山區，全年皆可見。

雄蝶♂吸水。尖翅絨弄蝶族群原分布於恆春半島、蘭嶼，不過隨著「水黃皮」當行道樹景觀用途，族群早已擴散全台各地。

雄蝶♂。成蝶喜愛在路旁花叢間訪花飛舞、嬉戲。

雌蝶♀。尖翅絨弄蝶幼蟲以豆科「水黃皮」的新芽、新葉及嫩葉等柔軟組織為食，所以別稱「水黃皮弄蝶」。

清晨的朝陽喚醒了沈睡中的蝴蝶，一隻尖翅絨弄蝶♀正在吸食花蜜來飽餐一頓，以迎接美好的一天。

尖翅絨弄蝶的前翅翅端較尖形，雌蝶♀前翅中央具有 2 枚米白色弧形斑紋，雄蝶無白斑（雌蝶左前翅）。

長翅弄蝶（淡綠弄蝶）

Badamia exclamationis（Fabricius, 1775）
弄蝶科／長翅弄蝶屬

25 ～ 29 mm

● 卵／幼蟲期

卵單產，剛產近白色，發育後漸漸轉為紅色，近圓形，高約 0.4 mm，徑約 0.6 mm，卵表約有 12 條細縱稜，7 月分期 3 ～ 4 日。雌蝶的產卵習性，常選擇路旁、林緣山徑、陡坡、岩壁的幼蟲食草族群，將卵產於新芽、嫩芽、芽點或靠近新芽的枝幹、葉腋上。

終齡 5 齡，體長 25 ～ 40 mm。頭部淺黃橙色，具有 2 排黑色橫斑紋，側單眼處具有黑斑。蟲體黃色，體表具有帶紅之黑色粗細相間的環狀紋，背中線黑色，體側下方具有淡黃白色條紋，氣孔黑色。

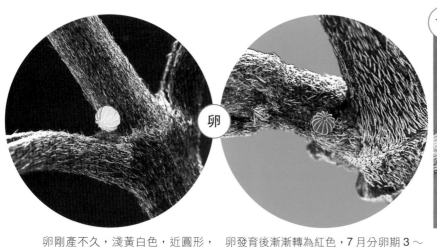

卵

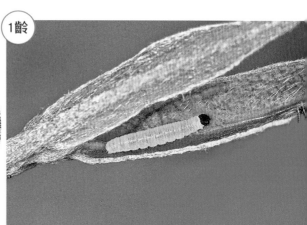

1齡

卵剛產不久，淺黃白色，近圓形，高約 0.4 mm，徑約 0.6 mm。

卵發育後漸漸轉為紅色，7 月分卵期 3 ～ 4 日。

1 齡幼蟲，淺黃褐色，體長約 3.5mm，躲藏在嫩芽縫內。

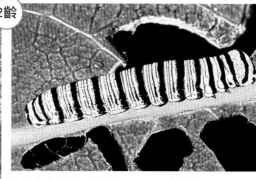

2齡

2 齡幼蟲側面，體長約 7 mm。蟲體的色澤與黑斑紋較淡。

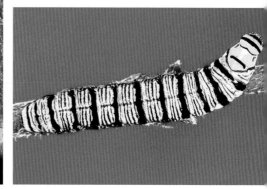

2 齡幼蟲背面，體長約 7 mm。野外幼蟲食草主要以黃褥花科「猿尾藤」的新芽及新葉為食，所以別稱「猿尾藤弄蝶」。春季新芽萌發時為本種重要繁殖期。

2 眠幼蟲，體長約 10mm，準備蛻皮成 3 齡。

3齡

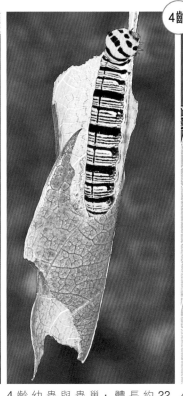

4齡

3 齡幼蟲，體長約 14 mm。幼蟲會造巢，幼蟲期皆躲藏在蟲巢內休息及避敵害。

4 齡 幼 蟲 與 蟲 巢，體 長 約 22 mm。

4 眠幼蟲，體長約 22 mm，準備蛻皮成 5 齡。

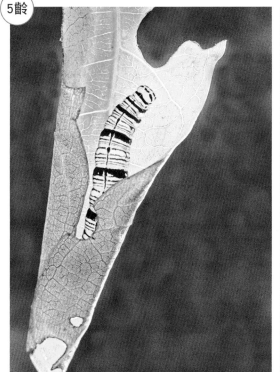

5齡

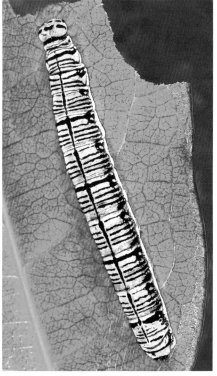

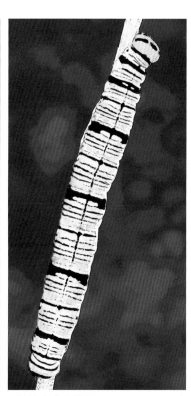

5 齡幼蟲。本種的幼蟲是個築巢高手，多藏匿在蟲巢內休息及避敵害，不易被發現。

5 齡幼蟲（終齡）背面，體長約 40mm。體側下方具有淡黃白色條紋，牠的外觀造型特殊，在野地極易辨識。

5 齡幼蟲階段體長 23 ～ 40 mm。蟲體黃色，體表具有紅黑色粗環狀紋，背中線黑色。

◀ 5 齡幼蟲大頭照。頭部淺黃橙色，具有 2 排黑色橫斑紋，側單眼處具有黑斑。

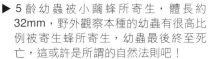

▶ 5 齡幼蟲被小繭蜂所寄生，體長約 32mm，野外觀察本種的幼蟲有很高比例被寄生蜂所寄生，幼蟲最後終至死亡，這或許是所謂的自然法則吧！

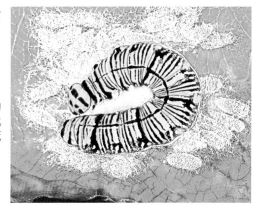

● 蛹

　　蛹為帶蛹，褐色，長橢圓狀，體長約 23mm，寬約 6 mm。頭頂具有一短突起，蛹表分布斑駁狀、發霉狀斑紋與小黑點，密生白色臘粉物質，氣孔淺褐色。化蛹於蟲巢內。8 月分蛹期 7 ～ 8 日。

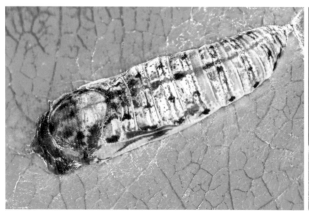

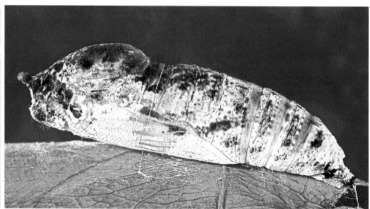

蛹背面，淺紅褐色，長約 22mm，寬約 6mm。清除白色臘粉物質後可見外觀斑紋分布與特徵。

蛹側面，褐色，體長約 23mm，寬約 6mm。最後化蛹於蟲巢內，蛹期 7 ～ 8 日。

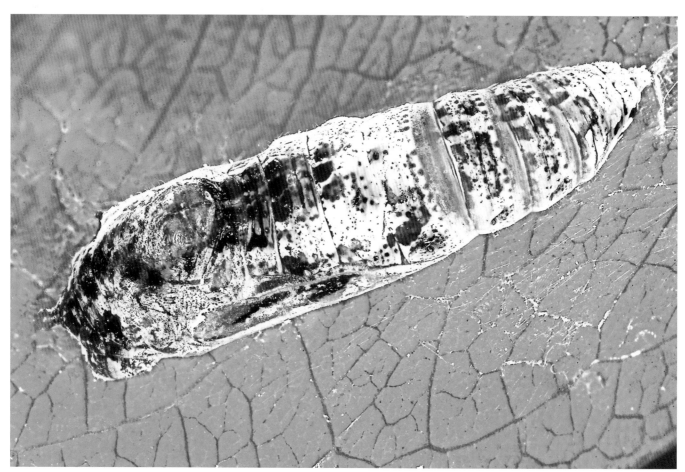

蛹背面，淺黃褐色，體表密生白色臘粉物質，外觀似發霉，體長約 22mm，寬約 6mm，頭頂具有小突。

● 生態習性／分布

　　一年多世代，中、大型弄蝶，前翅長 25 ～ 29 mm，普遍分布於海拔 0 ～ 1500 公尺山區，全年皆可見，主要出現於 3 ～ 11 月。常見於幼蟲食草族群附近的林緣山徑、岩壁及溪畔濕地、河床、路旁活動。成蝶警覺性高，飛行快速；咻～一下，就在眼前消失的無影無蹤。喜愛吸食各種野花花蜜或動物排泄物及濕地水分。

● 成蝶

　　長翅弄蝶（淡綠弄蝶）雌雄蝶外觀的色澤相仿，腹部具有黃褐色與黑色相間的環狀紋。翅腹面為褐色，前翅的翅形狹長，後翅肛角處呈現角狀外突。翅背面雌雄色澤與斑紋明顯不同，**雄蝶♂**：翅為褐色，前翅正反面中央的 3 枚斑紋細小色澤較淡，後翅無斑紋。**雌蝶♀**：翅為深褐色，在前翅正反面中央，明顯具有 3 枚粗大的黃白色斑紋，後翅無斑紋。因此，雌雄可藉此簡易做區別。

雄蝶♂訪花。

雄蝶♂正面特寫。

雄蝶♂吸水。長翅弄蝶的特徵為翅膀褐色，翅形狹長，腹部具有黃褐色與黑色相間的環狀紋，野外無相似種。

雌蝶♀展翅曬太陽

雌蝶♀。長翅弄蝶為中、大型弄蝶，前翅展開時寬 4.6 ～ 5.2 公分，前翅的翅形修長為本種之特徵，故更名「長翅弄蝶」。

雌蝶♀左翅背斑紋特寫。在前翅背面中央，明顯具有 3 枚粗大的黃白色斑紋，後翅無斑紋。

◀雌蝶♀。成蝶警覺性高，飛行快速；一下子就在眼前消失的無影無蹤。

綠弄蝶（大綠弄蝶）

Choaspes benjaminii formosanus（Fruhstorfer, 1911）

弄蝶科／綠弄蝶屬

24 ～ 27 mm

● 卵／幼蟲期

卵單產，白色，半圓形，高約 0.7mm，徑約 1.0 mm，卵表約有 18 條細縱稜，6 月分卵期 5 ～ 6 日。雌蝶的產卵習性，常選擇路旁或林緣的幼蟲食草，將卵產於新芽及新葉上。

終齡 5 齡，體長 28~46 mm。頭部紅橙色，具有 6 個黑色圓斑點。蟲體由對比鮮明的深紅黑色與黃色之環狀紋所構成，體表深紅黑色部位有成對的藍色圓斑點，尾端深紅色具有 2 個黑斑點。幼蟲會製作蟲巢，幼蟲期皆躲藏在蟲巢內很少移動，只有在想要進食時，才爬出蟲巢吃葉片。以幼蟲休眠越冬。

卵

1齡

卵白色，半圓形，高約 0.7mm，徑約 1.0mm，產於山豬肉嫩葉葉背上。

卵白色，半圓形，卵表約有 18 條細縱稜，10 月分卵期 5 ～ 6 日。

1 齡幼蟲，淺黃褐色，體長約 3.5mm。

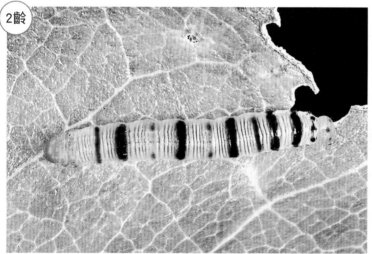

2齡

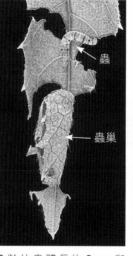

蟲

蟲巢

2 齡幼蟲背面，體長約 8mm。

2 齡幼蟲體長約 6mm 與新葉上的蟲巢。

2 眠幼蟲，體長約 9mm。

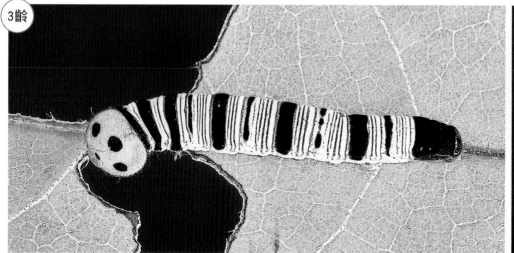

3齡

3 齡幼蟲背面，體長約 12mm。

3 齡幼蟲，體長約 12mm 與蟲巢長約 2.8 公分。

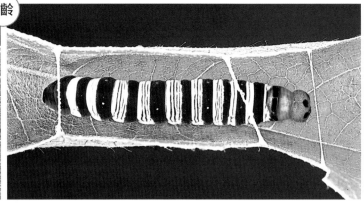

4 齡幼蟲背面，體長約 24mm。

4 眠幼蟲，體長約 28mm。

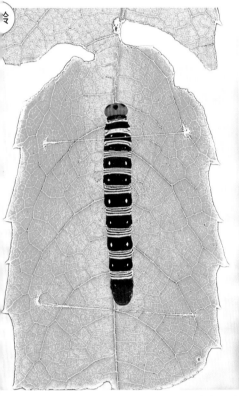

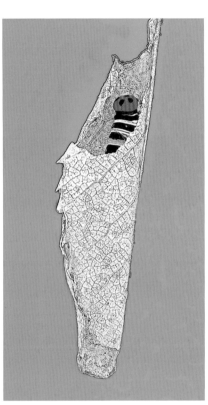

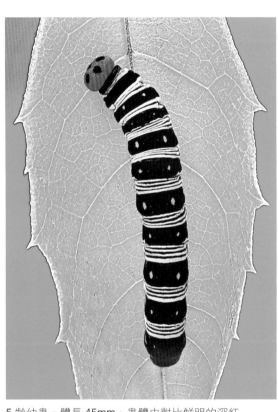

5 齡幼蟲（終齡），體長 46mm，幼蟲會吐絲造巢，幼蟲期皆躲藏在蟲巢內很少移動。

5 齡幼蟲，體長 43mm，蟲巢約 7 公分。

5 齡幼蟲，體長 45mm，蟲體由對比鮮明的深紅黑色與黃色之環狀紋所構成。

5 齡幼蟲初期，體長約 30mm，如要找幼蟲以在山豬肉的植株上較易尋得到幼蟲。

5 齡幼蟲大頭照，頭寬約 5.3mm，頭部紅橙色，具有 6 個黑色圓斑點。

● 蛹

　　蛹為帶蛹，褐色，長圓筒狀，體長約 26 mm，寬約 9mm。頭頂具有一短突，中胸背部前端兩側具有 2 枚黑錐突，蛹表有黑斑點及密生白色臘粉物質，氣孔褐色，最後化蛹於蟲巢內。9月分蛹期 10 ～ 12 日。

頭頂具有一短突，中胸背部前端兩側具有 2 枚黑錐突。

蛹側面。蛹體表有黑斑點及密生白色粉狀臘質物，蛹長約 24mm，寬 8.5mm。

蛹腹面。蛹長約 24mm，寬 8mm。

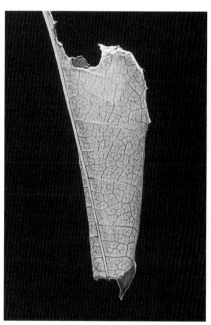
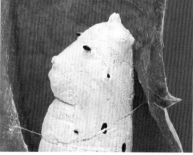

化蛹於蟲巢，蛹巢長約 6.5 公分，寬約 2.3 公分。

蛹頭、胸部側面特寫。

即將羽化的蛹背面，褐色，清除體表白色粉狀臘質物全貌。

蛹頭胸部特寫，頭頂具有一短突。

● 生態習性／分布

　　一年多世代，中、大型弄蝶，前翅長 24 ～ 27 mm，普遍分布於海拔 200 ～ 2500 公尺山區，全年皆可見，主要出現於 3 ～ 11 月，平地較罕見，偶見於幼蟲食草族群林緣山徑、路旁或野溪沿岸活動。成蝶外觀美麗，生性膽怯，警覺性高。如查覺有異狀，隨即飛馳消失的無影無蹤，只有在訪花或吸水時；才會有機會窺探牠那迷人璀璨的綠光姿影。

● 成蝶

　　綠弄蝶（大綠弄蝶）雌雄外觀的色澤相仿。翅腹面為綠色閃耀著明亮光澤，翅脈深藍色；在後翅肛角處有鮮明的橙色斑紋內有深藍色斑點。翅背面翅色為深藍綠色，後翅肛角附近的緣毛為橙色，具有葉狀尾突。**雌蝶♀**：在翅基至中央分布有淡藍綠色鱗毛。整體外形獨特，近似褐翅綠弄蝶，是蝶類中少見的美蝴蝶。

成蝶普遍分布於海拔 200 ～ 2500 公尺山區，全年皆可見，主要出現於 3 ～ 11 月。

雄蝶♂。成蝶只有在訪花或吸水時，才會有機會窺探牠那迷人璀璨的綠光姿影。

雄蝶♂。成蝶外觀美麗，生性膽怯，警覺性高。如查覺有異狀，隨即飛馳消失的無影無蹤。

綠弄蝶為一年多世代，中、大型弄蝶，前翅長 24 ～ 27 mm。

白斑弄蝶（狹翅弄蝶）

Isoteinon lamprospilus formosanus Fruhstorfer, 1911
弄蝶科／白斑弄蝶屬

16 ～ 20 mm

● 卵／幼蟲期

　　卵單產，白色，半圓形，高約0.8 mm，徑約1.3 mm，9月分卵期7～8日。雌蝶產卵的習性，常選擇涼爽路旁或林緣的幼蟲食草低處，將卵產於葉片上。

　　終齡5齡，體長18～30 mm，寬約2.5 mm。頭部黑褐色，兩側有褐色粗縱帶，側單眼處具有黑斑點。蟲體綠色，體態細長，前胸背面有一黑色橫紋，尾端肛上板具有一塊黑色斑紋，氣孔淺黃白色。幼蟲會將食草的葉片，吐絲捲成長圓筒狀之蟲巢而隱身其中，只有在進食時，才會出來外面透透氣，其他大部分的時間都躲藏在蟲巢內，以避免其他生物的搔擾及捕食。

卵

卵單產，白色，半圓形，高約 0.8 mm，徑約 1.3 mm，9 月分卵期 7 ～ 8 日。

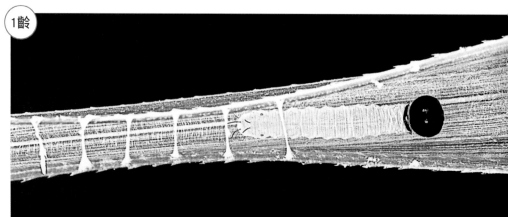

1齡

1 齡幼蟲躲藏在蟲巢，體長約 3.5mm。

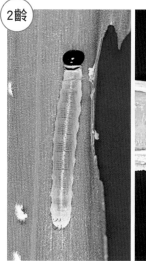

2齡

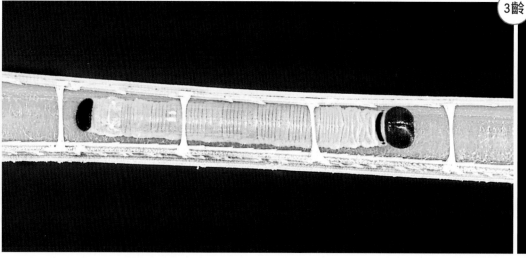

3齡

2 齡幼蟲，淺綠色，體長約 6mm。　3 齡幼蟲躲藏在蟲巢內，體長約 10mm。

3 齡幼蟲，體長約 10mm。

4齡

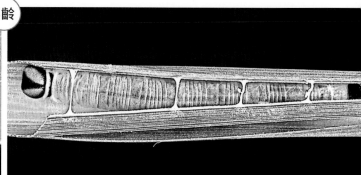

4 齡幼蟲，體長約 14mm。

4 齡幼蟲躲藏在蟲巢內，體長約 18mm。

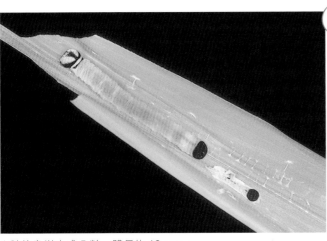

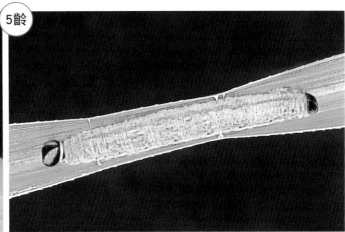

4 齡幼蟲蛻皮成 5 齡，體長約 18 mm。

5 齡幼蟲（終齡），體長約 26mm，躲在蟲巢內。

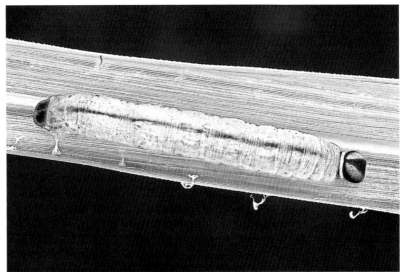

5 齡幼蟲大頭照，頭寬約 2.5mm。頭部黑褐色，兩側有褐色粗縱帶，側單眼處具有黑斑點。

5 齡幼蟲，體長約 25mm。蟲體綠色，體態細長，前胸背面有一黑色橫紋，尾端肛上板具有一塊黑色斑紋。

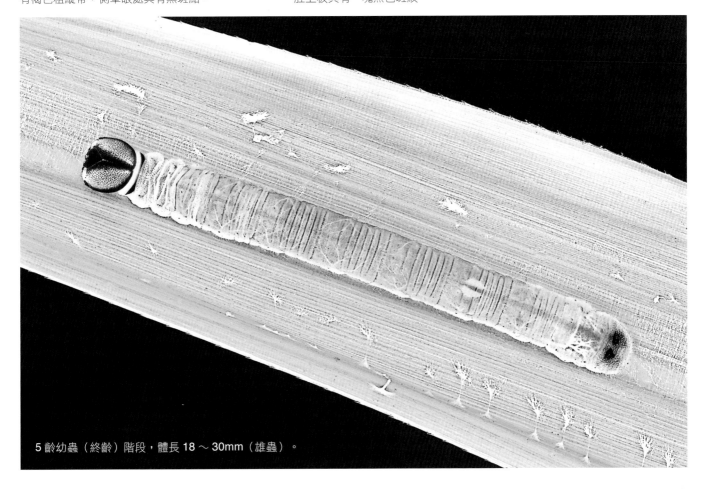

5 齡幼蟲（終齡）階段，體長 18 ～ 30mm（雄蟲）。

● 蛹

　　蛹為帶蛹，黃橙色至黃褐色，長圓筒狀，蛹長約20 mm，寬約4 mm。頭頂鈍圓，前胸兩側有紅褐色斑點；化蛹於蟲巢內。10月分蛹期10～11日。

蛹為帶蛹，長圓筒狀，蛹長約 **20 mm**。黃橙色至黃褐色，頭頂鈍圓，前胸兩側有紅褐色斑點；化蛹於蟲巢內。**10**月分蛹期**10～11**日。

雄蝶♂覓食。白斑弄蝶為普遍種，全年皆可見，主要出現於 **3～11**月。

● 生態習性／分布

　　一年多世代，中型弄蝶，前翅長16～20 mm，普遍分布於海拔0～1300公尺山區，全年皆可見，主要出現於3～11月，以夏季最多見。成蝶飛行迅速，靈敏機警；喜愛展開雙翅享受曬太陽，常流連忘返於大花咸豐草、小白花鬼針等花叢間飛舞、嬉戲，或在溪澗旁濕地吸食水分及香噴噴的動物排泄物。

● 成蝶

　　白斑弄蝶（狹翅弄蝶）雌雄蝶外觀的色澤與斑紋相仿，腹部具有黃褐色環紋。翅腹面為黃褐色，前翅翅端下方具有 3 枚小縱斑，中央具有 4 枚（3 大 1 小）灰白斑紋；而在後翅中央有 1 枚，外圍環繞有 7 ～ 8 枚黑邊白斑點為本種之特徵。翅背面為黑褐色，前翅有與腹面相同之白色斑點，後翅沒有白色斑點。**雌蝶♀**：雌蝶體型較雄蝶略大，白斑較雄蝶大。

雄蝶♂吸水。雄蝶經常出現於路旁或濕地在覓食、吸水。

雄蝶♂曬太陽。

雄蝶♂覓食。白斑弄蝶（狹翅弄蝶）在後翅中央有 1 枚，外圍環繞有 7 ～ 8 枚黑邊白斑點為本種之特徵。

雄蝶♂。成蝶飛行迅速，靈敏機警，喜愛展開雙翅享受曬太陽。

雌蝶♀食花蜜。常流連忘返於大花咸豐草、小白花鬼針等花叢間覓食。

雌蝶♀覓食。白斑弄蝶為一年多世代，中型弄蝶，前翅長 16 ～ 20 mm。

袖弄蝶 （黑弄蝶） *Notocrypta curvifascia*（C.&R. Felder, 1862）
弄蝶科／袖弄蝶屬

18 ～ 23 mm

● 卵／幼蟲期

　　卵單產，紅豆色，圓錐狀半圓形，高約 0.8 mm，徑約 1.3 mm，6 月分卵期 4 ～ 5 日。雌蝶的產卵習性，常選擇疏林或林緣涼爽的環境，將卵產於幼蟲食草的葉背或葉面。

　　1 ～ 4 齡幼蟲的頭部皆為黑色，幼蟲期會將葉片反捲，用絲固定來造巢而躲藏在裡面休息及避敵。終齡 5 齡，體長 33 ～ 45 mm，寬約 6.5 mm。頭部盾狀，周圍黑色，正面淺黃橙色至黃褐色，兩側下方具有黃斑，頭寬約 3.3 mm。蟲體淺綠色，體表平滑無毛，密布細小綠色圓斑點，氣孔白色。

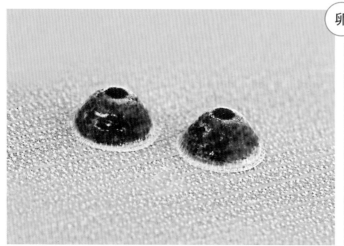

卵側面，圓錐狀半圓形，高約 0.8 mm，徑約 1.3 mm。

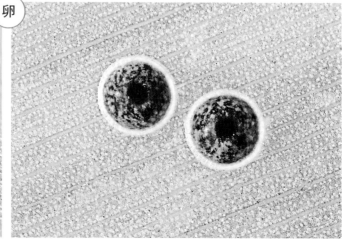

卵

卵單產（俯視圖），紅豆色。6 月分卵期 4 ～ 5 日。

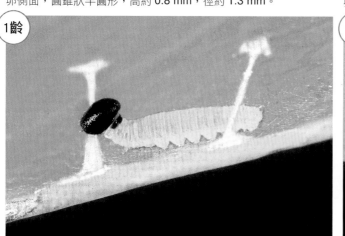

1齡

1 齡幼蟲，體長約 5 mm，蟲體黃橙色，正在製作蟲巢。

2齡

2 齡幼蟲後期，體長約 9mm。

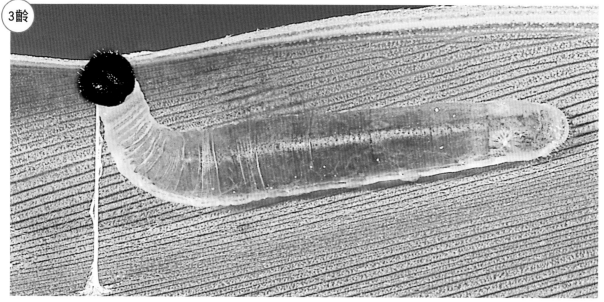

3齡

◀ 3 齡幼蟲，體長約 12 mm。幼蟲期會將葉片反捲，用絲固定來造巢而躲藏在裡面休息及避敵。

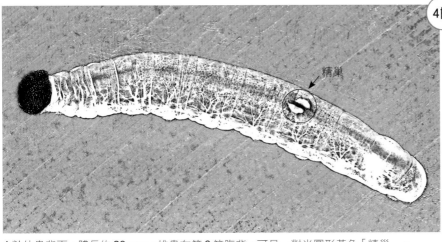

4 齡幼蟲背面，體長約 29 mm。雄蟲在第 6 節腹背，可見一對半圓形黃色「精巢」。

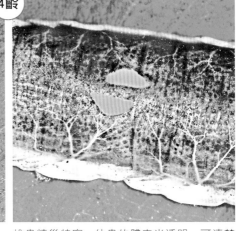

雄蟲精巢特寫。幼蟲的體表半透明，可清楚看見雄蟲的黃色「精巢」在蠕動，預知雄蝶可由此構造來觀察。

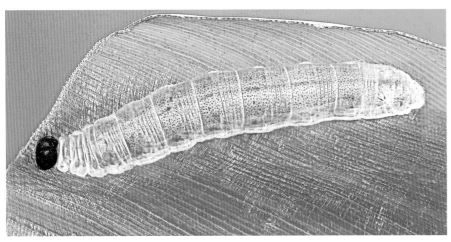

4 齡幼蟲，體長約 24mm。1 ～ 4 齡幼蟲的頭部皆為黑色。

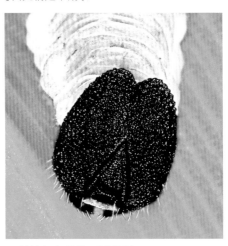

4 齡幼蟲大頭照，頭部黑色。

5 齡幼蟲背面，體長約 45mm。蟲體淺綠色，體表平滑無毛，密布細小綠色圓斑點。

5 齡幼蟲階段體長 33 ～ 45mm，寬約 6.5mm。

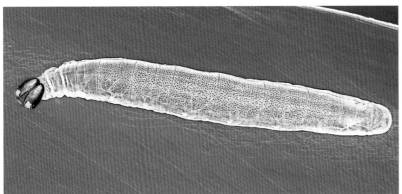

5 齡幼蟲，體長約 44 mm。 幼蟲的整體外觀，頭小身體肥胖，長得一副滑溜順口的模樣，是其他生物眼中的美味佳餚。

5 齡幼蟲大頭照。頭部盾狀，寬約 3.3 mm，周圍黑色，正面淺黃橙色至黃褐色，兩側下方具有黃斑。

幼蟲將月桃葉片反摺所造之蟲巢。

● 蛹

　　蛹為帶蛹，**淺綠色，長圓筒狀**，體長約 35 mm，寬約 6.5 mm。頭頂具有約 3 mm 之錐突，蛹體無明顯特徵，氣孔白色，小顎長度將近到尾端，前蛹時期會分泌白色臘粉物質於絲座；化蛹於食草植物簡易蟲巢內。7 月分蛹期 7 ～ 8 日。

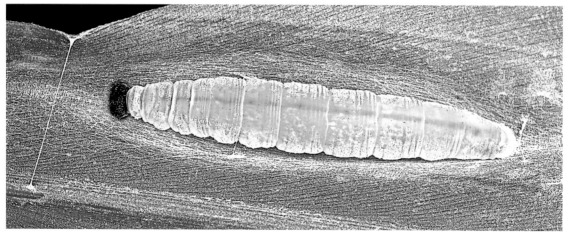

◀ 前蛹時體長縮至約 35mm。

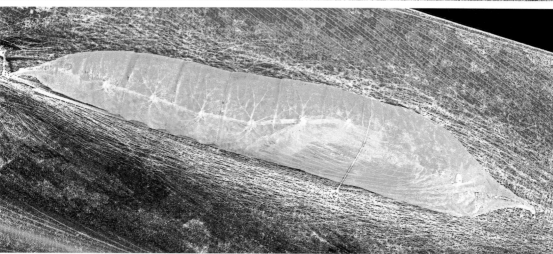

◀ 蛹側面，蛹長約 34mm，寬約 6.5mm，蛹體無明顯特徵，氣孔白色，小顎長度將近到尾端。

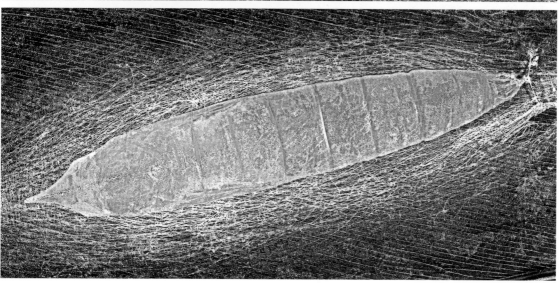

◀ 蛹背面，淺綠色，長圓筒狀，體長約 34mm，頭頂具有約 3mm 之錐突，蛹期 7 ～ 8 日。

● 生態習性／分布

　　一年多世代，中型弄蝶，前翅長 18 ～ 23 mm，普遍分布於**海拔 0 ～ 1300 公尺山區**，全年皆可見，主要出現於 3 ～ 11 月，常見於淺山地的野溪旁、林緣或濕潤幽靜的食草族群附近活動；生態習性與偏陽性的薑弄蝶（大白紋弄蝶）略不同。成蝶飛行迅速，機靈敏捷；喜愛在路旁花叢間訪花飛舞、嬉戲或吸食動物排泄物、鳥糞、濕地水份。

● 成蝶

　　袖弄蝶（黑弄蝶）雌雄蝶的外觀色澤與斑紋相仿。翅腹面為黑褐色，在翅端和後翅中央與外側分布泛紫白色鱗紋，翅端下方具有 2 組白色小斑點，在前翅中央具有 3 大白斑相連成白斜帶，白斜帶未與前緣相接，後翅無斑紋。翅背面為黑褐色，斑紋與腹面相同。**雌蝶♀**：體型與白斑比雄蝶♂略大，翅端下方具有 6 枚（3+3）白色小斑點，**雄蝶♂**：常 5 枚（3+2）。

　　本種主要辨識特徵：白斜帶未與前緣相接。

雄蝶♂吸水。成蝶喜愛在路旁花叢間訪花飛舞、嬉戲或吸食動物排泄物、鳥糞、濕地水份。

雄蝶♂吸水。成蝶飛行迅速，機警靈敏，前翅長 18 ～ 23 mm，特徵是白斜帶未與前緣相接。

雄蝶♂曬太陽。常見於淺山地的野溪旁、林緣或濕潤幽靜的食草族群附近活動。

雌蝶♀展翅曬太陽。袖弄蝶為一年多世代，中型弄蝶，前翅展開時寬 3.8 ～ 4.3 公分。

成蝶擁有得天獨厚的長口器；因此，很容易就可吸食到長筒狀或漏斗狀花卉的蜜露，這是其他蝶類不容易辦得到的事。

蕉弄蝶 （香蕉弄蝶）

Erionota torus Evans, 1941 外來種

弄蝶科／蕉弄蝶屬

38～40 mm

● 卵／幼蟲期

卵聚產，半圓形，剛產下的卵米白色，發育後漸轉為粉紅色，高約 1.1 mm，徑約 2.0 mm，卵表約有 23 ～ 25 條細縱稜，8 月分卵期 5 ～ 6 日。雌蝶的產卵習性，常選擇陰涼林緣、路旁的香蕉園，將卵 1 ～ 30 粒不等，聚產於香蕉的葉背或少數於葉表、植株上。

終齡 5 齡，體長 36~65 mm，寬約 9 mm。頭部黑色，卵形狀，具有疏短毛，頭寬約 5 mm。蟲體白色，體表密生白色臘粉物質，氣孔白色。整體而言，頭小體態臃腫。

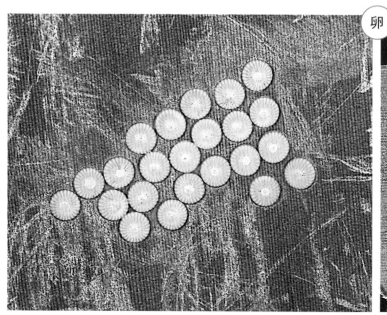

卵

卵 23 粒聚產，半圓形，淺黃白色，高約 1.1 mm，徑約 2.0 mm。

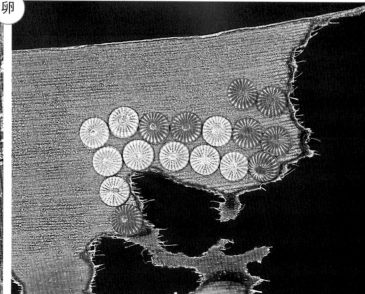

卵發育後漸轉為粉紅色，卵表約有 23 ～ 25 條細縱稜，8 月分卵期 5 ～ 6 日。

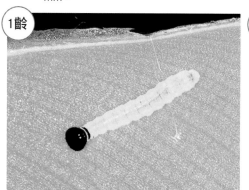

1齡

1 齡幼蟲，淺黃綠色，體長約 5.5mm。

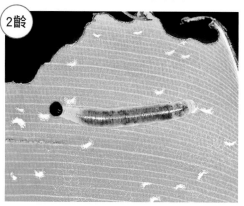

2齡

2 齡幼蟲，體長約 8mm。

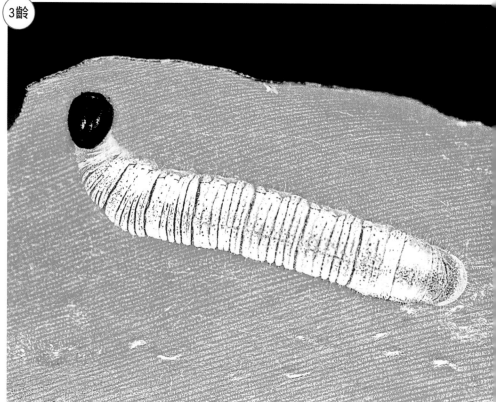

3齡

3 齡幼蟲，體長約 14mm。蟲巢的製作方式隱密性很高，但有些幼蟲還是會遭遇到小繭蜂所寄生。

4 齡幼蟲背面，體長約 30 mm。

4 眠幼蟲背面，體長約 36mm。

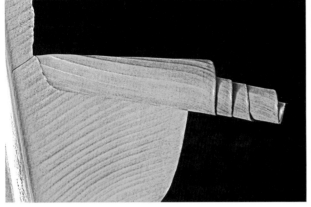

4 齡蟲巢，長約 20 公分。

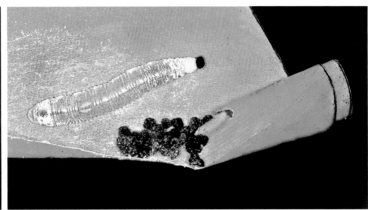

打開蟲巢，可見 4 眠幼蟲，體長約 36mm。

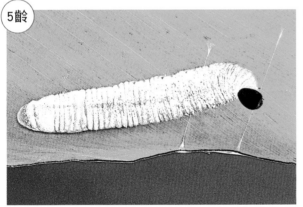

5 齡幼蟲，體長約 55 mm。蟲體白色，體表密生白色臘粉物質，整體而言，頭小體態臃腫。

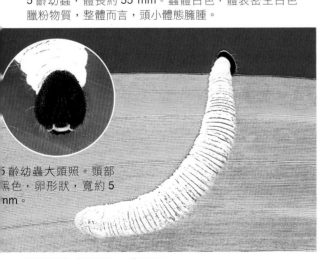

5 齡幼蟲大頭照。頭部黑色，卵形狀，寬約 5 mm。

5 齡幼蟲（終齡），體長 55mm。

▶ 5 齡幼蟲，體長約 58 mm。當您在香蕉園觀察到蕉葉上有一串串長圓筒形的捲葉，大多數是香蕉蝶之蟲巢，這是蕉農的麻煩份子，因為會危害香蕉生長。

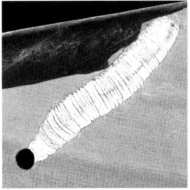

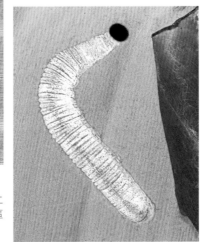

5 齡幼蟲，體長約 65 mm。幼蟲是個築巢專家，築巢時先棲於葉背，然後在蕉葉一邊食一條齒痕，再吐絲將葉子呈現螺旋狀捲曲成長圓筒形。最後，在上面開口處，再用絲固定摺一葉蓋，將洞口覆蓋以遮風擋雨、避敵害；排遺則由下方洞口排出。

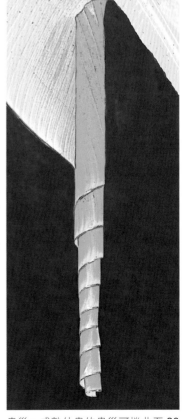

蟲巢。成熟幼蟲的蟲巢可捲曲至 30 公分長，當撥開蟲巢時，幼蟲如果受到驚擾時，頭部會迅速擺動，並以口器摩擦葉片，以產生嘶嘶的聲音給予警告！其生態行為非常特別有趣。

● 蛹

　　蛹為帶蛹，淺黃褐色，長圓筒狀，體長約 44 mm，徑約 9.5 mm。蛹表密生白色臘粉物質，腹面 具有一條 22 mm 細長之小顎，氣孔褐色，化蛹於 蟲巢內。9 月分蛹期 11 ～ 12 日。

  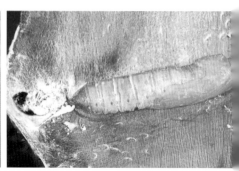

蛹為帶蛹，淺黃褐色，長圓筒狀，蛹 長約 43 mm，蛹表密生白色臘粉物 質。

蛹腹面。體長約 43mm，寬 10 mm，腹面具有一條 22 mm 細長之小顎。

蛹側面，褐色，長約 43mm，寬 10mm， 小顎外葉長 19mm，伸出蛹外。

蛹背面，長約 43mm，化蛹於蟲巢內，蛹期 11 ～ 12 日。

● 生態習性／分布

　　一年多世代，大型弄蝶，前翅長 38 ～ 40 mm，普遍分布於海拔 0 ～ 1100 公尺山區，全年皆 可見，主要出現於 3 ～ 11 月，以中、南部較常見。 成蝶白天鮮少活動，都隱匿在香蕉葉暗處，活動大 多選擇在陰天、晨昏或低光照環境；其複眼為紅色， 在低光照的環境有良好辨識作用。成蝶機警敏捷； 喜愛吸食香蕉花蜜或水分。

● 成蝶

　　蕉弄蝶（香蕉弄蝶）雌雄蝶外觀的斑紋與色澤相近，展翅時寬 6 ～ 6.6 公分，複眼紅色，口器長約 45 mm。翅腹面為褐色，背面暗褐色；在前翅正反面中央具有 2 大 1 小共 3 枚淺黃褐色之斑紋，後翅無斑紋，肛角處微突。野外無相似種，極易辨識。

雌雄蝶外觀的斑紋與色澤相近，展翅時寬 6 ～ 6.6 公分。

成蝶機警敏捷，喜愛吸食香蕉花蜜或水分。

成蝶白天鮮少活動，都隱匿在香蕉葉暗處，活動大多選擇在陰天、晨昏或低光照環境。

香蕉弄蝶的複眼特寫。複眼為紅色，在低光照的環境有良好辨識作用。

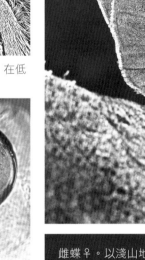

頭部正面特寫。

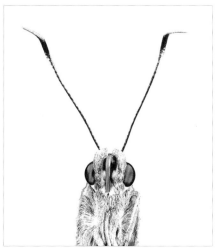

成蝶大頭照。

雌蝶♀。香蕉弄蝶為一年多世代，本種為臺灣最大型之弄蝶，於 1986 年在屏東縣九如所發現之歸化種。

雌蝶♀。以淺山地陰涼香蕉園或臺灣芭蕉分布區域最為多見。

黃斑弄蝶（臺灣黃斑弄蝶）

Potanthus confucius angustatus（Matsumura，1910）

弄蝶科／黃斑弄蝶屬 特有亞種

11～14 m

470

● 卵／幼蟲期

　　卵單產，初產白色至淺黃白色，發育後次日卵表及中央有淺黃橙色受精斑紋呈現，半圓形，高約 0.5 mm，徑約 0.8 mm，9 月分卵期 4～5 日。雌蝶的產卵習性，常選擇半日照的路旁、疏林或林緣的草叢間，將卵 1～5 粒不等，產於幼蟲食草的葉背或莖上。

　　終齡 5 齡，頭部黑色，寬約 2.5mm，兩側具有粗白色斑紋，黑白之間構成強烈的對比。蟲體綠色，無毛，體長 17~30mm，體態修長，氣孔白色。

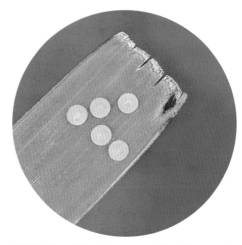

卵

卵單產，初產白色至淺黃白色，9 月分卵期 4～5 日。

卵半圓形，高約 0.5 mm，徑約 0.8 mm，發育後次日卵表有淺黃橙色受精斑紋呈現。

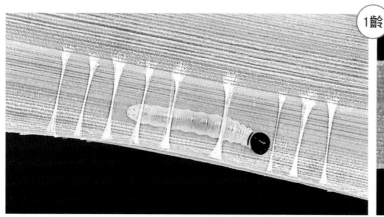

1齡

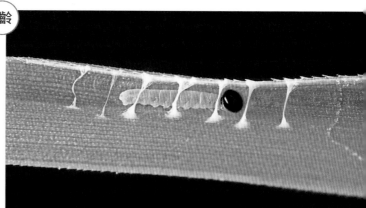

1 齡幼蟲背面，體長約 3.5mm，棲息於芒的蟲巢。

1 齡幼蟲側面，體長約 3mm，棲息於小馬唐葉片之蟲巢內。

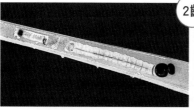

2齡

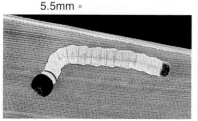

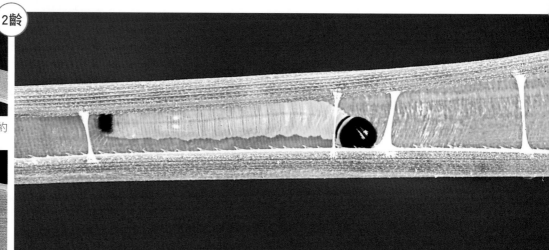

1 齡幼蟲蛻皮成 2 齡時體長約 5.5mm。

2 齡幼蟲背面，體長約 6mm。　2 齡幼蟲，體長約 7mm，正在吐絲造巢。

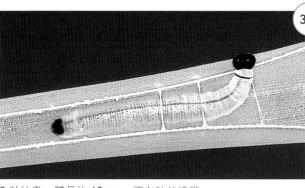

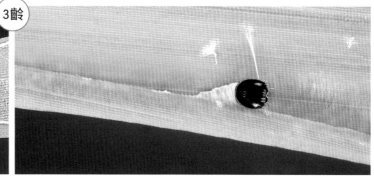

3 齡幼蟲，體長約 10mm，正在吐絲造巢。

3 齡幼蟲，體長約 11mm，將葉片反摺在吐絲造巢，以將完成供躲藏。

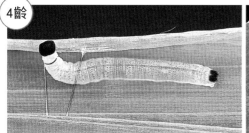

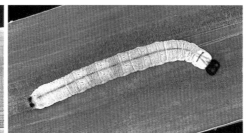

4 齡幼蟲（雄蟲）背面，體長約 15mm。

4 眠幼蟲，體長約 17mm。

4 眠幼蟲，新成型的頭部特寫。

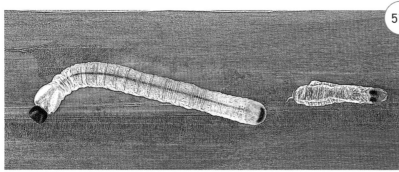

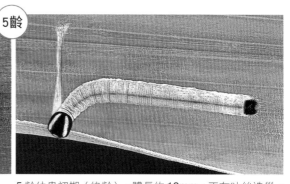

4 齡幼蟲蛻皮成 5 齡，體長約 17mm。

5 齡幼蟲初期（終齡），體長約 18mm，正在吐絲造巢。

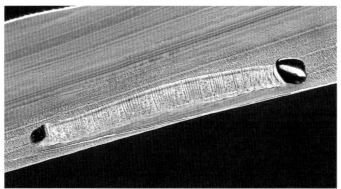

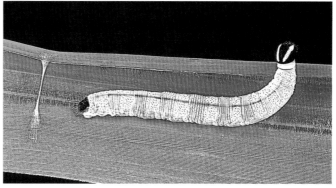

5 齡幼蟲側面（終齡），體長約 20mm。

5 齡幼蟲（終齡），體長約 22mm。

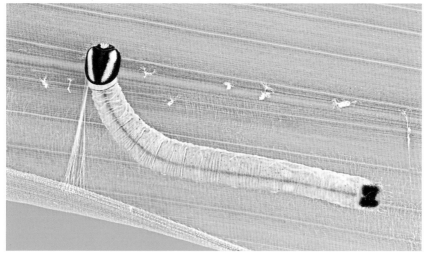

5 齡幼蟲階段，體長 17～ 30mm。肛上板具有黑斑紋。

5 齡幼蟲大頭照。頭部黑色，寬約 2.3mm，兩側具有粗白色斑紋，黑白之間對比強烈。

● 蛹

　　蛹為帶蛹，黃綠色，長圓筒形，體長約 17 mm，寬約 3.5 mm。蛹體細長形，疏生細毛，胸部兩側各有一個紅色斑點，化蛹於蟲巢內。9 月分蛹期約 11 天。

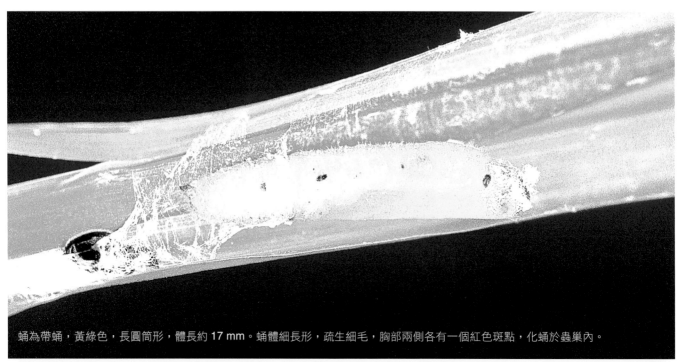

蛹為帶蛹，黃綠色，長圓筒形，體長約 17 mm。蛹體細長形，疏生細毛，胸部兩側各有一個紅色斑點，化蛹於蟲巢內。

雄蝶 ♂。雌雄蝶外觀的色澤與斑紋相仿，體型嬌小，體長低於 14 mm。

● 生態習性／分布

　　一年多世代，小型弄蝶，前翅長 11 ～ 14 mm，普遍分布於海拔 0 ～ 1000 公尺山區，全年皆可見，主要出現於 3 ～ 11 月，以春、夏季為高峰期。常見於林緣山徑、路旁草叢上曝曬雙翼、嬉戲追逐或尋覓低矮野花花蜜與濕地水分。成蝶嬌小玲瓏，警覺性高；一但受到驚動，隨即揚長而去不知蹤影，只有在覓食或展翅休息時刻，才能近距離窺探牠的美姿。

● 成蝶

　　黃斑弄蝶（臺灣黃斑弄蝶）雌雄蝶外觀的色澤與斑紋相仿，體型嬌小，體長低於 14 mm。翅腹面為黃橙色，前、後翅中央外側具有黃橙色斑帶；在前翅中央近前緣也有一條黃橙色條斑。翅背面為黑褐色斑紋，後翅黃橙色斑帶與前緣中央橙斑不相接，具 1 枚細小橙斑隔開。**雄蝶♂**：在前翅背面的後緣外側，具有黑色橫線形之雄性性徵。**雌蝶♀**：

雌蝶無性斑，體型比雄蝶略大。

　　本種主要辨識特徵：體型嬌小，體長低於 14 mm。翅腹面的底色與中央外側斑帶色澤相近，翅背面後翅黃橙色斑帶與前緣中央橙斑不相接，具 1 枚細小橙斑隔開。近似種「墨子黃斑弄蝶」雌蝶♀，翅背面後翅 5 枚黃橙色斑近相接成弧形，斑紋對比明顯。

成蝶的警覺性高，一但受到驚動，隨即揚長而去不知蹤影。

雄蝶♂吸水。常見於林緣山徑、路旁草叢上曝曬雙翼、嬉戲追逐或尋覓低矮野花花蜜與濕地水分。

黃斑弄蝶的主要辨識特徵：體型嬌小，翅背面後翅黃橙色斑帶與前緣中央橙斑不相接，具 1 枚細小橙斑隔開。

雄蝶♂訪花。黃斑弄蝶為一年多世代，小型弄蝶，前翅長 11 ～ 14 mm，普遍種，全年皆可見。

小稻弄蝶（姬單帶弄蝶）

Parnara bada（Moore, 1878）
弄蝶科／稻弄蝶屬

14 ～ 17 mm

● 卵／幼蟲期

　　卵單產，帶灰之藍紫色，發育後有紅豆色受精斑紋，半圓形，高約 0.45 mm，徑約 0.75 mm，9月分卵期 4 ～ 5 日。雌蝶的產卵習性，多見選擇低矮處的軟質禾草，將卵產於幼蟲食草葉面、葉背或莖上。

　　終齡 5 齡，體長 18~29 mm。頭部黑褐色，寬

約 2.8mm，中央前額縫線有白色「Λ」狀形，兩側有鉤狀「ſ」白褐色粗條紋。蟲體綠色被疏短毛，前胸背面具有一黑色細橫紋，背中線深綠色，氣孔淺黃白色。幼蟲期皆躲藏在蟲巢裡面，以避天敵捕食。

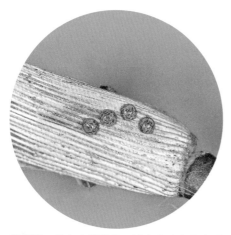

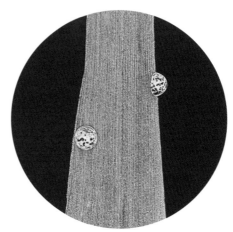

卵

卵單產，帶灰之藍紫色，發育後有紅豆色受精斑紋，9 月分卵期 4 ～ 5 日。

卵半圓形，高約 0.45 mm，徑約 0.75 mm，產於大黍葉片。

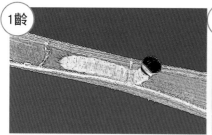

1齡

1 齡幼蟲，體長約 2.8mm，棲息於大黍葉片。

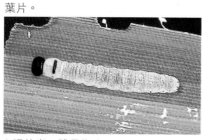

1 眠幼蟲，體長約 4mm。

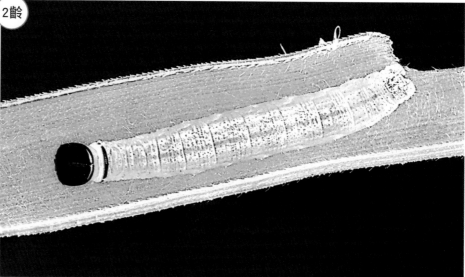

2齡

2 齡幼蟲，綠色，體長約 6mm。

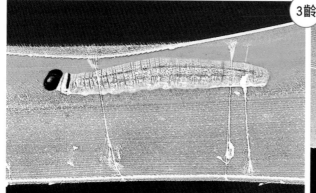

3 齡幼蟲側面，體長約 9mm，棲息於大黍葉片蟲巢內。

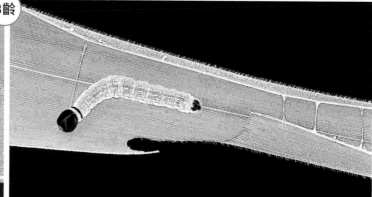

3齡

3 齡幼蟲正吐絲造巢，體長約 9mm。

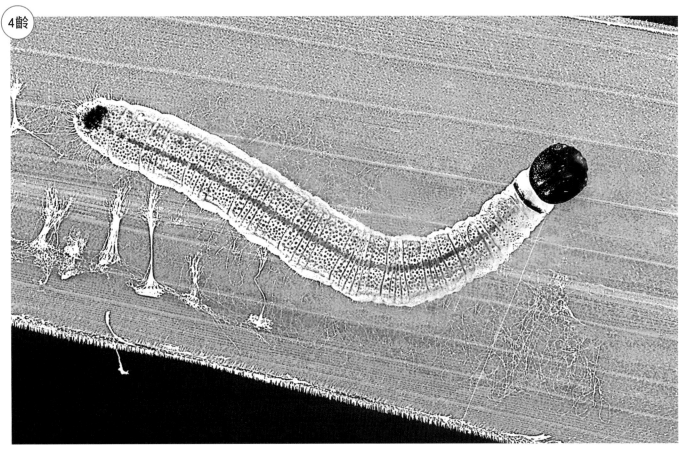

4 齡幼蟲背面，體長約 17mm，頭部黑色。

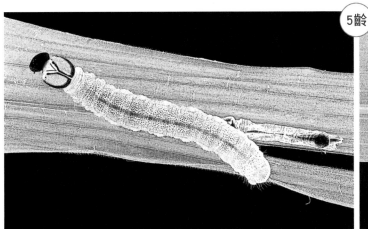

4 齡幼蟲蛻皮成 5 齡時體長約 19mm。

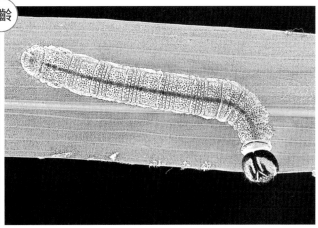

5 齡幼蟲（背面），體長約 21mm。蟲體綠色，前胸背面具有一黑色細橫紋，背中線深綠色。

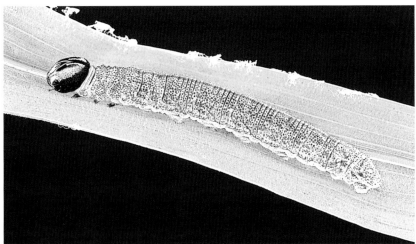

5 齡幼蟲階段，體長 18 ～ 29mm，頭部具斑紋。

5 齡幼蟲大頭照。頭部黑褐色，中央前額縫線有白色「∧」狀形，兩側有鉤狀「ʃ」白褐色粗條紋。

● 蛹

　　蛹為帶蛹，淺黃褐色至褐色，長圓筒狀，蛹長約 18 mm，寬約 4.5 mm，頭頂圓弧形，體表密生白色臘粉物質，氣孔淺褐色；腹面中央小顎長至第 5 腹節，化蛹於蟲巢內。10 月分蛹期 7 ～ 8 日。

蛹背面，淺黃褐色，清除臘粉後的外觀。

蛹淺黃褐，長約 18 mm，寬約 4.5 mm，體表密生白色臘粉物質。

蛹頭、胸部特寫，頭頂圓弧形。

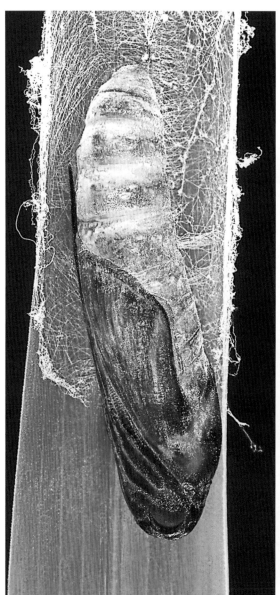

蛹側面，化蛹於蟲巢內，10 月分蛹期 7 ～ 8 日。

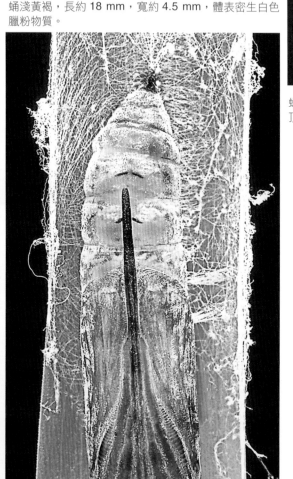

蛹腹面，長約 18 mm，小顎長至第 5 腹節，5 與 6 節具有 2 枚「八」褐色小斑紋。

● 生態習性／分布

　　一年多世代，小型弄蝶，前翅長 14 ～ 17 mm，普遍分布於海拔 0 ～ 2500 公尺山區，全年皆可見，冬季低溫期數量較少。常見於林緣向陽處，住家庭園、社區路旁、公園、田園、農耕地等開闊處追逐、嬉戲。成蝶飛行迅速，警覺性高，一有驚動馬上疾馳消失的無影無蹤；喜愛展翅享受曬太陽，常低飛於花草叢間訪花、追逐或尋覓食草及在濕地上吸水。

● 成蝶

　　小稻弄蝶（姬單帶弄蝶）雌雄蝶外觀的色澤相仿，正反面斑紋相對。翅腹面為褐色，前翅近翅端具有 2 ～ 3 枚小白斑成直列，前翅中央具有 3 枚白斑，由外向內小、中、大排成斜列，而前翅中室內無斑紋為本種主要特徵。後翅中央外側具有黃白色斑點，由上向下小中大排成斜列，斑點數目不穩定，1 ～ 5 枚皆有。翅背面為深褐色。雌雄蝶直接以外生殖器做辨識。

　　本種主要辨識特徵：前翅翅端下方具有 2 ～ 3 枚小白斑成直列，而前翅中室內無斑紋。

小稻弄蝶的主要辨識特徵：前翅翅端下方具有 2 ～ 3 枚小白斑成直列，而前翅中室內無斑紋（此圖為右前翅）。

雄蝶♂展翅曬太陽。小稻弄蝶為小型弄蝶，前翅展開寬 2.9 ～ 3.2 公分，在前翅中室內無斑紋為本種主要特徵。

雄蝶♂吸水。小稻弄蝶前翅長 14 ～ 17 mm，普遍分布於海拔 0 ～ 2500 公尺山區，冬季低溫期數量較少。

雄蝶♂食花蜜。小稻弄蝶喜愛展翅曬太陽，常低飛於花草叢間訪花。

雄蝶♂展翅吸水。

禾弄蝶（臺灣單帶弄蝶）

Borbo cinnara（Wallace, 1866）
弄蝶科／禾弄蝶屬

15 ～ 18 mm

● 卵／幼蟲期

卵單產，白色，半圓形，高約 0.7 mm，徑約 1.0 mm，5 月分卵期 3 ～ 4 日。雌蝶的產卵習性，對於產卵的環境要求並不高，舉凡林緣、河岸、公園、路旁、農耕地等環境的低矮幼蟲食草都是選擇的對象，再將卵產於涼爽處的葉表或葉背。幼蟲會製作

蟲巢而躲藏在裡面以避敵害。

終齡 5 齡，體長 21 ～ 37 mm。頭部黑色，兩側各具有一條白色粗條紋。蟲體淡綠色，背部具有 4 條白色條紋，中央 2 條紋較粗，兩側較細，氣孔淺黃白色。

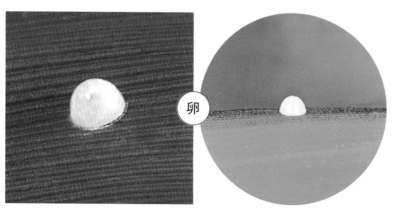

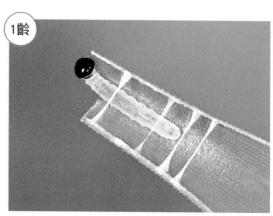

卵單產，白色，高約 0.7 mm，徑約 1.0 mm。　卵側面，半圓形，5 月分卵期 3 ～ 4 日。

1 齡幼蟲和蟲巢，淺黃綠色，體長約 2.8mm。

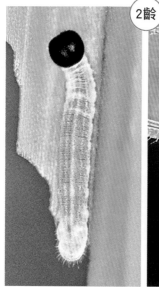

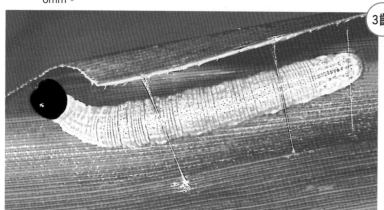

2 齡幼蟲，體長約 6mm。　2 眠幼蟲，體長約 7.5mm。

3 齡幼蟲躲藏在蟲巢內休息，體長約 11mm。

3 眠齡幼蟲，體長約 13mm，準備蛻皮成 4 齡。

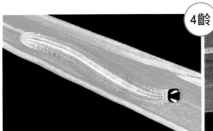

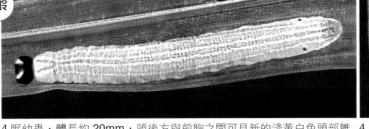

4 齡幼蟲，體長約 18mm。

4 眠幼蟲，體長約 20mm，頭後方與前胸之間可見新的淺黃白色頭部雛型。

4 眠幼蟲，淺黃白色頭部雛型特寫。

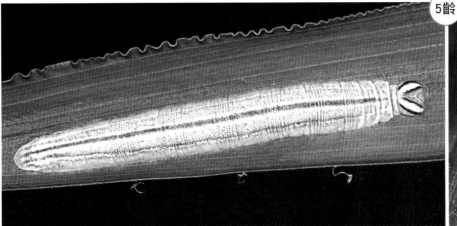

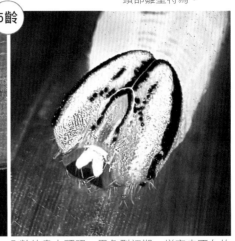

5 齡幼蟲階段體長 21～37 mm。蟲體淡綠色，背部具有 4 條白色條紋，中央 2 條紋較粗，兩側較細。

5 齡幼蟲大頭照，黑色型初期。蛻完皮不久的終齡。

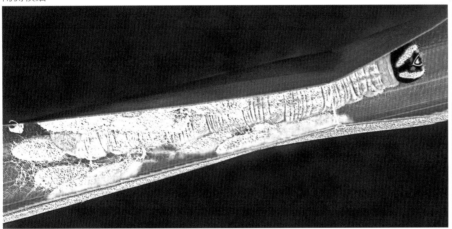

5 齡幼蟲（終齡），被小繭蜂所寄生。

5 齡幼蟲大頭照，黑色型後期，頭寬約 2.5mm。

幼蟲製作蟲巢過程

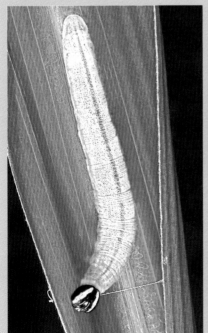

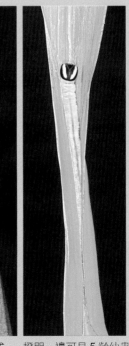

5 齡幼蟲，正在吐絲將葉兩端連接製成蟲巢。

5 齡幼蟲轉身吐絲製作另一邊蟲巢。

5 齡幼蟲，溫暖的家大功告成，準備回巢躲藏。

撥開一邊可見 5 齡幼蟲在蟲巢裡休息的姿態。

● 蛹

　　蛹為帶蛹，淡綠色，長圓筒狀，蛹長約 27
mm，寬約 5 mm。頭頂具有一圓錐狀突起，背部具
有 4 條淺波狀白色條紋，化蛹時會離開蟲巢，化蛹

於食草葉背。6 月分蛹期 7 ～ 8 日。11 月分蛹約 12
日。

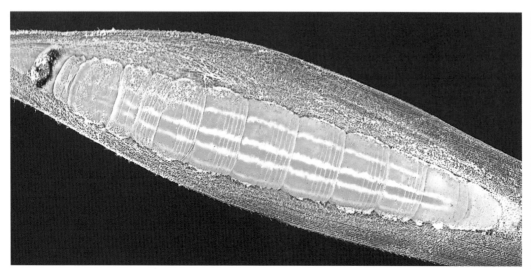

前蛹時體長縮至 25mm。

蛹頭、胸部特寫。頭頂具有
一圓錐狀突起，絲帶環繞在
中胸。

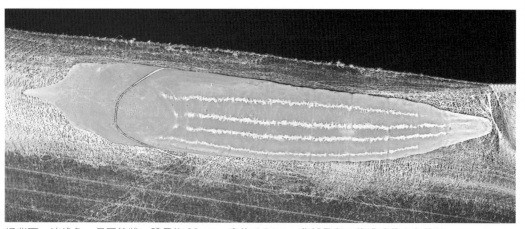

蛹背面，淡綠色，長圓筒狀，體長約 26mm，寬約 4.8mm，背部具有 4 條淺波狀白色條紋。

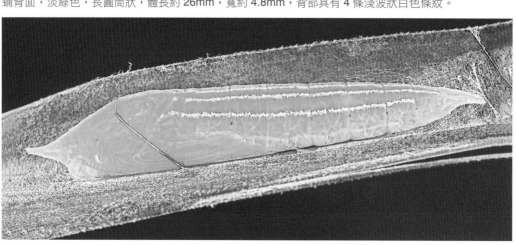

蛹側面，體長約 26mm，寬約 4.8mm。

● 生態習性／分布

　　一年多世代，中型弄蝶，前翅長 15 ～ 18
mm，普遍分布於海拔 0 ～ 1000 公尺山區，由於
幼蟲食草為禾草，種類眾多且隨處可見，因此成蝶
全年皆可見其蹤跡。常見於公園、林緣、田野或溝

渠、山徑路旁之大花咸豐草及草叢間飛舞追逐。成
蝶飛行迅速，機警靈敏，來去匆匆奔馳於花草叢，
只有在訪花或曬太陽時，才有機會近距離窺探牠的
美姿。

● 成蝶

禾弄蝶（臺灣單帶弄蝶）雌雄蝶外觀的色澤相仿，正反面斑紋相對。翅腹面為橄欖綠或灰褐色，前翅近翅端具有 3 枚小白斑，而最下方 1 枚偏外無排成直列，前翅中央具有 4 枚白斑，由外向內小、中、大、小排成斜列，而最下面的小三角斑為不透光的黃白色，前翅中室常具 1 ～ 2 枚小白斑。

後翅中央外側白斑不穩定，常有 3 ～ 5 枚小白斑，白斑略弧形排列。翅背面為黑褐色，後翅斑紋模糊。雌雄蝶直接以外生殖器做辨識。

本種主要辨識特徵：在前翅近翅端具有 3 枚小白斑，而最下方 1 枚偏外無排成直列。前翅後緣中央上面的小三角斑為不透光的黃白色。

雄蝶♂。成蝶飛行迅速，機警靈敏，來去匆匆奔馳於花草叢，只有在訪花或曬太陽時，才有機會近距離窺探牠的美姿。

雄蝶♂覓食。幼蟲食草為禾草，種類眾多且隨處可見，因此成蝶全年皆可見其蹤跡。

禾弄蝶為一年多世代，中型弄蝶，前翅展開時寬 2.8 ～ 3.2 公分。

交配（上♂下♀）。

雌蝶♀展翅曬太陽。

◀前翅翅背面的斑紋。

▶左前翅背面斑紋。本種主要辨識特徵：在前翅近翅端具有 3 枚小白斑，而最下方 1 枚偏外無排成直列。前翅後緣中央上面的小三角斑為不透光的黃白色。

【後記】
蝴蝶分類地位

蝴蝶是大自然重要資產，給予人類在自然科學、環境保護、人文教育、生態保育、遺傳基因、演化學等等；有許多貢獻與研究價值，亦是現今人類提倡「綠生活」之重要環境指標生物。所以，應重視牠們的存在價值和給予合適的生活空間，人類不應該強取掠奪屬於牠們生存空間「自然的家」，與大自然共生共榮才能算是智者，反之，逆自然而行之，只能等待大自然的反撲。

蝴蝶在學術上生物位階屬於：動物界（Animal）→ 節肢動物門（Arthropod）→ 昆蟲綱（Insecta）→ 鱗翅目（Lepidoptera）→ 蝶亞目（Rhopalocera），蝶亞目以下再分科別。目前國內學術機構與民間，對於蝴蝶中文名稱之使用觀點分歧。有的沿用舊有名稱系統（日本學者白水隆博士之分類方式）等等；有的使用徐堉峰教授新修訂之新名稱。以致現階段蝴蝶名稱，各學者專家使用系統不一致，呈現過度時期尚未整合，致使蝴蝶的中文名稱隨心所好使用的窘境。所幸，在這 10 幾年來的默默耕耘已被心嚮往之廣泛採用，幸甚！幸甚！

過去舊有的蝶類分類系統，因使用版本不同，將臺灣的蝴蝶分為 10 或 11 科，區分為弄蝶科、小灰蝶科、銀斑小灰蝶科、小灰蛺蝶科、長鬚蝶科、蛺蝶科、環紋蝶科、蛇目蝶科、斑蝶科、粉蝶科、鳳蝶科；而以小灰蝶科族群最大約 110 多種。而現今最新分類系統，將銀斑小灰蝶科（銀灰蝶亞科）和小灰蛺蝶科（蜆蝶亞科）皆併入灰蝶科。而長鬚蝶科（喙蝶亞科）、斑蝶科（斑蝶亞科）、蛇目蝶科（眼蝶亞科）等科，皆併入蛺蝶科另成亞科，把臺灣蝶類分類系統縮編為 5 個科。蛺蝶科躍升為臺灣最大族群，130 多種蝴蝶。不過，將來也有可能對科屬別再分門別類。例如，有的將小灰蛺蝶科（蜆蝶亞科）獨立為蜆蝶科，共 6 科。分類本來就是愈分愈累不言而喻，前人研累，後學閱累，須世代傳承鑽研。

世界上的蝴蝶種類，迄今已知約有 18500 多種。目前臺灣的蝴蝶，約有近 380 多幾種。每年多少會因有颱風、暴雨或極端氣候異常、天災地變等自然災害因素，使蝴蝶棲地不斷的改變與破壞，抑或因人為不當的山林開發，使環境產生變遷。致使，幼蟲賴以為生的食草銳減或消失，無形中影響著蝴蝶數量及生存空間。再者，世界地球村的築構，增加了人、船、飛機進出國、內外交流的機會或鳥類的遷徙，無形中也增加了動植物境外移入之可能，現有 380 多種，以後呢？就不得而知了。臺灣真是個寶島，四季如春，生物多樣性宛若一座天然大溫室；難怪！讓不少外來物種，都很容易自在的適應環境，而繁衍下一代，成為新歸化物種。其中尤以強勢植物為最易入侵繁衍，令人深感憂心忡忡，難以防治。

自然科學的日日精進，近些年分子種系發生學所產生的蝴蝶分類與臺灣種子植物的親緣分類 2016APG IV 的方式革新與演進；使得傳統的分類方式，已不合時宜當前之新研究。昔日蝴蝶次級分類中，將世界各地的蝴蝶，依「親緣關係」和「單系性」區分為：弄蝶總科、喜蝶總科、鳳蝶總科，3 個總科。並提出弄蝶為較原始的分類群。而今的最新的研究發現，鳳蝶類才是蝴蝶演化支的基群，臺灣無產喜蝶總科。然則，現今鳳蝶科、喜蝶科（絲角蝶科）、弄蝶科、粉蝶科、灰蝶科、蜆蝶科、蛺蝶科 7 科又整合為鳳蝶總科。不同年代、不同學者有著不同見解，分類處理的分分合合即不足為奇。蝴蝶中文名也亦是如此，它日說不定來個網路全民票選蝴蝶中文名，蝴蝶的中名便又將變革了，現在所述的改名由來或命名由來，便轉為蝴蝶解說故事。

目前臺灣產蝴蝶分類方式有，A. 鳳蝶科：絹蝶亞科 1 種，鳳蝶亞科約 40 種。 B. 蛺蝶科：喙蝶亞科約 2 種，斑蝶亞科約 29 種，毒蝶亞科約 9 種，線蝶亞科約 31 種，秀蛺蝶亞科 1 種，閃蛺蝶亞科約 11 種，芷蛺蝶亞科 1 種，絲蛺蝶亞科約 2 種，蛺蝶亞科約 21 種，絹蛺蝶亞 1 種，螯蛺蝶亞科約 4 種，眼蝶亞科約 47 種。C. 粉蝶科：粉蝶亞科約 28 種，黃粉蝶亞科 13 種。 D. 灰蝶科：雲灰蝶亞科 2 種，銀灰蝶亞科 2 種，灰蝶亞科 1 種，翠灰蝶亞科約 70 種，藍灰蝶亞科約 48 種。E. 弄蝶科：大弄蝶亞科 9 種，花弄蝶亞科約 21 種，弄蝶亞科約 42 種。F 蜆蝶科：蜆蝶亞科 3 種。以上謹供參考，分類以後一定會再變動。

本書中文名稱與學名採用：徐堉峰教授著作 5 卷「臺灣蝶類誌」與昔日常用之名稱並列，以供參閱。

【附錄一】
蝴蝶攝影手札

前言

　　臺灣是一個山脈橫佈、溪水豐沛的海島，在這片繽紛的土地上，每一方吋間，皆蘊藏著陣陣沁人心脾的自然馨香與氣息。山林裡～鳥語花香蟲鳴蝶舞、潺潺流水聲蛙鳴唱和著；自然的音籟此起彼落迴盪於幽谷之中。每一種生物，都毫不保留地盡情奔放舞動，展現著自然的生命力；這般林林總總和情境，便足以開啟心靈之窗，引領著視覺饗宴。

　　探索大自然的綺麗風光一直是我的最愛，多年來始終以拍攝臺灣蝴蝶和花草、昆蟲為題材而樂此不疲，愛上了蝴蝶，也愛上了臺灣之美。在我未進入觀景窗下的微距世界，總以為近攝只是拿著微距鏡頭拍些花草昆蟲、記錄圖像、教材或應付學會檢定補給題材之需，缺乏唯美藝術又冷門的觀感。走進以後～映入眼簾的景物無不處處驚喜；才驀然驚覺發現，野地一花一世界，俯拾皆是題材與感動，不僅是藝術也是學術，又可探索自然生態奧秘和增長自然知識的好東西。心想～可能一輩子也拍不完。

器材使用

1. 鏡頭

　　微距攝影，顧名思義就是使用微距鏡頭（Macro Lenses）或搭配近攝用配件等輔助工具，來執行細小物品或生物的拍攝。它是一種專為近距離細部描繪攝影所設計及影像矯正的特殊鏡頭；鏡頭大致區分為 1- 標準型：50 － 60 mm，鏡頭的體積小、重量輕、價格經濟，放大率可達到 1：1 或 1：2，來靈活運用做特寫拍攝或充當標準鏡頭使用。可應用於翻拍物品、蛇腹接寫或商品拍攝、花草昆蟲等不敏感又需要有長景深之題材拍攝。2- 中型鏡頭：90 － 105 mm，鏡頭的體積及重量適中，放大率可達到 1：1 或 1：2，具有良好操控性、細膩精緻的影像解析度及近攝寫實能力。這類型的焦距其機動性頗高，拍攝的題材廣泛，動靜皆宜且攜帶方便，幾乎是最具超人氣使用。對於花草昆蟲或人物特寫等較易親近的題材，有不錯的景深處理和影像表現能力。3- 望遠鏡頭：180 － 200 mm，鏡頭的體積大、重量重、價格高。其特色放大率可達到 1：1 或 1：2，而影像的前、後景具有壓縮感可使拍攝主題突出及具有不錯的影像解析度及景深霧化處理效果，尤其是採用消除色差校正的 ED 鏡片，更能呈現出最佳影像色彩。而重量重，機動性低為其缺憾，但非常適用於難以接近的地形或景物拍攝，如花木、蝴蝶產卵、飛行中覓食、蜻蜓、豆娘、蜂蛇類等敏感或具有危險性的生物拍攝。然而整體機組，它的機動性低、體積大、重量重，再加上閃光燈架、燈組等配件，長時間使用需有過人的臂力和耐力才能勝任。

2. 閃光燈

　　太陽光是最美麗和富有創造性的光源，賦予大地生意盎然與繽紛色彩，然而光線會因晨昏更迭，而改變其強弱與色溫變化。而閃光燈就不會因晨昏而改變它的色溫，其色溫約為 5400K 正常色溫，無論是陰晴圓缺或則在室內等處都難不倒它，是專業攝影師最佳的得力助手。大部份的攝影朋友都會依賴 TTL 自動閃光模式，來獲得適當的曝光；較少利用手動控光，以降低曝光失誤。如果使用沒有 TTL 功能的閃光燈與相機，確實會增加拍攝上的諸多不便。但 TTL 並不是萬能的，

有些情況並非完全讓人稱心如意；如遇到高色調、低色調或非常細小的題材，TTL 時常會被複雜因素所影響而變的不靈光，最後導致曝光失當。不知情的人，或許會責難閃光燈不夠好、不夠專業，想換個更頂級的閃光燈來看看會不會改善影像品質，較不會想到是自己控光與不熟閃光燈的問題。

在遇到上述題材時，拍攝前最好先測試閃燈，並瞭解閃光燈各種功能與特性；依主題色澤的深淺明暗，配合相機的功能作適當曝光補償，以獲得理想的曝光值。譬如：在拍攝主題色調為白色或淺色系時，需調整減少曝光值；而主題色調為黑色或深色系時，需調整增加曝光值。可由閃光燈的功能鍵或機身曝光補償鍵、鏡頭光圈大小來調整設定，以改善影像品質與適當曝光值。

再者，微距攝影的放大率，會因接寫環使用多寡、蛇腹長短而改變其影像主體大小；拍攝時使用接寫環愈長，景深也會變得愈淺，光線也因而有所損失；或在自然光源下，晨昏、樹蔭下、陰雨天所產生的色溫偏色現象。使用濾色片校正或選擇使用閃光燈來拍攝，便可獲得理想的畫面品質與改善，及自己想要的主體畫面大小。

上述如果沒有使用閃光燈來輔助做為光源，通常較不易獲得理想的色調、曝光及景深、主體畫面大小。而使用了 GN 值較高的閃光燈，不僅可以解決上述問題，也可克服在野外風吹草動、手持震動或敏感生物等拍攝問題，也有控制背景明暗光差、霧化效果等諸多優點。有些影友因對於閃光燈使用故步自封或不熟悉而錯過精彩的動態影像或一生只遇一次的稍縱即逝絕美光景，殊為可惜，最終落得捶胸頓足，悔之晚矣。

再者，善用與瞭解閃光燈的特性和操作性，對它就會愛不釋手。忽視它、冷漠它視為燙手山芋，就無法掌握光線創造美麗的影像。尤其是微距攝影（含狹義的超微距攝影），如果不使用閃光燈做為光源，是很難獲得影像清晰的全景深。換言之，不善用閃光燈或不會使用閃光燈做控光，也就很難攝得一張滿意的微距攝影作品。以上供參閱之。

A. 環形閃光燈

環形閃光燈又俗稱無影閃光燈，是專為近拍所設計的閃光燈；拍攝時係利用不同口徑的接環裝置於微距鏡頭前端使用打光。它的操作方法簡單、光源柔和、機動性高，無論靜動皆適宜；其閃光指數 GN 值（Guide Number），通常並不高

約 8 - 14 之間，輸出的光源為環狀正面光，以致缺乏立體感或是拍攝某些光亮之題材如金龜子、鍬形蟲時，易產生反光和陰影。由於閃光指數並不高，也就不利於中距離以上和較大主體或低色調縮光圈來拍攝。如要改善：可搭配其他閃光燈，做多燈攝影。

B. 多燈攝影

多燈攝影係利用 2 個或 2 個以上的閃光燈來進行拍攝，無論是有線或無線裝置；藉以拍出美麗又迷人的立體影像及陰影部消除或創造出主體具邊光效果，這也是我最常用和愛用的方法。雖然此方式比環形閃光燈或單燈麻煩一點，但卻可自由創造無限想像及完美的影像作品。多重閃光燈拍攝的採光有很多種組合，可依個人喜好選擇燈具及配件，使用有線或無線搭配，來進行自己喜愛的光比佈光來拍攝，以創造美麗的立體影像。

3. 接寫環（Extension tube）

接寫環是由 3 個不同長度，不透光的中空接環組合成一組，可個別單獨或合併使用；也可用 2 組接環 1 - 6 個不等任意組合搭配，或充當蛇腹使用來拍攝。接寫環最主要的功能係用於連接鏡頭與機身之間，功能與蛇腹相近；依主體大小作不同放大率特寫使用。接寫環如果使用愈多就愈長，它的放大率就愈大，光線也因而損失愈多，拍攝時需調整曝光補償。由於接寫環為中空結構內無鏡片，並不會直接影響影像品質，其優點體積小，重量輕，且經濟又便捷，非常適合野地外拍，有別於蛇腹外觀看似孔武有力，內在卻是相當脆弱不堪一擊。

4. 蛇腹（Bellows）

蛇腹和接寫環的功能相近，同樣是連接鏡頭與機身之間。它是利用皮腔伸縮自由的來改變影像的放大率，有別於接寫環要拆來換去的步驟。蛇腹的用途，基本上並不廣泛；會想要使用蛇腹的人，大部份是已體驗過接寫環的不足之處，無法滿足畫面大小比例需求，欲想要獲得更大影像放大率及拍攝極細小生物或物品之用途。如拍攝蝶卵、蛾卵或螞蟻、小花等等，諸如此類米粒般小型昆蟲、花卉、商品特寫之需。使用蛇腹時，因鏡頭與機身距離延長，視窗會轉暗，對焦時較不易對焦，因此對焦時常會用眼過度而對到流眼淚。所以對焦時，需有輔助燈及一雙好眼力和靈巧的手，方能得心應手。以蝶卵為例，卵的直徑

約 0.35 － 2.5 mm 之間，如未使用蛇腹拍攝，較不易獲取足夠的景深與放大率。而使用蛇腹時，筆者習慣搭配一些輔助工具，譬如：三腳架、雙快門線、電燈、閃光燈、配線等等，以利操作來獲得完美的影像品質。但由於蛇腹體積大、重量重，皮腔使用不當易產生損傷或漏光、對焦不易等小麻煩；所以較不適合動態影像和野地外拍使用，比較適用於靜態題材或低敏感度生物之拍攝。

5. 倒接環和近攝鏡片

倒接環係使用倒接專用接環，將各種不同口徑鏡頭，利用倒接環倒接於相機機身。由於接環並無接點傳訊，所以拍攝時與機身功能無法連動使用。筆者喜愛微距攝影，早期為了省錢，購買了各式規格倒接環和近攝鏡片使用。使用後，卻不如想像中的完美，雖然它們具備輕薄短巧又省錢的優勢，但倒接時在構圖和對焦上有所不便，需搭配三腳架及微調雲臺使用，曝光時需作補償。又因鏡頭前容易滲光，有損傷鏡片之慮及不適於動態影像拍攝；且鏡頭與機身無法連動，如使用大口鏡鏡頭又擔心銜接之處鬆動、掉落、刮傷，損及鏡頭等缺憾。

近攝鏡片係直接裝置在鏡頭前方，以增加鏡頭的屈光度來做特寫拍攝。它可以單獨或 2 個以上組合，以獲得較高的放大倍率。使用時便捷又省錢，但鏡片使用過多，會直接影響影像品質，尤其是品質不佳的鏡片，其周圍影像不夠清晰，這對於追求高品質的影友來說，可能無法滿足它的要求。其他如：偏光鏡，濾色片，加倍鏡，測光錶，灰卡，感應器，低腳架，快門線，補光板，擋光板，微調雲臺，夾子，花剪，噴霧器，手電筒，背景紙，雨鞋，投射燈，簡易急救包、捕蟲網等等輔助工具，因人喜好有所差別，在此不另說明。

我的攝影朋友常問我，要選擇那種相機和軟片才能拍出好東西。我總是老生常談：只要能駕馭好手中的相機，多看、多聽、多問、多檢討，培養出獨具匠心之慧眼，就能拍出好照片。但不可諱言，在一定水準基礎上，擁有一個精緻細膩影像解晰度佳及豐富色彩呈現的鏡頭，再配合高品質專業軟片是獲得精緻影像不可獲缺的元素。這正是所謂「工欲善其事，必先利其器」。不然，為什麼有些攝影家對 CARL ZEISS 、LEICA 特別情有獨鍾，愛不釋手呢？我並不是鼓勵大家使用高檔貨，唯有精湛攝影技藝和美學，才能獨樹一格；基本功如不紮實，即使手握名相機，也無法呈現完美影像。早年習影期間，看到一些土豪大老闆，出門外拍開賓士帶整套哈蘇與萊卡相機，這龐相機等值一台高級車，真是煞羨極致。不過當看到他所拍的作品時，除了色澤美外，其他內容只有 4 個字「慘不忍賭」，這足以證明無美學涵養，擁有一堆名機也是無益。

自然光是最美麗的光源，也是最難以捉摸的光源，更也是整個影像的靈魂，少了光什麼也沒有。光被區分為：順光、斜光、逆光、頂光、半逆光、擴散光、側光等等，但這些光源會隨著晨昏而改變強弱及色溫，讓光成為影像的變數。自然光雖然不用花錢購買，但想要駕馭它卻並非易事。尤其是在地形地物惡劣之環境、低光照之處或遇到活潑好動的小生物，慎選光源、器材並能掌握光的人，才能創造出美麗的影像。

在自然光源下進行拍攝時，我習慣使用三腳架和快門線，來降低不必要的人為震動；對焦時，採用手動對焦且配合微調雲臺調焦，使用補光板 1 － 3 塊來補光。而補光板，是用超市購買的鋁箔紙，將它搓揉呈眾多凹凸不平的反射面，再將它粘貼於木板上，這樣就可以做出自己想要的補光板大小，隨心所欲作補光，其補光之效果，並不遜於其他補光板。在遇到雜亂環境時，偶用人工彩繪背景，來克服拍攝條件不佳或惡劣地形，以利拍攝。採光時，我最喜愛逆光和半逆光；但盡量控制好光差，不選擇超過 4 格以上的反差素材，以確保有完美的影像複製。

我在近攝時，常會使用到 F11 至 F22 之光圈值，使影像獲得足夠的景深。為避免被攝物風動、色溫偏離等變數，常搭配閃光燈使用。為什麼呢？下列簡述以供參考：a 同樣的光圈和鏡頭，光圈愈大，景深就愈短；而光圈愈小，景深就愈長。但如果縮得太小會產生繞射現象；開得太大畫質會鬆散，除非特殊情況，儘量少使用鏡頭的最大與最小的光圈值。b 拍攝距離，離被攝物愈近景深短，反之景深長。但如果離主題太遠，主題就會變小而減弱焦點所在。C、鏡頭焦距，使用不同長短的鏡頭其景深就不同，如使用長鏡頭，視角窄，景深短而霧化；使用廣角鏡頭，視角寬，景深長而清晰。

一指神功的拍照式人人都會拍，但要拍出一張成功、令人感動與富饒情感的生態作品，非點專業常識、功力和鑑賞力，才方能達成。所以，一張賞心悅目富饒情感的生態作品，至少要有學術性、藝術性及下列幾點思維：

1. 焦點清晰、曝光得宜，有足夠的全景深。一張失焦與曝光失當的畫面，畫面僅頭清餘脫焦，不管再怎麼辛苦拍攝到，是很難讓專業攝影引起共鳴的。

2. 主題明確、背景簡潔。拍攝時儘量避免雜亂無章的景物，和景深控制不佳的畫面入鏡。所以，不要認為有拍到就好，而未經思考即啟動快門亂槍打鳥式的拍。

3. 焦平面需與被攝體保持平行和有足夠的景深。焦平面偏離主題和景深不足，往往無法透視主題全貌；以致部分畫面脫焦不清晰，影響著視覺感觀，除非是需要生態環境照。

4. 構圖嚴謹唯美、採光須得宜。構圖的完不完善直接影響著視覺感官，一幅賞心悅目的畫面，會引人入勝產生共鳴，久久不能忘懷且記憶猶新，眸入攝影藝術的冥想藝境。

5. 勿拍合成照騙與偽科學生態行為。有些影友只為了拍自己心目中的美照，而不擇手段毀壞生態環境，此舉不可取。迷途於拍攝合成「不真」、「不善」只有美之畫面。扭曲生物的自然法則與習性，拍攝一些令人不悅或與事實不符的奇怪影像來詐人。有違藝術追求真、善、美之境界，愛護大自然，做個復育和保育生態的實踐者。

本影集所有照片未經任何電腦合成或移花接木，所使用的器材有 Contax645，167MT；Nikon90x，Nikon-D800，Nikon-D750，F301，F3。 鏡 頭：Macro 60mm，100mm，105mm，120mm，200mm。或 18mm，80 ～ 200mm。接寫環，蛇腹，三腳架，快門線，偏光鏡。閃光燈：Metz 54 MZ-3，44MZ-2，40AF-4，NikonSB-22s，SB-23，SB-25，SB-26，SB-28，SB-29，SB-800 等。底片使用 Kodak 專業軟片 E100vs；FUJIFILM 專業軟片 RDP100，RVP50，100 所拍攝，它的卓越表現無論是色彩，解析度，粒子，滿足了我對影像品質的追求。

結論

從事微距攝影，是一門充滿挑戰性、知識性的工作。沒有滿懷理想、熱忱和興趣，是無法持之以恆。在野地，不僅要膽大心細，還要有毅力和耐力，才能深入人煙罕至之地，探尋心中的寶貝。平常也要多閱覽被攝物相關訊息和培養獨具慧眼之構思、技藝與經驗；這樣在遇到不錯的題材時，才不會手忙腳亂，錯失良機。近些年來，拜科技之賜135 相機的功能與設備完善，配合高速快門及 TTL 自動閃光燈等功能，幾乎可應付各種的近距拍攝。拍照時，只需關注構圖，大概不會有什麼問題；以至於相機愈來愈聰明，使用者愈來愈懶；無需思考拍攝前的前置作業，只想著後製作。再者，數位影像的快速掘起，結合電腦可創造出無限想像與可能，顛覆著舊有的思維與製作方式；使得傳統暗房和相機逐漸凋零式微。這樣的演變，或許有些影友還尚未調適好，因茫然而懷疑攝影定位價值，因從攝影裡看不到藝術未來和價值而徘徊。但我們也無法預知數位攝影，何時會被新科技產物所取代，攝影族群的流失，會不會由平面轉而動畫、立體藝術或著回歸傳統的純攝影。但一當藝術遇到人文、自然、學術、科學時，它的影像保存記錄功能是不會被取代的。最後，同樣是攝影藝術，有的人曇花一現，有的人卻豐富了人生。不管您從事何種藝術攝影，不盲從追求一些光怪陸離的奇特影像和暫時性的感觀刺激，選擇有意義適合自己的題材去拍攝，才能堅持地走下去。不斷累積自己的成果與經驗，彙集成冊，和喜愛的人分享。～祝您成功～。

疣胸琉璃蟻。

【附錄二】
蝴蝶與幼蟲食草（寄主植物）對照表

鳳蝶科	黃裳鳳蝶	P028-031

幼蟲食草（寄主植物）

馬兜鈴科 Aristolochiaceae
馬兜鈴屬 *Aristolochia*
- 馬兜鈴 *Aristolochia debilis* Siebold & Zucc. 栽培種
- 彩花馬兜鈴（煙斗花藤）*Aristolochia elegans* M.T.Mast. 栽培種
- 蜂窩馬兜鈴（高氏馬兜鈴）*Aristolochia foveolata* Merr. 原生種
- 巨花馬兜鈴 *Aristolochia gigantea* Mart. & Zucc 栽培種
- 漸尖葉馬兜鈴（舊名耳葉馬兜鈴）*Aristolochia acuminata* Lam. 栽培種
- 港口馬兜鈴 *Aristolochia zollingeriana* Miq. 原生種
關木通屬 *Isotrema*
- 瓜葉馬兜鈴 *Isotrema cucurbitifolium* (Hayata) X.X. Zhu, S. Liao & J.S. Ma 臺灣特有種
- 合歡山馬兜鈴 *Isotrema hohuanense* (S.S. Ying) C.T. Lu & J.C. Wang 臺灣特有種
- 琉球馬兜鈴 *Isotrema liukiuense* (Hatusima) X.X. Zhu, S. Liao & J.S. Ma 栽培種
- 柔毛馬兜鈴 *Isotrema mollis* Dunn C.T. Lu & J.C. Wang 原生種 & 金門產
- 八仙山馬兜鈴 *Isotrema pahsienshanense* C.-L. Yang, J.-C. Wang & C.-T. Lu 臺灣特有種
- 臺灣馬兜鈴 *Isotrema shimadae* (Hayata) X.X. Zhu, S. Liao & J.S. Ma 原生種
- 裕榮馬兜鈴 *Isotrema yujungianum* (C.T. Lu & J.C. Wang) X.X. Zhu, S. Liao & J.S. Ma 臺灣特有種

等食草的花、葉、果、莖及全株柔軟組織為食。

鳳蝶科	麝鳳蝶（麝香鳳蝶）	P032-035

幼蟲食草（寄主植物）

馬兜鈴科 Aristolochiaceae
馬兜鈴屬 *Aristolochia*
- 馬兜鈴 *Aristolochia debilis* Siebold & Zucc. 栽培種
- 彩花馬兜鈴（煙斗花藤）*Aristolochia elegans* M.T.Mast. 栽培種
- 蜂窩馬兜鈴（高氏馬兜鈴）*Aristolochia foveolata* Merr. 原生種
- 巨花馬兜鈴 *Aristolochia gigantea* Mart. & Zucc 栽培種
- 漸尖葉馬兜鈴（舊名耳葉馬兜鈴）*Aristolochia acuminata* Lam. 栽培種
- 港口馬兜鈴 *Aristolochia zollingeriana* Miq. 原生種
關木通屬 *Isotrema*
- 瓜葉馬兜鈴 *Isotrema cucurbitifolium* (Hayata) X.X. Zhu, S. Liao & J.S. Ma 臺灣特有種
- 合歡山馬兜鈴 *Isotrema hohuanense* (S.S. Ying) C.T. Lu & J.C. Wang 臺灣特有種
- 琉球馬兜鈴 *Isotrema liukiuense* (Hatusima) X.X. Zhu, S. Liao & J.S. Ma 栽培種
- 柔毛馬兜鈴 *Isotrema mollis* Dunn C.T. Lu & J.C. Wang 原生種 & 金門產
- 八仙山馬兜鈴 *Isotrema pahsienshanense* C.-L. Yang, J.-C. Wang & C.-T. Lu 臺灣特有種
- 臺灣馬兜鈴 *Isotrema shimadae* (Hayata) X.X. Zhu, S. Liao & J.S. Ma 原生種
- 裕榮馬兜鈴 *Isotrema yujungianum* (C.T. Lu & J.C. Wang) X.X. Zhu, S. Liao & J.S. Ma 臺灣特有種

等食草的花、葉、果、莖及全株柔軟組織為食。

鳳蝶科	長尾麝鳳蝶（臺灣麝香鳳蝶）	P036-039

幼蟲食草（寄主植物）

馬兜鈴科 Aristolochiaceae
馬兜鈴屬 *Aristolochia*
- 馬兜鈴 *Aristolochia debilis* Siebold & Zucc. 栽培種
- 彩花馬兜鈴（煙斗花藤）*Aristolochia elegans* M.T.Mast. 栽培種
- 蜂窩馬兜鈴（高氏馬兜鈴）*Aristolochia foveolata* Merr. 原生種
- 巨花馬兜鈴 *Aristolochia gigantea* Mart. & Zucc 栽培種
- 漸尖葉馬兜鈴（舊名耳葉馬兜鈴）*Aristolochia acuminata* Lam. 栽培種
- 港口馬兜鈴 *Aristolochia zollingeriana* Miq. 原生種
關木通屬 *Isotrema*
- 瓜葉馬兜鈴 *Isotrema cucurbitifolium* (Hayata) X.X. Zhu, S. Liao & J.S. Ma 臺灣特有種
- 合歡山馬兜鈴 *Isotrema hohuanense* (S.S. Ying) C.T. Lu & J.C. Wang 臺灣特有種
- 琉球馬兜鈴 *Isotrema liukiuense* (Hatusima) X.X. Zhu, S. Liao & J.S. Ma 栽培種
- 柔毛馬兜鈴 *Isotrema mollis* Dunn C.T. Lu & J.C. Wang 原生種 & 金門產
- 八仙山馬兜鈴 *Isotrema pahsienshanense* C.-L. Yang, J.-C. Wang & C.-T. Lu 臺灣特有種
- 臺灣馬兜鈴 *Isotrema shimadae* (Hayata) X.X. Zhu, S. Liao & J.S. Ma 原生種
- 裕榮馬兜鈴 *Isotrema yujungianum* (C.T. Lu & J.C. Wang) X.X. Zhu, S. Liao & J.S. Ma 臺灣特有種

等食草的花、葉、果、莖及全株柔軟組織為食。

鳳蝶科	多姿麝鳳蝶（大紅紋鳳蝶）	P040-043

幼蟲食草（寄主植物）

馬兜鈴科 Aristolochiaceae
馬兜鈴屬 *Aristolochia*
- 馬兜鈴 *Aristolochia debilis* Siebold & Zucc. 栽培種
- 彩花馬兜鈴（煙斗花藤）*Aristolochia elegans* M.T.Mast. 栽培種
- 蜂窩馬兜鈴（高氏馬兜鈴）*Aristolochia foveolata* Merr. 原生種
- 巨花馬兜鈴 *Aristolochia gigantea* Mart. & Zucc 栽培種
- 錦雞馬兜鈴 *Aristolochia ringens* Vahl 栽培種
- 漸尖葉馬兜鈴（舊名耳葉馬兜鈴）*Aristolochia acuminata* Lam. 栽培種
- 港口馬兜鈴 *Aristolochia zollingeriana* Miq. 原生種
關木通屬 *Isotrema*
- 瓜葉馬兜鈴 *Isotrema cucurbitifolium* (Hayata) X.X. Zhu, S. Liao & J.S. Ma 臺灣特有種
- 合歡山馬兜鈴 *Isotrema hohuanense* (S.S. Ying) C.T. Lu & J.C. Wang 臺灣特有種
- 琉球馬兜鈴 *Isotrema liukiuense* (Hatusima) X.X. Zhu, S. Liao & J.S. Ma 栽培種
- 柔毛馬兜鈴 *Isotrema mollis* Dunn C.T. Lu & J.C. Wang 原生種 & 金門產
- 八仙山馬兜鈴 *Isotrema pahsienshanense* C.-L. Yang, J.-C. Wang & C.-T. Lu 臺灣特有種
- 臺灣馬兜鈴 *Isotrema shimadae* (Hayata) X.X. Zhu, S. Liao & J.S. Ma 原生種
- 裕榮馬兜鈴 *Isotrema yujungianum* (C.T. Lu & J.C. Wang) X.X. Zhu, S. Liao & J.S. Ma 臺灣特有種

等食草的花、葉、果、莖及全株柔軟組織為食。

鳳蝶科	紅珠鳳蝶（紅紋鳳蝶）	P044-047

幼蟲食草（寄主植物）

馬兜鈴科 Aristolochiaceae
馬兜鈴屬 *Aristolochia*
- 馬兜鈴 *Aristolochia debilis* Siebold & Zucc. 栽培種
- 彩花馬兜鈴（煙斗花藤）*Aristolochia elegans* M.T.Mast. 栽培種
- 蜂窩馬兜鈴（高氏馬兜鈴）*Aristolochia foveolata* Merr. 原生種
- 巨花馬兜鈴 *Aristolochia gigantea* Mart. & Zucc 栽培種
- 錦雞馬兜鈴 *Aristolochia ringens* Vahl 栽培種
- 漸尖葉馬兜鈴（舊名耳葉馬兜鈴）*Aristolochia acuminata* Lam. 栽培種
- 港口馬兜鈴 *Aristolochia zollingeriana* Miq. 原生種
關木通屬 *Isotrema*
- 瓜葉馬兜鈴 *Isotrema cucurbitifolium* (Hayata) X.X. Zhu, S. Liao & J.S. Ma 臺灣特有種
- 合歡山馬兜鈴 *Isotrema hohuanense* (S.S. Ying) C.T. Lu & J.C. Wang 臺灣特有種
- 琉球馬兜鈴 *Isotrema liukiuense* (Hatusima) X.X. Zhu, S. Liao & J.S. Ma 栽培種
- 柔毛馬兜鈴 *Isotrema mollis* Dunn C.T. Lu & J.C. Wang 原生種 & 金門產
- 八仙山馬兜鈴 *Isotrema pahsienshanense* C.-L. Yang, J.-C. Wang & C.-T. Lu 臺灣特有種
- 臺灣馬兜鈴 *Isotrema shimadae* (Hayata) X.X. Zhu, S. Liao & J.S. Ma 原生種
- 裕榮馬兜鈴 *Isotrema yujungianum* (C.T. Lu & J.C. Wang) X.X. Zhu, S. Liao & J.S. Ma 臺灣特有種

等食草的花、葉、果、莖及全株柔軟組織為食。

鳳蝶科	翠斑青鳳蝶（綠斑鳳蝶）	P048-051

幼蟲食草（寄主植物）

番荔枝科 Annonaceae
番荔枝屬 *Annona*
- 圓滑番荔枝 *Annona glabra* Lnn. 栽培種
- 鳳梨釋迦 *Annona cherimola*.M. x *Annona squamosa* L. 栽培種 & 雜交種
- 山刺番荔枝 *Annona montana* Macfad. 栽培種
- 刺番荔枝 *Annona muricata* L. 栽培種
- 牛心番荔枝（牛心梨）*Annona reticulata* Linn. 栽培種
- 釋迦（番荔枝）*Annona squamosa* L. 栽培種
鷹爪花屬 *Artabotrys*
- 鷹爪花 *Artabotrys hexapetalus* (L. f.) Bhandari 歸化種
瓜馥木屬 *Fissistigma*
- 瓜馥木 *Fissistigma oldhamii* (Hemsl.) Merr. 原生種
哥納香屬 *Goniothalamus*
- 恒春哥納香 *Goniothalamus amuyon* (Blanco) Merr. 原生種
暗羅屬 *Polyalthia*
- 琉球暗羅 *Polyalthia liukiuensis* Hatusima 原生種
- 長葉暗羅（印度塔樹）*Polyalthia longifolia* (Sonn.) Thwaites 栽培種

鳳蝶科	翠斑青鳳蝶（綠斑鳳蝶）	P048-051

幼蟲食草（寄主植物）

樟科 Lauraceae
鱷梨屬 *Persea*
- 酪梨 *Persea americana* Mill. 栽培種

木蘭科 Magnoliaceae
木蘭屬 *Magnolia*
- 洋玉蘭（荷花玉蘭）*Magnolia grandiflora* Linn. 栽培種

含笑屬 *Michelia*
- 白玉蘭 *Michelia alba* DC. 栽培種
- 黃玉蘭 *Michelia champaca* Linn. 栽培種
- 烏心石 *Michelia compressa* (Maxim.) Sargent 原生種
- 臺灣烏心石 *Michelia compressa* (Maxim.) Sarg. **var. formosana** Kaneh. 臺灣特有變種
- 蘭嶼烏心石 *Michelia compressa* (Maxim.) Sarg. **var. lanyuensis** S.Y. Lu 臺灣特有變種
- 含笑花 *Michelia figo* (Lour.) DC 栽培種
- 南洋含笑花 *Michelia pilifera* Bakh. 栽培種

錦葵科 Malvaceae
榴槤屬 *Durio*
- 榴槤 *Durio zibethinus* Rumph. ex Murray 栽培種

胡椒科 Piperaceae
胡椒屬 *Piper*
- 荖藤（荖葉）*Piper betle* L. 歸化種
- 恒春風藤（川上氏胡椒）*Piper kawakamii* Hayata 臺灣特有種
- 蘭嶼胡椒（紅頭胡椒、綠島風藤）*Piper lanyuense* K.N. Kung & Kun C. Chang 臺灣特有種
等食草的葉片為食。

鳳蝶科	青鳳蝶（青帶鳳蝶）	P052-055

幼蟲食草（寄主植物）

樟科 Lauraceae
樟屬 *Cinnamomum*
- 小葉樟 *Cinnamomum brevipedunculatum* C.E. Chang 臺灣特有種
- 陰香（印尼肉桂）*Cinnamomum burmannii* J.Presl 歸化種
- 樟樹 *Cinnamomum camphora* (L.) J. Presl 原生種
- 肉桂 *Cinnamomum aromaticum* Nees 栽培種
- 臺灣肉桂 *Cinnamomum insularimontanum* Hayata, 臺灣特有種
- 牛樟 *Cinnamomum kanehirae* Hayata 臺灣特有種
- 蘭嶼肉桂 *Cinnamomum kotoense* Kaneh. & Sasaki 臺灣特有種
- 胡氏肉桂 *Cinnamomum macrostemon* Hayata 臺灣特有種
- 冇樟 *Cinnamomum micranthum* (Hayata) Hayata 原生種
- 土肉桂 *Cinnamomum osmophloeum* Kaneh. 臺灣特有種
- 土樟 *Cinnamomum reticulatum* Hayata 臺灣特有種
- 香桂 *Cinnamomum subavenium* Miq. 原生種
- 天竺桂 *Cinnamomum tenuifolium* Sugim. f. **nervosum** (Meisn.) H. Hara 原生種
- 錫蘭肉桂 *Cinnamomum verum* J. Presl 栽培種

釣樟屬 *Lindera*
- 白葉釣樟 *Lindera glauca* (Sieb. & Zucc.) Blume 原生種
- 大葉釣樟（大香葉樹）*Lindera megaphylla* Hemsl. 原生種

木薑子屬 *Litsea*
- 屏東木薑子 *Litsea akoensis* Hayata **var. akoensis** Hayata 臺灣特有變種
- 竹頭角木薑子 *Litsea akoensis* Hayata **var. chitouchiaoensis** J.C. Liao 臺灣特有變種
- 潺槁樹（潺槁木薑子）*Litsea glutinosa* (Lour.) C.B. Rob （金門引進栽培）
- 小梗木薑子（黃肉樹）*Litsea hypophaea* Hayata 臺灣特有種
- 橢圓葉木薑子（白背木薑子）*Litsea rotundifolia* Hemsl. **var. oblongifolia** (Nees) C.K. Allen 原生種

楨楠屬 *Machilus*
- 大葉楠 *Machilus kusanoi* Hayata 臺灣特有種
- 霧社楨楠（青葉楠）*Machilus mushaensis* F.Y. Lu 臺灣特有種
- 假長葉楠 *Machilus pseudolongifolia* Hayata 臺灣特有種
- 豬腳楠（紅楠）*Machilus thunbergii* Siebold & Zucc. 原生種
- 香楠 *Machilus zuihoensis* Hayata 臺灣特有種

擦樹屬 *Sassafras*
- 臺灣擦樹 *Sassafras randaiense* (Hayata) Rehder 臺灣特有種
等食草的葉片為食。

鳳蝶科	花鳳蝶（無尾鳳蝶）	P056-059

幼蟲食草（寄主植物）

芸香科 Rutaceae
木橘屬 *Aegle*
- 木蘋果（木橘、硬皮橘）*Aegle marmelos* (L) Correa 栽培種

四季橘屬 *Citrofortunella*
- 四季橘 *Citrofortunella* × C. *microcarpa* 栽培種（金柑 × 橘之雜交種）

柑橘屬 *Citrus*
- 萊姆（無子檸檬）*Citrus aurantifolia* Swingle 栽培種
- 虎頭柑 *Citrus aurantium* L. cv. Hutou Gan 栽培種
- 酸橙（來母、苦橙）*Citrus* × *aurantium* L. 原生種
- 柚子（文旦）*Citrus maxima* (Burm.) Merr., 栽培種
- 檸檬 *Citrus limon* (L.) Osbeck 栽培種
- 黎檬（廣東檸檬）*Citrus* × *limonia* Osbeck 栽培種
- 香水檸檬 *Citrus medica* L. var. *medica* 栽培種
- 佛手柑 *Citrus medica* L. var. *sarcodactylis* Swingle 栽培種
- 葡萄柚 *Citrus* × *paradisi* Macfad 栽培種
- 椪柑 *Citrus poonensis* Hort. ex Tanaka 栽培種
- 臺灣香檬 *Citrus reticulate var. depressa* (Hayata) T.C. Ho & T.W. Hsu 原生種
- 甜橙（柳丁）*Citrus* × *sinensis* (L.) Osbeck, 栽培種
- 臍橙 *Citrus* × *sinensis* (L.) 'Navel orange' 栽培種
- 橘柑（立花橘）*Citrus tachibana* Makino Tanaka, 原生種
- 南庄橙 *Citrus taiwanica* Tagawa & Shimada, 臺灣特有種
- 箭葉橙（馬蜂橙、癩瘋柑）*Citrus hystrix* DC. Cat., 栽培種
- 枸櫞（香櫞）*Citrus medica* L. 栽培種
- 橘子（柑仔）*Citrus reticulate* Blanco 栽培種
- 桶柑 *Citrus tankan* Hayata 栽培種
- 海梨柑 *Citrus tankan* Hayata f. *hairi* Hort. 栽培種
- 茂谷柑 *Citrus reticulate* Blanco × C. *sinensis* Osbeck 栽培種
- 金柑（圓實金柑）*Citrus japonica* (Thunb.) Swingle 栽培種
- 金棗（長實金柑）*Citrus margarita* (Lour.) Swingle 栽培種

黃皮屬 *Clausena*
- 過山香 *Clausena excavata* Burm. f. 原生種

石岑舅屬（山小橘屬）*Glycosmis*
- 長果山桔 *Glycosmis parviflora* (Sims) Kurz.,**var. erythrocarpa** (Hayata) T.C.Ho 原生種
- 圓果山桔 *Glycosmis parviflora* var. *parviflora* (Sims) Little 原生種

枳屬 *Poncirus*
- 枳殼（枸橘）*Poncirus trifoliata* (L.) Raf. 栽培種

烏柑屬 *Severinia*
- 烏柑仔 *Severinia buxifolia* (Poir.) Ten. 原生種

香吉果屬 *Triphasia*
- 香吉果 *Triphasia trifolia* (Burm. f.) P. Wilson 栽培種

花椒屬 *Zanthoxylum*
- 鰭山椒（胡椒木、岩山椒）*Zanthoxylum piperitum* DC. 栽培種
- 藤花椒 *Zanthoxylum scandens* Blume 原生種
等食草的葉片為食。

鳳蝶科	柑橘鳳蝶	P060-063

幼蟲食草（寄主植物）

芸香科 Rutaceae
木橘屬 *Aegle*
- 木蘋果（木橘、硬皮橘）*Aegle marmelos* (L) Correa 栽培種

四季橘屬 *Citrofortunella*
- 四季橘 *Citrofortunella* × C. *microcarpa* 栽培種

柑橘屬 *Citrus*
- 萊姆（無子檸檬）*Citrus aurantifolia* Swingle 栽培種
- 虎頭柑 *Citrus aurantium* L. cv. Hutou Gan 栽培種
- 酸橙（來母、苦橙）*Citrus* × *aurantium* L. 原生種
- 柚子（文旦）*Citrus maxima* (Burm.) Merr. 栽培種
- 檸檬 *Citrus limon* (L.) Osbeck 栽培種
- 黎檬（廣東檸檬）*Citrus* × *limonia* Osbeck 栽培種
- 香水檸檬 *Citrus medica* L. var. *medica* 栽培種
- 佛手柑 *Citrus medica* L. var. *sarcodactylis* Swingle 栽培種
- 葡萄柚 *Citrus* × *paradisi* Macfad 栽培種
- 椪柑 *Citrus poonensis* Hort. ex Tanaka 栽培種
- 臺灣香檬 *Citrus reticulate* var. *depressa* (Hayata) T.C. Ho & T.W. Hsu 原生種
- 甜橙（柳丁）*Citrus* × *sinensis* (L.) Osbeck 栽培種

鳳蝶科	柑橘鳳蝶	P060-063
幼蟲食草（寄主植物）		

- 臍橙 ***Citrus × sinensis*** (L.)'Navel orange' 栽培種
- 橘柑（立花橘）***Citrus tachibana*** Makino Tanaka 原生種
- 南庄橙 ***Citrus taiwanica*** Tagawa & Shimada 臺灣特有種
- 箭葉橙（馬蜂橙、癩瘋柑）***Citrus hystrix*** DC. Cat. 栽培種
- 枸櫞（香櫞）***Citrus medica*** L. 栽培種
- 橘子（柑仔）***Citrus reticulate*** Blanco 栽培種
- 桶柑 ***Citrus tankan*** Hayata 栽培種
- 海梨柑 ***Citrus tankan*** Hayata **f. hairi** Hort. 栽培種
- 茂谷柑 ***Citrus reticulate*** Blanco × *C. sinensis* Osbeck 栽培種
- 金柑（圓實金柑）***Citrus japonica*** (Thunb.) Swingle 栽培種
- 金棗（長實金柑）***Citrus margarita*** (Lour.) Swingle 栽培種

枳屬 *Poncirus*
- 枳殼（枸橘）***Poncirus trifoliata*** (L.) Raf. 栽培種

烏柑屬 *Severinia*
- 烏柑仔 ***Severinia buxifolia*** (Poir.) Ten. 原生種

賊仔樹屬 *Tetradium*
- 賊仔樹（臭辣樹）***Tetradium glabrifolium*** (Champ. ex Benth.) T.G. Hartley 原生種
- 吳茱萸（毛臭辣樹）***Tetradium ruticarpum*** (A. Juss.) T. G. Hartley 原生種

飛龍掌血屬 *Toddalia*
- 飛龍掌血 ***Toddalia asiatica*** (L.) Lam. 原生種

花椒屬 *Zanthoxylum*
- 岩花椒 ***Zanthoxylum acanthopodium*** DC. 原生種
- 食茱萸（刺楤）***Zanthoxylum ailanthoides*** Sieb. & Zucc. 原生種
- 秦椒 ***Zanthoxylum armatum*** DC. 原生種
- 狗花椒 ***Zanthoxylum avicennae*** (Lam.) DC. 原生種
- 蘭嶼花椒 ***Zanthoxylum integrifoliolum*** (Merr.) Merr. 原生種
- 雙面刺 ***Zanthoxylum nitidum*** (Roxb.) DC. 原生種
- 鰭山椒（胡椒木、岩山椒）***Zanthoxylum piperitum*** DC. 栽培種
- 三葉花椒 ***Zanthoxylum pistaciiflorum*** Hayata 臺灣特有種
- 藤花椒 ***Zanthoxylum scandens*** Blume 原生種
- 翼柄花椒 ***Zanthoxylum schinifolium*** Siebold & Zucc. 原生種
- 刺花椒（野花椒）***Zanthoxylum simulans*** Hance 原生種
- 屏東花椒 ***Zanthoxylum wutaiense*** I.S. Chen 臺灣特有種

等食草的葉片為食。

鳳蝶科	玉帶鳳蝶	P060-063
幼蟲食草（寄主植物）		

月橘屬 *Murraya*
- 山黃皮 ***Murraya euchrestifolia*** Hayata 臺灣特有種
- 可因氏月橘（咖哩樹）***Murraya koenigii*** (L.) Spreng**.** 栽培種 & 歸化種

枳屬 *Poncirus*
- 枳殼（枸橘）***Poncirus trifoliata*** (L.) Raf. 栽培種

烏柑屬 *Severinia*
- 烏柑仔 ***Severinia buxifolia*** (Poir.) Ten. 原生種

香吉果屬 *Triphasia*
- 香吉果 ***Triphasia trifolia*** (Burm. f.) P. Wilson 栽培種

賊仔樹屬 *Tetradium*
- 賊仔樹（臭辣樹）***Tetradium glabrifolium*** (Champ. ex Benth.) T.G. Hartley 原生種
- 吳茱萸（毛臭辣樹）***Tetradium ruticarpum*** (A. Juss.) T. G. Hartley 原生種

飛龍掌血屬 *Toddalia*
- 飛龍掌血 ***Toddalia asiatica*** (L.) Lam. 原生種

花椒屬 *Zanthoxylum*
- 岩花椒 ***Zanthoxylum acanthopodium*** DC. 原生種
- 食茱萸（刺楤）***Zanthoxylum ailanthoides*** Sieb. & Zucc. 原生種
- 秦椒 ***Zanthoxylum armatum*** DC. 原生種
- 狗花椒 ***Zanthoxylum avicennae*** (Lam.) DC. 原生種
- 蘭嶼花椒 ***Zanthoxylum integrifoliolum*** (Merr.) Merr. 原生種
- 雙面刺 ***Zanthoxylum nitidum*** (Roxb.) DC. 原生種
- 鰭山椒（胡椒木、岩山椒）***Zanthoxylum piperitum*** DC. 栽培種
- 三葉花椒 ***Zanthoxylum pistaciiflorum*** Hayata 臺灣特有種
- 藤花椒 ***Zanthoxylum scandens*** Blume 原生種
- 翼柄花椒 ***Zanthoxylum schinifolium*** Siebold & Zucc. 原生種
- 刺花椒（野花椒）***Zanthoxylum simulans*** Hance 原生種
- 屏東花椒 ***Zanthoxylum wutaiense*** I.S. Chen 臺灣特有種

樟科 Lauraceae
樟屬 *Cinnamomum*
- 樟樹 ***Cinnamomum camphora*** (L.) J. Presl 原生種

等 40 幾種食草的葉片為食。

鳳蝶科	玉帶鳳蝶	P064-067
幼蟲食草（寄主植物）		

芸香科 Rutaceae
木橘屬 *Aegle*
- 木蘋果（木橘、硬皮橘）***Aegle marmelos*** (L) Correa 栽培種

四季橘屬 *Citrofortunella*
- 四季橘 ***Citrofortunella × C. microcarpa*** 栽培種

柑橘屬 *Citrus*
- 萊姆（無子檸檬）***Citrus aurantifolia*** Swingle 栽培種
- 虎頭柑 ***Citrus aurantium*** L. cv. Hutou Gan 栽培種
- 酸橙（來母、苦橙）***Citrus × aurantium*** L. 原生種
- 柚子（文旦）***Citrus maxima*** (Burm.) Merr. 栽培種
- 檸檬 ***Citrus limon*** (L.) Osbeck 栽培種
- 黎檬（廣東檸檬）***Citrus × limonia*** Osbeck 栽培種
- 香水檸檬 ***Citrus medica*** L. **var. medica** 栽培種
- 佛手柑 ***Citrus medica*** L. **var. sarcodactylis** Swingle 栽培種
- 葡萄柚 ***Citrus × paradisi*** Macfad 栽培種
- 椪柑 ***Citrus poonensis*** Hort. ex Tanaka 栽培種
- 臺灣香檬 ***Citrus reticulate*** var. depressa (Hayata) T.C. Ho & T.W. Hsu 原生種
- 甜橙（柳丁）***Citrus × sinensis*** (L.) Osbeck 栽培種
- 臍橙 ***Citrus × sinensis*** (L.)'Navel orange' 栽培種
- 橘柑（立花橘）***Citrus tachibana*** Makino Tanaka 原生種
- 南庄橙 ***Citrus taiwanica*** Tagawa & Shimada 臺灣特有種
- 箭葉橙（馬蜂橙、癩瘋柑）***Citrus hystrix*** DC. Cat. 栽培種
- 枸櫞（香櫞）***Citrus medica*** L. 栽培種
- 橘子（柑仔）***Citrus reticulate*** Blanco 栽培種
- 桶柑 ***Citrus tankan*** Hayata 栽培種
- 海梨柑 ***Citrus tankan*** Hayata **f. hairi** Hort. 栽培種
- 茂谷柑 ***Citrus reticulate*** Blanco × *C. sinensis* Osbeck 栽培種
- 金柑（圓實金柑）***Citrus japonica*** (Thunb.) Swingle 栽培種
- 金棗（長實金柑）***Citrus margarita*** (Lour.) Swingle 栽培種

黃皮屬 *Clausena*
- 過山香 ***Clausena excavata*** Burm. f. 原生種

石苓舅屬（山小橘屬）*Glycosmis*
- 長果山桔 ***Glycosmis parviflora*** (Sims) Kurz.,**var. erythrocarpa** (Hayata) T.C.Ho 原生種
- 圓果山桔 ***Glycosmis parviflora*** var. parviflora (Sims) Little 原生種

鳳蝶科	黑鳳蝶	P068-071
幼蟲食草（寄主植物）		

芸香科 Rutaceae
木橘屬 *Aegle*
- 木蘋果（木橘、硬皮橘）***Aegle marmelos*** (L) Correa 栽培種

四季橘屬 *Citrofortunella*
- 四季橘 ***Citrofortunella × C. microcarpa*** 栽培種

柑橘屬 *Citrus*
- 萊姆（無子檸檬）***Citrus aurantifolia*** Swingle 栽培種
- 虎頭柑 ***Citrus aurantium*** L. cv. Hutou Gan 栽培種
- 酸橙（來母、苦橙）***Citrus × aurantium*** L. 原生種
- 柚子（文旦）***Citrus maxima*** (Burm.) Merr. 栽培種
- 檸檬 ***Citrus limon*** (L.) Osbeck 栽培種
- 黎檬（廣東檸檬）***Citrus × limonia*** Osbeck 栽培種
- 香水檸檬 ***Citrus medica*** L. **var. medica** 栽培種
- 佛手柑 ***Citrus medica*** L. **var. sarcodactylis** Swingle 栽培種
- 葡萄柚 ***Citrus × paradisi*** Macfad 栽培種
- 椪柑 ***Citrus poonensis*** Hort. ex Tanaka 栽培種
- 臺灣香檬 ***Citrus reticulate*** var. depressa (Hayata) T.C. Ho & T.W. Hsu 原生種
- 甜橙（柳丁）***Citrus × sinensis*** (L.) Osbeck 栽培種
- 臍橙 ***Citrus × sinensis*** (L.)'Navel orange' 栽培種
- 橘柑（立花橘）***Citrus tachibana*** Makino Tanaka 原生種
- 南庄橙 ***Citrus taiwanica*** Tagawa & Shimada 臺灣特有種
- 箭葉橙（馬蜂橙、癩瘋柑）***Citrus hystrix*** DC. Cat. 栽培種
- 枸櫞（香櫞）***Citrus medica*** L. 栽培種
- 橘子（柑仔）***Citrus reticulate*** Blanco 栽培種
- 桶柑 ***Citrus tankan*** Hayata 栽培種
- 海梨柑 ***Citrus tankan*** Hayata **f. hairi** Hort. 栽培種
- 茂谷柑 ***Citrus reticulate*** Blanco × *C. sinensis* Osbeck 栽培種
- 金柑（圓實金柑）***Citrus japonica*** (Thunb.) Swingle 栽培種
- 金棗（長實金柑）***Citrus margarita*** (Lour.) Swingle 栽培種

石苓舅屬（山小橘屬）*Glycosmis*
- 長果山桔 ***Glycosmis parviflora*** (Sims) Kurz.,**var. erythrocarpa** (Hayata) T.C.Ho 原生種
- 圓果山桔 ***Glycosmis parviflora*** var. parviflora (Sims) Little 原生種

月橘屬 *Murraya*
- 山黃皮 ***Murraya euchrestifolia*** Hayata 臺灣特有種

鳳蝶科	黑鳳蝶	P068-071

幼蟲食草（寄主植物）

黃蘗屬 *Phellodendron*
- 臺灣黃蘗 *Phellodendron amurense* Rupr. **var. *wilsonii*** C.E. Chang 臺灣特有變種

枳屬 *Poncirus*
- 枳殼（枸橘）*Poncirus trifoliata* (L.) Raf. 栽培種

烏柑屬 *Severinia*
- 烏柑仔 *Severinia buxifolia* (Poir.) Ten. 原生種

茵芋屬 *Skimmia*
- 阿里山茵芋 *Skimmia arisanensis* Hayata 臺灣特有種
- 深紅茵芋 *Skimmia japonica* Thunb.**ssp. *distincte-venulosa* var. *orthoclada*** (Hayata) Ho 原生種

賊仔樹屬 *Tetradium*
- 賊仔樹（臭辣樹）*Tetradium glabrifolium* (Champ. ex Benth.) T.G. Hartley 原生種
- 吳茱萸（毛臭辣樹）*Tetradium ruticarpum* (A. Juss.) T. G. Hartley 原生種

飛龍掌血屬 *Toddalia*
- 飛龍掌血 *Toddalia asiatica* (L.) Lam. 原生種

花椒屬 *Zanthoxylum*
- 岩花椒 *Zanthoxylum acanthopodium* DC. 原生種
- 食茱萸（刺楤）*Zanthoxylum ailanthoides* Sieb. & Zucc. 原生種
- 秦椒 *Zanthoxylum armatum* DC. 原生種
- 狗花椒 *Zanthoxylum avicennae* (Lam.) DC. 原生種
- 蘭嶼花椒 *Zanthoxylum integrifoliolum* (Merr.) Merr. 原生種
- 雙面刺 *Zanthoxylum nitidum* (Roxb.) DC. 原生種
- 鰭山椒（胡椒木、岩山椒）*Zanthoxylum piperitum* DC. 栽培種
- 三葉花椒 *Zanthoxylum pistacii lorum* Hayata 臺灣特有種
- 藤花椒 *Zanthoxylum scandens* Blume 原生種
- 翼柄花椒 *Zanthoxylum schinifolium* Siebold & Zucc. 原生種
- 刺花椒（野花椒）*Zanthoxylum simulans* Hance 原生種
- 屏東花椒 *Zanthoxylum wutaiense* I.S. Chen 臺灣特有種

等 50 幾種食草的葉片為食。

鳳蝶科	白紋鳳蝶	P072-075

幼蟲食草（寄主植物）

芸香科 Rutaceae
四季橘屬 *Citrofortunella*
四季橘 *Citrofortunella* × C. *microcarpa* 栽培種

柑橘屬 *Citrus*
萊姆（無子檸檬）*Citrus aurantifolia* Swingle 栽培種
虎頭柑 *Citrus aurantium* L. cv. Hutou Gan 栽培種
酸橙（來母、苦橙）*Citrus* × *aurantium* L. 原生種
柚子（文旦）*Citrus maxima* (Burm.) Merr. 栽培種
檸檬 *Citrus limon* (L.) Osbeck 栽培種
黎檬（廣東檸檬）*Citrus* × *limonia* Osbeck 栽培種
香水檸檬 *Citrus medica* L. **var. *medica*** 栽培種
佛手柑 *Citrus medica* L. **var. *sarcodactylis*** Swingle 栽培種
葡萄柚 *Citrus* × *paradisi* Macfad 栽培種
椪柑 *Citrus poonensis* Hort. ex Tanaka 栽培種
臺灣香檬 *Citrus reticulate* **var. *depressa*** (Hayata) T.C. Ho & T.W. Hsu 原生種
甜橙（柳丁）*Citrus* × *sinensis* (L.) Osbeck 栽培種
臍橙 *Citrus* × *sinensis* (L.)'Navel orange' 栽培種
橘柑（立花橘）*Citrus tachibana* Makino Tanaka 原生種
南庄橙 *Citrus taiwanica* Tagawa & Shimada 臺灣特有種
箭葉橙（馬蜂橙、癩瘋柑）*Citrus hystrix* DC. Cat. 栽培種
枸櫞（香櫞）*Citrus medica* L. 栽培種
橘子（柑仔）*Citrus reticulate* Blanco 栽培種
桶柑 *Citrus tankan* Hayata 栽培種
海梨柑 *Citrus tankan* Hayata f. *hairi* Hort. 栽培種
茂谷柑 *Citrus reticulate* Blanco × C. *sinensis* Osbeck 栽培種
金柑（圓實金柑）*Citrus japonica* (Thunb.) Swingle 栽培種
金棗（長實金柑）*Citrus margarita* (Lour.) Swingle 栽培種

石苓舅屬（山小橘屬）*Glycosmis*
長果山桔 *Glycosmis parviflora* (Sims) Kurz.,**var. *erythrocarpa*** (Hayata) T.C.Ho 原生種
圓果山桔 *Glycosmis parviflora* **var. *parviflora*** (Sims) Little 原生種

枳屬 *Poncirus*
枳殼（枸橘）*Poncirus trifoliata* (L.) Raf. 栽培種

烏柑屬 *Severinia*
烏柑仔 *Severinia buxifolia* (Poir.) Ten. 原生種

鳳蝶科	白紋鳳蝶	P072-075

幼蟲食草（寄主植物）

賊仔樹屬 *Tetradium*
- 賊仔樹（臭辣樹）*Tetradium glabrifolium* (Champ. ex Benth.) T.G. Hartley 原生種
- 吳茱萸（毛臭辣樹）*Tetradium ruticarpum* (A. Juss.) T. G. Hartley 原生種

飛龍掌血屬 *Toddalia*
- 飛龍掌血 *Toddalia asiatica* (L.) Lam. 原生種

花椒屬 *Zanthoxylum*
- 食茱萸（刺楤）*Zanthoxylum ailanthoides* Sieb. & Zucc 原生種
- 雙面刺 *Zanthoxylum nitidum* (Roxb.) DC. 原生種

等 30 幾種食草的葉片為食。

鳳蝶科	大白紋鳳蝶（臺灣白紋鳳蝶）	P076-079

幼蟲食草（寄主植物）

芸香科 Rutaceae
四季橘屬 *Citrofortunella*
- 四季橘 *Citrofortunella* × C. *microcarpa* 栽培種

柑橘屬 *Citrus*
- 萊姆（無子檸檬）*Citrus aurantifolia* Swingle 栽培種
- 虎頭柑 *Citrus aurantium* L. cv. Hutou Gan 栽培種
- 酸橙（來母、苦橙）*Citrus* × *aurantium* L. 原生種
- 柚子（文旦）*Citrus maxima* (Burm.) Merr., 栽培種
- 檸檬 *Citrus limon* (L.) Osbeck 栽培種
- 黎檬（廣東檸檬）*Citrus* × *limonia* Osbeck 栽培種
- 香水檸檬 *Citrus medica* L. **var. *Medica*** 栽培種
- 佛手柑 *Citrus medica* L. **var. *sarcodactylis*** Swingle 栽培種
- 葡萄柚 *Citrus* × *paradisi* Macfad 栽培種
- 椪柑 *Citrus poonensis* Hort. ex Tanaka 栽培種
- 臺灣香檬 *Citrus reticulate* **var. *depressa*** (Hayata) T.C. Ho & T.W. Hsu 原生種
- 甜橙（柳丁）*Citrus* × *sinensis* (L.) Osbeck 栽培種
- 臍橙 *Citrus* × *sinensis* (L.)'Navel orange' 栽培種
- 橘柑（立花橘）*Citrus tachibana* Makino Tanaka 原生種
- 南庄橙 *Citrus taiwanica* Tagawa & Shimada 臺灣特有種
- 箭葉橙（馬蜂橙、癩瘋柑）*Citrus hystrix* DC. Cat. 栽培種
- 枸櫞（香櫞）*Citrus medica* L. 栽培種
- 橘子（柑仔）*Citrus reticulate* Blanco 栽培種
- 桶柑 *Citrus tankan* Hayata 栽培種
- 海梨柑 *Citrus tankan* Hayata f. *hairi* Hort. 栽培種
- 茂谷柑 *Citrus reticulate* Blanco × C. *sinensis* Osbeck 栽培種
- 金柑（圓實金柑）*Citrus japonica* (Thunb.) Swingle 栽培種
- 金棗（長實金柑）*Citrus margarita* (Lour.) Swingle 栽培種

黃皮屬 *Clausena*
- 過山香 *Clausena excavata* Burm. f. 原生種

烏柑屬 *Severinia*
- 烏柑仔 *Severinia buxifolia* (Poir.) Ten. 原生種

賊仔樹屬 *Tetradium*
- 賊仔樹（臭辣樹）*Tetradium glabrifolium* (Champ. ex Benth.) T.G. Hartley 原生種
- 吳茱萸（毛臭辣樹）*Tetradium ruticarpum* (A. Juss.) T. G. Hartley 原生種

飛龍掌血屬 *Toddalia*
- 飛龍掌血 *Toddalia asiatica* (L.) Lam. 原生種

花椒屬 *Zanthoxylum*
- 食茱萸（刺楤）*Zanthoxylum ailanthoides* Sieb. & Zucc. 原生種
- 狗花椒 *Zanthoxylum avicennae* (Lam.) DC. 原生種
- 鰭山椒（胡椒木、岩山椒）*Zanthoxylum piperitum* DC. 栽培種

等 30 幾種食草的葉片為食。

鳳蝶科	無尾白紋鳳蝶	P080-083

幼蟲食草（寄主植物）

芸香科 Rutaceae
石苓舅屬 & 山小橘屬 *Glycosmis*
- 長果山桔 *Glycosmis parviflora* (Sims) Kurz.,**var. *erythrocarpa*** (Hayata) T.C.Ho 原生種
- 圓果山桔 *Glycosmis parviflora* **var. *parviflora*** (Sims) Little 原生種

等食草的葉片為食。

鳳蝶科	臺灣鳳蝶	P084-087

幼蟲食草（寄主植物）

樟科 Lauraceae
樟屬 *Cinnamomum*
- 樟樹 *Cinnamomum camphora* (L.) J. Presl 原生種
- 牛樟 *Cinnamomum kanehirae* Hayata 臺灣特有種

四季橘屬 *Citrofortunella*
- 四季橘 *Citrofortunella* × C. *microcarpa* 栽培種

柑橘屬 *Citrus*
- 萊姆（無子檸檬）*Citrus aurantifolia* Swingle 栽培種
- 虎頭柑 *Citrus aurantium* L. cv. Hutou Gan 栽培種
- 酸橙（來母、苦橙）*Citrus* × *aurantium* L. 原生種
- 柚子（文旦）*Citrus maxima* (Burm.) Merr. 栽培種
- 檸檬 *Citrus limon* (L.) Osbeck 栽培種
- 黎檬（廣東檸檬）*Citrus* × *limonia* Osbeck 栽培種
- 香水檸檬 *Citrus medica* L. var. *Medica* 栽培種
- 佛手柑 *Citrus medica* L. var. *sarcodactylis* Swingle 栽培種
- 葡萄柚 *Citrus* × *paradisi* Macfad 栽培種
- 椪柑 *Citrus poonensis* Hort. ex Tanaka 栽培種
- 臺灣香檬 *Citrus reticulate var. depressa*（Hayata）T.C. Ho & T.W. Hsu 原生種
- 甜橙（柳丁）*Citrus* × *sinensis* (L.) Osbeck 栽培種
- 臍橙 *Citrus* × *sinensis* (L.)'Navel orange' 栽培種
- 橘柑（立花橘）*Citrus tachibana* Makino Tanaka 原生種
- 南庄橙 *Citrus taiwanica* Tagawa & Shimada 臺灣特有種
- 箭葉橙（馬蜂橙、癩瘋柑）*Citrus hystrix* DC. Cat. 栽培種
- 枸櫞（香櫞）*Citrus medica* L. 栽培種
- 橘（柑仔）*Citrus reticulate* Blanco 栽培種
- 桶柑 *Citrus tankan* Hayata 栽培種
- 海梨柑 *Citrus tankan* Hayata f. *hairi* Hort. 栽培種
- 茂谷柑 *Citrus reticulate* Blanco × C. *sinensis* Osbeck 栽培種
- 金柑（圓實金柑）*Citrus japonica* (Thunb.) Swingle 栽培種
- 金棗（長實金柑）*Citrus margarita* (Lour.) Swingle 栽培種

飛龍掌血屬 *Toddalia*
- 飛龍掌血 *Toddalia asiatica* (L.) Lam. 原生種

花椒屬 *Zanthoxylum*
- 食茱萸（刺楤）*Zanthoxylum ailanthoides* Sieb. & Zucc. 原生種
- 雙面刺 *Zanthoxylum nitidum* (Roxb.) DC. 原生種
等 30 幾種食草的葉片為食。

鳳蝶科	大鳳蝶	P088-091

幼蟲食草（寄主植物）

芸香科 Rutaceae
四季橘屬 *Citrofortunella*
- 四季橘 *Citrofortunella* × C. *microcarpa* 栽培種

柑橘屬 *Citrus*
- 萊姆（無子檸檬）*Citrus aurantifolia* Swingle 栽培種
- 虎頭柑 *Citrus aurantium* L. cv. Hutou Gan 栽培種
- 酸橙（來母、苦橙）*Citrus* × *aurantium* L. 原生種
- 柚子（文旦）*Citrus maxima* (Burm.) Merr. 栽培種
- 檸檬 *Citrus limon* (L.) Osbeck 栽培種
- 黎檬（廣東檸檬）*Citrus* × *limonia* Osbeck 栽培種
- 香水檸檬 *Citrus medica* L. var. *Medica* 栽培種
- 佛手柑 *Citrus medica* L. var. *sarcodactylis* Swingle 栽培種
- 葡萄柚 *Citrus* × *paradisi* Macfad 栽培種
- 椪柑 *Citrus poonensis* Hort. ex Tanaka 栽培種
- 臺灣香檬 *Citrus reticulate var. depressa* (Hayata) T.C. Ho & T.W. Hsu 原生種
- 甜橙（柳丁）*Citrus* × *sinensis* (L.) Osbeck 栽培種
- 臍橙 *Citrus* × *sinensis* (L.)'Navel orange' 栽培種
- 橘柑（立花橘）*Citrus tachibana* Makino Tanaka 原生種
- 南庄橙 *Citrus taiwanica* Tagawa & Shimada 臺灣特有種
- 箭葉橙（馬蜂橙、癩瘋柑）*Citrus hystrix* DC. Cat. 栽培種
- 枸櫞（香櫞）*Citrus medica* L. 栽培種
- 橘子（柑仔）*Citrus reticulate* Blanco 栽培種
- 桶柑 *Citrus tankan* Hayata 栽培種
- 海梨柑 *Citrus tankan* Hayata f. *hairi* Hort. 栽培種
- 茂谷柑 *Citrus reticulate* Blanco × C. *sinensis* Osbeck 栽培種
- 金柑（圓實金柑）*Citrus japonica* (Thunb.) Swingle 栽培種
- 金棗（長實金柑）*Citrus margarita* (Lour.) Swingle 栽培種

黃皮屬 *Clausena*
- 黃皮（黃皮果）*Clausena lansium* (Lour.) Skeels 栽培種

枳屬 *Poncirus*
- 枳殼（枸橘）*Poncirus trifoliata* (L.) Raf 栽培種

烏柑屬 *Severinia*
- 烏柑仔 *Severinia buxifolia* (Poir.) Ten. 原生種
等 30 種食草的葉片為食。

鳳蝶科	翠鳳蝶（烏鴉鳳蝶）	P092-095

幼蟲食草（寄主植物）

芸香科 Rutaceae
四季橘屬 *Citrofortunella*
- 四季橘 *Citrofortunella* × C. *microcarpa* 栽培種

柑橘屬 *Citrus*
- 萊姆（無子檸檬）*Citrus aurantifolia* Swingle 栽培種
- 虎頭柑 *Citrus aurantium* L. cv. Hutou Gan 栽培種
- 酸橙（來母、苦橙）*Citrus* × *aurantium* L. 原生種
- 柚子（文旦）*Citrus maxima* (Burm.) Merr. 栽培種
- 檸檬 *Citrus limon* (L.) Osbeck 栽培種
- 黎檬（廣東檸檬）*Citrus* × *limonia* Osbeck 栽培種
- 香水檸檬 *Citrus medica* L. var. *medica* 栽培種
- 佛手柑 *Citrus medica* L. var. *sarcodactylis* Swingle 栽培種
- 葡萄柚 *Citrus* × *paradisi* Macfad 栽培種
- 椪柑 *Citrus poonensis* Hort. ex Tanaka 栽培種
- 臺灣香檬 *Citrus reticulate var. depressa* (Hayata) T.C. Ho & T.W. Hsu 原生種
- 甜橙（柳丁）*Citrus* × *sinensis* (L.) Osbeck 栽培種
- 臍橙 *Citrus* × *sinensis* (L.)'Navel orange' 栽培種
- 橘柑（立花橘）*Citrus tachibana* Makino Tanaka 原生種
- 南庄橙 *Citrus taiwanica* Tagawa & Shimada 臺灣特有種
- 箭葉橙（馬蜂橙、癩瘋柑）*Citrus hystrix* DC. Cat. 栽培種
- 枸櫞（香櫞）*Citrus medica* L. 栽培種
- 橘（柑仔）*Citrus reticulate* Blanco 栽培種
- 桶柑 *Citrus tankan* Hayata 栽培種
- 海梨柑 *Citrus tankan* Hayata f. *hairi* Hort. 栽培種
- 茂谷柑 *Citrus reticulate* Blanco × C. *sinensis* Osbeck 栽培種
- 金柑（圓實金柑）*Citrus japonica* (Thunb.) Swingle 栽培種
- 金棗（長實金柑）*Citrus margarita* (Lour.) Swingle 栽培種

賊仔樹屬 *Tetradium*
- 賊仔樹（臭辣樹）*Tetradium glabrifolium* (Champ. ex Benth.) T.G. Hartley 原生種
- 吳茱萸（毛臭辣樹）*Tetradium ruticarpum* (A. Juss.) T. G. Hartley 原生種

花椒屬 *Zanthoxylum*
- 食茱萸（刺楤）*Zanthoxylum ailanthoides* Sieb. & Zucc. 原生種
- 狗花椒 *Zanthoxylum avicennae* (Lam.) DC. 原生種
- 鰭山椒（胡椒木、岩山椒）*Zanthoxylum piperitum* DC. 栽培種
- 翼柄花椒 *Zanthoxylum schinifolium* Siebold & Zucc. 原生種
- 刺花椒（野花椒）*Zanthoxylum simulans* Hance 原生種
等 30 幾種食草的葉片為食。

鳳蝶科	臺灣琉璃翠鳳蝶（琉璃紋鳳蝶）	P096-099

幼蟲食草（寄主植物）

芸香科 Rutaceae
三腳虌屬 & 蜜茱萸屬 *Melicope*
- 三腳虌（三叉虎）*Melicope pteleifolia* (Champ. ex Benth.) T.G. Hartley 原生種

飛龍掌血屬 *Toddalia*
- 飛龍掌血 *Toddalia asiatica* (L.) Lam. 原生種
等食草的葉片為食，主食為飛龍掌血。

蛺蝶科	金斑蝶（樺斑蝶）	P104-107

幼蟲食草（寄主植物）

夾竹桃科 Apocynaceae
爬森藤屬 *Parsonsia*
- 爬森藤 *Parsonsia alboflavescens* (Dennst.) Mabb. 原生種

蘿藦亞科 Asclepiadoideae
馬利筋屬 & 尖尾鳳屬 *Asclepias*
- 馬利筋（尖尾鳳）*Asclepias curassavica* L. 歸化種
- 黃冠馬利筋 *Asclepias curassavica* f. *flaviflora* Tawada in Journ. 栽培種

吊燈花屬 *Ceropegia*
- 愛之蔓 *Ceropegia woodii* Schlechter. 栽培種

牛皮消屬 *Cynanchum*
- 薄葉牛皮消 *Cynanchum boudieri* H. Lév. & Vaniot 原生種
- 臺灣牛皮消 *Cynanchum formosanum* (Maxim.) Hemsl. 臺灣特有種
- 蘭嶼牛皮消 *Cynanchum lanhsuense* T. Yamaz. 臺灣特有種

釘頭果屬 *Gomphocarpus*
- 釘頭果（唐棉）*Gomphocarpus fruticosus* (L.) R. Br. in Mem. 栽培種

犀角屬（豹皮花屬）*Stapelia*
- 大花犀角（大豹皮花）*Stapelia gigantea* N.E.Br. 栽培種
- 魔星花（毛犀角）*Stapelia hirsuta* L. 栽培種
- 豹紋魔星花 *Stapelia variegata* L. 栽培種

蛺蝶科	金斑蝶 （樺斑蝶）	P104-107
	幼蟲食草（寄主植物）	

牛嬭菜屬 *Marsdenia*
· 臺灣牛彌菜 ***Marsdenia formosana*** Masam. 原生種
鷗蔓屬 *Vincetoxicum*
· 牛皮消（白薇）***Vincetoxicum atratum*** (Bunge) C. Morren & Decne. ex Decaisne 原生種
· 毛白前 ***Vincetoxicum chinense*** Moore 原生種
· 疏花鷗蔓 ***Vincetoxicum oshimae*** (Hayata) Meve & Liede 臺灣特有種
· 柳葉白前 ***Vincetoxicum stauntonii*** (Decne.) Schltr 栽培種
· 臺灣鷗蔓 ***Vincetoxicum taiwanense*** (Hatus.) T.C. Hsu 原生種
等近 20 種食草的新芽、葉片、嫩莖及全株柔嫩組織為食。

蛺蝶科	虎斑蝶 （黑脈樺斑蝶）	P108-111
	幼蟲食草（寄主植物）	

蘿藦亞科 Asclepiadoideae
牛皮消屬 *Cynanchum*
· 薄葉牛皮消 ***Cynanchum boudieri*** H. Lév. & Vaniot 原生種
· 臺灣牛皮消 ***Cynanchum formosanum*** (Maxim.) Hemsl. 臺灣特有種
· 蘭嶼牛皮消 ***Cynanchum lanhsuense*** T. Yamaz. 臺灣特有種
等食草的新芽、葉片、嫩莖及全株柔嫩組織為食。

蛺蝶科	淡紋青斑蝶	P112-115
	幼蟲食草（寄主植物）	

蘿藦亞科 Asclepiadoideae
華他卡藤屬 *Dregea*
· 華他卡藤 ***Dregea volubilis*** (L. f.) Benth. ex Hook. f. 原生種
夜香花屬 *Telosma*
· 夜香花 ***Telosma pallida*** (Roxb.) Craib. 原生種
等食草的新芽、葉片、嫩莖及全株柔嫩組織為食。

蛺蝶科	小紋青斑蝶	P116-119
	幼蟲食草（寄主植物）	

蘿藦亞科 Asclepiadoideae
布朗藤屬 *Heterostemma*
· 布朗藤 ***Heterostemma brownie*** Hayata 臺灣特有種
等食草的新芽、葉片、嫩莖及全株柔嫩組織為食。

蛺蝶科	絹斑蝶 （姬小紋青斑蝶）	P120-123
	幼蟲食草（寄主植物）	

蘿藦亞科 Asclepiadoideae
牛皮消屬 *Cynanchum*
· 臺灣牛皮消 ***Cynanchum formosanum*** (Maxim.) Hemsl. 臺灣特有種
· 蘭嶼牛皮消 ***Cynanchum lanhsuense*** T. Yamaz. 臺灣特有種
布朗藤屬 *Heterostemma*
· 布朗藤 ***Heterostemma brownie*** Hayata 臺灣特有種
鷗蔓屬 *Vincetoxicum*
· 光葉鷗蔓 ***Vincetoxicum brownii*** (Hayata) Meve & Liede 臺灣特有種（疑問種）
· 毛白前 ***Vincetoxicum chinense*** Moore 原生種
· 鷗蔓 ***Vincetoxicum hirsutum*** (Wallich) Kuntze 原生種
· 海島鷗蔓 ***Vincetoxicum insulicola*** Meve & Liede 臺灣特有種
· 呂氏鷗蔓（山鷗蔓）***Vincetoxicum lui*** (Y.H. Tseng & C.T. Chao) Meve & Liede 臺灣特有種 .
· 疏花鷗蔓 ***Vincetoxicum oshimae*** (Hayata) Meve & Liede 臺灣特有種
· 蘇氏鷗蔓 ***Vincetoxicum sui*** (Y.H. Tseng & C.T. Chao) T.C. Hsu 臺灣特有種
· 臺灣鷗蔓 ***Vincetoxicum taiwanense*** (Hatus.) T.C. Hsu 原生種
· 裕榮鷗蔓 ***Vincetoxium x yujungianum*** （栽培種 & 雜交種）
等食草的新芽、葉片、嫩莖及全株柔嫩組織為食。

蛺蝶科	斯氏絹斑蝶 （小青斑蝶）	P124-127
	幼蟲食草（寄主植物）	

蘿藦亞科 Asclepiadoideae
牛皮消屬 *Cynanchum*
· 薄葉牛皮消 ***Cynanchum boudieri*** H. Lév. & Vaniot 原生種
· 臺灣牛皮消 ***Cynanchum formosanum*** (Maxim.) Hemsl. 臺灣特有種
· 蘭嶼牛皮消 ***Cynanchum lanhsuense*** T. Yamaz. 臺灣特有種
牛嬭菜屬 *Marsdenia*
· 臺灣牛彌菜 ***Marsdenia formosana*** Masam. 原生種
· 絨毛芙蓉蘭 ***Marsdenia tinctoria*** R. Br. 原生種

蛺蝶科	斯氏絹斑蝶 （小青斑蝶）	P124-127
	幼蟲食草（寄主植物）	

鷗蔓屬 *Vincetoxicum*
· 光葉鷗蔓 ***Vincetoxicum brownii*** (Hayata) Meve & Liede 臺灣特有種（疑問種）
· 鷗蔓 ***Vincetoxicum hirsutum*** (Wallich) Kuntze 原生種
· 海島鷗蔓 ***Vincetoxicum insulicola*** Meve & Liede 臺灣特有種
· 呂氏鷗蔓（山鷗蔓）***Vincetoxicum lui*** (Y.H. Tseng & C.T. Chao) Meve & Liede 臺灣特有種 .
· 疏花鷗蔓 ***Vincetoxicum oshimae*** (Hayata) Meve & Liede 臺灣特有種
· 蘇氏鷗蔓 ***Vincetoxicum sui*** (Y.H. Tseng & C.T. Chao) T.C. Hsu 臺灣特有種
· 臺灣鷗蔓 ***Vincetoxicum taiwanense*** (Hatus.) T.C. Hsu 原生種
· 裕榮鷗蔓 ***Vincetoxium x yujungianum*** （栽培種 & 雜交種）
等食草的新芽、葉片、嫩莖及全株柔嫩組織為食。

蛺蝶科	旖斑蝶 （琉球青斑蝶）	P128-131
	幼蟲食草（寄主植物）	

蘿藦亞科 Asclepiadoideae
鷗蔓屬 *Vincetoxicum*
· 光葉鷗蔓 ***Vincetoxicum brownii*** (Hayata) Meve & Liede 臺灣特有種（疑問種）
· 鷗蔓 ***Vincetoxicum hirsutum*** (Wallich) Kuntze 原生種
· 海島鷗蔓 ***Vincetoxicum insulicola*** Meve & Liede 臺灣特有種
· 呂氏鷗蔓（山鷗蔓）***Vincetoxicum lui*** (Y.H. Tseng & C.T. Chao) Meve & Liede 臺灣特有種 .
· 疏花鷗蔓 ***Vincetoxicum oshimae*** (Hayata) Meve & Liede 臺灣特有種
· 蘇氏鷗蔓 ***Vincetoxicum sui*** (Y.H. Tseng & C.T. Chao) T.C. Hsu 臺灣特有種
· 臺灣鷗蔓 ***Vincetoxicum taiwanense*** (Hatus.) T.C. Hsu 原生種
· 裕榮鷗蔓 ***Vincetoxium x yujungianum*** （栽培種 & 雜交種）
等食草的新芽、葉片、嫩莖及全株柔嫩組織為食。

蛺蝶科	斯氏紫斑蝶 （雙標紫斑蝶）	P132-135
	幼蟲食草（寄主植物）	

蘿藦亞科 Asclepiadoideae
武靴藤屬 *Gymnema*
· 武靴藤（羊角藤）***Gymnema sylvestre*** (Retz.) R. Br. ex Schult. 原生種
等食草的新芽、葉片、嫩莖及全株柔嫩組織為食。

蛺蝶科	異紋紫斑蝶 （端紫斑蝶）	P136-139
	幼蟲食草（寄主植物）	

夾竹桃科 Apocynaceae
錦蘭屬 *Anodendron*
· 小錦蘭 ***Anodendron affine*** (Hook. & Arn.) Druce 原生種
· 大錦蘭 ***Anodendron benthamianum*** Hemsl. 臺灣特有種
爬森藤屬 *Parsonsia*
· 爬森藤 ***Parsonsia alboflavescens*** (Dennst.) Mabb. 原生種
絡石屬 *Trachelospermum*
· 細梗絡石 ***Trachelospermum asiaticum*** (Siebold & Zucc.) Nakai 原生種
· 臺灣絡石 ***Trachelospermum formosanum*** Y.C. Liu & C.H. Ou 臺灣特有種
· 絡石 ***Trachelospermum jasminoides*** (Lindl.) Lem. 原生種
· 蘭嶼絡石 ***Trachelospermum lanyuense*** C.E. Chang 臺灣特有種
水壺藤屬 *Urceola*
· 乳藤 ***Urceola micrantha*** (Wall. ex G. Don) D.J. Middleton 原生種
蘿藦亞科 Asclepiadoideae
馬利筋（尖尾鳳屬）*Asclepias*
· 馬利筋（尖尾鳳）***Asclepias curassavica*** L. 歸化種
· 黃冠馬利筋 ***Asclepias curassavica*** f. ***flaviflora*** Tawada in Journ. 栽培種
隱鱗藤屬 *Cryptolepis*
· 隱鱗藤 ***Cryptolepis sinensis*** (Lour.) Merr. 原生種
釘頭果屬 *Gomphocarpus*
· 釘頭果（唐棉）***Gomphocarpus fruticosus*** (L.) R. Br. in Mem. 栽培種
舌瓣花屬 *Jasminanthes*
· 舌瓣花 ***Jasminanthes mucronata*** (Blanco) W.D. Stevens & P.T. Li 原生種

蛺蝶科	異紋紫斑蝶（端紫斑蝶）	P136-139

幼蟲食草（寄主植物）

桑科 Moraceae
榕屬 *Ficus*
- 菲律賓榕（金氏榕）*Ficus ampelos* Burm. f. 原生種
- 垂榕（白榕）*Ficus benjamina* L. 原生種
- 孟加拉榕 *Ficus benghalensis* L. 栽培種
- 大葉雀榕（大葉赤榕）*Ficus caulocarpa* Miq. 原生種
- 對葉榕 *Ficus cumingii* Miq. **var. terminalifolia** (Elmer) Sata 原生種
- 假枇杷 *Ficus erecta* Thunb. **var. erecta** Thunb. 原生種
- 牛奶榕 *Ficus erecta* Thunb. **var. beecheyana** (Hook. & Arn.) King 原生種
- 水同木（豬母乳）*Ficus fistulosa* Reinw. ex Blume 原生種
- 天仙果（臺灣榕）*Ficus formosana* Maxim. 原生種
- 細葉天仙果 *Ficus formosana* Maxim. **f. shimadae** Hayata 原生種
- 尖尾長葉榕 *Ficus heteropleura* Blume 原生種
- 大對葉榕 *Ficus hispida* L.f. 栽培種
- 澀葉榕（糙葉榕）*Ficus irisana* Elmer 原生種
- 亞里垂榕（阿里垂榕）*Ficus maclellandii* `Alii` 栽培種
- 榕樹（正榕）*Ficus microcarpa* L. f. 原生種
- 黃金榕 *Ficus microcarpa* 'Golden Leaves' 栽培種
- 厚葉榕（謝氏榕、萬權榕）*Ficus microcarpa* L. f. **var. crassifolia** (W.C. Shieh) J.C. Liao 原生種
- 傅園榕 *Ficus microcarpa* L. f. **var. fuyuensis** J.C. Liao 臺灣特有變種
- 小葉榕 *Ficus microcarpa* L. f. **var. pusillifolia** J.C. Liao 臺灣特有變種
- 九重吹（九丁榕）*Ficus nervosa* B. Heyne ex Roth 原生種
- 鵝鑾鼻蔓榕 *Ficus pedunculosa* Miq. **var. mearnsii** (Merr.) Corner 原生種
- 薜荔 *Ficus pumila* L. 臺灣特有種
- 阿里山珍珠蓮 *Ficus sarmentosa* B.-Ham.ex J. E. Sm.**var. henryi** (King ex Oliv.) Corner 原生種
- 珍珠蓮（日本珍珠蓮）*Ficus sarmentosa* B-Ham.ex J. E. Sm.**var. nipponica** (Franch. & Sav.) Corner 原生種
- 大冇榕（稜果榕）*Ficus septica* Burm. f. 原生種
- 雀榕（鳥榕）*Ficus subpisocarpa* Gagnep. 原生種
- 濱榕 *Ficus tannoensis* Hayata 臺灣特有種
- 菱葉濱榕 *Ficus tannoensis* Hayata **f. rhombifolia** Hayata 臺灣特有種
- 山豬枷（斯氏榕）*Ficus tinctoria* G. Forst. 原生種
- 三角榕 *Ficus triangularis* Warb. 栽培種
- 幹花榕 *Ficus variegata var. variegata* Blume 原生種
- 白肉榕（島榕）*Ficus virgata* Reinw. ex Blume 原生種
等 46 種食草的新芽、葉片、嫩莖及全株柔嫩組織為食。

蛺蝶科	圓翅紫斑蝶	P140-143

幼蟲食草（寄主植物）

蘿藦亞科 Asclepiadoideae
馬利筋屬（尖尾鳳屬）*Asclepias*
- 馬利筋（尖尾鳳）*Asclepias curassavica* L. 歸化種
- 黃冠馬利筋 *Asclepias curassavica* f. *flaviflora* Tawada in Journ. 栽培種

桑科 Moraceae
榕屬 *Ficus*
- 菲律賓榕（金氏榕）*Ficus ampelos* Burm. f. 原生種
- 垂榕（白榕）*Ficus benjamina* L. 原生種
- 孟加拉榕 *Ficus benghalensis* L. 栽培種
- 大葉雀榕（大葉赤榕）*Ficus caulocarpa* Miq. 原生種
- 對葉榕 *Ficus cumingii* Miq. **var. terminalifolia** (Elmer) Sata 原生種
- 印度橡膠樹（緬樹）*Ficus elastica* Roxb. ex Hornem. 栽培種
- 假枇杷 *Ficus erecta* Thunb. **var. erecta** Thunb. 原生種
- 牛奶榕 *Ficus erecta* Thunb. **var. beecheyana** (Hook. & Arn.) King 原生種
- 斑葉印度橡膠樹 *Ficus elastica* 'Decora Tricolor' 栽培種
- 水同木（豬母乳）*Ficus fistulosa* Reinw. ex Blume 原生種
- 天仙果（臺灣榕）*Ficus formosana* Maxim. 原生種
- 細葉天仙果 *Ficus formosana* Maxim. **f. shimadae** Hayata 原生種
- 尖尾長葉榕 *Ficus heteropleura* Blume 原生種
- 大對葉榕 *Ficus hispida* L.f. 栽培種
- 澀葉榕（糙葉榕）*Ficus irisana* Elmer 原生種
- 亞里垂榕（阿里垂榕）*Ficus maclellandii* `Alii` 栽培種
- 榕樹（正榕）*Ficus microcarpa* L. f. 原生種
- 黃金榕 *Ficus microcarpa* 'Golden Leaves' 栽培種
- 厚葉榕（謝氏榕、萬權榕）*Ficus microcarpa* L. f. **var. crassifolia** (W.C. Shieh) J.C. Liao 原生種
- 傅園榕 *Ficus microcarpa* L. f. **var. fuyuensis** J.C. Liao 臺灣特有變種

蛺蝶科	圓翅紫斑蝶	P140-143

幼蟲食草（寄主植物）

- 小葉榕 *Ficus microcarpa* L. f. **var. pusillifolia** J.C. Liao 臺灣特有變種
- 九重吹（九丁榕）*Ficus nervosa* B. Heyne ex Roth 原生種
- 鵝鑾鼻蔓榕 *Ficus pedunculosa* Miq. **var. mearnsii** (Merr.) Corner 原生種
- 薜荔 *Ficus pumila* L. 臺灣特有種
- 阿里山珍珠蓮 *Ficus sarmentosa* B.-Ham.ex J. E. Sm.**var. henryi** (King ex Oliv.) Corner 原生種
- 珍珠蓮（日本珍珠蓮）*Ficus sarmentosa* B-Ham.ex J. E. Sm.**var. nipponica** (Franch. & Sav.) Corner 原生種
- 大冇榕（稜果榕）*Ficus septica* Burm. f. 原生種
- 雀榕（鳥榕）*Ficus subpisocarpa* Gagnep. 原生種
- 濱榕 *Ficus tannoensis* Hayata 臺灣特有種
- 菱葉濱榕 *Ficus tannoensis* Hayata **f. rhombifolia** Hayata 臺灣特有種
- 山豬枷（斯氏榕）*Ficus tinctoria* G. Forst. 原生種
- 三角榕 *Ficus triangularis* Warb. 栽培種
- 幹花榕 *Ficus variegata var. variegata* Blume 原生種
- 白肉榕（島榕）*Ficus virgata* Reinw. ex Blume 原生種
等 35 種植食草的新芽、葉片、嫩莖及全株柔嫩組織為食。

蛺蝶科	小紫斑蝶	P144-147

幼蟲食草（寄主植物）

桑科 Moraceae
牛筋藤屬 *Malaisia*
- 盤龍木（牛筋藤）*Malaisia scandens* (Lour.) Planch. 原生種
臺灣目前僅記錄到一種，以新芽、新葉及嫩莖為食，老熟硬葉片不食。

蛺蝶科	大白斑蝶（大笨蝶）	P148-151

幼蟲食草（寄主植物）

夾竹桃科 Apocynaceae
爬森藤屬 *Parsonsia*
- 爬森藤 *Parsonsia alboflavescens* (Dennst.) Mabb. 原生種
臺灣目前僅記錄到一種，以葉片及嫩莖等全株柔嫩組織為食。

蛺蝶科	細蝶（苧麻細蝶、苧麻蝶）	P152-155

幼蟲食草（寄主植物）

蕁麻科 Urticaceae
苧麻屬 *Boehmeria*
- 密花苧麻（木苧麻）*Boehmeria densiflora* Hook. & Arn. 原生種
- 苧麻 *Boehmeria nivea var. nivea* (L.) Gaudich. 歸化種
- 青苧麻 *Boehmeria nivea* (L.) Gaudich. **var. tenacissima** (Gaudich.) Miq. 原生種
水麻屬 *Debregeasia*
- 水麻 *Debregeasia orientalis* C.J. Chen 原生種
石薯屬 *Gonostegia*
- 糯米糰 *Gonostegia hirta* (Blume) Miq. 原生種
霧水葛屬 *Pouzolzia*
- 水雞油 *Pouzolzia elegans* Wedd. 原生種
等食草的新芽、葉片、嫩莖及全株柔嫩組織為食。

蛺蝶科	斐豹蛺蝶（黑端豹斑蝶）	P156-159

幼蟲食草（寄主植物）

堇菜科 Violaceae
堇菜屬 *Viola*
- 喜岩堇菜 *Viola adenothrix var. adenothrix* Hayata 臺灣特有變種
- 雪山堇菜 *Viola adenothrix* Hayata **var. tsugitakaensis** (Masam.) J.C. Wang & T.C. Huang 臺灣特有變種
- 如意草（匍堇菜）*Viola arcuata* Blume 原生種
- 箭葉堇菜 *Viola betonicifolia* Sm. 原生種
- 雙黃花堇菜 *Viola biflora* L. 原生種
- 短毛堇菜 *Viola confusa* Champ. ex Benth. 原生種
- 茶匙黃 *Viola diffusa* Ging. 原生種
- 臺灣堇菜 *Viola formosana* Hayata 臺灣特有種
- 川上氏堇菜 *Viola formosana* Hayata **var. stenopetala** (Hayata) J.C. Wang, T.C. Huang & T. Hashim. 臺灣特有變種
- 紫花堇菜 *Viola grypoceras* A. Gray 原生種
- 小堇菜 *Viola inconspicua* Blume **ssp. nagasakiensis** (W. Becker) J.C. Wang & T.C. Huang 原生種
- 小尖堇菜（廣東堇菜）*Viola mucronulifera* Hand.-Mazz. 原生種
- 紫花地丁 *Viola mandshurica* W. Becker 原生種
- 臺北堇菜 *Viola nagasawae* Makino & Hayata **var. nagasawai** Makino & Hayata 臺灣特有變種
- 普萊氏堇菜 *Viola nagasawae* Makino & Hayata **var. pricei** (W. Becker) J.C. Wang & T.C. Huang 臺灣特有變種
- 翠峰堇菜 *Viola obtusa* (Makino) Makino **var. tsuifengensis** Hashim 臺灣特有變種

蛺蝶科	斐豹蛺蝶（黑端豹斑蝶）	P156-159

幼蟲食草（寄主植物）

- 香菫菜 *Viola odorata* L. 栽培種
- 尖山菫菜 *Viola senzanensis* Hayata 臺灣特有種
- 新竹菫菜 *Viola shinchikuensis* Yamam. 臺灣特有種
- 心葉茶匙黃 *Viola tenuis* Benth. 原生種
- 野路菫 *Viola yedoensis* Makino 原生種
- 大花三色菫（三色菫）*Viola ×wittrockiana* Gams ex Nauenb. & Buttler 園藝栽培種
- 腎葉菫 *Viola banksii* K.R. Thiele & Prober 栽培種
- 小花三色菫 *Viola × williamsii* Wittr. 園藝栽培種
- 三色菫 *Viola tricolor* L. 栽培種

等 25 種食草的新芽、葉片、嫩莖、果及全株柔嫩組織為食。

蛺蝶科	琺蛺蝶（紅擬豹斑蝶）	P160-163

幼蟲食草（寄主植物）

楊柳科 Salicaceae
羅庚果屬 *Flacourtia*
- 羅比梅（紫梅）*Flacourtia inermis* Roxb. 栽培種
柳屬 *Salix*
- 垂柳 *Salix pendulina* Wenderoth 栽培種（水生植物）
- 水社柳 *Salix kusanoi* (Hayata) C.K. Schneid. 臺灣特有種（水生植物）
- 水柳 *Salix warburgii* Seemen 臺灣特有種（水生植物）
魯花樹屬 *Scolopia*
- 魯花樹 *Scolopia oldhamii* Hance 原生種

等食草的新芽、葉片、嫩莖為食，老熟硬葉片不吃。

蛺蝶科	黃襟蛺蝶（臺灣黃斑蛺蝶）	P164-167

幼蟲食草（寄主植物）

楊柳科 Salicaceae
羅庚果屬 *Flacourtia*
- 羅比梅（紫梅）*Flacourtia inermis* Roxb. 栽培種
柳屬 *Salix*
- 垂柳 *Salix pendulina* Wenderoth 栽培種（水生植物）
- 水社柳 *Salix kusanoi* (Hayata) C.K. Schneid. 臺灣特有種（水生植物）
- 水柳 *Salix warburgii* Seemen 臺灣特有種（水生植物）
魯花樹屬 *Scolopia*
- 莿柊（土烏藥）*Scolopia chinensis* (Lour.) Clos 原生種
- 魯花樹 *Scolopia oldhamii* Hance 原生種

等食草的新芽、葉片、嫩莖為食，老熟硬葉片不吃。

蛺蝶科	眼蛺蝶（孔雀蛺蝶）	P168-171

幼蟲食草（寄主植物）

爵床科 Acanthaceae
賽山藍屬 *Blechum*
- 賽山藍 *Blechum pyramidatum* (Lam.) Urb. 歸化種
半插花屬 *Hemigraphis*
- 易生木 *Hemigraphis repanda* (L.) H.G.Hallier 栽培種
水蓑衣屬 *Hygrophila*
- 繖花水蓑衣 *Hygrophila corymbosa* (Blume) Lindau 栽培種（水生植物）
- 異葉水蓑衣 *Hygrophila difformis* (L.) Blume 歸化種（水生植物）
- 水蓑衣 *Hygrophila lancea* (Thunb.) Miq. 原生種（水生植物）
- 大安水蓑衣 *Hygrophila pogonocalyx* Hayata 臺灣特有種（水生植物）
- 小獅子草 *Hygrophila polysperma* (Roxb.) T. Anderson 歸化種（水生植物）
- 柳葉水蓑衣 *Hygrophila salicifolia* (Vahl) Nees 原生種（水生植物）
- 宜蘭水蓑衣 *Hygrophila* sp. 原生種（水生植物）
盧利草屬 & 雙翅爵床屬 *Ruellia*
- 大花蘆莉（紅花蘆莉）*Ruellia elegans* Ruellia 栽培種
- 匐蘆利草 *Ruellia prostrata* Poir. 歸化種
- 蘆利草 *Ruellia repens* L. 原生種
- 紫花蘆莉草（翠蘆莉）*Ruellia simplex* C. Wright 栽培種
馬藍屬 *Strobilanthes*
- 曲莖馬藍 *Strobilanthes flexicaulis* Hayata 原生種
- 臺灣馬藍 *Strobilanthes formosanus* S. Moore 臺灣特有種
- 腺萼馬藍 *Strobilanthes penstemonoides* T. Anderson. 原生種
母草科 Linderniaceae
母草屬 *Lindernia*
- 定經草（心葉母草）*Lindernia anagallis* (Burm.f.) Pennell 原生種（水生植物 & 偶見食用）
- 泥花草 *Lindernia antipoda* (L.) Alston 原生種（水生植物）
- 水丁黃（刺齒泥花草）*Lindernia ciliata* (Colsm.) Pennell 原生種（水生植物）
- 旱田草 *Lindernia ruelloides* (Colsm.) Pennell 原生種
馬鞭草科 Verbenaceae
鴨舌癀屬 *Phyla*
- 鴨舌癀 *Phyla nodiflora* (L.) Greene 歸化種

等不同科別 20 幾種食草的新芽、葉片、嫩莖及全株柔嫩組織為食。

蛺蝶科	黯眼蛺蝶（黑擬蛺蝶）	P172-175

幼蟲食草（寄主植物）

爵床科 Acanthaceae
賽山藍屬 *Blechum*
- 賽山藍 *Blechum pyramidatum* (Lam.) Urb. 歸化種
半插花屬 *Hemigraphis*
- 易生木 *Hemigraphis repanda* (L.) H.G.Hallier 栽培種
水蓑衣屬 *Hygrophila*
- 異葉水蓑衣 *Hygrophila difformis* (L.) Blume 歸化種（水生植物）
- 水蓑衣 *Hygrophila lancea* (Thunb.) Miq. 原生種（水生植物）
- 大安水蓑衣 *Hygrophila pogonocalyx* Hayata 臺灣特有種（水生植物）
- 柳葉水蓑衣 *Hygrophila salicifolia* (Vahl) Nees 原生種（水生植物）
- 宜蘭水蓑衣 *Hygrophila* sp. 原生種（水生植物）
盧利草屬 & 雙翅爵床屬 *Ruellia*
- 大花蘆莉（紅花蘆莉）*Ruellia elegans* Ruellia 栽培種
- 紫花蘆莉草（翠蘆莉）*Ruellia simplex* C. Wright 栽培種
馬藍屬 *Strobilanthes*
- 馬藍 *Strobilanthes cusia* (Nees) Kuntze 歸化種
- 曲莖馬藍 *Strobilanthes flexicaulis* Hayata 原生種
- 臺灣馬藍 *Strobilanthes formosanus* S. Moore 臺灣特有種
- 長穗馬藍 *Strobilanthes longespicatus* Hayata 臺灣特有種
- 蘭嶼馬藍 *Strobilanthes lanyuensis* Seok, Hsieh & J. Murata 原生種
- 腺萼馬藍 *Strobilanthes penstemonoides* T. Anderson. 原生種
- 蘭崁馬藍 *Strobilanthes rankanensis* Hayata 臺灣特有種
- 翅柄馬藍 *Strobilanthes wallichii* Nees 原生種

等 10 幾種食草的新芽、葉片、嫩莖及全株柔嫩組織為食。

蛺蝶科	鱗紋眼蛺蝶（眼紋擬蛺蝶）	P176-179

幼蟲食草（寄主植物）

爵床科 Acanthaceae
賽山藍屬 *Blechum*
- 賽山藍 *Blechum pyramidatum* (Lam.) Urb. 歸化種
半插花屬 *Hemigraphis*
- 易生木 *Hemigraphis repanda* (L.) H.G.Hallier 栽培種
水蓑衣屬 *Hygrophila*
- 大安水蓑衣 *Hygrophila pogonocalyx* Hayata 臺灣特有種（水生植物）
鱗球花屬 *Lepidagathis*
- 臺灣鱗球花 *Lepidagathis formosensis* C.B. Clarke ex Hayata 原生種
- 矮鱗球花 *Lepidagathis humilis* Merr. 原生種
- 卵葉鱗球花 *Lepidagathis inaequalis* C. B. Clarke ex Elmer 歸化種
- 小琉球鱗球花 *Lepidagathis secunda* Nees 原生種
- 柳葉鱗球花 *Lepidagathis stenophylla* C.B. Clarke ex Hayata 臺灣特有種
盧利草屬 & 雙翅爵床屬 *Ruellia*
- 大花蘆莉（紅花蘆莉）*Ruellia elegans* Ruellia 栽培種
馬藍屬 *Strobilanthes*
- 臺灣馬藍 *Strobilanthes formosanus* S. Moore 臺灣特有種
- 腺萼馬藍 *Strobilanthes penstemonoides* T. Anderson. 原生種

等 10 幾種食草的新芽、葉片、嫩莖及全株柔嫩組織為食。

蛺蝶科	青眼蛺蝶（孔雀青蛺蝶）	P180-183

幼蟲食草（寄主植物）

爵床科 Acanthaceae
十萬錯屬 *Asystasia*
- 赤道櫻草 *Asystasia gangetica* ssp. *gangetica* (L.) Anderson 歸化種
爵床屬 *Justicia*
- 早田氏爵床 *Justicia procumbens* L. var. *hayatae* (Yamamoto.) Ohwi 臺灣特有變種
- 爵床 *Justicia procumbens* L. var. *procumbens* L. 原生種
- 通泉草 *Mazus pumilus* (Burm. f.) Steenis 原生種
通泉草科 Mazaceae
通泉草屬 *Mazus*
車前科 Plantaginaceae
天使花屬 *Angelonia*
- 天使花 *Angelonia salicariifolia* Bonpl. 栽培種
車前屬 *Plantago*
- 車前草 *Plantago asiatica* L. 原生種
- 長葉車前草 *Plantago lanceolata* L. 歸化種
- 大車前草 *Plantago major* L. 原生種
- 毛車前草 *Plantago virginica* L. 歸化種
婆婆納屬 *Veronica*
- 毛蟲婆婆納 *Veronica peregrina* L. 歸化種
- 阿拉伯婆婆納（臺北水苦藚）*Veronica persica* Poir. 歸化種
鴨舌癀屬 *Phyla*
- 鴨舌癀 *Phyla nodiflora* (L.) Greene 歸化種

等 10 幾種食草的新芽、葉片、嫩莖及全株柔嫩組織為食。

蛺蝶科	枯葉蝶	P184-187

幼蟲食草（寄主植物）

爵床科 Acanthaceae
賽山藍屬 *Blechum*
· 賽山藍 ***Blechum pyramidatum*** (Lam.) Urb. 歸化種
半插花屬 *Hemigraphis*
· 易生木 ***Hemigraphis repanda*** (L.) H.G.Hallier 栽培種
水蓑衣屬 *Hygrophila*
· 繖花水蓑衣 ***Hygrophila corymbosa*** (Blume) Lindau 栽培種（水生植物）
· 異葉水蓑衣 ***Hygrophila difformis*** (L.) Blume 歸化種（水生植物）
· 水蓑衣 ***Hygrophila lancea*** (Thunb.) Miq. 原生種（水生植物）
· 大安水蓑衣 ***Hygrophila pogonocalyx*** Hayata 臺灣特有種（水生植物）
· 小獅子草 ***Hygrophila polysperma*** (Roxb.) T. Anderson 歸化種（水生植物）
· 柳葉水蓑衣 ***Hygrophila salicifolia*** (Vahl) Nees 原生種（水生植物）
· 宜蘭水蓑衣 ***Hygrophila sp.*** 原生種（水生植物）
鱗球花屬 *Lepidagathis*
· 臺灣鱗球花 ***Lepidagathis formosensis*** C.B. Clarke ex Hayata 原生種（偶見食用或不食）
盧利草屬 & 雙翅爵床屬 *Ruellia*
· 大花蘆莉（紅花蘆莉）***Ruellia elegans*** Ruellia 栽培種
· 紫花蘆莉草（翠蘆莉）***Ruellia simplex*** C. Wright 栽培種
馬藍屬 *Strobilanthes*
· 馬藍 ***Strobilanthes cusia*** (Nees) Kuntze 歸化種（偶見食用或不食）
· 曲莖馬藍 ***Strobilanthes flexicaulis*** Hayata 原生種
· 臺灣馬藍 ***Strobilanthes formosanus*** S. Moore 臺灣特有種
· 長穗馬藍 ***Strobilanthes longespicatus*** Hayata 臺灣特有種
· 蘭嶼馬藍 ***Strobilanthes lanyuensis*** Seok, Hsieh & J. Murata 原生種
· 腺萼馬藍 ***Strobilanthes penstemonoides*** T. Anderson. 原生種
· 蘭崁馬藍 ***Strobilanthes rankanensis*** Hayata 臺灣特有種
· 翅柄馬藍 ***Strobilanthes wallichii*** Nees 原生種
等 20 幾種食草的葉片為食。

蛺蝶科	大紅蛺蝶（紅蛺蝶）	P188-191

幼蟲食草（寄主植物）

榆科 Ulmaceae
榆屬 *Ulmus*
· 榔榆（紅雞油）***Ulmus parvifolia*** Jacq. 原生種
· 阿里山榆 ***Ulmus uyematsui*** Hayata 臺灣特有種
欅屬 *Zelkova*
· 欅（雞油）***Zelkova serrata*** (Thunb.) Makino 原生種
蕁麻科 Urticaceae
苧麻屬 *Boehmeria*
· 苧麻 ***Boehmeria nivea var. nivea*** (L.) Gaudich. 歸化種
· 青苧麻 ***Boehmeria nivea*** (L.) Gaudich. **var. tenacissima** (Gaudich.) Miq. 原生種
蠍子草屬 *Girardinia*
· 蠍子草 ***Girardinia diversifolia*** (Link) Friis 原生種
蕁麻屬 *Urtica*
· 臺灣蕁麻 ***Urtica taiwaniana*** S.S. Ying 臺灣特有種
· 咬人貓（蕁麻）***Urtica thunbergiana*** Siebold & Zucc. 原生種
等食草的新芽、葉片、嫩莖及全株柔嫩組織為食。

蛺蝶科	黃鉤蛺蝶（黃蛺蝶）	P192-195

幼蟲食草（寄主植物）

大麻科 Cannabaceae
葎草屬 *Humulus*
· 葎草 ***Humulus scandens*** (Lour.) Merr. 原生種
臺灣目前僅記錄到一種，以葉片為食並會造巢。

蛺蝶科	琉璃蛺蝶	P196-199

幼蟲食草（寄主植物）

百合科 Liliaceae
油點草屬 *Tricyrtis*
· 臺灣油點草 ***Tricyrtis formosana*** Baker **var. formosana** Baker 臺灣特有變種
菝葜科 Smilacaceae
菝葜屬 *Smilax*
· 阿里山菝葜 ***Smilax arisanensis*** Hayata 原生種
· 平柄菝葜 ***Smilax bockii*** Warb. 原生種（飼育困難或不食）
· 假菝葜 ***Smilax bracteata*** Presl **var. bracteata** Presl 原生種
· 糙莖菝葜 ***Smilax bracteata*** Presl **var. verruculosa** (Merr.) T. Koyama 原生種
· 菝葜 ***Smilax china*** L. 原生種
· 裡白菝葜（筐條菝葜）***Smilax corbularia*** Kunth 原生種
· 細葉菝葜 ***Smilax elongato-umbellata*** Hayata 原生種
· 光葉菝葜（禹餘糧）***Smilax glabra*** Roxb 原生種
· 南投菝葜 ***Smilax nantoensis*** T. Koyama 臺灣特有種
· 耳葉菝葜 ***Smilax ocreata*** A. DC. 原生種
· 烏蘇里山馬薯（大武牛尾菜）***Smilax riparia*** A. DC. 原生種
等 10 幾種食草的葉片為食。

蛺蝶科	黃豹盛蛺蝶（姬黃三線蝶）	P200-203

幼蟲食草（寄主植物）

蕁麻科 Urticaceae
苧麻屬 *Boehmeria*
· 密花苧麻（木苧麻）***Boehmeria densiflora*** Hook. & Arn. 原生種
水麻屬 *Debregeasia*
· 水麻 ***Debregeasia orientalis*** C.J. Chen 原生種
樓梯草屬 *Elatostema*
· 冷清草 ***Elatostema lineolatum*** Wight **var.majus** Wedd. 原生種
· 巒大冷清草（闊葉樓梯草）***Elatostema platyphyllum*** Wedd. 原生種
石蕁屬 *Gonostegia*
· 糯米糰 ***Gonostegia hirta*** (Blume) Miq. 原生種·
赤車使者屬 *Pellionia*
· 赤車使者 ***Pellionia radicans*** (Siebold & Zucc.) Wedd. 原生種
霧水葛屬 *Pouzolzia*
· 水雞油 ***Pouzolzia elegans*** Wedd. 原生種
等食草的的葉片為食。

蛺蝶科	散紋盛蛺蝶（黃三線蝶＆臺灣亞種）	P204-207

幼蟲食草（寄主植物）

蕁麻科 Urticaceae
苧麻屬 *Boehmeria*
· 密花苧麻（木苧麻）***Boehmeria densiflora*** Hook. & Arn. 原生種
· 臺灣苧麻 ***Boehmeria formosana*** Hayata 原生種
· 苧麻 ***Boehmeria nivea var. nivea*** (L.) Gaudich. 歸化種
· 青苧麻 ***Boehmeria nivea*** (L.) Gaudich. **var. tenacissima** (Gaudich.) Miq. 原生種
· 華南苧麻 ***Boehmeria pilosiuscula*** (Blume) Hassk. 原生種
· 長葉苧麻（柄果苧麻）***Boehmeria wattersii*** B.L.Shih & Y.P. Yang 臺灣特有種
水麻屬 *Debregeasia*
· 水麻 ***Debregeasia orientalis*** C.J. Chen 原生種
樓梯草屬 *Elatostema*
· 冷清草 ***Elatostema lineolatum*** Wight **var.majus** Wedd. 原生種
石蕁屬 *Gonostegia*
· 糯米糰 ***Gonostegia hirta*** (Blume) Miq. 原生種
紫麻屬 *Oreocnide*
· 長梗紫麻 ***Oreocnide pedunculata*** (Shirai) Masam. 原生種
落尾麻屬 *Pipturus*
· 落尾麻 ***Pipturus arborescens*** (Link) C. Rob 原生種
霧水葛屬 *Pouzolzia*
· 水雞油 ***Pouzolzia elegans*** Wedd. 原生種
等 10 幾種食草的葉片為食。

蛺蝶科	幻蛺蝶（琉球紫蛺蝶）	P208-211

幼蟲食草（寄主植物）

爵床科 Acanthaceae
十萬錯屬 *Asystasia*
· 赤道櫻草 ***Asystasia gangetica*** **ssp. gangetica** (L.) Anderson 歸化種
· 小花寬葉馬偕花 ***Asystasia gangetica*** (L.) Anderson **ssp. micrantha** (Nees) Ensermu 歸化種
賽山藍屬 *Blechum*
· 賽山藍 ***Blechum pyramidatum*** (Lam.) Urb. 歸化種
水蓑衣屬 *Hygrophila*
· 大安水蓑衣 ***Hygrophila pogonocalyx*** Hayata 臺灣特有種（水生植物）
· 小獅子草 ***Hygrophila polysperma*** (Roxb.) T. Anderson 歸化種（水生植物）
· 宜蘭水蓑衣 ***Hygrophila sp.*** 原生種（水生植物）
紅樓花屬 *Odontonema*
· 紅樓花 ***Odontonema tubaeforme*** (Bertol.) Kuntze 栽培種 & 歸化種
莧科 Amaranthaceae
牛膝屬 *Achyranthes*
· 印度牛膝（土牛膝）***Achyranthes aspera*** L. **var. indica** L. 原生種
· 臺灣牛膝（紫莖牛膝）***Achyranthes aspera var. rubrofusca*** (Wight) Hook. f. 原生種
· 牛膝 ***Achyranthes bidentata*** Blume 原生種
川牛膝屬 *Cyathula*
· 假川牛膝（杯莧）***Cyathula prostrata*** (L.) Blume 原生種
菊科 Asteraceae
金腰箭屬 *Synedrella*
· 金腰箭 ***Synedrella nodiflora*** (L.) Gaertn. 歸化種
旋花科 Convolvulaceae
牽牛花屬 *Ipomoea*
· 甕菜（空心菜）***Ipomoea aquatica*** Forssk. 歸化種（水生植物）
· 甘藷（地瓜、番薯）***Ipomoea batatas*** (L.) Lam. 栽培種 & 歸化種
· 白花牽牛 ***Ipomoea biflora*** (L.) Persoon 原生種
· 毛果薯 ***Ipomoea eriocarpa*** R. Br. 歸化種
· 海牽牛 ***Ipomoea littoralis*** Blume. 原生種
· 紅花野牽牛 ***Ipomoea triloba*** L. 歸化種
· 擬紅花野牽牛 ***Ipomoea leucantha*** Jacq. 歸化種

蛺蝶科	幻蛺蝶（琉球紫蛺蝶）	P208-211
	幼蟲食草（寄主植物）	

錦葵科 Malvaceae
錦葵屬 *Malva*
- 圓葉錦葵 *Malva neglecta* Wallr. 歸化種

賽葵屬 *Malvastrum*
- 賽葵 *Malvastrum coromandelianum* (L.) Garcke 歸化種

金午時花屬 *Sida*
- 橙葉金午時花（橙葉黃花稔）*Sida alnifolia* L. 原生種
- 中華金午時花（中華黃花稔）*Sida chinensis* Retz. 原生種
- 爪哇金午時花（爪哇黃花稔）*Sida javensis* Cavar. 原生種
- 金午時花（菱葉金午時花）*Sida rhombifolia* L. 歸化種
- 恆春金午時花 *Sida rhombifolia* L. **ssp.** *insularis* (Hatus.) Hatus. 原生種
- 單芒金午時花 *Sida rhombifolia* L. **var.** *maderensis* (Loew) Lowe 原生種
- 澎湖金午時花（長梗黃花稔）*Sida veronicifolia* Lam. 原生種

桑科 Moraceae
水蛇麻屬 *Fatoua*
- 小蛇麻（水蛇麻）*Fatoua villosa* (Thunb.) Nakai 原生種

蕁麻科 Urticaceae
苧麻屬 *Boehmeria*
- 苧麻 *Boehmeria nivea* var. *nivea* (L.) Gaudich. 歸化種
- 青苧麻 *Boehmeria nivea* (L.) Gaudich. **var.** *tenacissima* (Gaudich.) Miq. 原生種
- 華南苧麻 *Boehmeria pilosiuscula* (Blume) Hassk. 原生種

石薯屬 *Gonostegia*
- 糯米糰 *Gonostegia hirta* (Blume) Miq. 原生種

桑葉麻屬 *Laportea*
- 火焰桑葉麻（腺花桑葉麻）*Laportea aestuans* (L.) Chew 歸化種

落尾麻屬 *Pipturus*
- 落尾麻 *Pipturus arborescens* (Link) C. Rob 原生種

霧水葛屬 *Pouzolzia*
- 霧水葛 *Pouzolzia zeylanica* (L.) Benn. & R. Br. 原生種
等不同科別 40 幾種食草的新芽、葉片、嫩莖及全株柔嫩組織為食。

蛺蝶科	雌擬幻蛺蝶（雌紅紫蛺蝶）	P212-215
	幼蟲食草（寄主植物）	

爵床科 Acanthaceae
十萬錯屬 *Asystasia*
- 赤道櫻草 *Asystasia gangetica* ssp. *gangetica* (L.) Anderson 歸化種
- 小花寬葉馬偕花 *Asystasia gangetica* (L.) Anderson **ssp.** *micran-tha* (Nees) Ensermu 歸化種

車前屬 *Plantago*
- 車前草 *Plantago asiatica* L. 原生種
- 大車前草 *Plantago major* L. 原生種

馬齒莧科 Portulacaceae
馬齒莧屬 *Portulaca*
- 馬齒莧 *Portulaca oleracea* L. 歸化種
等不同科別食草的新芽、葉片、嫩莖及全株柔嫩組織為食。

蛺蝶科	波蛺蝶（樺蛺蝶、篦麻蝶）	P216-219
	幼蟲食草（寄主植物）	

大戟科 Euphorbiaceae
篦麻屬 *Ricinus*
- 篦麻 *Ricinus communis* L. 歸化種
- 紅篦麻 *Ricinus communis* **cv.** „Sanguineus" 歸化種
等食草的葉片為食。

蛺蝶科	豆環蛺蝶（琉球三線蝶）	P220-223
	幼蟲食草（寄主植物）	

豆科 Fabaceae
紫荊亞科 Cercidoideae Azani & al., 2017
羊蹄甲屬 *Bauhinia*
- 豔紫荊 *Bauhinia × blakeana* Dunn 栽培種

蘇木亞科 Caesalpinioideae DC., 1825
黃槐屬 *Cassia*
- 阿勃勒（波斯皂莢）*Cassia fistula* L 栽培種

蝶形花亞科 Faboideae Rudd, 1968
雞血藤屬（崖豆藤屬）*Callerya*
- 光葉魚藤 *Callerya nitida* (Benth.) R. Geesink 原生種
- 老荊藤（雞血藤）*Callerya reticulata* (Benth.) Schot 原生種

擬大豆屬 *Calopogonium*
- 擬大豆（南美葛豆）*Calopogonium mucunoides* Desv. 歸化種

刀豆屬 *Canavalia*
- 白鳳豆（立刀豆）*Canavalia ensiformis* (L.) DC. 栽培種 & 種皮為白色
- 紅鳳豆（刀豆、關刀豆、紅刀豆）*Canavalia gladiata* (Jacq.) DC 栽培種 & 種皮為紅色。

蛺蝶科	豆環蛺蝶（琉球三線蝶）	P220-223
	幼蟲食草（寄主植物）	

山珠豆屬 *Centrosema*
- 山珠豆 *Centrosema pubescens* Benth. 歸化種

蝙蝠草屬 *Christia*
- 蝙蝠草 *Christia campanulata* (Benth.) Thoth. 原生種
- 舖地蝙蝠草 *Christia obcordata* (Poir.) Bakh. f. 歸化種

鐘萼豆屬 *Codariocalyx*
- 鐘萼豆（舞草）*Codariocalyx motorius* (Houtt.) Ohashi 原生種

野百合屬 *Crotalaria*
- 黃野百合（豬屎豆）*Crotalaria pallida* Aiton. 歸化種

木山螞蝗屬 *Dendrolobium*
- 雙節山螞蝗 *Dendrolobium dispermum* (Hayata) Schindl. 臺灣特有種
- 假木豆 *Dendrolobium triangulare* (Retz.) Schindler. 原生種
- 白木蘇花 *Dendrolobium umbellatum* (L.) Benth. 原生種

山螞蝗屬 *Desmodium*
- 散花山螞蝗 *Desmodium diffusum* DC. 原生種
- 大葉山螞蝗 *Desmodium gangeticum* (L.) DC. 原生種
- 細葉山螞蝗 *Desmodium gracillimum* Hemsl. 臺灣特有種
- 假地豆 *Desmodium heterocarpon* (L.) DC. **var.** *Heterocarpon* 原生種
- 直立假地豆（直毛假地豆）*Desmodium heterocarpon* (L.) DC. **var.** *strigosum Meeuwen* 原生種
- 變葉山螞蝗 *Desmodium heterophyllum* (Willd.) DC. 原生種
- 西班牙三葉草 *Desmodium incanum* DC. 歸化種
- 營多藤（南投山螞蝗）*Desmodium intortum* (Miller) Urban. 歸化種
- 疏花山螞蝗 *Desmodium laxiflorum* DC. 原生種
- 蝦尾山螞蝗 *Desmodium scorpiurus* (Sw.) Desv. 歸化種
- 波葉山螞蝗 *Desmodium sequax* Wall. 原生種
- 銀葉藤（銀葉西班牙三葉草）*Desmodium uncinatum* (Jacq.) DC 歸化種
- 絨毛葉山螞蝗 *Desmodium velutinum* (Willd.) DC 原生種
- 單葉拿身草 *Desmodium zonatum* Miq. 原生種

扁豆屬 *Dolichos*
- 恆春扁豆（三裂葉扁豆）*Dolichos trilobus* L. **var.** *kosyunensis* (Hosokawa) Ohashi & Tateishi 臺灣特有變種

山黑扁豆屬 *Dumasia*
- 山黑扁豆（苗栗野豇豆）*Dumasia truncata* Sieb. et Zucc 原生種
- 臺灣山黑扁豆 *Dumasia villosa* DC. **ssp.** *bicolor* (Hayata) H.Ohashi & Tateishi 臺灣特有亞種

毛豇豆屬 *Dysolobium*
- 毛豇豆 *Dysolobium pilosum* (Willd.) Marechal 原生種

刺桐屬 *Erythrina*
- 美麗刺桐（象牙花）*Erythrina speciosa* Andrews. 栽培種
- 刺桐 *Erythrina variegata* L. 原生種

佛來明豆屬 *Flemingia*
- 大葉佛來明豆 *Flemingia macrophylla* (Willd.) Kuntze ex Prain 原生種
- 佛來明豆 *Flemingia strobilifera* (L.) R. Br. ex Aiton. 原生種

乳豆屬 *Galactia*
- 細葉乳豆 *Galactia tenuiflora* (Klein ex Willd.) Wight & Arn. **var.** *tenuiflora* 原生種
- 毛細花乳豆 *Galactia tenuiflora* (Klein ex Willd.) Wight & Arn. **var.** *villosa* (Wight & Arn.) Baker 臺灣特有變種

大豆屬 *Glycine*
- 毛豆（大豆、黃豆）*Glycine max* (L.) Merr. 栽培種
- 臺灣大豆 *Glycine max* (L.) Merr. **ssp.** *formosana* (Hosokawa) Tateishi & Ohashi 臺灣特有亞種

長柄山螞蝗屬 *Hylodesmum*
- 小山螞蝗（尖葉長柄山螞蝗）*Hylodesmum podocarpum* (DC.) H. Ohashi & R.R MILL **ssp.** *oxyphyllum* (DC.) H.Ohashi & MILL 原生種

木藍屬 *Indigofera*
- 蘭嶼木藍 *Indigofera kotoensis* Hayata 臺灣特有種
- 黑木藍 *Indigofera nigrescens* Kurz ex Prain 原生種
- 尖葉木藍 *Indigofera zollingeriana* Miq. 栽培種

肉豆屬 *Lablab*
- 紅肉豆（紫花鵲豆）*Lablab purpureus* (L.) Sweet **var.** *purpureus* 歸化種 & 栽培種
- 白肉豆（白花鵲豆）*Lablab purpureus* (L.) Sweet **var.** *albiflorus* Yen et al 歸化種 & 栽培種

胡枝子屬 *Lespedeza*
- 毛胡枝子（美麗胡枝子、臺灣胡枝子）*Lespedeza formosa* (Vogel) Koehne 原生種

血藤屬 *Mucuna*
- 大血藤（恆春血藤）*Mucuna gigantea* (Willd.) DC. **ssp.** *tashiroi* (Hayata) Ohashi & Tateishi 原生種
- 血藤 *Mucuna macrocarpa* Wall. 原生種
- 蘭嶼血藤 *Mucuna membranacea* Hayata 原生種

爪哇大豆屬 *Neonotonia*
- 爪哇大豆 *Neonotonia wightii* (Wight & Arn.) J. A. Lackey 歸化種

小槐花屬 *Ohwia*
- 小槐花（魔草）*Ohwia caudata* (Thunb.) Ohashi 原生種

蛺蝶科	豆環蛺蝶（琉球三線蝶）	P220-223

幼蟲食草（寄主植物）

菜豆屬 *Phaseolus*
- 皇帝豆（萊豆）*Phaseolus lunatus* L. 栽培種
- 菜豆（四季豆）*Phaseolus vulgaris* L. 栽培種

排錢樹屬 *Phyllodium*
- 排錢樹 *Phyllodium pulchellum* (L.) Desv. 原生種

翼豆屬 *Psophocarpus*
- 翼豆（四稜豆）*Psophocarpus tetragonolobus* (L.) DC. 栽培種

葛藤屬 *Pueraria*
- 山葛（臺灣葛藤）*Pueraria montana* (Lour.) Merr. **var.** *montana* 原生種
- 湯氏葛藤（大葛藤）*Pueraria montana* (Lour.) Merr. **var.** *thomsonii* (Benth.) Wiersena ex D.Bward 原生種
- 熱帶葛藤（假菜豆）*Pueraria phaseoloides* (Roxb.) Benth. **var.** *phaseoloides* 原生種
- 爪哇葛藤 *Pueraria phaseoloides* (Roxb.) Benth. **var.** *javanica* (Benth.) Bak. 歸化種

密子豆屬 *Pycnospora*
- 密子豆 *Pycnospora lutescens* (Poir.) Schindler. 原生種

括根屬 *Rhynchosia*
- 小葉括根 *Rhynchosia minima* (L.) DC. 原生種
- 鹿藿（括根）*Rhynchosia volubilis* Lour. 原生種

田菁屬 *Sesbania*
- 大花田菁 *Sesbania grandiflora* (L.) Pers. 歸化種

槐樹屬 *Sophora*
- 苦參 *Sophora flavescens* Aiton 原生種

黎豆屬 *Stizolobium*
- 白花黎豆 *Stizolobium cochinchinensis* (Lour.) Burk. 歸化種
- 富貴豆（黎）*Stizolobium hassjooo* Piper & Tracy 歸化種
- 虎爪豆（紫花黎豆）*Stizolobium utile* Piper et Tracy. 歸化種

葫蘆茶屬 *Tadehagi*
- 葫蘆茶 *Tadehagi triquetrum* (L.) Ohashi **ssp.** *Triquetrum* 原生種
- 蔓莖葫蘆茶 *Tadehagi triquetrum* (L.) Ohashi **ssp.** *pseudotriquetrum* (DC.) Ohashi 原生種

灰毛豆屬 *Tephrosia*
- 白花鐵富豆 *Tephrosia candida* (Roxb.) DC. 歸化種

兔尾草屬 *Uraria*
- 兔尾草 *Uraria crinita* (L.) Desv. ex DC. 原生種
- 圓葉兔尾草 *Uraria neglecta* Prain 原生種

豇豆屬 *Vigna*
- 和氏豇豆 *Vigna hosei* (Craib) Backer 原生種
- 長葉豇豆 *Vigan luteola* (Jacq.) Benth. 原生種
- 濱豇豆 *Vigna marina* (Burm.) Merr. 原生種
- 曲毛豇豆 *Vigna reflexo-pilosa* Hayata 原生種

紫藤屬 *Wisteria*
- 多花紫藤（日本紫藤）*Wisteria floribunda* (Willd.) DC. 栽培種
- 紫藤（中國紫藤）*Wisteria sinensis* (Sims) Sweet 栽培種

大麻科 Cannabaceae
糙葉樹屬 *Aphananthe*
- 糙葉樹 *Aphananthe aspera* (Thunb.) Planch. 原生種

山黃麻屬 *Trema*
- 銳葉山黃麻（光葉山黃麻）*Trema cannabina* Lour. 原生種
- 山黃麻 *Trema orientalis* (L.) Blume 原生種
- 山油麻 *Trema tomentosa* (Roxb.) H. Hara 原生種

八仙花科 Hydrangeaceae
溲疏屬 *Deutzia*
- 大葉溲疏 *Deutzia pulchra* S. Vidal 原生種

錦葵科 Malvaceae
垂桉草屬 *Triumfetta*
- 垂桉草（刺蒴麻）*Triumfetta rhomboidea* Jacq. 原生種

野棉花屬 *Urena*
- 野棉花 *Urena lobata* L. 原生種
- 梵天花 *Urena procumbens* L. 原生種

榆科 Ulmaceae
欅屬 *Zelkova*
- 欅（雞油）*Zelkova serrata* (Thunb.) Makino 原生種

蕁麻科 Urticaceae
苧麻屬 *Boehmeria*
- 苧麻 *Boehmeria nivea* var. *nivea* (L.) Gaudich. 歸化種
- 青苧麻 *Boehmeria nivea* (L.) Gaudich. **var.** *tenacissima* (Gaudich.) Miq 原生種

鼠李科 Rhamnaceae
鼠李屬 *Rhamnus*
- 臺灣雀梅藤 *Sageretia thea* (Osbeck) Johnst. **var.** *taiwaniana* (Hosok. ex Masam.) Y.C.Liu & C.M.Wang 臺灣特有變種

等不同科別約 90 多種食草的成熟葉片為食。

蛺蝶科	小環蛺蝶（小三線蝶）	P224-227

幼蟲食草（寄主植物）

豆科 Fabaceae
蝶形花亞科 Faboideae Rudd, 1968
煉莢豆屬 *Alysicarpus*
- 鏈莢豆（山地豆）*Alysicarpus vaginalis* (L.) DC. 歸化種

雞血藤屬（崖豆藤屬）*Callerya*
- 光葉魚藤 *Callerya nitida* (Benth.) R. Geesink 原生種
- 老荊藤（雞血藤）*Callerya reticulata* (Benth.) Schot 原生種

乳豆屬 *Galactia*
- 細花乳豆 *Galactia tenuiflora* (Klein ex Willd.) Wight & Arn. **var.** *tenuiflora* 原生種
- 毛細花乳豆 *Galactia tenuiflora* (Klein ex Willd.) Wight & Arn. **var.** *villosa* (Wight & Arn.) Baker 臺灣特有變種

胡枝子屬 *Lespedeza*
- 毛胡枝子（美麗胡枝子、臺灣胡枝子）*Lespedeza formosa* (Vogel) Koehne 原生種

血藤屬 *Mucuna*
- 血藤 *Mucuna macrocarpa* Wall. 原生種

爪哇大豆屬 *Neonotonia*
- 爪哇大豆 *Neonotonia wightii* (Wight & Arn.) J. A. Lackey 歸化種

葛藤屬 *Pueraria*
- 山葛（臺灣葛藤）*Pueraria montana* (Lour.) Merr. **var.** *montana* 原生種
- 湯氏葛藤（大葛藤）*Pueraria montana* (Lour.) Merr. **var.** *thomsonii* (Benth.)Wiersena ex D.Bward 原生種
- 熱帶葛藤（假菜豆）*Pueraria phaseoloides* (Roxb.) Benth. **var.** *phaseoloides* 原生種

菽草屬 *Trifolium*
- 菽草（白花三葉草）*Trifolium repens* L. 歸化種

大麻科 Cannabaceae
糙葉樹屬 *Aphananthe*
- 糙葉樹 *Aphananthe aspera* (Thunb.) Planch. 原生種

榆科 Ulmaceae
欅屬 *Zelkova*
- 欅（雞油）*Zelkova serrata* (Thunb.) Makino 原生種

錦葵科 Malvaceae
野棉花屬 *Urena*
- 野棉花 *Urena lobata* L. 原生種

等不同科別 10 幾種食草的成熟葉片為食。

蛺蝶科	斷線環蛺蝶（泰雅三線蝶）	P228-231

幼蟲食草（寄主植物）

豆科 Fabaceae
蝶形花亞科 Faboideae Rudd, 1968
紫藤屬 *Wisteria*
- 多花紫藤（日本紫藤）*Wisteria floribunda* (Willd.) DC. 栽培種
- 紫藤（中國紫藤）*Wisteria sinensis* (Sims) Sweet 栽培種

大麻科 Cannabaceae
糙葉樹屬 *Aphananthe*
- 糙葉樹 *Aphananthe aspera* (Thunb.) Planch. 原生種

朴屬 *Celtis*
- 臺灣朴樹（石朴）*Celtis formosana* Hayata 臺灣特有種
- 朴樹（沙朴）*Celtis sinensis* Pers. 原生種
- 小葉朴 *Celtis nervosa* Hemsl. 臺灣特有種

八仙花科 Hydrangeaceae
溲疏屬 *Deutzia*
- 大葉溲疏 *Deutzia pulchra* S. Vidal 原生種

錦葵科 Malvaceae
梭羅樹屬 *Reevesia*
- 臺灣梭羅木 *Reevesia formosana* Sprague 臺灣特有種

鼠李科 Rhamnaceae
鼠李屬 *Rhamnus*
- 桶鉤藤 *Rhamnus formosana* Matsum. 臺灣特有種

雀梅藤屬 *Sageretia*
- 雀梅藤 *Sageretia thea* var. *thea* (Osbeck) Johnst., 原生種

翼核木屬 *Ventilago*
- 光果翼核木 *Ventilago leiocarpa* Benth. 原生種

薔薇科 Rosaceae
梅屬 *Prunus*
- 山櫻花（緋寒櫻）*Prunus campanulata* Maxim. 原生種

懸鉤子屬 *Rubus*
- 羽萼懸鉤子（粗葉懸鉤子）*Rubus alceifolius* Poir. 原生種
- 變葉懸鉤子 *Rubus corchorifolius* L. f. 原生種
- 臺灣懸鉤子 *Rubus formosensis* Kuntze 原生種
- 高梁泡 *Rubus lambertianus* var.*lambertianus* Ser. 原生種
- 裏白懸鉤子 *Rubus mesogaeus* Focke 原生種

清風藤科 Sabiaceae
清風藤屬 *Sabia*
- 阿里山清風藤 *Sabia transarisanensis* Hayata 臺灣特有種

蛺蝶科	斷線環蛺蝶（泰雅三線蝶）	P228-231

幼蟲食草（寄主植物）

無患子科 Sapindaceae
槭屬 *Acer*
- 青楓 *Acer serrulatus* Hayata 臺灣特有種
榆科 Ulmaceae
榆屬 *Ulmus*
- 阿里山榆 *Ulmus uyematsui* Hayata 臺灣特有種
櫸屬 *Zelkova*
- 櫸（雞油）*Zelkova serrata* (Thunb.) Makino 原生種
蕁麻科 Urticaceae
苧麻屬 *Boehmeria*
- 密花苧麻（木苧麻）*Boehmeria densiflora* Hook. & Arn. 原生種
水麻屬 *Debregeasia*
- 水麻 *Debregeasia orientalis* C.J. Chen 原生種
霧水葛屬 *Pouzolzia*
- 水雞油 *Pouzolzia elegans* Wedd. 原生種
等不同科別 20 多種食草的成熟葉片為食。

蛺蝶科	殘眉線蛺蝶（臺灣星三線蝶）	P232-235

幼蟲食草（寄主植物）

忍冬科 Caprifoliaceae
忍冬屬 *Lonicera*
- 阿里山忍冬 *Lonicera acuminata* Wall. ex Roxb. 原生種
- 裡白忍冬（紅腺忍冬）*Lonicera hypoglauca* Miq. 原生種
- 忍冬（金銀花）*Lonicera japonica* Thunb. 原生種
等食草的嫩莖與成熟葉片為食。

蛺蝶科	玄珠帶蛺蝶（白三線蝶）	P236-239

幼蟲食草（寄主植物）

葉下珠科 Phyllanthaceae
饅頭果屬 *Glochidion*
- 高士佛饅頭果 *Glochidion kusukusense* Hayata 原生種
- 卵葉饅頭果 *Glochidion ovalifolium* Zipp. ex Span. 臺灣特有種
- 菲律賓饅頭果 *Glochidion philippicum* (Cav.) C.B. Rob. 原生種
- 紅毛饅頭果 *Glochidion puberum* (L.) Hutch. 原生種
- 細葉饅頭果 *Glochidion rubrum* Blume 原生種
- 裏白饅頭果 *Glochidion triandrum* (Blanco) C. B. Rob. 原生種
- 披針葉饅頭果 *Glochidion zeylanicum* (Gaertn.) A. Juss. **var. lanceolatum** (Hayata) M.J. Deng & J.C. Wang 原生種
- 赤血仔（厚葉算盤子）*Glochidion zeylanicum* (Gaertn.) A. Juss. **var. tomentosum** (Dalzell) Trimen 原生種
- 錫蘭饅頭果（香港饅頭果）*Glochidion zeylanicum var. zeylanicum* (Gaertn.) A.Juss. 原生種
茜草科 Rubiaceae
水錦樹屬 *Wendlandia*
- 水錦樹 *Wendlandia uvariifolia* Hance 原生種（偶見食用）
等 10 多種食草的葉片為食。

蛺蝶科	異紋帶蛺蝶（小單帶蛺蝶）	P240-243

幼蟲食草（寄主植物）

茜草科 Rubiaceae
風箱樹屬 *Cephalanthus*
- 風箱樹 *Cephalanthus tetrandrus* (Roxb.) Ridsdale & Bakh. f. 原生種（水生植物）
玉葉金花屬 *Mussaenda*
- 寶島玉葉金花 *Mussaenda formosanum* (Matsum.) T. Y. Aleck Yang & K. C. Huang 原生種
- 紅頭玉葉金花 *Mussaenda kotoensis* Hayata 臺灣特有種
- 玉葉金花 *Mussaenda parviflora* Miq. 原生種
- 毛玉葉金花（水社玉葉金花）*Mussaenda pubescens* W.T.Aiton 原生種
- 臺北玉葉金花 *Mussaenda taihokuensis* Masam. 臺灣特有種
- 臺灣玉葉金花 *Mussaenda taiwaniana* Kaneh. 臺灣特有種
鉤藤屬 *Uncaria*
- 臺灣鉤藤 *Uncaria hirsuta* Havil. 原生種
- 恆春鉤藤 *Uncaria hirsuta* Wall. **var. appendiculata** (Benth.) Ridsdale 原生種
- 嘴葉鉤藤（侯鉤藤）*Uncaria rhynchophylla* (Miq.) Miq. ex Havil. 原生種
水錦樹屬 *Wendlandia*
- 水金京 *Wendlandia formosana* Cowan 原生種
- 呂宋水錦樹 *Wendlandia luzoniensis* DC. 原生種
- 水錦樹 *Wendlandia uvariifolia* Hance 原生種
等 10 多種食草的成熟葉片為食。

蛺蝶科	網絲蛺蝶（石牆蝶）	P244-247

幼蟲食草（寄主植物）

桑科 Moraceae
榕屬 *Ficus*
- 菲律賓榕（金氏榕）*Ficus ampelos* Burm. f. 原生種
- 垂榕（白榕）*Ficus benjamina* L. 原生種
- 孟加拉榕 *Ficus benghalensis* L. 栽培種
- 無花果 *Ficus carica* L. 栽培種
- 大葉雀榕（大葉赤榕）*Ficus caulocarpa* Miq. 原生種
- 對葉榕 *Ficus cumingii* Miq. **var. terminalifolia** (Elmer) Sata 原生種
- 印度橡膠樹（緬樹）*Ficus elastica* Roxb. ex Hornem. 栽培種
- 假枇杷 *Ficus erecta* Thunb. **var. erecta** Thunb. 原生種
- 牛奶榕 *Ficus erecta* Thunb. **var. beecheyana** (Hook. & Arn.) King 原生種
- 斑葉印度橡膠樹 *Ficus elastica* 'Decora Tricolor' 栽培種
- 水同木（豬母乳）*Ficus fistulosa* Reinw. ex Blume 原生種
- 天仙果（臺灣榕）*Ficus formosana* Maxim. 原生種
- 細葉天仙果 *Ficus formosana* Maxim. **f. shimadae** Hayata 原生種
- 尖尾長葉榕 *Ficus heteropleura* Blume 原生種
- 大對葉榕 *Ficus hispida* L.f. 栽培種
- 澀葉榕（糙葉榕）*Ficus irisana* Elmer 原生種
- 榕樹（正榕）*Ficus microcarpa* L. f. 原生種
- 黃金榕 *Ficus microcarpa* 'Golden Leaves' 栽培種
- 厚葉榕（謝氏榕、萬權榕）*Ficus microcarpa* L. f. **var. crassifolia** (W.C. Shieh) J.C. Liao 原生種
- 傅園榕 *Ficus microcarpa* L. f. **var. fuyuensis** J.C. Liao 臺灣特有變種
- 小葉榕 *Ficus microcarpa* L. f. **var. pusillifolia** J.C. Liao 臺灣特有變種
- 九重吹（九丁榕）*Ficus nervosa* B. Heyne ex Roth 原生種
- 鵝鑾鼻蔓榕 *Ficus pedunculosa* Miq. **var. mearnsii** (Merr.) Corner 原生種
- 薜荔 *Ficus pumila* L. 臺灣特有種
- 阿里山珍珠蓮 *Ficus sarmentosa* B.-Ham.ex J. E. Sm.**var. henryi** (King ex Oliv.) Corner 原生種
- 珍珠蓮（日本珍珠蓮）*Ficus sarmentosa* B-Ham.ex J. E. Sm.**var. nipponica** (Franch. & Sav.) Corner 原生種
- 大冇榕（稜果榕）*Ficus septica* Burm. f. 原生種
- 雀榕（鳥榕）*Ficus subpisocarpa* Gagnep. 原生種
- 濱榕 *Ficus tannoensis* Hayata 臺灣特有種
- 菱葉濱榕 *Ficus tannoensis* Hayata **f. rhombifolia** Hayata 臺灣特有種
- 山豬枷（斯氏榕）*Ficus tinctoria* G. Forst. 原生種
- 三角榕 *Ficus triangularis* Warb. 栽培種
- 幹花榕 *Ficus variegata* var. **variegata** Blume 原生種
- 白肉榕（島榕）*Ficus virgata* Reinw. ex Blume 原生種
等 30 幾種榕屬食草的新芽、葉片、嫩莖及全株柔嫩組織為食。

蛺蝶科	白裳貓蛺蝶（豹紋蝶）	P248-251

幼蟲食草（寄主植物）

大麻科 Cannabaceae
朴屬 *Celtis*
- 沙楠子樹（紫彈朴）*Celtis biondii* Pamp. 原生種
- 臺灣朴樹（石朴）*Celtis formosana* Hayata 臺灣特有種
- 朴樹（沙朴）*Celtis sinensis* Pers. 原生種
- 小葉朴 *Celtis nervosa* Hemsl. 臺灣特有種
等食草的新芽和新葉為食。

蛺蝶科	白蛺蝶	P252-255

幼蟲食草（寄主植物）

大麻科 Cannabaceae
朴屬 *Celtis*
- 沙楠子樹（紫彈朴）*Celtis biondii* Pamp. 原生種
- 臺灣朴樹（石朴）*Celtis formosana* Hayata 臺灣特有種（人工飼育）
等食草的葉片為食。

蛺蝶科	小波眼蝶（小波紋蛇目蝶）	P256-259

幼蟲食草（寄主植物）

禾本科 Poaceae
臂形草屬 *Brachiaria*
- 巴拉草 *Brachiaria mutica* (Forssk.) Stapf 歸化種
弓果黍屬 *Cyrtococcum*
- 弓果黍 *Cyrtococcum patens* (L.) A. Camus 原生種
馬唐屬 *Digitaria*
- 毛馬唐 *Digitaria radicosa* (J. Presl) Miq**. var. hirsuta** (Ohwi) C.C. Hsu 原生種
- 小馬唐 *Digitaria radicosa* (J. Presl) Miq. **var. radicosa** (J. Presl) Miq. 原生種

蛺蝶科	小波眼蝶（小波紋蛇目蝶）	P256-259

幼蟲食草（寄主植物）

- 馬唐 *Digitaria sanguinalis* (L.) Scop. 歸化種
- 短穎馬唐（海南馬唐）*Digitaria setigera* Roth 原生種
- 紫果馬唐（紫馬唐）*Digitaria violascens* Link 原生種

柳葉箬屬 *Isachne*
- 柳葉箬 *Isachne globosa* (Thunb.) Kuntze 原生種
- 日本柳葉箬 *Isachne nipponensis* Ohwi 原生種

李氏禾屬 *Leersia*
- 李氏禾 *Leersia hexandra* Sw. 原生種（水生植物）

蓩屬 *Microstegium*
- 剛蓩 *Microstegium ciliatum* (Trin.) A. Camus 原生種

芒屬 *Miscanthus*
- 五節芒 *Miscanthus floridulus* (Labill.) Warb. ex K. Schum. & Lauterb. 原生種
- 白背芒 *Miscanthus sinensis* Anderss var. *glaber* (Nakai) J.T. Lee 原生種

求米草屬 *Oplismenus*
- 竹葉草 *Oplismenus compositus* (L.) P. Beauv. 原生種
- 求米草 *Oplismenus undulatifolius* var. *undulatifolius* (Ard.) Roem. & Schult. 原生種
- 小葉求米草 *Oplismenus undulatifolius* var. *microphyllus* (Honda) Ohwi 原生種

稻屬 *Oryza*
- 稻 *Oryza sativa* L. 栽培種（水生植物）

稷屬 *Panicum*
- 大黍 *Panicum maximum* Jacq. 歸化種

雀稗屬 *Paspalum*
- 兩耳草 *Paspalum conjugatum* P.J. Bergius 歸化種

早熟禾屬 *Poa*
- 早熟禾 *Poa annua* L. 原生種

狗尾草屬 *Setaria*
- 棕葉狗尾草（颱風草）*Setaria palmifolia* (J. Koenig) Stapf 歸化種
- 倒刺狗尾草 *Setaria verticillata* (L.) P. Beauv. 歸化種

等 20 多種軟質禾草的葉片為食。

蛺蝶科	大波眼蝶（大波紋蛇目蝶、寶島波眼蝶）	P260-263

幼蟲食草（寄主植物）

禾本科 **Poaceae**
短柄草屬 *Brachypodium*
- 川上氏短柄草 *Brachypodium kawakamii* Hayata 臺灣特有種

弓果黍屬 *Cyrtococcum*
- 弓果黍 *Cyrtococcum patens* (L.) A. Camus 原生種

馬唐屬 *Digitaria*
- 毛馬唐 *Digitaria radicosa* (J. Presl) Miq. var. *hirsuta* (Ohwi) C.C. Hsu 原生種
- 小馬唐 *Digitaria radicosa* (J. Presl) Miq. var. *radicosa* (J. Presl) Miq. 原生種
- 馬唐 *Digitaria sanguinalis* (L.) Scop. 歸化種
- 短穎馬唐（海南馬唐）*Digitaria setigera* Roth 原生種
- 紫果馬唐（紫馬唐）*Digitaria violascens* Link 原生種

白茅屬 *Imperata*
- 白茅（大白茅）*Imperata cylindrica* (L.) P. Beauv.var. *major* (Nees) C.E. Hubb. 原生種

柳葉箬屬 *Isachne*
- 柳葉箬 *Isachne globosa* (Thunb.) Kuntze 原生種
- 日本柳葉箬 *Isachne nipponensis* Ohwi 原生種

李氏禾屬 *Leersia*
- 李氏禾 *Leersia hexandra* Sw. 原生種（水生植物）

蓩竹屬 *Microstegium*
- 剛蓩竹 *Microstegium ciliatum* (Trin.) A. Camus 原生種

芒屬 *Miscanthus*
- 五節芒 *Miscanthus floridulus* (Labill.) Warb. ex K. Schum. & Lauterb. 原生種
- 白背芒 *Miscanthus sinensis* Anderss var. *glaber* (Nakai) J.T. Lee 原生種

求米草屬 *Oplismenus*
- 竹葉草 *Oplismenus compositus* (L.) P. Beauv. 原生種
- 求米草 *Oplismenus undulatifolius* var. *undulatifolius* (Ard.) Roem. & Schult. 原生種
- 小葉求米草 *Oplismenus undulatifolius* var. *microphyllus* (Honda) Ohwi 原生種

稻屬 *Oryza*
- 稻 *Oryza sativa* L. 栽培種（水生植物）

稷屬 *Panicum*
- 大黍 *Panicum maximum* Jacq. 歸化種

雀稗屬 *Paspalum*
- 兩耳草 *Paspalum conjugatum* P.J. Bergius 歸化種

狗尾草屬 *Setaria*
- 棕葉狗尾草（颱風草）*Setaria palmifolia* (J. Koenig) Stapf 歸化種
- 倒刺狗尾草 *Setaria verticillata* (L.) P. Beauv. 歸化種

等 20 多種軟質禾草的葉片為食。

蛺蝶科	密紋波眼蝶（臺灣波紋蛇目蝶）	P264-267

幼蟲食草（寄主植物）

禾本科 **Poaceae**
野古草屬 *Arundinella*
- 野古草（毛稈野古草）*Arundinella hirta* (Thunb.) Tanaka 原生種

狗牙根屬 *Cynodon*
- 狗牙根 *Cynodon dactylon* (L.) Pers. 原生種

馬唐屬 *Digitaria*
- 毛馬唐 *Digitaria radicosa* (J. Presl) Miq. var. *hirsuta* (Ohwi) C.C. Hsu 原生種
- 小馬唐 *Digitaria radicosa* (J. Presl) Miq. var. *radicosa* (J. Presl) Miq. 原生種
- 馬唐 *Digitaria sanguinalis* (L.) Scop. 歸化種
- 短穎馬唐（海南馬唐）*Digitaria setigera* Roth 原生種
- 紫果馬唐（紫馬唐）*Digitaria violascens* Link 原生種

畫眉草屬 *Eragrostis*
- 垂愛草 *Eragrostis curvula* (Schrad.) Nees 歸化種
- 知風草 *Eragrostis ferruginea* (Thunb.) P. Beauv. 原生種
- 多稈畫眉草 *Eragrostis multicaulis* Steud. 原生種
- 畫眉草 *Eragrostis pilosa* (L.) P. Beauv. 原生種

白茅屬 *Imperata*
- 白茅（大白茅）*Imperata cylindrica* (L.) P. Beauv. var. *major* (Nees) C.E. Hubb. 原生種

柳葉箬屬 *Isachne*
- 柳葉箬 *Isachne globosa* (Thunb.) Kuntze 原生種
- 日本柳葉箬 *Isachne nipponensis* Ohwi 原生種

李氏禾屬 *Leersia*
- 李氏禾 *Leersia hexandra* Sw. 原生種（水生植物）

淡竹葉屬 *Lophatherum*
- 淡竹葉 *Lophatherum gracile* Brongn. 原生種

蓩竹屬 *Microstegium*
- 剛蓩竹 *Microstegium ciliatum* (Trin.) A. Camus 原生種

芒屬 *Miscanthus*
- 五節芒 *Miscanthus floridulus* (Labill.) Warb. ex K. Schum. & Lauterb. 原生種
- 白背芒 *Miscanthus sinensis* Anderss var. *glaber* (Nakai) J.T. Lee 原生種

求米草屬 *Oplismenus*
- 竹葉草 *Oplismenus compositus* (L.) P. Beauv. 原生種
- 小葉求米草 *Oplismenus undulatifolius* var. *microphyllus* (Honda) Ohwi 原生種

稻屬 *Oryza*
- 稻 *Oryza sativa* L. 栽培種（水生植物）

稷屬 *Panicum*
- 大黍 *Panicum maximum* Jacq. 歸化種

雀稗屬 *Paspalum*
- 兩耳草 *Paspalum conjugatum* P.J. Bergius 歸化種

狗尾草屬 *Setaria*
- 棕葉狗尾草（颱風草）*Setaria palmifolia* (J. Koenig) Stapf 歸化種
- 倒刺狗尾草 *Setaria verticillata* (L.) P. Beauv. 歸化種

等 20 多種軟質禾草的葉片為食。

蛺蝶科	長紋黛眼蝶（玉帶蔭蝶）	P268-271

幼蟲食草（寄主植物）

禾本科 **Poaceae**
竹亞科 **Bambusoideae** Luerss., 1893
蓬萊竹屬 *Bambusa*
- 蓬萊竹（觀音竹、鳳尾竹）*Bambusa multiplex* (Lour.) Raeusch. ex Schult. & Schult. f. 原生種
- 綠竹 *Bambusa oldhamii* Munro 栽培種
- 刺竹 *Bambusa stenostachya* Hack. 栽培種
- 佛竹（佛肚竹、葫蘆竹）*Bambusa ventricosa* Mc Clure 栽培種
- 金絲竹 *Bambusa vulgaris* Schard. ex J. C. Wendl. var. *striata* (Lodd. ex Lindl.) Gamble 原生種

麻竹屬 *Dendrocalamus*
- 麻竹 *Dendrocalamus latiflorus* Munro 歸化種

孟宗竹屬 *Phyllostachys*
- 桂竹（臺灣桂竹）*Phyllostachys makinoi* Hayata 原生種
- 孟宗竹 *Phyllostachys edulis* (Carrière) J.Houz. 原生種

矢竹屬 *Pseudosasa*
- 包籜矢竹 *Pseudosasa usawae* (Hayata) Makino & Nemoto 臺灣特有種

唐竹屬 *Sinobambusa*
- 臺灣矢竹 *Sinobambusa kunishii* (Hayata) Nakai 臺灣特有種

等 10 多種竹類的葉片為食。

蛺蝶科	褐翅蔭眼蝶（永澤黃斑蔭蝶）	P272-275

幼蟲食草（寄主植物）

禾本科 Poaceae
竹亞科 Bambusoideae Luerss., 1893
蓬萊竹屬 *Bambusa*
- 蓬萊竹（觀音竹、鳳尾竹）***Bambusa multiplex*** (Lour.) Raeusch. ex Schult. & Schult. f. 原生種
- 綠竹 ***Bambusa oldhamii*** Munro 栽培種
- 刺竹 ***Bambusa stenostachya*** Hack. 栽培種
- 佛竹（佛肚竹、葫蘆竹）***Bambusa ventricosa*** Mc Clure 栽培種
- 金絲竹 ***Bambusa vulgaris*** Schard. ex J. C. Wendl. **var. *striata*** (Lodd. ex Lindl.) Gamble 原生種
麻竹屬 *Dendrocalamus*
- 麻竹 ***Dendrocalamus latiflorus*** Munro 歸化種
孟宗竹屬 *Phyllostachys*
- 桂竹（臺灣桂竹）***Phyllostachys makinoi*** Hayata 原生種
- 孟宗竹 ***Phyllostachys edulis*** (Carrière) J.Houz. 原生種
矢竹屬 *Pseudosasa*
- 包籜矢竹 ***Pseudosasa usawae*** (Hayata) Makino & Nemoto 臺灣特有種
唐竹屬 *Sinobambusa*
- 臺灣矢竹 ***Sinobambusa kunishii*** (Hayata) Nakai 臺灣特有種
等 10 多種竹類的葉片為食。

蛺蝶科	切翅眉眼蝶（切翅單環蝶）	P276-279

幼蟲食草（寄主植物）

禾本科 Poaceae
蒺藜草屬 *Cenchrus*
- 象草 ***Cenchrus purpureus*** (Schumach.) Morrone 歸化種
馬唐屬 *Digitaria*
- 毛馬唐 ***Digitaria radicosa*** (J. Presl) Miq**. var. *hirsuta*** (Ohwi) C.C. Hsu 原生種
- 小馬唐 ***Digitaria radicosa*** (J. Presl) Miq. **var. *radicosa*** (J. Presl) Miq. 原生種
- 馬唐 ***Digitaria sanguinalis*** (L.) Scop. 歸化種
- 短穎馬唐（海南馬唐）***Digitaria setigera*** Roth 原生種
- 紫果馬唐（紫馬唐）***Digitaria violascens*** Link 原生種
柳葉箬屬 *Isachne*
- 柳葉箬 ***Isachne globosa*** (Thunb.) Kuntze 原生種
- 日本柳葉箬 ***Isachne nipponensis*** Ohwi 原生種
李氏禾屬 *Leersia*
- 李氏禾 ***Leersia hexandra*** Sw. 原生種（水生植物）
求米草屬 *Oplismenus*
- 竹葉草 ***Oplismenus compositus*** (L.) P. Beauv. 原生種
- 求米草 ***Oplismenus undulatifolius* var. *undulatifolius*** (Ard.) Roem. & Schult. 原生種
- 小葉求米草 ***Oplismenus undulatifolius* var. *microphyllus*** (Honda) Ohwi 原生種
稻屬 *Oryza*
- 稻 ***Oryza sativa*** L. 栽培種（水生植物）
稷屬 *Panicum*
- 大黍 ***Panicum maximum*** Jacq. 歸化種
- 藤竹草（卵花黍）***Panicum sarmentosum*** Roxb. 原生種
雀稗屬 *Paspalum*
- 兩耳草 ***Paspalum conjugatum*** P.J. Bergius 歸化種
羅氏草屬 *Rottboellia*
- 羅氏草 ***Rottboellia exaltata*** (L.) Naezén 歸化種
狗尾草屬 *Setaria*
- 棕葉狗尾草（颱風草）***Setaria palmifolia*** (J. Koenig) Stapf 歸化種等 10 多種軟質禾草的葉片為食。

蛺蝶科	暮眼蝶（樹蔭蝶）	P280-283

幼蟲食草（寄主植物）

禾本科 Poaceae
蘆竹屬 *Arundo*
- 蘆竹 ***Arundo donax*** L. 原生種
臂形草屬 *Brachiaria*
- 巴拉草 ***Brachiaria mutica*** (Forssk.) Stapf 歸化種
蒺藜草屬 *Cenchrus*
- 象草 ***Cenchrus purpureus*** (Schumach.) Morrone 歸化種
虎尾草屬 *Chloris*
- 孟仁草 ***Chloris barbata*** Sw. 歸化種
薏苡屬 *Coix*
- 薏苡（薏仁）***Coix lacryma-jobi*** L. 栽培種 & 歸化種
馬唐屬 *Digitaria*
- 升馬唐（纖毛馬唐）***Digitaria ciliaris*** (Retz.) Koeler 原生種
- 毛馬唐 ***Digitaria radicosa*** (J. Presl) Miq**. var. *hirsuta*** (Ohwi) C.C. Hsu 原生種
- 小馬唐 ***Digitaria radicosa*** (J. Presl) Miq. **var. *radicosa*** (J. Presl) Miq 原生種
- 馬唐 ***Digitaria sanguinalis*** (L.) Scop. 歸化種

蛺蝶科	暮眼蝶（樹蔭蝶）	P280-283

幼蟲食草（寄主植物）

- 短穎馬唐（海南馬唐）***Digitaria setigera*** Roth 原生種
- 紫果馬唐（紫馬唐）***Digitaria violascens*** Lkin 原生種
野黍屬 *Eriochloa*
- 野黍 ***Eriochloa villosa*** (Thunb.) Kunth 原生種
稗屬 *Echinochloa*
- 稗 ***Echinochloa crus-galli*** (L.) P. Beauv. 原生種（水生植物）
穇屬 *Eleusine*
- 牛筋草 ***Eleusine indica*** (L.) Gaertn. 原生種
腸鬚草屬 *Enteropogon*
- 腸鬚草 ***Enteropogon dolichostachyus*** (Lag.) Keng ex Lazarides 原生種
柳葉箬屬 *Isachne*
- 柳葉箬 ***Isachne globosa*** (Thunb.) Kuntze 原生種
鴨嘴草屬 *Ischaemum*
- 芒穗鴨嘴草 ***Ischaemum aristatum*** L. **var. *aristatum*** L. 原生種
李氏禾屬 *Leersia*
- 李氏禾 ***Leersia hexandra*** Sw. 原生種（水生植物）
淡竹葉屬 *Lophatherum*
- 淡竹葉 ***Lophatherum gracile*** Brongn. 原生種
芒屬 *Miscanthus*
- 五節芒 ***Miscanthus floridulus*** (Labill.) Warb. ex K. Schum. & Lauterb. 原生種
- 白背芒 ***Miscanthus sinensis*** Anderss **var. *glaber*** (Nakai) J.T. Lee 原生種
求米草屬 *Oplismenus*
- 竹葉草 ***Oplismenus compositus*** (L.) P. Beauv. 原生種
- 求米草 ***Oplismenus undulatifolius* var. *undulatifolius*** (Ard.) Roem. & Schult. 原生種
- 小葉求米草 ***Oplismenus undulatifolius* var. *microphyllus*** (Honda) Ohwi 原生種
稻屬 *Oryza*
- 稻 ***Oryza sativa*** L. 栽培種（水生植物）
稷屬 *Panicum*
- 大黍 ***Panicum maximum*** Jacq. 歸化種
- 稷 ***Panicum miliaceum*** L. 歸化種
雀稗屬 *Paspalum*
- 兩耳草 ***Paspalum conjugatum*** P.J. Bergius 歸化種
- 毛花雀稗 ***Paspalum dilatatum*** Poir. 歸化種
- 長葉雀稗 ***Paspalum longifolium*** Roxb. 原生種
- 圓果雀稗 ***Paspalum orbiculare*** G. Forst. 原生種
- 雀稗 ***Paspalum thunbergii*** Kunth 原生種
- 吳氏雀稗（絲毛雀稗）***Paspalum urvillei*** Steud. 歸化種
蘆葦屬 *Phragmites*
- 蘆葦 ***Phragmites australis*** (Cav.) Trin. ex Steud. 原生種（水生植物）
羅氏草屬 *Rottboellia*
- 羅氏草 ***Rottboellia exaltata*** (L.) Naezén 歸化種
甘蔗屬 *Saccharum*
- 紅甘蔗（秀貴甘蔗）***Saccharum officinarum*** L. 栽培種
- 白甘蔗（甘蔗、中國竹蔗）***Saccharum sinense*** Roxb. 栽培種
狗尾草屬 *Setaria*
- 柔毛狗尾草 ***Setaria barbata*** (Lam.) Kunth 歸化種
- 棕葉狗尾草（颱風草）***Setaria palmifolia*** (J. Koenig) Stapf 歸化種
- 倒刺狗尾草 ***Setaria verticillata*** (L.) P. Beauv. 歸化種
- 狗尾草 ***Setaria viridis*** (L.) P. Beauv. 原生種
蜀黍屬 *Sorghum*
- 高粱（蜀黍）***Sorghum bicolor* ssp. *bicolor*** (L.) Moench 栽培種 & 歸化種
- 詹森草（石茅）***Sorghum halepense*** (L.) Pers. 歸化種
小麥屬 *Triticum*
- 小麥 ***Triticum aestivum*** L. 栽培種
玉蜀黍屬 *Zea*
- 玉蜀黍（玉米）***Zea mays*** L. 栽培種
- 甜玉米 ***Zea mays*** L. **var. *rugosa*** Bonaf. 栽培種
菰屬 *Zizania*
- 茭白筍（菰）***Zizania latifolia*** (Griseb.) Turcz. ex Stapf 栽培種（水生植物）
棕櫚科 Arecaceae
省藤屬 *Calamus*
- 臺灣黃藤（黃藤）***Calamus formosanus*** Becc 臺灣特有種
等 50 幾種軟質小草的葉片為食。

蛺蝶科	森林暮眼蝶（黑樹蔭蝶）	P284-287
	幼蟲食草（寄主植物）	

禾本科 Poaceae
蘆竹屬 *Arundo*
· 臺灣蘆竹 ***Arundo formosana*** Hack 原生種
蒺藜草屬 *Cenchrus*
· 象草 ***Cenchrus purpureus*** (Schumach.) Morrone 歸化種
馬唐屬 *Digitaria*
· 小馬唐 ***Digitaria radicosa*** (J. Presl) Miq. **var. *radicosa*** (J. Presl) Miq. 原生種
· 馬唐 ***Digitaria sanguinalis*** (L.) Scop. 歸化種
· 短穎馬唐（海南馬唐）***Digitaria setigera*** Roth 原生種
· 紫果馬唐（紫馬唐）***Digitaria violascens*** Lkin 原生種
柳葉箬屬 *Isachne*
· 柳葉箬 ***Isachne globosa*** (Thunb.) Kuntze 原生種
李氏禾屬 *Leersia*
· 李氏禾 ***Leersia hexandra*** Sw. 原生種（水生植物）
莠竹屬 *Microstegium*
· 剛莠竹 ***Microstegium ciliatum*** (Trin.) A. Camus 原生種
芒屬 *Miscanthus*
· 五節芒 ***Miscanthus floridulus*** (Labill.) Warb. ex K. Schum. & Lauterb. 原生種
· 白背芒 ***Miscanthus sinensis*** Anderss **var. *glaber*** (Nakai) J.T. Lee 原生種
求米草屬 *Oplismenus*
· 竹葉草 ***Oplismenus compositus*** (L.) P. Beauv. 原生種
· 求米草 ***Oplismenus undulatifolius* var. *undulatifolius*** (Ard.) Roem. & Schult. 原生種
稻屬 *Oryza*
· 稻 ***Oryza sativa*** L. 栽培種（水生植物）
稷屬 *Panicum*
· 大黍 ***Panicum maximum*** Jacq. 歸化種
雀稗屬 *Paspalum*
· 兩耳草 ***Paspalum conjugatum*** P.J. Bergius 歸化種
狗尾草屬 *Setaria*
· 棕葉狗尾草（颱風草）***Setaria palmifolia*** (J. Koenig) Stapf 歸化種
· 倒刺狗尾草 ***Setaria verticillata*** (L.) P. Beauv. 歸化種
菰屬 *Zizania*
· 茭白筍（菰）***Zizania latifolia*** (Griseb.) Turcz. ex Stapf 栽培種（水生植物）
等 20 幾種軟質小草的葉片為食。

蛺蝶科	臺灣斑眼蝶（白條斑蔭蝶）	P288-291
	幼蟲食草（寄主植物）	

禾本科 Poaceae
竹亞科 Bambusoideae Luerss., 1893
蓬萊竹屬 *Bambusa*
· 蓬萊竹（觀音竹、鳳尾竹）***Bambusa multiplex*** (Lour.) Raeusch. ex Schult. & Schult. f. 原生種
· 綠竹 ***Bambusa oldhamii*** Munro 栽培種
· 刺竹 ***Bambusa stenostachya*** Hack. 栽培種
· 佛竹（佛肚竹、葫蘆竹）***Bambusa ventricosa*** Mc Clure 栽培種
· 金絲竹 ***Bambusa vulgaris*** Schard. ex J. C. Wendl. **var. *striata*** (Lodd. ex Lindl.) Gamble 原生種
麻竹屬 *Dendrocalamus*
· 麻竹 ***Dendrocalamus latiflorus*** Munro 歸化種
孟宗竹屬 *Phyllostachys*
· 桂竹（臺灣桂竹）***Phyllostachys makinoi*** Hayata 原生種
· 孟宗竹 ***Phyllostachys edulis*** (Carrière) J.Houz. 原生種
矢竹屬 *Pseudosasa*
· 包籜矢竹 ***Pseudosasa usawae*** (Hayata) Makino & Nemoto 臺灣特有種
唐竹屬 *Sinobambusa*
· 臺灣矢竹 ***Sinobambusa kunishii*** (Hayata) Nakai 灣特有種
等 10 多種竹類的葉片為食。

蛺蝶科	藍紋鋸眼蝶（紫蛇目蝶）	P292-295
	幼蟲食草（寄主植物）	

棕櫚科 Arecaceae
檳榔屬 *Areca*
· 檳榔 ***Areca catechu*** L. 栽培種 & 歸化種
山棕屬 *Arenga*
· 山棕 ***Arenga engleris*** Beccari 臺灣特有種
省藤屬 *Calamus*
· 臺灣黃藤（黃藤）***Calamus formosanus*** Becc 臺灣特有種
散尾葵屬 *Chrysalidocarpus*
· 黃椰子 ***Chrysalidocarpus lutescens*** H. Wendl. 栽培種
椰子屬 *Cocos*
· 可可椰子 ***Cocos nucifera*** L. 栽培種

蛺蝶科	藍紋鋸眼蝶（紫蛇目蝶）	P292-295
	幼蟲食草（寄主植物）	

油棕屬 *Elaeis*
· 油椰子 ***Elaeis guineensis*** Jacq. 栽培種
酒瓶椰子屬 *Mascarena*
· 酒瓶椰子 ***Hyophorbe lagenicaulis*** (L.H.Bailey) H.E.Moore 栽培種
· 棍棒椰子 ***Hyophorbe verschaffeltii*** H.Wendl. 栽培種
蒲葵屬 *Livistona*
· 蒲葵 ***Livistona chinensis*** R. Br. **var. *subglobosa*** (Hassk.) Becc. 原生種
· 圓葉蒲葵 ***Livistona rotundifolia*** (Lam.) Mart. 栽培種
海棗屬 *Phoenix*
· 海棗 ***Phoenix dactylifera*** L. 栽培種
· 臺灣海棗 ***Phoenix hanceana*** Schaedtler 原生種
· 羅比親王海棗 ***Phoenix roebelenii*** Royle 栽培種
山檳榔屬 *Pinanga*
· 山檳榔 ***Pinanga tashiroi*** Hayata 臺灣特有種
射葉椰子屬 *Ptychosperma*
· 射葉椰子（細射葉椰子）***Ptychosperma angustifolium*** Blume 栽培種
· 海桃椰子 ***Ptychosperma elegans*** (R. Br.) Blume 栽培種
· 馬氏射葉椰子 ***Ptychosperma macarthurii*** (H. Wendl. ex H.J. Veitch) H. Wendl. ex Hook. f. 栽培種
棕竹屬 *Rhapis*
· 觀音棕竹（棕竹）***Rhapis excelsa*** (Thunb.) A. Henry 栽培種（註：葉掌狀 4~10 深裂）
· 細棕竹 ***Rhapis gracilis*** Burret. 栽培種（註：葉掌狀 2~4 深裂）
· 矮棕竹（細葉觀音棕竹、筋頭竹）***Rhapis humilis*** Blume 栽培種（註：葉掌狀 11~20 深裂）
大王椰子屬 *Roystonea*
· 大王椰子 ***Roystonea regia*** (Kunth) O.F. Cook 栽培種
等 20 幾種食草的葉片為食。

粉蝶科	白豔粉蝶（紅紋粉蝶）	P298-301
	幼蟲食草（寄主植物）	

桑寄生科 Loranthaceae
松寄生屬 & 鈍果桑寄生屬 *Taxillus*
· 木蘭桑寄生 ***Taxillus limprichtii* var. *limprichtii*** (Grüning) H.S.Kiu 原生種
· 忍冬葉桑寄生 ***Taxillus lonicerifolius*** (Hayata) Chiu **var. *lonicerifolius*** (Hayata) Chiu 臺灣特有變種
· 杜鵑桑寄生 ***Taxillus rhododendricolius*** (Hayata) S.T.Chiu 臺灣特有種
· 埔姜桑寄生（李棟山桑寄生）***Taxillus theifer*** (Hayata) H.S. Kiu 臺灣特有種
· 恆春桑寄生 ***Taxillus pseudochinensis*** (Yamam.) Danser 臺灣特有種
· 蓮華池桑寄生 ***Taxillus tsaii*** S.T. Chiu 臺灣特有種
大葉楓寄生屬 *Scurrula*
· 大葉桑寄生 ***Scurrula liquidambaricolus*** (Hayata) Danser 臺灣特有種
等食草的葉片為食。

粉蝶科	豔粉蝶（紅肩粉蝶）	P302-305
	幼蟲食草（寄主植物）	

桑寄生科 Loranthaceae
松寄生屬 & 鈍果桑寄生屬 *Taxillus*
· 木蘭桑寄生 ***Taxillus limprichtii* var. *limprichtii*** (Grüning) H.S.Kiu 原生種
· 忍冬葉桑寄生 ***Taxillus lonicerifolius*** (Hayata) Chiu **var. *lonicerifolius*** (Hayata) Chiu 臺灣特有變種
· 杜鵑桑寄生 ***Taxillus rhododendricolius*** (Hayata) S.T.Chiu 臺灣特有種
· 埔姜桑寄生（李棟山桑寄生）***Taxillus theifer*** (Hayata) H.S. Kiu 臺灣特有種
· 恆春桑寄生 ***Taxillus pseudochinensis*** (Yamam.) Danser 臺灣特有種
· 蓮華池桑寄生 ***Taxillus tsaii*** S.T. Chiu 臺灣特有種
大葉楓寄生屬 *Scurrula*
· 大葉桑寄生 ***Scurrula liquidambaricolus*** (Hayata) Danser 臺灣特有種
檀香科 Santalaceae
檀香屬 *Santalum*
· 檀香 ***Santalum album*** L. 栽培種
等食草的葉片為食。

粉蝶科	緣點白粉蝶（臺灣紋白蝶）	P306-309

幼蟲食草（寄主植物）

疊珠樹科 Akaniaceae
鐘萼木屬 *Bretschneidera*
・鐘萼木 ***Bretschneidera sinensis*** Hemsl. 原生種
十字花科 Brassicaceae
蕓苔屬 *Brassica*
・芥藍菜 ***Brassica alboglabra*** L. H. Bailey 栽培種
・油菜 ***Brassica campestris* var. *amplexicaulis*** Makino 栽培種
・青江菜（湯匙菜、青梗白菜） ***Brassica chinensis*** L. **ssp. *chinensis*** (L.) Makino 栽培種
・小白菜 ***Brassica campestris*** L.**ssp. *chinensis* var. *communis*** (L.) Makino, Tsen et Lee 栽培種
・大白菜（結球白菜）***Brassica campestris*** L.**ssp. *pekinensis*** (Lour.) G. Olsson 栽培種
・高麗菜（甘藍）***Brassica oleracea* var. *capitata*** L. 栽培種
・蕪菁 ***Brassica rapa* var. *rapa*** L. 栽培種
・小菘菜（日本油菜） ***Brassica rapa* var**. ***perviridis*** L.H. Bailey 栽培種
・芥菜（刈菜）***Brassica juncea*** (L.) Czern. 栽培種
・皺葉芥菜（雪里红）***Brassica juncea* var. *crispifolia*** L. H. Bailey 栽培種
・結頭菜（球莖甘藍）***Brassica oleracea*** L. **var. *gongylodes*** L. 栽培種
・花椰菜（花菜）***Brassica oleracea* var. *botrytis*** L. 栽培種
・青花菜（綠花椰菜）***Brassica oleracea* var**. ***italica*** Plenck 栽培種
薺屬 *Capsella*
・薺（薺菜）***Capsella bursa-pastoris*** (L.) Medic. 歸化種
碎米薺屬 *Cardamine*
・焊菜 ***Cardamine flexuosa*** With. 原生種（水生植物）
・臺灣碎米薺 ***Cardamine hirsuta*** L. 原生種
・水花菜 ***Cardamine hirsuta*** L. 原生種
獨行菜屬 *Lepidium*
・南美獨行菜 ***Lepidium bonariense*** L. 歸化種
・臭濱芥（臭薺）***Lepidium didymum*** L. 歸化種
・濱芥 ***Lepidium engelerianum*** (Muschl.) Al-Shehbaz 歸化種
・獨行菜（北美獨行菜）***Lepidium virginicum*** L. 歸化種
水芥菜屬 & 豆瓣菜屬 *Nasturtium*
・豆瓣菜（水芥菜）***Nastrutium officinale*** R. Br. 歸化種（水生植物）
萊服屬 & 蘿蔔屬 *Raphanus*
・蘿蔔（菜頭、萊菔）***Raphanus sativus*** L. 栽培種
・濱萊服 ***Raphanus sativus*** L. **f. *raphanistroides*** Makino 原生種葶藶屬 *Rorippa*
・奧地利葶藶 ***Rorippa austriaca*** (Crantz) Besser 歸化種
・廣東葶藶 ***Rorippa cantoniensis*** (Lour.) Ohwi 原生種
・小葶藶 ***Rorippa dubia*** (Pers.) H. Hara 歸化種
・風花菜（球果山芥菜）***Rorippa globosa*** (Turcz. ex Fisch. & C.A. Mey.) Hayek 原生種
・葶藶 ***Rorippa indica*** (L.) Hiern 原生種
・濕生葶藶 ***Rorippa palustris*** (L.) Besser 歸化種
・歐亞葶藶 ***Rorippa sylvestris*** (L.) Besser 歸化種
假山葵屬 *Yinshania*
・臺灣假山葵 ***Yinshania rivulorum*** (Dunn) Al-Shehbaz, G. Yang, L.L. Lu & T.Y. Cheo 臺灣特有種
山柑科 Capparaceae
魚木屬 *Crateva*
・臺灣魚木（魚木）***Crateva formosensis*** (Jacobs) B.S. Sun 原生種
・加羅林魚木 ***Crateva religiosa*** Forst. f. 栽培種
白花菜科 Cleomaceae
黃花草屬 *Arivela*
・向天黃 ***Arivela viscosa*** (L.) Raf. 歸化種
白花菜屬 *Cleome*
・白花菜 ***Cleome gynandra*** L. 歸化種
・平伏莖白花菜 ***Cleome rutidosperma*** DC. 歸化種
・西洋白花菜（醉蝶花）***Cleome spinosa*** Jacq. 栽培種
金蓮花科 Tropaeolaceae
金蓮花屬 *Tropaeolum*
・金蓮花（旱金蓮）***Tropaeolum majus*** L. 栽培種
等 40 幾種食草的花、葉、果、莖及全株柔軟組織為食。

粉蝶科	白粉蝶（紋白蝶）	P310-313

幼蟲食草（寄主植物）

十字花科 Brassicaceae
蕓苔屬 *Brassica*
・芥藍菜 ***Brassica alboglabra*** L. H. Bailey 栽培種
・油菜 ***Brassica campestris* var. *amplexicaulis*** Makino 栽培種
・青江菜（湯匙菜、青梗白菜）***Brassica chinensis*** L. **ssp. *chinensis*** (L.) Makino 栽培種
・小白菜 ***Brassica campestris*** L.**ssp. *chinensis* var. *communis*** (L.) Makino, Tsen et Lee 栽培種
・大白菜（結球白菜）***Brassica campestris*** L.**ssp. *pekinensis*** (Lour.) G. Olsson 栽培種
・高麗菜（甘藍）***Brassica oleracea* var. *capitata*** L. 栽培種
・蕪菁 ***Brassica rapa* var. *rapa*** L. 栽培種
・小菘菜（日本油菜）***Brassica rapa* var**. ***perviridis*** L.H. Bailey 栽培種
・芥菜（刈菜）***Brassica juncea*** (L.) Czern. et Coss. 栽培種
・皺葉芥菜（雪里红）***Brassica juncea*** (L.) Czern. **var. *crispifolia*** L. H. Bailey 栽培種
・結頭菜（球莖甘藍）***Brassica oleracea*** L. **var. *gongylodes*** L. 栽培種
・花椰菜（花菜）***Brassica oleracea* var. *botrytis*** L. 栽培種
・青花菜（綠花椰菜）***Brassica oleracea* var**. ***italica*** Plenck 栽培種
薺屬 *Capsella*
・薺（薺菜）***Capsella bursa-pastoris*** (L.) Medic. 歸化種
碎米薺屬 *Cardamine*
・焊菜 ***Cardamine flexuosa*** With. 原生種（水生植物）
・臺灣碎米薺 ***Cardamine hirsuta*** L. 原生種
水花菜 ***Cardamine hirsuta*** L. 原生種
獨行菜屬 *Lepidium*
・南美獨行菜 ***Lepidium bonariense*** L. 歸化種
・臭濱芥（臭薺）***Lepidium didymum*** L. 歸化種
・濱芥 ***Lepidium engelerianum*** (Muschl.) Al-Shehbaz 歸化種
・獨行菜（北美獨行菜）***Lepidium virginicum*** L. 歸化種
水芥菜屬 & 豆瓣菜屬 *Nasturtium*
・豆瓣菜（水芥菜）***Nastrutium officinale*** R. Br. 歸化種（水生植物）
萊服屬 & 蘿蔔屬 *Raphanus*
・蘿蔔（菜頭、萊菔）***Raphanus sativus*** L. 栽培種
・濱萊服 ***Raphanus sativus*** L. **f. *raphanistroides*** Makino 原生種
葶藶屬 *Rorippa*
・奧地利葶藶 ***Rorippa austriaca*** (Crantz) Besser 歸化種
・廣東葶藶 ***Rorippa cantoniensis*** (Lour.) Ohwi 原生種
・小葶藶 ***Rorippa dubia*** (Pers.) H. Hara 歸化種
・風花菜（球果山芥菜）***Rorippa globosa*** (Turcz. ex Fisch. & C.A. Mey.) Hayek 原生種
・葶藶 ***Rorippa indica*** (L.) Hiern 原生種
・濕生葶藶 ***Rorippa palustris*** (L.) Besser 歸化種
・歐亞葶藶 ***Rorippa sylvestris*** (L.) Besser 歸化種
假山葵屬 *Yinshania*
臺灣假山葵 ***Yinshania rivulorum*** (Dunn) Al-Shehbaz, G. Yang, L.L. Lu & T.Y. Cheo 臺灣特有種
山柑科 Capparaceae
魚木屬 *Crateva*
臺灣魚木（魚木）***Crateva formosensis*** (Jacobs) B.S. Sun 原生種
加羅林魚木 ***Crateva religiosa*** Forst. f. 栽培種
白花菜科 Cleomaceae
黃花草屬 *Arivela*
向天黃 ***Arivela viscosa*** (L.) Raf. 歸化種
白花菜屬 *Cleome*
白花菜 ***Cleome gynandra*** L. 歸化種
平伏莖白花菜 ***Cleome rutidosperma*** DC. 歸化種
西洋白花菜（醉蝶花）***Cleome spinosa*** Jacq. 栽培種
金蓮花科 Tropaeolaceae
金蓮花屬 *Tropaeolum*
金蓮花（旱金蓮）***Tropaeolum majus*** L. 栽培種
等 40 幾種食草的花、葉、果、莖及全株柔軟組織為食。

粉蝶科	淡褐脈粉蝶（淡紫粉蝶）	P314-317

幼蟲食草（寄主植物）

山柑科 Capparaceae
山柑屬 *Capparis*
・銳葉山柑 ***Capparis acutifolia*** Sweet 原生種
・多花山柑 ***Capparis floribunda*** Wight 原生種
・蘭嶼山柑 ***Capparis lanceolaris*** DC. 原生種
・小刺山柑 ***Capparis henryi*** Matsumura 原生種
・毛花山柑 ***Capparis pubiflora*** DC. 原生種
・毛瓣蝴蝶木 ***Capparis sabiaefolia*** Hook. 原生種
・臺灣山柑（山柑）***Capparis formosana*** Hemsl. 原生種
等食草的軟葉、嫩莖及全株柔軟組織為食。

粉蝶科	尖粉蝶（尖翅粉蝶）	P318-321

幼蟲食草（寄主植物）

非洲核果木科 & 假黃楊科 Putranjivaceae
鐵色屬 *Drypetes*
- 交力坪鐵色（核果木）*Drypetes karapinensis* (Hayata) Pax & K. Hoffm. 臺灣特有種
- 鐵色 *Drypetes littoralis* (C.B. Rob.) Merr. 原生種
假黃楊屬 *Liodendron*
- 臺灣假黃楊 *Liodendron formosanum* (Kanehira & Sasaki) Keng 臺灣特有種

等食草的新芽、軟葉、嫩莖及全株柔軟組織為食。

粉蝶科	雲紋尖粉蝶（雲紋粉蝶）	P322-325

幼蟲食草（寄主植物）

非洲核果木科 & 假黃楊科 Putranjivaceae
鐵色屬 *Drypetes*
- 交力坪鐵色（核果木）*Drypetes karapinensis* (Hayata) Pax & K. Hoffm. 臺灣特有種
- 鐵色 *Drypetes littoralis* (C.B. Rob.) Merr. 原生種
假黃楊屬 *Liodendron*
- 臺灣假黃楊 *Liodendron formosanum* (Kanehira & Sasaki) Keng 臺灣特有種

等食草的新芽、軟葉、嫩莖及全株柔軟組織為食。

粉蝶科	異色尖粉蝶（臺灣粉蝶）	P326-329

幼蟲食草（寄主植物）

山柑科 Capparaceae
山柑屬 *Capparis*
- 銳葉山柑 *Capparis acutifolia* Sweet 原生種
- 多花山柑 *Capparis floribunda* Wight 原生種
- 蘭嶼山柑 *Capparis lanceolaris* DC. 原生種
- 小刺山柑 *Capparis henryi* Matsumura 原生種
- 毛花山柑 *Capparis pubiflora* DC. 原生種
- 毛瓣蝴蝶木 *Capparis sabiaefolia* Hook. 原生種
- 臺灣山柑（山柑）*Capparis formosana* Hemsl. 原生種
魚木屬 *Crateva*
- 臺灣魚木（魚木）*Crateva formosensis* (Jacobs) B.S. Sun 原生種
- 加羅林魚木 *Crateva religiosa* Forst. f. 栽培種

等食草的軟葉、嫩莖及全株柔軟組織為食。

粉蝶科	鑲邊尖粉蝶（八重山粉蝶）	P330-333

幼蟲食草（寄主植物）

山柑科 Capparaceae
山柑屬 *Capparis*
- 銳葉山柑 *Capparis acutifolia* Sweet 原生種
- 毛瓣蝴蝶木 *Capparis sabiaefolia* Hook. 原生種
魚木屬 *Crateva*
- 臺灣魚木（魚木）*Crateva formosensis* (Jacobs) B.S. Sun 原生種
- 加羅林魚木 *Crateva religiosa* Forst. f. 栽培種
白花菜科 Cleomaceae
黃花草屬 *Arivela*
- 向天黃 *Arivela viscosa* (L.) Raf. 歸化種
白花菜屬 *Cleome*
- 白花菜 *Cleome gynandra* L. 歸化種
- 平伏莖白花菜 *Cleome rutidosperma* DC. 歸化種
- 西洋白花菜（醉蝶花）*Cleome spinosa* Jacq. 栽培種

等食草的軟葉、嫩莖及全株柔軟組織為食。

粉蝶科	纖粉蝶（黑點粉蝶、阿飄蝶）	P334-337

幼蟲食草（寄主植物）

山柑科 Capparaceae
山柑屬 *Capparis*
- 銳葉山柑 *Capparis acutifolia* Sweet 原生種
- 多花山柑 *Capparis floribunda* Wight 原生種
- 蘭嶼山柑 *Capparis lanceolaris* DC. 原生種
- 小刺山柑 *Capparis henryi* Matsumura 原生種
- 毛花山柑 *Capparis pubiflora* DC. 原生種
- 毛瓣蝴蝶木 *Capparis sabiaefolia* Hook. 原生種
- 臺灣山柑（山柑）*Capparis formosana* Hemsl. 原生種
魚木屬 *Crateva*
- 臺灣魚木（魚木）*Crateva formosensis* (Jacobs) B.S. Sun 原生種
- 加羅林魚木 *Crateva religiosa* Forst. f. 栽培種
白花菜科 Cleomaceae
白花菜屬 *Cleome*
- 白花菜 *Cleome gynandra* L. 歸化種
- 平伏莖白花菜 *Cleome rutidosperma* DC. 歸化種
- 西洋白花菜（醉蝶花）*Cleome spinosa* Jacq. 栽培種

等 10 幾種食草的新芽、軟葉、嫩莖及全株柔軟組織為食。

粉蝶科	異粉蝶（雌白黃蝶）	P338-341

幼蟲食草（寄主植物）

山柑科 Capparaceae
山柑屬 *Capparis*
- 銳葉山柑 *Capparis acutifolia* Sweet 原生種
- 多花山柑 *Capparis floribunda* Wight 原生種
- 蘭嶼山柑 *Capparis lanceolaris* DC. 原生種
- 小刺山柑 *Capparis henryi* Matsumura 原生種
- 毛花山柑 *Capparis pubiflora* DC. 原生種
- 毛瓣蝴蝶木 *Capparis sabiaefolia* Hook. 原生種
- 臺灣山柑（山柑）*Capparis formosana* Hemsl. 原生種
- 青皮刺 *Capparis sepiaria* L. 原生種 & 馬祖產

等食草的葉片為食，尤愛成熟葉片。

粉蝶科	橙端粉蝶（端紅蝶）	P342-345

幼蟲食草（寄主植物）

山柑科 Capparaceae
山柑屬 *Capparis*
- 銳葉山柑 *Capparis acutifolia* Sweet 原生種
- 多花山柑 *Capparis floribunda* Wight 原生種
- 蘭嶼山柑 *Capparis lanceolaris* DC. 原生種
- 小刺山柑 *Capparis henryi* Matsumura 原生種
- 毛花山柑 *Capparis pubiflora* DC. 原生種
- 毛瓣蝴蝶木 *Capparis sabiaefolia* Hook. 原生種
- 臺灣山柑（山柑）*Capparis formosana* Hemsl. 原生種
- 青皮刺 *Capparis sepiaria* L. 原生種 & 馬祖產
魚木屬 *Crateva*
- 臺灣魚木（魚木）*Crateva formosensis* (Jacobs) B.S. Sun 原生種
- 加羅林魚木 *Crateva religiosa* Forst. f. 栽培種
白花菜科 Cleomaceae
白花菜屬 *Cleome*
- 西洋白花菜（醉蝶花）*Cleome spinosa* Jacq. 栽培種

等 10 幾種食草的新芽、軟葉、嫩莖及全株柔軟組織為食。

粉蝶科	遷粉蝶（淡黃蝶、銀紋淡黃蝶）	P346-349

幼蟲食草（寄主植物）

豆科 Fabaceae
蘇木亞科 Caesalpinioideae DC., 1825
黃槐屬 *Cassia*
- 花旗木（絨果決明）*Cassia bakeriana* Craib. 栽培種
- 阿勃勒（波斯皂莢）*Cassia fistula* L 栽培種
- 大果鐵刀木（紅花鐵刀木）*Cassia grandis* L. f. 栽培種
- 爪哇旃那（爪哇決明）*Cassia javanica* Linn. 栽培種
決明屬 *Senna*
- 翼柄決明（翅果鐵刀木）*Senna alata* (Linn.) Roxb. 歸化種
- 鐵刀木 *Senna siamea* (Lam.) H.S. Irwin & Barneby 歸化種
- 黃槐決明（黃槐）*Senna surattensis* (Burm.f.) H.S.Irwin & Barneby 歸化種
- 決明 *Senna tora* (L.) Roxb 原生種

等食草的新芽、軟葉、嫩莖及全株柔軟組織為食。

粉蝶科	細波遷粉蝶（水青粉蝶）	P350-353

幼蟲食草（寄主植物）

豆科 Fabaceae
蘇木亞科 Caesalpinioideae DC., 1825
黃槐屬 *Cassia*
- 阿勃勒（波斯皂莢）*Cassia fistula* L 栽培種
- 爪哇旃那（爪哇決明）*Cassia javanica* Linn. 栽培種
假含羞草屬 *Chamaecrista*
- 大葉假含羞草 *Chamaecrista leschenaultiana* (DC.) Degnener. 歸化種
決明屬 *Senna*
- 翼柄決明（翅果鐵刀木）*Senna alata* (Linn.) Roxb. 歸化種
- 金葉黃槐（雙莢決明）*Senna bicapsularis* (L.) Roxb. 栽培種
- 長穗決明（複總望江南）*Senna didymobotrya* (Fresen.) H.S.Irwin & Barneby 歸化種（偶見食用）
- 毛決明 *Senna hirsuta* (L.) H.S. Irwin & Barneby 歸化種（偶見食用）
- 望江南 *Senna occidentalis* (L.) Link 歸化種
- 澎湖決明 *Senna sophera* (L.) Roxb. **var. penghuana** (Y.C. Liu & F.Y. Lu) Chung 特有種變種
- 黃槐決明（黃槐）*Senna surattensis* (Burm.f.) H.S.Irwin & Barneby 歸化種
- 決明 *Senna tora* (L.) Roxb 原生種
蝶形花亞科 Faboideae Rudd, 1968
濱槐屬 *Ormocarpum*
- 濱槐 *Ormocarpum cochnchinense* (Lour.) Merr. 原生種

等 10 幾種食草的新芽、軟葉、嫩莖及全株柔軟組織為食。

粉蝶科	淡色黃蝶	P354-357
	幼蟲食草（寄主植物）	

鼠李科 Rhamnaceae
翼核木屬 *Ventilago*
・翼核木 *Ventilago elegans* Hemsl. 臺灣特有種
・光果翼核木 *Ventilago leiocarpa* Benth. 原生種
等食草的新芽、軟葉為食。

粉蝶科	星黃蝶	P358-361
	幼蟲食草（寄主植物）	

豆科 Fabaceae
蘇木亞科 Caesalpinioideae DC., 1825
假含羞草屬 *Chamaecrista*
・假含羞草 *Chamaecrista mimosoides* (L.) Greene 歸化種
・大葉假含羞草 *Chamaecrista leschenaultiana* (DC.) Degener. 歸化種
等食草的新芽、軟葉為食。

粉蝶科	亮色黃蝶（臺灣黃蝶）	P362-365
	幼蟲食草（寄主植物）	

豆科 Fabaceae
蘇木亞科 Caesalpinioideae DC., 1825
合歡屬 *Albizia*
・合歡 *Albizia julibrissin* Durazz. 原生種
・大葉合歡 *Albizia lebbeck* (L.) Benth. 歸化種
額垂豆屬 *Archidendron*
・金龜樹 *Archidendron dulce* (Roxb.) Nielsen 栽培種
・額垂豆 *Archidendron lucidum* (Benth.) I.C. Nielsen 原生種
蘇木屬 *Caesalpinia*
・老虎心 *Caesalpinia bonduc* (L.) Roxb. 原生種
・搭肉刺 *Caesalpinia crista* L. 原生種
・蓮實藤（喙莢雲實）*Caesalpinia minax* Hance 原生種
美洲合歡 & 粉撲花屬 *Calliandra*
・紅粉撲花（凹葉紅合歡）*Calliandrea emerginata* (Humb. & Bonpl.) Benth. 栽培種
・美洲合歡（紅合歡、朱纓花）*Calliandra haematocephala* Hassk. 栽培種
・白絨球 *Calliandra haematocephala* cv.'White Powder puff' 栽培種
黃槐屬 *Cassia*
・花旗木（絨果決明）*Cassia bakeriana* Craib. 栽培種
・阿勃勒（波斯皂莢）*Cassia fistula* L 栽培種
・大果鐵刀木（紅花鐵刀木）*Cassia grandis* L. f. 栽培種
・爪哇旃那（爪哇決明）*Cassia javanica* Linn. 栽培種
鳳凰木屬 *Delonix*
・鳳凰木 *Delonix regia* (Bojer ex Hook.) Raf. 歸化種（野外產卵眾多，蟲食用長大少）
鴨腱藤屬 *Entada*
・恆春鴨腱藤 *Entada parvifolia* Merr 原生種
・榼藤子（鴨腱藤）*Entada phaseoloides* (L.) Merr.**ssp. phaseoloide** 原生種
・越南鴨腱藤 *Entada phaseoloides* (L.) Merr. **ssp. tonkinensis** (Gagnepain.) Ohashi 原生種
・厚殼鴨腱藤 *Entada pursaetha* DC.**var. pursaetha** 原生種
・臺灣鴨腱藤 *Entada pursaetha* DC.**var. formosana** (Kanehira) HO 臺灣特有變種
南洋合歡屬 *Falcataria*
・摩鹿加合歡（南洋楹、麻六甲合歡）*Falcataria moluccana* (Miq.) Barneby & J.W.Grimes 栽培種
皂莢屬 *Gleditsia*
・恆春皂莢（臺灣皂莢）*Gleditsia fera* (Lour.) Merr. 原生種
盾柱木屬 *Peltophorum*
・盾柱木 *Peltophorum pterocarpum* (DC.) Backer ex K.Heyne 栽培種
決明屬 *Senna*
・翼柄決明（翅果鐵刀木）*Senna alata* (Linn.) Roxb. 歸化種
・金葉黃槐（雙莢決明）*Senna bicapsularis* (L.) Roxb. 栽培種
・鐵刀木 *Senna siamea* (Lam.) H.S. Irwin & Barneby 歸化種
・黃槐決明（黃槐）*Senna surattensis* (Burm.f.) H.S.Irwin & Barneby 歸化種
・決明 *Senna tora* (L.) Roxb 原生種
等 30 多種食草的新芽、軟葉為食。

粉蝶科	黃蝶（荷氏黃蝶）	P366-369
	幼蟲食草（寄主植物）	

豆科 Fabaceae
蘇木亞科 Caesalpinioideae DC., 1825
合歡屬 *Albizia*
・楹樹 *Albizia chinensis* (Osbeck) Merr. 歸化種
・合歡 *Albizia julibrissin* Durazz. 原生種
・大葉合歡 *Albizia lebbeck* (L.) Benth. 歸化種
額垂豆屬 *Archidendron*
・金龜樹 *Archidendron dulce* (Roxb.) Nielsen 栽培種
蘇木屬 *Caesalpinia*
・老虎心 *Caesalpinia bonduc* (L.) Roxb. 原生種
・搭肉刺 *Caesalpinia crista* L. 原生種
・雲實 *Caesalpinia decapetala* (Roth) Alston 原生種
・蓮實藤（喙莢雲實）*Caesalpinia minax* Hance 原生種
・蘇木 *Caesalpinia sappan* L. 栽培種
黃槐屬 *Cassia*
・花旗木（絨果決明）*Cassia bakeriana* Craib. 栽培種
・阿勃勒（波斯皂莢）*Cassia fistula* L 栽培種
・大果鐵刀木（紅花鐵刀木）*Cassia grandis* L. f. 栽培種
鴨腱藤屬 *Entada*
・恆春鴨腱藤 *Entada parvifolia* Merr 原生種
・榼藤子（鴨腱藤）*Entada phaseoloides* (L.) Merr.**ssp. phaseoloides** 原生種
・越南鴨腱藤 *Entada phaseoloides* (L.) Merr. **ssp. tonkinensis** (Gagnepain.) Ohashi 原生種
・厚殼鴨腱藤 *Entada pursaetha* DC.**var. pursaetha** 原生種
・臺灣鴨腱藤 *Entada pursaetha* DC.**var. formosana** (Kanehira) HO 臺灣特有變種
南洋合歡屬 *Falcataria*
・摩鹿加合歡（南洋楹、麻六甲合歡）*Falcataria moluccana* (Miq.) Barneby & J.W.Grimes 栽培種
決明屬 *Senna*
・翼柄決明（翅果鐵刀木）*Senna alata* (Linn.) Roxb. 歸化種
・金葉黃槐（雙莢決明）*Senna bicapsularis* (L.) Roxb. 栽培種
・鐵刀木 *Senna siamea* (Lam.) H.S. Irwin & Barneby 歸化種
・黃槐決明（黃槐）*Senna surattensis* (Burm.f.) H.S.Irwin & Barneby 歸化種
・決明 *Senna tora* (L.) Roxb 原生種
蝶形花亞科 Faboideae Rudd, 1968
合萌屬 *Aeschynomene*
・美洲合萌（敏感合萌）*Aeschynomene americana var. americana* L. 歸化種
・合萌 *Aeschynomene indica* L. 歸化種
乳豆屬 *Galactia*
・細花乳豆 *Galactia tenuiflora* (Klein ex Willd.) Wight & Arn. **var. tenuiflora** 原生種
・毛細花乳豆 *Galactia tenuiflora* (Klein ex Willd.) Wight & Arn. **var. villosa** (Wight & Arn.) Baker 臺灣特有變種
胡枝子屬 *Lespedeza*
・毛胡枝子（美麗胡枝子、臺灣胡枝子）*Lespedeza formosa* (Vogel) Koehne 原生種
田菁屬 *Sesbania*
・田菁 *Sesbania cannabina* (Retz.) Pers. 歸化種
・大花田菁 *Sesbania grandiflora* (L.) Pers. 歸化種
・爪哇田菁 *Sesbania javanica* Miq. 歸化種
・印度田菁 *Sesbania sesban* (L.) Merr. 歸化種
葉下珠科 Phyllanthaceae
山漆莖屬 *Breynia*
・紅仔珠（山漆莖）*Breynia officinalis var. officinalis* Hemsl. 原生種
等 30 多種食草的新芽、軟葉為食。

灰蝶科	紫日灰蝶（紅邊黃小灰蝶）	P372-375
	幼蟲食草（寄主植物）	

蓼科 Polygonaceae
春蓼屬 *Persicaria*
・火炭母草 *Persicaria chinensis* (L.) H. Gross 原生種
的新芽、軟葉為食。

灰蝶科	凹翅紫灰蝶（凹翅紫小灰蝶）	P376-379
	幼蟲食草（寄主植物）	

大戟科 Euphorbiaceae
野桐屬 *Mallotus*
・扛香藤 *Mallotus repandus* (Willd.) Müll.Arg. 原生種
臺灣目前僅記錄到一種，以葉片為食。

灰蝶科	玳灰蝶（恆春小灰蝶）	P380-383
	幼蟲食草（寄主植物）	

豆科 Fabaceae
紫荊亞科 Cercidoideae Azani & al., 2017
羊蹄甲屬 *phanera*
· 菊花木（龍鬚藤）*Phanera championii* Benth. 原生種
柿樹科 Ebenaceae
柿樹屬 *Diospyros*
· 軟毛柿 *Diospyros eriantha* Champ. ex Benth. 原生種
· 柿（紅柿）*Diospyros kaki* Thunb. 栽培種
山龍眼科 Proteaceae
山龍眼屬 *Helicia*
· 山龍眼 *Helicia formosana* Hemsl. 原生種
· 蓮華池山龍眼 *Helicia rengetiensis* Masamune 臺灣特有種
無患子科 Sapindaceae
龍眼屬 *Dimocarpus*
· 龍眼（桂圓）*Dimocarpus longan* Lour. 歸化種 & 栽培種
欒樹屬 *Koelreuteria*
· 臺灣欒樹（苦苓舅）*Koelreuteria henryi* Dummer 臺灣特有種
荔枝屬 *Litchi*
· 荔枝 *Litchi chinensis* Sonn. 歸化種 & 栽培種
無患子屬 *Sapindus*
· 無患子 *Sapindus mukorossi* Gaertn. 原生種
等食草的果肉及果仁為食。

灰蝶科	淡青雅波灰蝶（白波紋小灰蝶）	P384-387
	幼蟲食草（寄主植物）	

薑科 Zingiberaceae
月桃屬 *Alpinia*
· 臺灣月桃 *Alpinia formosana* K.Schum. 原生種
· 恆春月桃 *Alpinia koshunensis* Hayata 臺灣特有種
· 屈尺月桃 *Alpinia kusshakuensis* Hayata 臺灣特有種
· 角板山月桃 *Alpinia mesanthera* Hayata 臺灣特有種
· 南投月桃 *Alpinia nantoensis* F.Y. Lu & Y.W.Kuo 臺灣特有種
· 歐氏月桃 *Alpinia oui* Y.H. Tseng & C.C. Wang 臺灣特有種
· 普來氏月桃 *Alpinia pricei* Hayata 臺灣特有種
· 島田氏月桃 *Alpinia shimadae* Hayata 臺灣特有種
· 川上氏月桃（密毛山薑）*Alpinia shimadae* Hayata **var. kawakamii** (Hayata) J.J. Yang & J.C. Wang 臺灣特有變種
· 屯鹿月桃 *Alpinia tonrokuensis* Hayata 臺灣特有種
· 烏來月桃 *Alpinia uraiensis* Hayata 臺灣特有種
· 月桃 *Alpinia zerumbet* (Pers.) B.L. Burtt & R.M. Sm. 原生種
蝴蝶薑屬 *Hedychium*
· 野薑花（穗花山奈）*Hedychium coronarium* J. Koenig 歸化種（水生植物）
薑屬 *Zingiber*
· 球薑（薑花）*Zingiber zerumbet* (L.) Roscoe ex Sm. 歸化種
閉鞘薑科 Costaceae
閉鞘薑屬 *Hellenia*
· 絹毛鳶尾 *Hellenia speciosa* (J. Koenig ex Retz.) S.R. Dutta 原生種
等 10 幾種食草的花苞、花瓣及莖部頂端的柔軟組織為食。

灰蝶科	雅波灰蝶（琉璃波紋小灰蝶）	P388-391
	幼蟲食草（寄主植物）	

豆科 Fabaceae
蝶形花亞科 Faboideae Rudd, 1968
樹豆屬 *Cajanus*
· 樹豆（木豆）*Cajanus cajan* (L.) Millsp. 栽培種 & 歸化種
雞血藤屬（崖豆藤屬）*Callerya*
· 光葉魚藤 *Callerya nitida* (Benth.) R. Geesink 原生種
· 老荊藤（雞血藤）*Callerya reticulata* (Benth.) Schot 原生種
刀豆屬 *Canavalia*
· 濱刀豆 *Canavalia rosea* (Sw.) DC. 原生種
野百合屬 *Crotalaria*
· 太陽麻 *Crotalaria juncea* L. 栽培種
· 黃豬屎豆 *Crotalaria micans* Link 歸化種
· 黃野百合（豬屎豆）*Crotalaria pallida* Aiton. 歸化種
木山螞蝗屬 *Dendrolobium*
· 白木蘇花 *Dendrolobium umbellatum* (L.) Benth. 原生種
魚藤屬 *Derris*
· 毛魚藤（魚藤）*Derris elliptica* (Wall.) Benth. 歸化種
· 蘭嶼魚藤 *Derris oblonga* Benth. 原生種
山螞蝗屬 *Desmodium*
· 波葉山螞蝗 *Desmodium sequax* Wall. 原生種
山黑扁豆屬 *Dumasia*
· 山黑扁豆（苗栗野豇豆）*Dumasia truncata* Sieb. et Zucc 原生種
· 臺灣山黑扁豆 *Dumasia villosa* DC. **ssp. bicolor** (Hayata) H.Ohashi & Tateishi 臺灣特有亞種

灰蝶科	雅波灰蝶（琉璃波紋小灰蝶）	P388-391
	幼蟲食草（寄主植物）	

佛來明豆屬 *Flemingia*
· 佛來明豆 *Flemingia strobilifera* (L.) R. Br. ex Aiton. 原生種
木藍屬 *Indigofera*
· 倒卵葉木藍 *Indigofera spicata* Forssk. 歸化種
· 蘭嶼木藍 *Indigofera kotoensis* Hayata 臺灣特有種
· 穗花木藍 *Indigofera hendecaphylla* Jacq. 原生種
· 脈葉木藍 *Indigofera venulosa* Champ. ex Benth. 原生種
· 尖葉木藍 *Indigofera zollingeriana* Miq. 栽培種
肉豆屬 *Lablab*
· 紅肉豆（紫花鵲豆）*Lablab purpureus* (L.) Sweet **var. purpureus** 歸化種 & 栽培種
· 白肉豆（白花鵲豆）*Lablab purpureus* (L.) Sweet **var. albiflorus** Yen et al 歸化種 & 栽培種
胡枝子屬 *Lespedeza*
· 毛胡枝子（美麗胡枝子、臺灣胡枝子）*Lespedeza formosa* (Vogel) Koehne 原生種
馬鞍樹屬 *Maackia*
· 臺灣馬鞍樹（臺灣島槐、島槐）*Maackia taiwanensis* Hoshi & Ohashi 臺灣特有種
崖藤屬 *Millettia*
· 崖藤（臺灣魚藤）*Milletia pachycarpa* Benth. 原生種
小槐花屬 *Ohwia*
· 小槐花（魔草）*Ohwia caudata* (Thunb.) Ohashi 原生種
濱槐屬 *Ormocarpum*
· 濱槐 *Ormocarpum cochnchinense* (Lour.) Merr. 原生種
水黃皮屬 *Pongamia*
· 水黃皮 *Pongamia pinnata* (L.) Pierre ex Merr. 原生種
葛藤屬 *Pueraria*
· 山葛（臺灣葛藤）*Pueraria montana* (Lour.) Merr.**var. montana** 原生種
· 湯氏葛藤（大葛藤）*Pueraria montana* (Lour.) Merr. **var. thomsonii** (Benth.)Wiersena ex D.Bward 原生種
· 熱帶葛藤（假菜豆、小葉葛藤）*Pueraria phaseoloides* (Roxb.) Benth. **var. phaseoloides** 原生種
· 爪哇葛藤 *Pueraria phaseoloides* (Roxb.) Benth. **var. javanica** (Benth.) Bak. 歸化種
田菁屬 *Sesbania*
· 印度田菁 *Sesbania sesban* (L.) Merr. 歸化種
豇豆屬 *Vigna*
· 濱豇豆 *Vigna marina* (Burm.) Merr. 原生種
· 曲毛豇豆 *Vigna reflexo-pilosa* Hayata 原生種
紫藤屬 *Wisteria*
· 多花紫藤（日本紫藤）*Wisteria floribunda* (Willd.) DC. 栽培種
· 紫藤（中國紫藤）*Wisteria sinensis* (Sims) Sweet 栽培種
等 40 種食草的花瓣、花苞及未熟果為食。

灰蝶科	白雅波灰蝶（小白波紋小灰蝶）	P392-395
	幼蟲食草（寄主植物）	

豆科 Fabaceae
蝶形花亞科 Faboideae Rudd, 1968
刀豆屬 *Canavalia*
· 濱刀豆 *Canavalia rosea* (Sw.) DC. 原生種
山珠豆屬 *Centrosema*
· 山珠豆 *Centrosema pubescens* Benth. 歸化種
扁豆屬 *Dolichos*
· 恆春扁豆（三裂葉扁豆）*Dolichos trilobus* L. **var. kosyunensis** (Hosokawa) Ohashi & Tateishi 臺灣特有變種
賽芻豆屬 *Macroptilium*
· 賽芻豆 *Macroptilium atropurpureus* DC.Urban 歸化種
· 苞葉賽芻豆 *Macroptilium bracteatum* (Nees & Mart.) Maréchal & Baudet 歸化種
田菁屬 *Sesbania*
· 田菁 *Sesbania cannabina* (Retz.) Pers. 歸化種
· 印度田菁 *Sesbania sesban* (L.) Merr. 歸化種
豇豆屬 *Vigna*
· 長葉豇豆 *Vigan luteola* (Jacq.) Benth. 原生種
· 小豇豆 *Vigna minima* (Roxb.) Ohwi & Ohashi **var. minima** 原生種
· 曲毛豇豆 *Vigna reflexo-pilosa* Hayata 原生種
等 10 幾種食草的花苞、嫩果及柔軟組織為食。

| 灰蝶科 | 青珈波灰蝶 （淡青長尾波紋小灰蝶） | P396-399 |

幼蟲食草（寄主植物）

豆科 Fabaceae
蝶形花亞科 Faboideae Rudd, 1968
木蘭螞蝗屬 *Dendrolobium*
· 白木蘇花 *Dendrolobium umbellatum* (L.) Benth. 原生種
佛來明豆屬 *Flemingia*
· 佛來明豆 *Flemingia strobilifera* (L.) R. Br. ex Aiton. 原生種
小槐花屬 *Ohwia*
· 小槐花（魔草）*Ohwia caudata* (Thunb.) Ohashi 原生種
葛藤屬 *Pueraria*
· 山葛（臺灣葛藤）*Pueraria montana* (Lour.) Merr.**var. *montana*** 原生種
· 湯氏葛藤（大葛藤）*Pueraria montana* (Lour.) Merr. **var. *thomsonii*** (Benth.) Wiersena ex D.Bward 原生種
· 爪哇葛藤 *Pueraria phaseoloides* (Roxb.) Benth. **var. *javanica*** (Benth.) Bak. 歸化種
等食草的花瓣、花苞、嫩果及柔軟組織為食。

| 灰蝶科 | 豆波灰蝶 （波紋小灰蝶） | P400-403 |

幼蟲食草（寄主植物）

豆科 Fabaceae
蘇木亞科 Caesalpinioideae DC., 1825
蘇木屬 *Caesalpinia*
· 搭肉刺 *Caesalpinia crista* L. 原生種
蝶形花亞科 Faboideae Rudd, 1968
野毛扁豆屬 *Amphicarpaea*
· 野毛扁豆 *Amphicarpaea edgeworthii* Benth. **var. *japonica*** Oliver 原生種
花生屬 *Arachis*
· 落花生（土豆）*Arachis hypogea* L. 栽培種
樹豆屬 *Cajanus*
· 樹豆（木豆）*Cajanus cajan* (L.) Millsp. 栽培種 & 歸化種
刀豆屬 *Canavalia*
· 小果刀豆 *Canavalia cathartica* Thouars 原生種
· 肥豬豆 *Canavalia lineata* (Thunb. ex Murray) DC. 原生種
· 濱刀豆 *Canavalia rosea* (Sw.) DC. 原生種
野百合屬 *Crotalaria*
· 大豬屎豆 *Crotalaria assamica* Benth. 原生種
· 翼莖野百合（翼柄野百合）*Crotalaria alata* Buch.Ham.ex D.Don 歸化種
· 太陽麻 *Crotalaria juncea* L. 栽培種
· 黃豬屎豆 *Crotalaria micans* Link 歸化種
· 黃野百合（豬屎豆）*Crotalaria pallida* Aiton. 歸化種
· 凹葉野百合（吊裙草）*Crotalaria retusa* L. 歸化種
· 野百合 *Crotalaria sessiliflora* L. 原生種
· 大托葉豬屎豆（紫花野百合）*Crotalaria spectabilis* Roth 歸化種
· 南美豬屎豆（光萼豬屎豆）*Crotalaria trichotoma* Bojer 歸化種
· 大葉野百合 *Crotalaria verrucosa* L. 歸化種
魚藤屬 *Derris*
· 三葉魚藤 *Derris trifoliata* Lour. 原生種
山螞蝗屬 *Desmodium*
· 波葉山螞蝗 *Desmodium sequax* Wall. 原生種
木藍屬 *Indigofera*
· 蘭嶼木藍 *Indigofera kotoensis* Hayata 臺灣特有種
· 野木藍 *Indigofera suffruticosa* Mill. 原生種
· 尖葉木藍 *Indigofera zollingeriana* Miq. 栽培種
肉豆屬 *Lablab*
· 紅肉豆（紫花鵲豆）*Lablab purpureus* (L.) Sweet **var. *purpureus*** 歸化種 & 栽培種
· 白肉豆（白花鵲豆）*Lablab purpureus* (L.) Sweet **var. *albiflorus*** Yen et al 歸化種 & 栽培種
胡枝子屬 *Lespedeza*
· 鐵掃帚（千里光）*Lespedeza cuneata* (Du Mont & Cours.) G. Don 原生種
· 毛胡枝子（美麗胡枝子、臺灣胡枝子）*Lespedeza formosa* (Vogel) Koehne 原生種
百脈根屬 *Lotus*
· 百脈根 *Lotus corniculatus* L. **ssp. *japonicus*** (Regel) Ohashi 歸化種
賽芻豆屬 *Macroptilium*
· 賽芻豆 *Macroptilium atropurpureus* DC.Urban 歸化種
· 苞賽芻豆 *Macroptilium bracteatum* (Nees & Mart.) Maréchal & Baudet 歸化種
· 寬翼豆 *Macroptilium lathyroides* (L.) Urban 歸化種
長硬皮豆屬 *Macrotyloma*
· 腋花硬皮豆（腋生硬皮豆）*Macrotyloma axillare* (E. Mey.) Verdc. 歸化種
小槐花屬 *Ohwia*
· 小槐花（魔草）*Ohwia caudata* (Thunb.) Ohashi 原生種
豆薯屬 *Pachyrhizus*
· 豆薯 *Pachyrhizus erosus* (L.) Urban 栽培種 & 歸化種

| 灰蝶科 | 豆波灰蝶 （波紋小灰蝶） | P400-403 |

幼蟲食草（寄主植物）

菜豆屬 *Phaseolus*
· 皇帝豆（萊豆）*Phaseolus lunatus* L. 栽培種
· 菜豆（四季豆）*Phaseolus vulgaris* L. 栽培種
豌豆屬 *Pisum*
· 豌豆（荷蘭豆）*Pisum sativum* L..**var. *sativum*** 栽培種
· 甜豌豆 *Pisum sativum* L.**var. *macrocarpon*.**Ser. 栽培種
翼豆屬 *Psophocarpus*
· 翼豆（四稜豆）*Psophocarpus tetragonolobus* (L.) DC. 栽培種
葛藤屬 *Pueraria*
· 山葛（臺灣葛藤）*Pueraria montana* (Lour.) Merr.**var. *montana*** 原生種
· 湯氏葛藤（大葛藤）*Pueraria montana* (Lour.) Merr. **var. *thomsonii*** (Benth.) Wiersena ex D.Bward 原生種
· 熱帶葛藤（假菜豆、小葉葛藤）*Pueraria phaseoloides* (Roxb.) Benth. **var. *phaseoloides*** 原生種
· 爪哇葛藤 *Pueraria phaseoloides* (Roxb.) Benth. **var. *javanica*** (Benth.) Bak. 歸化種
田菁屬 *Sesbania*
· 田菁 *Sesbania cannabina* (Retz.) Pers. 歸化種
· 大花田菁 *Sesbania grandiflora* (L.) Pers. 歸化種
· 爪哇田菁 *Sesbania javanica* Miq. 歸化種
· 印度田菁 *Sesbania sesban* (L.) Merr. 歸化種
槐樹屬 *Sophora*
· 苦參 *Sophora flavescens* Aiton 原生種
· 毛苦參 *Sophora tomentosa* L. 原生種
灰毛豆屬 *Tephrosia*
· 白花鐵富豆 *Tephrosia candida* (Roxb.) DC. 歸化種
菽草屬 *Trifolium*
· 紅菽草 *Trifolium pratense* L. 歸化種
蠶豆屬 *Vicia*
· 多花野碗豆 *Vicia cracca* L. 歸化種
· 野碗豆 *Vicia sativa* L. **ssp. *nigra*** (L.) Ehrh. 歸化種
豇豆屬 *Vigna*
· 擬灌豇豆 *Vigna frutescens* A.Rich. 歸化種
· 長葉豇豆 *Vigan luteola* (Jacq.) Benth. 原生種
· 小豇豆 *Vigna minima* (Roxb.) Ohwi & Ohashi **var. *minima*** 原生種
· 濱豇豆 *Vigna marina* (Burm.) Merr. 原生種
· 曲毛豇豆 *Vigna reflexo-pilosa* Hayata 原生種
· 赤小豆（飯豆）*Vigna umbellata* (Thunb.) Ohwi & Ohashi 歸化種
· 長豇豆（長豆）*Vigna unguiculata* (L.) Walp **ssp. *sesquipedalis*** (L.) Verdc. 栽培種
等 60 幾種食草的花瓣、花苞、嫩果及柔軟組織為食。

| 灰蝶科 | 細灰蝶 （角紋小灰蝶） | P404-407 |

幼蟲食草（寄主植物）

豆科 Fabaceae
蝶形花亞科 Faboideae Rudd, 1968
野百合屬 *Crotalaria*
· 黃野百合（豬屎豆）*Crotalaria pallida* Aiton. 歸化種
· 大葉野百合 *Crotalaria verrucosa* L. 歸化種
山螞蝗屬 *Desmodium*
· 波葉山螞蝗 *Desmodium sequax* Wall 原生種
乳豆屬 *Galactia*
· 細花乳豆 *Galactia tenuiflora* (Klein ex Willd.) Wight & Arn. **var. *tenuiflora*** 原生種
· 毛細花乳豆 *Galactia tenuiflora* (Klein ex Willd.) Wight & Arn. **var. *villosa*** (Wight & Arn.) Baker 臺灣特有變種
大豆屬 *Glycine*
· 闊葉大豆（金門一條根）*Glycine tomentella* Hayata 原生種
木藍屬 *Indigofera*
· 倒卵葉木藍 *Indigofera spicata* Forssk. 歸化種
· 蘭嶼木藍 *Indigofera kotoensis* Hayata 臺灣特有種
· 黑木藍 *Indigofera nigrescens* Kurz ex Prain 原生種
· 穗花木藍 *Indigofera hendecaphylla* Jacq. 原生種
· 野木藍 *Indigofera suffruticosa* Mill. 原生種
· 脈葉木藍 *Indigofera venulosa* Champ. ex Benth. 原生種
· 尖葉木藍 *Indigofera zollingeriana* Miq. 栽培種
胡枝子屬 *Lespedeza*
· 胡枝子 *Lespedeza bicolor* Turcz. 原生種
· 毛胡枝子（美麗胡枝子、臺灣胡枝子）*Lespedeza formosa* (Vogel) Koehne 原生種
豌豆屬 *Pisum*
· 豌豆（荷蘭豆）*Pisum sativum* L.**var. *sativum*** 栽培種
· 甜豌豆 *Pisum sativum* L..**var. *macrocarpon*.**Ser. 栽培種
水黃皮屬 *Pongamia*
· 水黃皮 *Pongamia pinnata* (L.) Pierre ex Merr. 原生種
田菁屬 *Sesbania*
· 田菁 *Sesbania cannabina* (Retz.) Pers. 歸化種
· 印度田菁 *Sesbania sesban* (L.) Merr. 歸化種

灰蝶科	細灰蝶（角紋小灰蝶）	P404-407

幼蟲食草（寄主植物）

槐樹屬 *Sophora*
- 苦參 *Sophora flavescens* Aiton 原生種
- 毛苦參 *Sophora tomentosa* L. 原生種

灰毛豆屬 *Tephrosia*
- 臺灣灰毛豆 *Tephrosia obovata* Merr. 原生種

藍雪科 Plumbaginaceae
烏面馬屬 *Plumbago*
- 藍雪花 *Plumbago auriculata* Lam. 栽培種
- 白雪花 *Plumbago auriculata* 'Alba' 栽培種
- 烏面馬 *Plumbago zeylanica* L. 歸化種

等 30 幾種食草的花、花苞及未熟果為食。

灰蝶科	藍灰蝶（沖繩小灰蝶、酢漿灰蝶）	P408-411

幼蟲食草（寄主植物）

酢漿草科 Oxalidaceae
酢漿草屬 *Oxalis*
- 酢漿草（黃花酢漿草）*Oxalis corniculata* L. 原生種

的食草葉片為食。

灰蝶科	迷你藍灰蝶（迷你小灰蝶）	P412-415

幼蟲食草（寄主植物）

爵床科 Acanthaceae
十萬錯屬 *Asystasia*
- 赤道櫻草 *Asystasia gangetica* ssp. *gangetica* (L.) Anderson 歸化種
- 小花寬葉馬偕花 *Asystasia gangetica* (L.) Anderson ssp. *micrantha* (Nees) Ensermu 歸化種

賽山藍屬 *Blechum*
- 賽山藍 *Blechum pyramidatum* (Lam.) Urb. 歸化種

水蓑衣屬 *Hygrophila*
- 異葉水蓑衣 *Hygrophila difformis* (L.) Blume 歸化種（水生植物）
- 水蓑衣 *Hygrophila lancea* (Thunb.) Miq. 原生種（水生植物）
- 大安水蓑衣 *Hygrophila pogonocalyx* Hayata 臺灣特有種（水生植物）
- 小獅子草 *Hygrophila polysperma* (Roxb.) T. Anderson 歸化種（水生植物）
- 柳葉水蓑衣 *Hygrophila salicifolia* (Vahl) Nees 原生種（水生植物）
- 宜蘭水蓑衣 *Hygrophila sp.* 原生種 & 雜交種？（水生植物）

蘆利草屬 & 雙翅爵床屬 *Ruellia*
- 矮性翠蘆莉 *Ruellia brittoniana* cv. Katie 栽培種
- 大花蘆莉（紅花蘆莉）*Ruellia elegans* Ruellia 栽培種
- 匐蘆利草 *Ruellia prostrata* Poir. 歸化種
- 蘆利草 *Ruellia repens* L. 原生種
- 紫花蘆莉草（翠蘆莉）*Ruellia simplex* C. Wright 栽培種
- 粉紅翠蘆莉 *Ruellia tweediana* 'Purple Showers' 栽培種 & 歸化種

馬鞭草科 Verbenaceae
馬纓丹屬 *Lantana*
- 馬纓丹 *Lantna camara* L. 歸化種
- 小葉馬纓丹 *Lantana montevidensis* (Spreng.) Briq. 栽培種

等 20 幾種食草依不同季節開花，選擇花苞、嫩果、嫩芽及柔軟組織為食。

灰蝶科	臺灣玄灰蝶（臺灣黑燕蝶）	P416-419

幼蟲食草（寄主植物）

景天科 Crassulaceae
落地生根屬 *Bryophyllum*
- 蕾絲公主（蕾絲姑娘）*Bryophyllum crenatodaigremontianum* 栽培種
- 銳葉掌上珠 *Bryophyllum daigremontiana* 栽培種
- 落地生根 *Bryophyllum pinnatum* (Lam.) Pers. 歸化種

燈籠草屬 & 伽藍菜屬 *Kalanchoe*
- 鵝鑾鼻燈籠草 *Kalanchoe garambiensis* Kudô 臺灣特有種
- 小燈籠草 *Kalanchoe gracile* Hance 原生種
- 倒吊蓮（匙葉伽藍菜）*Kalanchoe integra* (Medik) O.Kuntze 原生種

佛甲草屬 & 景天屬 *Sedum*
- 星果佛甲草 *Sedum actinocarpum* Yamamoto 臺灣特有種
- 臺灣佛甲草（石板菜）*Sedum formosanum* N.E. Br. 原生種（人工飼養）
- 玉山佛甲草 *Sedum morrisonense* Hayata 臺灣特有種
- 能高佛甲草 *Sedum nokoense* Yamamoto 臺灣特有種
- 等多肉植物的葉片和花、嫩莖為食。

灰蝶科	黑點灰蝶（姬黑星小灰蝶）	P420-423

幼蟲食草（寄主植物）

芸香科 Rutaceae
石苓舅屬 & 山小橘屬 *Glycosmis*
- 長果山桔 *Glycosmis parviflora* (Sims) Kurz.,**var. erythrocarpa** (Hayata) T.C.Ho 原生種
- 圓果山桔 *Glycosmis parviflora* var. *parviflora* (Sims) Little 原生種

等食草的新芽和嫩葉為食，成熟葉片不食。

灰蝶科	黑星灰蝶（臺灣黑星小灰蝶）	P424-427

幼蟲食草（寄主植物）

大麻科 Cannabaceae
山黃麻屬 *Trema*
- 銳葉山黃麻（光葉山黃麻）*Trema cannabina* Lour. 原生種
- 山黃麻 *Trema orientalis* (L.) Blume 原生種
- 山油麻 *Trema tomentosa* (Roxb.) H. Hara 原生種

大戟科 Euphorbiaceae
血桐屬 *Macaranga*
- 血桐 *Macaranga tanarius* (L.) Müll.Arg. 原生種

野桐屬 *Mallotus*
- 野桐 *Mallotus japonicus* (L. f.) Müll.Arg. 原生種
- 白匏子 *Mallotus paniculatus* var. *Paniculatus* (Lam.) Müll.Arg. 原生種
- 粗糠柴（六捻子）*Mallotus philippensis* (Lam.) Müll. Arg. 原生種
- 扛香藤 *Mallotus repandus* (Willd.) Müll.Arg. 原生種

鼠李科 Rhamnaceae
鼠李屬 *Rhamnus*
- 桶鉤藤 *Rhamnus formosana* Matsum. 臺灣特有種

無患子科 SAPINDACEAE
止宮樹屬 *Allophylus*
- 止宮樹 *Allophylus timorensis* (DC.) Blume 原生種

等 10 幾種食草依不同季節開花，選擇花苞、嫩果、嫩芽及柔軟組織為食。

灰蝶科	蘇鐵綺灰蝶（東陸蘇鐵小灰蝶）	P428-431

幼蟲食草（寄主植物）

蘇鐵科 Cycadaceae
蘇鐵屬 *Cycas*
- 蘇鐵（琉球蘇鐵）*Cycas revoluta* Thunb. 栽培種
- 臺東蘇鐵 *Cycas taitungensis* C.F. Shen, K.D. Hill, C.H. Tsou & C.J. Chen 臺灣特有種
- 光果蘇鐵 *Cycas thouarsii* R.Br 栽培種

等食草的新芽和嫩葉及柔軟組織為食，成熟硬葉片不食。

灰蝶科	靛色琉灰蝶（臺灣琉璃小灰蝶）	P432-435

幼蟲食草（寄主植物）

蘇鐵科 Cycadaceae
蘇鐵屬 *Cycas*
- 蘇鐵 *Cycas revoluta* Thunb. 栽培種
- 臺東蘇鐵 *Cycas taitungensis* C.F. Shen, K.D. Hill, C.H. Tsou & C.J. Chen 臺灣特有種

豆科 Fabaceae
蘇木亞科 Caesalpinioideae DC., 1825
美洲合歡 & 粉撲花屬 *Calliandra*
- 紅粉撲花（凹葉紅合歡）*Calliandrea emerginata* (Humb. &Bonpl.) Benth. 栽培種
- 美洲合歡（紅合歡、朱纓花）*Calliandra haematocephala* Hassk. 栽培種
- 白絨球 *Calliandra haematocephala* cv.'White Powder puff' 栽培種

黃槐屬 *Cassia*
- 阿勃勒（波斯皂莢）*Cassia fistula* L 栽培種

盾柱木屬 *Peltophorum*
- 盾柱木 *Peltophorum pterocarpum* (DC.) Backer ex K.Heyne 栽培種

決明屬 *Senna*
- 翼柄決明（翅果鐵刀木）*Senna alata* (Linn.) Roxb. 歸化種

蝶形花亞科 Faboideae Rudd, 1968
雞血藤屬（崖豆藤屬）*Callerya*
- 光葉魚藤 *Callerya nitida* (Benth.) R. Geesink 原生種
- 老荊藤（雞血藤）*Callerya reticulata* (Benth.) Schot 原生種

魚藤屬 *Derris*
- 疏花魚藤 *Derris laxiflora* Benth. 臺灣特有種

木藍屬 *Indigofera*
- 脈葉木藍 *Indigofera venulosa* Champ. ex Benth. 原生種

崖藤屬 *Millettia*
- 蕗藤（臺灣魚藤）*Milletia pachycarpa* Benth. 原生種

水黃皮屬 *Pongamia*
- 水黃皮 *Pongamia pinnata* (L.) Pierre ex Merr. 原生種

紫藤屬 *Wisteria*
- 多花紫藤（日本紫藤）*Wisteria floribunda* (Willd.) DC. 栽培種
- 紫藤（中國紫藤）*Wisteria sinensis* (Sims) Sweet 栽培種

| 灰蝶科 | 靛色琉灰蝶（臺灣琉璃小灰蝶） | P432-435 |

幼蟲食草（寄主植物）

大麻科 Cannabaceae
朴屬 *Celtis*
- 臺灣朴樹（石朴）*Celtis formosana* Hayata 臺灣特有種

使君子科 Combretaceae
使君子屬 *Quisqualis*
- 使君子 *Quisqualis indica* L. 歸化種

殼斗科 Fagaceae
石櫟屬 *Lithocarpus*
- 子彈石櫟（石櫟）*Lithocarpus glaber* (Thunb.) Nakai 原生種
- 三斗石櫟（阿里山三斗石櫟、細葉三斗石櫟）*Lithocarpus hancei* (Benth.) Rehder 臺灣特有種
- 小西氏石櫟（油葉石櫟）*Lithocarpus konishii* (Hayata) Hayata 臺灣特有種

櫟屬 *Quercus*
- 麻櫟 *Quercus acutissima* Carruth. 栽培種
- 槲櫟 *Quercus aliena* Blume 原生種
- 槲樹 *Quercus dentata* Thunb. 原生種
- 青剛櫟 *Quercus glauca* Thunb. ex Murray 原生種
- 狹葉櫟（白背櫟、狹葉高山櫟）*Quercus salicina* Blume 臺灣特有種

八仙花科 Hydrangeaceae
溲疏屬 *Deutzia*
- 大葉溲疏 *Deutzia pulchra* S. Vidal 原生種

黃褥花科 Malpighiaceae
猿尾藤屬 *Hiptage*
- 猿尾藤 *Hiptage benghalensis* (L.) Kurz 原生種

錦葵科 Malvaceae
木槿屬 *Hibiscus*
- 朱槿 *Hibiscus rosa-sinensis* L. 栽培種

•葉下珠科 Phyllanthaceae
土密樹屬 *Bridelia*
- 刺杜密 *Bridelia balansae* Tutcher 原生種
- 土密樹 *Bridelia tomentosa* Blume 原生種

饅頭果屬 *Glochidion*
- 高士佛饅頭果 *Glochidion kusukusense* Hayata 原生種
- 卵葉饅頭果 *Glochidion ovalifolium* Zipp. ex Span. 臺灣特有種
- 菲律賓饅頭果 *Glochidion philippicum* (Cav.) C.B. Rob. 原生種
- 紅毛饅頭果 *Glochidion puberum* (L.) Hutch. 原生種
- 細葉饅頭果 *Glochidion rubrum* Blume 原生種
- 裏白饅頭果 *Glochidion triandrum* (Blanco) C. B. Rob. 原生種
- 披針葉饅頭果 *Glochidion zeylanicum* (Gaertn.) A. Juss. **var. lanceolatum** (Hayata) M.J. Deng & J.C. Wang 原生種
- 赤血仔（厚葉算盤子）*Glochidion zeylanicum* (Gaertn.) A. Juss. **var. tomentosum** (Dalzell) Trimen 原生種
- 錫蘭饅頭果（香港饅頭果）*Glochidion zeylanicum var. zeylanicum* (Gaertn.) A.Juss. 原生種

鼠李科 Rhamnaceae
雀梅藤屬 *Sageretia*
- 巒大雀梅藤 *Sageretia randaiensis* Hayata 臺灣特有種
- 雀梅藤 *Sageretia thea var. thea* (Osbeck) Johnst. 原生種

薔薇科 Rosaceae
梅屬 *Prunus*
- 山櫻花（緋寒櫻）*Prunus campanulata* Maxim. 原生種
- 桃 *Prunus persica* (L.) Batsch 栽培種
- 刺葉桂櫻 *Prunus spinulosa* Sieb. & Zucc. 原生種
- 霧社山櫻花（霧社櫻）*Prunus taiwaniana* Hayata 臺灣特有種
- 阿里山櫻花 *Prunus transarisanensis* Hayata 臺灣特有種

薔薇屬 *Rosa*
- 琉球野薔薇 *Rosa bracteata* Wendl.**var. bracteata** Wendl. 原生種
- 廣東薔薇 *Rosa kwangtungensis* T.T. Yu & H.T. Tsai 原生種
- 月季花 *Rosa chinensis* Jacq. 栽培種
- 小果薔薇 *Rosa cymosa* Tratt. 原生種
- 金櫻子 *Rosa laevigata* Michx. 原生種
- 薔薇 *Rosa multiflora* (Thunb.) 栽培種
- 玫瑰 *Rosa rugosa* Thunb. 栽培種
- 小金櫻 *Rosa taiwanensis* Nakai 臺灣特有種

清風藤科 Sabiaceae
泡花樹屬 *Meliosma*
- 山豬肉 *Meliosma rhoifolia* Maxim. 原生種
- 筆羅子 *Meliosma rigida* Siebold & Zucc. 原生種

山欖科 Sapotaceae
桃欖屬 *Pouteria*
- 蛋黃果（仙桃）*Pouteria campechiana* (Kunth) Baehni 栽培種

無患子科 Sapindaceae
楓屬 *Acer*
- 樟葉槭（飛蛾子樹）*Acer albopurpurascens* Hayata 臺灣特有種
- 臺灣紅榨槭（臺灣紅榨楓）*Acer rubescens* Hayata 臺灣特有種

| 灰蝶科 | 靛色琉灰蝶（臺灣琉璃小灰蝶） | P432-435 |

幼蟲食草（寄主植物）

龍眼屬 *Dimocarpus*
- 龍眼（桂圓）*Dimocarpus longan* Lour. 歸化種 & 栽培種
荔枝屬 *Litchi*
- 荔枝 *Litchi chinensis* Sonn. 歸化種 & 栽培種
無患子屬 *Sapindus*
- 無患子 *Sapindus mukorossi* Gaertn. 原生種
等 60 幾種食草的新芽、嫩葉、嫩莖或花、花苞、未熟果及柔嫩組織為食。

| 灰蝶科 | 東方晶灰蝶（臺灣姬小灰蝶） | P436-439 |

幼蟲食草（寄主植物）

天芹菜科 Heliotropiaceae
天芹菜屬 *Heliotropium*
- 伏毛天芹菜 *Heliotropium procumbens* Mill. **var. depressum** (Cham.) Fosberg & Sachet 歸化種

豆科 Fabaceae
蝶形花亞科 Faboideae Rudd, 1968
木藍屬 *Indigofera*
- 倒卵葉木藍 *Indigofera spicata* Forssk. 歸化種
- 毛木藍 *Indigofera hirsuta* L. 原生種
- 蘭嶼木藍 *Indigofera kotoensis* Hayata 臺灣特有種
- 太魯閣木藍 *Indigofera ramulosissima* Hosokawa 臺灣特有種
- 穗花木藍 *Indigofera hendecaphylla* Jacq. 原生種
- 野木藍 *Indigofera suffruticosa* Mill. 原生種
- 臺灣木藍 *Indigofera taiwaniana* Huang & Wu 臺灣特有種
- 三葉木藍 *Indigofera trifoliata* L. 原生種
- 尖葉木藍 *Indigofera zollingeriana* Miq. 栽培種

排錢樹屬 *Phyllodium*
- 排錢樹 *Phyllodium pulchellum* (L.) Desv. 原生種
等 10 幾種食草的新芽、嫩葉或花、花苞、未熟果及柔嫩組織為食。

| 弄蝶科 | 橙翅傘弄蝶（鸞褐弄蝶） | P442-445 |

幼蟲食草（寄主植物）

黃褥花科 Malpighiaceae
猿尾藤屬 *Hiptage*
- 猿尾藤 *Hiptage benghalensis* (L.) Kurz 原生種
臺灣目前僅記錄到一種，以葉片為食，尤其特別偏愛選擇成熟葉片為食。

| 弄蝶科 | 尖翅絨弄蝶（沖繩絨毛弄蝶） | P446-449 |

幼蟲食草（寄主植物）

豆科 Fabaceae
水黃皮屬 *Pongamia*
- 水黃皮 *Pongamia pinnata* (L.) Pierre ex Merr. 原生種
的食草新芽、新葉及嫩葉、嫩莖等柔軟組織為食。

| 弄蝶科 | 長翅弄蝶（淡綠弄蝶） | P450-453 |

幼蟲食草（寄主植物）

黃褥花科 Malpighiaceae
猿尾藤屬 *Hiptage*
- 猿尾藤 *Hiptage benghalensis* (L.) Kurz 原生種
黃褥花屬 *Malpighia*
- 大果黃褥花（西印度櫻桃）*Malpighia emarginata* DC 栽培種
的食草新芽及新葉為食。

| 弄蝶科 | 綠弄蝶（大綠弄蝶） | P454-457 |

幼蟲食草（寄主植物）

清風藤科 Sabiaceae
泡花樹屬 *Meliosma*
- 紫珠葉泡花樹 *Meliosma callicarpifolia* Hayata 臺灣特有種
- 山豬肉 *Meliosma rhoifolia* Maxim. 原生種
- 筆羅子 *Meliosma rigida* Siebold & Zucc. 原生種
- 綠樟 *Meliosma squamulata* Hance 原生種
清風藤屬 *Sabia*
- 臺灣清風藤 *Sabia swinhoei* Hemsl. 原生種
- 阿里山清風藤 *Sabia transarisanensis* Hayata 臺灣特有種
等食草的葉片為食。

弄蝶科	白斑弄蝶（狹翅弄蝶）	P458-461

幼蟲食草（寄主植物）

禾本科 Poaceae
蘆竹屬 Arundo
- 蘆竹 *Arundo donax* L. 原生種
- 臺灣蘆竹 *Arundo formosana* Hack. 原生種

白茅屬 Imperata
- 白茅（大白茅） *Imperata cylindrica* (L.) P. Beauv. **var. major** (Nees) C.E. Hubb. 原生種

芒屬 Miscanthus
- 五節芒 *Miscanthus floridulus* (Labill.) Warb. ex K. Schum. & Lauterb. 原生種
- 臺灣芒 *Miscanthus sinensis* Anders. **var. formosanus** Hack. 原生種
- 白背芒 *Miscanthus sinensis* Anderss **var. glaber** (Nakai) J.T. Lee 原生種

求米草屬 Oplismenus
- 求米草 *Oplismenus undulatifolius var. undulatifolius* (Ard.) Roem. & Schult. 原生種

稷屬 Panicum
大黍 *Panicum maximum* Jacq. 歸化種

甘蔗屬 Saccharum
- 紅甘蔗（秀貴甘蔗） *Saccharum officinarum* L. 栽培種
- 白甘蔗（甘蔗、中國竹蔗） *Saccharum sinense* Roxb. 栽培種
等 10 多種禾草植物的葉片為食。

弄蝶科	袖弄蝶（黑弄蝶）	P462-465

幼蟲食草（寄主植物）

薑科 Zingiberaceae
月桃屬 Alpinia
- 臺灣月桃 *Alpinia formosana* K.Schum. 原生種
- 日本月桃（山薑） *Alpinia japonica* (Thunb.) Miq. 原生種
- 恆春月桃 *Alpinia koshunensis* Hayata 臺灣特有種
- 屈尺月桃 *Alpinia kusshakuensis* Hayata 臺灣特有種
- 角板山月桃 *Alpinia mesanthera* Hayata 臺灣特有種
- 南投月桃 *Alpinia nantoensis* F.Y. Lu & Y.W.Kuo 臺灣特有種
- 歐氏月桃 *Alpinia oui* Y.H. Tseng & C.C. Wang 臺灣特有種
- 普來氏月桃 *Alpinia pricei* Hayata 臺灣特有種
- 阿里山月桃 *Alpinia pricei* Hayata **var. sessiliflora** (Kitam.) J.J. Yang & J.C. Wang 臺灣特有變種
- 島田氏月桃 *Alpinia shimadae* Hayata 臺灣特有種
- 川上氏月桃 *Alpinia shimadae* Hayata **var. kawakamii** (Hayata) J.J. Yang & J.C. Wang 臺灣特有變種
- 屯鹿月桃 *Alpinia tonrokuensis* Hayata 臺灣特有種
- 烏來月桃 *Alpinia uraiensis* Hayata 臺灣特有種
- 月桃 *Alpinia zerumbet* (Pers.) B.L. Burtt & R.M. Sm. 原生種
- 宜蘭月桃 *Alpinia × ilanensis* S.C.Liu & J.C.Wang 臺灣特有種

薑黃屬 Curcuma
- 鬱金（春薑黃） *Curcuma aromatic* Salisb. 栽培種 & 歸化種
- 薑黃（秋薑黃） *Curcuma longa* Linn. 栽培種 & 歸化種
- 莪朮（紫薑黃） *Curcuma zedoaria* (Christm.) Roscoe 栽培種

蝴蝶薑屬 Hedychium
- 野薑花（穗花山奈） *Hedychium coronarium* J. Koenig 歸化種（水生植物）

薑屬 Zingiber
- 多穗薑（三奈） *Zingiber pleiostachyum* K. Schum. 臺灣特有種
- 球薑（薑花） *Zingiber zerumbet* (L.) Roscoe ex Sm. 歸化種
等 20 幾種薑科食草的葉片為食。

弄蝶科	香蕉弄蝶（蕉弄蝶）	P466-469

幼蟲食草（寄主植物）

芭蕉科 Musaceae
芭蕉屬 Musa
- 尖蕉（小果野蕉） *Musa acuminata* Colla. (AA) 栽培種
- 寶島蕉 *Musa acuminata* (AAA Group) formosana 臺蕉四號 栽培種
- 北蕉（芎蕉） *Musa acuminata* (AAA Group) pei-Chiao 栽培種
- 拔蕉 *Musa balbisiana* Colla (BB) 歸化種
- 芭蕉 *Musa basjoo* Sieb. & Zucc. 栽培種
- 蘭嶼芭蕉 *Musa insularimontana* Hayata 臺灣特有種
- 中國芭蕉（中華芭蕉） *Musa itinerans* Cheesman **var. chinensis** Hakkinen 原生種
- 泰雅芭蕉 *Musa itinerans* Cheesman **var. chiumei** H.L.Chiu, C.T.Shii & T.Y.A.Yang 臺灣特有變種
- 臺灣芭蕉 *Musa itinerans var. formosana* (Warb. ex Schum.) Hakkinen & C. L. Yeh 臺灣特有變種
- 馬尼拉麻蕉 *Musa textilis* Née 栽培種
- 香蕉（大蕉） *Musa × paradisiaca* L（雜交親本／小果野蕉 *M. acuminata* × 野蕉 *M. balbisiana*） 栽培種
等 10 幾種食草的葉片為食。

弄蝶科	黃斑弄蝶（臺灣黃斑弄蝶）	P470-473

幼蟲食草（寄主植物）

禾本科 Poaceae
蒺藜草屬 Cenchrus
- 象草 *Cenchrus purpureus* (Schumach.) Morrone 歸化種

馬唐屬 Digitaria
- 毛馬唐 *Digitaria radicosa* (J. Presl) Miq. **var. hirsuta** (Ohwi) C.C. Hsu 原生種
- 小馬唐 *Digitaria radicosa* (J. Presl) Miq. **var. radicosa** (J. Presl) Miq. 原生種
- 馬唐 *Digitaria sanguinalis* (L.) Scop. 歸化種
- 短穎馬唐（海南馬唐） *Digitaria setigera* Roth 原生種
- 紫果馬唐（紫馬唐） *Digitaria violascens* Link 原生種

白茅屬 Imperata
- 白茅（大白茅） *Imperata cylindrica* (L.) P. Beauv. **var. major** (Nees) C.E. Hubb. 原生種

柳葉箬屬 Isachne
- 柳葉箬 *Isachne globosa* (Thunb.) Kuntze 原生種

鴨嘴草屬 Ischaemum
- 細毛鴨嘴草（印度鴨嘴草） *Ischaemum ciliare* Retz. 歸化種

芒屬 Miscanthus
- 五節芒 *Miscanthus floridulus* (Labill.) Warb. ex K. Schum. & Lauterb. 原生種
- 白背芒 *Miscanthus sinensis* Anderss **var. glaber** (Nakai) J.T. Lee 原生種

求米草屬 Oplismenus
- 竹葉草 *Oplismenus compositus* (L.) P. Beauv. 原生種
- 小葉求米草 *Oplismenus undulatifolius var. microphyllus* (Honda) Ohwi 原生種

稻屬 Oryza
- 稻 *Oryza sativa* L. 栽培種（水生植物）

稷屬 Panicum
- 大黍 *Panicum maximum* Jacq. 歸化種

雀稗屬 Paspalum
- 兩耳草 *Paspalum conjugatum* P.J. Bergius 歸化種

蘆葦屬 Phragmites
- 開卡蘆（卡開蘆） *Phragmites karka* (Retz.) Trin. ex Steud. 原生種（水生植物）

狗尾草屬 Setaria
- 棕葉狗尾草（颱風草） *Setaria palmifolia* (J. Koenig) Stapf 歸化種
- 倒刺狗尾草 *Setaria verticillata* (L.) P. Beauv. 歸化種
等 20 幾種軟質禾草葉片為食。

弄蝶科	小稻弄蝶（姬單帶弄蝶）	P474-477

幼蟲食草（寄主植物）

禾本科 Poaceae
蘆竹屬 Arundo
- 臺灣蘆竹 *Arundo formosana* Hack. 原生種

蒺藜草屬 Cenchrus
- 象草 *Cenchrus purpureus* (Schumach.) Morrone 歸化種

馬唐屬 Digitaria
- 毛馬唐 *Digitaria radicosa* (J. Presl) Miq. **var. hirsuta** (Ohwi) C.C. Hsu 原生種
- 小馬唐 *Digitaria radicosa* (J. Presl) Miq. **var. radicosa** (J. Presl) Miq. 原生種
- 馬唐 *Digitaria sanguinalis* (L.) Scop. 歸化種
- 短穎馬唐（海南馬唐） *Digitaria setigera* Roth 原生種
- 紫果馬唐（紫馬唐） *Digitaria violascens* Link 原生種

稗屬 Echinochloa
- 稗 *Echinochloa crus-galli* (L.) P. Beauv. 原生種（水生植物）

穇屬 Eleusine
- 牛筋草 *Eleusine indica* (L.) Gaertn. 原生種

水禾屬 Hygroryza
- 水禾 *Hygroryza aristata* (Retz.) Nees ex Wright & Arn. 原生種（水生植物）

柳葉箬屬 Isachne
- 柳葉箬 *Isachne globosa* (Thunb.) Kuntze 原生種

李氏禾屬 Leersia
- 李氏禾 *Leersia hexandra* Sw. 原生種（水生植物）

芒屬 Miscanthus
- 五節芒 *Miscanthus floridulus* (Labill.) Warb. ex K. Schum. & Lauterb. 原生種
- 白背芒 *Miscanthus sinensis* Anderss **var. glaber** (Nakai) J.T. Lee 原生種

求米草屬 Oplismenus
- 竹葉草 *Oplismenus compositus* (L.) P. Beauv. 原生種
- 小葉求米草 *Oplismenus undulatifolius var. microphyllus* (Honda) Ohwi 原生種

稻屬 Oryza
- 稻 *Oryza sativa* L. 栽培種（水生植物）

| 弄蝶科 | 小稻弄蝶（姬單帶弄蝶） | P474-477 |

幼蟲食草（寄主植物）

稷屬 *Panicum*
- 大黍 ***Panicum maximum*** Jacq. 歸化種

雀稗屬 *Paspalum*
- 兩耳草 ***Paspalum conjugatum*** P.J. Bergius 歸化種

甘蔗屬 *Saccharum*
- 紅甘蔗（秀貴甘蔗）***Saccharum officinarum*** L. 栽培種
- 白甘蔗（甘蔗、中國竹蔗）***Saccharum sinense*** Roxb. 栽培種

狗尾草屬 *Setaria*
- 棕葉狗尾草（颱風草）***Setaria palmifolia*** (J. Koenig) Stapf 歸化種
- 倒刺狗尾草 ***Setaria verticillata*** (L.) P. Beauv. 歸化種
- 狗尾草 ***Setaria viridis*** (L.) P. Beauv. 原生種

菰屬 *Zizania*
- 茭白筍（菰）***Zizania latifolia*** (Griseb.) Turcz. ex Stapf 栽培種（水生植物）

等 20 幾種軟質禾草的葉片為食。

| 弄蝶科 | 禾弄蝶（臺灣單帶弄蝶） | P478-781 |

幼蟲食草（寄主植物）

禾本科 Poaceae

蘆竹屬 *Arundo*
- 蘆竹 ***Arundo donax*** L. 原生種
- 臺灣蘆竹 ***Arundo formosana*** Hack. 原生種

臂形草屬 *Brachiaria*
- 巴拉草 ***Brachiaria mutica*** (Forssk.) Stapf 歸化種

蒺藜草屬 *Cenchrus*
- 牧地狼尾草 ***Cenchrus setosus*** Sw. 歸化種
- 蒺藜草 ***Cenchrus echinatus*** L. 歸化種
- 象草 ***Cenchrus purpureus*** (Schumach.) Morrone 歸化種

馬唐屬 *Digitaria*
- 升馬唐（纖毛馬唐）***Digitaria ciliaris*** (Retz.) Koeler 原生種
- 佛歐里馬唐 ***Digitaria fauriei*** Ohwi 臺灣特有種
- 亨利馬唐 ***Digitaria henryi*** Rendle 原生種
- 粗穗馬唐 ***Digitaria heterantha*** (Hook. f.) Merr. 原生種
- 止血馬唐 ***Digitaria ischaemum*** (Schreb.) Muhl. 原生種
- 叢立馬唐 ***Digitaria leptalea var. recticulmis*** Ohwi 原生種
- 毛馬唐 ***Digitaria radicosa*** (J. Presl) Miq**. var. hirsuta** (Ohwi) C.C. Hsu 原生種
- 小馬唐 ***Digitaria radicosa*** (J. Presl) Miq**. var. radicosa** (J. Presl) Miq. 原生種
- 馬唐 ***Digitaria sanguinalis*** (L.) Scop. 歸化種
- 絹毛馬唐 ***Digitaria sericea*** (Honda) Honda ex Ohwi 臺灣特有種
- 短穎馬唐（海南馬唐）***Digitaria setigera*** Roth 原生種
- 紫果馬唐（紫馬唐）***Digitaria violascens*** Link 原生種

油芒屬 *Eccoilopus*
- 臺灣油芒 ***Eccoilopus formosanus*** (Rendle) A. Camus 臺灣特有種

大油芒屬 *Spodiopogon*
- 油芒 ***Spodiopogon cotulifer*** (Thunb.) A. Camus 原生種

稗屬 *Echinochloa*
- 稗 ***Echinochloa crus-galli*** (L.) P. Beauv. 原生種（水生植物）

穇屬 *Eleusine*
- 牛筋草 ***Eleusine indica*** (L.) Gaertn. 原生種

水禾屬 *Hygroryza*
- 水禾 ***Hygroryza aristata*** (Retz.) Nees ex Wright & Arn. 原生種（水生植物）

柳葉箬屬 *Isachne*
- 本氏柳葉箬 ***Isachne beneckei*** Hack. 原生種
- 柳葉箬 ***Isachne globosa*** (Thunb.) Kuntze 原生種
- 日本柳葉箬 ***Isachne nipponensis*** Ohwi 原生種

鴨嘴草屬 *Ischaemum*
- 芒穗鴨嘴草 ***Ischaemum aristatum*** L. **var. aristatum** L. 原生種
- 細毛鴨嘴草（印度鴨嘴草）***Ischaemum ciliare*** Retz. 歸化種

李氏禾屬 *Leersia*
- 李氏禾 ***Leersia hexandra*** Sw. 原生種（水生植物）

淡竹葉屬 *Lophatherum*
- 淡竹葉 ***Lophatherum gracile*** Brongn. 原生種

莠竹屬 *Microstegium*
- 剛莠竹 ***Microstegium ciliatum*** (Trin.) A. Camus 原生種
- 柔枝莠竹 ***Microstegium vimineum*** (Trin.) A. Camus 原生種

芒屬 *Miscanthus*
- 五節芒 ***Miscanthus floridulus*** (Labill.) Warb. ex K. Schum. & Lauterb. 原生種
- 臺灣芒 ***Miscanthus sinensis*** Anders. **var. formosanus** Hack. 原生種
- 白背芒 ***Miscanthus sinensis*** Anderss **var. glaber** (Nakai) J.T. Lee 原生種

求米草屬 *Oplismenus*
- 竹葉草 ***Oplismenus compositus*** (L.) P. Beauv. 原生種
- 小葉求米草 ***Oplismenus undulatifolius var. microphyllus*** (Honda) Ohwi 原生種

| 弄蝶科 | 禾弄蝶（臺灣單帶弄蝶） | P478-781 |

幼蟲食草（寄主植物）

稻屬 *Oryza*
- 稻 ***Oryza sativa*** L 栽培種（水生植物）
- 野生稻（鬼稻、紅鬚稻）***Oryza rufipogon*** Griff. 原生種（水生植物）

稷屬 *Panicum*
- 大黍 ***Panicum maximum*** Jacq. 歸化種
- 稷 ***Panicum miliaceum*** L. 歸化種
- 舖地黍 ***Panicum repens*** L. 歸化種

雀稗屬 *Paspalum*
- 兩耳草 ***Paspalum conjugatum*** P.J. Bergius 歸化種
- 雙穗雀稗 ***Paspalum distichum*** L. 原生種
- 吳氏雀稗（絲毛雀稗）***Paspalum urvillei*** Steud. 歸化種

蘆葦屬 *Phragmites*
- 開卡蘆（卡開蘆）***Phragmites karka*** (Retz.) Trin. ex Steud. 原生種（水生植物）

羅氏草屬 *Rottboellia*
- 羅氏草 ***Rottboellia exaltata*** (L.) Naezén 歸化種

甘蔗屬 *Saccharum*
- 紅甘蔗（秀貴甘蔗）***Saccharum officinarum*** L. 栽培種
- 白甘蔗（甘蔗、中國竹蔗）***Saccharum sinense*** Roxb. 栽培種

狗尾草屬 *Setaria*
- 棕葉狗尾草（颱風草）***Setaria palmifolia*** (J. Koenig) Stapf 歸化種
- 倒刺狗尾草 ***Setaria verticillata*** (L.) P. Beauv. 歸化種
- 狗尾草 ***Setaria viridis*** (L.) P. Beauv. 原生種

玉蜀黍屬 *Zea*
- 玉蜀黍（玉米）***Zea mays*** L. 栽培種
- 甜玉米 ***Zea mays*** L. **var. rugosa** Bonaf. 栽培種

菰屬 *Zizania*
- 茭白筍（菰）***Zizania latifolia*** (Griseb.) Turcz. ex Stapf 栽培種（水生植物）

等 50 幾種軟質禾草的葉片為食。

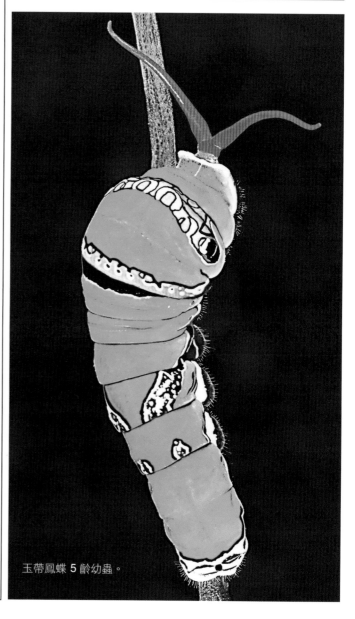

玉帶鳳蝶 5 齡幼蟲。

參考文獻

- 徐堉峰。1999，2002，2006。《臺灣蝶圖鑑——第1~3卷》。南投縣；臺灣省立鳳凰谷鳥園。
- 徐堉峰。2004。《近郊蝴蝶》。臺北市；聯經出版事業股份有限公司。
- 徐堉峰。2013。《臺灣蝴蝶圖鑑——上、中、下》。臺中市；晨星出版有限公司。
- 徐堉峰、梁家源、黃智偉等。2018～2022。《臺灣蝶類誌——1~5卷】。1. 鳳蝶科。2. 粉蝶科。3. 弄蝶科。4. 灰蝶科。5. 蛺蝶科。臺北市；農委會林務局。
- 李俊延、王效岳、張玉珍。1988～1997。《臺灣蝶類圖說——1~4》。臺北市；臺灣省立博物館。
- 李俊延、王效岳。《2021臺灣蝴蝶圖鑑》。臺北市；貓頭鷹出版社。
- 何鍵鎔、張連浩。1998。《南瀛彩蝶》。南投縣；臺灣省特有生物研究保育中心。
- 陳維壽。1997。《臺灣賞蝶情報》。臺北市；青新出版有限公司。
- 洪裕榮。2008。《蝴蝶家族》。彰化縣花壇鄉；個人出版。
- 洪裕榮。2013，2020。《臺灣蝴蝶食草植物全圖鑑》。臺北市；貓頭鷹出版。
- 洪裕榮。2013。《2014臺灣蝴蝶之美·Personal Diary》日誌。臺中市；晨星出版有限公司。
- 洪裕榮。2016《蝴蝶飼養與觀察》。攝影·圖說。臺中市；晨星出版有限公司。
- 楊遠波、劉和義、呂勝由、彭鏡毅、施炳霖、林讚標等。1997～2003。《臺灣維管束植物簡誌——二～五卷》。行政院農業委員會。
- 呂福原、歐辰雄、呂金誠。1997～2001。《臺灣樹木解說（1-5）》。行政院農業委員會。
- 邱少婷、黃俊霖。2003。《花的前世今生》。國立自然科學博物館。
- 曾彥學、劉靜榆等。2005。《豐原野趣》。臺中縣豐原市公所。
- 李松柏。2005。《臺灣水生植物地圖》。臺中市；晨星出版有限公司。
- 許再文、牟善傑、彭仁傑、何東輯。2001。《臺南縣市植物資源》。臺灣省特有生物研究保育中心。
- 呂福原、歐辰雄、呂金誠、曾彥學、陳運造、祈豫生。2010。《臺灣樹木圖誌（三）》。國立中興大學森林學系。
- 曾彥學、趙建棣、林惠雯。2010。《臺灣特有種鷗蔓屬（蘿藦科）～新種；蘇氏鷗蔓》。國立中興大學。
- 曾彥學、趙建棣。2010。《臺灣特有種鷗蔓屬（蘿藦科）～新種；呂氏鷗蔓》。國立中興大學。
- 趙建棣、洪裕榮、曾彥學，2010；〈臺灣產牛皮消屬（蘿藦科）新記錄種「毛白前 Cynanchum mooreanum Hemsl.」〉。TAIWANIA；55卷3期（2010/09/01），P324–327。
- 呂長澤、王震哲。2014。〈臺灣產馬兜鈴屬植物之一新種——裕榮馬兜鈴〉。臺灣林業科學29（4）:291-9。
- 呂長澤、洪裕榮、陳志雄，2019，〈臺灣菫菜科的新紀錄種「廣東菫菜 Viola kwangtungensis Melch.」〉。臺灣林業科學34（2）:135-42。
- 王震哲、邱文良、張和明。2012。《臺灣維管束植物紅皮書初評名錄》。南投縣集集鎮；特有生物研究保育中心、臺灣植物分類學會。
- 陳建仁、呂至堅。2014。《蝴蝶生活史圖鑑》。臺中市；晨星出版有限公司。
- 林政道、鐘國芳，2017，《臺灣種子植物的親緣分類（Phylogenetic Classification of Seed Plants of Taiwan）2016 APG IV》。
- 《三尾灰蝶幼蟲食性》。2016。特有生物研究保育中心。

【附錄五】

洪裕榮 Hung Yu-jung

攝影簡歷

1966 于臺灣・彰化・花壇出生。

1989 開始學習攝影，攝影 蒙老師：賴要三老師。

1993 學習生態攝影，承教國際攝影大師：江村雄老師。

1996 成立黑白暗房，拍攝臺灣人文影像記實。

1996 彰化縣攝影學會，投寄沙龍破百分；授與博學會員。

1997 開始專注投入大自然生態影像記錄。

1998 學習高階暗房技術，授藝開陽專業攝影；陳清祥老師指導。

1999 開始觀察記錄，蝴蝶與植物間之自然關係。

2003 出版《臺灣之美・1》蝴蝶攝影輯。

2003 通過「國際攝影藝術聯盟 FIAP」獲頒 AFIAP（ARTISTE FIAP）認證。

2004 出版《臺灣之美・2》蝴蝶攝影輯。

2005 通過「國際攝影藝術聯盟 FIAP」獲頒 EFIAP（EXCELLENCE FIAP）認證。

2005 獲邀彰化縣文化局「2005 半線藝術季」攝影邀請展。

2006 彰化縣花壇鄉公所「花壇鄉志—文化篇」藝術活動人物介紹。

2008 出版《蝴蝶家族・Families of Buterfly》攝影・蝴蝶圖說。

2010 趙建棣、洪裕榮、曾彥學博士，共同發表；臺灣產牛皮消屬（蘿藦科）新記錄種——毛白前 Cynanchum mooreanum Hemsl.。

2010 獲邀國立自然科學博物館「蝴蝶食草與蜜源植物特展」。

2013 貓頭鷹出版《台灣蝴蝶食草植物全圖鑑・Host plants of Taiwanese butterflies》攝影・蝴蝶食草圖說。

2013 晨星出版有限公司出版《2014 台灣蝴蝶之美・Personal Diary》日誌。

2014 發現台灣新種植物馬兜鈴，由呂長澤、王震哲教授命名發表「裕榮馬兜鈴 Aristolochia yujungiana」。台灣林業科學 29(4):291-9。

2016 晨星出版有限公司《蝴蝶飼養與觀察・How to Take Care of Butterflies》攝影・圖說。

2017 第 41 屆台北國際攝影沙龍自然組 Nature Section 評審委員。

2018 第 42 屆台北國際攝影沙龍自然組 Nature Section 評審委員。

2019 呂長澤、洪裕榮、陳志雄，臺灣菫菜科的新紀錄種「廣東菫菜 Viola kwangtungensis Melch.」。台灣林業科學 34(2):135-42。

2020 貓頭鷹出版《台灣蝴蝶食草植物全圖鑑・Host plants of Taiwanese butterflies》改版。

2021 暑往則寒來，春還則秋至，閒散過客覓食草，在山一方探蝶蹤。

2022 《臺灣蝴蝶生活史百科圖鑑》撰文・攝影。臺中市，晨星出版有限公司。

2022 呂長澤、楊珺嵐、洪裕榮、陳柏豪、王震哲。臺灣產馬兜鈴科關木通屬之分類訂正及一新種。Taiwania，15 July 2022 Page: 391 - 407。

獲獎紀錄

1996 榮獲國際沙龍攝影展，自然幻燈組，第 12 名。

1997 榮獲國際沙龍攝影展，自然幻燈組，第 12 名。

1998 首次進入世界攝影 10 傑，第 3 名。

1999 再次進入世界攝影 10 傑，第 5 名。

1996 臺北國際沙龍攝影展，自然幻燈組「LONG-MA GM 郎靜山大師紀念獎」。

1996 第 6 屆香港彩藝攝影會國際沙龍，自然幻燈組；P.S.A Silver Medal–Best of Show。

1998 中華民國第 32 屆國際攝影展，自然照片組；F.I.A.P Gold Medal。

1998 41St National Insect Photographic Salon，自然幻燈組；Most Unusual Slide。

1998 37th NORTH CENTAL INSECT PHOOGRAPHIC SALON，自然幻燈組；P.S.A Silver Medal–Best of Show。

1998 38th NORTH CENTAL BRANCH INSECT PHOTO SALON，自然幻燈組；Best of Show。

1998 3rd Jade Photographic Society International Salon，彩色幻燈組；F.I.A.P Gold Medal。

1998 2nd BAPA Photographic International Salon，自然幻燈組；BAPA Gold For Best Insect。

1998 AHSI PETALS nature International Salon of Photography 自然幻燈組；AHSI- INSECT。

國家圖書館出版品預行編目 (CIP) 資料

臺灣蝴蝶生活史百科圖鑑／洪裕榮撰文．攝影 . -- 初版 . -- 臺中市：晨星出版有限公司 , 2022.09
　面；　公分 . --（自然百科；6）

ISBN 978-626-320-185-9（精裝）
1.CST：蝴蝶　2.CST：動物圖鑑　3.CST：臺灣

387.793025　　　　　　　　　　　　　　　111008654

自然百科 006

臺灣蝴蝶生活史百科圖鑑

撰　　　文	洪裕榮
攝　　　影	洪裕榮
審 訂 者	徐堉峰
主　　　編	徐惠雅
編　　　輯	楊嘉殷
美術編輯	柳惠芬、方小巾

發行人	陳銘民
發行所	晨星出版有限公司
	407 台中市西屯區工業區三十路 1 號 1 樓
	TEL：04-23595820　FAX：04-23550581
	Email：service@morningstar.com.tw
	http://www.morningstar.com.tw
	行政院新聞局局版台業字第 2500 號
法律顧問	陳思成律師
初版	西元 2022 年 09 月 10 日
讀者專線	TEL：02-23672044 ／ 04-23595819#212
	FAX：02-23635741 ／ 04-23595493
	Email: service@morningstar.com.tw
網路書店	http://www.morningstar.com.tw
郵政劃撥	15060393（知己圖書股份有限公司）
印刷	上好印刷股份有限公司

線上回函

定價 1280 元
ISBN 978-626-320-185-9（精裝）
Published by Morning Star Publishing Inc.
Printed in Taiwan